农业植物病理学（华南本）
（第三版）

吴海燕　许雄彪　王新荣　主编

科学出版社

北京

内 容 简 介

本书由我国华南地区 11 所高等院校长期从事植物病理学教学和科研工作的专家共同编写和修订。全书共 18 章,包括水稻、玉米、薯类、花生、甘蔗、烟草和桑树病害 6 章(第一至六章),热带、亚热带果树病害 6 章(第七至十二章),葡萄及其他落叶果树病害 2 章(第十三和十四章),蔬菜病害 4 章(第十五至十八章)。本书对各类作物病害的症状、病原、病害循环、发病条件和防控措施进行了较为系统的描述。本书区域特色鲜明,内容丰富,根据我国华南地区作物种植结构调整的生产实际,立足热带和亚热带特色作物,涵盖甘蔗、橡胶树、咖啡树等经济作物,以及龙眼、杧果、荔枝、香蕉、火龙果、百香果、番木瓜、菠萝和番荔枝等果树。针对地方性局部分布的病害,或次要的、偶发性的病害,或发病虽较重但尚缺乏系统资料的作物病害,在每章最后以一览表的形式简述,以便读者查阅参考。

本书可作为华南地区农林类高等院校植物保护专业必修课、植物生产类或其他相关专业选修课,以及成人教育、职业教育相关课程的教材,也可作为相关专业研究生和教师的参考书,还可供广大植物保护工作者、作物种植者、农业科技人员、农药经营人员和相关管理人员参考。

图书在版编目(CIP)数据

农业植物病理学:华南本 / 吴海燕,许雄彪,王新荣主编. -- 3 版. -- 北京:科学出版社,2025.3. -- ISBN 978-7-03-080697-0

Ⅰ.S432.1

中国国家版本馆 CIP 数据核字第 2024ES3087 号

责任编辑:张静秋 韩书云 / 责任校对:宁辉彩
责任印制:赵 博 / 封面设计:金舵手世纪

科学出版社出版
北京东黄城根北街 16 号
邮政编码:100717
http://www.sciencep.com

天津市新科印刷有限公司印刷
科学出版社发行 各地新华书店经销
*

2003 年 9 月第 一 版 　 开本:787×1092 1/16
2025 年 3 月第 三 版 　 印张:23
2025 年 10 月第十八次印刷 　 字数:620 000

定价:98.00 元
(如有印装质量问题,我社负责调换)

本书编委会

主　编　吴海燕　许雄彪　王新荣
副主编　蒙姣荣　习平根　郑德洪　刘国坤　饶雪琴
　　　　　林春花　曾永三　肖　顺　桑维钧　欧善生
编　者（按姓氏拼音排序）
　　　　　蔡学清（福建农林大学）　　　　程东美（仲恺农业工程学院）
　　　　　丁海霞（贵州大学）　　　　　　姬广海（云南农业大学）
　　　　　孔广辉（华南农业大学）　　　　李杨秀（广西农业职业技术大学）
　　　　　练启仙（兴义民族师范学院）　　林春花（海南大学）
　　　　　刘国坤（福建农林大学）　　　　蒙姣荣（广西大学）
　　　　　欧善生（广西农业职业技术大学）丘　麒（华南农业大学）
　　　　　邱宁宏（遵义职业技术学院）　　饶雪琴（华南农业大学）
　　　　　桑维钧（贵州大学）　　　　　　舒灿伟（华南农业大学）
　　　　　苏桂花（广西农业职业技术大学）孙　辉（仲恺农业工程学院）
　　　　　覃连红（广西农业职业技术大学）王新荣（华南农业大学）
　　　　　吴海燕（广西大学）　　　　　　吴小刚（广西大学）
　　　　　习平根（华南农业大学）　　　　肖　顺（福建农林大学）
　　　　　谢　鑫（贵州大学）　　　　　　谢昌平（海南大学）
　　　　　许雄彪（广西大学）　　　　　　杨姗姗（广西大学）
　　　　　杨再福（贵州大学）　　　　　　易润华（广东海洋大学）
　　　　　曾永三（仲恺农业工程学院）　　张　彤（华南农业大学）
　　　　　张晓晓（广西大学）　　　　　　张云霞（仲恺农业工程学院）
　　　　　郑　正（华南农业大学）　　　　郑德洪（广西大学）
　　　　　邹承武（广西大学）
审　稿　陈保善　赖传雅　袁高庆

第三版前言
Preface

《农业植物病理学（华南本）》，自2003年第一版出版以来，经多次印刷，被我国众多院校采用，获得了一致肯定和好评。随着农业产业结构的调整、栽培模式的变化、特色作物产业比例的增加，以及现代科学技术的发展和应用，我国对新型农业科技人才的需求日益增加。为了满足当前人才培养的需要，教材中的相关内容亟需修订和完善。第三版教材在结合我国南方各省（自治区）的农业生产实际和教材使用情况的基础上，充分考虑当地优势作物产业发展、主要病害的变化，对第二版中各病害病原菌分类地位变更、病害防控新理论和新技术，以及病害症状和病原形态图片等内容进行了补充与更新，以期满足华南地区相关高等院校及农业从业者对农业植物病理学教材的需求。

全书由第二版的19章压缩为18章。水稻病害增加了南方水稻黑条矮缩病和水稻条纹花叶病等重要病毒病害。考虑到南方饲料玉米和鲜食玉米的重要地位及木薯、花生等特色作物的广泛种植，将第二版中的第二章"旱粮病害"和第三章"油料作物病害"，变更为"玉米病害""薯类作物病害"和"花生病害"分别编写。甘蔗病害中增加甘蔗白条病、甘蔗宿根矮化病和甘蔗黄叶病等病害内容。新增特色作物橡胶树病害为独立章。增加了百香果、火龙果、番荔枝和咖啡病害，并将其与番木瓜、菠萝病害并入第十二章"其他热带、亚热带作物病害"。充分考虑到南方主要蔬菜和南菜北运等区域蔬菜种类的特点，十字花科蔬菜、茄科蔬菜、葫芦科蔬菜等蔬果类主要病害分章节编写，豆科蔬菜病害合并到第十八章"其他蔬菜作物病害"中。病害循环部分多以图示形式进行了修订，使读者能更清晰地了解和掌握病原越冬越夏场所、初侵染、传播及再侵染的路径；病害症状和病原形态以二维码形式展现高清彩图和拓展图片，充分体现了教材的新形态和信息化。第三版教材的修订紧密结合编者的研究方向及承担国家现代农业产业技术体系项目等优势，教材理论上的前瞻性和生产上的实用性突出。

各章分工如下：第一章、第二章、第三章、第五章、第十四章、第十五章、第十八章，由广西大学的编者负责；第七章、第八章、第十章，由华南农业大学的编者负责；第十六章、第十七章，由福建农林大学的编者负责；第四章、第十三章，由仲恺农业工程学院的编者负责；第九章、第十一章，由海南大学的编者负责；第六章，由贵州大学的编者负责；第十二章，由广西农业职业技术大学的编者负责。云南农业大学的编者参与第一章及第十五章的编写工作；兴义民族师范学院和遵义职业技术学院的编者参与第三章的编写工作；广东海洋大学的编者参与第十八章的编写工作。在本书修订过程中，每位编者均认真负责，审稿人对书稿提出了宝贵的意见和建议。限于篇幅，本书前两版编委名单、前言和序请扫右侧二维码查看，第一版、第二版的各位编者为本书的出版做出了开创性贡献。在此向所有关心和支持本书出版的专家表示衷心感谢！

由于编者学识有限，不当之处在所难免，敬请同行和广大读者不吝指正。

编　者
2025年3月

教学课件申请单

  凡使用本书作为所授课程配套教材的高校主讲教师，可通过以下两种方式之一获赠教学课件一份。

1. 关注微信公众号"科学 EDU"申请教学课件

扫二维码关注公众号 → "样书课件" → "科学教育平台"

2. 填写以下表格后扫描或拍照发送至联系人邮箱

姓名：	职称：	职务：
手机：	邮箱：	学校及院系：
本门课程名称：		本门课程选课人数：
开课时间： □春季　　□秋季　　□春秋两季		是否选用本书作为教材： □是　　□否　　□计划选用
您对本书的评价及修改建议（必填）：		

联系人：张静秋 编辑　　　电话：010-64004576　　　邮箱：zhangjingqiu@mail.sciencep.com

目 录
Contents

第三版前言
第一章 水稻病害 …………………… 1
 第一节 稻瘟病 ……………………… 1
 第二节 稻白叶枯病 ………………… 7
 第三节 稻细菌性条斑病 …………… 13
 第四节 稻纹枯病 …………………… 16
 第五节 水稻恶苗病 ………………… 20
 第六节 稻曲病 ……………………… 22
 第七节 水稻病毒病及植原体病 …… 25
 第八节 水稻赤枯病 ………………… 38
第二章 玉米病害 …………………… 42
 第一节 玉米大斑病和小斑病 ……… 42
 第二节 玉米瘤黑粉病 ……………… 46
 第三节 玉米锈病 …………………… 48
 第四节 玉米茎基腐病 ……………… 50
 第五节 玉米细菌性茎腐病 ………… 53
第三章 薯类作物病害 ……………… 56
 第一节 甘薯病毒病 ………………… 56
 第二节 甘薯黑斑病 ………………… 58
 第三节 木薯细菌性枯萎病 ………… 60
 第四节 木薯炭疽病 ………………… 63
 第五节 马铃薯病毒病 ……………… 64
 第六节 马铃薯晚疫病 ……………… 68
 第七节 马铃薯早疫病 ……………… 71
 第八节 马铃薯黑胫病 ……………… 73
第四章 花生病害 …………………… 78
 第一节 花生褐斑病和黑斑病 ……… 78
 第二节 花生锈病 …………………… 81
 第三节 花生茎腐病 ………………… 84
 第四节 花生白绢病 ………………… 86
 第五节 花生冠腐病 ………………… 88

第五章 甘蔗病害 …………………… 92
 第一节 甘蔗凤梨病 ………………… 92
 第二节 甘蔗赤腐病 ………………… 95
 第三节 甘蔗鞭黑穗病 ……………… 97
 第四节 甘蔗梢腐病 ………………… 100
 第五节 甘蔗褐条病 ………………… 102
 第六节 甘蔗白条病 ………………… 104
 第七节 甘蔗宿根矮化病 …………… 106
 第八节 甘蔗花叶病和黄叶病 ……… 108
第六章 其他经济作物病害 ………… 114
 第一节 烟草棒孢霉叶斑病 ………… 114
 第二节 烟草黑胫病 ………………… 116
 第三节 烟草病毒病 ………………… 119
 第四节 烟草气候斑病 ……………… 123
 第五节 桑菌核病 …………………… 126
 第六节 桑细菌性枯萎病 …………… 128
第七章 香蕉病害 …………………… 134
 第一节 香蕉枯萎病 ………………… 134
 第二节 香蕉叶斑病 ………………… 137
 第三节 香蕉炭疽病 ………………… 140
 第四节 香蕉黑星病 ………………… 142
 第五节 香蕉病毒病 ………………… 144
第八章 龙眼和荔枝病害 …………… 150
 第一节 荔枝霜疫病 ………………… 150
 第二节 龙眼、荔枝鬼帚病 ………… 153
 第三节 龙眼、荔枝炭疽病 ………… 155
 第四节 菟丝子寄生 ………………… 157
第九章 杧果病害 …………………… 161
 第一节 杧果炭疽病 ………………… 161
 第二节 杧果蒂腐病 ………………… 163

第三节　杧果拟盘多毛孢叶枯病…… 166
第四节　杧果细菌性黑斑病…………… 167
第五节　杧果白粉病…………………… 168
第十章　柑橘病害……………………… 171
　　第一节　柑橘黄龙病………………… 171
　　第二节　柑橘溃疡病………………… 176
　　第三节　柑橘疮痂病………………… 181
　　第四节　柑橘炭疽病………………… 183
　　第五节　柑橘脚腐病………………… 187
　　第六节　柑橘采后贮藏病害………… 189
　　第七节　柑橘衰退病………………… 194
　　第八节　柑橘根结线虫病…………… 196
　　第九节　柑橘慢衰病………………… 198
第十一章　橡胶树病害………………… 204
　　第一节　橡胶树白粉病……………… 204
　　第二节　橡胶树炭疽病……………… 208
　　第三节　橡胶树割面条溃疡病……… 210
　　第四节　橡胶树根病………………… 214
第十二章　其他热带、亚热带作物
　　　　　　病害……………………… 221
　　第一节　番木瓜环斑病……………… 221
　　第二节　番木瓜炭疽病……………… 223
　　第三节　菠萝黑腐病………………… 225
　　第四节　菠萝凋萎病………………… 227
　　第五节　百香果茎基腐病…………… 228
　　第六节　百香果病毒病……………… 231
　　第七节　火龙果溃疡病……………… 233
　　第八节　番荔枝根腐病……………… 235
　　第九节　咖啡锈病…………………… 237
第十三章　葡萄病害…………………… 245
　　第一节　葡萄黑痘病………………… 245
　　第二节　葡萄炭疽病………………… 248
　　第三节　葡萄白腐病………………… 250
　　第四节　葡萄灰霉病………………… 252
　　第五节　葡萄霜霉病………………… 254
　　第六节　葡萄褐斑病………………… 257
　　第七节　葡萄病毒病………………… 258
第十四章　其他落叶果树病害………… 262

　　第一节　柿炭疽病…………………… 262
　　第二节　柿角斑病…………………… 264
　　第三节　梨锈病……………………… 266
　　第四节　梨轮纹病…………………… 268
　　第五节　梨黑星病…………………… 271
　　第六节　猕猴桃溃疡病……………… 274
第十五章　十字花科蔬菜病害………… 278
　　第一节　十字花科蔬菜霜霉病……… 278
　　第二节　十字花科蔬菜软腐病……… 281
　　第三节　十字花科蔬菜黑斑病……… 283
　　第四节　十字花科蔬菜黑腐病……… 286
　　第五节　十字花科蔬菜根肿病……… 289
第十六章　茄科蔬菜病害……………… 293
　　第一节　茄科蔬菜青枯病…………… 293
　　第二节　番茄叶霉病………………… 297
　　第三节　番茄溃疡病………………… 299
　　第四节　番茄细菌性斑疹病………… 301
　　第五节　辣椒炭疽病………………… 302
　　第六节　茄褐纹病…………………… 304
第十七章　葫芦科蔬菜病害…………… 307
　　第一节　瓜类蔬菜病毒病与植原体
　　　　　　病害……………………… 307
　　第二节　瓜类枯萎病………………… 311
　　第三节　瓜类蔓枯病………………… 314
　　第四节　瓜类炭疽病………………… 316
　　第五节　瓜类白粉病………………… 317
　　第六节　瓜类细菌性果斑病………… 320
第十八章　其他蔬菜作物病害………… 323
　　第一节　蔬菜苗期猝倒病和立枯病… 323
　　第二节　蔬菜灰霉病………………… 326
　　第三节　蔬菜菌核病………………… 329
　　第四节　蔬菜根结线虫病…………… 332
　　第五节　豇豆煤霉病………………… 336
　　第六节　菜豆细菌性疫病…………… 337
　　第七节　芋疫病……………………… 339
　　第八节　荸荠秆枯病………………… 341
主要参考文献…………………………… 349

第一章
水稻病害

水稻是我国主要粮食作物,全国有近25%的耕地用来种植水稻,稻谷产量约占全国年粮食总产量的一半。但每年由于病害的发生和危害,水稻减产达10%~15%,且严重影响稻米的品质,因此绝不可放松对水稻病害的研究和防治。全球已知有水稻病害近100种,我国已记载70余种:菌物性病害50多种,细菌性病害6种,病毒及植原体病害11种,线虫病害4种;其中具有重要经济意义的有20余种。纹枯病、稻瘟病、白叶枯病、细菌性条斑病和矮缩病类(包括病毒病、植原体病等)是我国南方水稻的重要病害,发生面积大,流行性强,造成的损失严重。我国对稻瘟病、白叶枯病采取以种植抗病品种为主的综合治理措施,对纹枯病则运用丰产栽培技术和药剂防治相结合的策略,均收到了比较满意的减灾保产效果。但由于它们发生流行规律复杂,对环境因子的作用较为敏感,加之稻瘟菌易发生变异,品种抗病性也常随之丧失,药剂防治白叶枯病的效果还不是很理想,而纹枯病的防治效果往往受控于天气变化,且没有高抗品种,细菌性条斑病缺乏高抗品种且易受台风暴雨的影响,防治难度大,对它们的预测准确度和精度都还存在一些不足,所以上述病害仍将是今后主要的研究和治理对象。

水稻恶苗病是以种传为主的病害之一,20世纪50~60年代能基本控制其为害,但随后由于品种和栽培制度都有较大的改变,该病害在不少稻区的发生情况又有所回升,局部地区受害甚烈。与此同时,花器官病害如稻曲病和稻粒黑粉病的发生也日趋普遍,使产量下降,米质变劣,后者在杂交稻制种田的不育系中,可导致多达80%的稻种损失。此外,水稻线虫病和稻菌核秆腐病也常有发生,杂交稻后期常发生叶鞘腐败病、云形病和叶尖枯病等,应加强对这些病害发生动态的监测。

由病毒、植原体等所致的水稻病害中,黄矮病于20世纪50~60年代曾在我国南方稻区多次发生成灾,其后瘤矮病、普通矮缩病和橙叶病等在我国南方一些稻区的某些年份也有发生。进入21世纪,在广东发现的新病害南方水稻黑条矮缩病为害严重,成为当前为害最严重的水稻病毒病。由于依赖昆虫介体传播,病毒、植原体病害的发生流行存在间歇性和暴发性,需加强对此类病害发生流行规律和预测防治的研究,以免突发流行时措手不及。

赤枯病、条叶枯病、胡麻斑病及生理性烂秧等病害,则常在土质或肥力较差、栽培管理不良的稻田造成危害,烂秧还与长期低温雨、光照不足有关,应区别病因,对症施治。

◆ 第一节 稻 瘟 病

本节图片

稻瘟病(rice blast),又名"稻热病""火烧瘟""吊头瘟"等,是水稻三大病害之一,几乎遍及全球稻区,以亚洲、非洲和拉丁美洲发生较重,中国南北各稻区每年均有此病发生。病原菌侵染后将严重影响水稻的正常生长,特别是使光合作用减弱,导致水稻减产或品质降低。一且发生大面积感染，轻者减产 10%～20%，重者减产 40%～50%，甚至颗粒无收，对水稻生产的危害巨大。

一、症状

稻瘟病是一种非器官选择性的真菌病害，根据其发病的时期和部位不同，可以将稻瘟病细分为苗瘟、叶瘟、叶枕瘟、节瘟、秆瘟、穗颈瘟（包括枝梗瘟）和谷粒瘟。

1. **苗瘟**　多由种子带菌所致，一般在 3 叶期前发生。最初在谷芽和芽鞘上出现水渍状斑点，以后迅速变成灰褐色或黄褐色，卷缩枯死。病苗表面常生灰绿色霉层，即病原菌分生孢子梗及分生孢子。苗叶瘟一般在 4 叶期后秧苗叶片上发生，其症状与本田叶瘟相同。苗瘟在南方早稻的旱播小拱棚薄膜育秧田或晚秧田中播种带菌谷种时常有发生（拓展图 1-1[①]）。

2. **叶瘟**　发生于秧苗 4 叶期后叶片上。根据水稻品种的抗性、气候条件及栽培管理等的不同，病斑分为慢性型、急性型、白点型、褐点型 4 种。①慢性型病斑：病斑呈纺锤形或近梭形，其主要特征是"三部一线"，中央为灰白色崩解部，叶组织细胞完全被破坏；中层为褐色坏死部，细胞内充满了褐色树胶状酚类物质，细胞壁变色坏死；最外层浅黄色晕环为中毒部；病斑两端中央叶脉常变为褐色长条状。潮湿时，病斑背面生灰绿色霉层。病重时叶片枯死，远看呈火烧状落窝。②急性型病斑：病斑呈暗绿色、水渍状，多数近圆形或不规则形，正反两面生大量灰绿色霉层，常见于感病品种适温高湿、偏施氮肥、稻株嫩绿的叶片上。因此，急性型病斑的大量出现常常是叶瘟流行的先兆。如天气转晴，或植株抗性提高，或经药剂防治后，则可转变成慢性型病斑。③白点型病斑：病斑初呈白色或灰白色圆形或不规则形小点，跨 2～4 条叶脉，斑上一般不产生孢子，嫩叶感病后遇上高温干燥天气，经强光照射或土壤缺水时发生。如果遇上适温、高湿天气，则迅速发展为急性型病斑；如条件不适可变为慢性型病斑。④褐点型病斑：病斑呈褐色针头大小斑点，局限于两条叶脉之间，有时病斑边缘呈黄色晕圈，斑上不产生孢子，这种病斑多发生于抗病品种或稻株下部老叶上（拓展图 1-2）。

3. **叶枕瘟**　病斑呈暗褐色或灰褐色，不规则形，边缘不明显，叶舌、叶耳及叶环等部位也可发病。严重时，叶片提早发黄甚至折断枯死，特别是剑叶叶枕发病，常会引起穗颈瘟的严重发生（拓展图 1-3）。

4. **节瘟**　病节初呈黑褐色小点，后呈环状，扩展至全节变黑色，后期凹陷或病节组织糜烂折断，造成植株倒伏枯死。如在节部一侧发生，另一侧则干缩，茎秆呈弯曲状，会影响养分及水分输送，谷粒不饱满，千粒重降低，或成秕谷（拓展图 1-4）。

5. **秆瘟**　偶在杂交稻制种田的高感品种上发生。初期病斑呈褐色小点，后变成黑褐色大斑而沿茎秆上下扩展，易凹陷或造成秆腐倒伏，潮湿时病斑或病茎秆腔壁上生灰绿色霉层。

6. **穗颈瘟**　发生于穗颈、主轴及枝梗上，尤以破口至齐穗后 5 d 最易感病。病斑初为淡褐色水渍状小点，扩展后呈暗褐色至灰黑色，长可达 2～3 cm。早期发病易形成白穗，发病迟的籽粒不饱满。穗颈瘟的枝条常从病部折断而呈锐角状，故又名"吊颈瘟"（拓展图 1-5）。

7. **谷粒瘟**　病斑以乳熟期最明显，灰褐色或灰白色，椭圆形或不规则形，严重时半粒谷变黑。潮湿时，病部生灰绿色霉层。护颖及谷粒短梗上的病斑呈灰褐色或灰黑色。染病护颖是苗瘟的重要初侵染源（拓展图 1-6）。

[①]　扫每节标题旁二维码可查看拓展图及教材中彩图

二、病原

1. 分类地位 稻瘟病的病原，无性阶段为半知菌类梨孢属稻灰梨孢菌（*Pyricularia oryzae* Cav.），有性阶段为子囊菌门大角间座壳属灰色大角间座壳菌 [*Magnaporthe grisea* (Hebert) Barr.]，仅在人工培养基上产生，自然条件下未发现。

2. 形态特征 菌丝多无色，也有白色、灰色或淡褐色。初期菌丝具有分隔和分枝的特点，稻灰梨孢菌的分生孢子梗一般以3~5根成簇从病组织的气孔或枯死组织表面伸出，不分枝，大小一般为（80~160）μm×（4~6）μm，并具有2~4个大小不尽相同的隔膜，基部稍膨大，淡褐色顶部渐细，色较浅。顶部可陆续产生4~5个孢子，多的达20余个，少的仅1个。分生孢子梗上端曲折状，有孢子痕。分生孢子无色或淡褐色，雪梨形或倒棍棒形，大小为（14~40）μm×（6~13）μm，2个隔膜，隔膜处缢缩。基部细胞钝圆，有脚胞，顶端细胞立锥状（图1-1）。孢子多从顶部或基部细胞萌发形成芽管和附着胞，个别从中间细胞萌发，附着胞淡褐色，近圆形或卵形，壁厚而光滑，再产生侵入丝侵入寄主组织（拓展图1-7）。

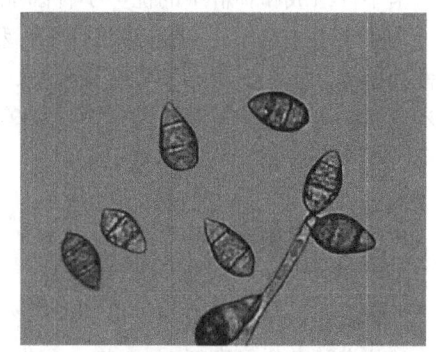

图1-1 稻瘟菌分生孢子（桑维钧提供）

3. 生物学特性 菌丝生长温度为8~37℃，最适生长温度为26~28℃。分生孢子形成的温度为10~35℃，适温为25~28℃；孢子萌发温度为15~32℃，在25~30℃条件下经6~8 h即可形成芽管及附着胞。孢子对于湿热环境非常敏感，在湿热条件下，52℃ 5~7 min即致死；病稻节内的菌丝致死条件为55℃ 10 min或60℃ 5 min；谷粒组织内的菌丝致死条件为53℃ 5 min。病原菌对低温和干热环境的抵抗力较强。在100℃条件下经1 h，菌丝尚有70%存活，而分生孢子有50%存活；孢子于-6~-4℃干燥条件下，经50~60 d仍有20%存活。稻节或麦粒中的培养菌，在室温真空干燥条件下可存活10年以上。分生孢子形成要求相对湿度在93%以上，并要求光暗交替条件，直射阳光或紫外线对孢子发芽和菌丝生长有抑制与杀伤作用。孢子在有水膜或水滴和饱和湿度下才能萌发良好，其临界相对湿度为92%~96%；如果没有水膜或水滴，即使在饱和湿度下，发芽率也只有1%左右。在适温条件下，病原菌需在6~7 h的水膜或水滴存在条件下才能侵入寄主，持续水湿时间越长，侵入率越高。分生孢子发芽需要氧气，空气中的氧含量降到一般含量（20%）的1/4~1/2时，孢子虽可萌发，但不形成附着胞；氧含量达17%~20%时，有利于附着胞的形成。

4. 代谢产物 病原菌在生长发育过程中或病斑组织中能分泌多种毒素，已分离到稻瘟菌素（piricularin）、α-吡啶羧酸（α-pyridinecarboxylic acid）、细交链孢菌酮酸（tenuazonic acid）、稻瘟醇（piriculol）、次生毒素香豆素（coumarin）及糖肽类物质。这些毒素在高浓度下有抑制稻株呼吸和病原菌孢子萌发及菌丝体繁殖的作用，低浓度下则有刺激作用。将提取的稻瘟菌素、α-吡啶羧酸、细交链孢菌酮酸的稀释液分别滴到有伤口的植株叶片上或浸根处理，在适温条件下，均能引起叶片或植株呈现与稻瘟病相似的症状，并可使植株生长受阻而呈矮缩状。

5. 生理分化 稻瘟菌对不同品种的致病性有明显差异，从而分化出不同的生理小种。突变、菌丝融合导致准性重组、有性生殖、异核现象、迁移异核现象和不良的栽培管理技术等都可使病原菌发生变异。随着分子生物学技术的飞速发展，限制性片段长度多态性（RFLP）、扩增片段长度多态性（AFLP）、随机扩增多态性DNA（RAPD）、简单重复序列（SSR）及重复序列PCR技术（Rep-PCR）等被广泛运用于稻瘟菌群体遗传多样性研究中，有助于明确稻瘟菌的遗传谱系，为今后抗病育种提供全新的信息。1976~1979年，中国稻瘟病协作组应用'Tetep''珍龙13''四丰43''东农363''关东51''合江18''丽江新团黑谷'7个鉴别品种，对来自23个省（自治区、直辖市）的827个稻瘟菌有效单孢菌株进行苗期测定，首次将供试菌株区分为7群43个中国小种。截至目前，中国共测试了有效菌株13 050株，鉴定出8群85个中国小种，ZG群小种为优势种群，目前长江流域双季籼粳稻混栽区小种构成较为复杂，籼稻品种上以ZB、ZC群小种为主，粳稻上以ZF、ZG群小种占优势。需要指出的是，稻瘟菌小种组成和种群中的优势小种因地域而异，特别易受年份间品种组成变更的影响。

6. 寄主范围　　在自然条件下，稻瘟菌除侵染水稻外，日本报道其还可侵染苇状羊茅、秕壳草等。国内人工接种可侵染大麦、小麦、黑麦、燕麦、粟、高粱、玉米、稗、蟋蟀草、球米草、牛尾草、狗尾草、硬羊茅、兰羊茅、黑麦草、马唐、筒轴茅、芒稗、李氏禾、双穗臂形草、千金子、罗氏草等作物和杂草。

三、病害循环

稻瘟菌以菌丝体或分生孢子在病谷和病稻草等病残体上以休眠形式越冬。在干燥条件下，菌丝体在稻草内可存活2~4年，分生孢子可存活1年；在潮湿条件下，菌丝体经2~3个月死亡。翌年初春，病原菌在适宜的气候条件下产生分生孢子，和越冬的孢子一起主要靠气流吹传到稻株上。带病种子、病稻草堆和以稻草沤制而未腐熟的肥料是来年病害的初侵染源。育秧时，一般水秧发病少，旱秧发病多。在有水膜的情况下，稻瘟菌萌生芽管、附着胞和侵入丝，穿透角质层侵入机动细胞或长形细胞，也有的由伤口侵入，但一般不从气孔侵入；在穗颈部位，侵入丝多从鳞片状的苞叶侵入；在枝梗上则常从穗轴分枝点附近的长形细胞侵入。完成初侵染后，病斑上产生的大量分生孢子可引起再侵染。

四、发病条件

稻瘟病的发生流行，在有菌源的前提下，主要与品种的抗病性有关，气候条件、栽培管理、病原菌变异等因素对病害发生流行也有很大的影响。

1. 品种抗病性　　水稻不同品种，或同一品种在不同地域，或所处不同生育期，对稻瘟菌的抗性均存在差异。在水稻全生育期中，4叶期至分蘖盛期及抽穗始期的抗病力最弱。就寄主器官生理年龄而论，出叶后2 d内最感病，5 d后抗性渐次增强，13 d后基本不染病。始穗期穗颈最不抗病，6 d后抗性逐渐加强。由于品种不同，抗病性增强所需时间也有所差异。一般籼稻抗侵入比粳、糯稻强，而粳稻较抗扩展。但同类型水稻品种间的抗性差异也很大，存在高抗至高感类型。多数品种对叶瘟和穗瘟的抗性呈正相关。

水稻的抗瘟性与植株形态、组织结构及生理生化等密切相关。水稻的抗病性具有明显的地区性和特定性，由于菌株致病性变异和品种抗性退化，大多数抗病品种在某一区域推广3~5年后便失去了耐受性，但是也有部分水稻品种可以大范围种植或较长时间种植而不感病。

2. 气候条件　　影响稻瘟病流行的气象因素中，最主要的是温度和湿度，其次是光照和风。温度主要影响水稻和病原菌的生长发育；湿度则影响病原菌孢子的形成、萌发和侵入。温、湿度对稻瘟病发生发展的影响是相互关联的。

稻瘟病一般在旬均气温达 20℃时开始发生，32℃时受到抑制。最适温度因地区不同略有差异：长江中下游流域及南方稻区为 23～28℃；北方稻区为 22～25℃。在华南稻区，水稻生长期间，温度一般都适合稻瘟病的发生与流行，病害发生与流行的主导因子是湿度。在 24～26℃条件下，田间湿度在 90%以上，稻叶上保持水膜 6～10 h，分生孢子最易萌发侵入。湿度低于 80%时，病害基本停止发展。在南方稻区，一般早稻的稻瘟病重于晚稻。该稻区早稻育秧后期和本田分蘖盛期，阴雨天多，雾、露大，日照少，叶瘟常发生流行；抽穗期雨量充沛，温度高达 25～30℃，并时有阵雨闷热天气，穗瘟往往严重发生。晚稻在高温干旱的环境中，秧田叶瘟发生较多，而本田则少见，当水稻进入抽穗期时，虽然雨量较少，但夜露、晨雾重或遇阴雨天气，穗瘟和节瘟也会发生流行。其间如遇 20℃以下寒露风天气，往往造成穗瘟强度流行。光照少时，会影响光合作用，碳氮比低，硅质化细胞数量少，稻株组织柔嫩，削弱了抗性，同时阴天有利于孢子形成。风虽然有利于孢子的释放和传播，但当地表风速超过 1 m/s 时，则不利于植株表面形成水膜，因而会影响孢子的产生、萌发和侵入。山区地势高，雾、露多且时间长，光照少，水温低，气流强，有利于病害传染而不利于水稻生长，发病往往重于平原。

3. 栽培管理　栽培管理既影响水稻品种的抗病力，又影响病原菌的繁殖和蔓延，从而影响病害发生流行程度，尤以施肥和灌溉的影响最大。

（1）施肥：稻瘟病是"肥稻瘟"。部分田块过量施用氮肥后，植株体内的碳氮比降低，硅质化程度降低，植株组织脆弱，引起稻株贪青徒长、柔软组织增加，以及含水量升高、无效分蘖增多等现象，同时导致株间过度郁闭。雨季田间湿度增加，稻株抗病性降低，促进了病原菌的入侵、生长和繁殖，增加了稻瘟病的发生概率。氮肥施用不当会导致植株早衰、幼穗形成期发生根系腐烂、降低稻株生活力而导致感病概率增加，加重稻瘟病的发病程度。

（2）灌溉：稻田长期冷水、深水灌溉，致使土壤中缺乏氧气，产生大量还原性物质如硫化氢、有机酸等，使稻根中毒、变黑和腐烂，导致根系呼吸作用受影响，减弱根系吸收养分的能力，降低表皮细胞硅质化程度，使水稻抗病力降低，增加稻瘟发病率。若田间水分不足（漏水田、望天田）或晒田过度，会影响水稻的正常发育，同样会降低对土壤中硅酸的吸收能力，表皮细胞硅质化程度低，往往加剧发病。

山区地势高、光照弱、水温低、气流强、云多、结露时间长，导致水稻生活力减弱，往往发病程度重于平原稻区。

五、预测预报

稻瘟病是一种靠气流传播的单年流行病害，其发病程度主要由水稻品种的抗病性及品种布局情况、田间病原菌密度及致病性、病害流行期的气候条件及水稻生长发育状况等诸多因素决定。因此，综合分析这些要素，并参考历年资料，就可以较准确地预测稻瘟病的发生流行。

1. 叶瘟的预测　一般在分蘖盛期，如果稻株疯长，叶片宽大披垂，叶色浓绿，即预示叶瘟可能发生流行。在分蘖期后，当气温上升到 20℃时，应注意对村旁田、屋旁田、丰产田、树荫田和肥底田等处稻株生长嫩绿的感病品种进行检查，如发现有病株，天气预报又将有连续阴雨时，则 7～9 d 后，大田将有可能普遍发生叶瘟，10～14 d 后病情将会迅速扩展。如出现急性型病斑，而气候条件又有利于发病时，则 4～10 d 后，叶瘟将会流行；如果急性型病斑数目每日成倍地增加，则 3～5 d 后，叶瘟将会流行。

2. 穗颈瘟的预测　在水稻生长后期，尤其是稻株贪青柔软，孕穗及抽穗期叶瘟继续发展，特别是剑叶发病重且出现急性型病斑，或剑叶叶枕发病，则预示穗瘟将流行；如果孕穗期叶瘟率达5%，则穗颈瘟将严重发生。如果孕穗期叶枕瘟达1%，气候条件又适宜时，5 d后将会出现穗瘟；叶枕瘟发病越高，穗颈瘟发病越重。

此外，还可依据空中孢子捕获量，或结露时间长短和次数，或叶鞘淀粉含量和顶叶硅质化细胞数量，结合田间病情、寄主感病性和气候条件等综合分析，作出预测。

3. 应用计算机及机器学习算法进行预测　　应用计算机及机器学习算法分析历史上稻瘟病的发病与气象因素的关系，建立多元回归预测方程或判别方案，然后根据当年气象预报，量化预测当年早、中、晚稻稻瘟病发生趋势。

六、防控措施

1. 选育优良的抗病或耐病品种　　因地制宜地选用抗病或耐病品种，合理安排品种布局和轮换，利用多抗性品种等，使品种群体抗性多样化，避免品种单一化种植，使病原菌小种群体组成稳定化，抑制新毒力小种的形成和数量的迅速增加，以及改进栽培技术，都可延长抗病品种使用年限。对抗病良种的利用宜遵循就地鉴定、就地评选、择优推广和区别利用的原则，才能充分发挥抗病良种在各地的防病增收潜能。

采用分子生物学研究方法，有助于获得优良的高产和抗稻瘟病的水稻新品种。可以利用基因编辑技术获得具有抗病性状的新型水稻品种。同时，也可使用分子标记辅助育种技术，将具有多个耐病基因的品种和具有高耐病基因的品种杂交，培育出具有多个抗病性状的优良品种。

2. 清除菌源　　播种前预先用20%三环唑或者25%咪鲜胺浸种；播种前将种子浸泡在咯菌腈悬浮剂中，可促进催芽；或将种子浸泡在多抗霉素可湿性粉剂50倍液中15 min，可以加速发芽。目前普遍使用包衣种技术，采用种菌唑、氨基寡糖素、福美双等进行拌种，可以明显减少苗期病害发生。及时处理当年的病稻草，不用稻草捆秧把、覆盖秧苗等，以免引起苗瘟的发生。

在水稻抛秧或插秧前，用20%三环唑可湿性粉剂600倍药液浸秧苗1 h，能使病斑产孢量大为减少，本田叶瘟推迟发病10~15 d，尤其是在历史病区值得推广应用。

3. 科学管理　　在水稻种植过程中，要适度灌溉、合理施肥，施肥时要做到氮肥、磷肥、钾肥的科学配比，实行配方施肥。提倡有机肥与化肥配合使用，适当施用含硅酸的肥料如草木灰、矿渣、窑灰钾肥等。冷浸田应增施磷肥。绿肥埋青要适量，适当加施石灰加快腐解，中和土壤酸性。早稻施肥原则：前重，后轻，中间空或补。晚稻施肥原则：两头重，中间空或补。做到施足基肥，早追肥，中后期看苗、看天、看田巧施肥。

科学用水必须与施肥密切配合。搞好排灌分家，降低地下水位，以水调肥，促控结合，掌握水稻黄黑变化规律。在满足水稻各生育期水分需要的基础上，做到薄水插秧，深水回青，浅水分蘖，够苗晒田，孕穗、抽穗至黄熟期采用湿润灌溉的排灌方式。

4. 药剂防治　　针对感病品种和易感生育阶段，根据田间病情和天气变化情况的预报，及时用药防治。叶瘟药剂防治的关键在于扑灭发病中心，每隔5~7 d喷1次，连喷2~3次。药剂防治穗瘟是破口期、齐穗期各喷药一次。如果天气持续有利于发病，则可在灌浆期再喷药一次。防治穗瘟一定要及时喷药，尤其对早稻穗瘟更为重要。常用药剂有：75%三环唑可湿性粉剂2500~3000倍液；或20%三环唑可湿性粉剂750倍液；或40%稻瘟灵1000倍液；或13%三环唑·春雷霉素可湿性粉剂1000倍液；或2.5%咯菌腈悬浮剂1000倍液；或40%硫磺·多菌灵悬浮剂1000倍液；或50%多菌灵可湿性粉剂600倍液。三环唑对穗瘟的防效显著，稻瘟灵对叶、穗瘟的防效均较好。注意药剂交替使用，以防病原菌产生抗药性。每次用药液量60~75 kg/667 m^2，喷药雾滴要细，喷洒要均匀、周到、细致。

目前防治稻瘟病常用的药剂有咪鲜胺、三环唑、稻瘟酰胺、多菌灵、肟菌·戊唑醇等，叶面喷施枯草芽孢杆菌 GB519 或者 6%春雷霉素对稻瘟病可起到防控作用。

稻瘟病严重度分级标准。①苗瘟：0级，无病；Ⅰ级，病斑 5 个以下；Ⅱ级，病斑 6～20 个；Ⅲ级，全株发病或部分枯死。②叶瘟：0级，无病；Ⅰ级，病斑较少而小（病斑 5 个以下，长度小于 0.5 cm）；Ⅱ级，病斑小而多（6 个及以上）或大（长度 0.5 cm 以上）而少；Ⅲ级，病斑大而多；Ⅳ级，全株枯死。③穗瘟：0级，无病；Ⅰ级，个别枝梗发病（每穗损失在 5%以下）；Ⅱ级，1/3 枝梗发病（每穗损失 6%～20%）；Ⅲ级，穗颈或主轴发病，谷粒半饱（每穗损失 21%～50%）；Ⅳ级，穗颈发病，瘪谷多（每穗损失 51%～70%）；Ⅴ级，穗颈发病成白穗（每穗损失 71%～100%）。

◆ 第二节　稻白叶枯病

本节图片

稻白叶枯病（rice bacterial leaf blight）是水稻的重要病害之一，自 1884 年在日本福冈县发现以来，迄今全球各大稻区均有发生。早在 20 世纪初，我国广东珠江三角洲就有报道，目前遍及全国除新疆、甘肃等以外的全部稻区，但以华东、华中、华南稻区发生普遍且严重。水稻受白叶枯病为害的损失程度，依病害发生的类型、早迟及严重度不同而异。凋萎型会引起青枯凋萎、枯心或白穗，损失最严重；叶枯型发生迟，一般损失较小，但孕穗期如植株上部三张功能叶片病情较重时，叶片枯萎，致使秕粒增加，粒重减轻，米质脆裂，减产将达 20%以上，最严重的可达 70%～80%。

一、症状

该病在水稻全生育期均可发生，主要为害叶片，但也可侵染叶鞘和假茎。秧苗期症状与大田期相似，一般不明显。病害的症状依水稻品种抗性、发病条件和侵染部位的不同，可分为以下几种类型。

1. 叶枯型　又叫叶缘型，最常见。一般先从叶片上半部的叶缘或叶尖开始，也有的从叶片下半部叶缘或其他任何受伤部位发生。初呈暗绿色水渍状短条斑，再沿叶缘或叶脉向上下或内外两侧扩展，使病斑变成橙黄色（籼稻）或灰褐色（粳稻）条斑。病斑扩大后呈灰白色（籼稻）或黄白色（粳稻），最后全叶枯死。病健部分界明显，病斑边缘多呈波纹状，有的呈暗绿色。湿度大时，病部常见蜜黄色珠状菌脓（拓展图 1-8）。

2. 急性型　主要发生于感病品种及环境适宜、偏施氮肥的场合。叶片病斑暗绿色，急剧扩展，数天内可使全叶呈开水烫伤状，青灰色或灰绿色，病叶急速失水纵卷青枯，病部常有蜜黄色珠状菌脓，此型症状出现，预示病害可能流行。

3. 中脉型　病原菌从叶片中脉伤口侵入后，沿叶片中脉上下蔓延至叶尖和叶鞘，直至全株，中脉变为淡黄色，病叶两侧有时对折纵卷，病株常在抽穗前死亡。用手指挤压病叶中脉横断面，可见黏稠状黄色菌脓。

4. 凋萎型　20 世纪 70 年代在我国南方杂交稻田首见，因发病时期不同而有"枯心""枯孕穗"和"白穗"等症状，由于叶鞘和茎部无蛀孔，可与螟害相区别。"枯心"多于移植返青至分蘖盛期发生，心叶失水、纵卷、青枯甚至变黄凋萎，病重时可逐渐向外蔓延至其他叶片，致使全株枯死。纵剖或横切病组织，能挤压出大量黏稠状黄色菌脓。稻株生育后期，未病死的"枯心"田块植株还可出现由茎节受害而引起的"枯孕穗"和"白穗"。

5. 黄化型　　又叫黄叶型，目前国内仅见于广东省。多于成株新叶上发生，淡黄至青黄色，而其下位叶片颜色仍正常，或在病叶基部偶有水渍状断续的小条斑，病株生长不良。在这类病叶上检查不到病菌，但在病叶下方的节间和节部或茎基部则可检查到病原菌。

二、病原

1. 分类地位　　稻白叶枯病的病原为黄单胞菌科黄单胞杆菌属稻生黄单胞杆菌白叶枯病致病变种 [*Xanthomonas oryzae* pv. *oryzae* (Uyeda & Ishiyama) Swings] [=*X. campestris* pv. *oryzae* (Uyeda & Ishiyama) Dye = *X. oryzae* (Uyeda & Ishiyama) Dowson]。

2. 形态特征　　菌体单胞短杆状，两端钝圆，大小为 (0.5~1.0) μm×(1.0~2.7) μm，单鞭毛极生或亚极生，长约 8.7 μm，粗 30 nm，革兰氏染色阴性，无芽孢和荚膜，体表有一层黏胶质的胞外多糖。在人工培养基上，菌落圆形，隆起，表面光滑，黏稠状，蜜黄色，产生非水溶性的黄色素，但菌体比在寄主组织上的略大（图 1-2）。

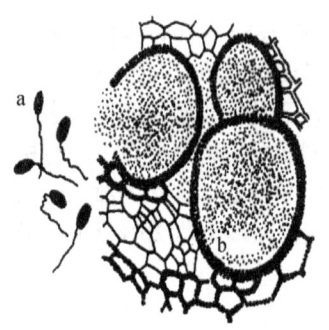

图 1-2　稻白叶枯病菌
（引自董金皋，2015）
a. 病原菌放大；b. 导管中的病原菌

3. 生物学特性　　病原菌为好气菌，呼吸型代谢。病原菌生长最适合的碳源为蔗糖，氮源为谷氨酸。能利用多种醇、糖等碳水化合物，但不能利用淀粉、果糖、糊精等。在水杨苷及甘油中不产生酸及气体，但在葡萄糖、果糖、蔗糖、木糖和乳糖中则产酸而不产气。在石蕊牛乳培养基中能产微酸而变红色，但不使牛乳凝固或胨化。产氨和硫化氢，轻度液化明胶，但不能使硝酸盐还原为亚硝酸盐，不产生吲哚。甲基红及乙酰甲基甲醇试验阴性。病原菌的发育温度为 5~40℃，最适温度为 25~32℃。无胶膜细菌 53℃ 10 min 致死，有胶膜细菌 57℃ 10 min 致死。病原菌生长 pH 为 4~8，但以 pH 6.5~7.0 较合适。病原菌最适宜在马铃薯、蔗糖或葡萄糖琼脂培养基和胁本氏（Wakimoto）马铃薯半合成培养基上生长。病原菌的单胞在一般培养基上很难生长，但将单胞和培养基预先用 40 mg/L 氯化镁水溶液处理后，则 50%~80% 的单胞可以生长。

4. 代谢产物　　据报道，病原菌在生长代谢过程中分泌一种多糖毒素，其中有些具有抗原性和毒性，致萎力极强，仅 10 mg/L 浓度就能使插于其中的植株在 1 h 内萎蔫。水稻凋萎主要是强毒菌株分泌多糖体化合物堵塞和破坏输导组织所致，培养菌所产生的苯酚乙酸和苯乙酸化合物也能抑制稻株生长，损伤根系，并致幼苗凋萎。强致病力菌株的胞外多糖及一种未知糖的生成量均高于弱菌株，胞外多糖可增加病原菌附着力，机械堵塞幼苗基部维管束，使中脉变褐坏死，细胞电解质渗漏。病原菌的毒力与蛋白酶活性呈正相关，与淀粉酶活性呈负相关。在菌体培养液中还提取到含有琥珀酸、延胡索酸、苯乙酸等 7 种组分的毒素，其稀释液能抑制水稻出苗，导致幼苗萎蔫和烟草坏死，且小种间毒素无大的差别。

5. 致病力分化　　根据病原菌与水稻鉴别品种的互作反应，不同菌株的致病力存在较大的差异。世界各国菌株的致病力不同，就是同一国家不同地方菌株的致病力也不一样。1986~1989 年，方中达等用全国病区采集的 835 株菌株，分别于北京、南京和广州等地在'金刚 30'等 5 个鉴别品种上进行接种测试，将供试菌株分为 7 个致病型（表 1-1），菌株与鉴别品种间互作具有特异性。我国华南稻区籼稻种质资源相当丰富，品种抗性基因多。种植面积越大，选择压力也就越大，小种的变化越快，组分也就越复杂，新小种或"毒性"小种产生快。例如，致病力较强的小种V增加幅度就较大。我国北方粳稻区和日本品种较少，小种数也少，以Ⅰ、Ⅱ或J1、J2为优势小种且相对稳定。江淮籼粳稻混栽区，以Ⅱ、Ⅳ小种为主，但随着近年粳稻抗性品种扩大种植规模，Ⅳ小种已上升为优势小种，占47.8%。2006年，南京农业大学用从全国采集到的285株菌株在13个鉴别品种上进行测试，结果显示，携带$xa5$、$Xa7$和$Xa21$抗性基因的品种对绝大多数菌株表现为高抗，其中，'IRBB5'（含$xa5$）、'IRBB7'（含$Xa7$）对许多菌株仅现褐斑，仅云南菌株YN24对'IRBB5'高度致病；抗病力中等的是含$Xa2$、$Xa3$、$Xa4$、$xa8$、$xa13$和$Xa14$的品种；而含$Xa1$、$Xa10$、$Xa11$和$xa18$的品种感染大多数菌株。

表1-1 中国稻白叶枯病菌的致病型

致病型	'金刚30'	'Tetep'	'南粳15'	'Java14'	'IR26'
0	R	R	R	R	R
Ⅰ	S	R	R	R	R
Ⅱ	S	S	R	R	R
Ⅲ	S	S	S	R	R
Ⅳ	S	S	S	S	R
Ⅴ	S	S	R	R	R
Ⅵ	S	R	R	R	R
Ⅶ	S	R	S	S	R

注：R. 抗性；S. 敏感

6. **病原菌的噬菌体** 噬菌体是一种寄生于细菌、放线菌和一些真菌上的病毒，大多数呈蝌蚪状，头部略呈多角形，尾部杆状。病原菌被噬菌体侵染后，噬菌体即在菌体中大量增殖而使胞体溃裂。在平板培养基上生成很多可见的透明溶菌斑；在液体培养基中可使培养液从原来的混浊状态变为清澈状态。该病原菌噬菌体的生活周期较短，细菌接毒后，一般经6 h左右即可见到溶菌斑，10～15 h后更清晰。噬菌体在蒸馏水中53～54℃ 10 min失毒，繁殖最适温度为30℃，潜育期20 min。噬菌体广泛存于自然界中，凡有稻白叶枯病菌存在的病叶、病草、病种及病田的土壤和田水，都有噬菌体存在，并对白叶枯病菌有一定的专化性和稳定性。在该病原菌噬菌体中，不同噬菌体的寄主范围也有一定的差异。根据噬菌体的形态、物理性状、血清学特性及寄主范围等的差异，可区分出若干类型。迄今，我国记载有Ⅰ～Ⅲ 3个类型，日本有OP_1、OP_1h、OP_1t、OP_2和OP_2h共5个类型，菲律宾有Bp1～Bp7共7个类型。在白叶枯病防治研究中，曾用噬菌体区分菌系，检测种子和其他材料是否带菌，以及研究病害的初侵染源和病害发生趋势预测等。

7. **寄主范围** 该病原菌主要侵染水稻。此外，旱稻、普通野生稻、药用野稻、疣粒野稻、茭白、李氏禾、秕壳草、鞘糠草、莎草和异型莎草等在自然条件下均可发病，但不普遍。病原菌还可在许多植物叶面或根围增殖，但无症状；或者只在其上依附存活一段时间，既不增殖，也无症状。前者称增殖型植物，如草芦等；后者称带菌型植物，如看麦娘、柳叶箬等。

三、病害循环

病害的主要初侵染源有带菌稻种和稻草，以及田间带病稻桩和再生稻、落粒自生稻与田间多种增殖、带菌型杂草寄主等。在温暖地区以田间带病稻桩、再生稻、自生稻、野生稻和杂草为主，在新病区和寒冷地区则以带菌稻种和稻草为主。带菌秧苗也可成为本田初侵染源。稻株发病后，病部会溢出大量菌脓，随风和雨水吹溅、灌溉水或昆虫等辗转传播，引起再次侵染。在双季稻连作区和早、中、晚稻混栽区，早稻发病田及遗弃在田间的病稻草还可以对中、晚稻秧田甚至本田直接引起再次侵染。病原菌一般从叶片水孔侵入，也可以从伤口侵入，新伤口较老伤口更易被病原菌侵染。病原菌从叶部水孔通过输水组织到达维管束，或直接从伤口进入维管束后，在维管束内急剧增殖，通常多引起叶枯型症状，环境条件有利于发病及种植高感品种时，则可能出现急性型病斑。拔秧或插秧时从茎基部和根部伤口侵入的病原菌便在维管束中扩展，形成系统侵染，引起凋萎型症状。从芽鞘或叶鞘基部变态气孔侵入的病原菌只停留在附近细胞间隙内增殖，不能扩及维管束；释放于稻体外的病原菌，在条件适宜时，再从伤口或水孔侵入，才能进入维管束引起病变。

田间发病过程往往先形成中心病窝，再逐渐遍及全田。但在洪水淹没过的病区稻田，则多均匀发病，无明显中心病窝。水稻收割后，带病稻谷、稻草、稻桩及田间某些杂草又成为当年后季或翌年水稻白叶枯病的初侵染源。

四、发病条件

在有菌源的情况下，该病的发生和流行主要与品种抗病性、气候条件和栽培管理密切相关。

1. 品种抗病性　　不同水稻类型和品种间抗性差异很大，通常是籼稻抗性最弱，粳稻其次，糯稻最强。但籼稻品种间抗性也有明显差异。同一品种不同生育期抗性也有差别，有的全生育期表现抗病，但一般是分蘖期前较少发病，孕穗期易感病。

抗病性机制主要有两种。①形态抗性：一般株形紧凑、叶片较窄挺直、张开角度小、水孔较少而小、叶面茸毛多的品种抗性较强；与此相反的则较感病。②生理生化抗性：抗病品种的多元酚和糖含量高于感病品种，谷氨酸和天冬氨酸等游离氨基酸含量较低，但脱氢脯氨酸含量高，在接种两周后，抗病品种的还原糖、蔗糖及总含糖量都比感病品种多。感病品种的过氧化物酶、酯酶和苯丙氨酸解氨酶的活性比抗病品种强；超氧化物歧化酶和豌豆查耳酮的活性则相反。

日本报道，将无致病力菌株接入抗病品种后，在维管束发现有包围和抑制病原菌生长的黏质物，使其形态改变，丧失繁殖能力，直至死亡，而受侵染稻株则不显症。感病品种接种病原菌后，维管束内无黏质物产生，病原菌可正常繁殖，只在感染后期当病原菌大量繁殖后才开始产生黏质物，受侵染植株显症。同时还发现稻株先导入无致病力菌株后再接种病原菌菌株时，病原菌同样受到维管束黏质物的抑制，病斑的扩展也受到明显阻碍。推测这种黏质物可能是病原菌与寄主互作的产物，同时植株由无致病力菌株诱发的抗病反应对后来侵入的有致病力菌株也有相当程度的抑制作用。非亲和性菌株及补骨脂、重楼、刺五加和麻黄等药用植物的提取液均可诱导植株产生一定程度的抗性。

据原中国科学院上海生物化学研究所等报道，水稻中有对不亲和白叶枯病菌株专一识别的多肽，并与不亲和菌株产生特异性作用而消失，但与亲和菌株相互不发生作用，推测多肽可能是抗性基因的产物。

2. 抗性遗传　　水稻品种对白叶枯病的抗病性受不同的抗性基因控制。抗性品种的抗性基因有显性和隐性，有单基因、寡基因和多基因，有主效基因和微效基因，有独立遗传和互补或连锁遗传。迄今，全世界已鉴定了至少 49 个白叶枯病抗性基因，其中 33 个为显性基因 *Xa*，16 个为隐性基因 *xa*［*xa5*、*xa8*、*xa13*、*xa15*、*xa19*、*xa20*、*xa24(t)*、*xa28(t)* 和 *xa33(t)* 等］，其中 5 个基因［*Xa21*、*Xa23*、*Xa27(t)*、*Xa29(t)* 和 *WBB2*］是从野生稻种资源中鉴定的，3 个基因［*xa19*、*xa20* 和 *Xa25(t)*］是利用人工突变的方法获得的。*Xa22* 和 *Xa24*、*Xa23* 分别是我国学者在云南粳稻品种'扎昌龙'和广西普通野稻中发现的。*Xa21*、*Xa1*、*Xa26*、*xa5* 和 *Xa27* 已被克隆。在已知的这些水稻抗白叶枯病基因中，除少数未明外，*Xa3*、*Xa4*、*xa5*、*Xa7*、*xa13*、*Xa21*、*Xa22*、*Xa23* 等对我国稻白叶枯病菌均具有广谱抗性，其中 *xa5*、*Xa7* 和 *Xa23* 为我国优选抗病基因，但 *Xa1*、*Xa2*、*xa8*、*Xa10*、*Xa14*、*xa18* 等则基本没有抗性。今后，我国在水稻栽培和抗白叶枯病育种中，应以引用具有广谱抗性基因的品种为主。

3. 气候条件　　病害发生的适宜温度为 25～30℃，相对湿度在 80% 以上。低于 20℃ 和高于 33℃ 均受抑制。在适温条件下，湿度、雨日和雨量是影响病害流行的主要因素。受早稻秧苗期气温较低及晚稻抽穗期寒潮影响，染病稻株均不易显症；夏秋季中稻和早稻后期及晚稻前中期病害流行则明显是台风暴雨所致。气温的高低主要影响病害潜育期的长短。叶枯型症状在 22℃ 时的潜育期一般为 13 d，在 24℃ 时为 8 d，在 25～30℃ 时仅为 3 d；凋萎型症状在 21℃ 时为 40 d 或更长，在 31℃ 时为 20 d。雾露大、雨水多时湿度高，稻叶水孔张开，叶面有水膜，台风暴雨又造成大量伤口，均有利于病原菌的入侵与传播。若发生洪涝灾害淹没稻田，则会降低稻株的抗病力，病害极易暴发流行。

白叶枯病的流行季节，在我国南方双季稻区，早稻为 4～6 月，晚稻为 7～9 月；长江流域早、中、晚稻混栽区，早稻为 6～7 月，中稻为 7～8 月，晚稻为 8 月中旬至 9 月中旬；北方单季稻区为 7～8 月。病害的流行程度则依当年温度高低、雨日长短和雨量大小，以及台风的强度和频率而定。

4. 栽培管理　　肥水管理对病害发生的影响最大。氮肥施用过多过迟，磷钾肥不足，稻株生长过旺、叶片披垂，稻株互相接触，通风透光不良，田间湿度大，稻体内蛋白质氮化物大量降解，游离氨基酸和可溶性糖含量增加，叶缘水孔张开，均有利于病原菌的传播、侵入、生长、繁殖、溢出与扩散，病害常较重；按水稻需肥规律施肥，病害较轻。

稻田地势低洼，长期深灌、漫灌和串灌，不排水露田和晒田，有利于病害的扩展蔓延，同时稻株根系发育不良，体内呼吸基质大量消耗，可溶性氮含量增加，会降低稻株的抗病性，加重发病；合理排灌，适时露田晒田，降低田间相对湿度，稻株生长健旺，会增强稻株的抗病性，不利于病原菌的传播和侵入。

五、预测预报

病害流行预测的依据是主栽品种的抗病性、易感期的长势和气候条件及菌量。

1. 品种抗病性预测　　不同的水稻品种对稻白叶枯病菌不同致病型或生理小种的抗性有较大的差异。根据水稻品种对病原菌致病型的抗性差别，以抵抗的小种数作分子，不能抵抗的小种数作分母，写成分子式，以表示抗性谱的宽窄。例如，'DV85'对我国病原菌 7 个致病型的抗病谱分子式为 C1～C7/0（C1 指致病型Ⅰ，其余类推），即能抗所有小种而不感染任何小种；'汕优 63'的抗病谱分子式为 C1/（C2～C7），即除了能抗小种 1 外，对 C2～C7 小种都缺乏抗性；'桂朝 2 号''南优 2 号'的抗病谱分子式为 0/（C1～C7），即对所有小种都不具有抗性。抗病谱宽的品种，在田间的抗性稳定持久；抗病谱窄的品种，只能在非致病小种流行区种植；对所有小种都不抗的感病品种则仅能在无病区种植。若在病区或致病小种流行区种植感病品种或抗病谱窄的品种，则应特别加强防治，以减少病害损失。

2. 始病期预测　　在病害常发区，选择低洼肥沃的田块为预测圃，种植当地有代表性的感病品种，多施氮肥，长期深灌。在常年始病期前，勤加检查，一旦发现中心病株，尤其是出现急性型病斑，即可参照历年同期病害发生和当年水稻栽培情况及气象预报，发出病情警报，指导防治。此外，还可以通过检查植株潜育病斑的方法来预测病害的发生，将若干疑为病原菌潜伏的病叶带回室内，把叶片从水中剪下，马上将基部插入用红墨水和清水各半兑成的染液中，在25～30℃气温下，经15～30 min后健叶全部染成红色，被病原菌侵染的潜育病斑仍为绿色，据潜育病斑的多少和不同气温条件下的潜育期来预测病害的发生。

3. 噬菌体预测　　南京农业大学曾用噬菌体检测田间菌量而预测发病始期。吸取离心机离心后的田水上层清液1～2 mL（如田水杂菌太多，可以加入1/10体积的氯仿灭菌后再吸），注入无菌的培养皿中，再加入1 mL浓厚的新培养的白叶枯病指示菌悬浮液，混合后，再倒入冷却至50℃的肉汁胨琼脂培养基或胁本氏培养基6～8 mL，迅速摇匀，在27℃条件下培养12～15 h后，当早、中稻本田水中噬菌体溶菌斑达500个/mL以上，环境条件又适宜时，10～15 d后开始发病；达到或超过1000个/mL时，在3～5 d内出现病害。但因田间施药和排水晒田等措施，对噬菌体有钝化作用，采样时应予以注意，以免因噬菌体含量偏低而影响分析的准确性。

4. 发病趋势预测　　据华东地区的资料，当6月下旬雨日数达8 d左右时，早稻白叶枯病可能大流行。7月至8月中旬，有20 d以上的阴雨天，平均气温在30℃以下，中稻有可能大发生。晚稻除受7～8月的月雨量影响外，还与台风暴雨密切相关，若台风暴雨天数达6 d以上时，往往造成严重发病。广东在常年发病期，月平均温度达26℃以上，月降雨量达200 mm以上时，再在预测圃中观察菌脓出现情况来预测病害流行。

六、防控措施

选用水稻抗、耐病品种是防治该病的主要措施。进行种子消毒，减少秧苗感染，培育无病壮秧，大田科学用水用肥，抓住关键时期进行药剂防治，便可大大减轻病害。

1. 选用抗、耐病品种　　种植抗、耐病品种是防治该病最经济、有效的措施。据不完全统计，近20年来，全国大面积推广种植新育成的抗、耐白叶枯病的常规稻品种和杂交稻组合达150个以上。由于这些抗性品种及组合的推广，全国稻白叶枯病的年发生面积及为害程度已明显下降。迄今，在大田生产中大面积种植的抗、耐病常规稻品种有'桂山矮3号''桂珍矮''珍桂矮1号''桂丰占''桂山占''青华矮6号''香稻164''湘早籼29号''湘早糯1号''南粳15号''云粳优1号''云超7号''临籼21号''滇籼14号''滇粳39号'等；杂交水稻有'博优64''博优210''博优香1号''博优桂99''枝优25''汕优桂33''秋优桂99''金优桂99''特优559''威优晚3''培杂双七''香两优D68''培两优288''培两优特青'等。由于不同稻区白叶枯病菌致病型不同，同一品种在不同地区的抗感反应不一，各地应因地制宜选用。新近的研究表明，可以用抗性基因累加的方法来扩大品种抗病谱及抗性的持久性。有学者以 $Xa4$、$xa5$、$xa13$ 和 $Xa21$ 为材料，采用传统育种辅以分子标记辅助选择的方法，构建了抗白叶枯病双基因累加系、三基因累加系和四基因累加系，用多个国家白叶枯病菌系检测评价的结果表明，它们不但增强了抗性，而且增加了抗菌谱，如 $Xa4$ 和 $xa13$ 原不抗小种Ⅳ，但二者的基因累加系却对小种Ⅳ显示抗性。抗性基因克隆及导入也是快速累加抗性基因的有效手段，但其实用性须经生产实践检验评估。

2. 选用无病种子，做好种子消毒　　无病区应加强种子检疫，严禁从病区引种。还可用免疫分离的新技术来检测稻种是否带菌。种子消毒可用 85%三氯异氰尿酸 300~500 倍液、10%乙蒜素乳油 500 倍液或 80%乙蒜素乳油 2000 倍液等，早稻浸种 24~48 h，晚稻浸种 10~12 h，浸种后洗净再催芽播种。

3. 及时处理病稻草和病稻桩，培育无病壮秧　　早稻播种前及时清理露天稻草。早、晚稻均应注意选择远离稻草堆、晒场，前作及邻近均无病的田块作秧田，不用流经草堆、草房和杂草丛生处的水灌溉，不用病草催芽、盖秧和扎秧把。如前作有病，应及早灌水犁耙沤田 15~20 d 甚至以上，若施石灰 25~30 kg/667 m² 耙沤则更好。秧苗不深灌水，在 3 叶期和移栽前 3~5 d 各喷药 1 次。

4. 科学用水用肥，加强栽培管理　　搞好稻田排灌分流，实行浅水勤灌，及时排水晒田，防止串灌、深灌、漫灌，不用流经病田的水灌溉。施足基肥，增施磷钾肥，及时追肥，巧施穗肥，不要迟施偏施氮肥，台风暴雨前暂停施肥，以提高稻株的抗病力。

5. 生物防治　　稻白叶枯病的防治多采用化学方法，易造成药物残留、耐药性、环境污染等诸多问题。生物防治因具有对环境友好、无药物残留及不易产生耐药性等优点而得到广泛的研究和应用。目前对稻白叶枯病有较好防治效果的生防菌有抗生素溶杆菌、芽孢杆菌、荧光假单胞菌、链霉菌等。

6. 化学防治　　当田间病害处于点发阶段，气候条件和稻株长相又适于发病时，每 667 m² 选用 20%噻菌铜悬浮剂 500 倍液、40%噻唑锌悬浮剂 600~900 倍液、50%氯溴异氰尿酸水溶性粉剂 1500 倍液，或 40%春雷•噻唑锌悬浮剂 115 mL/667 m²；水稻秧苗 3~4 叶期和移栽前 5 d 用 30 μg/mL 中生菌素进行喷雾，施药后如遇雨，雨后应及时补喷。

稻白叶枯病严重度分级标准：0 级，无病；Ⅰ级，病斑面积为叶面积的 1/4 以下（从顶叶往下 3 张叶片）；Ⅱ级，病斑面积为叶面积的 1/4~1/2；Ⅲ级，病斑面积为叶面积的 1/2~3/4；Ⅳ级，病斑面积为叶面积的 3/4 以上。

第三节　稻细菌性条斑病

本节图片

稻细菌性条斑病（rice bacterial leaf streak）简称细条病，1918 年首见于菲律宾，主要发生于亚洲热带、亚热带稻区。中国最早于 1953 年在广东珠江三角洲发现，1950~1960 年曾在华南、四川、浙江发生流行。1980 年以来随着杂交稻的大力推广和稻种南繁调运，发病区域扩大，目前已成为江南稻区的重要病害之一，其为害程度已远超过稻白叶枯病，是我国重要的植物检疫对象。病害发生后，叶片红褐色枯死，一般减产 15%~25%，严重的损失 40%~60%。

一、症状

稻细菌性条斑病主要为害叶片，也为害叶鞘，在秧苗期即可见病。病斑初为水渍状、暗绿色的半透明小点，后沿叶脉延伸，形成暗绿色至黄褐色窄条斑，大小为（3~5）mm×（0.5~1）mm，最长可达 6~8 cm，斑上出现许多细小蜜黄色菌脓，干燥后呈琥珀色、不易脱落。病斑可产生于叶面任何部位，感病品种的病斑周围有黄晕。病斑密布时连成黄褐色至枯白色不规则斑块，表观似白叶枯病，但对光观察时可见病斑是由很多半透明的小条斑融合而成的，病重时整叶红褐色枯死，远看似火烧状。叶鞘病斑与叶片上的相似（拓展图 1-9）。

二、病原

1. 分类地位 稻细菌性条斑病的病原为黄单胞菌科黄单胞杆菌属稻生黄单胞杆菌稻细条斑致病变种［*Xanthomonas oryzae* pv. *oryzicola*（Fang et al.）Swings et al.］［=*X. campestris* pv. *oryzicola*（Fang et al.）Dye=*X. oryzicola* Fang et al.］。

2. 形态特征 菌体短杆状，单生，偶成对但不成链，无芽孢和荚膜，大小为（1～2）μm×（0.3～0.5）μm，极生单鞭毛（其形态可参阅图1-2）。

3. 生物学特性 革兰氏染色阴性，好气性。在肉汁蛋白胨培养基上菌落圆形，黄色带黏性，光滑发亮，边缘整齐。在28℃条件下生长良好。其生理生化反应与稻白叶枯病菌基本类似。不同点是，稻细菌性条斑病菌水解明胶和淀粉能力较强，生长快；在2%葡萄糖和20 mg/L青霉素基质上均能正常生长。稻白叶枯病菌则相反。

4. 致病力分化 该菌的致病力有分化现象。菲律宾以150个菌系和36个水稻品种为试材进行组配接种的结果表明，病原菌侵袭力（非专化性致病力）分化十分明显，但强菌系对所有供试品种都有强的致病力，弱菌系的致病力都弱，未发现对品种有专化性的致病小种。

郭亚辉等用'IRBB5''IRBB14''IR24''IRBB4''IRBB21''金刚30'6个水稻鉴别品种对来源于全国各省（自治区）的62株菌株进行致病力接种测试，将我国的稻细菌性条斑病菌分为6个致病型（C1～C6）（表1-2）。

表1-2 中国稻细菌性条斑病菌致病型（引自郭亚辉等，2004）

小种	鉴别品种						比例/%
	'IRBB5'	'IRBB14'	'IR24'	'IRBB4'	'IRBB21'	'金刚30'	
C1	R	R	R	R	R	S	29
C2	R	R	R	R	S	S	24
C3	R	R	R	S	S	S	13
C4	R	R	S	R	S	S	11
C5	R	R	S	S	S	S	13
C6	R	S	S	S	S	S	10

注：R表示抗病，病斑长度≤10 mm；S表示感病，病斑长度>10 mm

5. 寄主范围 在自然条件下，其寄主有水稻、陆稻和野生稻，是病原菌在田间的交替寄主。人工接种李氏禾正常发病，表明其也可能是自然染病寄主。接种玉米、高粱、稗和莎草科的某些杂草时不发病。

三、病害循环

病原菌在病种子、病稻草、再生稻、落谷秧、多种野生稻和某些杂草上越冬。调运带菌种子是病害远距离传播的主要途径。病原菌借风、雨水、流水、叶片接触，以及人畜、昆虫活动而传播，从气孔或伤口侵入后，在气孔下室繁殖并扩展到薄壁组织的细胞间隙，因受叶脉限制，故形成条斑。病部出现的菌脓可进行再侵染。在华南稻区，早、晚稻秧苗即可发病或潜育带菌，病苗移栽本田后也可成为本田的初侵染源。

四、发病条件

稻细菌性条斑病发生流行与否，主要受品种抗性、气候条件及栽培管理的影响。

1. **品种抗性** 不同品种间抗性有明显差异，但迄今未发现有免疫品种。一般糯稻、籼稻较粳稻感病，常规稻较杂交稻抗病。一般植株较矮、叶片窄小挺直、气孔少且孔径小的品种，比植株高、叶片宽而平展、气孔密度大且孔径也大的品种抗性强。同一品种通常是分蘖盛期至孕穗期易染病，抽穗期后抗性增强。抗性品种过氧化物酶同工酶、酯酶同工酶的活性高，酚类化合物、可溶性糖含量较多，而游离氨基酸的含量比感病品种少。另据广西报道，同一品种在不同地区抗性也不同。例如，'IR8'在国外高感，在湖南中感，在广西抗病；在湖南，'DV85'抗病，'杜勒'高抗，但在广西则相反，'杜勒'较'DV85'感病。这表明病原菌在各地的致病力可能存在差异。

据浙江报道，细条病菌和白叶枯病菌的某些抗性基因之间存在着某种程度的连锁，抗病育种时较易被利用。水稻品种对这两种病害的抗性基因型不同，同一品种对两病的抗性存在差异。不同的品种对这两种病害可以有双感、双抗、抗稻细菌性条斑病感白叶枯病和抗白叶枯病感稻细菌性条斑病4种反应。双感品种有'金刚30''协优63''东农363'等；双抗的除'DV85''IR26''IRBB5''IRBB17'外，还包括'DA29''BALAYAN''GHARIBE''DHALA'和'BHADOI'等，'农垦57'等抗稻细菌性条斑病而感白叶枯病，'抗79''抗恢63''IRBB21''IRBB7'和'CBB23'等则抗白叶枯病而感稻细菌性条斑病。抗性基因各由主效显性或隐性基因控制：'BJ1'含一对显性抗性基因，'IR36'含两对主效隐性抗性基因，'BG35-2'含两对有重叠作用的隐性抗性基因，'南粳15'含一对隐性抗性基因。

2. **气候条件** 该病的发生流行要求高温高湿。病害在8~38℃条件下都能发生，最适温度为25~30℃。温度主要影响潜育期长短，但与显症率关系不大。湿度主要影响病叶率和病斑数，湿度越高，稻叶气孔开启的就越多，时间也越长，就越有利于病原菌侵入。雨水多，雾露大，尤其台风暴雨多的年份，会造成叶片伤口也多，对病原菌传播侵染有利，往往酿成病害大流行。

3. **栽培管理** 该病发生流行还与灌溉、施肥技术关系密切。用硝酸铵钙化肥，不偏施迟施氮肥，可抑制病原菌繁殖，减少稻体内游离氨基酸，增强稻株抗性。注意：开沟排水，避免洪涝灾害，不深灌、串灌、漫灌，适时露、晒田，都可减轻病害。

五、防控措施

防治稻细菌性条斑病必须强化检疫，根绝初侵染菌源，选栽抗病品种，培育无病壮秧，科学管理肥水和及时用药防治。

1. **强化检疫** 无病区不从病区调入稻种，确需引种时必须严格施行产地检疫，带菌种子不得外运。一旦发现疫情要严格封锁，彻底清除。对无症的可疑带菌稻种，有条件的部门单位，还可采用免疫放射分析法（IRMA）、金黄色葡萄球菌共凝集法和单克隆抗体（McAb）技术等来检测稻种是否带菌。

2. **选栽抗病品种** 据广西、江苏等地鉴定，中抗以上且表现较稳定的常规稻品种有'晚籼361''华竹40''包二白''广晚5号''双桂1号''青华矮''南粳15''红优4号''红优1号''红优3号''滇屯502''镇粳11''风稻27''云粳3号''玉粳16'等；'湘早先7号''赣秀早1号''汕514'等也较抗病；杂优稻表现中抗的有'协优49''西优28'

'汕优 IP-9''威优 6 号''汕优 6 号''泗优 6 号''钢优 6 号'等；抗源品种有'玻璃占''晚铁矮''花皮山糯'等。

3. 农业及化学防治措施　　培育无病壮秧，科学管理肥水，种子预防性消毒及秧田期、本田期药剂防治等详见稻白叶枯病防治。

4. 生物防治　　发病初期，可选用生物农药"叶斑宁"60 亿活芽孢/mL、解淀粉芽孢杆菌 Lx-11 水剂 500～660 mL/667 m² 或 3%中生菌素 80～110 mL/667 m² 进行喷雾防治，连续施药 2～3 次，每次间隔 7 d 左右。每 667 m² 兑水 40～60 kg。

稻细菌性条斑病严重度分级标准：0 级，叶上全无病斑；Ⅰ级，叶片仅有半透明、水渍状小点病斑，占叶面积的 1%以下；Ⅱ级，叶片有零星短而狭条病斑，占叶面积的 1%～5%；Ⅲ级，叶片病斑较多或连接在一起，占叶面积的 6%～25%；Ⅳ级，病斑密布叶片，占叶面积的 26%～50%；Ⅴ级，病斑占叶面积的 50%以上，叶片变橙褐色、卷曲、枯死。

本节图片

第四节　稻 纹 枯 病

稻纹枯病（rice sheath blight）俗称"花脚""花秆""烂脚瘟"和"尿疤印子"，是水稻四大病害之一，广泛分布于世界各稻区。该病在我国稻区普遍发生，在长江流域和南方稻区为害较重，自 20 世纪 90 年代中期以来，北方稻区纹枯病的发生趋势逐年上升。水稻受害后，会影响谷粒灌浆，增加瘪谷率，严重时枯死倒伏，一般可减产 5%～10%，严重的可达 50%～70%，给水稻生产造成了严重损失。由于缺少抗病水稻品种及施肥水平的提高，目前该病已成为我国水稻生产上发生面积最大、为害最重的病害。据近几年来全国农作物病害预测预报，该病每年的发病面积在 1600 万 hm² 以上，严重限制了我国水稻的高产、稳产。

一、症状

稻纹枯病在水稻全生育期均可发生，以分蘖盛期至穗期受害最重，主要发生在叶鞘部位，严重时也可向上蔓延至上部叶片及穗部。

1. 叶鞘症状　　病状通常发生在水面叶鞘部位，初为水渍状、暗绿色小斑点，后扩大为云纹状病斑，灰白色，边缘暗褐色。严重时多个病斑常相互融合形成不规则形大斑，使稻秆变成花秆。湿度低时，病斑中部草黄色或灰白色，边缘暗褐色。潮湿时，病斑中央灰绿色至灰褐色，重病时叶鞘变黄枯死（拓展图 1-10）。

2. 叶片和茎部症状　　叶片和茎部也形成云纹状、灰白色病斑，严重时病原菌可以向上爬升至上部叶片，并侵入茎秆内部，导致叶片干枯、腐烂。上部叶片病重时常湿腐，形成"烂顶"现象，并可引起稻株不能正常抽穗而出现"胎里死"；穗部发病，秕谷增加，粒重明显减轻；成株发病可造成全株干枯和倒伏，产量损失加剧。天气阴湿多雨时，发病部位可见白色菌丝体，菌丝纠结成褐色绒球状菌核。菌核成熟后变成褐色，球状或类似老鼠粪状，可黏附在病部，或干燥后脱落掉在土中。病叶鞘内侧产生的菌核多存留于叶鞘和茎秆缝隙间（拓展图 1-11）。

二、病原

1. 分类地位　　稻纹枯病的病原，无性阶段为丝核菌属立枯丝核菌（*Rhizoctonia solani*

Kühn）；有性阶段为担子菌门亡革菌属瓜亡革菌 [*Thanatephorus cucumeris*（Frank）Donk]，一般不易发现。

2. 形态特征　　菌丝初无色，老熟后黄褐色，直径 5～14 μm，有分枝，分枝与母枝呈直角或近 45°锐角，分枝基部缢缩，近分枝处有分隔，细胞存在多核现象。菌丝接触寄主时，其先端呈裂片状侵染垫。菌核由菌丝体交织纠集而成，表生，初为白色，发育成熟时黄褐至暗褐色，球形或扁球形，直径 1.5～3.5 mm，菌核间互相融合成不规则形，靠病斑面略凹陷或扁平，成熟后易脱落到土中。菌核表面粗糙，有圆形小孔，称萌发孔，其作用是菌核形成过程中向外排出分泌物，萌发时由此伸出菌丝。菌核颜色为褐色至黑褐色，富含儿茶酚类黑色素。菌核纵切可分为内外层，颜色均一，外层由 10～15 层死细胞腔组成，内层则由中部膨大粗短、藕节状的活细胞群组成（图 1-3）。内外层厚薄决定着其在水中的沉浮，内层比外层厚时为沉核，反之则为浮核。通常浮核多于沉核（拓展图 1-12）。

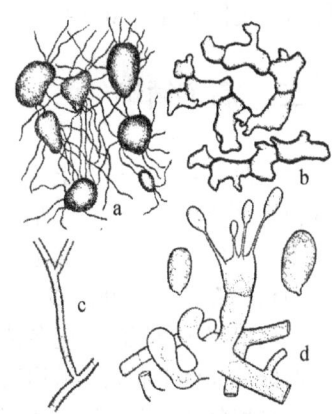

图 1-3　立枯丝核菌
（引自中国农业科学院，1959）
a. 菌丝与菌核；b. 菌核细胞；
c. 菌丝及其分枝特征；d. 担子和担孢子

担子无色，单胞，倒棍棒形，大小为（5.6～16）μm×（5～10）μm，顶生 2～4 个小梗，其上各生 1 个无色、单胞、卵圆形担孢子。担孢子又可以芽生式产生次生担孢子。

3. 生物学特性　　病原菌的生长温度为 10～42℃，最适温度为 28～32℃。病原菌侵入寄主的温度为 23～35℃，最适温度为 28～32℃。菌核在 12～15℃时开始形成，在 30～32℃时最多，在 40℃以上时就不再形成。菌核的存活力很强，在稻田、旱地、杂草地和绿肥地表土层越冬的菌核，其萌发率和致病率均分别在 96% 和 88% 以上，无休眠期和后熟期。当年新生菌核在适宜条件下既能萌发菌丝并开始侵染致病，又可形成新的菌核。菌核在 27～30℃的温度和 95% 以上的相对湿度条件下，1～2 d 内就可萌生菌丝并完成侵染，如相对湿度在 85% 以下，病原菌侵染即受抑制。日光可抑制菌丝生长，但对菌核形成有刺激作用。菌丝在 53℃ 5 min 致死，菌核在 55℃ 8 min 致死。病原菌在 pH 2.5～7.8 均能生长，最适 pH 为 5.4～6.7。

4. 生理分化　　根据日本学者 Ogoshi 建立的菌丝融合群（anastomosis group，AG）分类方案，立枯丝核菌至少有 14 个菌丝融合群（AG1～AG13 和 AGBI），菌丝融合群下又至少有 18 个菌丝融合亚群。引起稻纹枯病的病原菌主要为 AG1。在 AG1 菌丝融合群中，根据菌株致病力和寄主范围，又分为 IA、IB 和 IC 三个亚群，其中 IA 亚群（AG1-IA）的菌株对水稻的致病力最强。

5. 致病机制　　立枯丝核菌的致病性与其分泌的果胶酶和纤维素酶活性呈正相关，且果胶酶在致病过程中的作用比纤维素酶大。病原菌还可以分泌效应蛋白及多种次生代谢产物，包括寄主选择性毒素和生物活性分子。这些次级代谢产物通过打破寄主的物理屏障，干扰正常生理功能和寄主防御功能，促进病原菌的毒力。立枯丝核菌产生的毒素主要是葡萄糖和半乳糖等糖类物质，能在很低的浓度下诱发植物病害，高毒力菌株能产生更多的毒素。其他生物活性分子包括草酸、3-甲硫基丙酸、苯乙酸及其衍生物。草酸在病原菌–植物互作早期分泌和积累，并参与植物细胞壁的降解，还可以抑制各种酚类物质的产生，触发寄主程序性细胞死亡，从而促进病原菌侵染。

6. 寄主范围　　该病原菌的寄主范围很广。自然寄主有 15 科近 50 种植物，人工接种时，可侵染 54 科 210 种植物。重要的寄主作物包括水稻、玉米、大麦、高粱、粟、黍、豆类、花生、甘蔗和甘薯等。杂草有稗、马唐、莎草、李氏禾等。不同的菌丝融合群菌株的寄主范围有一定的差异，AG1菌丝融合群菌株的寄主范围最广。

三、病害循环

病原菌主要以菌核在土壤中越冬，也可以菌丝和菌核在病稻草、病稻桩、田间和田边杂草及其他寄主植物上越冬。水稻收割后遗留在田间的菌核，每667 m²可在10万粒以上，最多的可达100万粒以上。菌核的生命力极强，可以存活长达3年以上。在种植冬季作物的稻田土表越冬菌核的存活率达96%以上，在土表下10~26 cm处越冬的菌核存活率也在88%左右。翌年春天稻田灌水犁耙时，越冬菌核上浮，夹杂于水面浮渣中随处漂移。水稻插秧后，菌核即依附于稻株基部近水面处。随稻田中耕次数的增加，浮于水面及附着于稻株基部的菌核数量不断增多。水稻分蘖盛期，行间密闭，通风透光差，相对湿度增大，依附于稻株基部的菌核便大量萌生菌丝，在叶鞘上纵向延伸，从叶鞘表面或叶鞘缝隙处进入叶鞘内侧，形成大量的侵染垫，穿透表皮细胞壁进行侵入。除浮核外，在水下泥土中的沉核和田边杂草及其他寄主植物上越冬的病原菌也可黏附并侵染稻株。潜育期短则1 d，长则5 d，稻株发病后，病部再长出菌丝体和形成新的菌核。通过菌丝的延伸缠绕作用和落入水中传播的新菌核进行再侵染。水稻分蘖盛期至孕穗期病害以水平扩展为主，增加病丛率及病株数；抽穗期后以垂直扩展为主，增加严重度。至稻株抽穗后10 d左右，病情达最高峰。

四、发病条件

该病发生的轻重与气候条件、栽培管理、品种抗性和生育期、菌源基数等因素有密切关系。

1. **气候条件** 该病是一种高温高湿病害，在品种和栽培条件变化不大的情况下，不同年份间同一时期病害发生的轻重主要受气候影响。当日平均气温稳定在22℃又有雨湿时，病害开始发生；在23~25℃并伴有雨湿的条件下，病情缓慢扩展；在28~32℃和97%以上的相对湿度时病情扩展最快。当日均气温下降到20℃左右时，病害发展受到抑制。在同一地区内，温度主要影响一年中病害始见期和终止期的迟早，在适温范围内，湿度则主要影响病情轻重，湿度越大，为害越重。

我国各地生态条件不同，病害发生期存在着明显差异。华南双季连作稻区，早稻发病高峰期为5~6月，晚稻为9~10月；长江流域早、中、晚稻混栽区，早稻发病高峰期为6月上旬至7月上旬，中稻为7月上旬至8月下旬，晚稻为8月下旬至9月中旬；在北方一季稻区，发病高峰期为6月下旬至8月中旬。各地病害盛期都与水稻易感生育阶段孕穗至抽穗期相吻合。

2. **栽培管理** 该病发生的轻重在很大程度上取决于肥水管理技术。偏施或过量集中追施氮肥，则导致稻株叶片柔嫩，浓绿披垂，株间密不透风，湿度过大，稻株内碳氮比降低，抗病性降低，有利于菌丝延伸扩展；而施足基肥，配施磷钾肥，适时适量追肥，既保持一定的氮素营养，又可促进碳水化合物的合成，可提高稻株的抗病性。深灌、漫灌和串灌，增加田间湿度，有利于菌丝生长侵染和菌核漂移，促进病害传播。浅水勤灌，湿润灌溉，及时排水露田、晒田，可有效地抑制病害蔓延，其原因是：①可控制无效分蘖，田间通透性好，降低湿度至80%以下，提高光合效率，不利于病原菌生长繁殖；②极大地减少了菌核随灌溉水漂流传播的机会；③提高土温和土壤通透性，稻株根群生长旺盛，活力强，吸收养分能力强，使稻株节间缩短、粗壮，避免倒伏，增强抗病性。

3. 品种抗性和生育期　水稻不同品种对纹枯病的抗性存在一定的差别，但至今未发现高抗或免疫品种，只有为数不多的抗病和中抗的种质或品种。'Tadukan''Tetep''YSBR1''特青''Jasmine 85'等水稻材料对纹枯病表现出一定的抗性。总体上籼稻较抗病，粳稻易感病，糯稻发病最重；矮秆阔叶品种比高秆窄叶品种罹病重。杂交稻株矮，分蘖力强，株间密度大，叶片接触频繁，有利于病害向水平和垂直两个方向扩展，往往比常规稻发病重。在一定条件下，病害在矮秆品种上每上升一个叶位需2~3 d，在高秆品种上则需3~5 d。

纹枯病罹病程度与生育期和组织老嫩都有一定的关系。早熟品种叶鞘淀粉含量较低且随稻株生长而很快下降，故垂直扩展速度快，病情较重；相反，中、迟熟品种叶鞘淀粉含量较高且稳定，病情较轻。凡是水稻品种蜡质层厚，体内硅化细胞多、硅化程度高，纤维素含量高，过氧化物酶活性和多酚氧化酶活性强，抗性则相应增强。通常14~20日龄的叶鞘和叶片较老龄叶鞘和叶片耐病，抽穗前上部叶鞘和叶片较下部的抗病；抽穗后，上位叶碳水化合物向籽粒输送，其抗性也随株龄的增加而递减；水稻在孕穗、抽穗期较幼苗及分蘖期感病，除气候条件影响外，稻株本身在孕穗、抽穗期后，新生根系少，根群活力下降，抗病能力减弱，加之此时叶面宽大交错，叶鞘由紧裹稻茎变得松散，有利于病原菌侵染。乳熟期后，下部老叶渐次枯死，田间湿度下降，可抑制病情发展，至黄熟期基本停止。

稻纹枯病抗性是由数量性状基因座（quantitative trait locus，QTL）控制的数量性状。目前虽然水稻12条染色体上均有纹枯病抗性QTL被定位，但由于田间纹枯病的发生易受环境及水稻定位群体在表型和遗传背景上差异的影响，定位结果的重复性较差。目前尚未克隆到控制稻纹枯病抗性的主效基因。

4. 菌源基数　田间越冬菌核残留量与翌年水稻初期病害轻重呈正相关。上季或上年未防治的重病田，越冬菌核数量多，初期病情较重，如有利于病害发生的环境条件持续发展，病害便随之严重流行。相反，在新垦田，上季或上年防治效果好的轻病田，或大面积打捞菌核较彻底的田块，菌核残留量较少，初期病害较轻。

五、预测预报

根据该病的发生流行条件，开展田间菌核密度调查与稻株发病情况调查，结合天气预报，预测病情发展趋势，以指导大田防治。

1. 菌核密度调查　调查于水稻收割后至犁翻前进行。按病情轻重，各取3块田，棋盘式10点取样，每点1 m^2，计数每点遗落于田面菌核数，然后换算出每667 m^{2}的菌核数量。当每667 m^{2}有菌核10万粒以上时，且在当季禾苗分蘖盛期时段雨日多，则大发生概率高。

2. 田间病情调查　采取系统调查和大田普查相结合的方法。当系统调查田的病丛率达5%，大田已普遍零星发病时，田间植株间郁蔽，天气预报阴雨天持续5 d以上，则7~12 d病情将进入流行盛期。具体调查方法如下。

1）系统调查　选择长势较好的主栽品种早、中、迟三种类型田各1块，从分蘖盛期至乳熟期5 d调查一次病丛率和病株率，蜡熟期按分级标准调查一次病情指数。调查时每块田用对角线确定两点（定点时一般不超过一个发病中心，如条件允许，可在观察点及其周围留约70 m^{2}不施药区），每点直线查50丛，共查100丛，每隔5丛调查1丛、共查20丛的病株数，计算病丛率和病株率。蜡熟期则以株为单位，对前述20丛稻株进行严重度分级，计算病情指数。

稻纹枯病严重度分级标准：0级，全株无病；Ⅰ级，茎部叶片叶鞘发病；Ⅱ级，第三叶片以下各叶鞘或叶片发病（自顶叶算起，下同）；Ⅲ级，第二叶片以下各叶鞘或叶片发病；Ⅳ

级，顶叶叶鞘或顶叶发病；Ⅴ级，全株发病枯死。

2）大田普查　　选有代表性的测报点3～5个，每点选生育期早、中、迟，或长势好、中、差三种类型田的主栽品种各1块，于分蘖盛期、孕穗期、蜡熟期各调查1次。插秧田采用双行直线取样法，每块田取10个点，每点10丛，共查100丛；抛秧田采用棋盘式取样，每点查20丛，共100丛；直播田采用棋盘式取样法，每块田取10～20个点，每点查0.1 m²。调查病丛数（直播田无此项）、总株数、病株数和严重度，计算病丛率、病株率及病情指数。

六、防控措施

针对该病应采取以农业防治为基础，减少病原菌初侵染源，选用抗病品种，加强肥水管理，及时施药的综合防治措施。

1. 减少菌核残留量　　病田收割时，病残体要集中处理。病田收割后，结合冬季积肥，铲除田边杂草，集中烧毁。

2. 选用较抗病的品种　　目前没有免疫或高抗品种。可以选择如'黄华占''美香占''粤禾丝苗''广8优165''特青''博优湛19''汕优63''豫粳6号'等品种。

3. 科学施肥管水，加强栽培管理　　施足基肥，以有机肥作底肥，及时追肥，配施磷钾肥，使水稻前期不披叶，中期不徒长，后期不贪青，收割时青枝蜡秆。做到浅水分蘖，够苗排水露田，晒田促根，肥田重晒，瘦田轻晒，轻重适度，浅水养胎，湿润长穗，不过早断水，防止早衰。

4. 药剂防治　　水稻分蘖末期为防治的关键期，病丛率达5%或拔节至孕穗期病丛率达10%～15%时，及时施药。如抽穗期病丛率达20%需再施药1次。常用的药剂有井冈霉素、多抗霉素、苯甲·嘧菌酯、丙环唑、己唑醇、噻呋酰胺等。一般井冈霉素使用量为30～40 mg/L；多抗霉素使用量为100～120 mL/667 m²；苯甲·嘧菌酯使用量为40～50 mL/667 m²；丙环唑使用量为30～60 mL/667 m²；己唑醇使用量为90～100 mL/667 m²；噻呋酰胺使用量为15～22 mL/667 m²。重点在稻丛中、下部喷雾。同时注意兼治稻飞虱。

本节图片

◆ 第五节　水稻恶苗病

水稻恶苗病（rice bakanae）又称"徒长病""白秆病"等，广泛分布于世界各个稻区，可造成水稻产量损失3%～70%。我国各水稻产区均有分布，以广东、广西、湖南、江西、上海、浙江、江苏、安徽和辽宁等地区发生较严重。我国20世纪50～60年代曾基本控制了该病害。近年来，随着水稻品种、栽培措施的变化，水稻恶苗病的发生呈逐年上升趋势，成为水稻生产上一个重要的问题。

一、症状

该病为害水稻，全生育期都可发生。

1. 苗期　　病谷粒播种后不能发芽或不能出土，秧苗2～4叶期即表现症状，病苗比健株细高，叶片、叶鞘狭长，叶色淡黄，根部发育不良，根毛少，部分病苗在移栽前死亡（拓展图1-13）。枯死病苗上产生的淡红色或白色粉状物，即分生孢子梗及分生孢子。

2. 本田期　　在秧苗移栽后 10～30 d 表现病症，叶片呈淡黄绿色，节间明显伸长，节部常弯曲露于叶鞘外，病茎内可见白色蛛丝状菌丝，分蘖少或不分蘖，病株下部几个节倒生许多不定根，后期茎秆逐渐腐烂，病株多在抽穗前枯死。湿度大时，枯死病株的叶鞘和茎秆表面产生淡褐色或白色粉状物，后期可见小黑点，即病原菌子囊壳。病株一般不能抽穗，发病较轻的植株虽能抽穗，但穗小且不结实。

3. 抽穗期　　稻粒也可受害，严重的变褐，不结实，在颖壳夹缝处产生淡红色霉层，发病较轻的植株不表现症状，但内部已有菌丝潜伏。谷种的带菌率与苗期病情呈正相关，重病谷粒不能发芽或出芽后不久死亡。

该病的典型症状是徒长，但也有表现矮化或外观正常的现象。

二、病原

1. 分类地位　　水稻恶苗病的病原，有性阶段为藤仓赤霉 [*Gibberella fujikuroi*（Sawada）S. Ito]，属于子囊菌门赤霉菌属；无性阶段为镰孢属的藤仓镰孢（*Fusarium fujikuroi* Nirenberg）、层出镰孢（*F. proliferatum*）、轮枝镰孢霉（*F. verticillioides*）和新知镰孢（*F. andiyazi*）。

2. 形态特征　　水稻恶苗病子囊壳多产生在水稻接近成熟时，位于病株下部茎节附近或叶鞘上，蓝黑色，球形或卵形，表面粗糙。子囊圆筒形，底部细而上部圆，各子囊内含有 4～8 个子囊孢子。子囊孢子长椭圆形，无色，通常 1 个隔膜，分隔处稍缢缩。分生孢子有大型和小型两种，以小型分生孢子为主。小型分生孢子卵形、椭圆形或纺锤形，无色，单胞（偶有双胞），在分生孢子梗上呈链状或簇生成球状（图 1-4a～c、g）；大型分生孢子无色，镰刀形，呈细长状，两端渐弯曲，顶端渐尖，脚胞足跟不明显，多数 3 隔膜，少数 5 隔膜（图 1-4d、e）；产孢细胞单、复梗并存。

3. 生物学特性　　病原菌菌丝生长最适温度为 25～30℃，病原菌侵染寄主最适宜的温度为 35℃。在 30℃左右繁殖最快，在 20～25℃虽能繁殖，但繁殖速度缓慢，到 40℃时病原菌受到抑制。该菌耐干燥能力较强，能长期存活，但在潮湿条件下病原菌短期内便失去活力。

4. 代谢产物　　水稻恶苗病菌在代谢过程中可产生赤霉素（gibberellin）、赤霉酸（gibberellic acid）、镰孢菌酸（fusarinic acid）和去氢镰孢菌酸（dehydro-fusarinic acid），前两者有促进水稻徒长和抑制叶绿素生成的作用，后两者则有抑制稻株生长的作用。

5. 生理分化　　目前国内外对水稻恶苗病菌生理小种尚未有详细的研究。

6. 寄主范围　　除水稻外，水稻恶苗病菌还可侵染玉米、大麦、小麦、甘蔗、高粱、大豆等作物。

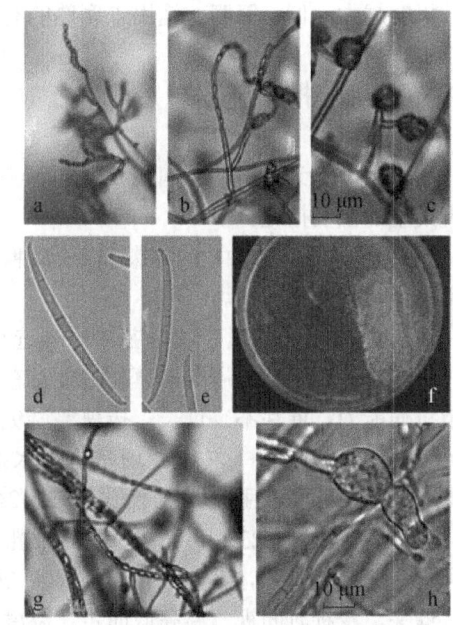

图 1-4　藤仓镰孢的形态图
（引自 Infantino et al.，2017）

a、b、g. 小型分生孢子呈链状排列；c. 小型分生孢子簇生成球状；d、e. 大型分生孢子；f. 在合成低营养琼脂（synthetic low nutrient agar，SNA）培养基上的菌落形态；h. 膨大的菌丝细胞

三、病害循环

带菌种子和稻草是该病的主要初侵染源。病原菌主要以分生孢子附着在种子表面或者以菌丝潜伏在种子内越冬。在浸种过程中，带菌种子污染无病种子，稻种萌发后，病原菌侵入芽鞘、根和根冠，引起秧苗发病。枯死秧苗表面产生分生孢子，借助气流从伤口侵染健苗引起再侵染。水稻开花时，病株上产生的分生孢子落到花器官上，产生带菌种子，脱粒时，带菌种子的分生孢子附着在无病种子上，成为下一年的初侵染源。

四、发病条件

水稻恶苗病发病轻重与品种抗病性、气候条件及栽培管理等因素有关。

1. **品种抗病性** 不同水稻品种的抗病性有一定的差异，一般认为粳稻比籼稻抗病，常规稻比杂交稻抗病，但目前尚未发现免疫品种。

2. **气候条件** 温度对水稻恶苗病的影响较大，尤其是育苗阶段的温度，一般温度为30～35℃时，最适合病原菌侵染，在25℃以下时病苗减少，在20℃以下或者40℃以上时都不发病。移栽时遇到高温天气，发病率较高。

3. **栽培管理** 伤口有利于水稻恶苗病菌的侵入，因此脱粒时稻种受伤、拔秧或栽插时秧苗受伤过重、栽插过夜秧及栽插过深均会加重发病。另外，旱育秧比水育秧发病重。长期深灌，会导致水稻生长衰弱，有利于发病。收获后不及时脱粒，堆放时间越长，稻种污染病原菌的机会越大。偏施氮肥、施用未腐熟的有机肥，均有利于病害发生。

五、防控措施

带菌种子为水稻恶苗病主要的初侵染源。因此，建立无病留种田和进行种子处理是控制病害发生的主要措施。

1. **选择抗病品种** 选栽抗病品种，避免种植感病品种。一般来说，粳稻比籼稻抗病，常规稻比杂交稻抗病。

2. **加强栽培管理，减少菌源** 选择无病或者已消毒过的秧田育秧，及时清除病残体，拔除病株并销毁，不用病稻草作为催芽覆盖物。培育无病壮秧，合理施肥，及时揭膜，增强秧苗抗病能力。催芽不宜过长，拔秧要避免损根。

3. **药剂防治** 种子处理是防治水稻恶苗病的重要措施。用化学药剂浸种或种子包衣是生产上常用的防治手段。种子预浸 12～24 h 后，用 25%咪鲜胺乳油 2000～3000 倍液浸种 24～48 h；还可采用 4.23%甲霜·种菌唑微乳剂、80%乙蒜素乳油或 25%氰烯菌酯悬浮剂等药剂浸种。用药剂浸种时，药液应没过谷种面 20～30 cm，在浸种过程中应搅拌若干次，处理后可直接催芽。浸种时间视气温高低而定，温度低时适当延长。

本节图片

第六节 稻 曲 病

稻曲病（rice false smut）俗称"假黑穗病""绿黑穗病""青粉病"和"丰收病"等，是水稻后期发生的一种真菌性病害，在亚洲、非洲与美洲等30多个国家和地区都有分布。我国早在明朝李时珍的《本草纲目》中就有关于稻曲病的记载，并把该菌子实体记述为"硬谷奴"，近年来稻曲病在各稻区普遍发生，且逐年加重，已上升为水稻的主要病害之一。自20世纪70年代以来，华南双季稻区随着某些杂交稻组合和'桂朝2号'等感病水稻的大面积推广，以及施肥水平的提高，稻曲病发生日趋严重。一般田块穗发病率为2%～5%，严重的达90%。稻曲病可造成稻谷千粒重降低、产量和品质下降，严重威胁我国的粮食安全。同时，稻曲病菌在代谢过程中产生的毒素可抑制水稻种子胚根、胚芽的生长，影响芽期水稻的正常发育；同时毒素会污染稻米，降低米质和商品价值，人畜食用这种稻米较多时会发生慢性中毒，影响人畜健康。

一、症状

该病只在谷粒上发生，一般每穗一至数粒。病原菌初在谷粒的颖壳基部内形成浅黄绿色菌丝小块，菌丝块增大后，使谷壳从内外颖合缝处裂开，露出灰白色块状物，即孢子座，外包薄膜，表面光滑。稻曲球比健粒大数倍，包裹颖壳，呈扁球形。从谷粒显病至体积达最大值约需10 d。灰白色包膜破裂后，散露出黄色或墨绿色带黏性粉状厚壁分生孢子，不易随风飞散。老熟稻曲球表面龟裂，剖视可见外圈分成三层：外层墨绿色，为成熟的厚壁分生孢子和菌丝残余；中间层橙黄色，是菌丝及成熟中的厚壁分生孢子；内层浅黄色，具放射状菌丝及正在形成的厚壁分生孢子。中心呈白色，由紧密菌丝块和寄主颖片等组成。有的稻曲球带有1～4个菌核，菌核松散附于稻曲球外表，成熟后易脱落（拓展图1-14）。

二、病原

1. **分类地位** 稻曲病的病原，无性阶段为半知菌门绿核菌属稻绿核菌 [*Ustilaginoidea virens* (Cooke) Takahashi]；有性阶段为子囊菌门麦角菌属稻麦角菌 (*Villosiclava virens*)。

2. **形态特征** 稻曲病菌的无性阶段主要以厚垣孢子和分生孢子两种形态存在。成熟的厚壁分生孢子橄榄色，球形或卵圆形，大小为 (4～8) μm× (4～7) μm，具小柄，有疣状突起。厚壁分生孢子萌生出短小、直、有隔膜、上细下粗、单生或分枝的菌丝状分生孢子梗，顶生数个无色、单胞、卵圆形、直径为3～5 μm 的薄壁分生孢子。稻曲病菌的有性阶段主要由菌核萌发形成的有性子座、子囊和子囊孢子组成。成熟的菌核黑色，呈不规则的长椭圆形等形状，稍扁平，长5～13 mm，萌发长出长柄，顶端球形或帽形的肉质子座数个，其上环生瓶形子囊壳。子囊圆筒形，无色，内并列8个无色、单胞、丝状的子囊孢子（图1-5）。

3. **生物学特性** 新鲜黄色稻曲球上的厚壁分生孢子很容易萌发，在25～30℃和pH 5～8条件下，约20 h 大多数即萌发，但抗逆性较差，在25℃条件下仅存活80 d，在4℃条件下为12个月。墨绿色稻曲球上的厚壁分生孢子进

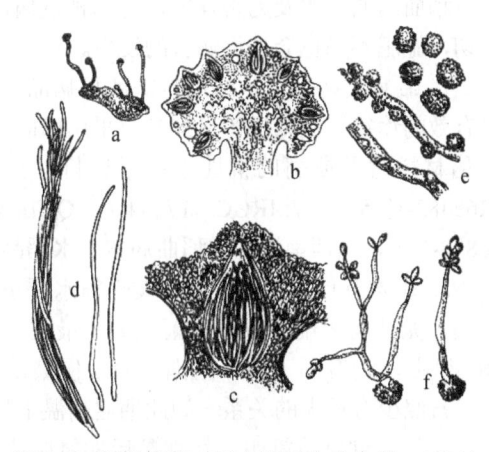

图1-5 稻绿核菌（引自浙江农业大学，1980）
a. 菌核萌生子座；b. 子座顶部纵剖面；c. 子座内的子囊壳纵剖面；d. 子囊及子囊孢子；e. 厚壁分生孢子及其着生在菌丝上的状态；f. 厚壁分生孢子萌发

入休眠状态不萌发，抗逆性强，为越冬态厚壁分生孢子。有报道在26℃和高湿条件下处理20 d可打破休眠，使厚壁分生孢子活化萌发，其萌发温度为5～35℃，最适温度为25～28℃，同时要求具有足够的水分和氧气；致死温度为50℃。日光、荧光灯、紫外线等光照对厚壁分生孢子的萌发无明显抑制或促进作用，但抑制薄壁分生孢子的形成；1%葡萄糖、果糖、蔗糖和甘露糖液有利于厚壁分生孢子的萌发和产孢；pH小于3.0或大于10.0均明显抑制孢子的萌发和产孢，最适pH为5～7。该菌在代谢过程中会分泌稻曲病菌毒素A、B、C、D、E、F，它们可阻碍水稻有丝分裂，对稻种萌发和胚芽生长都有显著的抑制作用。

4. 寄主范围　　除侵染水稻外，还可侵染玉米、药用野稻等植物，有人认为马唐草也是该菌的中间寄主。

三、病害循环

稻曲病菌以厚壁分生孢子和菌核在稻田、田埂或稻粒上越冬，病原菌随带菌种子播种传入稻田或前一年从病穗上落入稻田中的厚壁分生孢子和菌核是该病害的初侵染源，以前者为主。翌年水稻孕穗至抽穗扬花期，厚壁分生孢子和菌核在适宜的条件下分别产生薄壁分生孢子和子囊孢子，或直接以厚壁分生孢子经气流或雨水吹传到位于破口处的嫩颖花器官上侵染发病，潜育期为10～15 d。水稻扬花期即可出现稻曲球，发病历期15～30 d，因品种和生育期而异。另据国外报道，病原菌侵染谷粒有两种方式：早期侵染的子房花柱与柱头外包被稻曲球；后期侵染，孢子在内外颖间萌发，侵入颖果的表皮和果皮，与胚乳接触后致病。早稻上形成的稻曲球，其厚壁分生孢子维持橙黄色的时间较长，为6～7 d，且萌发率高。早稻上稻曲球的外膜极易破裂，散生的厚壁分生孢子随风、雨水飞散传播。因而有人认为，南方稻区早稻病粒上的厚壁分生孢子存在再侵染现象，也是双季晚稻本田的侵染源之一。早熟水稻的厚壁分生孢子也可能成为迟熟品种的侵染源（拓展图1-15）。

四、发病条件

稻曲病的发生及为害程度，与品种抗病性、孕穗至抽穗扬花期的气候条件及越冬菌量关系密切，施肥不当也会加重病害的发生。

1. 品种抗病性　　选用抗病或耐病品种是有效防治稻曲病的基础，也是防治稻曲病发生最有效的途径。伏荣桃等（2022）采用田间人工注射接种稻曲病菌的方法，利用引进的212份水稻材料对稻曲病的抗性进行了评价，筛选出8份对稻曲病表现为高抗的水稻材料，如IR65482-17-511-5-7::IRGC 117284-1、QUILA 64117::IRGC117024-1和VASSE NANAN::IRGC 56812-1等，为西南地区抗稻曲病本土水稻品种选育提供了抗源材料。

2. 气候条件　　稻曲病的发生与水稻孕穗至抽穗扬花期的温度、湿度、降雨和光照强度有关，尤其与阴雨天气和降雨量关系最大。此期如遇连续阴雨，寡日照，日平均相对湿度在88%以上，则有利于病原菌孢子萌发侵染发病。一些山区发病常较重，也与雨多、雾大、露重、日照少有很大的关系。如此期遇高温干旱，则基本不发病。

此外，过量施氮肥，特别是后期氮肥施用过多，造成稻株疯长，荫蔽湿度大，延长抽穗期，会加重发病。感病品种连年种植，或者播种未经精选的带菌种子，田间菌量大，都会加重稻曲病的发生。

五、防控措施

1. **抗病品种** 选用抗病品种是目前防治稻曲病最经济、有效的方法。水稻品种间对稻曲病的抗性差异很大，目前尚无抗病品种。通过对不同类型品种进行抗性鉴定后发现：糯型品种＞粳型品种＞籼型品种；晚稻＞早稻；杂交稻＞常规稻；籼型三系杂交稻＞籼型两系杂交稻。

2. **农业防治** ①杜绝菌源：病区应从无病田成片选留种子，对可疑病种可将其放入水中，吸水膨胀后观察颜色是否变化，或颖壳破裂是否散出黑粉。用10%盐水选种，盐水应高出稻种25～30 cm，用力急速翻搅多次，捞去病秕粒，直至不再有其他杂物上浮为止，可淘汰99%以上的病粒。也可用10%泥水选种，但效果不如前者。同时选用抗、耐病和避病品种，杜绝或减少田间自然发病机会。②加强栽培管理：结合防治稻纹枯病，打捞浮渣，减少菌源。及时摘除病粒，可使养分向健粒转移，既减轻损失，又防止污染粮食和种子。加强水肥管理，勿使稻株倒伏和贪青晚熟。

3. **药剂防治** 药剂防治可分为化学防治和生物防治。目前针对稻曲病最常用的防治方法仍是化学防治。适时用药是有效预防稻曲病发生的关键。孕穗早期使用杀菌剂是防治稻曲病最常用、最有效的方法，"叶枕平"时期是水稻孕穗期中一个容易鉴别的生长节点，被普遍应用于稻曲病预防时间的田间标识。常用的杀菌剂有丙环唑、苯醚甲环唑和井冈霉素等。

第七节 水稻病毒病及植原体病

本节图片

水稻病毒病（rice virus disease）是水稻生产上一类非常重要的病害，每年在亚洲、美洲及非洲国家的水稻产区造成严重危害。水稻植原体由于生物学特征及所引致的病害发生规律与病毒极为相似，因此在农业生产上常被归于水稻病毒病。目前已知可对水稻的产量和品质等农艺性状造成影响的水稻病毒病和植原体病（phytoplasma disease）共有18种，同时由于受到传毒媒介发生分布范围的限制，水稻病毒在田间的发生常具有明显的地理分布特点。例如，通过稻叶蝉传的普通矮缩病毒仅发生于中国、日本和韩国等亚洲国家的稻区；美洲飞虱传的白叶病仅发生于委内瑞拉、哥伦比亚和秘鲁等美洲国家的稻区；黑跳甲传的黄斑驳病仅发生于肯尼亚、尼日利亚和科特迪瓦等非洲国家的稻区。即使在同一国家中，水稻病毒病的发生也具有差异。例如，以灰飞虱传的条纹病毒仅发生于中国长江以北及云南温度较低的丘陵山地稻区；以白背飞虱传的南方水稻黑条矮缩病毒主要发生于长江以南的双季稻稻区。

我国是世界上最重要的水稻产区，也是水稻病毒病发生最严重和发生种类最多的国家，当前仍在我国各稻区中主要发生流行的水稻病毒有8种，分别为水稻矮缩病毒、南方水稻黑条矮缩病毒、水稻条纹叶枯病毒、水稻黑条矮缩病毒、水稻锯齿叶矮缩病毒、水稻草状矮缩病毒、水稻瘤矮病毒和水稻纹花叶病毒，以及1种植原体，即水稻橙叶病植原体。目前，在华南稻区中以南方水稻黑条矮缩病、条纹花叶病、瘤矮病和橙叶病发生最为普遍。水稻病毒病和植原体病在田间发生具有暴发性、间歇性和迁移性的特点，防治难度大，目前无药剂可将病毒和植原体从病株上消除，因此该类型病害也是当今国内外难以克服的水稻"绝症"之一，在生产上依然只能采用预防为主的方法，因此研究水稻病毒的田间流行规律和成灾机制，可为病害的防控提供可靠的理论指导，防患于未然。

一、南方水稻黑条矮缩病

南方水稻黑条矮缩病（southern rice black-streaked dwarf disease）是 2001 年首次在我国广东省阳西县发现的，目前只在亚洲有报道发生。自 2001 年发现至 2008 年，该病害仅在我国华南局部地区少量发生，然而到了 2009 年，南方水稻黑条矮缩病突然暴发，发生范围包括我国南方 9 个省（自治区）及越南北部 19 个省，受害水稻面积分别达到 30 万 hm² 及 4.2 万 hm²；2010 年此病害扩散至我国南部 13 个省（自治区）及越南中北部 29 个省，受害面积分别达 130 万 hm² 及 6 万 hm²，造成许多稻田失收。随后，我国大力加强该病害的监测和防控力度，现该病害年发生面积控制在 30 万～50 万 hm²，是当前为害水稻生产最主要的病毒病害。由于该病害的严重性，南方水稻黑条矮缩病于 2020 年入选我国农业农村部发布的《一类农作物病虫害名录》，是该名录中唯一的病毒病害。

（一）症状

植株矮化，叶色浓绿，叶尖卷曲，上部叶近基部叶面形成凹凸不平的皱褶，病株根系不发达，须根少而短，严重时根系呈黄褐色。拔节期的病株茎节部有倒生气生须根及高节位分枝；茎秆表面生有 1～2 mm 大小蜡点状纵向排列的乳白色瘤状突起，瘤突后期呈褐黑色；不同的感病时期，病瘤产生的节位不同，早期感病稻株的病瘤产生在下位节，感病时期越晚，病瘤产生的部位越高（拓展图 1-16）。

水稻各生育期均可感染南方水稻黑条矮缩病，其症状依染病时期不同而异，侵染时的生育期越早，症状越严重。秧苗期染病的稻株严重矮缩，不及正常株高的 1/3，不能拔节，重病株早枯死亡。分蘖初期染病的稻株明显矮缩，约为正常株高的一半，不抽穗或仅抽包茎穗。分蘖期和拔节期感病稻株矮缩不明显，能抽穗，但穗小、不实粒多、粒重轻。

（二）病原

1. **病毒形态与性状** 南方水稻黑条矮缩病的病原为南方水稻黑条矮缩病毒（southern rice black-streaked dwarf virus，SRBSDV）（图 1-6），属于呼肠孤病毒科（*Reoviridae*）斐济毒属（*Fijivirus*）。SRBSDV 粒子呈二十面体的球状结构，直径 66～70 nm，无包膜，由双层外壳构成，在二十面体的顶角处有 12 个长度和直径约 11 nm 的 "A-钉型"（A-spike）突起，内核直径约 55 nm，内核中具有 12 个长约 8 nm、直径约 12 nm 的 "B-钉型" 突起。SRBSDV 的基因组由 10 条线性双链 RNA（dsRNA）组成，从大到小依次命名为 S1～S10。

2. **病毒与介体昆虫的关系** SRBSDV 通过白背飞虱（*Sogatella furcifera*）以持久、循回、增殖型方式进行高效传毒。在实验条件下，少数（低于 5%）灰飞虱（*Laodelphax striatellus*）个体也能从水稻病株上获得 SRBSDV，但是该病毒无法有效地突破灰飞虱的中肠屏障，不能到达其唾液腺，因此无法被灰飞虱传播。褐飞虱（*Nilaparvata lugens*）、叶蝉及水稻种子均

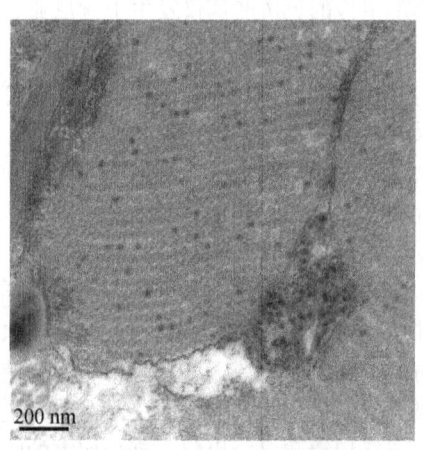

图 1-6 南方水稻黑条矮缩病毒粒子

不传毒。SRBSDV 可在白背飞虱体内循环、增殖，虫体一旦获毒即可终身带毒，但不经卵传至下代。若虫及成虫均能传毒，若虫获毒、传毒效率高于成虫。水稻病株上扩繁的二代白背飞虱群体带毒率为 80% 左右，若虫及成虫最短获毒时间为 5 min，最短传毒时间为 30 min。病毒在白背飞虱体内的循回期为 6~14 d，循回期后多数个体呈 1 次或多次间歇性传毒，间歇期为 2~6 d。初孵若虫获毒后，单头虫一生可致 22~87（平均 48）株水稻秧苗染病，带毒白背飞虱成虫在 5 d 内可使 8~25 株秧苗感病。白背飞虱不但可以在水稻植株间传播病毒，还能将病毒传到针叶期至二叶一心期玉米幼苗上，但很难从 4~5 叶期以后的感病玉米植株上获得病毒。

3. 寄主范围　　南方水稻黑条矮缩病毒为害寄主除水稻外，还有玉米、小麦、马唐、看麦娘、稗草等 20 多种粮食作物和杂草。

（三）病害循环

由于该病毒的传播介体白背飞虱是一种远距离迁飞性害虫，我国大部分稻区（除海南、广东及广西南端、云南西南部外）无冬种稻栽培，病毒及其传毒介体白背飞虱不能越冬。一般认为，我国白背飞虱的主要越冬基地为中南半岛，同时海南岛冬季制种稻田也是重要的越冬虫源和毒源基地之一，在云南西南部少数地区也可越冬。根据早春气流方向及水稻播种期，越冬带毒白背飞虱可在 2~3 月迁入我国两广南部及越南北部；随后迁入珠江流域和云南红河，4 月迁至广东、广西北部，湖南、江西南部，以及贵州、福建中部；5 月下旬至 6 月中下旬迁至长江中下游和江淮地区，6 月下旬至 7 月初迁至华北和东北南部；8 月下旬后，季风转向，白背飞虱再携毒随东北气流南回至越冬区。

在南部稻区，早春入迁带毒白背飞虱在拔节期前后的早稻植株上取食传毒，致使染病植株表现矮缩症状。同时，迁入的雌虫在部分感病植株上产卵，随后，第二代若虫在病株上获毒（获毒率约为 80%）；2~3 周后，带毒中、高龄若虫主动或被动地在植株间移动，致使初侵染病株周边稻株染病。此时早稻已进入分蘖后期，染病植株不表现明显矮缩症状，但可作为同代及后代白背飞虱获毒的毒源植株。毒源植株上产生的第二代或第三代成虫，携病毒短距离转移或长距离迁飞至异地，成为中季稻或晚季稻秧田及早期本田的侵染源。

通常晚季稻秧田期为 20~25 d，如果带毒成虫在二叶期以前转入秧田并传毒、产卵，则在水稻移栽前可产生下一代中、高龄若虫并传毒，致使秧苗高比例带毒，造成本田严重发病；如果带毒成虫在秧田后期侵入，则感病秧苗将带卵被移栽至本田，在本田初期（分蘖期前）产生较大量的带毒若虫，这批若虫在田间进行短距离转移并传毒，致使田间病株呈集团式分布；如果早稻上获毒的若虫或成虫直接转入中、晚稻初期本田，则由于白背飞虱群体带毒率比较低，只能引致少数植株染病，使矮缩病株呈零星分散分布。晚季稻田中后期产生的带毒白背飞虱，只能造成水稻后期染病，表现为抽穗不完全或其他轻微症状，但带毒白背飞虱的南回可使越冬区的毒源基数增大（图 1-7）。

（四）发病条件

南方水稻黑条矮缩病在水稻整个生育期均可发病，然而发病症状依感病时间而异，且发病时间越早，症状越严重。晚季稻重于早季稻，杂交稻重于常规稻，育秧移栽田重于直播田，田块间发病程度差异显著，主要取决于带毒白背飞虱迁入量，且发病田块间尚未发现有明显抗病性的水稻品种。

1. 水稻抗病虫性　　同一区域种植不同的品种，品种间发病程度有较大的区别。不同水

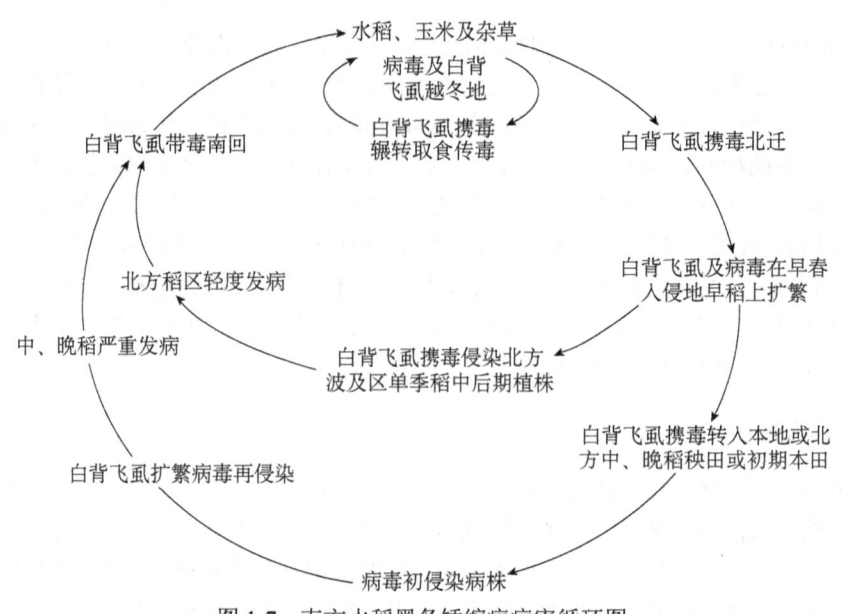

图 1-7 南方水稻黑条矮缩病病害循环图

稻品种的抗性不同，病害发生程度也不同，如对南方水稻黑条矮缩病毒的抵抗能力强，或对白背飞虱等传毒介体害虫抗性好，则植株表现为对该病的抗性强，病害发生轻；如对南方水稻黑条矮缩病毒的抵抗能力弱，同时对白背飞虱等传毒介体害虫抗性差，则植株表现为对该病的抗性弱，易于感病，病害发生重。

2. 环境条件　　病害一般发生在低海拔、夏季气温较高的区域，尤其是在白背飞虱迁飞路径上的水稻和玉米种植区。这些区域是白背飞虱的主要发生区，说明病害发生与白背飞虱发生的关系密切，白背飞虱发生重的区域该病害一般发生也重。

3. 病害发生年度与白背飞虱发生的相关性　　经过统计和图表分析，白背飞虱发生程度重的年度，病害不一定发生重，白背飞虱发生程度轻的年度病害不一定轻，说明病害发生轻重不仅与品种抗性、白背飞虱发生程度等因素有关，还与白背飞虱等害虫传毒介体带毒率有关。当带毒率高时发病率则高；当带毒率低时，白背飞虱发生重，病害也不会重。

4. 栽培方式　　水稻混栽区重于连片稻作区，感病品种与非感病品种混栽的发病程度重于感病品种连片种植区。此外，中、晚稻发病重于早季稻，杂交稻发病重于常规稻。

5. 气候条件　　气候条件的变化不仅影响水稻的生长发育，对白背飞虱的迁飞与降落也起到关键的作用。已有研究表明，白背飞虱喜好在高湿环境中迁飞，且降雨利于其降落，而中国南方稻区的多数地区在水稻秧苗期潮湿多雨，正好与白背飞虱的迁入时期吻合，有利于病害发生。此外，如遇暖冬，可造成白背飞虱迁入期提前，生育繁殖期增长，危害程度加大。

（五）防控措施

目前尚未获得抗病栽培品种，对传播介体白背飞虱进行防治是病害防治的关键手段。通常入侵代白背飞虱带毒率较低，而病株上扩繁的第二代白背飞虱引发的再侵染是病害严重发生的重要原因，采用内吸性杀虫剂进行种子处理和带药移栽水稻秧苗，可有效减少入侵的带毒介体辗转取食传毒和第二代白背飞虱扩繁数量，阻断病害的侵染循环，防止中、晚稻严重发病。根据病害发生规律及近年防控实践，长期防控应实施区域间、年度间、稻作间及病虫间的联防联控。各地可因地制宜，以控制传毒介体白背飞虱为中心，采取"治秧田保大田，治前期保后期"的治虫防病策略。

1. 联防联控　　加强毒源越冬区及华南地区等早春毒源扩繁区的病虫防控，有利于减轻长江流域等北方稻区病害的危害。做好早季稻中后期病虫防控，有利于减少本地及迁入地中、晚稻的毒源侵入基数。

2. 治虫防病　　以病虫测报为依据，重点抓好高危病区中、晚稻秧田及拔节期以前白背飞虱的防治。选择合适的育秧地点、适宜的播种时间或采用物理防护，避免或减少带毒白背飞虱侵入秧田。采用种衣剂或内吸性杀虫剂处理种子。移栽前，秧田喷施内吸性杀虫剂。移栽返青后，根据白背飞虱的虫情及其带毒率进行施药治虫。

3. 农业防治　　通过病害早期识别，弃用高带毒率的秧苗。对于分蘖期矮缩病株率为3%～20%的田块，应及时拔除病株，从健株上掰蘖补苗。对重病田及时翻耕改种，以减少损失。田间防治试验表明，采用每穴种植2～3苗的"多苗插植"方式，可以极显著地控制丛矮率，并发挥同丛中健株的产量补偿作用。

4. 选育抗病品种　　针对该病的抗性品种尚在筛选和培育中，但生产上已有一些抗白背飞虱品种，可因地制宜地加以利用。

二、水稻条纹花叶病

水稻条纹花叶病（rice stripe mosaic disease）是2015年首次发现于我国广东罗定稻区的一种水稻病毒病。2015～2016年，该病害仅发现于广东西南稻区，以罗定稻区发生最为严重，田间发病率最高可达70%。2017～2018年，经过田间调查发现该病害逐渐在华南地区扩散，广东的8个地级市（云浮、茂名、湛江、阳江、惠州、河源、韶关及梅州）、广西的4个地级市（梧州、贺州、玉林、钦州）及海南中部地区（定安、屯昌）均见病株。其中以广东云浮发病最重，在调查的165个田块中，约有75.16%田块见病株，田间发病率最高可达60%；其次为广西梧州，调查的34个田块中，约有61.76%田块见病株；其他地区均为零星发病。2019年至今，除广东、广西、海南外，在江西、湖南及云南等地也有少量的分布，表明水稻条纹花叶病分布区域逐渐扩大，对水稻生产的危害风险增加。

（一）症状

水稻条纹花叶病在田间的典型症状为：植株轻度矮缩，叶片呈现浅黄色条纹或花叶，部分叶片叶尖扭曲，严重时叶片扭曲似"弹簧"状，分蘖明显增多，穗期抽穗时多出现包颈穗或空瘪白穗，穗部结实率低，会严重影响水稻的产量（拓展图1-17）。水稻各生育期均可被侵染，但发病症状的严重程度与感病时的生育期有关。植株在秧苗3叶期之前感病时，表现为植株矮缩，叶片出现黄色条纹，后逐渐发展为整株花叶，叶片向内卷曲，分蘖较健株显著增多，可抽穗，但多为包颈穗。植株在分蘖期时感病，植株症状表现较轻或无症状，仅表现为矮缩及部分叶片条纹花叶，分蘖稍增多，可抽穗，部分稻穗空瘪。分蘖期后感病几乎无明显症状表现，能正常抽穗。此外，感病植株在温度较高的环境中，条纹花叶症状明显，严重时可出现叶片畸形卷曲。在发病严重的田块中常有明显的发病中心，病株多分布在田边或田埂附近，病健株交错出现。

另外，染病杂交稻症状重于常规稻。杂交稻感病后病株矮化，病叶多呈鲜黄色或淡黄色；初期叶尖呈现黄绿色，不久叶片出现黄绿相间的条纹状，之后逐渐向叶片的中部扩展，后期整株叶片花叶。常规稻通常矮化不明显，叶片仅出现少量条纹花叶，一般发病较轻。此外，对籼稻（'美香占'）、杂交稻（'五优1179'）和粳稻（'日本晴'）接种病毒后进行症状观察发现，三个品种均表现出水稻条纹花叶病的典型症状，但症状的严重程度及造成的产量损失存在一定的差异。其中，'美香占'品种感病后症状最为明显，产量损失也最大。

（二）病原

1. 病毒形态与性状 水稻条纹花叶病的病原为水稻条纹花叶病毒（rice stripe mosaic virus，RSMV），RSMV属于弹状病毒科（*Rhabdoviridae*）细胞质弹状病毒属（*Cytorhabdovirus*）。在感病水稻中，RSMV粒子呈杆状，大部分粒子长300~350 nm，直径45~55 nm（图1-8），成熟的病毒粒子首尾相连聚集于植物细胞质膨大的内质网池中，部分病毒粒子也聚集在囊泡内和细胞核外周围，呈晶格状排列。RSMV粒子在感病电光叶蝉（*Recilia dorsalis*）体内，主要包括包膜和无包膜两种形态，存在于不同的组织部位，大多数病毒粒子平均长度为325 nm，宽度为50 nm。

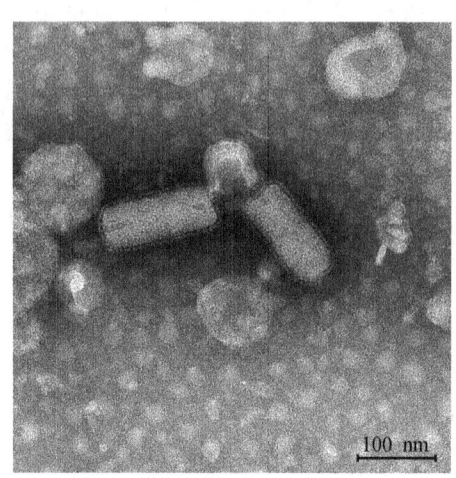

图1-8 水稻条纹花叶病毒粒子

2. 病毒与介体昆虫的关系 RSMV经电光叶蝉（*Recilia dorsalis*）和二点黑尾叶蝉（*Nephotettix virescens*）以持久增殖型方式进行传播。不能经卵传至子代，也不能通过机械摩擦及种子等其他方式传毒。研究表明，在实验室条件下，电光叶蝉对RSMV的平均传毒效率可达57.1%，少量二点黑尾叶蝉在室内条件下也能从水稻植株上获毒并传毒（在实验室条件下传毒效率仅为10%），但在田间还未能检测到其能带毒。因此，在自然环境中，电光叶蝉是RSMV的主要传毒介体。

电光叶蝉成虫及若虫均能传毒，若虫获毒和传毒效率均高于成虫。电光叶蝉取食带毒水稻的最短获毒时间为3 min，成虫和若虫带毒率分别达到19.2%和24.4%，随着取食时间延长，获毒率显著提高，取食3 h以上，电光叶蝉获毒率最高可达71.9%；度过循回期的带毒成虫和若虫在健康稻苗上取食30 min便可传毒，取食1 h后成虫和若虫的传毒率分别可达50%和57.1%。RSMV在大多数电光叶蝉体内的循回期为8~16 d，电光叶蝉取食感病水稻12 d后，可在大部分叶蝉虫体的各器官内检测到RSMV。RSMV在电光叶蝉体内度过循回期后，能使其在生命周期内持续带毒并传毒；但也有部分介体度过病毒循回期后，在传毒过程中存在间歇期，不传毒的间歇期为2~6 d，且少数介体在死亡前不能传毒。

3. 寄主范围 在田间自然环境下，RSMV除可侵染水稻外，也能侵染马唐草、鸭舌草、牛筋草和看麦娘等单子叶杂草，但不能直接侵染烟草、玉米和拟南芥等植物。

（三）病害循环

由于介体昆虫电光叶蝉不具远距离迁飞性，所以RSMV是在病区当地完成周年循环的。介体昆虫在病害的流行过程中发挥着重要的作用，病毒能在介体昆虫体内增殖越冬，通过介体昆虫取食寄主，使其在植株间或季度间进行传播，并且能从春夏季少量的初侵染源经介体昆虫传播进行不断再侵染，最终造成病害流行和严重的产量损失。RSMV主要在再生稻、自生稻、其他田间杂草（牛筋草、马唐草和看麦娘等杂草）或带毒介体电光叶蝉体内进行越冬；翌年早春越冬后的第一代叶蝉取食早稻秧苗，传毒并形成田间初侵染源；稻田中繁殖的第2～3代叶蝉在水稻病株上获毒后传毒引起再侵染；至早稻后期，第3～4代成虫先后大量迁入双季稻晚稻秧田及早栽本田传病为害，造成晚稻严重发病。此后在晚稻田繁殖至4～5代，到晚稻收割前后迁至绿肥田及田边杂草上越冬，同时将病毒传给越冬寄主，完成侵染循环。

（四）发病条件

自2015年发现该病害以来，其发生面积在我国华南稻区逐年扩大，且部分田块发病率高达70%，促进该病害发病流行的因素包括以下几点。

1. **全球气候变暖**　电光叶蝉是一种分布于我国南方稻区的水稻害虫，以往文献报道，其主要发生于山区和丘陵地区，但有研究表明，在地势较为平坦的地区，电光叶蝉发生量也较大，全球气候变暖导致电光叶蝉种群分布范围扩大。与稻飞虱不同的是，介体电光叶蝉不具远距离迁飞性，且研究证实RSMV不经种传。因此，该病毒是在病区当地完成周年循环的，越冬叶蝉高龄若虫或成虫是病毒的主要越冬场所，带毒叶蝉越冬存活率是决定该病毒地理分布及病害流行程度的关键因子。越冬气温高将导致叶蝉存活率增加，进而易导致来年该病害发生更广泛、严重的危害。

2. **传播介体的种类及数量**　与其他虫传病毒病相似，水稻条纹花叶病的流行发生离不开传毒介体，且病害发生严重程度与带毒介体种群数量呈显著正相关。目前，RSMV的主要传播介体为电光叶蝉，但有研究报道在室内实验条件下二点黑尾叶蝉也能传播RSMV，但在自然环境中是否存在其他介体昆虫参与该病害的传播需进一步深入调查。

3. **栽作制度的改变**　尤其是水稻机械收割后高留稻桩及冬闲免耕等，导致了传播介体电光叶蝉分布区域扩大和种群数量增加。因此，在未来一段时期，水稻条纹花叶病存在扩大为害的高风险。

（五）防控措施

针对介体昆虫传播的植物病毒病害的防治至今已进行了很多的研究，在病毒病害严重发生流行的地区，采用多种技术措施集成的综合防治技术是目前常用和有效的防治手段。综合防治主要包括监测预警和准确测报，选育抗、耐病品种，应用耕作栽培措施减避病毒传播，合理应用化学农药治虫防病等4个方面。

1. **加强监测和测报**　在早稻播种前后，重点加强对RSMV传毒介体电光叶蝉的发生动态监测，做好早稻、晚稻秧苗期和本田初期的虫量及带毒率监测，预测当季病毒病害的发生趋势并及早布置防治措施，减少病毒病的毒源数量。

2. **选育抗、耐病品种**　自20世纪80年代以来，日本推广种植含有抗水稻条纹病毒（rice stripe virus，RSV）基因 $stv-b$ 的水稻品种，RSV的发病率和危害程度逐年下降。尽管目前市面上尚无明确针对RSMV具有抗性的商业品种，但是在生产上可结合当地的实际情况和种植经验，选用具有抗病毒病的水稻品种，减少种植感病品种。

3. **加强栽培管理**　充分应用耕作栽培措施减少病害发生，在防控上坚持切断毒源、治虫防病，以控制水稻病毒病的发生和流行。越冬期间田间的再生稻、落粒自生稻的生长，为介体昆虫提供了丰富的寄主资源，同时早稻收割后留下的稻茬有利于介体电光叶蝉昆虫的越夏和繁殖。为切断病毒的侵染循环，在冬季可翻耕晒田，播种绿肥；早稻收割后应及时翻耕并灌水浸沤，压低晚稻播种前的虫源基数；同时注意清除田边杂草，减少昆虫介体的越冬越夏场所，切断传播桥梁，减少病毒病的发生。此外，适期调整播种、插秧时间可有效控制传毒介体发生量，使易感病的秧苗期和返青分蘖期避开介体昆虫迁移传毒高峰，减少传毒概率。同时在该病的重发区，使用防虫网覆盖育秧是防治水稻病毒病最经济和有效的措施。

4. 治虫防病　　对该病的防控除以上的措施外，应协调使用化学药剂实现治虫防病。首先是药剂的选择，应采用具内吸性的杀虫剂，如吡蚜酮、噻嗪酮、噻虫嗪和呋虫胺等。然后注意密切关注介体昆虫的发生量，在水稻易感的秧苗期和移栽前喷施药剂进行保护，在移栽至本田的初期根据虫情用药，要用足药剂量，以确保药效。

三、水稻普通矮缩病

水稻矮缩病（rice dwarf disease）又称普矮病、普通矮缩病，早在1883年日本就报道发现了该病，在中国、日本、朝鲜、尼泊尔分布广泛。我国于20世纪30年代首次报道，当时称为"鸟巢瘟"。国内主要在南方稻区发生，自20世纪60年代以来，大面积推广矮秆水稻，发病面积也随之扩大，损失加重。

（一）症状

病株矮缩，大多增加分蘖，叶片变短、硬、僵直，浓绿色，新叶叶片及叶鞘上呈现与叶脉平行的虚线状白色条点。苗期至分蘖期前感染的植株移栽后多枯死，未死病株通常不能抽穗，迟发病的虽能抽穗，但往往呈包颈穗或半包颈穗，结实率下降，且穗小、空壳多。孕穗后染病的仅在剑叶或其叶鞘上出现黄白色条点。

（二）病原

1. 病毒形态与性状　　水稻矮缩病毒（rice dwarf virus，RDV）属于呼肠孤病毒科（*Reoviridae*）植物呼肠孤病毒属（*Phytoreovirus*）。病毒粒子为球状正二十面体，有双层壳状结构，直径约70 nm（长轴约75 nm，短轴约66 nm）（图1-9）。用微量注射法测定，病叶榨出液内病毒稀释限点是10^{-4}～10^{-3}，带毒虫卵内病毒的稀释限点是10^{-5}～10^{-4}。在40～45℃ 10 min钝化。在0～4℃条件下，体外存活期为48 h，带毒虫和病叶在-35～-30℃条件下冷冻12个月，仍然保持传染性。

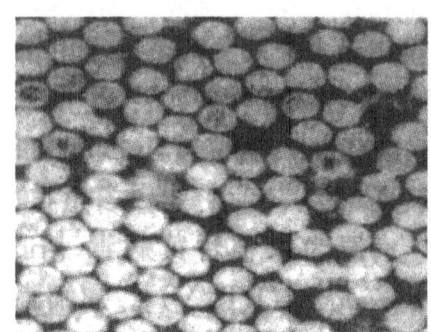

图1-9　水稻矮缩病毒
（引自董金皋，2015）

2. 病毒与介体昆虫的关系　　该病不能由汁液接种传染而靠介体昆虫传播。主要介体昆虫为黑尾叶蝉（*Nephotettix cincticeps*）、二点黑尾叶蝉（*N. virescens*）、二条黑尾叶蝉（*N. nigropictus*），电光叶蝉（*Recilia dorsalis*）也可传播。其传毒力与介体昆虫和病毒间的亲和力有关，表现在昆虫获毒快慢、获毒率高低、循回期长短、传毒速度和效能等方面。低龄若虫比高龄若虫较易获毒。黑尾叶蝉获毒率在福建、云南为8%～50%，在浙江等地在10%以下；二点黑尾叶蝉为4%～40%；二条黑尾叶蝉为23%；电光叶蝉为2%～43%。病毒在黑尾叶蝉体内的循回期为4～58 d，多为12～35 d。循回期长短受气温高低的影响，平均气温在20℃时，循回期为14～22 d，多为17 d；在29.2℃时为11～14 d，多为12 d。电光叶蝉的循回期为9～42 d，一般为10～15 d。接种饲育传毒最短时间，黑尾叶蝉仅3 min，电光叶蝉需10 min。传毒率随取食时间的延长而提高。有间歇传毒现象。

带毒黑尾叶蝉可经卵传至下一代，但与雄虫是否带毒无关。黑尾叶蝉经卵传毒率为32%～100%，电光叶蝉为0～60%。由带毒虫卵所孵化的若虫除少数在孵化当天即可传毒外，多数个体要经过1～38 d后才能传毒。带毒黑尾叶蝉隔离毒源，病毒经卵传毒率逐代下降，经28代，从原来的90%递减至1%以下；而电光叶蝉至第四代便失去经卵传毒能力。带毒黑尾叶蝉成虫寿命和产卵量都比健康叶蝉的缩短和减少，且若虫的存活率也低。

3. 寄主范围　　该病毒的寄主范围广，有30余种，包括水稻、野生稻、六月禾、早熟禾、小麦、大麦、燕麦、黑麦、裸麦、小米、湖南稷子、茭白、李氏禾、雀稗、稗、甜茅和梯牧草等。

（三）病害循环

水稻普通矮缩病的初侵染源在江浙一带，主要是获毒越冬的黑尾叶蝉3～4龄若虫，多在麦田、绿肥田、休闲田和沟边杂草上越冬，翌春羽化为成虫，迁入早、中稻秧田和早插的早稻本田传病，无毒虫态则可通过吸食病株汁液而获毒传病。在早、中稻上繁殖的第2～3代带毒成虫，随着早、中稻的成熟收割，大量迁到晚稻秧田和早插本田，反复取食传毒，使病害蔓延扩散。病害潜育期长短则与气温、传毒虫虫龄和稻株生育期有关。气温在22.6～25.8℃时，潜育期为10～24 d，在29℃时为6～13 d；4～5龄若虫传病的潜育期，在32.1～33.6℃时通常为5～17 d，1～3龄若虫和成虫则为8～20 d；在23.1～23.4℃时，苗期至分蘖期染病的为14～17 d，分蘖末期的为18～23 d。待晚稻收割后又以带毒若虫在越冬作物田如麦田、绿肥田、田边沟边杂草上取食越冬。

在华南，黑尾叶蝉一年可繁殖7～8代，除上述越冬场所外，冬季还可以成、若虫在再生稻和落谷秧上取食传毒越冬，繁殖1～2代，再迁入早稻秧田和早插早稻本田传毒为害。

（四）发病条件

黑尾叶蝉发生量的大小及带毒率高低与水稻普通矮缩病的发生和流行程度密切相关，因此凡是影响黑尾叶蝉越冬和生长繁殖的外界因素都会影响该病的发生流行。

1. 水稻品种和生育期　　水稻品种间对普通矮缩病的抗、耐病性有一定的差异。通常情况下，高秆品种较矮秆品种的抗、耐病性强，杂优稻则较常规稻感病。同一品种不同生育期的抗病性也不相同，苗期至分蘖期较感病，其间如遇带毒黑尾叶蝉迁移高峰，水稻普通矮缩病就可能大发生；拔节期后抗、耐病性逐渐增强。

2. 栽培条件　　耕作制度较复杂，单、双季稻或早、中、晚稻混栽区，不同熟期的品种插花种植，都为黑尾叶蝉迁移取食、繁殖和传毒提供了良好条件。杂优稻由于播期较早，施肥量较大，叶色浓绿，黑尾叶蝉的迁入量较大。同时杂优稻稀植，单位面积内株数相对较少，所以在秧田及本田初期单株虫口密度较一般品种相对较大，感病的机会就增多，因此抗性弱的杂优稻如'汕优10号''汕优63号''Ⅱ优46'等发病就较重。

3. 气候条件　　在越冬黑尾叶蝉带毒的前提下，冬季如严寒低温，叶蝉的存活率低，翌年的水稻普通矮缩病发生轻；相反，如冬季温暖干燥，叶蝉的存活率高，若再加上翌年春季至早秋温、湿度适宜，特别是夏季高温干旱，对黑尾叶蝉生长繁殖迁移为害传毒有利，晚稻普通矮缩病就可能大流行。

（五）防控措施

防治水稻普通矮缩病应以黑尾叶蝉迁移高峰期和水稻易感期药剂治虫为中心，并加强以农业防治为基础的综合治理措施。

1. 治虫防病 重点是抓好黑尾叶蝉两个迁移高峰期的防治。在叶蝉越冬后成虫迁移盛期，主要针对早、中稻秧田和早插早稻本田药杀成虫，抓好双季晚稻秧田和本田初期的防治，这是全年治虫防病的关键。试用防治指标可定为成虫1万头/667 m^2，秧田期成虫每百株1头，分蘖期每丛成虫1头。供选用的药剂有异丙威、速灭威、吡虫啉，如结合施用病毒A等药剂效果更显著，每5~7 d喷1次药，连喷2~3次。

2. 选用抗、耐病品种 目前虽无高抗水稻普通矮缩病品种，但品种间抗性有一定的差异，较耐病的品种有'Ⅱ优63''Ⅱ优162''汕优63''汕优67''岗优22'和'农革'等。此外，各稻区应注意发现病轻的优良品种，供生产中选用。

3. 提高栽培技术 早、中、晚稻秧田应远离重病田、虫源田，提倡连片规模育秧、工厂化育秧，可显著减轻水稻普通矮缩病的发生。生育期相同或相近的品种，尽量做到连片种植，压缩插花田，可减少黑尾叶蝉辗转迁移为害传毒的机会，也便于用药防治。加强肥水管理，勿偏施迟施氮肥。早、中稻成熟时做到背青收割，以便集中药杀叶蝉，避免将早稻田内的带毒叶蝉驱赶到晚稻秧田和本田。稻草应及时运走集中堆放，同时铲除田边杂草，减少黑尾叶蝉栖息藏匿场所。

四、水稻瘤矮病

水稻瘤矮病（rice gall dwarf disease）在国内最早于1976年在广东湛江地区首先发现，局部县、市受害严重，之后又发生过三次较大的流行。该病在广西、福建等地也有发生，且有逐年加重的趋势。

（一）症状

罹病稻苗显著矮缩，新生叶片短而窄小，叶枕重叠，叶色深绿，病叶背和叶鞘上生有小瘤状突起物，初淡黄白色后变成淡黄绿色，直径0.1~1.2 mm，每叶有0~30个（拓展图1-18），小瘤连生时叶脉或叶鞘稍肿大。少数叶尖扭曲，个别新生病叶一侧叶缘坏死，灰白色，形成2~3个缺刻。病株根系发育不良，新根少，最后枯死。

本田病株比健株矮1/3~1/2甚至以上，少有分蘖，株形纤细，叶片短窄硬直，深绿色、无光泽，有些病叶顶端呈不同程度的扭卷，新生叶明显褪色或现黄白色条纹和斑驳，叶背和叶鞘也生有小突起物。病株抽穗迟或呈包颈穗，穗小，空壳多。

（二）病原

1. 病毒形态与性状 水稻瘤矮病毒（rice gall dwarf virus，RGDV）属于呼肠孤病毒科（*Reoviridae*）植物呼肠孤病毒属（*Phytoreovirus*）。病毒粒子球形，直径约60 nm。

2. 病毒与介体昆虫的关系 该病毒最主要的介体昆虫是电光叶蝉，黑尾叶蝉和二点黑尾叶蝉带毒作用不大。电光叶蝉获毒饲育24 h内即可带毒。在电光叶蝉体内的循回期，在22~23℃时为13~24 d，平均为16.3 d，持毒虫终生传毒，但卵不带毒。在19~23℃时，瘤矮病的潜育期为13~28 d。

3. 寄主范围　　该病毒除侵染水稻外，人工接种还能侵染小麦、燕麦、野生稻、看麦娘和玉米，稗草和李氏禾不感染该病。看麦娘在冬季免耕法播种的小麦田里有个别植株发病且回接成功，但未发现有自然染病的麦株。

（三）病害循环

该病的初侵染源是冬季田间带毒的再生稻和落粒自生稻，发病率分别为63.95%～100%和28.57%～41.20%，看麦娘仅个别植株发病，较次要。

（四）发病条件

水稻瘤矮病的发生流行与介体昆虫发生量、水稻品种及生育期有关。

粤西报道，该病晚稻明显重于早稻，早稻收割期前（7月18～23日）调查，晚稻秧田电光叶蝉和黑尾叶蝉的数量较少，带毒率也低，且稻株分蘖后不再感染该病；早稻收割后，晚稻秧田两种叶蝉数量急剧增加，分别增长7倍和8倍。秧苗受害后带毒率高，本田的发病率也高，且与秧苗的病株率基本一致。介体昆虫的迁移是近距离的，越靠近早稻的晚稻秧田发病越重。

水稻品种对瘤矮病抗性有一定的差异，但未见有高抗或免疫品种。水稻不同秧龄抗性差异明显，在8叶龄前，尤以3～6叶龄时最感病，苗龄越小发病越重，表现更加矮缩，且潜育期短，病株枯死多，减产最烈。在现有的水稻病毒病中，该病是阶段抗性界限最分明的一种。

（五）防控措施

水稻瘤矮病在稻苗6～8叶期前最感病，9叶期后基本不感病，晚稻本田发病率与秧苗感染率基本一致，晚稻秧苗早播的比迟播的发病重，因此关键性的防病措施就是秧苗期加强治虫，或在不违农时的前提下适当迟播，使秧苗易感期避开电光叶蝉迁移高峰期。根据广西岑溪的经验，每667 m²用20%病毒A 120 g加10%吡虫啉可湿性粉剂20 g混合施用，自针叶期起每隔5 d喷1次药，连续4～5次，防效很好，对本田发生的水稻瘤矮病则可喷用赤霉素、三十烷醇、磷酸二氢钾等3～4次，间隔5 d喷1次，效果也好。

五、水稻橙叶病

水稻橙叶病（rice orange leaf disease）于1960年首次在泰国发现，其后菲律宾、印度尼西亚等东南亚其他国家也报道零星发生该病。我国于1980年在云南，1983年在海南、福建等地相继出现该病轻微为害。1991年后，粤西和桂东南部分县、市较大面积发生流行，严重的全田枯死。晚稻比早稻发病重。

（一）症状

水稻幼苗感病后，于稻苗基部的叶片先端首先黄化，之后从叶尖向叶基和从叶缘向中脉蔓延，最后全叶变橙黄色。接着上部叶片陆续发病变黄（拓展图1-19）。病株根系生长差，分蘖少，矮小，叶片直立。有的病叶张开角度大，心叶扭卷，干枯变白；或者新出叶缘坏死呈齿状缺刻。少数病株可在下部1～2叶叶尖变黄后不久即向内纵卷干枯，类似螟害。本田分蘖盛期，可散见大小不等的病窝，严重时全田黄化。病株大多在孕穗前枯死或不能抽穗，生长中后期染病的虽能抽穗，但穗小，秕谷多，米质松脆。

（二）病原

1. **分类地位** 水稻橙叶病的病原为厚壁菌门植原体属水稻橙叶植原体（rice orange leaf phytoplasma，ROLP）。

2. **形态特征及其与介体昆虫的关系** 植原体存在于寄主中脉韧皮部筛管细胞中，形态多样，直径75～639 nm（图1-10）。早期认为水稻橙叶植原体只能由电光叶蝉传播，后经研究发现黑尾叶蝉也具有传播能力。电光叶蝉最短获菌饲育时间为2 min，获菌率为50%，10 min时为64.7%。植原体在电光叶蝉成、若虫体内的循回期，在25℃和30℃室温下均为7～26 d，平均依次为18 d和16 d；24.6℃时为12～23 d，平均为16～18 d。传菌饲育5 min时有50%植株发病，表明最短传菌饲育时间应在5 min以下。获菌虫可终生传菌，大多为间歇传菌。单虫最长传菌期可达50 d。植原体不能经卵传递至下一代。

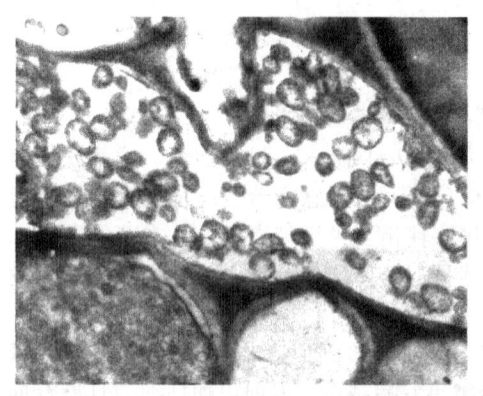

图1-10 感染水稻橙叶病的韧皮部筛管细胞中的植原体（引自吕佩珂等，2007）

3. **寄主范围** 水稻橙叶植原体只侵染水稻。在广东接种李氏禾、野生稻、小麦、玉米和稗草都不发病。看麦娘虽室内接种和回接成功，但在病区从未看到有看麦娘病株和隐症病株，至少说明看麦娘作为初侵染源的可能性不大。

（三）病害循环

水稻橙叶植原体主要在晚稻收获后残留于田间的感病落粒自生稻、再生稻和带菌的电光叶蝉体内越冬。粤西试验，1992年田间自生稻的发病率为4.44%～14.15%；将田间无症标样带回温室种植的结果表明，自生稻的病丛率为1.95%～16.67%，再生稻的为2.37%～17.78%。电光叶蝉带菌率为35.11%～2.33%，由冬到春递减。田间可繁殖1～2代。自然越冬病株如遇上18℃以下低温时易冻死，存活时间仅9～13 d。这说明电光叶蝉在整个越冬期间仍能不断地在再生稻和自生稻上获菌和传菌，成为翌年早稻秧田最主要的初侵染源。此外，带毒电光叶蝉成虫寿命最长可达125 d，平均为108.5 d，而当地从秋收至春播间距95～110 d，一般为105 d，因此一些安全越冬的带菌叶蝉也可成为早稻秧苗的初侵染源。

在华南南部，带菌秧苗移栽本田后，4月中旬分蘖期和晚稻秧田5叶期为该病始盛期；4月下旬至5月上旬早稻分蘖盛期和8月中旬晚稻分蘖始期为发病高峰期；5月上中旬和9月上中旬早、晚稻拔节期前后病株大量枯死，病害基本停止发展。早、晚稻发病始盛期比电光叶蝉盛发高峰期分别推迟30 d和40 d。

病害潜育期，在25～30℃（平均28℃）时为8～36 d，平均为20.5 d；在27℃时为5～23 d，平均为13 d。潜育期长短还与水稻品种、生育期和接菌虫量及时间有关。

（四）发病条件

该病发生流行与越冬虫量和气候、品种抗性和生育期等因素密切相关。

1. **越冬虫量和气候** 据广东省信宜市病情记载和1979～1996年气象资料，凡头年晚稻发病重，越冬电光叶蝉虫口多，越冬再生稻和自生稻病丛率、病株率高，冬季温暖干燥，上年12月平均雨量少于2.1 mm，7月雨日多于18 d，7～8月雨量大于898 mm，当年晚稻橙叶病就可能局部中等发生或大发生。

2. 品种抗性和生育期　　水稻品种间的抗性有一定差异，高抗品种有'培 S/山青 11''七黄占''Ⅱ优 63'和'特优 18'；中抗的有'培 S/信恢''IR349-4-2-3-38''特优 3550''汕优 3550''优Ⅰ63''Ⅱ优 3550''优Ⅰ96'和'博优 96'；感病的有'博优 212''博优 213''三科占''粳籼''汕优 63'和'桂珍矮'等。该病易感期为 7 叶龄前秧苗期，尤以 3～4 叶龄最感病。因为该病的潜育期为 8～36 d，故在秧苗期基本不显症状或仅叶尖出现轻微黄化，移栽本田后才陆续呈现橙叶症，并于分蘖末期前大量死亡。苗龄较大虽能染病，但一般不显症，再侵染现象不明显。

（五）防控措施

该病的防治措施基本同水稻普通矮缩病。着重抓好冬防，清除越冬菌源，病区晚稻收割后即行犁翻晒垡，减少再生稻和落谷秧；并对虫口密度大的冬闲田进行化学杀虫。晚稻播种期尽量避开叶蝉盛发期，种田应远离病田、虫源田。在秧苗移栽时或本田期拔除病株。重点是抓住秧田期和早插本田的治虫防病关键环节。详见水稻普通矮缩病。

水稻其他病毒病及植原体病简介见表 1-3。

表 1-3　水稻其他病毒病及植原体病简介表

病名和病原	症状特点	介体昆虫	粒子形态及大小	传播方式	地理分布
水稻齿矮缩病 水稻齿矮缩病毒（RRSV）	叶尖旋卷，叶缘缺刻，叶片和叶鞘上有白色脉肿	褐飞虱	球状，50～65 nm	飞虱传，增殖型	中国、菲律宾、印度尼西亚、泰国
水稻草状矮缩病 水稻草状矮缩病毒（RGSV）	叶片短窄形直，叶色浅绿橙黄，老叶上生极多锈斑	褐飞虱	线状，(6～8) nm×(18～25) nm	飞虱传，增殖型	中国、菲律宾、印度、斯里兰卡、泰国
水稻黑条矮缩病 水稻黑条矮缩病毒（RBSDV）	茎秆上、叶背生有蜡白色至黑色隆起短条斑	灰飞虱	球状，60～75 nm	灰飞虱、白背飞虱、白带飞虱传，增殖型	中国、日本、朝鲜
水稻簇矮病 水稻簇矮病毒（RBSV）	常稻节上生枝，簇生小叶，叶上无虚线状条点	黑尾叶蝉 二点黑尾叶蝉	球状，60 nm	叶蝉传，增殖型	中国
水稻条纹叶枯病 水稻条纹叶枯病毒（RSNV）	叶上沿脉生黄绿色或黄白色断续短条斑，愈合后一半或大半呈黄白色	灰飞虱 白背飞虱	分枝丝状，(3～10) nm×(510～2110) nm	飞虱传，增殖型，经卵传	中国、日本、朝鲜、乌克兰
水稻东格鲁病 水稻东格鲁球状病毒（RTSV） 水稻东格鲁杆状病毒（RTBV）	新叶现斑驳，老叶变黄，上生大小不等的褐锈斑	二点黑尾叶蝉 黑尾叶蝉 电光叶蝉	球状，30 nm；杆菌状，(30～35) nm×(110～400) nm	叶蝉传，短暂型	菲律宾、印度、巴基斯坦、斯里兰卡
水稻黄萎病（*Phytoplasma* sp.）	病叶、叶鞘呈淡绿至淡白色，质地柔软，后期现高节位分枝，叶呈竹叶状	黑尾叶蝉 二点黑尾叶蝉 二条黑尾叶蝉	多态，150～1000 nm	叶蝉传，增殖型，经卵传	中国、日本、菲律宾、越南、泰国、印度、斯里兰卡、马来西亚

资料来源：谢联辉和林奇英，1984。本表略有改动

第八节 水稻赤枯病

水稻赤枯病（rice "akagare"）又名铁锈病、"坐蔸（苗）"或"僵苗"，是一种生理性病害。该病在早、晚稻上均可发生，早稻及矮秆品种受害重于晚稻及高秆品种。尤以在极度缺钾的砂页岩和石灰岩形成的土壤中，病害更猖獗。水稻受害后，叶片枯死，生育期延迟，一般受害损失10%～30%，重的可达50%～70%。

一、症状

水稻赤枯病发病主要有两个时期：一是水稻分蘖初期始发，分蘖盛期达到发病高峰；二是水稻孕穗期末期始发，水稻抽穗扬花期达到发病高峰。

分蘖初期发病，受害植株矮小，分蘖少而小，老叶下垂黄化而心叶窄挺，茎秆纤弱，初期叶片略呈暗绿色，随后基部老叶尖端先出现褐色小点或短条斑，病斑边缘不明显，进一步发展成为大小不等的不规则形铁锈状斑点，以后斑点逐渐增多、扩大，叶片多由叶尖向基部逐渐变赤褐色枯死，由下部叶向上部叶蔓延，严重时整株只留下少数新叶保持绿色，远望似火烧状。叶鞘发病和叶片相似，产生赤褐色至污褐色小斑点，以后枯死。拔取病株可见根部老化，黄褐色、赤褐色，软腐状，有的变黑腐烂，白根很少。孕穗期末期发病，多由心叶下第2叶、第3叶开始，叶尖端先出现褐色小点，进一步发展成为大小不等的不规则形铁锈状斑点，以后斑点逐渐增多、扩大，叶片多由叶尖向基部逐渐变赤褐色，叶尖发红。新叶一般不表现出症状，因为当稻株吸收钾素量少，不能满足其生长发育等生理活动的需要时，钾素会从稻株老叶等部位转移出去，优先供应给新叶等新生组织，致使老叶等部位因缺钾而出现赤褐色斑等症状。

二、发病条件

发生赤枯病的根本原因是水稻根系生长不良或土壤缺乏钾素，具体发病原因分为如下几种。

1. 生理性缺钾　　主要是土壤钾素贫乏，如熔岩、石灰岩地区的稻田及沙土田、漏水田、红黄壤田、山区冷浸田等；或气温、土温、水温偏低，养分释出缓慢，根系发育不良，不能充分吸收利用土壤中低浓度的钾素。

据资料，健株自上而下的茎秆、节及相应的叶鞘叶片组织液中，钾含量一般都在2000 mg/L 左右（老叶除外），高产田的可达3400 mg/L；稻叶暗绿色或叶尖有褐点的钾含量在1000～2000 mg/L；含量在500～1000 mg/L 的有大量褐斑；褐斑严重的钾含量在500 mg/L 以下。与此相应，土壤中速效钾越少，赤枯病越重，通常在45 mg/L 以下时普遍发病，超过60 mg/L 时病情显著较轻。但在还原性强的田块，速效钾高达50～75 mg/L 时仍有褐斑。据此认为，增施钾素预防赤枯病的潜伏期指标是：土壤速效钾有效含量为30～60 mg/L，稻体组织液钾含量为1000～2000 mg/L。

实际上，稻株是否罹患赤枯病还与稻体内的钾氮比值有关，当 $K_2O/N \leq 0.5$ 时，易生褐斑。稻体内缺钾和氮过剩，都会引起体内蛋白质分解成氨基酸、酰胺和铵离子。此时根部吸收的铵离子就难以形成酰胺，当可溶性氮与蛋白质氮之比在8.0%以上时，稻株就可能因发生铵离子累积中毒而加剧病害。

2. **施肥不平衡**　　有机肥用量低、偏施氮肥、钾肥用量少，会导致土壤有效钾含量低，植株吸收钾少，从而引发病害。

3. **土壤毒素多**　　土壤中存在大量还原性物质，如亚铁离子、硫离子等，会使水稻根系中毒，对钾的吸收受阻而引起发病。主要是由于土壤缺氧，产生大量的有毒物质，稻根会窒息和中毒，影响对氮、磷，特别是钾的吸收。土质黏重、低洼积水、长期深灌或冬闲沤水田，以及大量施用未腐熟的有机肥、绿肥、厩肥、堆肥或是秸秆大量还田的田块易发生赤枯病。

4. **气温变化**　　天气变化，主要是气温偏低或高低温逆转，水稻根系生长不良，白根少、黄根多，不能充分吸收利用土壤中的钾素而引起的生理性缺钾。一是在水稻苗期遇到长期低温阴雨天气；二是山区冷浸田、深泥田等因土温低，水稻根系发育不良，吸收钾元素能力下降，易发生赤枯病。

5. **烤田不当**　　当高温期烤田偏重时，稻苗生长受到抑制。烤田复水后，稻苗生长速度加快，对钾素养分需求迅速增加。因稻苗根系生长状况较差，在突然深水条件下又因缺氧等活力下降、吸收水肥能力下降，稻株体内养分和水分供应亏缺，生理性缺钾和在晴热天生理性缺水，导致倒数第 2 叶至第 4 叶的叶尖不同程度黄枯和产生褐斑，生长受抑制，表现缺钾症状。这类由稻株体内供需矛盾所引发的病害常会突然暴发。

6. **土壤缺锌**　　土壤中有效锌含量相对较低时，水稻会出现缺锌型赤枯病，主要症状为病叶先由叶脉失绿黄化，随后出现红褐色斑点，最后变红褐色焦枯。这种病状由叶片基部渐向叶尖、由叶片中部渐向叶缘发展，而缺钾的症状正好相反，是由叶尖向下、由叶缘向内侧发展。缺锌时老叶发脆，缺钾时则不明显。

三、防控措施

造成水稻生长营养失调的原因很多，需探索病因，摸清发生条件，辨症施治。预防该病的根本措施就是改善土壤环境、提高栽培技术、增施肥料、科学施肥喷药。

1. **改善土壤环境**　　对排水不畅的各类稻田，要开沟排水，把冷水、铁锈水和有毒物质排出去。创造条件进行水旱轮作，冬季犁翻晒垡，熟化土壤增加通透性，提高土温，加速有机质分解。对返酸田，还应在冬闲期进行多次耕耙，反复灌排 3~4 次，以冲洗掉土壤盐分及有毒物质。通过沙田掺泥、泥田掺沙，种绿肥等，以改善土壤理化性状。

2. **提高栽培技术**　　用腐熟有机肥，对绿肥则应在插秧前 10~15 d 进行翻耕，每 667 m² 施绿肥 1500 kg，同时撒布石灰 40~50 kg 或石膏 2.5~5 kg，促进分解。培育壮秧，切忌深插秧。早稻移栽后的气温较低，宜浅水勤灌，及时追肥耘田，适时露、晒田，提高土温和增强土壤通透性。冷泉水灌溉的需设法延长水路提高水温，或设立囤水坑、塘、田，待水温升高后再行灌溉。

3. **增施肥料**　　老病田，土壤速效钾不到 30~60 mg/L 的田块，不论早、晚稻，基肥都应增施钾素肥料如氯化钾、硫酸钾、钾镁肥、钾钙肥、草木灰、窑灰钾或螺壳灰等；或经测定稻组织液钾含量低于 2000 mg/L 的稻田，要及时追施钾肥。但对沙质浅脚田，由于钾元素易淋失，宜分次追施。对缺锌稻田，每 667 m² 可用 1~1.5 kg 硫酸锌作基肥，也可用 0.5%~1%硫酸锌液蘸秧根，或返青时喷布 0.2%~0.3%硫酸锌液。石灰性低产田通常含钙量高，易引起土壤氨的挥发、磷的固定、钾的流失，以及诱发锌、硼、钼的不足，故应停用石灰，而且只有氮磷钾肥配施效果才好。

4. **科学施肥喷药**　　春季由气温低或冷浸田、泥烂田引起的赤枯病，这类病害常伴发水稻叶胡麻斑病。发病后，应白天排干田水，夜晚上水护苗，提高土温，同时可结合防治稻叶胡麻斑病，于叶面喷施磷酸二氢钾、多元活性微肥，叶面补充磷、钾养分，促进根系生长，叶面喷施间隔 5~7 d，连喷 2~3 次。因施绿肥、未腐熟有机肥或秸秆还田引起的赤枯病，发病后应立即排水露田，促进土壤通气、提高土温、加速有机质分解、排除土壤中的有毒物质，水肥管理以浅水勤灌为主，同时注意叶面补充磷钾肥，促进新根生发。

水稻其他病害见表 1-4。

表 1-4 水稻其他病害一览表

本表图片

病名和病原	症状识别	发病规律	防治要点
稻胡麻叶斑病 *Bipolaris oryzae*； *Cochliobolus miyabeanus*	叶部病斑暗褐色，椭圆形或长圆形，有黄晕，状如芝麻粒。穗颈枝梗病斑与穗颈瘟相似，上生绒毛状暗霉，病谷粒生大量绒毛状黑霉（拓展图 1-20）	病原菌在病稻草和病谷上越冬。分生孢子飞散传播。土质瘠薄，缺肥、水，后期脱肥发病重	①施足基肥，及时追肥，合理管水；②药剂防治详见稻瘟病
稻叶鞘腐败病 *Sarocladium oryzae*	在孕穗期剑叶叶鞘上生虎纹斑状暗褐色病斑，剥视叶鞘内幼穗部分或全部腐烂，不能抽穗，高湿时病部可见浅红白色霉（拓展图 1-21）	病原菌在病稻草和病谷上越冬。肥水管理差时稻株早衰或穗期螟害重的发病重；杂交稻制种田始穗期剪叶和其他伤口，都有利于病原菌侵染发病	①选用抗病品种，加强田间管理，治虫，处理病草病谷（详见稻瘟病）；②杂交稻制种田抽穗期不剪叶或在露水干后晴天剪叶；③孕穗初期喷用多菌灵或百菌清等药剂
稻叶鞘网斑病 *Cylindrocladium scoparium*	叶鞘上生淡黄褐色椭圆形或纺锤形病斑，表生褐色或浓褐色网纹。病鞘内壁生白色粉粒状物，即菌核	病草可能为初侵染源。土质瘦薄，漏水跑肥，植株生势弱及高温高湿易发病	①种子消毒，处理病稻草，加强肥水管理；②喷施广谱性杀菌剂多菌灵等
稻菌核秆腐病 *Nakataea sigmoideum*； *N. irregulare*；*Magnaporthe salvinii*； *Sclerotium oryzae*； *S. hydrophilum*； *S. oryzae-sativa*； *S. fumigata*； *Rhizoctonia oryzae*	叶鞘上生褐色至黑褐色小斑，而后扩大形成条斑或不规则大斑，茎internal症状与叶鞘上相似，后期茎基部成段变黑，组织软腐，病茎内腔早期生白色菌丝体，后期在内腔壁上生大量细小黑色菌核	菌核在土壤、病稻桩、稻草内越冬，次春灌水耕耙时菌核黏附于稻株近水中鞘，菌核萌发生菌丝从伤口入侵；矮秆品种，肥水管理不当，飞虱、叶蝉及螟虫为害严重的田块发病严重	①减少越冬菌源；②加强肥水管理；③药剂防治详见稻纹枯病防治
稻谷颖枯病 *Phoma glumarum*	仅为害谷粒。颖壳病斑深褐色、椭圆形，愈合后覆盖颖壳大半至全部。中心灰白色，上生黑色分生孢子器。病重的变成秕谷	病原菌在病谷上越冬。水稻抽穗扬花时，分生孢子经雨水溅散而吹传到花器官和幼颖，侵染发病。栽培管理条件差时病重	①选用无病种，进行种子消毒；②科学施肥，合理排灌；③抽穗扬花期可选用三环唑或春雷霉素加四氯苯酞等药剂喷雾
稻条叶枯病 （窄条斑病） *Cercospora oryzae*； *Sphaerulina oryzina*	叶片和叶鞘受害，生红褐色至黑褐色短条斑，穗颈和枝梗上病斑灰褐色枯死甚至折断。病健交界不清晰	以菌丝体和分生孢子在病草和病谷上越冬。拔节期后易感病，后期缺肥和受旱或长期深灌，植株早衰发病重。品种间抗性有差异	①选栽抗病丰产良种；②处理病谷病草（详见稻瘟病）；③加强肥、水管理；④穗期与防治稻瘟病相结合，可用稻瘟灵等药剂
稻叶云形（纹）病 *Gerlachia oryzae*； *Monographella albescens*	在叶尖或叶缘初生暗绿色斑，扩展后形成灰褐色与深褐色相间的波浪形云纹，边界不明显。天气潮湿时病部湿腐状	以菌丝体在病草和谷粒上越冬。早、晚稻分蘖末至孕穗期发生普遍。阴雨连绵、管理不良、早衰的稻田发病重。品种间抗性有差异	①选栽抗病品种；②处理病草和种子消毒（详见稻瘟病）；③加强栽培管理；④发病初期选用硫磺·多菌灵或三唑酮等药剂喷雾
稻叶黑肿病 *Entyloma oryzae*	老叶上沿脉纵向散生黑色短条斑，略突起，内生冬孢子堆；重病叶枯黄，叶尖破裂成丝状（拓展图 1-22）	病原菌在病草上越冬。担孢子随气流传播。土质差，后期脱肥，缺磷钾肥发病重；品种间抗性有差异	①清除菌源，处理病稻草；②采用抗病品种；③均衡施肥；④用三唑酮等药剂喷雾
稻一柱香病 *Ephelis oryzae*	叶鞘上生与叶脉平行的白粉状条纹，病穗呈柱香状，初淡蓝色，后变白色，上生黑色粒状子座	初侵染源为种子。自幼芽系统侵染，当年发病或受侵花器官翌年发病	①严格检疫，种子处理；②精耕细作，健身栽培

续表

病名和病原	症状识别	发病规律	防治要点
稻褐（紫）鞘病 *Xanthomonas campestris* pv. *branneivaginae*	剑叶鞘初生密集紫色小点，后期大部分或全部紫褐色，重时2、3叶鞘也变紫，谷粒褐变	发生于水稻生育后期（早稻在齐穗期始发，晚稻在抽穗期始发，二者均在乳熟至蜡熟期达到发病高峰），品种间抗性差异非常明显，降雨和氮肥过多促进发病	以栽培抗病品种为主，在孕穗后期注意控制氮肥的施用。药剂防治参考稻白叶枯病
稻细菌性褐条病 *Pseudomonas syringae* pv. *panici*	初在叶片基部中脉上现黄色水渍状斑，后呈深褐色长条斑。全叶枯黄纵卷。心叶抽出前感病，枯死呈"假枯心"。病部可挤出菌脓，病重田有腥臭气味（拓展图1-23）	带菌种子可作为初侵染源。病原菌随水流传播。第1真叶上即可现病，分蘖期最敏感。低洼水浸、暴雨涝灾稻田发病重。品种间抗性有一定差异	①选用无病种，种子消毒（详见稻白叶枯病）；②防洪排涝，避免水淹；③用氢氧化铜或叶枯唑等药剂喷雾
稻细菌性褐斑病 *Pseudomonas syringae* pv. *syringae*	叶片病斑褐色，不规则，中央灰褐色坏死，外围有黄晕；病重时不能正常出穗	病原菌在稻种、稻草和杂草上越冬。随雨水、灌溉水传播	①处理种子和病稻草，铲除田边杂草；②选栽抗病品种；③详见稻白叶枯病防治
稻细菌性基腐病 *Dickeya zeae*	分蘖后期常见。茎基部褐色至灰黑色，重病株心叶扭卷后枯黄，全株枯死。用手挤压病部可见乳白色菌脓溢出，有恶臭	病原菌在病残体上越冬，伤口侵入，气温高于26℃，地势低洼，土质黏重，长期深灌，氮肥施用不当易流行	①种子处理，同稻白叶枯病；②利用抗病品种，健身栽培；③用80%乙蒜素水剂1000倍液蘸秧根
稻细菌性谷枯病 *Pseudomonas glumae*	谷粒病初苍白色，似缺水萎蔫，转变为灰白至浅黄褐色，内外颖先端或基部紫褐色，护颖紫褐色，多不稔，结实粒多萎蔫畸形，谷粒部分或整粒灰白、黄褐至浓褐色，病健界线明晰	病原菌在带菌谷粒上越冬，抽穗期高温多日照，降雨量少易发生；品种间抗性有明显差异	①加强检疫，种子处理；②选用抗病品种；③抽穗期药剂防治（详见稻白叶枯病）
水稻苗立枯病 *Rhizoctonia solani*； *Achlya klebsiana*； *Fusarium* spp.； *Pythium* spp.	芽腐：根、芽基部初生淡褐色斑，上有白色或粉红色霉，最后幼根变褐、扭曲腐烂，重时成田块状发生；针腐：发生于立针至2叶期，基部变褐，心叶枯黄，叶鞘有褐斑，根颈处生霉层，软腐呈片状、簇状发生。死苗：早稻旱秧2～3叶期常见，叶尖初期不吐水，根毛少或无，色深，最终烂根，有青枯型和黄枯型两种症状	病原菌多为土壤习居菌，卵菌还存在于活水中，分生孢子借风、水滴溅散传播。游动孢子和菌核随水流传播。天气反复无常，秧苗管理失当，生长衰弱时最易遭害，尤以3叶期前为甚	①农业防治，措施同烂种、漂秧；②敌克松、咯菌腈或甲霜灵·代森锰锌等土壤消毒；③咪鲜胺、甲霜灵或萎锈灵·福美双等种子处理；④用上述药剂喷雾
水稻苗绵腐病 *Achlya prolifera*； *Achlya* spp.	早稻水秧田常始见于播种后一周。病种、芽基部多许乳白色胶状物至放射状白色絮状菌丝体，终呈铁锈色、绿褐色或泥土色，腐烂	病原菌为土壤习居菌，或存于活水中，游动孢子随水流、风、雨水传播。其余条件同水稻苗立枯病	同水稻苗立枯病
稻根结线虫病 *Meloidogyne oryzae*	病根扭曲变粗。根瘤卵圆形至椭圆形，白色、黄褐色或黑色。病株矮小，茎秆纤细，叶片发黄，根系发育不良。穗短少，常半包穗，结实率低，秕谷多	以2龄幼虫在根瘤或土中越冬。借水流、农具、肥料及农事活动传播。砂质壤土、瘦瘠土壤发病重。抛栽秧、早秧铲秧移栽发病轻。品种间抗性有一定差异	①选栽抗病品种；②水旱轮作，冬季翻耕晒垡；③提倡抛栽秧，每666.7 m² 施石灰75～100 kg，增施腐熟有机肥；④详见蔬菜根结线虫病防治
稻干尖线虫病 *Aphelenchoides besseyi*	一般剑叶或其下一、二叶先端1～8 cm处现半透明、茶褐色干My扭曲成的干尖，后灰白色。病健相交处有一条褐色的弯曲界线	线虫在谷粒颖壳和米粒间越冬。自芽鞘或叶鞘缝隙侵入幼苗，播后15 d时，低温多湿，有利于发病。水稻品种间抗性有明显差别	①选用抗病品种和无病种子；②用多菌灵·杀螟丹600倍液浸种48～60 h，可兼治恶苗病，或50%巴丹水剂1000倍液浸秧1～5 min后移栽
烂种、漂秧和黑根 （生理性病害）	播种后种子不发芽或谷陷入泥层中腐烂死亡；谷出芽后长期不扎根，芽倒地漂浮而死称漂秧；黑根是土壤极度嫌气，稻根受硫化氢和硫化铁等的毒害变黑腐烂	种子质量差，浸种时间过长或不足，催芽温度控制不当，或苗床硬实坑洼，播种质量欠佳，有机肥过多，或硫酸铵作苗肥，长期淹水缺氧易发病	①保证秧田质量；②精选谷种提高浸种催芽技术；③适时播种；④科学管水，合理施肥

第二章 玉米病害

玉米是我国主要粮食作物之一，又是重要的饲料作物及轻工业、医药工业不可或缺的原料，其播种面积和总产量均超过水稻和小麦，位居第一位。玉米病害是影响玉米生产的重要障碍。全球已报道玉米病害100多种，常年损失6%～10%。

我国有玉米病害30多种，主要有大斑病、小斑病、瘤黑粉病、锈病、茎基腐病、细菌性茎腐病、丝黑穗病、青枯病、纹枯病和矮花叶病等。随着抗病品种的不断育成更新和引进，以及耕作制度和栽培环境的变化，有些原来属于次要的病害上升为主要病害，如纹枯病、青枯病和矮花叶病等。20世纪80年代中期推广抗大、小斑病和丝黑穗病品种，病害基本得到控制。但到了90年代中后期，由于大面积种植超甜玉米等感病品种，加上新小种出现，原本得到控制的大、小斑病又有所回升。

本节图片

第一节 玉米大斑病和小斑病

玉米大斑病（northern corn leaf blight）是一种流行性强的世界性病害。在我国主要发生在东北、华北春玉米区和西南部分春玉米区，近年来，由于新的生理小种出现和品种等原因，玉米大斑病呈现加重的趋势。20世纪80年代，广西大斑病大流行4次，严重病区减产可达30%～45%。

玉米小斑病（southern corn leaf blight）又称斑点病、南方叶枯病，在我国玉米种植区均有发生，一般可造成30%左右的减产，甚至毁种绝收。

一、症状

1. 玉米大斑病　　整个生育期都可发生，苗期少见，生长后期尤其抽雄以后病害逐渐加重。主要为害叶片，严重时也为害叶鞘、苞叶、雄花、护颖和籽粒。叶部病斑类型依抗性基因不同而异。①萎蔫型斑：在不具有 *Ht* 抗性基因的品种上，初为黄色或青灰色水渍状椭圆形小斑，后沿叶脉扩展，形成大小不等的梭形斑，多为5～10 cm长、1～2 cm宽，最长可达20 cm，宽可超过3 cm。严重时病斑连接成不规则大枯斑。田间湿度较大、大雨过后或有露时，病斑表面常生一层灰黑色霉状物，即病原菌分生孢子梗和分生孢子（拓展图2-1）。叶鞘、苞叶和籽粒发病，多呈灰褐色或黄褐色不规则梭形斑。②褪绿斑：在有 *Ht* 抗性基因的品种上，初生椭圆形小斑，沿脉扩展后呈褐色坏死条纹，周围黄褐色或淡褐色。病斑少而较小，产孢少或不产孢。

在植株上，该病多自下叶至上叶渐次发生。多雨年份30 d左右可造成整株过早枯死，其根部同时腐烂，果穗松软倒挂，籽粒干瘪、细小，同时降低了玉米秸秆的利用价值。

田间诊断要点：一是看叶片上是否出现梭形大斑（一般长度为 10 cm 左右），二是看病部有无灰黑色霉状物出现。生产中大斑病常与生理性大斑病混淆，前者病斑梭形，患部病组织极易破碎，保湿后出现大量分生孢子；后者病斑一般不呈梭形，患部病组织不易破碎，保湿后不出现玉米大斑病菌的分生孢子。

2. **玉米小斑病** 整个生育期都可发生，以玉米抽雄后发病逐渐加重。主要侵害叶片，也可侵染叶鞘、苞叶、果穗和籽粒。叶片发病常从下部叶片开始，逐渐向上蔓延，病斑初期为水渍状小斑点，随后渐变成黄褐色或红褐色椭圆形斑，边缘色较深（拓展图 2-2）。

根据不同品种对玉米小斑病菌生理小种的反应，常将病斑分成以下 3 种类型。①感病型Ⅰ：病斑椭圆形或长方形，受叶脉限制，黄褐色并具深褐色边缘。②感病型Ⅱ：病斑椭圆形或纺锤形，灰色或黄色，不受叶脉限制。③抗病型：病斑为黄褐色坏死小斑点，周围有黄绿色晕圈，病斑通常不扩展，属抗病型。前两种类型病斑在高湿条件下，病叶多数在病斑愈合后萎蔫，严重株会提早枯死。田间湿度大时，病斑上会出现大量灰黑色霉层（分生孢子梗和分生孢子）。

田间诊断要点：一是看叶片上是否有黄色（颜色或深或浅）的小病斑（一般长度不会超过 2 cm），二是看病部有无显色霉层。生产中，小斑病常与玉米褐斑病和玉米病毒引起的花叶混淆。玉米小斑病初为水渍状小点，之后形成坏死斑，保湿可见病原菌的分生孢子；玉米花叶病在病初也为水渍状小点，但不扩展成坏死斑，保湿不产生分生孢子；玉米褐斑病开始为水渍状小点，之后形成坏死斑，但病斑中央有橘黄色小病斑。

二、病原

1. **分类地位** 玉米大斑病的病原，无性阶段为凸脐蠕孢属玉米大斑凸脐蠕孢［*Exserohilum turcicum*（Pass.）Leonard et Suggs］；有性阶段为大斑刚毛座腔菌［*Setosphaeria turcica*（Luttrell）Leonard et Suggs］，属子囊菌门毛座腔菌属。玉米小斑病的病原，无性阶段为玉蜀黍平脐蠕孢［*Bipolaris maydis*（Nisikado Miyake）］，属半知菌类真菌；有性阶段为异旋孢腔菌（*Cochliobolus heterostrophus* Drechs.），属子囊菌门旋孢腔菌属。

2. **形态特征**

1）**玉米大斑病** 分生孢子梗自气孔伸出，单生或 2~6 根丛生，褐色，顶端色淡，不分枝，直或上部曲膝状，基细胞较大，具 2~8 个隔膜，大小为（35~160）μm×（6~11）μm；分生孢子具 3~8 个隔膜，大小为（45~126）μm×（15~24）μm，橄榄褐色，梭形或长纺锤形，顶细胞钝圆或长椭圆形，基细胞尖锥形（图 2-1），脐点明显突出于基细胞外部，萌发时由两端产生芽管，越冬期间往往形成厚壁孢子。子囊壳黑色，椭圆形至球形，大小为（359~721）μm×（345~497）μm，子囊壳孔口表皮细胞产生较多短而刚直、褐色的毛状物；子囊呈圆柱形或棍棒形，大小为（176~249）μm×（24~31）μm，具短柄。

2）**玉米小斑病** 分生孢子梗从气孔中伸出，2~3 根丛生，褐色，不分枝，直或曲膝状，基部细胞稍膨大，具 3~15 个隔膜，有明显孢痕；分生孢子长椭圆形，褐色，多向一端弯曲，中间较粗，向两端渐细，两端细胞钝圆，具 3~13 个隔膜，大小为（30~115）μm×（10~17）μm，脐点凹入基细胞内（图 2-2），分生孢子多从两端细胞萌发长出芽管，有时中间细胞也可萌发。子囊壳黑色，球形，喙部明显，内部着生近圆筒状的子囊；子囊顶端钝圆，基部具柄；子囊内大多有 4 个线状、无色透明、具 5~9 个隔膜的子囊孢子，大小为（147~327）μm×（6~9）μm。

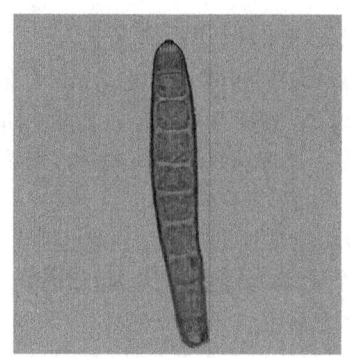

图 2-1 玉米大斑病菌的
分生孢子（许雄彪提供）

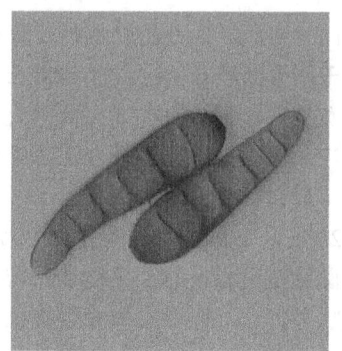

图 2-2 玉米小斑病菌的
分生孢子（许雄彪提供）

3. 生物学特性 两种病原菌均可在人工培养基上生长。玉米大斑病菌菌丝的生长温度为 18～30℃，最适温度为 25℃，最适 pH 为 7；分生孢子萌发的适宜温度为 15～35℃。玉米小斑病菌菌丝的生长温度为 10～35℃，最适温度为 28～30℃，最适 pH 为 8.7；分生孢子萌发的适宜温度为 5～42℃，最适温度为 26～32℃。两种分生孢子的形成和萌发均需要高湿条件。病残体内的菌丝体及其表面的分生孢子在干燥条件下可存活 1～2 年，或更长时间。

4. 代谢产物 玉米大斑病菌对玉米的致病性主要是产生致病毒素。1975 年，Yoka 等报道病原菌在活体外可分泌果胶甲酯酶、纤维素酶和对热稳定的毒素，会显著抑制感病幼苗叶绿素的生物合成，且活性与致病能力呈直线关系；在侵染寄主的过程中能够产生致病毒素（HT-毒素）和二羟基萘（DHN）黑色素。玉米小斑病菌在寄主体内、外均可分泌毒素，毒素与病原菌一样在玉米上引起典型的病害症状。毒素对玉米根的伸长、根冠细胞的存活及玉米植株的呼吸作用、光合作用、吸收作用和一些酶类活性都有不同程度的影响。

5. 生理分化 玉米大斑病菌有明显的生理分化现象。据致病力差异，可将其分成两个专化型：一是玉米专化型，只侵染玉米；二是高粱专化型，可侵染玉米、高粱、苏丹草和约翰逊草。在玉米专化型中，依据病原菌对具显性基因 $Ht1$、$Ht2$、$Ht3$ 和 HtN 植株有无致病能力区分出 5 个生理小种。小种的命名用毒力公式表示（有效抗性基因/无效寄主基因），并以无效基因的序号作为该小种名称，如原 1 号小种改称为 0 号小种，原 2 号小种改称为 1 号小种，依次类推（表 2-1）。1 号小种对含 $Ht1$、$Ht2$、$Ht3$ 和 HtN 显性单基因玉米无致病力，只产生褪绿斑，不产孢，广布于玉米产区，为优势小种。2 号小种对含 $Ht1$ 显性单基因玉米有致病力，引致萎蔫型斑，产孢量大，但对 $Ht2$、$Ht3$、HtN 玉米无毒力。2 号小种是 1974 年于美国夏威夷首次报道，1983 年在中国辽宁丹东发现，现已成为我国北方玉米产区优势小种，西南和台湾等地也有 2 号小种的报道。3 号小种是 1980 年首次发现于美国伊利诺伊州和南卡罗来纳州，之后中国台湾、云南、四川、贵州相继报道，该小种对 $Ht2$、$Ht3$ 有致病力，对 $Ht1$、HtN 无致病力。1999 年的资料显示，云南、贵州和四川先后测试出 4 号小种；4 号和 5 号小种在美国和澳大利亚也有发现。

表 2-1 玉米大斑病菌的生理分化*（引自董金皋，2015）

小种名称	新命名法小种名称	玉米基因型				毒力公式（有效抗性基因/无效寄主基因）
		$Ht1$	$Ht2$	$Ht3$	HtN	
1	0	R	R	R	R	$Ht1$、$Ht2$、$Ht3$、HtN/O
2	1	S	R	R	R	$Ht2$、$Ht3$、$HtN/Ht1$
3	23	R	S	S	R	$Ht1$、$HtN/Ht2$、$Ht3$

续表

小种名称	新命名法小种名称	玉米基因型				毒力公式（有效抗性基因/无效寄主基因）
		Ht1	*Ht2*	*Ht3*	*HtN*	
4	23N	R	S	S	S	*Ht1/Ht2、Ht3、HtN*
5	2N	R	S	R	S	*Ht1、Ht3/Ht2、HtN*

* 根据 Leonard（1989）小种命名法

注：S 表示萎蔫型斑；R 表示褪绿斑

玉米小斑病菌也有明显的生理分化现象。1970 年，美国玉米小斑病大流行，Smith 等用异源四倍体 Twf9 和二倍体 Wf9 玉米作鉴别寄主，首次报道玉米小斑病菌群体中存在 O、T 两个生理小种。

6. 寄主范围　玉米大斑病菌可侵染玉米、高粱、苏丹草、约翰逊草、稗草和野生玉米等禾本科植物。玉米小斑病菌在田间条件下，还可侵染高粱，人工接种也能为害大麦、小麦、燕麦、水稻、苏丹草、虎尾草、黑麦草、狗尾草、白茅、纤毛鹅观草、稗、马唐、蟋蟀草等禾本科植物。

三、病害循环

玉米大斑病菌主要以病斑内的菌丝体和病斑表面附着的分生孢子越冬。田间病残体、含有未腐解病残体的土杂肥、玉米秸垛、带病种子或混杂在玉米种子中的病残体，都可成为初侵染源或后续侵染菌源。分生孢子借气流和雨水传播到健康植株上，孢子萌发产生芽管，芽管顶端先产生附着胞，附着胞上再产生侵染丝，直接侵入玉米表皮细胞，少数可以从气孔侵入，侵入丝侵入玉米后产生一种泡囊状组织，其上生次生菌丝，向周围蔓延。菌丝在叶片细胞内扩展很慢，侵入木质部导管和管胞后扩展很快，经 7～10 d 形成萎蔫型病斑。病原菌侵入后 10～14 d，在湿度适宜的条件下，产生大量分生孢子，随气流、雨水传播进行再侵染。在整个玉米生育期，可发生多次再侵染，特别是春夏玉米混作区，春玉米大斑病为夏玉米提供更多的菌源，再侵染频繁。

玉米小斑病菌以菌丝体或分生孢子在病残体上越冬，是主要的初侵染源。子囊孢子、带菌种子属于次要侵染源。翌年环境条件适宜时产生大量分生孢子，借风、雨水、气流传播到玉米叶片上，从表皮细胞直接侵入，少数从气孔侵入，侵入后 5～7 d 可形成典型的病斑。在玉米生长期可以发生多次再侵染。特别是在春夏玉米混作区再侵染频繁，会加重病害流行程度。

四、发病条件

玉米大、小斑病发病轻重与品种抗病性、气候条件、菌源数量及栽培条件等因素有密切关系。

1. 品种抗病性　玉米品种间对大斑病和小斑病的抗性有明显差异，在田间病原菌大量积累的情况下，如果种植抗病品种，病害一般不易大发生。例如，1996 年两广大面积种植感病品种甜玉米，引起当年玉米大斑病大量发生，有的损失达 50% 以上。

2. 气候条件　在 23～25℃ 条件下，从孢子两端长出芽管、附着胞和侵入丝，从表皮细胞或表皮细胞间直接侵入，少数从气孔侵入，6～12 h 即可完成。相对湿度 90% 以上有利于大斑病发生。在 26℃ 条件下，感病品种的潜育期为 5～7 d，抗病品种为 7～11 d。拔节到抽穗期，若降雨集中，田间湿度大，且气温适宜，可造成大斑病流行。小斑病喜高温高湿环境，7～8月的雨日、雨量、露日、露量多的年份和地区发生重。

3. 菌源数量　　大量的病残株遗留田间是导致玉米大、小斑病严重发生的根本原因。

4. 栽培条件　　玉米连作地病重，轮作地病轻。过密种植和单作病重，与矮秆作物间作套种病轻。偏施氮肥，植株长势差，发病重。玉米孕穗、出穗期间氮肥不足发病较重。排水不良的低洼地、郁闭、通风不良的田块发病重。合理间作套种，能改变田间小气候，利于通风透光，降低行间湿度，有利于玉米生长，增强抗病力，不利于病原菌侵染。华南春玉米一般在1～3月播种，播种越迟，发病越重，这是由于玉米生长后期植株抗病力下降，又适逢雨季，有利于病害发生。土地肥沃、基肥足，氮磷钾肥料合理搭配，注重玉米生长中后期肥水管理，植株生长健壮，发病迟而轻；反之，发病早而重。

五、防控措施

针对玉米大斑病、小斑病应采用以种植抗病品种为基础，加强栽培管理，减少菌源，适时用药的综合防控措施。

1. 选择抗病品种　　因地制宜地利用抗病、优质和高产的玉米品种或杂交种是保证玉米稳产增收的重要措施。避免单一品种大面积连片种植。

2. 加强栽培管理，及时清除菌源　　适期早播，避开病害发生高峰。施足基肥，增施磷钾肥。做好中耕除草培土工作，摘除底部叶片，深埋病残体，降低田间相对湿度，使植株健壮，提高抗病力。玉米收获后，清洁田间卫生，将秸秆集中处理，经高温发酵用作堆肥。实行轮作。此外，与大豆、花生、马铃薯等作物间作种植，可以有效抑制和科学控制病害发生。

3. 药剂防治　　药剂防治玉米大、小斑病是一种大流行年份的补救措施。目前用于防治玉米大斑病和小斑病的主要药剂有苯醚甲环唑、丙环·嘧菌酯、肟菌·戊唑醇等。研究表明，在玉米喇叭口期喷药会收到较好的防治效果。

本节图片

第二节　玉米瘤黑粉病

玉米瘤黑粉病（corn smut disease）俗称"灰包"，又称黑粉病，分布广，但北方比南方、山区比平原发生更为普遍且重，一般病株率为5%～10%。减产程度与发病时期、发病部位和病瘤大小有关，据报道，果穗受害的损失48.7%，果穗以上茎部受害损失46.8%，果穗以下茎部受害损失25.6%。近年来，该病在北方特别是制种区一些杂交种上发生严重。

一、症状

玉米瘤黑粉病全生育期均可发生，凡玉米幼嫩器官都可受侵染，一般苗期发病少，抽雄后迅速增多。受害部位因受病原菌代谢产物吲哚乙酸刺激而形成大小和形状不等的肿瘤，瘤外最初由寄主表皮组织形成的灰白色薄膜包被，故名"灰包"，有光泽，肉质多汁，后迅速膨大，表面暗褐色，内部变成黑色。病瘤成熟后外薄膜破裂，散出大量黑粉（冬孢子）（拓展图2-3）。

玉米长到3～5叶期，在幼苗茎基部即可显现病瘤，单生或串生，病重时，植株叶片扭曲成畸形，甚至枯死。叶片上病瘤多分布在叶片基部中肋两侧或叶鞘上，常密集成串或成堆突起，反面凹陷，大小如谷粒或豆粒，成熟后变干、变硬，内部很少形成黑粉。茎部病瘤多在各节基部，腋芽受侵染后组织增生突破叶鞘而成，大小和数量不等，大的直径可达 15 cm 左右。雄花大部分或个别小花染病形成长囊状或角状病瘤，雄穗轴及其节间也可见病瘤。雌穗受侵染后多在果穗上半部或个别籽粒上形成病瘤，严重的整个雌穗形成大的畸形病瘤而不结籽粒，病瘤常突破苞叶外露。气生根也可受害生成病瘤。

二、病原

1. **分类地位** 玉米瘤黑粉病的病原为担子菌门黑粉菌属玉米瘤黑粉菌 [*Ustilago maydis*（DC.）Corda]［=*Ustilago zeae*（Beckm.）Unger］。

2. **形态特征** 冬孢子球形、椭圆形或卵圆形，大小为（8～13）μm×（8～11）μm，表面细刺状突起。冬孢子萌发产生担子，担子顶端或分隔处侧生 4 个无色、梭形或略弯的担孢子。担孢子可以芽殖方式反复产生次生担孢子，担孢子或次生担孢子萌发生出侵染丝（图 2-3）。

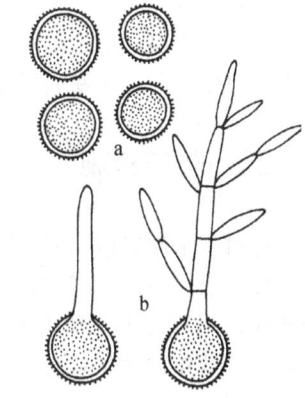

图 2-3 玉米瘤黑粉菌
a. 冬孢子；b. 冬孢子萌发及担孢子

3. **生物学特性** 冬孢子无休眠期，在水滴和相对湿度 98%～100%条件下都能萌生担孢子，在干燥条件下经过 4 年仍有 24%的萌发率。萌发温度为 8～38℃，适温为 26～34℃。担孢子和次生担孢子萌发适温为 20～26℃，侵入适温为 26.7～35℃。数小时的雨、雾、露即可萌发侵入，担孢子对不良环境的忍耐力很强，可经受 5 周干燥环境，这对病原菌在田间传播和再侵染十分有利。

4. **生理分化** 玉米瘤黑粉菌有生理分化现象，有多个生理小种。除玉米外，还可侵染两种大刍草。

三、病害循环

冬孢子在土壤、寄主残体、土杂肥及种子上越冬，以土壤为主。土壤中的冬孢子团块比分散的冬孢子存活时间长，干燥条件下可存活 4 年以上。在南方，未经腐熟的土杂肥中的越冬冬孢子还能营腐生生活，产生担孢子，并不断以芽殖方式进行繁殖。当春季温、湿度适宜时，越冬冬孢子萌发产生担孢子和次生担孢子，随风、雨水等传播，落到玉米幼嫩组织上或心叶叶旋内，随水滴移至叶片和叶鞘基部缝隙中。在高湿条件下，两性担孢子结合后很快萌生双核侵入丝，从寄主幼嫩分生组织表皮或伤口侵入，冬孢子也可直接萌生侵染丝侵入幼嫩组织。菌丝在侵染点附近的细胞内或细胞间扩展，产生大量的吲哚乙酸，刺激寄主细胞增生和膨大，形成病瘤。潜育期长短因侵染部位及环境条件而异，侵入茎秆一般需要 8～12 d。20～24 d 病瘤成熟，破裂后散出黑粉（冬孢子），进行再侵染。尤其在春夏玉米混作区，再侵染可能更频繁。

四、发病条件

1. **气候条件** 在玉米生长季节，尤其抽雄前后，高温多雨、湿度大，有利于孢子萌发直接侵入幼嫩组织，也可从暴风雨、冰雹等造成的机械伤口侵染发病。山区云雾多，湿度大，或偏施氮肥，植株生长柔嫩；或前期干旱，后期多雨潮湿或干湿交替出现，延长玉米分生阶段而拉长感病期,都会加重发病。

2. 品种抗病性　　品种间存在明显的抗性差异,自交系间差异更明显。一般来说,早熟、耐旱、苞紧、马齿型、群体种、杂交种较抗病,自交系、迟熟、苞松、甜玉米较感病。

3. 耕作栽培条件　　多年连作玉米地块或玉米收获后不及时处理玉米秸秆,田间累积病原菌多,或高肥密植,植株柔嫩,昆虫为害,中耕去雄等造成许多伤口,都有利于病原菌侵染为害。干旱少雨、土地贫瘠的砂壤土冬孢子越冬存活率高,病重;相反,多雨潮湿、有机质富集的土壤中,冬孢子易萌发及易受拮抗菌伤害死亡,病轻。

五、防控措施

针对玉米瘤黑粉病应采取以减少菌源、种植抗病品种为主的综合防治策略。

1. 清除菌源　　玉米收获后及时清除田间病残株烧毁,使用腐熟土杂肥,秋收后及时深翻土壤,尽可能把土壤中的病原菌埋到深层。玉米生长期间,发现病瘤及时割除,深埋或烧毁,连续数年,效果极佳。重病地块实行与花生、大豆、红薯、木薯等2~3年以上轮作,有效减少菌源。

2. 农业防治　　加强田间管理,合理密植,不偏施氮肥,适时增施磷钾肥,防止徒长,及时防治虫害,抗旱排渍,尽量减少机械损伤,去雄前要先摘除病瘤。选用适合当地的高产抗病品种。各产区应选育适合当地种植的抗病良种。

3. 药剂防治　　种子消毒处理与田间喷药相结合。采用药剂拌种或种子包衣。田间发病初期在摘除病瘤的前提下,在玉米抽雄前和病瘤出现前喷施苯醚甲环唑等,间隔7~10 d,根据病情防治2~3次,可以有效减轻病害。

本节图片

第三节　玉米锈病

玉米锈病(corn rust disease)在全国玉米产区都有发生。随着玉米种植面积的扩大及连年种植,玉米锈病已由次要病害上升为主要病害,近年在我国多个玉米产区流行,对玉米生产构成严重威胁。据报道有3种锈病为害玉米:普通型玉米锈病、南方型玉米锈病和热带型玉米锈病。20世纪80年代以前,我国普通型玉米锈病全国为害重,20世纪70年代海南、台湾两省报道发生南方型玉米锈病。流行年份一般减产10%~20%,严重时达50%以上,部分地块甚至失收。

一、症状

玉米锈病主要为害叶片,严重时也侵染果穗、叶鞘、苞叶及雄穗。叶片、叶鞘染病,初形成淡黄白色小点,后逐渐变成黄褐色或褐色、圆形或长形夏孢子堆,表皮破裂后,散出铁锈色粉末,为锈菌的夏孢子。夏孢子散生于叶片两面,以叶面居多。后期病斑上产生黑色长圆形或近圆形突起,破裂后露出黑褐色粉末,为病原菌的冬孢子。玉米锈病发生严重时叶片上密布孢子堆,多个孢子堆汇合成片,造成叶片干枯(拓展图2-4)。

普通型玉米锈病病斑以叶片基部较多,叶片中脉受侵染较少,南方型锈病初期病斑常密集生于全叶,冬孢子堆也多生于玉米叶片的背面,近黑色但不常产生,多在个别年份晚熟玉米品种上出现，南方型玉米锈病的孢子堆比普通型玉米锈病的孢子堆小，颜色浅。孢子堆密生时阻碍光合作用，加速水分蒸发，减轻粒重，重者全叶提早枯黄。

二、病原

1. 分类地位　　普通型玉米锈病的病原为担子菌门柄锈菌属玉米柄锈菌（*Puccinia sorghi* Schw.）；南方型玉米锈病（又称多堆锈病）的病原为玉米多堆柄锈菌（*P. polysora* Underw.）；热带型玉米锈病的病原为玉米壳锈菌［*Physopella zeae* (Mains) Cummins et al.］。

2. 形态特征　　玉米柄锈菌的夏孢子堆黄褐色，夏孢子单胞，浅褐色，近球形至椭圆形，表面有微刺，大小为（24～32）μm×（20～28）μm，壁厚1.5～2μm，有4个芽孔（图2-4）。冬孢子黑褐色，长圆形至棍棒形，大小为（28～53）μm×（13～25）μm，顶端圆，分隔处稍缢缩，柄浅褐色，与孢子等长或略长。性孢子器生于叶两面。锈孢子器生于叶背，杯状。锈孢子近球形至椭圆形，大小为（18～26）μm×（13～19）μm，有瘤状物，侵染酢浆草。

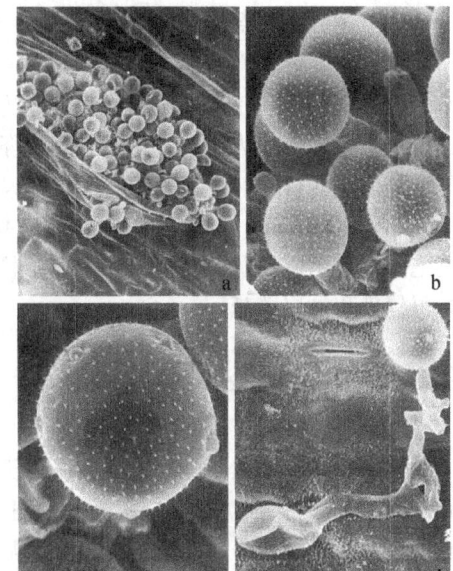

图2-4　玉米柄锈菌（引自康振生等，1997）
a. 夏孢子堆；b、c. 夏孢子；
d. 夏孢子萌发产生的芽管与附着胞

玉米多堆柄锈菌的夏孢子单胞，淡黄色或金黄色，表面有刺，大小为（29～36）μm×（23～29）μm，有芽孔4～5个；冬孢子堆埋生。冬孢子栗褐色、多角形，大小为（29～41）μm×（19～27）μm，多有单细胞的冬孢子。目前尚未发现转主寄主。

3. 生理分化　　玉米锈菌有明显的生理分化现象，但研究较少，据国外报道，玉米柄锈菌有14个小种，玉米多堆柄锈菌有13个小种，玉米壳锈菌有2个生理小种。由于各地所用鉴别寄主和技术规程不一，所测试的小种无法统一编号和比较。寄主除玉米外，还有小麦、雀麦等。

4. 生物学特性

1）玉米柄锈菌　　温度对玉米柄锈菌夏孢子萌发具有显著性影响，夏孢子在5～35℃均能萌发，最适萌发温度为16～25℃，低于5℃或高于35℃均不利于夏孢子萌发。夏孢子在47℃ 10 min致死。冬孢子在49℃ 10 min致死。光照对夏孢子萌发影响不大。夏孢子萌发的相对湿度为90%～100%，低于90%不能萌发，且萌发率随相对湿度的增加而递增，当相对湿度为100%时萌发率最高。

2）玉米多堆柄锈菌　　玉米多堆柄锈菌夏孢子萌发适温为24～28℃，低于13℃或高于30℃时夏孢子的萌发率降低。在自然光时萌发率最高。研究报道，在适宜的温度下，夏孢子在水滴中的萌发率达61.3%，而无水滴但空气湿度饱和时夏孢子的萌发率仅为3.3%，相对湿度低于60%时夏孢子不能萌发。

5. 锈菌侵染过程　　锈菌侵入和定殖分为夏孢子萌发与芽管形成、附着胞形成、侵入寄主细胞、吸器产生和菌丝在细胞间扩展5个阶段。在不同抗性的玉米材料上，病原菌孢子萌发和芽管形成差异不显著，但侵入后在不同抗性材料的发育进程和程度有显著差异，在抗性玉米材料上，病原菌初生菌丝、吸器母细胞和次生菌丝的形成时间推迟，吸器少，菌丝分枝少，菌丝生长缓慢。

三、病害循环

玉米柄锈菌和玉米多堆柄锈菌在南方以夏孢子在病残体上越冬或以夏孢子周年在玉米上辗转传播蔓延，发病为害。夏孢子在适宜条件下萌发，从气孔侵入，进行初次侵染。显症后生夏孢子，借气流传播，进行多次再侵染。从春玉米传到夏玉米，又传到秋玉米，收获后进入越冬期。北方则较复杂，初侵染菌源除来自本地越冬菌源外，还有来自南方通过高空远距离传播的夏孢子及转主寄主酢浆草，借气流传播侵染致病，发病后病部产生的夏孢子再借气流传播，进行再侵染和扩展蔓延。

四、发病条件

玉米锈病的发生与流行主要取决于玉米品种的抗病性、气候条件和栽培管理等。

1. **品种抗病性** 不同玉米品种对玉米锈病的抗性差异较大，通常早熟品种较感病，甜质型玉米的抗性较差，马齿型品种较抗病。此外，玉米叶色及叶片的多寡与玉米锈病的发病程度也有关系，一般叶色黄、叶片少的品种发病重。

2. **气候条件** 温度和湿度条件是影响玉米锈病发生的重要因素。普通型玉米锈病发生流行要求温暖高湿天气，温度16～23℃，相对湿度100%，多云雾阴雨时发病重。而南方型玉米锈病则需高温高湿条件，24～28℃最适于夏孢子萌发侵入，27℃最适于发病。潜育期为7～10 d。往往是春、秋玉米发病分别与其发病前7 d和8～14 d的气温密切相关，病情与结露时间呈直线关系。

3. **栽培管理** 播期不适宜、栽培管理不当、基肥不足或偏施氮肥会加重病害；土壤板结导致玉米生长不良，易发病；种植密度大，地势低洼、通风条件差、排水不畅等，病害易发生。

五、防控措施

针对玉米锈病应采用以推广和利用抗病品种为主，加强田间栽培管理，辅以必要的药剂防治的综合防控措施。

1. **种植抗病品种，控制初侵染源** 各地应充分发掘适合当地种植的抗锈病品种。同时加强田间管理，施足基肥，合理施肥。清除田间病残体，铲除酢浆草。开沟排水，增强土壤通气性等。

2. **药剂防治** 在发病初期，可喷洒三唑酮、戊唑醇等药剂，隔10 d左右1次，连续2～3次。

本节图片

◆ 第四节 玉米茎基腐病

玉米茎基腐病（maize stalk rot）又名玉米青枯病或玉米茎腐病，是由多种病原菌单独或复合侵染造成根系和茎基腐烂的一类病害的总称。其分布广、为害重，是一种世界性病害。我国20世纪70年代报道发生该病，由于该病一般在玉米乳熟期至蜡熟期才显症，以往被误认为是早衰而未引起注意。目前其在广西、浙江、湖北、陕西、河北、山东、辽宁等多个玉米产区均有发生。一般年份发病率为10%~20%，严重年份达20%~30%，个别地区高达50%~60%，减产25%，重者甚至绝收。

一、症状

该病原主要侵染玉米根系及茎基1~3节。苗期幼根受侵染后变短，病根褐色、腐烂，次生根很少，出苗率低，或叶片水渍状、枯萎，苗株矮化。田间病害一般在玉米灌浆期至乳熟期始见，高峰期为乳熟期至蜡熟期。症状有急性型和普通型两类。①急性型：发病快，常在1~2 d内全株迅速失水青枯，似开水烫伤状，茎基1~3节变褐变软，果穗下垂。②普通型：病程慢，一般5~10 d，植株叶片自下而上依次黄枯，有时也呈开水烫伤状。茎基初呈褐色水渍状斑，表皮失水轻微皱缩，进而变软呈条纹凹陷，根系褐变坏死，茎基髓部中空软化，极易倒伏。剖开病茎，可见维管束变褐和白色菌丝体或粉红色霉状物（拓展图2-5）。

二、病原

1. **分类地位** 研究表明，玉米茎基腐病的病原主要是镰孢霉（*Fusarium* spp.）和腐霉（*Pythium* spp.）。

到目前为止，国内外已报道的有20多种。其中腐霉的种类主要有瓜果腐霉［*Pythium aphanidermatum*（Edson）Fitzpatrick］、囊肿腐霉（*P. inflatum* Matthews）、禾生腐霉（*P. graminicola* Sub.）、刺腐霉（*P. spinosum* Sawada）、寡雄腐霉（*P. oligandrum* Drechsler）、强雄腐霉（*P. arrhenomanes* Drechsler），均属于藻物界卵菌门腐霉属；镰孢霉的种类主要有禾谷镰孢霉（*Fusarium graminearum* Schwabe）、轮枝镰孢霉［*F. verticillioides*（Sacc.）Nirenb.］、串珠镰孢霉（*F. moniliforme* Scheld.）、串珠镰孢霉苗枯变种（*F. moniliforme* Sheld. var. *subglutinans* Woll. et Reink.）、尖镰孢霉（*F. oxysporium* Schl.）、本色镰孢（*F. concolor* Reinking.）等，属半知菌类镰孢霉属。

有人认为病株内主要病原菌存在演替现象，*Pythium* spp.是先锋占领者，而*Fusarium* spp.是后来居上者。病原菌的种类和优势种群还与分离时间和基质有关，发病初期用玉米粉琼脂（corn meal agar，CMA）基质或带菌土壤用黄瓜诱集的方法，腐霉出现频率最高，后期分离则多为镰孢霉。该病是单一病原菌侵染还是多菌复合侵染或是"后来居上者"，尚需进一步验证明确。

2. **形态特征**

1）瓜果腐霉 菌落在CMA基质上呈放射状，气生菌丝棉絮状。孢子囊棒状、瓣状或不规则形，顶生或间生。常温下可产生泡囊和游动孢子。藏卵器球形，直径15.5~24.8 μm，多顶生，偶有间生和侧生。雄器卵球状、玉米粒状或袋状，大小为（6.2~15.5）μm×（6.0~12.0）μm，多间生，也有顶生，同丝生或异丝生，每个藏卵器有雄器1~2个。卵孢子球形，直径12.0~22.4 μm，平滑，不满器，壁厚1.5~3.5 μm，内含贮物球和折光体各1个。

2）禾谷镰孢霉 在高粱粒或麦粒上培养易产生大型分生孢子，多数具有3~5个隔膜，大小为（18.2~44.2）μm×（3.4~4.7）μm，不产生小型分生孢子和厚垣孢子。在麦粒上可产生显色球形的子囊壳，子囊棍棒形，大小为（57.2～85.8）μm×（6.5～11.7）μm。子囊孢子纺锤形，双列斜向排列，具1～3个隔膜。轮枝镰孢霉分生孢子一般呈串珠状，菌落呈桔梗紫色或粉红色。

三、病害循环

　　病原菌在土壤和种子中越冬，病株残体和带菌的种子是该病发生的主要初侵染源。腐霉以卵孢子、厚垣孢子或菌丝越冬。翌年条件合适时，病原菌萌发产生菌丝体或游动孢子，靠雨水传播，游动孢子萌发产生芽管侵染玉米根系；卵孢子或厚垣孢子也可萌发产生芽管侵染根系。镰孢霉以分生孢子和厚垣孢子越冬，条件适宜时萌发侵入寄主根系，后扩展至茎基部，造成腐烂。这些病原菌在土壤中长期营腐生生活，玉米播种后即可侵染种芽或幼根，造成烂种或死苗。稍后侵染的从嫩根伤口侵入，分泌一系列细胞壁降解酶，使受病组织细胞发生质壁分离及原生质外流，破坏根和茎基组织，致使根系褐腐和茎基髓部腐解。

四、发病条件

　　玉米茎基腐病的发生与品种抗病性、气候条件、种植环境和栽培管理措施有密切关系。
　　1. 品种抗病性　　不同玉米品种间抗病性差异显著，但同一品种对腐霉和镰孢霉的抗病性无显著差异，即抗腐霉的品种也抗镰孢霉。一般来说，高秆、中迟熟品种较早熟、矮秆品种抗病，其抗病性具有数量性状遗传特点，除加性效应外，还有显性或部分显性效应存在。
　　2. 气候条件　　瓜果腐霉的生长发育温度为10～45℃，最适温度为25～35℃。轮枝镰孢霉和禾谷镰孢霉在8～38℃均可生长，适温为25～26℃。在玉米抽雄到成熟期，特别是灌浆至蜡熟期，气温适于病原菌生长发育，如此期遇多雨、雨量大、时晴时雨、雨后暴晴或久晴大雨的天气，往往出现急性型症状，导致该病大流行。
　　3. 种植环境和栽培管理措施　　连作地、地势低洼积水地、水田玉米、地膜覆盖玉米发病重于轮作地、坡地、不盖地膜玉米。种植密度大、偏施氮肥、通风透光差、田间湿度大，有利于病害发生。增施钾肥、锌肥，可提高植株抗病力，抑制病害发生。

五、防控措施

　　针对玉米茎基腐病应采取以选育和种植抗病品种为基础，实施预防为主的综合防治措施。
　　1. 选育和种植抗病品种　　种植抗病品种是防治玉米茎基腐病的经济、有效的措施，在玉米自交系中，其抗性SCA（杂交组合抗性特殊配合力）、GCA（自交系抗性一般配合力）都表现优良。近几年我国选育和鉴定出的抗病品种有'丹玉39''华单208'等。适宜华南地区种植的较抗病的杂交种有'桂三2号''桂三5号''桂单22号'等。
　　2. 增施锌肥　　据广西壮族自治区玉米研究所大面积试验推广资料，每667 m² 用 1.5～2 kg 硫酸锌与细干土或其他肥料拌匀撒施作基肥，既可提高出苗率，增强长势，又能显著减少玉米茎基腐病，防效达89.69%。同时增施钾肥，防效更佳。
　　3. 加强栽培管理　　适时早播，合理密植，氮磷钾肥合理施用，增强玉米植株长势，提高抗病力。收获后及时清除田间病残株烧毁和深翻土壤。注意排水，降低田间湿度。
　　4. 种子处理，生物防治　　播种前可用多菌灵、甲基硫菌灵等拌种。经试验发现，用哈茨木霉、粉红黏帚霉等处理玉米种子，对玉米茎基腐病有一定的防治效果。

◆ 第五节 玉米细菌性茎腐病

本节图片

玉米细菌性茎腐病（maize bacterial stalk rot）是玉米上重要的细菌病害，尤其是在高温、高湿的热带、亚热带玉米种植区，给我国玉米产业造成了较大的损失。玉米细菌性茎腐病菌可在土壤和病残体中长时间存活。该病害最早在美国、加拿大、印度和非洲等地发生，现在已广泛分布于全世界玉米产区。目前，该病害在我国河北、天津、吉林、广西、云南等地区均有分布。植株被侵染后，主要在玉米生长中期发病，中部节位发生腐烂，导致茎秆折断，造成直接的经济损失。

一、症状

玉米细菌性茎腐病主要发生在玉米生长中期，症状出现于植株茎秆中部节位。

发病初期，在茎节上产生水渍状褪绿斑块，病斑迅速扩大，变为褐色软腐状；由于茎内的髓组织分解和坚硬的茎表皮腐烂，茎秆折断；发病部位因细菌的大量繁殖和玉米组织分解过程中产生的一些物质而散发出明显的臭味。叶鞘上病斑不规则变形，边缘红褐色。环境条件适宜时，病原菌可以通过叶鞘侵染果穗，在果穗苞叶上产生与叶鞘上相同的病斑。如果田间病原菌数量大，在玉米苗期即可发病，引起茎基部腐烂，直接造成植株枯死（拓展图2-6）。

该病与腐霉引起的玉米茎基腐病症状相似，两者极易混淆。主要区别：①玉米细菌性茎腐病主要发生于植株中部茎秆和叶鞘上；②腐霉引起的玉米茎基腐病叶鞘病斑无红褐色边缘，组织软化后略有酒糟味；③潮湿时，腐霉引起的玉米茎基腐病病斑上形成白色霉层。

二、病原

1. 分类地位　玉米细菌性茎腐病的病原为薄壁菌门狄克氏菌属玉米狄克氏菌（*Dickeya zeae* Samson.）[=*Erwinia chrysanthemi* pv. *zeae*（Sabet）Vivtoria, Arboleda & Munoz]。

2. 形态特征　菌体短杆状，大小为（0.8～3.2）μm×（0.5～0.8）μm（平均1.8 μm×0.6 μm），周生鞭毛3～14根，通常为8～11根。革兰氏染色阴性，在King's B培养基上菌落白色、黏稠和光滑；在营养琼脂（nutrient agar，NA）固体培养基上菌落灰暗色、边缘不整齐、中央稍微隆起。病原菌最适生长温度为32～36℃。

3. 生理分化　狄克氏菌生理分化现象明显，具有不同的生理小种。该菌寄主范围很广，可以侵染马铃薯、洋葱、豆类、胡萝卜、萝卜、甜菜、番茄、茄子、辣椒、水稻、玉米、高粱、甘蔗、谷子、香蕉、烟草和甘蓝等作物。

三、病害循环

病原菌在土壤中的玉米残体、种子或土壤中越冬，成为第二年初侵染源，属于土传病害。病原菌经叶片或茎秆的气孔或伤口侵入植株引起发病，玉米心叶末期易发病，未到心叶期或已抽雄一般不侵染或发病很轻。在田间可借风、雨水、灌溉水、机械和昆虫传播，进行多次再侵染。

四、发病条件

1. 品种抗病性　　品种间抗病性差异很大，'浙单4号''丹玉6号'等发病轻或不发病，自交系 Hi33、B68Ht、Arun-2、CM105、CM600 等表现抗病。

2. 气候条件　　玉米细菌性茎腐病菌的侵染温度为26～36℃，最适温度为32～35℃。此外，光照时间与玉米细菌性茎腐病的发病率呈正相关，光照时间越长，玉米细菌性茎腐病的发病率越高。

3. 种植环境和栽培管理措施　　重施苗肥或偏施氮肥发病较重；反之，前期适量施氮肥，增施磷钾肥则发病较轻。田间植株密度大，引起植株徒长，株间郁密、高湿发病重。玉米螟为害严重的地块发病重。伤口有利于病原菌侵染，幼苗比成株易于发病。

五、防控措施

1. 选育抗病品种　　选育抗病品种是防治玉米细菌性茎腐病最经济且安全的方法。在病害常发区，应种植在当地表现抗细菌性茎腐病的品种。目前无对细菌性茎腐病免疫的玉米品种，但有研究人员利用品系 P8 和 YIF62 的 F2 连锁图谱和 $F_{2:3}$ 子代表型数据，在玉米2号染色体上发现了一个与细菌性茎腐病抗性相关的主要基因组区域，可用于抗病育种。

2. 加强栽培管理　　施用有机肥可以促进有益菌的繁殖，从而抑制病原菌对玉米的侵染。为避免田间相对湿度过高，要注意排水，避免淹水和过量灌溉。同时，垄作播种也有利于病害的防治。此外，合理施用氮磷钾肥可明显降低玉米细菌性茎腐病的发病率。

3. 生物防治　　由于玉米细菌性茎腐病菌对农用抗生素的耐药性发展迅速，导致病害防治难度增大，生物防治成为一种更安全有效的选择。其中荧光假单胞菌、副黄假单胞菌和贝莱斯芽孢杆菌对玉米细菌性茎腐病的防治有较好前景。此外，铜制剂、漂白粉均对玉米细菌性茎腐病有一定的防治效果。

玉米其他病害见表 2-2。 本表图片

表 2-2　玉米其他病害一览表

病名和病原	症状识别	发病规律	防治要点
玉米纹枯病 Rhizoctonia solani； R. zeae	主要为害叶鞘、叶片、苞叶和茎秆，也能侵染果穗和籽粒。严重时引起茎腐、倒伏、果穗霉烂。初由近地面的叶鞘先发病，由下而上逐步蔓延。初生水渍状灰绿色病斑，逐渐变成中间灰白色、边缘褐色，椭圆形或不规则形大病斑，病斑连接成云纹状，包围整个叶鞘，致使叶鞘腐败，叶片干枯。茎秆病斑褐色不规则形，后期组织解体，易倒伏。果穗受害，苞叶上同样出现云纹状病斑，果穗干缩、霉变，穗轴腐败。空气潮湿时，病部长出稠密的白色菌丝体，集结成多个白色小绒球，继而变成褐色、扁球形的菌核，易脱落遗留土中（拓展图 2-7）	以菌核在土壤中或病残体上越冬，也可以菌核或菌丝在田间杂草上越冬。翌年春天，温、湿度适宜时，越冬菌核萌生菌丝从玉米基部叶鞘缝隙侵入叶鞘内侧，引起发病。病害始发期为玉米喇叭口期，激增期为抽雄至乳熟期。干旱少雨，发病轻；雨季多湿，病害重。土地肥沃，种植密度大，偏施氮肥，植株生长过旺，田间阴郁湿度大，地势低洼，排水不良，田间遗留菌核多等，病害重	①选育抗病品种；②轮作，加强栽培管理；③药剂防治，详见稻纹枯病

续表

病名和病原	症状识别	发病规律	防治要点
玉米褐斑病 Physoderma maydis	主要为害果穗以下叶鞘叶片。初为黄色圆形、椭圆形或线形小斑，后为褐色或紫褐色隆起疱状。疱斑破裂散出黄褐色粉状休眠孢子（拓展图2-8）	病原菌以休眠孢子囊在土壤或病残体中越冬。春季借风、雨水吹传到玉米上，在水滴中释放出游动孢子，在喇叭口内侵染幼嫩组织	①选育抗病品种；②搞好田园卫生，实行2～3年轮作；③合理密植、排灌，增施磷钾肥；④用苯菌灵等防治
玉米霜霉病 Peronosclerospora maydis; P. sacchari; P. sorghi; P. philippinensis	心叶生黄白色条纹，叶背生白霉。植株黄化矮缩或高大，仅个别小花变态；幼苗严重矮化，长势衰弱，叶色浓绿，沿脉958形成黄褐色、条状枯死斑。有的现淡绿和黄绿相间纹，叶背生白霉	病原菌在病残体上越冬。翌春生孢子囊借风、雨水传播进行初侵染。气候潮湿，雨水充沛，地势低洼，土质黏重利于发病	①加强检疫，选用抗病品种；②拔除病株，清洁田园，轮作；③平整土地，注意排水；④喷三乙膦酸铝、噁霜灵·代森锰锌或霜脲氰·代森锰锌等防治
玉米干腐病 Diplodia frumenti; Stenocarpella maydis; S. macrospora	在近基部4～5节或近果穗处生紫褐至黑色或灰白色大斑，茎秆易断，上生黑色分生孢子器；叶背生2～5 cm长形斑，无小黑点；果穗早熟变轻僵化，籽粒穗轴上生暗褐色菌丝体，果穗变黑，其中埋生有黑色分生孢子器	病原菌在病残体和种子上越冬。春天孢子器吸水膨胀释出大量分生孢子，借风、雨水溅散吹传。在28～30℃条件下，雌穗吐丝后15 d内多阴雨发病重	①加强检疫，建立无病留种田；②清洁田园，大面积轮作；③用多菌灵等浸种，抽穗期喷用咯菌腈、甲基硫菌灵或苯菌灵等
玉米圆斑病 Bipolaris carbonum	叶斑圆形或卵圆形，有同心轮纹，中央淡褐色，边缘褐色，外围有黄晕。穗上部变黑凹陷，穗轴变形、长满黑霉	以菌丝、分生孢子在病残体和种子上越冬。孢子借气流传播，低温高湿有利于发病	①种植抗病品种；②清除病残，提早翻耕；③加强栽培管理；④药剂防治。详见玉米大斑病
玉米炭疽病 Colletotrichum graminicola	叶上病斑圆形、椭圆形，中央浅褐色，周围深褐色，病部生黑色小粒即分生孢子盘，病斑愈合叶片枯死	病原菌在病残体、种子上越冬。分生孢子借风、雨水传播，从气孔或直接侵入。高温多湿发病重	①选育抗病品种；②保持田园卫生，轮作，深耕；③药剂浸种，喷用多菌灵或咪鲜胺等防治
玉米矮花叶病 maize dwarf mosaic virus, MDMV	三叶期可见病，先在心叶基部脉间出现椭圆形褪绿小点或斑驳沿叶脉呈长短不一断续条点；后扩及全叶，粗脉间有几条长短不一、颜色深浅不同的褪绿条斑，叶脉绿色，最后从叶尖、叶缘出现紫红色条纹，叶干枯。植株矮小，高不及健株的1/2	于种子和雀麦等杂草上越冬。蚜虫、种子带毒和汁液摩擦传播；锈病夏孢子也可传播。久旱无雨蚜虫多，感病品种、栽培管理粗放发病重	①用无病种子，抗病品种；②健身栽培；③除治蚜虫；④选用盐酸吗啉胍·乙酸铜或83增抗剂等喷雾防治，其中加入磷酸二氢钾等效果更好
玉米粗缩病 maize rough dwarf virus, MRDV	植株矮化，叶片僵直宽短而厚，色浓绿，上部节间粗肿短缩，叶片簇生，心叶中脉两侧由透亮小点发展为虚线状条纹。雄穗不能正常抽丝。果穗畸形，花丝少（拓展图2-9）	主要由灰飞虱和黑尾叶蝉传毒。不能经卵传递。病毒在冬小麦及其他杂草上寄生越冬。耕作粗放，干旱，杂草多时病重	①选用抗病品种；②及时浇水、施肥、间苗定苗，铲除田间杂草；③及时除治飞虱、叶蝉；④用病毒抑制剂等防治
玉米根腐线虫病 Pratylenchus zeae; P. spp.	受害根发育不良，衰弱变黑坏死，植株黄化，生长缓慢	为内寄生线虫。在病残体及土壤中越冬。寄主范围广泛。砂壤土病重	①选育抗病品种；②轮作，加强栽培管理；③土壤处理
玉米根结线虫病 Meloidogyne spp.; M. javanica	幼嫩根系受害后膨大成纺锤形或不规则形根结或须根团	内寄生线虫。在病残体及土壤中越冬。寄主范围很广。砂壤土病重	①选育抗病品种；②轮作，加强栽培管理；③土壤处理
玉米丝黑穗病 Sporisorium reilianum	玉米苗期侵染的系统性病害，穗期才出现典型症状。仅为害雌、雄穗。为害雌穗时，除苞叶外，内部充满黑粉，散落后残留乱发状维管组织；为害雄穗产生黑粉，少数畸形	冬孢子在土壤、寄主残体、土杂肥及种子上越冬。冬孢子萌发产生担孢子，随风、雨水、昆虫传播，从玉米胚芽或幼根侵入。玉米播种后长期低温，生长缓慢，发病重；连作重；品种间抗性差异明显	①选用抗病品种；②清除菌源；③加强栽培管理；④药剂防治，种子消毒处理与田间喷药相结合

第三章
薯类作物病害

甘薯原产于南美洲，是全球第七大粮食作物，广泛种植于100多个国家和地区。我国甘薯种植面积居世界第一位，年产量约1亿t，占世界总产量的70%。但甘薯易受多种病原侵染为害，造成巨大的经济损失。全球有甘薯病害50余种，我国有30多种。普遍发生损失较重的薯类病害有甘薯病毒病、黑斑病、根腐病、甘薯瘟和茎线虫病等。甘薯病毒病是为害甘薯生产最严重的病害，通常由一种病毒单独侵染或多种病毒复合侵染引起，可造成甘薯严重减产和品种退化。黑斑病自1937年从日本传入我国东北后，现已遍及全国各主要甘薯产区，造成重大损失。甘薯瘟于1940年在广东信宜首次报道，现在我国江南一些地区传播为害。根腐病是我国20世纪70年代发现的灾害性病害，曾在黄淮海、长江中下游某些产薯区猖獗为害。20世纪80年代以来，通过应用抗病品种和农业防治及强化检疫措施，明显地减轻了甘薯瘟和根腐病等的危害。近年来，线虫病在某些甘薯产区严重为害，甚至导致绝产。

木薯是世界三大薯类作物之一，同时也是全球第六大粮食作物，也是中国华南地区重要的经济作物。据报道，木薯病害全球记载有30种。木薯细菌性枯萎病是为害国内木薯生产最为严重的病害之一，同时也是国内检疫对象，对我国木薯的生产构成严重威胁。此外，炭疽病较常见，在有的产区可造成毁灭性灾害；疫病、褐斑病、叶枯病、白斑病、细菌性疫病和病毒病等也有发生的报道，需加强对它们的病原学、发生为害规律及防治的研究。

马铃薯是继小麦、稻谷和玉米后的全球第四大粮食作物，我国是世界上马铃薯第一生产大国。目前全世界报道的马铃薯病害有100余种，一般因病减产10%～30%，严重的减产70%以上。马铃薯常见病害有马铃薯病毒病、晚疫病、早疫病及黑胫病等，对我国马铃薯产业的稳定和可持续发展构成威胁。

本节图片

◆ 第一节　甘薯病毒病

甘薯病毒病（sweet potato virus disease）是甘薯上的重要病害，广泛存在于世界各甘薯产区。我国于20世纪50年代首次报道了甘薯病毒病的发生，以后陆续有甘薯病毒病发生和防治的研究报道。据山东、江苏、安徽、北京等省（直辖市）的调查，由病毒病造成的甘薯产量损失一般达20%～40%，严重的可达50%以上，甚至绝收。1997年对河南省主要甘薯产区调查时发现，甘薯病毒病的发生非常普遍，发病率可达60%～90%，在一些品种上病叶率可达100%，已成为制约甘薯生产最严重的病害。

一、症状

甘薯病毒病主要有以下几种症状类型。①叶片斑点型：苗期和大田期均可发生，叶片感病初期有明脉症状，也可出现褪绿半透明斑，以后周围变成紫褐色，形成紫斑、紫环斑、黄斑或枯斑。多数品种沿叶脉形成典型的紫色羽状斑，少数品种始终只形成褪绿透明斑点。②花叶型：苗期感病后，初期叶脉呈网状透明，后沿叶脉出现不规则黄绿相间的花叶斑纹。③卷叶型：叶片边缘上卷，严重者可形成杯状。④叶片皱缩型：病苗叶片较小，皱缩，叶缘不整齐，甚至扭曲，有与中脉平行的褪绿半透明。⑤叶片黄化型：包括叶片黄化及网状黄脉。⑥薯块龟裂型：薯块上产生黑褐色或黄褐色龟裂纹（拓展图3-1）。

二、病原

1. 分类地位　　目前世界上报道的能侵染甘薯的病毒有9科38种，我国有20种左右，常见的侵染甘薯的病毒有10余种，主要有甘薯羽状斑驳病毒（sweet potato feathery mottle virus，SPFMV）、甘薯潜隐病毒（sweet potato latent virus，SPLV）、甘薯类花椰菜花叶病毒（sweet potato caulimo-like virus，SPCV）、甘薯脉花叶病毒（sweet potato vein mosaic virus，SPVMV）、甘薯轻斑驳病毒（sweet potato mild mottle virus，SPMMV）、甘薯褪绿矮化病毒（sweet potato chlorotic stunt virus，SPCSV）、甘薯卷叶病毒（sweet potato leaf curl virus，SPLCV）、甘薯病毒G（sweet potato virus G，SPVG）、烟草花叶病毒（tobacco mosaic virus，TMV）和黄瓜花叶病毒（cucumber mosaic virus，CMV）等。我国甘薯上发生的病毒病主要由甘薯羽状斑驳病毒和甘薯潜隐病毒引起。烟草花叶病毒也普遍存在，花椰菜花叶病毒也有发现，但出现的概率较小。

2. 病毒形态及性状　　SPFMV属马铃薯Y病毒属，病毒粒子条状，长800～880 nm，在寄主细胞内可见风轮状内含体。基因组为单链正义RNA，稀释限点为10^{-4}～10^{-3}，体外存活期不到24 h，热灭活温度为60～65℃。SPFMV又分为普通（common）型株系（SPFMV-C）、褐裂（russet crack）病毒株系（SPFMV-RC）和内木栓（internal cork）病毒株系（SPFMV-IC）三个株系。

3. 寄主范围　　甘薯羽状斑驳病毒可侵染多种旋花科植物，甘薯潜隐病毒可侵染旋花科、藜科许多植物及茄科的一些植物。

三、病害循环

甘薯病毒可通过块根、薯苗、嫁接及机械操作等方式传播；SPFMV、SPVMV可由蚜虫以非持久性方式传播；SPLCV、SPCSV可由粉虱以非持久性方式传播。

四、防控措施

1. 加强检疫措施　　种薯、种苗调运是该病长距离扩散的主要途径。在留种田要加强对该病的识别，加强产地检疫，发现病株及时拔除销毁，尽量减少跨大区调运种薯、种苗。

2. 加强苗期病害调查　　发现疑似病株及时拔除，可有效减少大田甘薯病毒病的发病率。

3. 加大脱毒甘薯示范推广力度　　加强脱毒种薯繁育体系和繁育基地建设，建立无病留种田。

4. 加强对介体昆虫的防治　　加强对甘薯田特别是苗期烟粉虱的防治，可有效减少该病的扩散蔓延。推荐的防治烟粉虱药剂有溴氰虫酰胺和呋虫胺等。

第二节 甘薯黑斑病

本节图片

甘薯黑斑病（sweet potato black rot）又称黑疤病、黑膏病、黑疮等，是甘薯栽培和贮藏中的重要病害之一。1890年首先发现于美国，1905年传入日本，1937年又从日本鹿儿岛传入我国辽宁省盖州市。此后，逐步蔓延至全国各甘薯产区。病薯含有呋喃萜类化合物，人畜误食后可引起中毒，严重时导致死亡。用病薯块作发酵原料时，能抑制酵母和糖化酶菌，使发酵延缓，并降低乙醇质量和产量。

一、症状

甘薯黑斑病在苗期、生长期及贮藏期均可发生。其主要为害薯苗、薯块，不侵害绿色部分。

1. **苗期症状** 受害的幼芽基部生黑色凹陷的圆形或梭形小斑，扩大后长3～5 mm，病重的绕苗基部形成黑脚状。病苗矮小，衰弱，叶黄，严重的病芽、苗死亡。潮湿时病部可见灰色霉状物，即菌丝体和分生孢子，后期可见黑色刺毛状物及粉状物，即子囊壳和厚垣孢子。

2. **生长期症状** 病苗移栽到大田后，病重的不能扎根而枯死。病轻的虽能在土表处长出不定根，但长势弱，叶黄脱落，易枯死，造成缺苗断垄或结薯少。蔓上病斑可扩及新结薯块。

3. **贮藏期症状** 多在薯块伤口和根眼上发生，初为黑色小点，扩大成圆形、椭圆形或不规则形略凹陷黑斑，直径1～5 cm，边界明显。病部组织坚硬，可深入薯肉达5 mm，墨绿色，味苦。病部通常生灰色霉层和黑色刺毛状物。后期常与其他真菌、细菌病害并发，引起烂窖（拓展图3-2）。

二、病原

1. **分类地位** 甘薯黑斑病的病原为长喙壳属甘薯长喙壳菌（*Ceratocystis fimbriata* Ell. et Halsted）[=*Ceratostomella fimbriatum*（Ell. & Halst.）Elliott=*Ophiostoma fimbriatum*（Ell. & Halst.）Nannf]。

2. **形态特征** 菌丝初期无色，老熟后深褐色或黑褐色，寄生于寄主细胞内或细胞间。无性繁殖产生内生分生孢子和厚壁孢子。产孢细胞长瓶形。分生孢子内生，大小为（9.3～50.6）μm×（2.8～5.6）μm，产自产孢瓶梗内，无色，单胞，圆筒形、棒形或哑铃形，两端较平截。孢子萌发产生芽管。芽管顶端再串生小的内生分生孢子，也可在萌发后形成内生厚壁孢子。老熟的厚壁孢子，大小为（10.3～18.9）μm×（6.7～10.3）μm，暗褐色，椭圆形，壁厚，在病薯皮下维管束圈近旁大量生成。有性生殖产生子囊壳，子囊壳具长颈，直径350～800 μm，顶端裂成须状，基部球形，直径105～140 μm，壳内有梨形、卵形壁薄的子囊，内有8个钢盔形、无色、单胞、壁薄的子囊孢子，大小为（4.5～8.7）μm×（3.5～4.7）μm。子囊成熟后即自溶，孢子散生于子囊壳内，吸水膨胀后，子囊孢子涌向喙口，聚集成黄白色颗粒（图3-1）。子囊孢子形成后即可萌发，寿命短（拓展图3-3）。

3. **生物学特性** 菌丝体在培养基上生长的最适温度为23.0～28.5℃，最高温度为34.5～36℃，最低温度为9～10℃。病原菌形成三种孢子的温度要求不同。分生孢子在较低温度下（10℃ 30 d）形成；厚壁孢子在15℃时8 d形成；子囊孢子在15℃时15 d，20℃时4.5 d形成。病原菌菌丝和三种孢子的致死温度为51～53℃。适宜pH为3.7～9.2，最适pH为6.6。产生分生孢子的最适培养基为含1.5%蔗糖甘薯汁培养基。三种孢子在水中萌发少，但在薯汁、薯茎汁、1%蔗糖液或薯块伤口上易于萌发。甘薯黑斑病菌为同宗配合，易于产生有性世代。种内存在致病力不同的株系，形态相似但寄主专化性不同。

4. 寄主范围　　在自然情况下，主要侵染甘薯，人工接种能侵染月光花、牵牛花、绿豆、大豆、山扁豆、四季豆、豇豆、橡胶树、椰子、可可、菠萝、咖啡、杧果、柑橘类、石榴、山胡桃、李子、扁桃、芋头、木薯、桉树、杨树、刺桐、枫树、刺槐、蓖麻等植物，但其他寄主上的菌系不能使甘薯致病，而甘薯上的菌系能侵染多种旋花科植物。

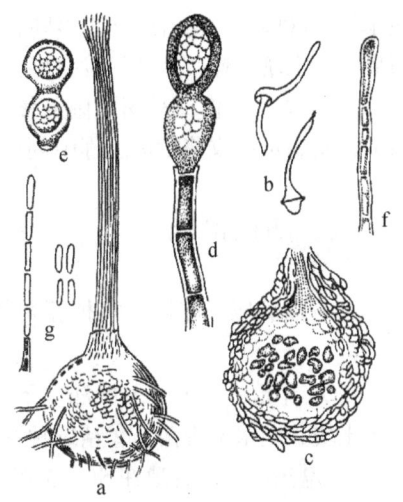

图3-1　甘薯长喙壳菌
（引自方中达，1996）
a. 子囊壳；b. 子囊孢子；c. 子囊壳纵切面；
d. 厚壁孢子生成；e. 厚壁孢子；
f. 分生孢子生成；g. 分生孢子

三、病害循环

病原菌主要以厚垣孢子、子囊孢子和菌丝体在病薯及大田或苗床土壤病残体上和粪肥、贮藏窖中越冬。在干燥条件下，9 cm深土壤中病原菌经2年仍保存活力。初侵染源主要是病薯和病苗，其次是带菌的病残体土壤和粪肥。育苗时，染病幼苗生长衰弱或死亡，严重时甚至烂床。病苗移栽后，重病苗很快死亡，轻病苗生长缓慢，结薯少。病原菌多从薯蔓蔓延到新结薯块上，病部上形成的大量孢子可经风、雨水、流水、农具、人、畜、昆虫、鼠类和病薯病苗接触传播。病原菌主要从伤口侵入，也可从根眼、皮孔等自然孔口和生理裂口侵入。挖薯时操作粗放或运输过程中不仔细，造成大量创伤，入贮后温、湿度如适宜，病原菌易侵入并造成大量潜伏侵染，春季出薯时病薯率明显增加。

四、发病条件

1. 品种抗病性　　品种间抗病性存在差异。抗病品种一般病斑平均直径在4 mm以下，感病品种病斑平均在6 mm以上。品种的抗病性与皮层厚薄、薯块质地、含水量、是否易生裂口、伤口木栓层形成快慢和酚类化合物的含量有关。病原菌侵入寄主后，引起寄主的免疫反应，产生甘薯酮（ipomeamarone）、东莨菪素（scopoletin）、氯原酸（chlorogenic acid）、异氯原酸（isochlorogenic acid）、香豆素（coumarin）等酚类化合物，其产生量与寄主抗病性呈正相关，又称为植物保卫素。据报道，抗病品种染病组织的细胞中含有自发荧光的物质，它的生成、分布和含量与甘薯酮呈正相关。植株不同部位抗性有所差异。秧苗地下白色部位组织柔嫩，易染病。病原菌难以侵染地上绿色部位。温度会影响寄主木栓层的形成和植物保卫素的产生，因而影响寄主抗病性，在20～38℃内，温度越高，寄主抗病性越强。

2. 温、湿度　　发病最适土温为15～30℃，最适气温为25℃。温度低于8℃或高于35℃，病害停止发展。贮藏期发病温度为9～36℃，最适温度为23～27℃。种薯入窖贮藏初期，薯块呼吸强度大，散发水分多，若种薯有伤口，附在薯块表面的病原菌易于侵入种薯，造成病害蔓延。苗期和大田期病害的发生和流行与土壤含水量有关。在适温范围内，土壤含水量在14%～60%时，病害的严重度随含水量的提高而加重。土壤含水量高，多雨年份，黏质土，病害重，土壤干燥质地疏松发病轻。

3. 伤口　　伤口是病原菌入侵的主要途径，田间地下害虫、鼠害伤口多，薯块上生理裂口多，发病重；收获贮运过程中创伤多，入窖贮藏后发病也重。

五、防控措施

针对该病应采取以无病种薯为基础，培育无病壮苗为中心，安全贮藏为保证的综合防治措施。

1. 培育无病种薯　　做法如下。①无病田留种：选择三年未种甘薯的地作为留种地，并要求土壤、肥水不带菌。②精选种薯：在出窖时严格选择无病、虫、伤、冻的种薯。③种薯消毒。A. 温汤浸种。种薯在50～54℃温水中浸10 min，可杀死附在种薯表面及皮内的病原菌。此法要掌握水温和浸种时间，最好预先做试验，特别是新的品种，处理时应注意水温均匀，上、下一致。B. 药剂浸种。80%乙蒜素1500倍液、70%甲基硫菌灵可湿性粉剂1000倍液或50%代森铵水剂300倍液浸种10 min。浸种用药液可连续使用10～15次。④高温催芽：高温可促使愈伤组织的形成并促进植物保卫素（如甘薯酮）的产生。高温催芽温度保持在34～36℃，4 d后降至30℃左右，出苗后降至25～28℃。注意防止种薯缺水干缩。

2. 培育无病壮苗　　①选苗床：育苗地未被病原菌污染，施用无菌肥料。②实行高剪苗：高剪苗可获得不带该病原菌或少带病原菌的薯苗，春薯苗要求距地面3～6 cm处剪苗，密插于水肥条件好的无病土中，待苗长33 cm以上时，离地面10～15 cm处二次剪苗插于大田。若一次剪苗，可在离地面13～16 cm处剪下直接进行消毒处理。可选用70%甲基硫菌灵可湿性粉剂700～1000倍液浸苗5 min。

3. 农业防治　　选用抗病品种，注意品种的多抗性，即对根腐病、线虫病、蔓割病和薯瘟兼抗的品种。实行轮作，施用无菌有机肥，防治地下害虫。

4. 做好收贮工作　　要适时收获，勿受霜冻。收获时最好在晴天进行，并尽可能避免薯块受伤，减少感染机会。无病留种地单收单贮。薯块在入窖前要严格剔除病、伤、虫薯。旧窖用1%福尔马林30～40 mL/m²熏蒸消毒，密闭3～4 d打开换气后藏薯。有条件的地方，可调节窖内温、湿度，薯块进窖后15～20 h将窖温升到38～40℃，促使愈伤组织形成。注意窖温不能超过43℃，3 d后窖温降至12～15℃，以后保持在11～13℃，使薯块安全过冬。

本节图片

第三节　木薯细菌性枯萎病

木薯细菌性枯萎病（cassava bacterial blight）是国际上一种重要的植物病害，被我国列为进境植物检疫性有害生物。该病最早于1912年在巴西被发现，之后在当地大面积暴发，20世纪70年代蔓延到亚洲和非洲，目前在美洲、亚洲和非洲的49个国家的木薯产区均有发生，成为世界性病害。在我国，该病最早于1963年在台湾的台中发生流行，迅速蔓延到台湾各木薯种植区，随后在深圳和海南儋州被发现并很快在各省传播开。目前国内台湾、海南、广东、广西、云南、江西等省（自治区）均有分布。木薯发生该病后可造成产量损失30%，出淀粉率减少40%，减产30%～50%，严重时可造成绝收。

一、症状

该病为害叶、叶柄、嫩茎和根系。病叶主要有三种症状类型。①斑点型：初在叶片上产生暗绿色、水渍状、多角形小斑，对光呈半透明状，愈合后形成暗褐色不规则形大斑。天气干燥时病斑不再扩展，变为褐色或黄褐色（拓展图3-4）。②斑枯型：病斑始发于叶尖或叶缘，向内扩展后形成不规则形大斑，可达1/4裂叶甚至裂叶全部，似开水烫伤状，天气干燥转成灰绿色。受害叶片常凋萎、干枯脱落（拓展图3-5）。③萎蔫型：叶上无明显可见病斑，个别裂叶或整叶凋萎。凋萎叶片干枯脱落（拓展图3-6）。

叶柄和嫩茎受害，失去光泽呈暗紫色，产生褐色、下陷的病斑，病斑周围的叶片凋萎，严重时嫩茎生长点死亡，产生顶端回枯症状（拓展图3-7）。雨季或田间湿度大时病斑易出现黄色至黄褐色的菌脓（拓展图3-8）。染病的茎秆和根系的维管束变色（拓展图3-9），乳汁少，污白色，后期干腐和坏死。使用带菌种茎作繁殖材料时，新生植株表现为系统的维管束病害，致嫩茎枯萎和回枯。

二、病原

1. **分类地位**　木薯细菌性枯萎病的病原为黄单胞菌属菜豆黄单胞菌木薯萎蔫致病变种（*Xanthomonas phaseoli* pv. *manihotis*）[＝地毯草黄单胞菌木薯萎蔫致病变种（*Xanthomonas axonopodis* pv. *manihotis*）]。

2. **形态特征**　菌体杆状，大小为（0.9～2.0）μm×（0.5～0.6）μm，单生，少数3～4个链生，无芽孢，无荚膜，单极生鞭毛，革兰氏染色阴性反应。在葡萄糖肉汁胨琼脂基质上27～28℃培养5 d，菌落隆起，光滑，乳白色（缺失黄单胞菌黄素所致），有光泽，边缘完整，直径3～5 mm，黏稠状（拓展图3-10）。

3. **生物学特性**　在pH 5.0～9.0均能生长，最适pH为7.0～7.5。能水解淀粉，液化明胶，强烈水解卵磷脂。在石蕊牛乳基质中产碱胨化。在TTC[2,3,5-三苯基氯化四氮唑（2,3,5-triphenyltetrazolium chloride），俗称红四氮唑]培养基上最高生长浓度为0.1%，在含有0.5%～3.5% NaCl的YGP培养基（酵母葡萄糖蛋白胨培养基）中能够生长。

4. **寄主范围**　除木薯外，该菌的寄主还包括5种大戟科植物：3种木薯野生近缘种[木薯胶（*Manihot glaziovii*）、甜木薯（*M. palmata*）和木薯（*M. esculenta*）]、一品红（*Euphorbia pulcherrima*）和红雀珊瑚（*Pedilanthus tithymaloides*）。

三、病害循环

木薯细菌性枯萎病菌主要在老熟木薯茎秆的韧皮部组织内越冬，可存活2年6个月，也能在田间病残体和病田土壤中越冬，粉碎的带菌植物被土壤覆盖或掩埋时，病原菌的存活率显著降低，干燥条件下存活时间小于30 d，而未掩埋的病残体碎片上的病原菌存活超过120 d。远距离传播途径主要是调运带菌的种茎和种苗。病原菌通过雨水和排灌水飞溅到健康植株上，从伤口或自然孔口侵入叶片和幼茎表皮组织或维管束组织，潜育期7～14 d，致薄壁组织广泛坏死。土壤、流水、昆虫和农具也能带菌传病。病部菌脓通过上述途径进行再侵染（图3-2）（拓展图3-11）。

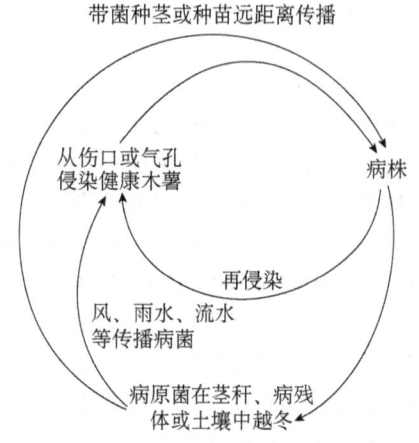

图 3-2 木薯细菌性枯萎病的病害循环图

四、发病条件

该病的发生受到种茎带菌情况、气候条件、品种抗性、地形与栽培屏障等多种因素影响。

1. 种茎带菌　种植带菌繁殖材料发病早且重，易造成嫩梢凋萎和回枯。

2. 气候条件　高温潮湿有利于病原菌侵入、繁殖和传播。每年春末夏秋季节，雨日多、雨量大，病害迅速扩大蔓延。在海南、广东、广西等地区，病害通常在 5 月初至 6 月中旬开始发病，6～9 月为盛发期，此期间如遇连续高温多雨或台风雨天气，容易暴发流行。

3. 品种抗性　病害的流行与否与品种的抗性有关。目前大多数种质表现出不同程度的感病性。通常高秆宽叶品种的抗病性差，而矮秆窄叶品种的抗病性较强。木薯种质'E1340''C994''C576'为高抗；'CM3993''ZM8013'为中抗；'细叶木薯''桂薯 1 号'在苗期感病，成株期表现中抗；'南植 199''南植 188''南植 105'品种苗期表现高感，成株期中度染病；'新选 048'中感；'C222''II077''C1036''Hanate''GR891''GR911''ZM9679''华南 5 号''华南 6 号''华南 7 号''华南 8 号''华南 874''桂经引 983''桂热 4 号''华南 E24''面包木薯'等为感病种质或品种。

4. 地形与栽培屏障　一般种植在丘陵、山地的木薯相比平坦旱地发病轻；与树木或其他比较高大的作物间作，该病发生相对轻。可能丘陵山地或高大作物能降低风的速度，减轻强风对叶、茎的损伤，并且能直接阻挡病原菌的传播。

五、防控措施

1. 加强检疫，选用无病种茎　①生产上严禁从病区和病田调运木薯种茎。科研单位确需从疫区引进木薯良种时，须进行产地检疫，并在隔离区种植观察 1 年，确证无病后才能使用。②建立无病留种田和无病良种繁殖中心，选种农艺性状好、耐病的品种，为生产上提供健康种茎。

2. 农业防治　因地制宜地选用抗、耐病高产品种。种茎种植前用饱和石灰水浸泡。加强田间管理，及时清除田间病株及病株残体，深松翻土暴晒，减少传染源。操作过程中手和工具不得接触健株，农具用波尔多液消毒；避免病田水和病土流入无病田；做好排水系统，平整土地，以免积水，降低田间湿度。与非寄主作物轮作或休田半年以上。在大片木薯田周围营造防护林，或与甘蔗、树木、其他高大作物间作。

3. 药剂防治　种茎消毒处理：除选用饱和石灰水浸泡种茎消毒外，还可使用药剂处理。用 0.4%甲醛溶液浸泡 55～60 min，浸泡液的体积不少于木薯种茎体积的 1.5 倍，且使种茎完全浸泡。药液处理后，用水冲洗干净种茎残留的药液，自然晾干并放置 1 d。发病初期，可选用乙蒜素、中生菌素、噻唑锌、氢氧化铜、春雷·王铜等药剂喷施，每次间隔 10 d 左右，连喷 2～3 次。

第四节 木薯炭疽病

本节图片

木薯炭疽病（cassava anthracnose）是木薯生产中常见的重要病害之一，在世界各个木薯种植区均有分布，其中在南美洲和西非的湿润地区为害最严重。在我国广西、广东、海南等木薯种植区发生普遍，常造成大量落叶和幼茎返枯甚至整株枯死，一般导致木薯减产 5%～30%。

一、症状

该病为害叶片和幼茎。初在嫩叶裂叶边缘产生水渍状褪绿小斑点，之后形成中央浅褐色、边缘褐色或暗褐色的病斑，可致叶片扭曲、干枯，部分甚至全部变褐坏死，发病严重时叶片脱落。嫩茎被害产生深褐色略凹陷的病斑，扩展成溃疡斑，使病灶以上茎叶枯死。潮湿时病斑表面产生黑色小点，即病原菌的分生孢子盘和粉红色分生孢子团。在病茎溃疡斑上常见到病原菌的有性阶段，即黑色子囊壳（拓展图 3-12）。茎秆严重受害后容易被强风吹断。对于抗病性或耐病性较强的品种，茎秆顶端受病原菌侵染坏死后，其下方侧芽可以重新生长发育而长出新枝。

二、病原

1. **分类地位** 木薯炭疽病的病原，无性阶段属于炭疽菌属（*Colletotrichum*），国内报道有胶孢炭疽菌（*C. gloeosporioides*）、果生炭疽菌（*C. fructicola*）、暹罗炭疽菌（*C. siamense*）、喀斯特炭疽菌（*C. karstii*）、禾生炭疽菌（*C. graminicola*）和普洛柏炭疽菌（*C. plurivorum*）6 种炭疽菌；国外报道有 7 种炭疽菌，分别为胶孢炭疽菌、果生炭疽菌、暹罗炭疽菌、热带炭疽菌（*C. tropicale*）、可可炭疽菌（*C. theobromicola*）、短孢炭疽菌（*C. brevisporum*）和 *C. plurivorum*。有性阶段属于小丛壳属（*Glomerella*）。

2. **形态特征** 分生孢子盘散生或轮生，褐色或深褐色，圆形或椭圆形，扁平或稍隆起。部分种类的炭疽菌分生孢子盘上产生刚毛，深褐色，0～3 个隔膜。胶孢炭疽菌的分生孢子无色，单胞，椭圆形或圆筒形，有时略弯，可见油球 1～2 个，其大小随菌株、寄主部位或培养基成分的不同而有差别，平均为 15.24 μm×5.29 μm（拓展图 3-13）。喀斯特炭疽菌的分生孢子单胞，圆柱形，直或稍弯，末端钝，有油球，平均大小为 13.50 μm×5.50 μm，附着胞浅棕色，通常为船形到子弹状（拓展图 3-14）。

3. **生物学特性** 病原菌的生长温度为 5～40℃，适宜温度为 26～33℃。在 pH 4.0～12.0 均能生长，pH 为 8.0 时最适宜。分生孢子形成适温为 25～35℃，培养 24 h 即可产孢，20℃时 2 d，10℃时则需延长至 6 d 才能形成分生孢子。分生孢子在 5～38℃均能萌发，在 15～38℃萌发较快。在 20～35℃条件下，保湿 4 h 即有 7%以上的孢子萌发率，在 28～30℃时萌发率最高。pH 为 5.0～8.0 时孢子萌发率较高。分生孢子在 54℃ 10 min 致死。

4. **寄主范围** 该菌的寄主范围很广，在自然条件下的寄主有苹果、梨、山楂、桃、葡萄、柑橘、枣、板栗、无花果、番木瓜、橄榄、杧果、鳄梨、番茄、罂粟、冬青、茶、咖啡、阳春砂仁、莲藕等多种作物。在接种条件下还可侵染黄瓜、丝瓜、越瓜、茄子、豇豆、银合欢、姜等植物。

三、病害循环

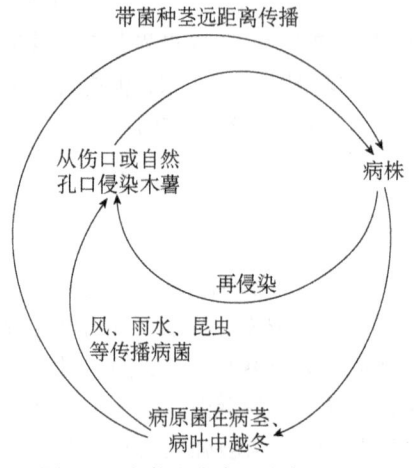

图 3-3　木薯炭疽病的病害循环图

病原菌在木薯的病茎、病叶上越冬，存活时间依病组织腐解速度而异，多在 1 年以上。翌年春夏季气候条件合适时，病残体上产生大量的分生孢子，借风、雨水、昆虫传播到寄主的新生组织上，通过带病种茎进行远距离传播。病原菌萌发后自寄主伤口、皮孔、气孔等自然孔口侵入，经 5～15 d 潜育期后显症。病组织上新形成的分生孢子同样通过风、雨水、雾露及枝叶接触等途径传播进行再侵染。木薯挖收后，病原菌又在病组织中越冬（图 3-3）。

四、发病条件

木薯炭疽病的发生与温、湿度，栽培管理，木薯品种抗（耐）病性等因素关系密切。

1. 温、湿度　　温、湿度在该病的发生流行中起主导作用。当气温回升到 20～33 ℃时，此期如遇阴雨连绵或雾浓露重天气，或再加上台风雨频繁，都有利于病原菌的传播侵染，病害严重发生，导致茎枯叶落，严重减产。霜冻天气也有利于病害发生。而在旱季气温较高、湿度较低的条件下，对病害发生不利，部分染病的木薯会自愈。

2. 栽培管理　　土质黏重，土壤贫瘠，地势低洼，排水不良，逐年连作种植，管理粗放，不注重田园卫生、病残体多，植株长势弱，均可诱发病害。种植过密造成茎叶摩擦有伤口及田间郁闭，害虫取食木薯严重，均对病害发生有利。

3. 品种抗（耐）病性　　木薯品种间抗（耐）病性存在差异，但目前缺乏高抗品种，'柬食 0 号'的耐病力相对较强，而'桂热 5 号''印度 101''华南 1 号'等的耐病力较差。

五、防控措施

1. 栽植抗、耐病品种及无病种茎　　对该病的防控需优先选种适合当地的抗病或耐病品种，并使用无病的健康种茎。

2. 加强栽培管理　　有条件的地方可与大豆、甘薯或甘蔗等作物轮作。合理施肥，做好排水措施，提高植株抗病性。种植期间和收获后及时清除菌源。

3. 药剂防治　　发病初期，及时施用药剂防治控制病情扩展。可供选用的药剂有多菌灵、丙环唑、咪鲜胺等，7～10 d 喷 1 次，连喷 2～3 次。

本节图片

◆ 第五节　马铃薯病毒病

马铃薯病毒病（potato virus disease）是马铃薯的主要病害之一，由多种病毒单独或复合侵染引起，普遍分布于世界马铃薯种植区，在中国大部分地区发生均十分严重，马铃薯病毒病会造成减产10%～30%，严重的甚至可以达到80%以上。高温会降低植株对花叶病毒病的抵抗力，因此以中国南方发生较为严重。

一、症状

马铃薯病毒病田间表现症状复杂多样，常见的有花叶型、卷叶型、坏死型和束顶型4种。①花叶型：叶面叶绿素分布不均，呈浓绿淡绿相间或黄绿相间斑驳花叶（普通花叶、重花叶、皱缩花叶），严重时叶片皱缩，全株矮化，有时伴有叶脉透明。在这3种花叶型中以皱缩花叶类型为害较重，可造成马铃薯减产60%～80%。②卷叶型：感病植株矮化，叶缘向上卷曲，发病严重时呈圆筒状，叶片变硬革质化，有时叶背面呈紫红色或红色，维管束黑褐色，薯块小而密生，一般造成马铃薯减产30%～40%。③坏死型（或称条斑型）：叶脉、叶柄、茎秆出现褐色坏死或连合成条斑，甚至出现叶片萎垂、枯死或脱落。④束顶型：分枝纤细而多。病株叶柄与茎呈锐角着生，向上束起，叶片变小，常卷曲呈半闭合状，花少，明显矮缩。由于品种抗病性差异和受多种环境因子影响，以及存在多种病毒复合侵染现象，常表现出更复杂的症状（拓展图3-15）。

二、病原

吴畏（2015）报道可侵染马铃薯的病毒及类病毒有40余种，主要有马铃薯X病毒（potato virus X，PVX）、马铃薯Y病毒（potato virus Y，PVY）、马铃薯奥古巴花叶病毒（potato aucuba mosaic virus，PAMV）、马铃薯卷叶病毒（potato leaf roll virus，PLRV）、马铃薯S病毒（potato virus S，PVS）、马铃薯M病毒（potato virus M，PVM）、马铃薯A病毒（potato virus A，PVA）、烟草脆裂病毒（tobacco rattle virus，TRV）、烟草花叶病毒（tobacco mosaic virus，TMV）、苜蓿花叶病毒（alfalfa mosaic virus，AMV）、黄瓜花叶病毒（cucumber mosaic virus，CMV）、马铃薯黄矮病毒（potato yellow dwarf virus，PYDV）、甜菜曲顶病毒（beet curly top virus，BCTV）、马铃薯纺锤块茎类病毒（potato spindle tuber viroid，PSTVd）、翠菊黄化植原体（aster yellow phytoplasma，AYP；引起马铃薯紫顶萎蔫病）和马铃薯丛枝病植原体（potato witches' broom phytoplasma，PWBP）。

PAMV粒子弯曲长杆状，有两个株系（PAMV F/G）。汁液摩擦和桃蚜非持久性传毒。可侵染马铃薯、番茄、指尖椒、心叶烟、香料烟、普通烟、洋酸浆、千日红等。

PVS粒子轻度弯曲平直杆状。汁液摩擦、刀切、针刺、嫁接传毒，也可由桃蚜非持久性传毒。可侵染马铃薯、智利番茄、千日红、毛曼陀罗、苋色藜等。

PVM粒子弯曲长杆状。汁液摩擦和桃蚜等4种蚜虫非持久性传毒。可侵染马铃薯、智利番茄、茄子、豇豆、菜豆、毛曼陀罗、千日红等。

PVA粒子弯曲长杆状。汁液摩擦和桃蚜等非持久性传毒。可侵染马铃薯、醋栗、番茄、普通烟、香料烟、枸杞、洋酸浆、假酸浆、毛曼陀罗等。

TRV粒子平直杆状，有长粒子和短粒子之分。汁液摩擦、切根线虫属多种线虫传毒。可侵染马铃薯、鲁特格尔斯番茄、指尖椒、黄苗榆烟草、香料烟、白肋烟、心叶烟、洋酸浆、曼陀罗、千日红、苋色藜等。

PYDV粒子弹形杆状。叶蝉持久性、汁液摩擦传播。可侵染茄科、十字花科、豆科、菊科、唇形科、萝科、玄参科等双子叶植物60余种。其中，引致系统侵染的有番茄、蚕豆、心叶烟、毛叶烟、翠菊；黄花烟则生局部坏死斑。

PSTVd 的结构是高度碱基配对的棒状单链闭合环状 RNA 分子，无衣壳蛋白包被，变性单链环状分子长约 100 nm，直径和双链 DNA 分子相似。目前已知是最小的植物病原。极易通过接触传播，如病健株接触，以及农具、衣物和切刀等接触，也可通过花粉和子房传到种子，其带毒率为 6%～89%；蚱蜢、马铃薯甲虫、绿盲蝽、草叶蝉、桃蚜等也能传播。侵染马铃薯、醋栗番茄、鲁特格尔斯番茄、茄子、黄花烟、心叶烟、德佰尼烟、洋酸浆、假酸浆、山梅花酸浆、翠菊、龙葵、矮牵牛等 11 科 150 多种植物。

AYP 菌体圆形，无胞壁，外有一层单位膜。经紫菀叶蝉传播。主要侵染马铃薯，还侵染翠菊等。

PWBP 菌体椭圆形，无胞壁，外有一层单位膜。经叶蝉传播。可侵染马铃薯、番茄、茄子、颠茄、普通烟、心叶烟、黄花烟、曼陀罗、酸浆等。

侵染马铃薯的主要病毒、类病毒和植原体性状比较如表 3-1 所示。

表 3-1　侵染马铃薯的主要病毒、类病毒和植原体性状比较

病毒	形态大小	稀释限点	钝化温度/℃	体外存活期	传播方式	症状
PVX 甲型线形病毒科/ 马铃薯 X 病毒属	无包膜，弯曲线状，大小为（470～1000）nm×（12～13）nm	10^{-6}～10^{-5}	68～75	>365 d	汁液；块茎；嫁接	系统或环斑花叶
PVY 马铃薯 Y 病毒科/ 马铃薯 Y 病毒属	无包膜，弯曲线状，大小为（720～850）nm×（12～15）nm	10^{-3}～10^{-2}	52～62	2～3 d	25 种以上蚜虫非持久性传播；汁液；嫁接	轻、重花叶；皱缩；叶脉、柄、茎生黑色条斑；叶背条纹
PVS 乙型线形病毒科/ 香石竹潜隐病毒属	无包膜，弯曲线状，大小为（470～1000）nm×（12～13）nm	10^{-3}～10^{-2}	55～60	2～4 d	汁液；嫁接；蚜虫非持久性传播	花叶，斑驳；皱缩；叶脉凹陷
PLRV 南方菜豆花叶病毒科/ 马铃薯卷叶病毒属	无包膜，球形，直径 23 nm	10^{-4}	70～80	3～5 d	10 种以上蚜虫非持久性传播；块茎	卷叶，重致筒状
PAMV 甲型线形病毒科/ 马铃薯 X 病毒属	无包膜，弯曲线状，大小为 580 nm×（12～13）nm	10^{-3}～10^{-2}	52～65	2～4 d	蚜虫非持久性传播；汁液	脉间黄斑花叶；叶皱缩变形
PVM 乙型线形病毒科/ 香石竹潜隐病毒属	无包膜，弯曲线状，大小为 650 nm×12 nm	10^{-3}～10^{-2}	65～70	2～4 d	汁液；蚜虫非持久性传播	叶向下卷曲，叶背条斑坏死；黄化变形；萎缩矮化
PVA 马铃薯 Y 病毒科/ 马铃薯 Y 病毒属	无包膜，弯曲线状，大小为 730 nm×11 nm	1:（50～100）	44～52	12～24 h	蚜虫非持久性传播；汁液	花叶，斑驳；皱缩；叶脉凹陷或坏死
TRV 植物杆状病毒科/ 烟草脆裂病毒属	无包膜，直杆状；有长短两种类型病毒粒子：（180～215）nm×22 nm 和（46～115）nm×22 nm	10^{-6}	80～85	28～42 d	汁液；多种切根线虫	叶小皱缩；黄斑花叶；茎、叶柄、叶背现坏死条斑
TSWV （番茄斑萎病毒） 番茄斑萎病毒科/ 番茄斑萎病毒属	有包膜，球形；直径 80～120 nm	10^{-4}～10^{-3}	45～50	5～6 h	汁液；种子；多种蓟马以持久性循回型增殖的方式传播	叶、茎出现环状病斑，植株矮小萎蔫，严重的可致整株坏死
PSTVd 马铃薯纺锤块茎类病毒科/马铃薯纺锤块茎类病毒属	无外壳蛋白，单链闭合环状 RNA 分子，长 100 nm	10^{-4}～10^{-3}	75～80（0.2 mol/L NaCl 溶液中）；90～100（酸提取制备物中）	3～5 d；7～15 d（干燥组织内）	汁液；种薯；种子；蚱蜢、甲虫、叶蝉、桃蚜等	矮化；扭曲，束顶；块茎纺锤状，有裂纹粗糙

三、病害循环

马铃薯病毒病主要靠块茎繁殖传播,实生种子带毒率很低,但也可成为初侵染源。病害在田间的传播方式依病毒种类不同而有差异,PVX 在田间通过汁液接触传播,如叶片相互摩擦,切刀、农机具等均可传播;PVY 则通过蚜虫非持久性传播,蚜虫的传毒率很高;PLRV 是以蚜虫持久性传毒,在虫体内经一定的潜育期后即可传毒,可保持传毒力 2 周。当年感染的植株往往只有一部分块茎带毒,对已形成的块茎,病毒可能已来不及侵入。

四、发病条件

马铃薯病毒病的发生与品种抗性、环境条件、蚜虫数量相关。

1. 品种抗性　　在相同条件下,不同马铃薯品种的抗、耐病能力不同。表现抗 PVX 的有'中薯 2 号''中薯 3 号''克新 2 号''克新 3 号'等;表现抗皱缩花叶的有'鲁马 1 号''克新 4 号'和'丰收白';'中心 24'对马铃薯 X、Y 病毒病都不抗,但对马铃薯癌肿病却表现高抗。

2. 环境条件　　在马铃薯生长季节,尤其在结薯期遇上高温,会加重马铃薯的病毒病,温度过高会抑制植株生长和降低其抗病能力。同时,高温有利于传毒媒介(蚜虫等)的繁殖、迁飞和取食活动,提高了病毒侵染和复制速度,减弱马铃薯自身的抗病性,因而加重了病毒病的发病程度。

3. 蚜虫数量　　在田间有带毒植株的情况下,蚜虫发生的迟早和数量与病毒病发生及流行的轻重呈正相关,尤其是田间有翅蚜的数量和迁飞会直接影响病毒在田间的传播。

五、防控措施

1. 农业防治

(1) 选用抗病毒的优良品种,目前广泛种植的抗病毒品种有'合作 88 号''会 2 号'和'威芋 3 号'等。

(2) 选用无病毒种薯,各地要建立无毒种薯繁育基地。

(3) 利用茎尖组织脱毒培养技术,生产脱毒种薯。

(4) 加强栽培管理,实行高畦深沟、配方施肥、浅灌、及时培土和拔除病株、喷药治蚜、清除杂草等措施。

(5) 在马铃薯种植区的 500~600 m 内不能种植苜蓿和烟草。

2. 物理防治　　经 35℃、56 d 或 36℃、39 d 热处理可完全消除一些品种块茎中的病毒。

3. 药剂防治

(1) 选用叶面肥加抗病毒药液喷施,叶面肥可选用磷酸二氢钾或氨基酸等。

(2) 抗病毒用 20%盐酸吗啉胍或宁南霉素·盐酸吗啉胍,间隔 7~10 d 喷 1 次,连续 2~3 次。

(3) 出苗前后及时防治蚜虫,以减少传毒媒介,药剂可选用 10%吡虫啉。

本节图片

第六节　马铃薯晚疫病

马铃薯晚疫病（potato late blight）又称马铃薯疫病。19 世纪 40 年代，晚疫病在爱尔兰的流行和危害举世震惊，约 100 万人因饥饿而死亡，约 150 万人背井离乡逃荒海外。马铃薯晚疫病是一种导致马铃薯茎叶死亡和块茎腐烂的毁灭性病害，在马铃薯种植区均有发生，在我国中部和北部大部分地区发生普遍。一般年份可减产 10%～20%，大发生年份可达 50%～70%，甚至绝收。

一、症状

病原菌可侵染叶、茎和块茎。田间发病最早出现在下部叶片，先在叶尖或叶缘生水浸状褪绿斑，高湿时病斑扩展极速，褐色，近圆形，边缘生一圈白色稀疏的霉轮，在叶背尤为明显。天气干燥时，病斑褐色无霉层，干枯质脆易裂。病斑沿叶脉顺着叶柄或叶脉扩展到茎部时，形成长短不一褐色条状斑，严重时叶片萎垂、卷缩，终致全株黑腐，呈湿腐状。由病种薯长出的病苗，可造成茎部条斑与地下块茎相连，发展为田间（发病）中心病株。块茎发病，病斑初褐色或稍带紫色，扩大后凹陷，病斑部皮下薯肉也褐色坏死，与健康薯肉没有明显的界线，病部易受其他病原菌侵染而腐烂，并有难闻的气味产生。土壤干燥时，病部变硬，干腐状（拓展图 3-16）。

二、病原

1. **分类地位**　马铃薯晚疫病的病原为卵菌门疫霉属致病疫霉［*Phytophthora infestans*（Mont）de Bary］。

2. **形态特征**　菌丝无色，无隔膜，粗 4.9～12.0 μm；在细胞间生长，以吸器伸入寄主细胞吸取营养。病叶上的白色霉状物是病原菌的孢囊梗和孢子囊，孢囊梗 2～3 根从寄主的气孔伸出，粗 5～9 μm，无色，直立，合轴分枝，孢子囊着生于稍膨大的顶端，成熟时被推向一侧，梗继续生长，于顶端再形成孢子囊，梗与孢子囊接触点膨大，使整个孢子囊梗成粗细相间的节状。孢子囊卵形或柠檬形，大小为（24～54）μm×（19～30）μm，具半乳突和短柄；萌生芽管或 5～12 个游动孢子，休止孢子球形，大小平均为 9.8 μm×12.8 μm。在自然条件下，病原菌一般不产生有性态，卵孢子大小平均为 24 μm×35 μm，黄色，壁厚（图 3-4）。

3. **生物学特性**　病原菌的生长温度为 13～30℃，适温为 20～23℃，此时病害潜育期短。孢子囊产生温度为 7～25℃，最适温度为 18～22℃；相对湿度在 85% 以上时，孢囊梗从气孔伸出，高于 97% 时孢子囊大量形成。在 4～30℃，孢子囊在有水膜存在时

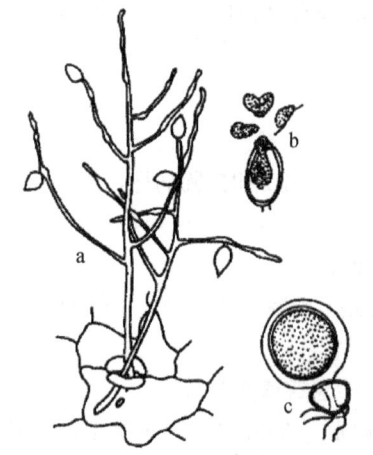

图 3-4　致病疫霉（引自陆家云，2001）
a. 孢囊梗与孢子囊；b. 孢子囊释放游动孢子；
c. 藏卵器、围生雄器与卵孢子

均可萌发，在 6～15℃时萌生游动孢子，最适温度为 10～13℃，超过 15℃则萌生芽管。孢子囊不耐高温干燥（图 3-5）。

4. **生理分化**　马铃薯晚疫病菌属于异宗配合卵菌，存在 A1、A2 两个交配型。不同交配型使晚疫病菌可以进行有性生殖和无性繁殖，导致晚疫病菌群体结构复杂化，加快了病原菌变异，各马铃薯产生不同类型的生理小种。

5. **寄主范围**　寄主范围狭窄，侵染马铃薯、番茄和其他 50 个茄属种类，病原菌在这些寄主上通常以无性生殖方式繁殖，当存在两种交配型时，也通过有性的卵孢子繁殖。

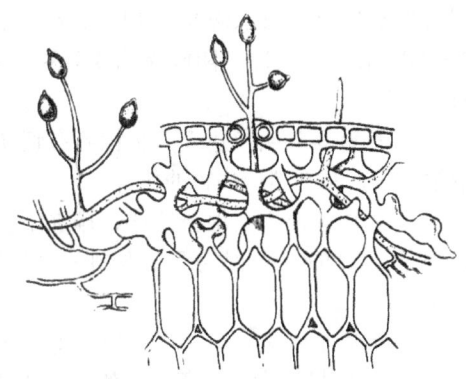

图 3-5　致病疫霉的侵染过程
（引自 Yuen，2021）

三、病害循环

田间马铃薯晚疫病的初侵染源有：①越冬的马铃薯病株，包括野生的和自生的病株；②马铃薯块茎中越冬的菌丝体；③土壤中与病残体一起越冬或越夏的卵孢子、菌丝体或厚垣孢子；④在马铃薯双季作区，前一季遗留在土中的病组织和发病的自生苗，番茄也可能成为初侵染源之一。初侵染：越冬菌条件合适时产生大量孢子囊，随气流、风、雨水传播到新的寄主组织上萌发，芽管从气孔、茎的伤口、皮孔或表皮直接侵入寄主致病，形成中心病株；带菌马铃薯播种后，多数病芽腐死土中，约 0.1% 的病芽出土，病原菌沿幼茎皮层向上扩展成条斑，也成为发病中心。再侵染：在潮湿多雨的场合下，短期内即可造成全田流行。病株上的孢子囊随雨露或灌溉水流入土中，尤以地表 5 cm 内最多。病原菌从伤口、芽眼、皮孔侵入块茎，形成新的病薯。

晚疫病的流行分三个阶段：①中心病株出现阶段，从现蕾期就可出现；②普遍蔓延阶段，叶斑面积不超过叶片总面积的 1%，从明显的发病中心到普遍蔓延大约 10 d；③严重发病阶段，马铃薯从发病到全面枯死的时间因环境条件而异，一般为 18～42 d。

四、发病条件

1. **品种抗病性**　不同品种马铃薯对晚疫病的抗性存在差异。有两种抗病性类型：一种为垂直抗性（小种专化性抗性），另一种为水平抗性（非专化性抗性）。垂直抗性由主效基因控制，这种抗病性容易获得但不持久，易因病原菌变异而被克服。目前，已知的 11 个垂直抗马铃薯晚疫病基因（$R1$～$R11$）已全部丧失抗性。水平抗性由多个微效基因控制，抗性持久，但不易获得。

2. **气候条件**　该病是一种典型的流行性病害，气候条件与病害的发生和流行关系极为密切。当条件适宜时，病害可迅速暴发，开始发病后在半个月内可致田间植株枯死，由于该病的病程短，病害流行速度极快，短期内可导致全田流行。因此，雨季早迟、长短与雨量大小是晚疫病发生早迟和轻重的决定性因素。温和的气候和相对湿度 90% 以上直至有水膜水滴存在的高湿度，是影响晚疫病发生流行的主导因素。气温 20～30℃，潜育期最短仅 24 h，多为 2～3 d；病原菌侵入寄主的适宜平均温度为 10～15℃，或白天 16～24℃，夜间 10℃左右，维持相对湿度95%以上或水滴8～11 h场合下就易发病，最适温度为25℃左右，潜育期最短，一般3～4 d。在日暖夜凉、阴雨连绵或多露多雾、相对湿度在75%以上时，晚疫病菌容易侵入、传染、流行。

3. 种植和贮藏操作 种植者在切块时用的刀具与切块切口未进行消毒，以及病薯与健薯混放等，都会造成病害的传播。

4. 栽培管理 地势低洼、排水不良、土壤板结的地块，比排水条件好、砂壤土的田块发病早，发病重；无农家肥、偏施氮肥的田块，比以农家肥为主、化肥为辅的田块发病早、发病重。

5. 生理小种变异 A2交配型的存在与迁移是晚疫病在世界各地流行的一个重要因素。A2型菌株的抗逆力、侵袭力、致病力比A1型强，A1型菌株一般在阴雨潮湿天气使叶片、块茎致病，A2型菌株在干热的天气也会使马铃薯的叶片，甚至茎秆、块茎感病。有性生殖的基因重组，会加速病原菌小种的变异，导致致病力、寄生适合度提高，增加生产上的潜在危害。

五、防控措施

针对马铃薯晚疫病应采取以农业防治为主，树立"未病先防"的理念，辅以药剂防治的综合防控措施。

1. 选用抗病品种 目前生产上比较缺乏抗病品种。我国培育出的比较抗病的品种有'中薯4号''云薯103'等。

2. 严格控制种薯调运，加强检疫，防止病害蔓延 大批引入种薯前，应进行检验检疫，确保调运的种薯无病。

3. 种植无病种薯 ①选用脱毒种薯：播种前把种薯先在室内堆放5～6 d，进行晾种，不断剔除病薯。②切刀消毒：常用75%乙醇或0.5%高锰酸钾溶液浸泡切刀5～10 min进行消毒。准备多把切刀，如遇病薯要换用经消毒过的刀。

4. 农业防治 ①高垄大垄栽培：高垄栽培既有利于块茎生长与增产，又有利于田间通风透光、降低小气候湿度，创造不利于病害发生的环境条件，抑制病害发生。一般垄宽为60～90 cm，培土高度为25～30 cm。②加强田间管理：选择砂性较强或排水良好的地块，做好清沟排水工作，切忌薯地积水。适时早播，不宜密植。合理灌溉，结薯后多次培土以成高垄，可以减少薯块受侵染的机会。加强田间巡查，发现晚疫病中心病株及时清除，将病株和周围病叶用塑料袋带出田外集中深埋或焚烧。

5. 化学防治

1）**药剂拌种** 带病种薯是马铃薯晚疫病最主要的初侵染源，生产上主要使用霜脲氰·代森锰锌等药剂对种薯进行处理。药剂拌种可分为湿拌和干拌两种方法，湿拌后必须将种薯阴干后再播种，若急于播种最好采用滑石粉干拌的方法，一般每100 kg种薯需要2～2.5 kg的滑石粉。注意切块拌种后的种薯不易长期存放，最好现拌现播，以免烂薯。

2）**喷施农药防治** 施药原则为前期喷施保护性杀菌剂，而后期（7～8月）雨季来临后主要喷施内吸性治疗剂或保护兼治疗剂。根据预测预报或气象条件，在中心病株出现前7～10 d喷施第1次保护性杀菌剂，如代森锰锌等。到雨季喷施内吸性治疗剂或保护兼治疗剂，如氟噻唑·锰锌、霜脲氰、氟啶·霜脲氰、噁唑菌酮、氟吡菌胺·烯酰吗啉、氟吡菌胺·唑嘧菌胺、代森锰锌等。在防控过程中注意交替用药，防止抗药性病害流行。如果雨水较少，全年喷施4～6次药，施药间隔期为10～15 d；如果雨水多，施药间隔期缩短为7～10 d，全年可喷施

6~9次。

6. 生物防治　　研究表明：芽孢杆菌属中的短小芽孢杆菌、韦氏芽孢杆菌、解淀粉芽孢杆菌和枯草芽孢杆菌菌株对致病疫霉菌丝生长均具有显著的抑制效果。木霉菌株 HNA14 的代谢物及放线菌 MC-15 发酵产物同样能有效抑制马铃薯晚疫病菌的生长。此外，地肤子、藁本、郁金、菊花、地丁、白鲜皮、车前、五倍子、知母、沙棘、掌叶大黄等中草药提取物对马铃薯晚疫病均有显著的抑制作用。

◆ 第七节　马铃薯早疫病

本节图片

马铃薯早疫病（potato early blight）又名夏疫病、轮纹病，是由链格孢属（*Alternaria*）真菌引起的严重病害，此病潜伏期短、再侵染频繁、流行性强，侵染叶片、茎和果实，造成马铃薯储藏期腐烂，最早于 1892 年在美国佛蒙特州发现，现已在世界范围内普遍发生，已成为仅次于马铃薯晚疫病的第二大真菌病害。马铃薯早疫病一般年份可造成马铃薯减产 20%~25%，病害严重年份减产可达 70%~80%，在一些地区，贮藏中块茎损失达到 30%，且近年呈上升趋势，其在局部地区的危害程度不亚于晚疫病。

一、症状

马铃薯早疫病主要侵染植株叶片、茎秆和块茎。①叶片：一般在植株下部的老叶先出现症状，随后逐渐向上蔓延至上部幼嫩组织。发病初期，叶面出现 1~2 mm 黑色或褐色小斑点，随后扩大形成直径为 3~12 mm、具明显同心轮纹的凹陷的圆形或椭圆形病斑，病健交界处明显有黄绿色晕圈，湿度大时叶背病斑处出现黑色霉层。发病严重时病斑互相连接成片，受叶脉限制形成不规则形伴有穿孔，整片叶褪绿变黄、坏死、干枯脱落。②茎秆：茎部病害多从叶柄和茎秆分枝处发病，侵染初期出现梭形或纺锤形的褐色稍凹陷病斑，随后病斑逐渐发展为灰褐色、有同心轮纹的长椭圆形斑块。③块茎：病原菌侵染块茎形成深褐色凹陷的近圆形或不规则形大小不一的病斑，直径可达 2 cm，病健交界处明显，薯块内部出现浅褐色海绵状干腐，储藏时更易感染其他微生物而腐烂（拓展图 3-17）。

二、病原

1. 分类地位　　目前，在链格孢属真菌中有 8 种真菌可以引起马铃薯早疫病，主要为茄链格孢（*A. solani*），此外还有互隔交链孢（*A. alternata*）、细极链格孢（*A. tenuissima*）、云南铁杉链格孢（*A. dumosa*）、乔木链格孢（*A. arborescens*）、侵染链格孢（*A. infectoria*）、*A. grandis* 和 *A. interrupta*，属于半知菌类（Imperfect Fungi）丝孢纲（Hyphomycetes）丝孢目（Moniliales）链格孢属。

2. 形态特征　　茄链格孢的成熟菌丝暗褐色，有隔膜和分枝；分生孢子梗单生或丛生，暗褐色；顶端产生倒棍棒形、椭圆形或卵圆形的分生孢子，褐色，具横、纵或斜隔膜，横隔 5~12 个，纵隔 0~5 个，大小为（67.0~140.5）μm×（15.5~28.5）μm，通常单生，很少有 2 个成串，顶端有喙，喙细长，与孢体等长或长于孢身，浅色，有 2~6 个横隔膜，分枝或不分枝（图 3-6）。

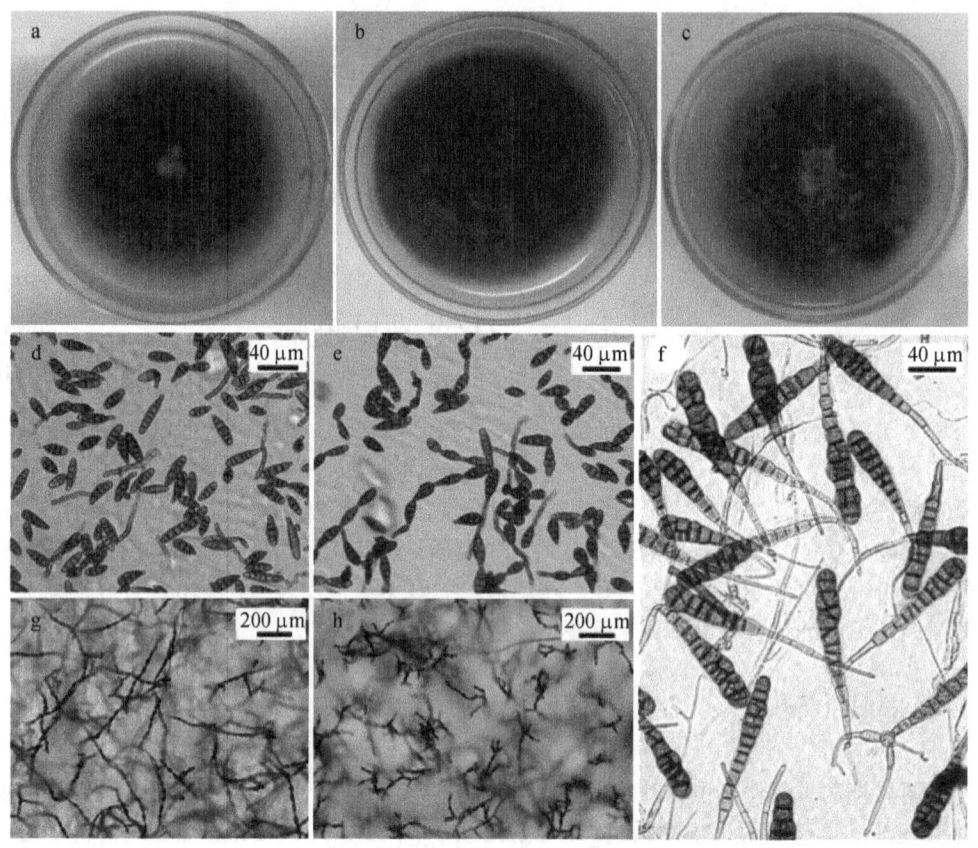

图 3-6 马铃薯早疫病菌（*Alternaria* spp.）代表菌株的菌落、分生孢子和产孢形态（引自 Zheng et al.，2015）
a～c. *A. tenuissima*、*A. alternata*、*A. solani* 在 PDA 培养基上的菌落形态；d～f. *A. tenuissima*、*A. alternata*、*A. solani* 在马铃薯胡萝卜（PCA）培养基上的分生孢子形态；g、h. *A. tenuissima*、*A. alternata* 在 PCA 培养基上的产孢结构

3. 生物学特性　链格孢均能在人工培养基上生长，马铃薯葡萄糖（PDA）培养基是最适生长培养基，最适生长温度为 25～30℃，最适 pH 为 5.0～7.0，分生孢子萌发的适宜温度为 25～32℃。

4. 代谢产物　茄链格孢可以产生致病毒素，对纯品进行分析，证明茄链格孢的毒素是交链孢酸，交链孢酸是茄链格孢与寄主相互作用的产物，是一种半酮衍生物，交链孢酸浓度≥1 μmol/mL 可诱导番茄早疫病症状，并随着浓度的增加发病加重。

5. 生理分化　茄链格孢种群之间存在着丰富的遗传多样性，种群寄主专化性明显。茄链格孢菌群的高度变异，表明病原菌具有高的潜在适应品种抗性和杀菌剂的能力，是变异比较高的无性繁殖真菌。

6. 寄主范围　马铃薯早疫病的病原菌除侵染马铃薯外，还可侵染番茄、茄子、龙葵、烟草等多种作物。

三、病害循环

研究表明，茄链格孢分生孢子能在冰冻的土壤表层和地下 2 cm 左右存活。第二年，当温度比较适宜时，早疫病菌产生大量新的孢子，为病害的初侵染源。种薯发芽后，种薯上所带的病原菌，首先侵染子叶，然后侵入胚轴，并最后到达茎部和叶片上。病原菌的分生孢子主要借风、雨水等传播。在风、雨水条件下，分生孢子可通过叶表皮直接侵入、气孔或伤口侵入的方式侵染马铃薯。病原菌侵入寄主，2~3 d可形成病斑，再过3~4 d可产生大量的分生孢子，引起多次重复再侵染。

四、发病条件

马铃薯早疫病发病轻重与生育期、气候条件及栽培技术等因素有着密切的关系。

1. 生育期　　马铃薯植株在不同生育期的抗病性不同。苗期至孕蕾期较抗病，始花期开始抗性减弱，盛花期至生长期抗性最弱。早熟品种抗性弱，晚熟品种抗性强。早熟品种比晚熟品种的症状发展更快，产生的孢子更多，早疫病常发生在结果初期，结果盛期病害发生严重，此时植株大量的营养都输送到块茎，使叶的光合产物含量很低，所以叶片容易被早疫病菌侵染。

2. 气候条件　　气候条件对马铃薯早疫病的发生和流行影响较大，气候条件适合则早疫病大面积流行。该病在旬平均气温15~30℃，相对湿度70%以上均可发生。在影响病害流行的气候条件中，湿度和降雨最为重要。在20~25℃，连续阴雨，相对湿度超过80%，早疫病迅速发展。

3. 栽培技术　　连作地发病重。连作时间越长，发病越早，病情越重。疏松的砂质土壤若有机质含量较少、肥力较弱、所需营养元素不均衡，植株长势较差，则早疫病发生严重；播种时期不适、施肥不科学、田间排水不良、种植过密及常年连作重茬地导致发病重；收获时机械损伤多，贮藏环境温度偏高、通风不畅发病也较重。

五、防控措施

针对马铃薯早疫病应采取综合防治措施，结合病害发病条件和种植区地理环境，以选用抗病品种为主，加强栽培管理，合理贮藏，掌握关键用药时期及时防治。

1. 选用抗病品种　　在国内目前推广种植的马铃薯品种中，尚未有免疫抗病品种，要根据区域选择不同的抗病品种，和多种防治措施相结合，提前防病是关键。

2. 加强栽培管理，减少菌源　　通过合理的栽培管理如控制田间湿度、合理施肥、合理轮作、保持田间卫生等措施，减少早疫病菌分生孢子的传播途径，有效地降低病害流行。水分供应好坏和马铃薯植株生长健壮程度直接影响马铃薯早疫病病害流行。适当晚播、晚收，可以错开早疫病易感高峰期，降低初侵染源；同时确保马铃薯块茎成熟和减少块茎损伤，减少病原菌的感染。栽培过程中可通过加大株行距、增加培土厚度、割秧等农业栽培措施防治马铃薯早疫病。合理轮作、间作能够有效地避免或减轻早疫病的发生。发病严重区域最好与玉米或豆科植物等进行2年以上的轮作。

3. 合理贮藏　　收获充分成熟的薯块，尽量减少收获和运输中的损伤。伤口愈合后贮藏马铃薯感病程度明显降低，同时注意贮藏库的通风换气。

4. 药剂防治　　在薯类上登记的杀菌剂较多，如代森锌、烯酰·吡唑酯、苯甲·嘧菌酯、肟菌·戊唑醇等。此外，使用生防制剂枯草芽孢杆菌、解淀粉芽孢杆菌等也可有效防治该病害。

◆ 第八节　马铃薯黑胫病

本节图片

马铃薯黑胫病（potato blackleg）又称黑脚病，在马铃薯各生育期和贮藏期都可发生，是一种世界性细菌病害，主要通过带菌种薯传播。马铃薯黑胫病在马铃薯各产区都有不同程度的发生，一般平均病株率为2%～5%，严重的可达40%～50%，部分地区在低温多雨年份病株率可达100%。近年来，东北、西南栽培区有加重趋势，多雨年份可造成严重减产，马铃薯黑胫病不但造成缺苗断垄，而且引起贮藏期的烂窖，使马铃薯的品质、产量和商品薯率大幅度降低。世界各国都把它列为重要的植物检疫对象。

一、症状

马铃薯黑胫病从植株的苗期到生育后期及贮藏期均可发生，以苗期为盛。该病害多导致马铃薯植株茎部和薯块变黑，在凉爽潮湿的环境中产生软腐症状。田间症状一般在株高15～20 cm时开始显症。病害发展往往从块茎开始，经由匍匐茎传至茎基部，逐渐发展到茎上部，匍匐茎和茎部除表皮变色外，维管束也变浅褐色，病株矮化、僵直，叶片褪绿变黄，小叶边缘向上卷；发病后期，茎基部腐烂呈黑色，整个植株变黄，呈萎蔫状，最后茎秆发黑腐烂，整株萎蔫甚至枯死；块茎发病一般是从连接匍匐茎的脐部开始，自脐部呈放射状向髓部扩展，感病初期，脐部略变色，切开后能看到维管束呈黑色小点状或断线状，随着病程进一步发展，病部扩大并呈黑褐色，切开后维管束也变黑褐色呈连续状，用手挤压皮肉不分离，湿度大时，薯肉腐烂呈心腐状，并伴有恶臭，以区别于青枯病（拓展图3-18）。

二、病原

1. **分类地位** 马铃薯黑胫病的病原主要为果胶杆菌属（*Pectobacterium*）和狄克氏菌属（*Dickeya*）细菌，主要包括黑腐果胶杆菌（*Pectobacterium atrosepticum*）[先前称之为胡萝卜欧文氏菌黑腐亚种（*Erwinia carotovora* subsp. *atroseptica*）]、胡萝卜软腐果胶杆菌胡萝卜亚种（*P. carotovorum* subsp. *carotovorum*）、胡萝卜软腐果胶杆菌巴西亚种（*P. carotovorum* subsp. *brasiliensis*）、山葵果胶杆菌（*P. wasabiae*）、微小果胶杆菌（*P. parmentieri*）和菊狄克氏菌（*D. chrysanthemi*）、石香竹狄克氏菌（*D. dianthicola*）、玉米狄克氏菌（*D. zeae*）、达旦提狄克氏菌（*D. dadantii*）、茄狄克氏菌（*D. solani*），均已被报道可以引起马铃薯黑胫病。一般认为，温带气候地区马铃薯黑胫病的病原多以黑腐果胶杆菌为主，辅之胡萝卜软腐果胶杆菌胡萝卜亚种；*Dickeya* spp.则是热带、亚热带马铃薯黑胫病的主要病原，胡萝卜软腐果胶杆菌巴西亚种仅在亚热带地区发生过。

2. **形态特征** 黑腐果胶杆菌为革兰氏阴性菌，短杆状，两端钝圆，大小为（1.058～1.338）$\mu m \times$（0.437～0.495）μm。在结晶紫-聚果胶酸钠（CVP）选择性培养基平板上形成大小不一、略凹陷、深紫色的菌落，在Luria-Bertani（LB）培养基平板上菌落呈乳白色、圆形、光滑、边缘整齐、隆起、黏稠。

3. **生物学特性** 黑腐果胶杆菌是一种可溶解果胶的革兰氏阴性菌，兼性厌氧，可产生多种细胞壁降解酶。在多种人工培养基上均能生长，如LB培养基和CVP选择性培养基等。在pH 6.2～8.2时发育良好；温度为10～38℃时适宜该菌生长，最适温度为23～27℃，低于0℃或高于45℃即失去活力。病原菌在通风和干燥环境中暴晒2 h大部分会死亡。

4. **寄主范围** 除为害马铃薯外，部分病原菌还可侵染玉米、大丽花和风信子等植物。

三、病害循环

马铃薯黑胫病菌主要依靠带菌种薯传播,感病薯块收获后成为翌年的初侵染源。该病害主要通过病原菌潜伏侵染在种薯中越冬,当种薯腐烂时,大量细菌释放到土壤中,在根系和杂草周围繁殖,通过雨水、灌溉水、气雾、机械和昆虫等从伤口或皮孔传播,侵染周围的子代块茎。细菌从病薯或病株释放到土壤中,可在马铃薯根系和某些草的根系周围生存和繁殖,并对健康植株的幼根、新生的块茎和其他部分进行再侵染。病原菌也可在残留于土壤中的病薯和其他植株残体上存活,病组织经过各种渠道进入农家肥后施到田间土壤中。病原菌在土壤中存活的时间在低温条件下比高温条件下要长,在冷凉、潮湿的条件下甚至可以越冬,感病的块茎在收获后成为翌年或下一季马铃薯的侵染源。

四、发病条件

马铃薯黑胫病的发病率和严重程度受温度、湿度、气候、氧气和养分的影响,其中温度和雨水是影响病害流行的主要因素。土壤中病原菌的存活时间主要由土壤温度决定,病原菌在2℃时可存活80~110 d,播种后若土壤温度急剧上升则有利于病原菌增殖,加速薯块腐烂和幼苗死亡;土壤湿度过大和养分不足的环境中,植株组织不能快速木栓化,降低了抵抗病原菌侵染的能力;透气性差的黏重土壤,含氧量低,有利于该菌的繁殖、传播和侵入。

五、防控措施

针对马铃薯黑胫病应采取综合防治措施,以选育抗病品种为主,加强栽培管理。

1. 选育抗病品种　　选育抗性品种是防治马铃薯黑胫病最根本的方法,目前为止,生产中还未选育出对马铃薯黑胫病菌具有免疫性的马铃薯品种。

2. 加强栽培管理、保证储藏条件、减少菌源　　种薯采用温汤浸种,做好排水工作,较早收获,使用消毒无菌的专用农具,在收获和储存期间去除烂薯,在通风良好和低温保存的储存室中储存种薯等。

3. 药剂防治　　由于细菌性病害的增长和扩散速度太快,以及药剂大多为非内吸性药剂,无法传导到植物内部,病害一旦发生,很难受到控制,因此马铃薯黑胫病的防治主要侧重于存在潜伏侵染的块茎上。可用噻霉酮、春雷霉素、噻唑锌等药剂,具有较好的防效。

薯类作物其他病害见表3-2。

表3-2　薯类作物其他病害一览表　　本表图片

病名和病原	症状识别	发病规律	防治要点
甘薯软腐病 *Rhizopus stolonifer*	病薯生灰白色或暗至黑色霉,病部淡褐色水浸状,最后生大量灰黑色菌丝及孢子囊,2~3 d软腐,有恶臭	孢子在空气中、附着于薯块或在贮窖中越冬。由伤口侵入。多种伤口或冻害易发病	①适时收挖,避免冻害;②贮藏前精选健薯,同黑斑病;③科学管理贮藏窖

续表

病名和病原	症状识别	发病规律	防治要点
甘薯根腐病 Fusarium solani f. sp. batatas；Nectria sanguinea	罹病幼苗生长慢，叶色淡，须根上有褐色病变。大田期病根及地下茎褐至黑腐。病薯生黑色凹陷斑，轻度裂开。植株矮小，不倒秧，叶黄，干枯脱落	病原菌在土壤和病残体上越冬。可存活3~4年。在100 cm深土层内有分布。通过病薯、病苗、土、有菌肥和流水传病	①选栽抗病丰产品种；②轮作，适期早栽，防止干旱；③保持田园卫生，施净肥；④温汤浸种或甲基硫菌灵等药剂处理
甘薯蔓割（枯萎）病 Fusarium spp.	系统性病害，叶片黄化脱落，全蔓干枯。茎基部膨大，纵向开裂，维管束黑褐色，纤维状；病薯维管束黑色	以菌丝、厚垣孢子在种薯、病残体上越冬。可存活3年。通过水流、农具等传播，从伤口侵入	参阅甘薯根腐病
甘薯疮痂病 Sphaceloma batatas	为害嫩叶、叶柄、嫩茎、幼梢。病斑疣状突起，木栓化后成疮痂，灰白或黄白色，表面粗糙，以叶背、叶脉上居多（拓展图3-19）	病原菌在病叶、病蔓上越冬。随风、雨水传播，调运病苗使病区扩大	①实施检疫；②选用抗病品种；③用多菌灵等药剂浸苗，苗床、大田药剂防治
甘薯茎线虫（糠心）病 Ditylenchus destructor	病茎基部髓内变褐，表皮细裂，褐色干腐状；叶黄蔓枯，根部表皮坏死开裂。病薯表层青至暗紫色，病部略凹陷、龟裂或内部糠心，呈褐白相间的干腐	线虫在土壤和粪肥中越冬，也可在病薯上越冬。由带病的种苗、土壤、粪肥传播。砂质土发病重；黏质土、肥沃土及过分潮湿和干燥的土壤发病轻	①严格种薯、种苗检疫；②选用抗病品种，建立无病留种地；③清除病残，轮作；④氟吡菌酰胺施入土壤防治
甘薯根结虫病 Meloidogyne incognita；M. enterolobii	病蔓生长不良，节间短、叶黄，不倒苗。块根短大或缢缩成不规则念珠状，表面粗糙；重的不结薯或呈长条状，细根上生瘤状物	线虫在根结、薯块、土壤、粪肥中越冬。随带病的薯苗、土壤、流水等传播。砂质土病重	①选用无病种苗，建立无病留种地；②其他措施参阅蔬菜根结线虫病
甘薯青枯病 Ralstonia solanarcearum	俗称"甘薯瘟"。植株不变色即很快萎蔫，茎出现褐色条纹，维管束变褐；结薯期发病，小薯与茎基部全变色，腐烂有臭味，根细，叶萎蔫，阳光下似开水烫伤状。块茎切口处有白色菌溢，皮肉不分离	病原菌随病残体在土壤中或侵入薯块在窖里越冬；雨水、灌溉水传播；高温高湿、连作田、低洼地病重。参阅茄科蔬菜青枯病	①轮作；②选择抗病品种；③加强栽培管理；④药剂防治参阅茄科蔬菜青枯病
木薯褐斑病 Cercospora henningsii	叶面生浅灰色或深褐色边界分明的圆斑，有黄晕。上生灰橄榄色霉，最后穿孔。有的病斑很大，可达1/5以上裂叶面积（拓展图3-20）	病原菌在病残体上越冬。分生孢子借风、雨水传播。多次再侵染。6~9月高温高湿环境中发病重	①选种抗、耐病品种；②保持田园卫生；③增施磷钾肥，合理密植；④选用甲基硫菌灵或多菌灵等药剂防治
木薯白斑病 Passalora manihotis（Cercopora cariabaea）	在叶片两面初现细小水渍状斑点，扩展为多角形至圆形，黄褐色至红褐色，后呈白色，直径1~5 mm，病斑两面稍凹陷，边缘紫褐色，周缘常有黄晕。潮湿时斑背中央长出灰色绒状物	病枝、叶是主要初侵染源，病原菌随气流传播，通常在木薯生长的中后期发生或流行。高湿是该病发生流行的主要因素。老叶较嫩叶易感病	①合理施肥、适时除草，以降低田间湿度；②喷药防治（参阅木薯褐斑病）
木薯枯萎叶斑病 Cercopora vicosae	在叶两面初现灰色水渍状斑，随后迅速扩大成坏死斑，约占叶片的1/5，病斑边缘无明显边界，但常引致叶脉坏死，使叶片枯萎、脱落。潮湿时斑背有灰褐色霉层	参阅木薯白斑病	参阅木薯白斑病

续表

病名和病原	症状识别	发病规律	防治要点
木薯轮纹叶斑病 *Phoma* sp. （*Phyllosticta* sp.）	病斑通常在叶尖或叶缘发生，在其表面明显出现轮状排列的小黑点；为害嫩茎引致褐色回枯，其上也生出大量小黑点	参阅木薯白斑病	参阅木薯白斑病
木薯棒孢霉叶斑病 *Corynespora cassiicola*	病斑最初为黄色晕圈，并且后期病斑中央纸质化并伴有穿孔	参阅木薯白斑病	参阅木薯白斑病
木薯根腐病 *Phytophthora palmivora*	木薯根系腐烂、坏死。块根出现灰白色、灰黑色或黄褐色变色现象，规则或不规则，后期腐烂，地上部分在中午前后光照强时出现萎蔫，在夜间或者湿度大时能够恢复	病原菌在土壤中越冬。地势低洼、排水不良或过度密植等造成田间湿度大，以及地下害虫发病严重的木薯地块发病严重	①选用耐病品种，加强田间管理；②发现中心发病植株，及时拔除并撒石灰消毒，用农药对周围植株进行灌根处理
木薯花叶病 cassava common mosaic virus，CsCMV；African cassava mosaic virus，ACMV	CsCMV 病株矮缩，叶片黄化，卷曲；ACMV 植株矮缩，叶片黄化，花叶卷曲和皱缩	CsCMV 由带病种茎、叶片摩擦及嫁接传播；ACMV 存在于维管束系统中，通过种茎、烟粉虱、嫁接及汁液接种传播	①加强检疫；②选栽抗病品种，不用病种茎，加强田园卫生；③药杀烟粉虱
马铃薯环腐病 *Clavibacter michiganense* subsp. *sepedonicus*	病株分为枯斑型和萎蔫型，切开块茎可见维管束变为乳黄色至黑褐色，皮层内现环形或弧形坏死部。经贮藏块茎芽眼变黑色，播种不出芽（拓展图3-21）	细菌在种薯中越冬。病薯播下后，一部分芽眼坏死不发芽，另一部分出土的病芽，病原菌沿维管束上升至茎中部，或沿茎进入新结薯块而致病。主要靠切刀传播	①选栽抗病品种；②建立无病留种田，汰除病薯，小整薯播种；③用甲基硫菌灵或敌磺钠拌种；④中耕培土，拔除病株
马铃薯干腐病 *Fusarium* spp.	块茎初期仅局部变褐色、稍凹陷，出现许多皱褶，呈同心轮纹，薯内褐色空心，长满菌丝，最后整个块茎僵缩或干腐	以菌丝体或分生孢子在病残体或土中越冬。多从伤口侵入或芽眼侵入。贮藏条件差，通风不良利于发病	①深沟排水；②收获时避免损伤薯块，充分晾干后入窖贮藏；③窖内要保持通风、干燥，发现病薯立即汰除；④薯块喷施10%抑霉唑硫酸盐

第四章 花生病害

花生是重要的油料和经济作物、出口创汇农产品，在农业生产中占有重要的地位。我国花生生产水平高，种植效益好，发展潜力大，近十年来产量持续增长，2018年达到创纪录的1733万t。在国内油料作物中，花生在总产量、总产值、单产水平、单位面积产油量、单位面积种植效益、国际竞争力等方面均有一定的优势。但病害已成为花生生产的一个重要限制因素。

花生病害种类繁多，目前全世界已鉴定的花生病害超过50种，主要有锈病、叶斑病、冠腐病、茎腐病、白绢病、根腐病、青枯病和病毒病（包括丛枝病、花叶病、矮缩病等）等。这些病害分布广，为害重，严重影响花生产业发展。花生受害后，往往减产10%~20%，严重者减产可达50%以上，甚至失收。在花生病害的防控上要贯彻"预防为主、综合防治"的方针，在加强病害预测预报工作的基础上，一方面要做好农业防治，另一方面要根据病害的发生和流行规律，做好药剂防治。

本节图片

第一节 花生褐斑病和黑斑病

花生褐斑病和黑斑病（peanut brown and black spot）在我国各花生产区普遍发生。在田间，这两种病害常常同时发生，引起叶片枯死，早期脱落；果荚容易腐烂或收获时果柄折断，荚果遗留在土中。受害花生一般减产10%~20%，严重的达40%以上，并使花生种仁品质下降。

一、症状

花生褐斑病和黑斑病统称为花生叶斑病，是花生生长期的常见病害。病害始见于花生花期，一般褐斑病发生比黑斑病早，在初花期便开始在田间出现，故又称为早斑病；黑斑病在盛花期才开始出现，又称为晚斑病。病害主要发生于叶片，叶柄、托叶和茎秆也可受害。在叶片上，两种病害发生初期均产生黄褐色小斑，扩展后变为近圆形、圆形或不规则形病斑。

两种病害的识别要点：褐斑病病斑较大，直径4~10 mm。颜色较浅，黄褐至褐色，叶背斑的颜色更浅，呈淡茶色，病斑初期晕圈就清晰可见（拓展图4-1）。子座多生于叶面，不明显散生。黑斑病病斑较小，多为1~6 mm，颜色较深，呈黑褐色，且叶斑正背两面颜色相同，晕圈常生于老病斑周围，且不甚明显（拓展图4-2）。斑背生大量黑色轮纹状排列的子座。湿度大时，两种病斑子座上都生灰褐色分生孢子梗和分生孢子霉层。病斑多时常愈合成不规则大斑块，导致病叶枯死、脱落，茎蔓干枯。在叶柄、茎秆或果针上，病斑暗褐色，长椭圆形，略下陷,边缘模糊。

二、病原

1. **分类地位**　褐斑病菌的无性阶段为半知菌类尾孢霉属花生尾孢菌（*Cercospora arachidicola* Hori）；有性阶段为子囊菌门球腔菌属花生球腔菌［*Mycosphaerella arachildicola*（Hori）Jenk.］，在我国未发现。黑斑病菌的无性阶段为半知菌类短胖孢属落花生短胖孢菌［*Cercosporidium personatum*（Berk. & Curt.）Deighton=*Cercospora personata*（Berk. et Curt.）Ell. & Curt.］；有性阶段为子囊菌门球腔菌属伯克利球腔菌（*M. berkeleyi* Jenk.），我国山东、江苏等地病茎蔓上曾发现过。

2. **形态特征**　褐斑病菌的分生孢子座深褐色,不明显。分生孢子梗丛生或散生,大小为（15～45）μm×（3～6）μm,黄褐色,基部色暗,无隔膜或有 1～2 个隔膜,直或稍弯,无分枝,上部渐细成曲膝状,有明显的孢痕。分生孢子顶生,大小为（35～110）μm×（2～6）μm,无色或淡橄榄色,细长,4～14 个隔膜,一般为 5～7 个隔膜（图 4-1）。黑斑病菌的分生孢子座褐色至黑色,半球形。分生孢子梗大小为（10～100）μm×（3～6.5）μm,褐色或暗褐色,丛生,有 1～3 个膝弯,多数无隔膜,少数 1～2 个隔膜。分生孢子顶生,大小为（20～70）μm×（4～9）μm,橄榄色,倒棍棒形或圆筒形,顶部钝圆,基部倒圆锥平截,基脐明显,宽 1.9～3.1 μm,1～9 个隔膜,多数 3～5 个隔膜（图 4-2）。

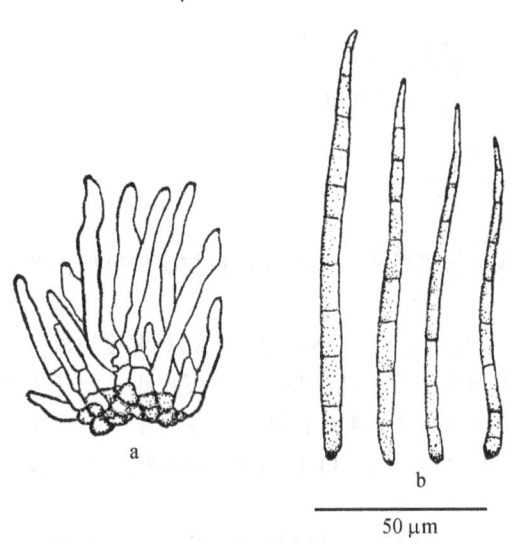

图 4-1　花生尾孢菌
（引自中国农业科学院植物保护研究所,1996）
a. 分生孢子座及分生孢子梗；b. 分生孢子

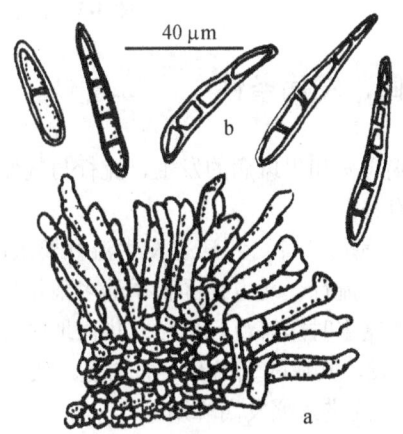

图 4-2　落花生短胖孢菌
（引自吕佩珂等,2007）
a. 分生孢子座及分生孢子梗；b. 分生孢子

3. **生物学特性**　两种病原菌的最适生长温度均为 25～28℃,但褐斑病菌的适温范围较广,为 5～36℃,黑斑病菌的生长温度为 10～37℃。两种病原菌在多数培养基上生长缓慢,产孢很少。近年,国内研究人员比较了 6 种培养基,发现以花生秆培养基和花生秆加 Landers 培养基在 30℃条件下培养褐斑病菌,可大量产孢。

4. **寄主范围**　褐斑病菌只为害花生。有报道黑斑病菌除为害花生外,还可为害其他豆科植物。

三、病害循环

病原菌主要以分生孢子座和菌丝体在病株残体上越冬，未腐烂的病组织内的子囊座也能越冬。第二年外界条件适宜时产生分生孢子，随风、雨水传播。分生孢子萌生芽管直接从花生叶片表皮或气孔侵入。在22~23℃条件下，3~4 d显症，再经1周开始产孢。在有露水或水膜的情况下产孢量最大。分生孢子扩散高峰是在清晨叶面上露水刚消失时和下雨之前。再侵染频繁。病重时大量落叶。在南方产区，春花生收获后，病株残体上的病原菌又成为秋花生的初侵染源（图4-3）。

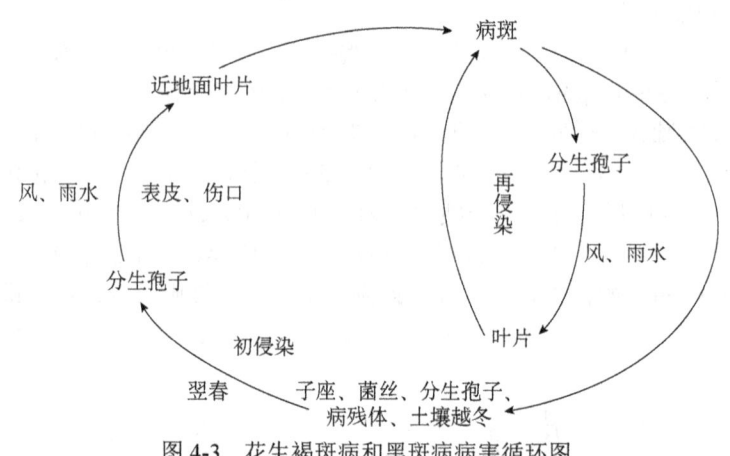

图4-3 花生褐斑病和黑斑病病害循环图

四、发病条件

褐斑病和黑斑病的发生、流行与气候条件、栽培管理措施关系密切，也与品种抗病性及生育期有关。

1. **气候条件** 病害发生流行要求高温高湿。发病适温为25~28℃，相对湿度>80%有利于病害流行。北方地区秋季遇多雨年份病重。我国南方石山地区易结露，发病重；秋花生如遇雾浓露重时病害流行更烈。华南地区春花生以褐斑病为主，4月初见，6~7月最重；黑斑病5月始发，其后随气温升高而加重。秋花生以黑斑病为主，10~11月最重。两种病害都在收获前2~3周进入盛发高峰期。

2. **栽培管理措施** 连作地比轮作地发病重，精耕细作比管理粗放的发病轻。土壤肥力差，生长势弱，分枝稀少的黑斑病重。肥料充足，枝繁叶茂，田间郁闭的褐斑病重。镁、钙元素不足病重。以石膏作钙素来源的病较轻。

3. **品种抗病性及生育期** 花生品种间抗性有差异。一般直立型品种较蔓生型、半蔓生型品种抗病；早熟品种较晚熟品种发病轻。叶型小，叶色深绿，叶肉较厚，气孔密度较稀、孔径较小及蜡质丰厚的品种较抗病。同一品种衰老器官、生长后期发病较重。

五、防控措施

1. **农业防治** 花生收获后及时清除田间病株残体，集中烧毁或沤肥，及时深翻至

30 cm，粪肥经过高温腐熟后再施用。与甘薯、玉米、水稻等作物轮作1~2年，但面积一定要大才能奏效。加强栽培管理，适时播种，合理密植，施足基肥，及时追肥，清沟排水，降低田间湿度，培植壮苗，减轻发病。

2. 种植抗病品种　　各地已经选育出的一些较抗病或耐病的花生品种，如'湛油1号''浪江3号''辽宁立茎大粒''花17''鲁花4号''花28''粤油22号''粤油92''粤油169''鲁花11号''鲁花14号''豫花6号'和'桂花14号'（兼抗锈病）等，可因地制宜选用。

3. 药剂防治　　病叶率达10%~15%时，开始叶面喷雾，每隔10~15 d喷1次，次数视病情发展而定。防治效果较好的杀菌剂有45%戊唑·咪鲜胺水乳剂、50%硫磺·多菌灵可湿性粉剂、75%百菌清可湿性粉剂、80%代森锰锌可湿性粉剂等。

◆ 第二节　花生锈病

本节图片

花生锈病（peanut rust）最早于1882年在巴拉圭发现，1969年以后在世界各热带、亚热带花生产区迅速蔓延和流行，成为世界性病害。在国内各花生产区均有发生，尤以南方产区发病严重。在广东，春、秋植花生受害均重；福建、江西则以秋花生发病较多；湖北、山东等地的夏花生锈病为常发病害。发病越早，损失越重。据广东省农业科学院植物保护研究所测定，花期发病减产49%，结荚期发病减产31%，结荚中期发病减产18%。一般轻发病年份减产15%，重发病年份减产25%~59%。若与褐斑病和黑斑病同时发生，会引起产量损失70%或更多。该病除对产量有影响外，也会使出仁率和出油率显著下降。

一、症状

花生锈病在各个生育期都可发生，以结荚期以后发病最严重。主要为害花生叶片，也可为害叶柄、托叶、茎秆、果柄和荚果。叶片的背面初生针头大疱状白斑，叶面呈现黄色小点，以后叶背病斑变黄色至黄褐色、圆形夏孢子堆，有一窄黄晕（拓展图4-3）。夏孢子堆表皮破裂后，露出铁锈色、粉末状夏孢子。病害一般自下部叶片逐渐向顶部叶片扩展，叶片密布夏孢子堆后，叶、茎蔓干枯，呈火烧状。托叶、叶柄、茎、果柄和果壳上的病状与叶片上的相似。收获时病果柄易断，荚果脱落在土中。

二、病原

1. 分类地位　　花生锈病的病原为担子菌门柄锈菌属落花生柄锈菌（*Puccinia arachidis* Speg.），冬孢子仅见于乌拉圭和印度等少数花生产区，我国尚未发现。

2. 形态特征　　夏孢子圆形或椭圆形，大小为（22~27）μm×（22~34）μm［在广东测定为（15.7~22.8）μm×（20.0~31.4）μm］，橙黄色，表面有微刺，孢子的中轴两侧各有一个发芽孔（图4-4）。

3. 生物学特性　　夏孢子的萌发受温度、湿度、光照、酸碱度的影响。夏孢子的萌发温度为11~33℃，最适温度为24.5~28℃，在16℃以下和29℃以上萌发率显著降低。夏孢子只在水滴中才能萌发。在黑暗条件下，夏孢子萌发良好，在强烈阳光照射下，即使温、湿度适

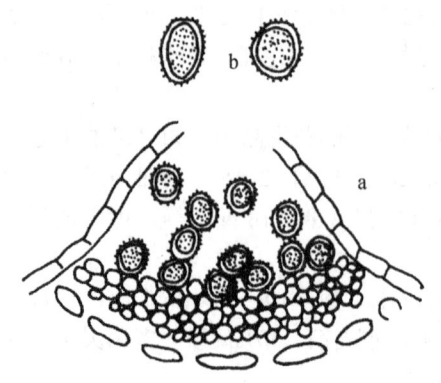

图 4-4　落花生柄锈菌（引自吕佩珂等，2007）
a. 夏孢子堆；b. 夏孢子（放大）

宜，也不会萌发。在 pH 为 4~11 时，夏孢子萌发正常，最适 pH 为 4~8；pH 在 4 以下时，萌发受抑制，芽管缩短。在嫌氧时，夏孢子萌发受抑制，而缺氧时则不能萌发。夏孢子致死条件，湿热为 50℃ 10 min，但较耐干热，在 60℃ 10 min 仍不丧失生活力。夏孢子在高温条件下存活期缩短，在夏季室温条件下，能存活 16~29 d，在 40℃时存活 9~11 d。在冬、春室温条件下，存活可长达 4~5 个月，在 5℃时为 1 年，在-24℃时为 90~180 d。

4. 寄主范围　花生锈病菌除侵染花生外，还能侵染花生属的其他种，如 *Arachis mariginata*、*A. nambyaurae* 及 *A. prastrata* 等植物。

三、病害循环

在华南地区，锈菌夏孢子主要在冬季花生落粒病苗上存活越冬，病蔓和带病荚果也是春花生的重要初侵染源。病荚果上或附着于荚果上的夏孢子在室内经 4 个半月贮存，仍具有 30% 以上的侵染力。我国南方周年均可种植花生，春、秋植花生同时存在，且播种期和收获期参差不齐，夏孢子在田间辗转传播。北方花生锈病的初侵染源问题，尚需进一步验证明确。夏孢子侵染丝从叶片气孔或表皮细胞间隙侵入，65 h 后扩及组织内部，并产生吸器，8 d 后出现黄褐色夏孢子堆，再过 2 d，夏孢子堆上的叶表皮破裂释放出夏孢子，借气流传播，进行多次再侵染，只要环境条件适宜便可流行成灾（图 4-5）。

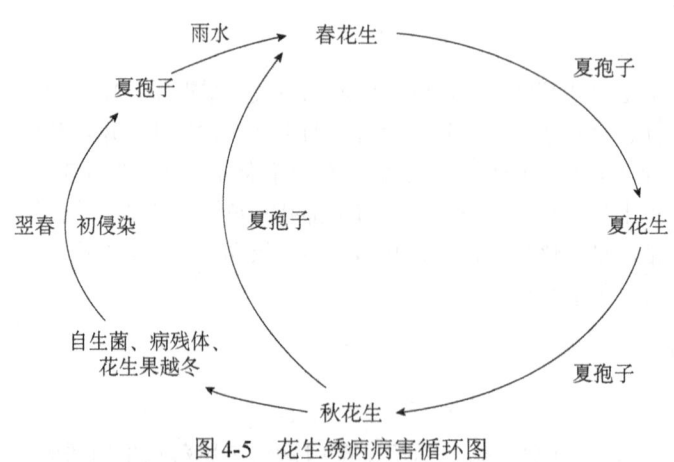

图 4-5　花生锈病病害循环图

四、发病条件

花生锈病的发生、流行与越冬菌量和气候条件密切相关，也与品种抗锈性、耕作栽培管理和播种期等有关。

1. 越冬菌量　在我国南方，越冬菌源的多少与当年秋花生、冬花生及田间自生苗的发病程度密切相关。在华南地区，花生落粒自生苗很普遍，一般发病株率为 3%~5%，严重的达

30%~40%，叶片上的夏孢子堆多的数以百计，为翌年春花生锈病流行提供了足量菌源。

2. 气候条件　　主要是温、湿度影响夏孢子的侵染速度和潜育期，因而影响病害流行程度。夏孢子在22℃条件下，于水滴中约1 h开始萌发，15 h后产生侵染丝；而在24.5~26℃条件下，经9 h便可完成侵染过程。温度高时潜育期相应较短，在21~24℃时为9~14 d，在24.5~26.5℃时为6~8 d。此外，湿度状况也影响潜育期，25℃保湿8 h，潜育期为12 d，保湿24 h的为9 d。因此，花生锈病常在20~26℃适温和多雨、浓雾、露重的气候条件下发病严重。在5~6月平均降雨量为200~300 mm甚至以上，雨日多，就可能导致春花生锈病流行。在9月多雨的情况下，秋花生则发病早而严重，10月后进入少雨季节，但如有大雾、重露仍可诱发病害严重发生。在海南省则恰好相反，花生锈病在雨季5~10月发生较少，而在旱季11月至翌年4月发病较重。这可能是由于该地区雨季温度过高，不利于病害的发生；而在旱季时温度适中，只要晚间雾大、露重，就能诱致病害严重发生。

3. 播种期　　春花生早播，花生在病害流行季节前接近成熟，受害轻，晚播则在生长中、后期遇上雨季，田间湿度大，发病重；秋花生早播，生长前期遇多雨天气，发病重，晚播则病轻。在广东湛江地区，春花生大寒至雨水播种比惊蛰至清明播种增产46%~60%；秋花生立秋至处暑播种比小暑至大暑播种增产23%~49%。

4. 耕作栽培管理　　一年四季均种植花生，而且连作、连片种植的地区锈病发生严重，轮作地发病轻。偏施氮肥，田间排水不良，花生徒长，株间湿度大，有利于锈病发生；增施磷钾肥可增强花生的抗病性和耐病性，减轻发病。

5. 品种抗锈性　　花生品种间抗锈性差异表现明显。一般珍珠型及多粒型品种较感病；普通型、蔓生型及龙生型品种较抗病。花生抗锈性的强弱与叶片气孔的数量和大小无关。抗性不同的品种对锈菌反应的差别在于菌丝体进入叶片组织后增殖的速度和数量不同。Cook（1980）认为，花生品种对锈病的抗性是生理性的，感病材料受锈菌侵染后，其组织内的可溶性糖、可溶性氨基酸的含量增加，总氮和叶绿素的含量减少，而抗病品种的上述生理指标无显著变化。抗病品种主要表现为病斑较少而小，潜伏期长，产孢量下降等。因此，栽培花生的抗锈性属于"慢锈性"的类型。

五、防控措施

1. 适时播种　　在高产的前提下，因地制宜地调节播种期。春花生适当早播，避过生长后期高温多雨的发病盛期；秋花生适当晚播，避过花生前期多雨季节，而生长后期雨量少，气温下降，不利于病原菌的侵染和繁殖，从而达到减轻病害的目的。一般南部地区春花生可在立春至雨水播种，北部地区可在惊蛰播种；秋花生以立秋至处暑播种为宜。

2. 加强栽培管理　　施足基肥，增施磷钾肥，早施追肥。水田种植花生实行高畦深沟，排涝降湿，防止根系早衰及白绢病、纹枯病等病害的并发。

3. 减少菌源　　秋花生收获后1~2个月内，清除落粒自生苗1~2次。秋花生病株可作沤肥，贮放室内的必须在春播前处理完。春花生收获后也要清除田间自生苗，并将病蔓沤肥或加以覆盖，减少秋花生发病的初侵染源。同一地方的春花生和秋花生不要连作、连片种植，应实行轮作，停种面积不大的夏花生和冬花生，减少田间菌源。

4. 种植抗、耐病品种　　目前国内推广的抗、耐病高产品种有'桂花21''桂花23''粤油26''粤油511''粤油39~54''汕油27''汕油71''中花17''恩花1号''湛油12'等，各地可因地制宜地选用。

5. **药剂防治** 病株率达 15%～30%，或近地面 1～2 片叶有 2～3 个病斑时，及时喷药。喷药次数根据病情和天气情况而定，一般隔 8～10 d 喷药 1 次，连续 3～4 次，至收获前 20 d 停止。常用药剂有 62.5%代森锰锌·腈菌唑可湿性粉剂、75%百菌清可湿性粉剂、25%联苯三唑醇可湿性粉剂等，可兼治叶斑病。

本节图片

◆ 第三节 花生茎腐病

花生茎腐病（peanut *Diplodia* collar rot）又称颈腐病、枯萎病、倒秧病或"掐脖瘟"，一般田块发病率为 10%～20%，严重的可达 60%以上。植株早期感病很快枯萎死亡，后期感病荚果腐烂或种仁不饱满，造成严重减产，甚至颗粒无收。

一、症状

花生幼苗至成株期均可发病，主要侵害茎部，造成局部枯死或全株死亡。花生幼苗出土前即可感病烂种。幼苗子叶变黑褐色、腐烂，进而侵入植株根茎部，呈水渍状黄褐色至黑褐色斑，表皮易脱落，纤维组织外露，幼株萎蔫枯死。田间干燥时，病部皮层呈琥珀色凹陷，紧贴茎上，髓部褐色，干枯中空。幼苗发病后 3～4 d 可致全株枯死。成株期发病，先在主茎和侧枝茎基部产生黄褐色、水渍状病斑，扩展后变黑褐色，引起部分侧枝或全株枯死。病株荚果不实或腐烂。拔起病株时，其断口多在地表茎基部。生长后期感病的，有时仅茎秆中部感病，病部以上茎叶枯死。潮湿时病部密生黑色分生孢子器（拓展图 4-4）。

二、病原

1. **分类地位** 花生茎腐病的病原，无性阶段为半知菌类壳色单隔孢属棉壳色单隔孢 [*Diplodia gossypina* (Cooke.) McGuire & Cooper]；有性阶段为子囊菌门囊孢壳属柑橘囊孢壳 [*Physalospora rhodina* (Berk. et Curt.) Looke (= *P. gossypina* Stevens)]。

2. **形态特征** 分生孢子器初埋生，后突破表皮外露，直径 130～250 μm，暗褐色至黑色，散生或集生，球形或烧瓶形，孔口钝圆。分生孢子梗无色，细长，不分枝。分生孢子无色，未成熟为单胞，椭圆形，无色；成熟后变暗褐色，双胞。单胞分生孢子大小为（14.70～29.40）μm×（7.35～14.70）μm，壁薄；双胞大小为（15.70～29.40）μm×（9.40～14.70）μm，壁厚（图 4-6）。

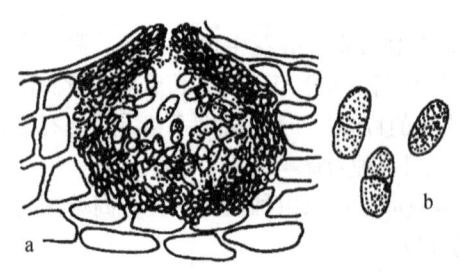

图 4-6 棉壳色单隔孢（引自吕佩珂等，1999）
a. 分生孢子器；b. 分生孢子

3. **生物学特性** 病原菌的生长温度为 10～40℃，最适温度为 23～35℃，在 55℃ 10 min 致死。病原菌有耐干燥和水浸特性，病原菌在病株上可存活数年，菌丝长期水浸不影响致病力。在 23℃条件下，病原菌在 PDA 培养基上分生孢子器极少，仅能在花生秆、花生壳和麦粒培养基上产生分生孢子器，近紫外线照射 3～5 d 可诱发产生分生孢子器。

4. **寄主范围** 花生茎腐病菌除侵染花生外，还可侵染大豆、绿豆、四季豆、菜豆、扁豆、赤豆、豇豆、芸豆等多种豆科植物，以及棉花、甘薯、苕子、田菁、马齿苋和甜瓜等作物和杂草。

三、病害循环

病原菌主要以菌丝体和分生孢子器在种子与土壤病残体上越冬，成为第二年的初侵染源。粉碎的果壳及病株饲养牲畜后的粪便，以及混有病株残体的土杂肥都可传播病害。另外，病原菌还能在其他感病植物如棉花、大豆等植株残体上越冬。分生孢子通过风、雨水、流水及农事操作传播，调运带菌种子则可作远距离传播（图4-7）。

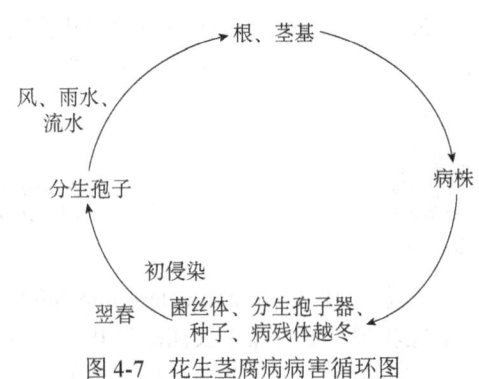

图 4-7 花生茎腐病病害循环图

四、发病条件

影响花生茎腐病发生、流行的主要因素是种子质量和气候条件，栽培措施、土壤类型及品种抗病性也影响病害的发生。

1. **种子质量** 花生收获前受水淹或收获时遇到阴雨天气，贮藏过程中容易霉变。霉变种子带菌率达50%以上，而质量好的种子为5%左右；播种霉变种子，苗期发病率为25%，播种质量好的种子发病率仅为3%～4%。

2. **气候条件** 当5 cm土温连续10 d稳定在20～22℃时，田间即开始出现病株；5 cm土温达23～25℃，相对湿度60%～70%，旬雨量10～40 mm时，病害容易发生。花生苗期降雨多，土壤湿度大，病害发生重，尤其雨后骤晴，气温回升快，病情发展迅速。如果花生苗期遇气温超过33℃，天气干旱，花生幼苗易受灼伤，也会导致病害严重发生。

3. **栽培措施和土壤类型** 花生连作地发病重，合理轮作发病轻。春播花生病重，夏播花生病轻。早播病重，迟播病轻。花生田深翻及地下害虫防治好的病轻；反之，则发病重。施用有机肥的花生田病轻，但要注意腐熟粪肥。此外，飞沙薄地、漏水漏肥的花生地病害严重；土壤结构好，保水保肥能力强的花生地病害轻。

4. **品种抗病性** 花生品种间抗病性有差异。直立型的伏花生和油果花生高度感病，蔓生型早熟小粒品种发病轻，如'巨野花生''蓬莱白粒小花生''莱芜爬蔓''青岛半蔓''芦江鸡窝''狮选三号'等。

五、防控措施

1. **防止种子霉变和种子消毒** 选无病或轻病田留种，且要在霜冻前选择晴天收获，充分晒干，荚果含水量低于8%时方可贮藏，并注意通风防潮。播前进行晒种和选种，选大粒饱满种子，剔除霉变、受伤种子。用药粉加入5～10倍细干土拌匀，配成药土，花生种子则先浸泡一夜或用水使之湿润并与药土混合均匀后，立即播种；或用药剂浸泡种子24 h，使种子均匀吸收药液。

2. **农业防治** 与非寄主植物轮作，轻病地轮作1～2年，重病地轮作3～4年，轮作时要防止流水或其他途径传病。花生收获后及时清除病株残体，集中烧毁，并进行深翻。施足底肥，追施草木灰；不施用混有病株残体和病土的土杂肥，或充分沤熟后再施用。中耕时尽量避免造成伤口，也可减轻病害的发生。

3. 药剂防治　　花生齐苗后和开花期前各喷药 1 次或在发病初期喷药 1～2 次，注重喷布基部。常用药剂有 50%多菌灵可湿性粉剂和 70%甲基硫菌灵可湿性粉剂。详见花生褐斑病和黑斑病。

本节图片

◆ 第四节　花生白绢病

花生白绢病（peanut sclerotium blight）又称菌核枯萎病、菌核萎蔫病和菌核腐烂病等。该病在我国主要分布于长江流域和南方各花生产区，以南方花生产区发病较重，严重的发病率可高达 30%以上。随着灌溉条件的改善和水田种植花生面积的扩大，花生白绢病有日渐严重的趋势。

一、症状

花生各个生育期均可受白绢病菌侵染，生长后期发病更为严重，可为害花生的茎基部、根、荚果和果柄等。发病植株茎基部变褐色腐烂，病斑波纹状，受害重时组织腐烂，皮层脱落，剩下纤维组织，表面长出一层白色绢丝状菌丝。在温暖潮湿条件下，病株近地面的中下部茎秆及其周围的土表布满一层白色菌丝层，因此该病俗称"白脚病""棉花脚"（拓展图 4-5）。天气干旱时，仅为害花生的地下部分，菌丝层不明显。后期病部菌丝层形成许多黑褐色或茶褐色、直径 0.5～2.0 mm 的球状菌核。果柄和荚果受害呈湿腐状。受害种仁皱缩，病原菌分泌的草酸可使种皮形成蓝灰或蓝黑色彩纹。被侵染的植株部分枝条枯萎或全株枯萎，随后死亡。

二、病原

1. 分类地位　　花生白绢病的病原，无性阶段为半知菌类小核菌属齐整小核菌（*Sclerotium rolfsii* Sacc.）；有性阶段为担子菌门罗氏阿太菌［*Athelia rolfsii*（Curzi）Tu. & Kimbrough.］。

2. 形态特征　　菌丝初白色后变褐色，在培养基上常形成菌丝束，并纠结成初为白色，后变黄褐色至黑褐色或茶褐色，直径 0.5～2.0 mm 的球状菌核。在马铃薯培养基上形成的菌核比自然条件下大，直径 2.0～3.0 mm。菌核内部灰白色，边缘细胞小而排列紧密，中部细胞大而排列疏松。病原菌不产生无性孢子（图 4-8）。

3. 生物学特性　　病原菌的生长温度为 13～38℃，最适温度为 31～32℃；在 pH 1.9～8.4 均可生长，最适 pH 为 5.9。菌核在干燥条件下存活时间较长，而在水中或潮湿的土壤中存活时间较短。菌核多集中在 5 cm 左右表土层中，可存活多年，但在土

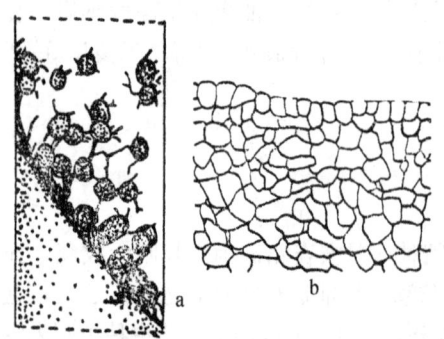

图 4-8　齐整小核菌（引自中国农业科学院植物保护研究所，1996）

a. 在培养基上的菌核；b. 菌核组织

壤深处的菌核存活不超过一年。在培养基上长期培养，易丧失致病性。

4. 寄主范围　　花生白绢病菌的寄主范围很广，能侵染100多科500多种植物。除花生外，受害的作物主要还有烟草、番茄、茄子、马铃薯、甘薯、大豆、棉花、黄麻和芝麻等。

三、病害循环

病原菌以菌核或菌丝体在土壤和堆肥中及病株残体上越冬。荚果和种仁也可能带菌，成为初侵染源。在花生下针和荚果形成期，行间郁闭潮湿，越冬菌丝开始生长，菌核也萌发长出菌丝，直接从表皮或伤口侵入花生茎基部或根颈部，分泌草酸杀死植物组织，引起病害。病部的菌丝向外蔓延，侵染同穴的其他植株或利用地表和浅层的植物残株与有机物质作为营养及传播桥梁，进一步侵染其周围的植株。在田间，病害主要借地面水流、昆虫及田间耕作和农事操作等方式传播（图4-9）。

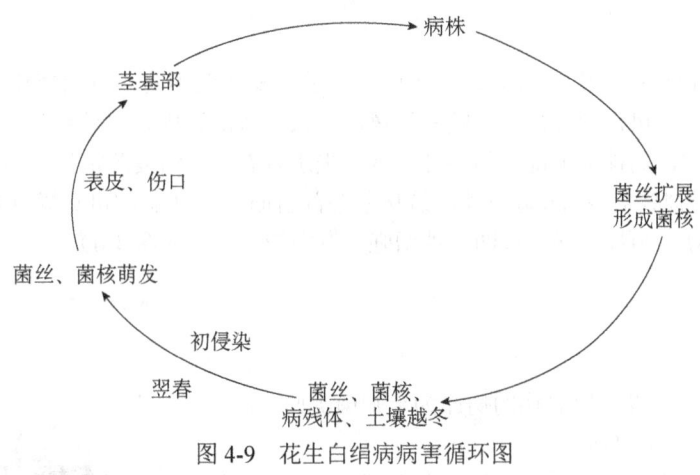

图4-9　花生白绢病病害循环图

四、发病条件

连作花生地发病重，轮作地发病轻。前茬是水稻或其他禾本科作物的发病轻；前茬是烟草、马铃薯、甘蔗、甘薯等感病作物的则发病重。气候高温多雨，土质黏重，地下水位高，偏施氮肥，植株旺长郁闭而不透光通风的田块发病重；气候干旱，地势高燥，坡地，土质疏松，排水良好的发病轻。此外，酸性土壤，施用带菌肥料、过施磷肥的易诱发病害。大花生发病轻，珍珠豆型小花生易罹病。

五、防控措施

1. 农业防治　　花生最好与禾本科作物进行轮作，如玉米、小麦、水稻等。轻病地与禾本科作物轮作一年，重病地轮作2～4年。花生收获后，清除病株残体，集中烧毁或沤肥，并及时深耕。对于偏酸性的土壤，结合翻耕，每666.7 m² 施用石灰70～100 kg。合理施肥，高畦种植，深沟排水，降低田间湿度和去除植株基部周围枯叶，都可减轻病害的发生。在干旱季节，有灌溉条件的花生产区，尽可能扩大两次灌溉之间的干燥期，以控制病害的发展。不施用未腐熟的有机肥和带菌堆肥。增施硝酸钙、硫酸钙和钾肥，提高植株的抗病能力。

2. 药剂防治　　可用 11%咯菌腈·噻虫胺·噻呋种子处理悬浮剂进行种子包衣；或 0.15%噻呋酰胺颗粒剂撒施。发病初期及时用药喷淋，常用药剂有 25%多菌灵可湿性粉剂、24%噻呋酰胺（240 g/L）或 20%氟酰胺可湿性粉剂。

本节图片

第五节　花生冠腐病

花生冠腐病（peanut crown rot）又称黑霉病、曲霉病，世界各国均有分布。早期，花生冠腐病在我国只是一种次要病害，零星发生。近年来，作物复种指数不断提高、设施农业单一种植化加重，以及高产抗病品种更新速度慢，导致花生冠腐病的发生有逐年加重的趋势。一般发病造成缺苗 10%左右，严重的可达 50%以上。

一、症状

病原菌侵染种仁和未出土的幼芽造成烂种。子叶发病变黑腐，进而侵染茎基部，生水渍状、黄褐色、凹陷病斑，边缘褐色。随着病斑的扩大，病部表皮腐烂纵裂，呈干腐状，最后露出破碎的纤维组织，病株地上部分的茎叶表现为失水状态，逐渐萎蔫枯死。潮湿情况下，病部很快长满黑色的霉状物。拔起病株时，易从茎基部折断。纵切病部可见髓部和维管束变紫褐色。花生生长后期，植株对病原菌的抗性增强，发病较少（拓展图 4-6）。

二、病原

1. 分类地位　　花生冠腐病的病原为半知菌类曲霉属黑曲霉（*Aspergillus niger* Tiegh.）。

2. 形态特征及生物学特性　　分生孢子梗大小为（200～400）μm×（7～10）μm，无色或上部 1/3 黄褐色，顶端膨大成球形或近球形，无色或黄褐色；球状体表面着生两层放射状小梗，黑褐色或褐色，第一层小梗较粗大，第二层小梗大小为（6～10）μm×（2～3）μm。分生孢子顶端串生，直径 2.5～5 μm，圆形，单胞，褐色，初光滑，后变粗糙或有细刺及其他瘤状突起物（图 4-10）。在培养基上生长，初期菌丝白色，能分泌黄色素。分生孢子形成后，菌落变为黑色。黑曲霉的生长适温为 32～37℃。

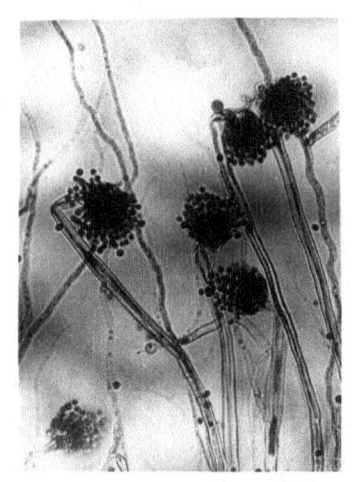

图 4-10　黑曲霉（黄式玲提供）

3. 寄主范围　　除花生外，黑曲霉还能侵染棉花、苹果、石榴、柑橘、梨、酸枣、香蕉和无花果等植物。

三、病害循环

病原菌以菌丝或分生孢子在土壤、病株残体和种子上越冬。花生播种后，病原菌的分生孢子从受伤的种子脐部的子叶或直接从种皮侵入，造成烂种。未死花生苗出土后，病原菌从残存的子叶处侵染茎基部。病部产生分生孢子，随风、雨水、气流传播，进行再侵染。侵染一般发生在花生发芽后 10 d 以内，在花生团棵期达到发病高峰期，生长后期发病较少（图 4-11）。

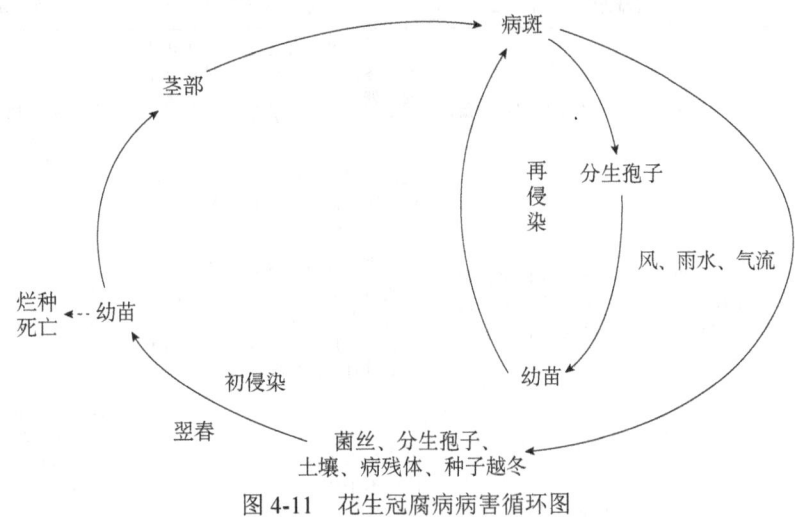

图 4-11　花生冠腐病病害循环图

四、发病条件

花生冠腐病的发生与种子质量密切相关，种子带菌率有的可达 90% 以上，播种带菌率高的种子，通常病害发生严重；种子受潮、生命力弱的，播种后也极易发病。花生地多年连作，排水不良，栽培粗放，土壤有机质少的花生地病害发生严重。高温高湿，间歇性干旱与大雨交替会促进病害发生；播种质量差及低温等不良气候条件延迟花生出苗，均能加重病害。

五、防控措施

1. 农业防治　　选用无病种子，在无病田播种。轻病地与玉米、高粱等非寄主作物轮作 1 年，重病地轮作 2~3 年均可减轻病害。适时播种，播种不宜过深；合理密植，防止田间郁闭；施用充分腐熟的有机肥，增施钾肥，避免偏施氮肥，提高植株抗病力；适时灌溉，雨后及时排除积水，降低田间湿度。及时中耕除草及清除田间残体，减少病原菌寄主。

2. 药剂防治　　种子处理：50% 多菌灵可湿性粉剂拌种，2% 吡唑醚菌酯种子处理悬浮剂拌种或 350 g/L 的精甲霜灵种子处理悬浮剂拌种。

花生其他病害见表 4-1。

表 4-1　花生其他病害一览表

本表图片

病名和病原	症状识别	发病规律	防治要点
花生立枯病 花生纹枯病 *Rhizoctonia solani*； *Thanatephorus cucumeris*	根颈、茎基部染病生黄褐色凹陷斑，绕茎后植株死亡。成株叶片病斑云纹状，潮湿时叶片腐烂脱落。病部生白色菌丝和黑褐色菌核	以菌丝体和菌核在病残体或土表越冬；适宜条件下，菌核萌发出菌丝，从自然孔口侵入，靠接触传染，菌核随风、雨水、流水传播再侵染。高温多雨，积水，过施氮肥，株丛郁闭，病重；前茬作物纹枯病重，花生纹枯病也重	①农业防治措施：轮作；选用抗病品种；科学水肥管理；合理密植。②药剂防治：发病初期选用井冈霉素、多菌灵、甲基硫菌灵、百菌清等药剂防治。药剂浓度参考说明书，下同

续表

病名和病原	症状识别	发病规律	防治要点
花生网斑病 *Phoma arachidicola*	初沿主脉生圆形至不定形黑褐色斑，有黄晕，边缘呈黄褐色网纹状，上生栗褐色分生孢子器。干燥时易穿孔	以菌丝体和分生孢子器在病残体上越冬；翌年条件适宜时从分生孢子器中释放分生孢子，借风、雨水传播进行初侵染。病组织上产生分生孢子进行多次再侵染。连阴雨天有利于病害发生和流行。田间湿度大的地块易发病，连作地发病重	①农业防治措施同花生立枯病和纹枯病。②药剂防治参考花生褐斑病
花生焦斑病 *Leptosphaerulina arachidicola*	始于叶尖叶缘，楔形或半圆形，黄色至褐色，斑边深褐色，有黄晕。最后灰褐枯死破裂焦灼状，上生子囊壳（拓展图 4-7）	以子囊壳和菌丝体在病残体上越冬或越夏。子囊孢子借风、雨水传播。温暖高湿、土壤贫瘠、偏施氮肥发病重。黑斑病、锈病等发生重时焦斑病发生也重	①农业防治措施同花生立枯病和纹枯病。②药剂防治参考花生褐斑病
花生疮痂病 *Sphaceloma arachidis*	主要为害叶片、叶柄、茎秆，也可为害托叶和果柄。病部呈木栓化疮痂状，高湿时长出一层深褐色绒状物（分生孢子盘）。顶部病叶常畸形，病株显著矮化，茎、叶及果柄易枯死	以分生孢子盘在病残体上越冬，厚垣孢子可在土壤中长期存活。翌年分生孢子盘产生分生孢子进行初侵染和再侵染，借助风、雨水、土壤传播，也可借带病荚果传播，从伤口侵入或表皮直接接入致病。花生整个生育期均可发病，盛期在下针结果期和饱果成熟期	①农业防治措施：同花生立枯病和纹枯病。②种子处理：播种前，选用 25 g/L 咯菌腈悬浮种衣剂、咪鲜胺悬浮种衣剂、甲基硫菌灵可湿性粉剂等包衣，也可选用精甲霜灵种子处理乳剂、烯唑醇可湿性粉剂等包衣或拌种。③药剂防治：发病初期，可选用百菌清、代森锰锌、乙蒜素、丙环唑、多菌灵、烯唑醇、吡唑醚菌酯、戊唑·咪鲜胺等药剂防治
花生根腐病 *Fusarium solani*; *F. oxysporum*; *F. roseum*; *F. tricinctum*; *F. moniliforme*	病原菌侵染造成烂种、烂芽；幼苗主根变褐、腐烂，植株矮小，枯萎死亡；成株期感染，根颈部主根出现稍凹陷、长条形褐色病斑，后逐渐变黑褐色，主根表皮变褐、腐烂，侧根少或无，叶片自下而上失水、褪绿、枯萎脱落，最后枯死（拓展图 4-8）	病原菌在病残体、土壤、土杂肥等越冬。借流水、风、雨水或农事操作传播，由伤口或直接侵入。花生全生育期均可发生，以开花结荚盛期发病最重。连作地、早播且播种深、地势低洼的发病重。苗期如遇低温阴雨，可造成病害大面积发生	①农业防治措施：同花生立枯病和纹枯病。②药剂防治：发病初期，可选用甲基硫菌灵、吡唑醚菌酯、戊唑醇、乙蒜素、多抗霉素等药剂防治
花生菌核病 *Rhizoctonia solani*	病叶上病斑近圆形，潮湿时扩大为不规则形，呈水渍状软腐。茎部病斑初为褐色，后为深褐和黑褐色，病部软化腐烂，病部以上茎叶萎蔫枯死。受害果柄腐烂易断裂。受害荚果变褐色。潮湿时，病部表面初生灰褐色绒毛状霉状物，后变为灰白色粉状物，即病原菌的菌丝和分生孢子梗、分生孢子。在茎的皮层及木质部之间产生大量不规则形的菌核，或在荚果表面或里面生白色菌丝体及黑色菌核	以菌核或菌丝体在病残株、荚果和土壤中越冬。翌年菌核萌发产生菌丝、分生孢子和子囊孢子，多从伤口侵入。分生孢子和子囊孢子借风、雨水传播。高温高湿有利于该病的发生蔓延，如连续阴雨，温度又较高或是田间小气候郁闭，易引起流行；地块低洼或是排水不畅，内涝积水的田块发病较重；重茬地易发病	①农业防治措施：同花生立枯病和纹枯病。②种子处理：参考花生疮痂病。③土壤处理：结合春季耕翻整地，可选用多菌灵、甲基硫菌灵等，加细土或水均匀混施于土壤中。④药剂防治：发病初期，可选用咪鲜胺锰盐、苯甲·丙环唑、醚菌酯、多菌灵、甲基硫菌灵、乙蒜素等药剂防治
花生果腐病 复合病原 (*Fusarium* spp.; *Pythium* spp.; *Rhizoctonia solani* 等真菌；线虫；螨类)	从结荚到成熟均可感染。主要为害荚果，其次是果柄。多数荚果果嘴端先被侵染，轻者整个荚果或半截荚果变黑，重的整个荚果都为深黑色，果皮和果仁腐烂。受害果柄土中部分变褐、腐烂，造成荚果脱落或发芽。湿度大时，部分果壳内外或果仁表面出现灰白色、浅绿色、褐色或黑色菌丝体或霉状物。病株地上部分无明显异常，地下部分老果腐烂或全部荚果腐烂	病原借土壤、种子传播，发病盛期为结荚盛期，常和其他病虫害混合发生。花生连作、种子带菌率高、地下害虫、寄生线虫或根病等较多的地块发病重。砂质土壤、氮肥施用过多、土壤湿度大的地块发病重。多年重茬地块，荚果期雨水多，或严重干旱后遇较大降水或灌水，病情加重。花生品种间抗性有差异	①农业防治措施：轮作倒茬，平衡施肥，改良土壤微环境；加强田间水分管理，结荚期遇涝要及时排水。②药剂拌种：可选用的拌种剂有吡虫啉+咯菌腈悬浮种衣剂、吡虫啉·咯菌腈·嘧菌酯种子处理悬浮剂。③药剂防治：发病初期，可选用吡唑醚菌酯、戊唑醇等药剂防治

续表

病名和病原	症状识别	发病规律	防治要点
花生芽枯病毒病 tomato spotted wilt virus，TSWV	顶叶现褪绿环斑或黄斑，维管束褐变，顶端枯死，重的节间缩短，矮化，叶坏死	由烟蓟马等4种蓟马传毒。干旱时虫多病重	①选用抗病品种。②与禾本科作物间作。③选用无病毒花生种子。④防治蓟马
花生丛枝病 peanut rosette phytoplasma，PRP	枝叶丛生，节间短，矮化，叶小而厚，色深质脆，大量萌生腋芽，终至叶黄脱落，仅余秃枝	由小绿叶蝉传播。种子不带毒。干旱时虫多病重	①选用抗病品种。②春花生适时早播，秋花生适时晚播。③防治小绿叶蝉
花生根结线虫病 Meloidogyne arenaria	受害植株矮化，茎叶发黄，叶片小，底部叶片叶缘焦枯，叶片早期脱落，开花迟。幼根尖端膨大，形成表皮粗糙不规则根结，严重时根系形成乱发状须根团	通过带虫土壤及花生残体随农事操作、流水及其他寄主植物传播。幼虫侵入土壤适温为20～26℃，湿度为20%～90%，最佳持水量在70%左右。通气良好、质地疏松的砂土和砂壤土病重。低注、返碱、黏重土壤病害发生轻。连作病重，轮作病轻，春花生发病重	①农业防治措施：轮作；选用抗病品种；科学水肥管理。②土壤熏蒸处理：在播种前选用棉隆、威百亩处理土壤。③药剂防治：耕地后耙地前选用阿维菌素、甲氨基阿维菌素苯甲酸盐等药剂土壤穴施或沟施防治
花生青枯病 Ralstonia solanacearum	典型的维管束病害，主要自花生根茎部开始发生。特征性症状是植株急性凋萎和维管束变色。湿润时挤压根茎部纵切口可，可溢出混浊的白色细菌脓液，将根茎段插入清水中，可见从切口涌出烟雾状混浊液（拓展图4-9）	病原菌主要在病田土壤、病残体及以病残体制作的肥料与带病杂草寄主等处越冬。通过流水、人畜、农具及地下昆虫传播。病原菌接触植株的根部后，一般通过伤口或自然孔口侵入，通过皮层组织进入维管束系统。连作地发病重。黏土利于发病。土层浅、排水不良、保水保肥差的地块发病重	①农业防治措施：及时清除田间病残体；轮作；选用抗病品种；科学水肥管理。②药剂拌种：可选用中生菌素拌种剂。③药剂防治：在花生始花期或发病初期，可选用乙蒜素等药剂灌根或喷淋花生茎基部，或浇灌花生根部
花生黄化病（生理性病害）	植株上部叶片黄白色，下部叶片仍为绿色，严重时叶脉变黄白色	缺铁易发病	发病初期喷施1%硫酸亚铁溶液防治

第五章

甘蔗病害

甘蔗病害种类很多，分布也很广。世界上已知的甘蔗病害有130种左右，我国已证实的有60多种，其中属于侵染性病害的有50多种：真菌性病害29种，细菌性病害5种，病毒及植原体病害8种，寄生性线虫8类，寄生性种子植物2类，如独脚金、蔗寄生等。由于各地蔗区的气候、土壤、甘蔗品种和栽培条件不同，因而各地主要病害种类及为害程度也有差别，主要有凤梨病、赤腐病、鞭黑穗病、梢腐病、病毒病、轮斑病、褐条病、眼斑病、黄斑病、锈病、宿根矮化病、花叶病和黄叶病等，近年来细菌性病害白条病和赤条病在各蔗区的危害有所上升。各地应因地制宜，就当地发生的主要病害种类进行防治工作，以提高甘蔗的原料蔗单产及蔗糖含量。

本节图片

◆ 第一节 甘蔗凤梨病

甘蔗凤梨病（sugarcane pineapple disease）最早于1893年在印度尼西亚爪哇发现，现已蔓延到全世界的甘蔗生产国和地区。我国蔗区普遍发生，常使大量贮藏蔗种或催芽种腐烂，或种植后不萌发或萌发后生长不良，造成大量缺株，尤以冬、春植蔗为最。华南许多地区推广秋植蔗，同时辅以种茎消毒，病害发生程度有所减轻。但在华中各省蔗区，该病仍对生产造成威胁，常因该病而降低萌发率，严重的可达50%~90%。

一、症状

种蔗或宿根甘蔗染病后初期在切口处变红色，常释出凤梨（菠萝）香味，这时组织仍保持坚韧。其后切口处的组织变黑色，内部组织变红色。随着病程的进展，节间的薄壁组织逐渐败坏，中心部分变黑色，在切口处长出黑色刺毛状物，即病原菌子囊壳。纵剖蔗茎，其变黑部分呈黑色粉粒状（拓展图5-1），其后节间内部的薄壁组织完全腐烂，仅余黑发状纤维和大量黑色厚垣孢子。病种蔗上的芽常在萌发前腐烂，或虽能萌芽出土长成蔗苗，但生长纤弱，叶片细而缺乏光泽，黄绿色，重致枯死。出土的蔗苗如果在病原菌扩展前已长出一些新根，则早期生长虽然显著受阻，但以后还能继续生长。受伤的蔗茎有时也会受侵染。初时，蔗茎在外观上与健蔗无异，但内部的病变则和上述发病的种蔗相同。当病情发展到一定程度后，病株叶片枯萎，内部组织败坏，外皮皱缩变黑，病株死亡。

二、病原

1. **分类地位** 甘蔗凤梨病的病原，有性阶段为子囊菌门长喙壳属奇异长喙壳菌［*Ceratocystis*

paradoxa（Dade）Moreau］；无性阶段为根串珠霉属奇异根串珠霉菌［*Thielaviopsis paradoxa* (de Seynes) Scorch（=*T. ethacetica* Went.）］。

2. 形态特征　菌丝无色至淡褐色，直径 3.5～7.0 μm。分生孢子分小型分生孢子和大型分生孢子。小型分生孢子大小为（10～15）μm×（3.5～5.0）μm，薄壁，无色，单胞，平滑，长方形、矩圆形，内生于瓶梗状产孢细胞中，有 10 个左右，排列成串，成熟后自梗末端的孔口依次释放。分生孢子梗长约 100 μm，基部细胞短，末端细胞长。大型分生孢子（厚垣孢子）大小为（16～19）μm×（10～12）μm，串生于菌丝顶端的孢子梗上，单胞，顶端的一个为球形，其余的断裂为椭圆形、圆柱形，初无色透明至棕黄色，老熟时黑褐色，周围有刺状突起（拓展图 5-2）。在甘蔗病部的黑粉状物，即病原菌的分生孢子和厚垣孢子。子囊壳聚生，近球形，直径 200～300 μm，深褐色，埋生或大部分埋于基质中，具长喙（拓展图 5-3），长 1000～1500 μm，喙顶部开口处撕裂。子囊卵形或近棍棒状，大小为 25 μm×10 μm，内含 8 个子囊孢子，无色，单胞，椭圆形，大小为（7～10）μm×（2.5～4.0）μm。成熟时子囊壁很易溶化，子囊孢子从长喙孔口释出（图 5-1）。

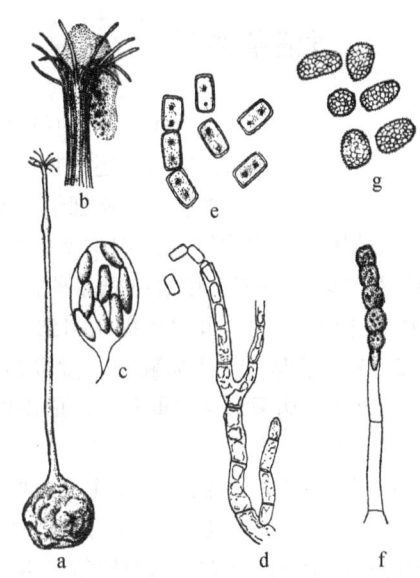

图 5-1　甘蔗凤梨病菌（引自中国农业科学院植物保护研究所，1996）
a. 子囊壳；b. 子囊壳喙部先端（放大）；c. 子囊和子囊孢子；d. 小分生孢子梗和小分生孢子；e. 小分生孢子（放大）；f. 大分生孢子梗和大分生孢子；g. 大分生孢子（放大）

3. 生物学特性　病原菌两性异株，能在土中腐生。在马铃薯琼脂培养基上的生长温度为 13～34℃，最适温度为 28℃，低于 7℃或高于 37℃时发育完全停止；在甘蔗上生长的温度为 12～36℃，适温为 28～32℃，8℃以下或 40℃以上不能生长，孢子也不能萌发。在低湿的土壤里，当温度在 32℃时侵染率最高。病原菌在 pH 1.7～11 都能生长，最适 pH 为 5.5～6.3。该菌的培养液能抑制蔗种根部的生长，这是在培养液里含有一种挥发性的物质及蔗种组织在浸入培养液后产生的乙烯所致。据报道，该病原菌有两个菌系，菌系 1 的菌丝是无色的，菌系 2 的菌丝是黑色的。

4. 寄主范围　该菌的寄主范围很广，除甘蔗外，还能侵染椰子、枣棕、油棕、可可、香蕉、槟榔子、番木瓜、杧果、龙眼、柿、槐、咖啡、菠萝和桃等。人工接种的寄主还有玉米、高粱、木薯、豆薯和龙血树等。

三、病害循环

病原菌以菌丝体或大型分生孢子潜伏在病组织中或落在土壤里及蔗田附近的其他寄主上越冬。菌丝体在蔗田的腐烂叶片上可存活 3～4 个月，在蔗渣内可存活 7 个月，大型分生孢子在土壤里可以存活达 4 年之久。凤梨病菌是一种伤口寄生菌，主要为害种蔗及宿根和受伤的蔗茎。在适宜的条件下，大型分生孢子萌发从伤口侵入宿根或蔗茎，造成烂种、死芽。在窖藏期或堆贮期可以通过接触传染。小型分生孢子容易萌发，在种蔗表面可以存活 12 d，是当年再侵染的主要接种体。气流、雨水和灌溉水、切种蔗的刀、老鼠、甲虫、蔗螟，尤其是蝇类等昆虫，都可以传病。病原菌侵入后，经2～3 d，甘蔗即开始表现症状，10～14 d后又产生分生孢子进行再侵染。

四、发病条件

1. **品种抗病性**　不同品种的抗病性不同，凡抗逆性强、在不良的环境条件下能较快萌芽出土的少发病。品种抗病性还与其生理生化特性有关。抗病品种在病原菌侵入后，很快产生红色素，抑制病原菌扩展，仅病部组织变红色。感病品种在病原菌侵入后，红色素形成慢，病部扩展范围大，中央髓部组织常变黑腐烂。在华南蔗区，感病品种有'台糖134''粤糖57-423'和'印度997'；中等抗病品种有'湛蔗65-395''桂蔗54-73'等；抗病品种有'新台糖16号''桂糖11号'和'粤糖93-159'等。

2. **栽培管理**　土质黏重，灌溉后立即犁翻整地种植，常由于土湿过大而泥土板结，蔗苗难以出土，病害常常严重发生；蔗田低洼积水，多年连作，虫害、蚁害、鼠害多等因素，都会加重病害。

3. **气候条件**　温、湿度主要影响病原菌的侵染活动和种蔗萌芽出土的速度。秋植甘蔗下种时（9～10月）气温虽然不算低，但这时雨量较多，在华南地区特别是遇上台风暴雨时，蔗田淹水，土壤湿度大，凤梨病常严重发生。此时，如遇秋旱，种蔗萌芽出土缓慢，病害也会严重发生。反之，在下种时，如湿度适宜，种蔗萌芽生长迅速，一般发病较轻或不发病。冬植甘蔗下种时（11～12月），由于气温较低，雨量少，土壤干燥，种蔗萌芽出土很慢，往往大量腐烂。春植甘蔗下种后（2～3月），常遇寒潮侵袭，气温低，阴雨连绵，蔗田湿度大，种蔗萌芽出土特别缓慢，发病往往特别严重。

五、防控措施

首先选用抗病品种，同时采用药剂防治与农业防治相结合的综合措施。药剂防治主要是药剂浸种消毒。农业防治的中心环节是创造抑制病原菌生长蔓延的环境条件和促进种蔗早萌快长，以提高蔗苗的抗病和避病能力。

1. **选用抗病品种**　在重病区应选用抗病或较抗病且萌芽率高的品种。可选用'新台糖16号''新台糖22号''新台糖25号''粤糖93''粤糖159'和'桂糖11号'等抗病品种，这些甘蔗品种的宿根性好，萌芽出土快，抗逆性强，成茎率高，高产稳产。

2. **预防烂种和死苗**　①选种苗。选蔗茎中等大小的梢头苗留种，萌芽率较高，凤梨病发生较少。②浸种。用2%的石灰水（或3%的壳灰水），在蔗种剥叶斩断后浸渍12～24 h，有促进蔗芽早生快发，避免或减少病原菌侵染的作用。③催芽。催芽对蔗种提早出苗尤其对冬、春植蔗防治凤梨病非常重要，蔗种经过催芽后，出苗整齐，生长壮旺，而未经催芽的则常常出现缺蔸断垄。常用的催芽法为堆肥催芽法。选背风、向阳、近水的地方，先垫上一层半腐熟的堆肥，然后将经过消毒的蔗种与堆肥分层堆放，堆高0.7～1.0 m，长、宽各为1.3 m左右。堆放后淋足水，上盖堆肥、稻草或塑料薄膜，以后经常检查和淋水保湿。一般经过三天至一周，当蔗芽催成"鹦哥嘴"状和种根刚露时即行种植。浸种、消毒、催芽必须按次序进行，次序颠倒或少了任何一项处理，其防治效果都差。

3. **加强栽培管理**　提高播种质量，整地时，做到土细地平，沟渠畅，旱能灌，涝能排；施足基肥，下种后薄盖土。干旱季节须掌握好土壤湿度或灌水湿润后播种。选择温度有利于种苗早萌快发的适期下种。冬春植甘蔗还要掌握在"冷尾暖头"时下种。播种后覆盖地膜，能有效地保温保湿，使甘蔗提高萌芽率，早出苗。特别是冬春植蔗可明显减轻病害。因为甘蔗凤梨病菌生长温度范围广，在较低温度下生长比在偏高温度时要好，而甘蔗在低于20℃时萌芽生长缓慢（但有利于成熟），甘蔗适宜生长温度为25~35℃，以32℃生长最快。对重病区应实行1~2年水旱轮作。病害常发区，每667 m² 应沟施石灰75 kg 左右，调节土壤酸碱度至中性或微碱性，同时用石灰浆（生石灰1份、清水2份配成）蘸蔗种切口，这对凤梨病菌的生长繁殖有一定的抑制作用。合理施肥，N∶P∶K＝1.0∶0.8∶1.7，防治地下害虫和螟虫也可以减轻该病的发生。

4. 药剂防治　　主要是药剂消毒，可选择：50%多菌灵可湿性粉剂1000倍液浸种茎10 min；或用石灰水浸种24 h。据报道，用32.5% SC（悬浮剂）苯醚甲环唑·嘧菌酯浸泡甘蔗种茎能获得较好的防治效果。

◆ 第二节　甘蔗赤腐病

本节图片

甘蔗赤腐病（sugarcane red rot）又称红粉病或红腐病，是甘蔗重要的真菌病害之一，广泛分布于世界各国的甘蔗栽培地区。在我国，各甘蔗种植区均有报道，一般宿根蔗的发病株率达50%以上，受害蔗种常使蔗芽生长不良或腐烂，造成严重缺苗，严重危害时可导致甘蔗减产29.1%，蔗糖含量损失30.8%以上。此外，由于病原菌能分泌一种蔗糖转化酶，把蔗糖转化为单糖而使蔗糖减少，病部的红色素还会影响蔗汁的澄清度，降低蔗汁纯度。

一、症状

赤腐病主要为害蔗茎和叶中脉，叶肉和叶鞘也有发生。蔗茎染病，外表初无异常表现。纵剖病茎可见茎内变红，在红色中夹杂圆形或长圆形白斑，长圆形的白斑与蔗茎垂直（拓展图5-4）。产生这些白斑是赤腐病的主要特征。蔗肉变红是由于细胞分泌一种红色胶状物，将病原菌的菌丝溶解或将菌丝包围起来不让其扩展形成白斑，宽度一般不超过1 cm。白斑的大小、数目与甘蔗品种的抗病性有关，一般而言，感病品种在病原菌侵入后很迟才出现红色，白斑大而多。抗病品种在病原菌入侵后，蔗肉很快变红，白斑小而少，甚至无白斑。但在无白斑的情况下，不能确定是否为赤腐病所害。因为蔗茎受虫伤或机械伤时，茎肉也会变红，其他蔗茎病害如镰孢菌茎腐病也使茎肉变成深红色。赤腐病重时，髓部中空，并生灰白色棉絮状的菌丝和分生孢子。发病后期，蔗茎内组织腐败，萎缩干枯，叶片失水凋萎，茎皮变成暗红褐色，失去光泽，皱缩下陷，蔗皮上产生许多黑色小点，是病原菌的分生孢子盘，最后整株甘蔗枯死（拓展图5-5）。叶片中脉被害时，初生一小红点，后迅速上下扩展成纺锤形，长可达整条叶脉（拓展图5-6）；叶脉上也可发生几个不连续的病斑，各自扩展后互相融合。发病后期红色病斑的中央组织灰白色或稻秆色，上生黑色分生孢子盘，外围仍保留一条红色界线，此红线两端闭合，这是与缺钾症状的区别点。叶鞘染病，病部初呈赤红色小点，后扩大成不规则形，中央黄色，边缘红色，病部生小黑点状的分生孢子盘，病重时叶鞘枯死。

二、病原

1. 分类地位　　甘蔗赤腐病的病原，无性阶段为炭疽菌属镰形炭疽菌（*Colletotrichum*

falcatum Went.）；有性阶段为子囊菌门囊孢壳属塔地囊孢壳菌 ［*Physalospora tucumanensis* Speg.（=*Glomerella tucumanensis*）］。

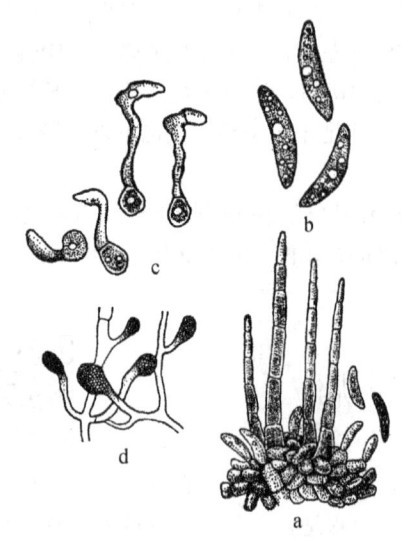

图 5-2　镰形炭疽菌（引自中国农业科学院植物保护研究所，1996）
a. 分生孢子盘；b. 分生孢子（放大）；c. 分生孢子萌发；d. 在菌丝上形成的厚垣孢子

2. 形态特征　　菌丝初为白色，分生孢子盘黑色，直径 35～100 μm，分生孢子梗密生，无色，单胞，椭圆形至长椭圆形，内杂生黑色刚毛。分生孢子半月形，无色，单胞，大小为（16～48）μm×（4～8）μm，内含粒状物和油点，并常有一大液泡（拓展图 5-7）。分生孢子密集时粉红色或橙红色。厚垣孢子墨绿色，圆形或椭圆形，大小为（12～15）μm×（10～18）μm，含油点，多生在菌丝的顶端，脱落后即发芽入侵寄主（图 5-2）。

3. 生物学特性　　病原菌的生长温度为 10～37℃，最适温度为 27～35℃；适宜 pH 为 6.6～6.9，其最适碳源是 D-木糖，氮源是硝酸钠；分生孢子的致死条件为 60℃ 10 min。该菌能产生一种蔗糖转化酶，将蔗糖还原为单糖，病原菌利用单糖时又起发酵作用，因而产生酸腐臭味。病原菌侵入组织后，菌丝蔓延于薄壁细胞间，分泌毒素使细胞中毒，分解细胞壁，先呈红色的反应，后呈暗红色。

4. 致病性分化　　根据病原菌在燕麦培养基上的颜色、形状和形成孢子的多少，分为两种类型：白色型，菌丝体白色或浅灰色，疏松棉絮状，产生大量橙红色分生孢子，致病力强；深灰型，菌丝体呈暗灰色紧密绒状，产生的分生孢子较少，但能产生墨绿色圆形厚垣孢子。印度有明显区别的小种有 6 个之多。

5. 寄主范围　　本菌能侵染甘蔗属的中国竹蔗种、印度高贵种、细茎野生种和大茎种及细千金子。

三、病害循环

病原菌以菌丝、分生孢子和厚垣孢子在病茎、病叶组织和种茎上越冬，或以厚垣孢子在病田土壤中越冬。病原菌在土壤中至少可存活 3～4 个月，在蔗渣或病田的枯叶上可存活 6～7 个月。孢子借气流、雨水、雾、昆虫等媒介传播到甘蔗的地上部，借灌溉水传到新植的蔗种上，主要通过伤口如螟害孔、生长裂缝、叶痕、根点和其他机械伤或直接通过表皮侵入叶片和蔗茎组织。蔗种内携带的菌丝体则可直接蔓延侵入萌芽生长的蔗株引发初侵染。甘蔗被害后在叶上 2～3 d 开始表现症状，10～14 d 后病原菌便可产生分生孢子进行重复侵染。叶脉上的孢子随雨水流入叶鞘和蔗茎间，萌发后侵入蔗芽，再进入蔗茎。蔗种带菌和幼苗发病有直接关系。

四、发病条件

1. 品种抗性　　蔗茎外皮坚硬、虫害少的品种抗病，茎上生长裂痕多的品种感病；发芽生根快、幼株生长旺盛的植株发病轻；茎维管束输导组织中隔膜多的品种能阻止菌丝在茎内的扩展蔓延，抗病性强。据报道，'新台糖 1 号' '新台糖 22 号' '新台糖 16 号' '粤糖 93-159'

'粤糖00-236''桂糖15号'比较感病;'粤糖86-368''粤糖55号''桂糖02-901''桂糖29号''桂糖31号''云蔗99-91''云蔗99-596''福农15号''福农38号''福农39号'和'桂柳05136'等相对抗病。

2. 栽培管理　　该病与螟虫的发生数量关系密切,螟虫为害严重,蔗茎赤腐病加剧发生;蔗田飞虱发生量与叶中脉赤腐病为害程度呈正相关。此外,蔗田积水,土壤过湿或过干,土壤酸度大,使甘蔗生长缓慢,也有利于发病。

3. 气候条件　　温度是影响该病的最大因素。甘蔗喜高温,在32℃时生长良好,在15～20℃时甘蔗生长受阻,抗病力下降;赤腐病菌的生长适温虽也较高,但在15～20℃时仍能正常生长。因此,冬春植蔗,由于甘蔗生长受抑制,萌芽迟缓,发病严重。土壤湿度大或天气干旱,甘蔗容易受伤,利于病原菌的侵入,发病也重。暴风雨发生较多的地区,甘蔗风折、倒伏受伤严重的,常加重病害。

五、防控措施

1. 选用抗病品种和无病种苗　　选用高糖及抗病性能好的品种,如'粤糖86-368''粤糖55号''桂糖29号''桂糖31号''云蔗99-91''福农38号'和'桂柳05136'等。采种时选择叶鞘无病斑、无虫害种苗和梢部蔗茎作种,砍种时切口现红色者最好不用。

2. 种茎消毒　　种茎消毒对该病具有较好的防治效果。先将蔗种置于52℃热水中浸20～30 min,再移入50%多菌灵可湿性粉剂1000倍液或50%甲基硫菌灵可湿性粉剂800倍液中浸种2～3 min,如连续浸种,需每浸200～300 kg种茎后,适当添加药液以保持一定的药液浓度。也可用1%硫酸铜液浸种2 h或2%石灰水浸种24～36 h,还可用石灰浆或波尔多液涂封种蔗两端的切口。

3. 加强栽培管理　　推广地膜覆盖栽培,促进早发芽,快成苗。甘蔗生长期间注意防止蔗螟等害虫为害,减少病原菌入侵的机会。及时排水,防止蔗田积水;收获后及时清除病株残叶或作高温堆肥。

第三节　甘蔗鞭黑穗病

本节图片

甘蔗鞭黑穗病(sugarcane smut)又名黑穗病、黑粉病,该病最早是1877年在南非纳塔尔发现的,随后在东半球的亚洲和非洲栽培甘蔗的大部分国家也有报道。现在甘蔗鞭黑穗病已遍布全球主要甘蔗产区,成为对甘蔗影响最大的真菌性病害之一。我国于1932年在广州有该病的记载。目前该病在各蔗区均有不同程度的发生。广东报道,个别地点种植的'台糖134',其发病率达20%～30%,宿根蔗的发病率则高达80%～90%,造成甘蔗产量和含糖量大幅降低。黑鞭上产生的大量黑粉冬孢子,可随风飞散传播,成为蔗区宿根蔗该病严重的主要原因。

一、症状

主要的症状是从感病蔗茎的梢头长出一条黑色鞭状物,称黑穗鞭。黑穗鞭长数厘米至数十厘米,短的直或稍弯曲,长的向下卷曲(拓展图5-8)。黑穗鞭中心为一条由薄壁组织或维管束组织构成的心柱,心柱外面附着一层黑色的冬孢子,其上包裹一层由寄主表皮组织构成的银白色薄膜。冬孢子成熟后，薄膜破裂，大量黑色粉状的冬孢子随气流飘散，除基部有叶鞘包裹外，只剩下褐色的心柱。受害植株黑穗鞭抽出之前，黑穗病的其他症状也非常明显，染病甘蔗常见蔗节纤细，叶狭长，淡绿色，偶见分蘖增多，呈草丛状或芦苇状，其上也可形成黑穗鞭。染病种蔗萌芽早，茎细小，叶瘦长，淡绿色，分蘖增多，呈草丛状或芦苇状，其上也可形成黑穗鞭。

二、病原

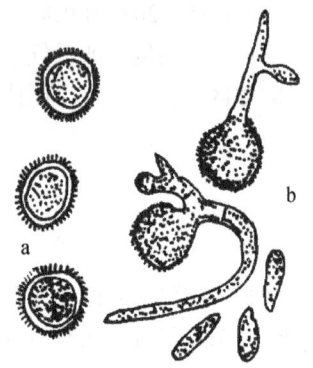

图 5-3　甘蔗鞭黑粉菌（引自中国农业科学院植物保护研究所，1996）
a. 冬孢子；b. 冬孢子萌发

1. **分类地位**　甘蔗鞭黑穗病的病原为担子菌门孢堆黑粉菌属甘蔗鞭黑粉菌（*Sporisorium scitamineum*）（=*Ustilago scitaminea* Sydow）。

2. **形态特征**　在人工培养基上，单倍体菌株呈酵母状菌落，由不同交配型菌株配合后可形成白色、黄色、褐色或黑色菌丝；在寄主组织内的菌丝体白色。冬孢子棕色至黑色，近圆形，单胞，直径 4～9 μm，多数为 5～6 μm，表面有细刺状或疣状突起（拓展图 5-9）。萌发出长短不一的担子，大小为 16 μm×（3～4）μm，有 3～4 个细胞，每个细胞可产生 1 至多个担孢子（图 5-3）（拓展图 5-10）。担孢子透明，椭圆形（拓展图 5-11）。

甘蔗鞭黑粉菌的生活史：在适宜的环境条件下，甘蔗芽鳞表面的冬孢子萌发形成担子，担子形成"+"和"-"两种类型的单倍体担孢子，"+"和"-"交配型单倍体孢子配合后形成具有侵染性的菌丝侵染甘蔗生长点，进一步发育再次形成冬孢子（拓展图 5-12）。

3. **生物学特性**　冬孢子萌发的温度为 5～40℃，最适温度为 25～30℃。冬孢子在相对湿度 100%时萌发最好，而当相对湿度为 90%时则在任何温度下都不萌发。担孢子萌发最适温度为 31℃，经 24 h 大多数担孢子都能萌发。冬孢子的寿命在 0～10℃条件下为 3 个半月至 5 个月，在 25℃时为 3 个半月至 4 个月，在 30℃时为 2～3 个多月，而在 40℃时仅为 10～18 d。夏季产生的冬孢子比冬季产生的萌发快，前者在 18～34℃条件下培养 2 h 便产生担子。新鲜冬孢子的萌发率和在 0～25℃条件下贮藏过 15 d 的有明显差异，前者经 4 h 后萌发率达 50%，而后者却要 8 h 以上才能达到相同的萌发率。冬孢子在干燥条件下贮存一年，其萌发力不变，在密封干燥的条件下贮存 4 年，其萌发率仍为 92%，但在潮湿的条件下经两周便失去活力。pH 6.5 最适于病原菌发育。

4. **生理小种**　我国台湾省曾发现有 2 个生理小种，其中甘蔗品种'纳印度 310'对小种 1 号高度感病，而对小种 2 号则近乎免疫。中国大陆在 20 世纪 90 年代中期曾报道有 2 个生理小种（即小种 1 和小种 2），小种 2 为当时中国大陆蔗区的优势生理小种。沈万宽和邓海华（2011）报道广东湛江蔗区至少存在 3 个甘蔗黑穗病菌生理小种。

三、病害循环

该病的初侵染源主要是带病种蔗，此外还有染病的甘蔗宿根和带菌的土壤，而在某些地区田间受侵染的杂草也可能是初侵染源之一。由气流吹传至蔗芽上的冬孢子藏在鳞片间，有的当年萌发，侵入蔗芽的分生组织内作短期的休眠，随后有一部分在当年刺激蔗芽长出侧茎并产生黑穗鞭，散出的冬孢子成为当年病害的再侵染接种体；有的不萌发而黏附在鳞片上。落在地面的冬孢子随着雨水和灌溉水传播，侵染甘蔗根头部的芽或迟出的分蘖，也产生黑穗鞭，也可成为当年病害再侵染的菌源。昆虫也能传病。在土壤干旱的情况下，散落在土壤中的冬孢子可保存生活力至第二年，成为翌年的初侵染源。潜育期为180 d左右。黑穗鞭上的冬孢子可持续飞散约3个月，于前45 d内散落量最大。在整个生长季节中，气流携带的冬孢子于6~8月出现第一次高峰，10月在第二次黑穗鞭大量产生之后，出现第二次更大的高峰。再侵染不断发生，使该病不断扩展、蔓延以至流行。

四、发病条件

1. **品种抗病性** 不同甘蔗品种对黑穗病的抗病性差异显著。甘蔗品种的特性和鳞芽形状、结构等都与对黑穗病的抗性有关，凡鳞芽形小、萌发缓慢的品种抗病，蔗芽的萌发孔在鳞芽中部的品种多数抗病，而在顶端的则感病；蔗芽为三角形（发芽孔在顶端）的品种多是感病的。'新台糖22号'易感黑穗病，田间发病率约为10%，严重发生地块的宿根发病率超过50%；'桂柳05136'和'桂糖42号'也属于感病品种。'新台糖16号''新台糖20号''中蔗1号''中蔗6号''中蔗9号''粤糖93-159''粤糖00-236''粤糖00-318''桂糖02-901''桂糖29号''桂糖31号''云蔗01-1413''云蔗03-194''云蔗03-258''云蔗05-51''福农91-21''福农15号''福农36号'和'福农0335'等则对黑穗病均有较高的抗性。

2. **栽培管理** 宿根蔗比新植蔗发病重，而且宿根年限越长，病害发生越重。据四川省1972年调查，新植蔗的发病率少于1%，一年宿根蔗的发病率为9%~26%，而二年宿根蔗的发病率则高达30%。迟施偏施氮肥，或宿根蔗在冬春期间管理不好，除造成缺株断垄外，还会促进迟蘖和侧芽大量生长，有利于该病的发生。

3. **气候条件** 高湿有利于黑穗病菌的萌发和侵染，干旱有利于冬孢子生活力的保存和在田间的积累。所以在长期干旱的灌溉地区和在冬春干旱、夏秋多雨的地区，该病常会暴发流行。例如，四川内江、资中等蔗区，1971年冬季干旱、温度偏高，1972年春季高湿多雨，当年黑穗病严重发生。在冬春潮湿的田土里，冬孢子经60~70 d后全部萌发，不久便全部死亡，故该病发生常较少、较轻。蔗田的温、湿度对孢子的传播有很大影响，蔗株中部的孢子密度比蔗株顶部的孢子密度高5~8倍。在干燥的情况下，黑穗鞭上的冬孢子迅速脱落飞散。当相对湿度为50%~60%、温度为22~24℃时，冬孢子的飞散量最大，离蔗株20~40 m的空间都可捕捉到大量冬孢子。

五、防控措施

选育和种植抗病品种是甘蔗黑穗病最经济、有效的防控途径，同时加强栽培管理、减少田间菌源，并辅以药剂防治。

1. **种植抗病品种和无病种蔗** ①种植抗病品种。根据当地推广的甘蔗品种，种植高抗、高糖、高产的品种，如'新台糖16号''新台糖20号''中蔗1号''中蔗6号''中蔗9号''粤糖93-159''粤糖00-236''粤糖00-318''桂糖02-901''桂糖29号''桂糖31号''云蔗01-1413''云蔗03-194''云蔗03-258''云蔗05-51''福农91-21''福农15号''福农36号'和'福农0335'等。②选择无病种蔗。从无病区调运种蔗；在大面积发病的地区，则从无病田选健壮蔗株的第一段梢头苗留种，种植前进行种茎消毒。

2. 加强栽培管理，减少田间菌源 ①加强栽培管理。适时施足肥料，注意氮磷钾肥适量配合。干旱时应及时灌水，促进甘蔗齐苗、壮苗，减少无效分蘖，要注意及时培土，防止倒伏，减少侧芽的生长。宿根甘蔗田在上年的甘蔗收获后应早开垄，翌春气温回升后应深松蔸，早管理，早移苗补苗，防止缺苗断垄。②合理轮作。在病区不留宿根或减少宿根年限，增加新植面积；实行甘蔗与水稻、玉米、甘薯、花生或苜蓿等作物轮作一年以上。轮作物如为旱作，则遇天旱时应定期灌水，以促进冬孢子萌发使它们在没有适当寄主的情况下死亡。③及时拔除病苗或带病母株。新植甘蔗在种植后两个月和宿根蔗在齐苗后即应开始进行定期检查，每年最少全面检查4次，可根据黑穗鞭苗的丛生、茎细小、叶瘦长等症状及时拔除，争取将病苗清除在黑穗鞭抽生之前。已长出黑穗鞭的苗，剪下后即装进塑料薄膜袋里，以免孢子散播。拔除的病苗应集中焚毁，切勿将病株用作肥料和喂牛。

3. 药剂防治 ①种茎消毒。据报道，种植前用化学药剂进行种茎表面消毒具有较好的防治效果。可用1%福尔马林液浸种5 min，再用塑料薄膜覆盖闷种2 h；或70%代森锰锌可湿性粉剂400～500倍液浸种5～7 min；或3%石灰水浸种24 h；或80%代森锰锌可湿性粉剂500～800倍液浸种10 min。化学药剂消毒后再用52℃的热水浸种18～20 min，或用50.5℃热水浸种2 h，可以消灭种蔗内外的病原菌。②田间药剂防治。据报道，325 g/L 苯甲•嘧菌酯悬浮剂对新植蔗和宿根蔗的黑穗病均有良好的防治效果和增产作用。

第四节 甘蔗梢腐病

本节图片

梢腐病 "pokkah boeng" 一词得名于爪哇语 "梢头畸形或扭曲，腐烂死亡"。甘蔗梢腐病（sugarcane pokkah boeng）最早是1896年由印度尼西亚爪哇报道的，随感病品种 'POJ2878' 的推广而成为主要病害，目前已几乎遍及所有甘蔗生产国和地区。我国南方蔗区常有发生，1989年在广东省珠江三角洲蔗区，梢腐病突然暴发，侵袭 '粤糖57-423' 和 '粤糖54-176' 等品种，造成 'POJ2878' 品种10%～38%的蔗茎枯死。在云南，严重发病时，感病品种的病株率均值为81.1%，最高为100%；甘蔗产量平均损失38.42%，最高为48.5%；糖分降低均值为3.14%，最高为4.21%。

一、症状

该病主要发生在梢头的嫩叶部位，一般从生长点附近的嫩叶侵入，在幼嫩叶片基部出现褪绿黄化的斑块，在斑块上杂有红褐色或褐黑色的小点或波浪形条纹，沿着叶脉扩张，后来条纹呈纺锤形裂开，边缘锯齿状。叶片的基部较正常的小，略呈扭曲状，并有皱褶，梢头部的叶片常扭缠在一起（拓展图5-13）。如果仅是叶部受害，植株一般可以恢复生长。若梢头部染病，在蔗茎外部节间常出现黑褐色横向如刀割的楔形裂口，形似梯状，上有淡红色或淡黄色粉状霉层，有时生黑色小点，纵剖被害梢头，可见内部组织有褐色条纹。梢腐病严重时梢头的生长点腐烂，幼嫩的心叶坏死，整株甘蔗枯死。发病较轻的，蔗茎停止伸长，侧芽大量萌发，呈簇生状。

二、病原

1. 分类地位 甘蔗梢腐病的病原，无性阶段为藤仓镰孢霉复合种（*Fusarium fujikuroi*

species complex，FFSC）中的多种镰孢霉（*Fusarium* spp.），包括甘蔗镰孢霉（*F. sacchari*）、层出镰孢霉（*F. proliferatum*）、轮枝镰孢霉（*F. verticillioides*）和新知镰孢霉（*F. andiyazi*）（也称高粱镰孢霉）等，其优势病原菌依蔗区而异；有性阶段为子囊菌门赤霉（*Gibberella* spp.）。

2. 形态特征　　菌丝无色，在培养基上呈蓝紫色、淡黄色或无色，分枝纤细不规则，有时数条菌丝组合成孢梗束。分生孢子有大、小两型，不同种类大小差异不大。大型分生孢子大小为（30.0～65.0）μm×（3.5～4.2）μm，生于气生菌丝上或分生孢子座中，微弯曲，镰刀形。小型分生孢子大小为（6.5～11）μm×（2.8～3.5）μm，生于分生孢子梗顶端，量多，卵形，无隔膜，偶有双胞，串生，或假头状着生（拓展图 5-14）。该病原菌为异宗配合，在自然条件下有性阶段不常见，两性菌株在胡萝卜培养基上培养可产生子囊壳、子囊和子囊孢子（拓展图 5-15）。

3. 生物学特性　　病原菌的生长温度为 7～39℃，孢子适宜萌发温度为 25～30℃；分生孢子最适萌发相对湿度为 92%，在相对湿度为 35%～65%时可保持活力 150 d；分生孢子的致死条件为 63℃ 10 min。

4. 寄主范围　　除甘蔗外，还可侵染玉米、高粱、小麦、蚕豆、凤梨、水稻、香蕉、棉、红麻、甘薯、番茄、柑橘、辣椒、茄子等。

三、病害循环

初侵染源主要是患病植株和土表上病株残体里的病原菌。分生孢子由气流传播，落到梢头心叶上的分生孢子，当环境条件适宜时长出芽管，侵染幼嫩心叶。一般在雨季前的干旱季节，半展开的心叶边缘形成一毛细管状的通道，落在心叶上的分生孢子随雨水沿着该通道到达生长点附近的蔗茎发芽侵入，潜育期大约 1 个月。病部所产生的分生孢子再进行重复侵染。带有病痕的蔗茎作种苗时是该病远距离传播的途径。

四、发病条件

1. 品种抗病性　　不同品种的抗病性不同，蔗梢上最高可见肥厚带至生长点的距离大的品种，其抗病性强，反之则抗病性弱。甘蔗叶冠形态与其抗病性存在一定的相关性。株型紧凑、叶片狭窄直立且易脱叶的甘蔗品种对梢腐病的抗性较强；反之，叶片宽大、披散下垂型的甘蔗品种对梢腐病的抗性较差。含有热带品种亲缘多的品种发病少，含有割手密亲缘多的品种发病多。'新台糖 25 号''柳城 03-1137''云蔗 03-258''川糖 79-15''中蔗 9 号'和'桂糖 11 号'等比较感病，而'粤甘 49 号''福农 11-2907''闽糖 11-610''闽糖 12-1404'和'桂糖 11-1076'对甘蔗梢腐病高抗。同一品种在不同蔗区，表现的抗性差异明显。例如，'粤糖 93-159''柳城 03-1137'和'桂糖 42 号'在云南表现为高感梢腐病，但是在广西崇左、柳州和南宁表现为抗病。

2. 栽培管理　　氮肥不足，植株长势差，或偏施、重施氮肥，植株生长繁盛的蔗田发病重；合理施肥，植株生长正常的蔗田发病较轻。香蕉与甘蔗轮作的田块，梢腐病特别严重。这是因为香蕉也是梢腐病菌的寄主，由于交叉感染，蔗田病原菌的积累逐年增多。此外，适当剥叶的蔗田比不剥叶的发病轻。一些新的耕作方式，如蔗叶还田、机械化耕作、偏施氮肥等，让病株残体在田间保留，致使病原菌大量积存，梢腐病逐年加重。

3. 气候条件　　梢腐病的发生要求高温高湿的条件，特别是在干旱后遇雨或灌水过多的情况下，往往导致梢腐病的流行。据轻工业部甘蔗糖业科学研究所（现广东省生物工程研究所）对1989年珠江三角洲蔗区暴发梢腐病的气候条件分析结果，1989年6月降雨量只有75 mm，仅为常年的1/3，干旱的气候条件有利于病原菌分生孢子在心叶的积累。7月受强台风的影响，有大量的雨水，加上7月和8月平均温度分别高达29.6℃和29.2℃，具备梢腐病流行所必需的气候条件，因此导致梢腐病的流行。又如，2016年云南省平均气温21.3℃，较常年偏高0.6℃，平均降水量为910 mm，高温和长期阴雨寡照的气候条件为梢腐病暴发为害提供了最适宜的外部条件，梢腐病扩展蔓延迅速，感病品种严重受害。

五、防控措施

1. 选用抗病品种　　可通过自然诱发或人工接种方法，对甘蔗品种进行抗病性测定。抗病品种有'粤糖94-128''新台糖22号''粤甘49号''桂糖29号'和'桂糖11-1076'等。同一品种在不同蔗区，由于气候生态条件、栽培条件、病原菌种群及优势种等不同，表现的抗性差异明显。引进新品种前，必须先进行试种，选择适合当地的优良品种。

2. 加强栽培管理　　避免与香蕉或玉米轮作，注意氮、磷、钾适当配合，避免施用过量的速效氮肥。及时剥去老叶，清除病株。在甘蔗收获后，清除留在蔗地的病叶、病株残余，集中烧毁，以减少侵染源。及时排除蔗田积水，使甘蔗正常生长，增强抗病力。

3. 药剂防治　　在高温多雨季节，生长旺盛的蔗地，在发病初期（一般病株率为5%，感病品种则病株率为1%）即可进行药剂防治。据报道，喷施50%多菌灵可湿性粉剂、25%氰烯菌酯或12%中生菌素等药剂均可获得较好的防治效果；使用无人机飞防喷施时，采用50%多菌灵可湿性粉剂+75%百菌清可湿性粉剂+磷酸二氢钾，或50%苯菌灵可湿性粉剂+75%百菌清可湿性粉剂+磷酸二氢钾，并适当添加农用增效助剂，均可获得较好的防治效果。每周喷1次，连喷2次，主要喷心叶，选择晴天用药，如喷后24 h内遇大雨，需补喷1次。

本节图片

第五节　甘蔗褐条病

甘蔗褐条病（sugarcane brown stripe）于1924年在古巴首次被发现，在我国主要分布于广东、广西、江西、四川、云南、福建、台湾等地蔗区。褐条病是为害甘蔗叶部的重要真菌病害，严重发病田块一眼望去似"火烧状"。近年来，由于大面积种植感病品种，加上多雨高湿，褐条病在云南及广西等主产蔗区大面积暴发流行，造成严重减产减糖，一般减产18%～35%，蔗糖分降低15%～30%。

一、症状

甘蔗褐条病主要为害叶片。嫩叶上初现水渍状小条点，长约0.5 mm。扩展成两端尖或平钝条斑，后呈梭形或长条形与叶脉平行，斑中央偶见红色小点，成熟病斑大小为[2～25（50～70）]mm×（2～4）mm，红色，有黄晕（拓展图5-16）。病斑愈合后叶片早枯。茎细、节间短，少青叶。中脉和叶鞘上除发病中心可见病斑外，在非中心病区则罕见。叶鞘、蔗芽、蔗茎上的病斑为红色条斑。有的品种尚有顶腐、根早衰和植株短小等症状。

褐条病的早期症状与眼斑病症状相似，但它们的成熟病斑不同。褐条病病斑两端较钝，病斑宽度较一致，梭形或长条形，黄晕较窄，顶端无与叶脉平行的坏死条纹；眼斑病病斑两端细长、较尖，纺锤形，黄晕较宽，有些老病斑顶端产生一条与叶脉平行的坏死线。

二、病原

1. 分类地位 甘蔗褐条病的病原，无性阶段为平脐蠕孢属甘蔗狭斑平脐蠕孢菌[*Bipolaris stenospila*（Drechsler）Shoemaker（=*Helminthosporium stenospila* Drechsler）]；有性阶段为子囊菌门旋孢腔菌属狭斑旋孢腔菌[*Cochliobolus stenospilus*（Drechsler）Matsum & Yamamoto]，不常见。据报道，云南蔗区褐条病的病原菌为狗尾草平脐蠕孢（*B. setariae* Shoemaker）。

2. 形态特征 在PDA培养基上生长良好，菌落圆形，灰绿色或淡褐色，边缘菌丝呈灰白色、棉絮状、较稀薄；分生孢子梗褐色，多单生，直或微弯，有数个隔膜。分生孢子橄榄绿色或淡褐色，圆筒形或近纺锤形，大小为（37~105）μm×（11~18）μm，两端钝圆，微弯，隔膜3~11个，多数7~8个（拓展图5-17）；病原菌在人工培养条件下可存在有性阶段。子囊壳瓶状，子囊梭形，直或稍弯曲，基部具有短柄，子囊孢子无色，线状，具4~12个隔膜，在子囊中呈螺旋形排列（图5-4）。

3. 生物学特性 该病原菌对温度适应性较广，其中菌丝生长及孢子形成温度为14~30℃，以22~26℃最佳，孢子萌发温度为16~40℃。菌丝和分生孢子的致死条件分别是52℃热水处理20 min和97℃干燥或48~50℃热水处理40 min。

4. 寄主范围 除了甘蔗，该病原菌还可以侵染玉米、大麦、小麦、燕麦及水稻等禾本科作物，以及石茅、稗草和狐尾草等。

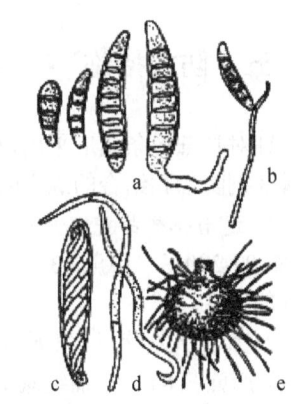

图5-4 甘蔗褐条病菌（引自中国农业科学院植物保护研究所，1996）
a. 分生孢子及发芽；b. 分生孢子梗及分生孢子；c. 子囊及子囊孢子；d. 子囊孢子（放大）；e. 子囊壳

三、病害循环

田间的病株残体和蔗田病株是该病的初侵染源。当环境条件适宜时，病斑产生大量的分生孢子，借助气流传播到健康叶片上。蔗叶上的分生孢子遇到雨水或露水时萌发长出芽管，芽管从气孔侵入或直接侵入。病斑上新产生的分生孢子进行重复侵染，条件适宜时导致病害流行。

四、发病条件

甘蔗褐条病的发生主要与品种抗病性、栽培管理水平和气候条件有关。

1. 品种抗病性 不同甘蔗品种对褐条病的抗性差异显著。大面积种植感病品种是褐条病严重发生的必要条件。1996年和1997年，云南弥勒蔗区因大面积种植感病品种'桂糖11号'而导致了甘蔗褐条病暴发流行；2015~2018年，'新台糖25号''粤糖93-159''桂糖11号''桂糖02-761'和'云引3号'感病品种大面积种植，加上多雨高湿，导致甘蔗褐条病在云南及广西多个主产蔗区大面积暴发流行。目前，生产上种植的'粤糖93-159''云引3号'

'桂糖 11 号''桂糖 31 号''柳城 03-1137''云蔗 71-388''云蔗 03-19''福农 0335''新台糖 20 号'和'新台糖 22 号'等品种易感甘蔗褐条病；'粤甘 48''福农 09-2201''中蔗 13 号'和'云蔗 03-1609'等比较抗病。

2. 栽培管理水平　　土壤瘦瘠，红、黄壤缺锌、缺磷，多年单一品种连作的田地病重；肥田沃土、砂质壤土，合理轮作的病轻。偏施重施氮肥，地势低洼，排渍不畅的田地病重；合理施肥，氮磷钾肥配施，地势较高排水良好的田地病轻。秋植蔗比冬春植蔗病情要重。因为秋植蔗生长至翌年春天，植株比冬春植蔗高大，封行早，行株间郁闭湿度大，有利于病原菌繁殖传播侵染。

3. 气候条件　　甘蔗生长期间，温度均适宜病原菌繁殖侵染，决定病害轻重程度的因素是雨湿情况。气温 17～25℃和长期阴雨有利于该病的暴发流行。例如，1997 年云南弥勒平均气温低于 25℃，相对湿度在 85%以上，日照时间少，导致了甘蔗褐条病的大面积发生。我国华南蔗区，每年 2～3 月温度回升到 17～20℃，若此时连绵阴雨天数多，或相对湿度在 80%以上，雾露大、叶面潮湿，就可能导致日后病害流行。夏季温度过高，会抑制病情发展。

五、防控措施

针对甘蔗褐条病应采用以利用抗病品种为主，加强栽培管理、清洁蔗园和减少菌源为辅，及时药剂防治相结合的综合防控措施。

1. 选用抗病品种　　甘蔗产区可据实际情况选用抗病丰产高糖品种，据报道，'粤甘 48''福农 09-2201''中蔗 13 号''桂糖 11-1076'和'云蔗 03-1609'等甘蔗品种对褐条病均具有较好的抗性。

2. 加强栽培管理　　施足基肥，多施有机肥，按 N∶P∶K=1∶0.8∶1.7 配方施肥，如以每 667 m² 产蔗茎 8 t 计，需纯氮∶磷∶钾（质量/kg）=（12～14）∶8∶（18～22）。不在低洼地种植甘蔗，深沟排渍，增强长势，降低湿度。合理轮作，单一品种忌长期宿根，及时进行品种轮换种植。及时剥除老脚叶、病枯叶，拔除无效、病弱株，并集中烧毁。甘蔗砍收后及时清除病残体，集中烧毁或堆沤肥料，并在翌年新植蔗或春植蔗生长前铲除田间杂草，降低蔗田初菌源量。

3. 药剂防治　　据报道，多菌灵可湿性粉剂、70%甲基硫菌灵可湿性粉剂、25%咪鲜胺乳油或 50%咪鲜胺锰盐可湿性粉剂、10%苯醚甲环唑水分散粒剂、75%百菌清可湿性粉剂及 1∶1∶100 波尔多液等对甘蔗褐条病均具有较好的防治效果。每 7 d 喷 1 次，连喷 2～3 次。

本节图片

第六节　甘蔗白条病

甘蔗白条病（sugarcane leaf scald）又称叶灼病，是甘蔗生产上重要的细菌性病害之一，最早于 1911 年在印度尼西亚、澳大利亚和斐济等地发现，目前在全球多数种植甘蔗的国家或地区普遍发生，在我国广西、云南、广东、海南、福建、浙江等蔗区种植的原料蔗和果蔗中均有发生，部分发病严重田块的自然发病率达 96%～100%。该病害会引起蔗茎维管束病变，影响水分和养分运输，导致甘蔗生长缓慢，有效茎数减少，宿根年限缩短，造成甘蔗产量损失及糖分降低。

一、症状

该病主要为害甘蔗叶片及蔗茎，其症状有慢性型和急性型之分。①慢性型。主要为害叶片。发病初期叶片表面出现与主脉平行、长1~2 mm的白色至黄色褪绿铅笔线条纹，边缘整齐；发病后期，褪绿条纹从叶尖及边缘开始向下和向内发展，叶片褪绿后枯萎，向内卷曲；成熟甘蔗常见症状是蔗茎中下部芽容易长出侧枝，茎基部出现纤弱的分蘖，侧枝和分蘖的叶片出现白色条纹和褪绿现象。发病蔗茎的下部成熟节纵切面可观察到维管束变红，发病严重的蔗株蔗茎内会出现坏死的红色空腔，感病品种会快速整株死亡。②急性型。发病时病株叶片不表现任何症状，成熟茎秆突然枯萎和死亡，有一株甘蔗枯萎，也有整丛甘蔗枯萎，严重时可致全田甘蔗枯死。纵剖蔗茎时，除了连接主茎的分蘖处，一般不出现维管束变色现象，其与生理性缺水枯萎或蔗龟等害虫为害不同之处在于，病茎再行分蘖时，其叶片又表现慢性型病斑（拓展图5-18）。高感甘蔗品种在其最适生长期遇到持续干旱后突然下暴雨时，最容易出现急性型症状。另外，潜伏侵染也是该病害的另一个重要特点，表现为植株耐受病原菌数周、数月甚至几年不出现任何症状，当遇到适宜环境条件时，特别是天气干旱或营养不良时即可发病。

二、病原

1. **分类地位** 甘蔗白条病的病原为白条黄单胞菌［*Xanthomonas albilineans*（Ashby）Dowson］，该病原菌的同种异名有白条农杆菌［*Agrobacterium albilineans*（Ashby）Savulescu］、白条假单胞菌［*Pseudomonas albilineans*（Ashby）Krasil' nikov］、白条黄单胞杆菌雀稗变种［*X. albilineans* var. *paspali*（Orian）］。

2. **形态特征及生物学特性** 菌体细长杆状，大小为（0.6~1.0）μm×（0.25~0.3）μm，单生或成链，极生单根鞭毛；革兰氏染色阴性反应。最佳生长温度为25~28℃，最高不超过37℃；菌株生长缓慢，一般培养4~6 d才出现菌落，菌落平滑、圆整、光亮、黏稠状，为蜜黄色或浅黄色（拓展图5-19）。

3. **寄主范围** 该病原菌主要侵染禾本科单子叶植物，包括甘蔗属原始种及其甘蔗杂交种、斑茅和玉米，以及毛花雀稗、两耳草、白茅和大黍等杂草。

三、病害循环

带菌种蔗、宿根蔗茎和寄主杂草是甘蔗白条病主要的初侵染源。田间主要通过带菌的种茎和砍蔗工具进行传播。在适宜条件下，甘蔗白条病菌在甘蔗叶表面定殖，通过气孔或伤口进入叶片，然后在木质部扩展，蔗叶出现症状；随后病原菌从蔗叶迁移到蔗茎，影响甘蔗分蘖，表现为白条病症状或侧枝增多；可以通过风、雨水或水流传播进行多次再侵染（拓展图5-20）。

四、发病条件

甘蔗白条病病害发生和流行程度与甘蔗品种抗性、栽培管理和气候条件等因素有关。

1. **品种抗性** 大面积种植感病品种是引起该病流行的主要因素。一般情况下，甘蔗属中国种（竹蔗）（*Saccharum sinense*）抗白条病，而多数热带种（*S. officinarum*）和大茎野生种（*S. robustum*）感白条病。高感品种'桂糖46号'和'桂糖06-2081'感病率达到18%~50%，而'桂糖40号''桂糖44号''桂糖08-120''桂糖08-1589''柳城07-150''粤甘46号''粤甘50号''云蔗11-3898'和'云蔗08-1609'等对该病害均具有较高的抗性。

2. **栽培管理** 种植带菌繁殖材料发病早且严重。土壤湿度大或雨水过多，或干旱、排水不畅、土壤瘦瘠均易发病。甘蔗残茬中的病原菌是白条病重要的初侵染源之一，甘蔗收获后，及时处理蔗田内的病株残体发病轻。

3. 气候条件　　甘蔗白条病病原菌的定殖数量及甘蔗叶片的坏死严重程度与当地降水情况高度相关，尤其与甘蔗种植季节的热带风暴发生情况关系密切，飓风天气会加快甘蔗白条病的传播。例如，1992年美国路易斯安那州的甘蔗白条病高发区域分布在靠近墨西哥湾的地区，该地区当年有飓风过境。强降雨或者低温均能加重病害的发生和流行。在温暖海洋性气候区白条病发病较轻，而在大陆性气候区和温、湿度变化明显的气候区则发病较重。

五、防控措施

1. 加强检疫　　携带甘蔗白条病菌的甘蔗种质调种和引种导致病害在不同国家或地区之间传播。甘蔗种质资源交换时严格进行检疫，生产上严禁从病区和病田调运甘蔗种茎。科研单位确需从疫区引进甘蔗育种材料时，须进行产地检疫，并在隔离区种植观察1年，确保无病后才能使用。

2. 选用无病蔗种或抗病品种　　①建立无病留种田和无病良种繁殖中心，为生产提供健康种茎；播种前，采用流动水预浸泡48 h，然后用50℃的温水处理2 h，可达到95%的防治效果。②选种抗病甘蔗品种，如'新台糖22号''中蔗9号''福农11-601''福农09-4059''桂糖40号''桂糖44号''桂糖08-120''柳城07-150''粤甘46号''粤甘50号''云蔗11-3898'和'云蔗08-1609'等。

3. 加强栽培管理　　蔗刀在使用前和使用中必须消毒，隔一段时间应置于5%～10%的福尔马林溶液中浸泡或在沸水中稍浸片刻，可减少此病的传播。甘蔗生长期间发现病株应及时拔除，并烧毁。对易积水的蔗田开沟排水，蔗田施足基肥，及时追肥，科学排灌，降低田间湿度，可减少该病的发生。甘蔗收获后，及时处理蔗田内病株残茬。

4. 药剂防治　　在播种前和发病初期及时进行药剂防治，可有效防止甘蔗白条病的发生与流行。据报道，种植前使用6%春雷霉素可湿性粉剂500倍液浸种段3 h或6%春雷霉素可湿性粉剂500倍液喷施种段；在发病初期及时选用77%氢氧化铜水分散粒剂、14%络氨铜水剂或新植霉素等药剂稀释相应倍数进行喷施，均具有一定的防治效果。

本节图片

第七节　甘蔗宿根矮化病

甘蔗宿根矮化病（sugarcane ratoon stunting disease）在世界各个甘蔗种植国家和地区普遍发生，是制约甘蔗产量的重要因素。该病害最早是1944～1945年在澳大利亚昆士兰州的'Q28'甘蔗品种上发现的。1954年我国台湾首次发现该病，1986年在我国大陆首次报道该病害的发生为害，现已在国内各甘蔗种植区迅速蔓延，多个省份已有该病害发生的报道，发病率为65%～88%，影响甘蔗的产量和品质，可使甘蔗减产10%～30%，且随宿根年限的增长，产量损失更加严重。

一、症状

该病在发病初期无典型的外部症状，在发病严重时才表现出蔗株矮化、分蘖减少、蔗茎变细、节间缩短、生长不良、田间植株高矮不齐等症状，这些症状与甘蔗在干旱、养分不足时的表型相似，从外观上难以区分。甘蔗宿根矮化病内部症状主要表现为，感病的幼嫩蔗茎生长点淡粉色，成熟蔗茎近基部节部维管束出现橘红色或红褐色的小圆点、逗点、短线状病变，颜色深浅依品种而异（拓展图 5-21）。

二、病原

1. 分类地位　　甘蔗宿根矮化病的病原为木质部限制性赖氏细菌木质部亚种 [*Leifsonia xyli* subsp. *xyli*，Lxx]，属于革兰氏阳性棒状细菌。

2. 形态特征　　菌体呈直或微弯的细长棒状，有的中部或一端膨大，内有间体，菌体大小为（0.25～0.50）μm×（1.0～4.0）μm，表面光滑，无鞭毛。该菌落生长缓慢，特别小，直径为 0.1～0.3 mm，无色、圆形、边缘整齐、稍隆起，属于较难培养菌（图 5-5）。

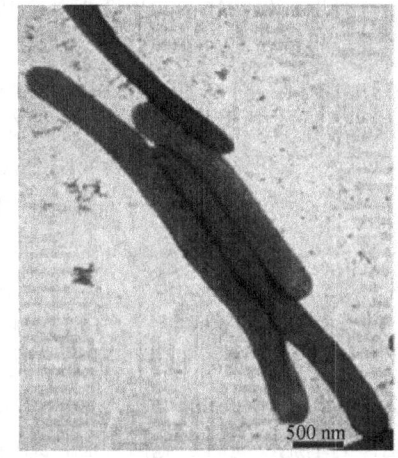

图 5-5　木质部限制性赖氏细菌木质部亚种（引自张小秋，2017）

3. 生物学特性　　该菌不易分离培养，是一种木质部限制性病原菌，对营养需求非常丰富，SC、SCM、MSC、DM 等培养基均可用来培养它，其中 SC 培养基被广泛使用。适宜生长温度为 28℃，体外长期培养菌体活力大大降低。

4. 寄主范围　　该菌可以侵染自然寄主甘蔗，同时也可侵染甘蔗属所有的品种，也有报道 Lxx 可侵染玉米、高粱、苏丹草和狗牙根等。

三、病害循环

病原菌在田间带病蔗茎、枯叶、残根、残茎及土壤中越冬，主要通过蔗茎伤口侵染，随汁液侵入寄主内部，侵染性极强，带菌汁液稀释数百倍后依然具有很强的侵染力。可通过砍收刀具或机械传播，通过带病种茎调运进行远距离传播，咀嚼甘蔗的动物在咬食甘蔗的过程中也可造成病害的传播。

四、发病条件

该病的发生为害程度与带菌蔗种有密切关系，同时还受宿根年限、品种抗性的影响。

1. 宿根年限　　宿根矮化病的发生严重程度与甘蔗的宿根年限密切相关，新植、宿根蔗带菌量存在差异，一般新植蔗带菌量比宿根蔗少，发生不如宿根蔗严重，且随宿根年限的增加，病害愈发严重。

2. 品种抗性　　甘蔗宿根矮化病的发生与甘蔗品种的敏感性有非常密切的关系，不同甘蔗品种抗性不同。其中部分品种如'CP72-9086''H60-6909'表现高抗；'CP78-1628''CP80-1743''CP89-2143''CP88-1762'等品种对该病表现为中度抗性；历代主栽品种如'桂糖 11 号''粤糖 93-159''台糖 16 号'均较感病；而'L62-96'表现为高感。

3. 带菌蔗种　　以带菌的蔗种作为种茎，在种植田块通过收获器械将病害扩散传播，也可通过带病的蔗种进行跨区域传播。

五、防控措施

甘蔗宿根矮化病为单寄主汁液传播的病害，随干旱条件的加剧而日趋严重。目前防治该病多采取检疫检测、蔗种处理、清除田间侵染源、加强栽培管理、抗病品种选育等措施。

1. **检疫检测** 在从境外或蔗区引种时，通过检疫检测技术可以很大程度控制该病的侵入和传播蔓延。新引种的蔗种先在检疫温室中隔离种植生长一定周期后，经聚合酶链反应（PCR）、酶联免疫吸附试验（ELISA）等检测确证无菌后方可移栽至大田。

2. **蔗种处理** 在下蔗种前，用50℃热水对蔗种浸泡2～3 h或置于54～58℃的热空气中处理8 h，可在一定程度上减少蔗种的带菌量。

3. **清除田间侵染源** 清除残留在田间的残茎、残根、枯叶及深翻土壤可以减少翌年的初侵染源。该病原菌寄主单一，仅侵染甘蔗，故可以通过轮作减少病原菌的侵害。

4. **加强栽培管理** 田间缺肥，蔗株长势弱，抗病性差，有利于该病的发生。干旱条件会加重宿根矮化病的发生，导致产量严重下降。因此，在栽培管理中应加强水肥管理，施足氮肥作为基肥，适时追施磷钾肥，适时灌溉。

5. **抗病品种选育** 选育抗病品种是宿根矮化病最经济、有效的防治方法。现有主栽品种大部分对该病缺乏抗性或抗性不强，'柳城03-1137''云引3号'等发病率较低，抗病性较强，是选育抗宿根矮化病甘蔗品种很有利用潜力的抗源种质。

第八节 甘蔗花叶病和黄叶病

本节图片

甘蔗花叶病（sugarcane mosaic disease）是为害甘蔗种植最严重的病毒病害之一，在全球蔗区普遍发生，可导致甘蔗产量下降，糖分减少，给甘蔗生产带来严重的经济损失。引起甘蔗花叶病的病原有甘蔗花叶病毒（sugarcane mosaic virus，SCMV）、高粱花叶病毒（sorghum mosaic virus，SrMV）、甘蔗条纹花叶病毒（sugarcane streak mosaic virus，SCSMV）、玉米矮花叶病毒（maize dwarf mosaic virus，MDMV）、约翰逊草花叶病毒（Johnsongrass mosaic virus，JGMV）和玉米花叶病毒（zea mosaic virus，ZeMV）6种，其中SCMV、SrMV、SCSMV为甘蔗花叶病的主要病原。我国各甘蔗产区中SCMV、SrMV和SCSMV均普遍发生，且存在复合侵染的现象。

甘蔗黄叶病（sugarcane yellow leaf disease）是对甘蔗生产构成严重威胁的病毒病，该病最早可追溯到1989年，在美国夏威夷岛的甘蔗品种'H65-7052'上首次发现该病引起的黄化症状。病原为甘蔗黄叶病毒（sugarcane yellow leaf virus，SCYLV），在全球30多个甘蔗种植国家和地区均有发生，并不断扩散蔓延。我国广西、广东、云南、福建、海南等蔗区也普遍发生。

一、甘蔗花叶病

（一）症状

该病主要表现为叶部症状，受害后甘蔗的叶绿素被破坏，叶片上出现黄色或浅绿色的短条纹或斑驳，与叶脉平行，布满整个叶片，与正常的部分参差间隔成花叶症状，有时会出现不同程度的变红、坏死，尤其在幼叶的基部病症最为明显（拓展图5-22）。受害植株出现发育缓慢、生长不良、植物矮小、分蘖减弱、主茎数量少、汁液减少等现象，使糖蔗的产量及质地受到严重影响。发病严重时，甘蔗的榨汁中还原糖成分增加，蔗糖结晶率下降，产量下降 5%～50%。

（二）病原

1. 分类地位　　甘蔗花叶病主要由甘蔗花叶病毒（sugarcane mosaic virus，SCMV）、高粱花叶病毒（sorghum mosaic virus，SrMV）和甘蔗条纹花叶病毒（sugarcane streak mosaic virus，SCSMV）3 种病毒引起，均属于马铃薯 Y 病毒科（Potyviridae）。其中 SCMV 和 SrMV 属于马铃薯 Y 病毒属（Potyvirus）成员，SCSMV 属于禾本科病毒属（Poacevirus）成员。

2. 形态特征及生物学特性　　SCMV、SrMV 和 SCSMV 三者病毒粒子均为无包膜的弯曲线状，由衣壳蛋白及一条正义单链 RNA 基因组组成。SCMV 和 SrMV 粒子大小为（13～15）nm×（630～770）nm，沉降系数为 160～175 S，稀释限点为 10^{-5}～10^{-3}。SCMV 的钝化温度为 53～57℃，SrMV 的钝化温度为 53～55℃。SCMV 在寄主体外的存活期限为 1 d，在-6℃的低温下为 27 d。SCSMV 粒子大小为 15 nm×890 nm，稀释限点为 10^{-5}～10^{-4}，钝化温度为 55～60℃，在室温下能存活 1～2 d，在 4℃条件下能存活 8～9 d。

3. 生理分化　　病毒具有丰富的遗传多样性，株系分化明显，根据病毒基因组序列相似性差异，目前 SCMV 可分为Ⅰ～Ⅷ 8 个组；SrMV 分为Ⅰ～Ⅵ 6 个组；SCSMV 可分为Ⅰ～Ⅴ 5 个组。病毒不同的株系对不同的甘蔗品种致病力存在差异。

4. 寄主范围　　SCMV、SrMV 和 SCSMV 均能侵染甘蔗、高粱和玉米。SCMV 的自然寄主除了甘蔗，还包括黍、粟、狗尾草、约翰逊草、苏丹草及禾本科的 40 属超 100 种杂草，也有人报道 SCMV 能侵染南瓜、美人蕉等其他植物。SrMV 还能侵染芒草引起典型的花叶症状。SCSMV 能侵染黍、毛茛、约翰逊草、苏丹草及其他一些禾本科杂草。

（三）病害循环

病害的初侵染源是带病蔗种、田间病株及染病的杂草。SCMV 可由蚜科昆虫玉米蚜、棉蚜、桃蚜、豆蚜、黑豆蚜、萝卜蚜和黍蚜等传播；SrMV 也可被多种蚜虫以非持久性方式传播，也可通过种质调运进行远距离传播；而 SCSMV 不能被蚜科昆虫及螨类传播。3 种病毒均可通过机械、刀具、摩擦接种等方式传播，长距离的传播主要通过感病无性繁殖材料引种。潜育期一般为 10 d，短的 6～7 d，长的 20～30 d 甚至以上。

（四）发病条件

1. 环境条件　　高温和少雨天气，有利于虫媒的繁殖和活动，促进病害的传播、蔓延，因此病害严重。但高度炎热的气候会抑制病毒在甘蔗组织内的繁殖，使病株表现隐症或不明显，当温度下降时，症状再次出现。

2. 品种抗病性　　在甘蔗的 6 个种中，大茎野生种（Saccharum robustum）易感病，热带种（S. officinarum）高度感病，中国种（S. sinense）、割手密（甜根子草）（S. spontaneum）、印度种（细秆甘蔗）（S. barberi）表现出高抗和免疫，肉质花穗种（S. edule）也可检测到病毒侵染为害。含有强抗病性亲缘的栽培种，均表现出免疫和高度抗病。栽培种中，'纳印度 310''台糖 108''新台糖 22 号''桂柳 05136'等高度感病或感病；'台糖 134''桂糖 11 号''粤糖 57-423'等抗病。此外，幼嫩的植株比老熟的植株易感病，尤以两叶期幼苗为甚。

（五）防控措施

1. 选育抗病良种　　选育种植生产性能好、高产、高糖、优质的抗病品种，如'YG34''YG55''新台糖 16 号''GT03-2309'及'柳城 03-1137'等。

2. 减少毒源　　及时拔除病株，重病田不得留宿根，蔗地附近不种玉米、高粱等中间寄主，淘汰感病品种；注意消毒砍蔗刀具，及时防治传毒虫媒。

3. 蔗种消毒及健康种苗　　对有带病嫌疑的蔗种用温汤浸种消毒，分 3 次进行，隔天处理 1 次，每次浸种 20 min，第一次浸种温度为 52℃，第二、三次均为 57℃。以热处理消毒和茎尖分生组织培养相结合培育脱毒健康种苗，是甘蔗病毒病防控的一种有效途径。

二、甘蔗黄叶病

（一）症状

病害症状表现需一定的潜伏期，受病毒侵染植株生长早中期不表现症状，生长后期症状开始出现，主要见于+4 叶、+5 叶及老叶片，一般在 9 月底至 10 月初开始显症。症状特征为甘蔗叶片中脉下表皮黄化，随后叶尖开始干枯坏死，继续向整张叶片扩散，直至整张叶片黄化甚至坏死（拓展图 5-23）。气候变冷、土壤缺水或涝害、营养缺乏等环境条件可加重黄叶症状。甘蔗黄叶病容易引起甘蔗蔗茎和蔗糖减产，蔗汁还原糖和葡萄糖含量增加，多胺总组分含量提高。

（二）病原

1. 分类地位　　甘蔗黄叶病由甘蔗黄叶病毒（sugarcane yellow leaf virus，SCYLV）侵染所引起，属于南方菜豆花叶病毒科（Solemoviridae）马铃薯卷叶病毒属（Polerovirus）成员。

2. 形态特征及生物学特性　　SCYLV 粒子为二十面对称体，直径 24～29 nm，浮力密度 1.30 g/cm^3，由蛋白质外壳及其包裹着的一条正义单链 RNA（+ssRNA）构成。

3. 生理分化　　目前共发现有 BRA、CHN1～CHN3、CUB、HAW、IND、PER、COL、REU、FLA1～FLA3 共 13 个基因型，其中侵染中国蔗区的主要为 CUB、BRA、PER、REU、HAW、CHN1～CHN3 这 8 种基因型。

4. 寄主范围　　SCYLV 的自然寄主为甘蔗属中的热带种（Saccharum officinarum）、大茎野生种（S. robustum）、中国种（S. sinense）、割手密（S. spontaneum）、印度种（S. barberi）及属内种间杂交种，实验寄主包括蔗茅属植物、小麦、燕麦、大麦、水稻、玉米和高粱。病毒在甘蔗植株体内主要分布于韧皮部组织。

（三）病害循环

初侵染源是带病蔗种、田间病株及其他带病寄主植物。在自然条件下，SCYLV 的传播主要依赖高粱蚜（Melanaphis sacchari）以持久性方式传播，人工接种玉米蚜（Rhopalosiphum maidis）、红腹缢管蚜（Rhopalosiphum rufiabdominalis）和甘蔗绵蚜（Ceratovacuna lanigera）也可携带 SCYLV 侵染寄主。植株间通过蚜虫传播病毒的速度比较慢，1 年内只能传播数米。病毒不能经机械或摩擦接种传播，能随带病种茎进行远距离传播。

（四）发病条件

1. 环境条件　　在高温和少雨的天气，有利于蚜虫的繁殖和活动，促进病害的传播、蔓延，因此病害严重。但炎热天气易引起隐症，在秋冬季节天气转凉时，黄叶症状加重。

2. **品种抗病性** 不同品种在同一条件下抗病性存在差异，发病时间也不同。甘蔗属不同种及蔗茅属对SCYLV的抗性表现也有差异，属内种间杂交种、热带种、中国种易感SCYLV，而割手密、印度种、蔗茅属较抗SCYLV。我国甘蔗的育种亲本主要来自美国的感病CP系列品种，故我国自育甘蔗品种具有潜在感病的遗传基础。'新台糖22号''柳城03-182''桂糖21号''粤糖55号'和'粤糖93-15'等品种较感病，'H78-4153'品种抗病。宿根蔗发病重于新植蔗。

（五）防控措施

1. **选育抗病良种** 抗病品种选育是防治该病最经济、有效的方式，选育种植农艺性状好的抗病品种，如'H78-4153'；也可通过与割手密、蔗茅属等抗病材料杂交，选育优良抗病品种；利用现代转基因分子育种、全基因组分子辅助育种及基因编辑育种等技术手段，加快抗病育种进程。

2. **减少毒源** 及时拔除病株，重病田不得留宿根，及时防治传毒蚜虫。

3. **蔗种脱毒** 对疑似染病蔗种用温汤浸种消毒；利用温汤处理结合组织培养脱毒，培育健康脱毒种苗。

甘蔗其他病害见表5-1。

本表图片

表5-1 甘蔗其他病害一览表

病名和病原	症状识别	发病规律	防治要点
甘蔗锈病 （分为褐锈病和黄锈病） *Puccinia melanocephala* （拓展图5-24） *P. kuehnii*（拓展图5-25）	褐锈病病斑较分散，夏孢子堆呈红褐色，主要着生在叶背，严重时叶面也可见（拓展图5-26）。黄锈病（也称橙锈病）夏孢子堆生在叶片正反面，长2~10 mm，橙黄色至褐色，外有黄色晕圈（拓展图5-27）；冬孢子堆黑色	病原菌在病残体上越冬越夏。气流传播。在温暖潮湿的条件下容易发病。不同品种抗性差异大	①选用抗病品种；②清除病残体；③发病初期适时进行药剂防治
甘蔗叶枯病 （叶萎病、叶条枯病） *Leptosphaeria taiwanensis* （无性阶段为*Stagonospora tainanensis*） （拓展图5-28）	病斑纺锤形，中央常生红褐色侵入小点，病斑颜色依品种而异，有红、黄、黄褐、红褐色等；病斑长3~10 mm，宽2~4 mm，有时条纹融合成带状，带中常有一狭窄的绿条，发病重的，病叶呈红褐色枯死（拓展图5-29）	病原菌以枯死病叶上的子囊壳及分生孢子越冬，借气流传播侵害健株。多雨地区发病重	①选用抗病品种；②加强栽培管理，提高甘蔗抗病性，减少菌源，降低田间的湿度；③发病初期适时进行药剂防治
甘蔗赤条病 *Acidovorax avenue* subsp. *avenae*	多发生于嫩叶叶片中部，病斑长条状，红色至红褐色，叶片条斑的发病组织与健康组织有明显的界线，宽度为0.5~4 mm，长几十毫米至叶片全长（拓展图5-30）	田间带病原菌的残叶或者中间寄主杂草是病害的初侵染源。主要靠风、雨水传播，在潮湿温暖的条件下容易发病	①选用抗病品种；②清除杂草，及时剥除老叶病叶，减少病原菌的积累量；③发病初期适时进行药剂防治
甘蔗褐斑病 *Cercospora longipes* （拓展图5-31）	主要为害叶片，先在老叶出现。发病初期斑点卵圆形或线形，周围具有狭窄黄色晕圈；病斑为小斑点至13 mm斑块（拓展图5-32），易感品种多个斑点合并形成不规则红褐色大斑，严重的叶片未成熟就先死亡	田间带病植株和病株残叶是病害的初侵染源，靠风、雨水传播，在潮湿温暖的条件下容易发病，不同品种抗性差异大	①采用抗病品种；②加强田间管理，促使甘蔗健壮生长（详见甘蔗褐条病）

续表

病名和病原	症状识别	发病规律	防治要点
甘蔗白疹病 Sphaceloma sacchari（有性阶段为 Elsinoë sacchari）（拓展图 5-33）	主要发生在叶面和叶中脉上。病叶开始时出现黄色的椭圆形或纺锤形小斑点，随后转为黄色至淡褐色，最后变为灰白色或粉白色，病斑大小为（0.2~1）mm×（0.1~0.5）mm，多伴有褐色边缘，多个病斑可合并形成狭长的粉白色条纹，表皮略隆起或胀破表皮（拓展图5-34）	田间带病植株和病株残叶是病害的初侵染源。主要靠风、雨水传播；低温多雨、通风透光差的蔗田发病重	①选用抗病品种；②及时剥除病叶，减少菌源，降低田间的湿度；③发病初期适时进行药剂防治
甘蔗虎斑病（纹枯病）Rhizoctonia solani（拓展图5-35）	叶鞘近地面处病斑不规则形，红色，中央渐变灰黄色，边缘颜色较深，呈赤褐色宽横条纹，似虎皮斑纹状（拓展图5-36）	以菌核在土壤中，或以菌丝、菌核在田间病株或残体及杂草上越冬。借水流传播。高温多雨发病重	①清除病残体及田边杂草；②健身栽培；③可选用菌核净或腐霉利可湿性粉剂防治
甘蔗叶焦病（叶烧病或焦枯病）Stagonospora sacchari（有性阶段为 Leptosphaeria bicolor）	幼叶上病斑红色或红褐色，纺锤形，周围有明显的淡黄色圈，合并后变为草黄色，形成纺锤状的条纹，通常大小为（1~17）cm×（0.3~5）cm 或更大，边缘深红色（拓展图5-37），生黑色分生孢子器	黏附于种苗上的病叶或病叶碎片及土壤中的病残体是病害的初侵染源。风雨天有利于发病，久旱后遇雨或干旱后灌水过多，都易诱发此病	①采用抗病品种；②加强田间管理，促进甘蔗健壮生长（详见甘蔗褐条病）
甘蔗流胶病 Xanthomonas vasicola pv. vasculorum	叶斑条状褐色，边缘坏死，维管束变黑，细菌黏液从顶芽外流，顶梢枯死。病茎切口流出黄色至橙黄色的胶状菌脓	病种苗是主要的初侵染源。通过蔗刀、农具、昆虫传播，从伤口侵入。高温、大风、雨天发病严重	①加强检疫，该病为我国进境检疫对象；②一旦发现病株，立即铲除；③消毒砍蔗刀和耕作工具
甘蔗霜霉病 Peronosclerospora sacchari	叶上生与叶脉平行的黄白色至红褐色间断条纹。病叶细长，叶背面生白色霜霉层。受害蔗株徒长，易生侧芽，生长畸形	病原菌以菌丝潜伏在宿根上或以卵孢子在土中越冬。孢子囊通过风、雨水、昆虫传播。从幼芽或幼叶侵入	①严格检疫；②种植抗病品种；③40~46℃热水中预浸1 h，52℃热水中浸1 h；④病田不留宿根；⑤可喷用霜霉威或氧化亚铜等
甘蔗鞘枯病 Cytospora sacchari	近地面叶鞘变为赤色至赤褐色。斑上生黑色隆起子座，上生分生孢子器，颈部长 1~3 mm。也可侵害茎部和叶片中脉	以菌丝、子座、分生孢子在病残体或病苗上越冬。通过风、雨水传播。高湿多雨、蔗田排水不良易发病	①选用抗病品种；②清除病残体；③发病初期剥除被害叶鞘，防止土壤积水，施用草木灰或石灰后培土，有一定防效
甘蔗轮（环）斑病 Epicoccum sorghinum（有性阶段为 Leptosphaeria sacchari）（拓展图5-38）	主要为害中下部叶片。病斑初呈墨绿色至褐色，长方形，边缘有一狭窄的黄晕；病斑大小为（10~12）mm×（2.5~4）mm 或更大。后期病斑边缘红褐色，中心枯白色或草黄色，并散生黑色小点；几个病斑可连合形成较大的不规则红褐色斑块（拓展图5-39）	土表及田间地头的病残体是主要初侵染源。子囊孢子随风、雨水传播到健康蔗叶上，在适宜的条件下即萌发侵入；高温高湿、偏施氮肥发病重	①采用抗病品种；②加强田间管理，促进甘蔗健壮生长（详见甘蔗褐条病）
甘蔗黄（赤）斑病（黄点病）Mycovellosiella koepkei（Cercospora koepkei）（拓展图5-40）	病斑初见于幼嫩叶片先端，幼叶上新现圆形或椭圆形黄色小点，散生，扩大后可达 2 cm，病斑多时融合成大斑，由黄色转变成红色。后期病斑背面常有灰白色霉层（拓展图5-41）。随着蔗株的生长，同一蔗株上底部叶片先变红干枯，中部叶片则黄斑与红斑同时存在	以菌丝体在病叶组织中越冬，条件适宜则产生分生孢子成为初侵染源。主要通过气流传播。叶片上的分生孢子遇水萌发从气孔或直接从表皮侵入叶片产生病斑，高温高湿条件下病斑产生分生孢子，不断再次侵染。台风雨来得早次数多时则发病早而重；相反则迟而轻	①采用抗病品种；②加强田间管理，促进甘蔗健壮生长（详见甘蔗褐条病）

续表

病名和病原	症状识别	发病规律	防治要点
甘蔗眼斑病（又称眼点病）无性阶段为 *Bipolaris sacchari*（*Drechslera sacchari*，*Helminthosporium sacchari*）（拓展图5-42）	主要为害叶片及蔗茎顶部。初在半展或初展开的嫩叶基部现水渍状小点，4~5 d后扩展为窄形病斑，中央红褐色，周围有草黄色晕圈，状似眼睛（拓展图5-43）。有些病斑顶端会出现一条与叶脉平行向叶尖方向延伸的坏死条纹，似流星状，又叫"黄鳝斑"，多数病斑连合后叶组织坏死。条件合适时感病品种的嫩叶、幼茎很快枯死或发生梢腐	田间病残体的分生孢子是其主要初侵染源，通过气流传播，侵染幼嫩部位，引起再侵染。高湿持续时间长或连续阴雨天气多、晨雾重的天气条件，再加上重施氮肥，该病易暴发流行。品种间抗病性有差异	①采用抗病品种；②加强田间管理，促进甘蔗健壮生长（详见甘蔗褐条病）

第六章

其他经济作物病害

全世界报道的烟草病害有116种，经过对我国16个主产烟草省（自治区）的调查，发现烟草侵染性病害68种，已鉴定62种，尚待鉴定6种。其中发生较普遍且严重的病害是烟草花叶病、赤星病、黑胫病、青枯病、根结线虫病等。局部地区苗期炭疽病发生也较普遍，在多雨年份常导致幼苗大量死亡；赤星病在全国各产烟区广泛流行；青枯病在华南、西南、华中烟区发生较多；黑胫病则常见于全国各产烟区。据不完全统计，前述5种病害每年约损失16亿kg，产值约5亿元，其他病害如白粉病、野火病、角斑病和气候斑病也是影响烟草产量品质的关键因素之一。

目前已报道的桑病害有100余种，其中能为害成灾的约40种，常见的有桑菌核病、桑青枯病、桑细菌性枯萎病、桑疫病及桑里白粉病等，部分病害在国内部分地区常发生流行，给当地桑蚕产业带来巨大的经济损失。

本节图片

◆ 第一节 烟草棒孢霉叶斑病

由多主棒孢霉（*Corynespora cassiicola*）引起的烟草棒孢霉叶斑病（tobacco *Corynespora* leaf spot disease）于1973年首次报道，已成为近年来烟草叶部的主要病害之一，致使烟草减产，是制约烟草生产的重要因素。

一、症状

烟草棒孢霉叶斑病主要为害成株期的中下部叶片，受侵染叶片初期出现暗绿色或暗褐色小点，后成浅褐色至褐色小圆斑，边缘褐色至暗褐色，侵染中期病斑逐渐扩大，颜色偏浅褐色，有褐色边缘，轮纹较少或不明显，常伴有明显的黄晕圈。侵染后期病斑扩大或连合，近圆形或不规则（拓展图6-1）。当条件适宜时，叶背病斑上覆有褐色霉层；主脉上出现条斑，褐色至黑褐色，可下陷。

二、病原

1. **分类地位** 该病的病原为半知菌类棒孢属多主棒孢霉（*Corynespora cassiicola*）。
2. **形态特征** 菌株在PDA培养基平板上生长良好，菌落圆形，平铺，墨绿色至灰褐色，绒点状，边缘整齐，偶尔呈扇形，生长到后期分泌黑褐色色素。分生孢子梗从菌丝垂直生出，单生或丛生，直立或弯曲，不分枝，浅褐色，光滑，可连续层出多次使孢子梗形成节节状，顶端稍膨大。分生孢子顶生，单生，寄主上偶见 2～3 个孢子成链；寄主病斑上分生孢子长圆柱形，大小为（41.8～127.2）μm×（6.1～11.8）μm，平均为 113.5 μm×8.4 μm；PDA 培养基上分生孢子棒锤形，大小为（21.8～66.7）μm×（4.5～10.5）μm，平均为 36.6 μm×7.3 μm；分生孢子正直或弯曲，淡褐色，光滑，有 2～8 个假隔膜，顶端钝圆，基部近截形，脐点明显（拓展图 6-2）。

3. **生物学特性** 该病原菌在 PDA 培养基上，于 27.5℃、光照和保湿培养条件下产孢较多。在 pH 为 6 时，以麦芽糖作为碳源、硝酸钾作为氮源，温度 27.5℃，完全光照等条件最适合其菌丝生长；以乳糖作为碳源、硝酸钾作为氮源，温度 30℃，完全黑暗等条件最有利于该菌分生孢子形成；27.5℃、湿度为 100%且有水膜条件下，12 h 光暗交替等条件最有利于分生孢子萌发；分生孢子的致死温度为 52℃；菌丝在低于 9℃和高于 39℃条件下不生长。

4. **生理分化** 同源性分析研究显示多主棒孢霉可分为 7 个分支，其中含相同毒素基因的多主棒孢霉分别聚类到同一分支，表明含不同毒素亚型的菌株存在遗传上的分化，生理小种复杂。

5. **寄主范围** 多主棒孢霉是棒孢属内发现最早、寄主最广的种，可侵染 380 属内的 530 余种植物，包括烟草、橡胶、木薯、香蕉、草莓、莲藕、茄子、广藿香、苦瓜和黄瓜等作物。

三、病害循环

病原菌以菌丝体或分生孢子随病残体在土壤中或其他寄主植物上越冬、越夏，病原菌存活力较强，至少可存活 2 年。分生孢子可借风、雨水或农事操作在田间传播。条件适宜时可侵染烟株发病。

四、发病条件

该病害发生轻重与菌源数量、气候条件及栽培管理等因素有密切的关系。

1. **菌源数量** 在前 1～2 年有轻微发病的烟田，如不及时清除病原菌，则病情会逐年加重。若大田期持续阴雨，湿度大，气温高，菌源量比较大，则会加重病害的发生，甚至暴发。

2. **气候条件** 高温、高湿条件有利于棒孢霉叶斑病的流行和蔓延。在贵州，烤烟棒孢霉叶斑病在 6 月下旬前，病害发展缓慢，6 月底至 7 月上中旬温度较高，若遇连续阴雨天气且菌源量较大时，病害发展迅速；若菌源量较小，病害将呈逐渐发展的趋势。病害发生流行的关键因素是田间湿度，如雨量大、湿度高则该病害迅速暴发流行。

3. **栽培管理** 随海拔升高，初始发病时间相应推迟，坡地较平地发病重，黏土较壤土发病重，偏施氮肥病重，前茬作物为水稻及氮肥施用量少的烟田发病轻，管理粗放、杂草丛生病重。

五、防控措施

针对烟草棒孢霉叶斑病应采取综合防治措施，选择抗病品种，加强栽培管理，掌握关键用药时期及时防治。

1. **选择抗病品种** 因地制宜，选择抗病品种，避免病害大面积发生。

2. **加强栽培管理，减少菌源** 烟秆合理处理，避免烟秆混入烟地或存放在烟地周边；越冬前注意铲除杂草，翻犁烟地，把当年杂草残余压埋在土中。

3. **药剂防治** 代森锰锌、咪鲜胺、甲基硫菌灵等药剂对烟草棒孢霉叶斑病具有较好的防治效果，可根据推荐使用剂量进行防治。

◆ 第二节 烟草黑胫病

本节图片

烟草黑胫病（tobacco black shank）俗称"腰烂""瘟兜"等，是世界性烟草病害。1896年印度尼西亚的爪哇首先报道了该病害，我国1950年首次报道该病发生于黄淮烟区，并连续多年严重为害。目前，该病在我国各植烟省（自治区）均有分布，常与烟草青枯病、根黑腐病、根结线虫病混合发生，是目前各烟区的主要病害之一。尤其在多年连作或土质黏重的产区，该病是生产上的一大威胁。

一、症状

此病主要为害成株的茎基部和根部，也为害叶片，西南地区苗床也较严重。在南方，初病期在3月下旬至4月上旬，北方烟区盛发于现蕾阶段。其为害症状随株龄和气候条件的变化而不同。

1. **苗期症状** 多从幼苗基部湿腐，呈猝倒状成片死亡。较大的烟苗先在基部发生黑斑，沿茎向上扩展，在冷凉干燥的气候条件下扩展缓慢，最后全株变黑褐色或病部干缩而死，在潮湿条件下全株迅速腐烂，部分或全部根系变黑坏死。病部布满白霉并能迅速传染附近幼苗，造成成片死苗。

2. **成株期症状** 移栽大田后的烟株是主要发病时期，症状如下。①"穿大褂"：根系或茎基部受侵染，病害向上扩展过程中，破坏髓部及维管束，影响水分输送，导致病叶白天出现萎蔫，夜间恢复，8～10 d后病株呈永久性萎蔫。在大雨后高温季节，发病加速，自下而上依次变黄变褐，雨后遇烈日、高温，则全株叶片突然凋萎，垂死于病株上，俗称"穿大褂""吊死鬼"。②"黑胫"：烟株茎基部受害后在发病部位出现黑斑，横向扩展可绕整个茎围，纵向可破坏根系，病斑可长达60～70 cm，纵剖病茎可见长条形、黑褐色干枯部分。③"黑膏药""牛屎斑"：如果生长季节多雨，由雨点飞溅，将土表或者茎基病斑上的孢子传播到下部叶片，引起叶片感染，中下部叶片常产生圆形、黑褐色的大块病斑，形如膏药状，常称之为黑膏药。"腰烂""膏药"状病斑表面产生白色绒状物，沿主脉、叶柄扩展，可造成茎中部出现黑褐色坏死，引起腰烂。④"笋节"：病茎髓部因毒素作用而变褐变黑、干缩，分离成"碟片"状，犹如笋节，片层间生有白色疏松絮状物，潮湿时茎外也可见白色絮状物（拓展图6-3）。

二、病原

1. **分类地位** 烟草黑胫病的病原为卵菌门疫霉属烟草疫霉 [*Phytophthora nicotianae* Breda de Haan（=*P. parasitica* Dast.）]。

2. **形态特征** 气生菌丝无隔、透明，粗细不均，直径5～11 μm。孢子囊梗1～3根从病组织气孔中伸出。孢子囊顶生或侧生，可连续产生，梨形或椭圆形，大小为（23～64）μm×（18～51）μm，有乳突1个，少数2个，半圆形，可释放出5～30个游动孢子。游动孢子近圆形或肾形，直径7～11 μm，无色，侧生双鞭毛，能在水中游动，萌发产生芽管。在高温条件下，孢子囊可直接产生芽管。厚垣孢子顶生或间生，圆形或卵形，直径 18～51 μm，初为淡色，老熟时变黄褐色。我国在自然条件下尚未发现卵孢子。用不同菌系配合可产生大量卵孢子，圆形，淡色或草黄色，直径 20～32 μm，壁厚（图 6-1）。

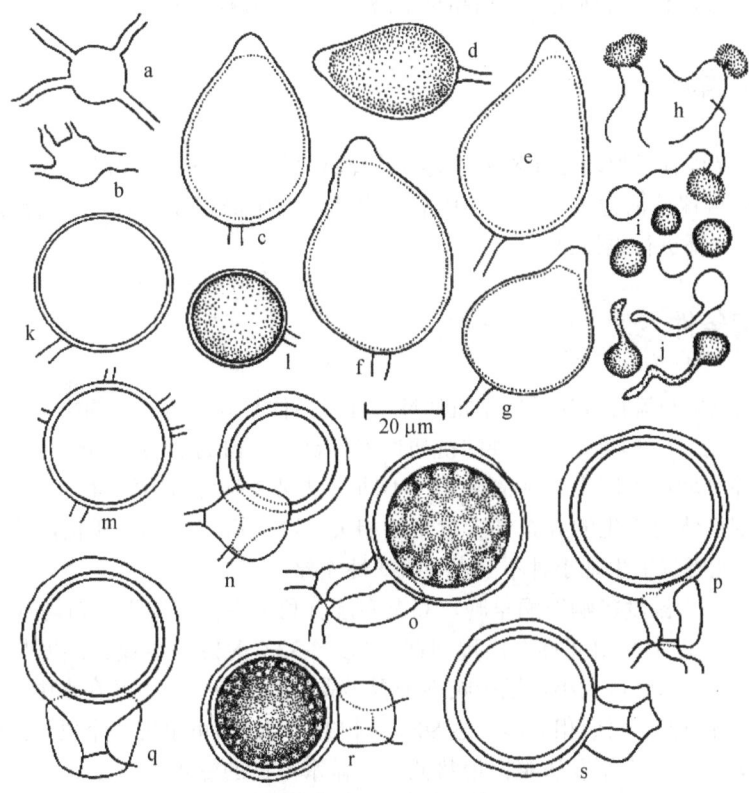

图 6-1　烟草疫霉（引自余永年，1998）

a、b. 菌丝膨大体；c～g. 孢子囊；h. 游动孢子；i、j. 休止孢子及其萌发；k～m. 厚垣孢子；
n～s. 藏卵器、雄器和卵孢子

3. 生物学特性　菌丝生长温度为 10～36℃，最适温度为 28～32℃。孢子囊产生适温为 24～28℃。在燕麦培养基上 48 h 即可大量产生孢子囊，以 0.01 mol/L 硝酸钾或土壤浸出液浸泡生长良好的菌丝，3 d 内也可产生大量的孢子囊。游动孢子活动和发芽温度为 7～34℃，最适温度为 20℃；在 25～30℃自然条件下骤然降温 3～10℃，可促使孢子囊萌发出 1 至多个芽管。适温下，孢子囊萌发相对湿度为 97%～100%时只需 5 h，相对湿度降至 91%时则需 45～70 h。孢子囊短时内释放出大量游动孢子，游动孢子密度越大，活动力越强。病原菌在 pH 3～11 都能生长，pH 5.5 时生长最好。光线有抑制孢子囊萌发的作用。

4. 生理分化　1952 年报道该菌有生理分化现象，国际上根据致病性不同分为 0、1、2、3 号共 4 个生理小种，以 0 号小种分布最广。我国据致病力强弱，鉴定出 0、1、3 号小种，全国各地优势小种有一定的差异。

5. 寄主范围　烟草是该病原菌唯一的自然寄主植物，人工接种可侵染番茄、辣椒、茄子、马铃薯、蓖麻、海狸豆等植物的幼苗，以及苹果、茄子、棉铃等果实。烟草黑胫病菌在人工创伤条件下可侵染 21 科 41 属 51 种植物，在不创伤条件下可侵染 10 科 15 属 16 种植物。

6. 病原菌侵染机制　厚垣孢子萌发产生芽管，从寄主伤口或表皮侵入，菌丝在寄主细胞之间或细胞内生长蔓延，病部产生的游动孢子囊及游动孢子通过地面流水或风、雨水吹溅进行再侵染。病原菌侵入后，产生胞外果胶酸、纤维素酶等分解寄主细胞壁，产生半乳糖醛酸等多种酶和毒素分解细胞中胶层与导管壁，并形成胼胝质侵填体，堵塞导管对水分的输送，细胞变褐色、坏死。在适宜条件下，2~4 叶期幼苗在病原菌侵入 48 h 后即表现症状，较大的感病幼苗 2~3 d 可萎蔫，1 周内枯死，抗病品种上潜育期长，病程缓慢。

三、病害循环

黑胫病菌以菌丝体及厚垣孢子随病残体在土壤或堆肥中越冬，成为翌年的初侵染源。病原菌在土壤内一般可保持活力 3 年，土壤中病秆内菌丝 5 年仍有侵染力。主要通过风雨、病残体、农事操作等传播进行再侵染。

四、发病条件

烟草黑胫病发生与流行取决于寄主抗病性、环境条件与病原菌三者的相互作用。

1. 寄主抗病性　　烟草不同品种的抗病性差异显著。白肋烟的抗病性较强，香料烟的抗病性较差。另外，烟草不同生育期的抗病性不同，以现蕾前为易感病阶段，苗龄越小越易感病。抗病性与烟草体内产生的壳聚糖含量呈正相关。现蕾后茎基部木质化，病原菌则不易侵入。相同品种可能因各地生理小种不同表现抗病性差异。

2. 温、湿度　　温度影响发病早晚，高温高湿有利于病害的发生，旬均气温 20℃以下基本不发病，在 22℃以上时田间逐渐出现病株，24.5~32℃时发病迅速。湿度是病害流行的关键，土壤湿度高低、降雨量大小可以影响孢子囊形成、游动孢子产生及在水中的传播，从而影响病原菌的分布与为害。雨后相对湿度达 80%以上 3~5 d，即可出现一个发病高峰。

3. 土质与地势　　连作发病重；地势低洼、排水不良的黏重土壤发病较重；砂质土发病较轻；土壤中钙、镁离子多，高氮低磷情况下发病较重。此外，根结线虫为害严重，农事操作造成伤口多，发病较重，并造成复合侵染。

五、预测预报

做好预测预报可有效防治该病害。主要依据该地区的发病历史、感病品种的比例、连作地与轮作地的比例，以及品种感病阶段的日降雨量，预测当年的发病程度。山东的经验是：7月干旱或降雨少，发病轻或推迟发病；8月中旬仍无大雨或暴雨，病害即不会流行；7~8月平均温度在 25℃以上，只要有 1 次大雨，3 d 相对湿度 85%左右，病害可能发生，降中雨也可能有少量病株；平均气温 25~28℃，旬降雨量在 100 mm 左右，5 d 相对湿度在 90%以上，中度流行；如旬降雨量在 150 mm 以上，出现暴雨或特大暴雨，且旬平均相对湿度在 95%以上，病害就会大流行。据河南报道，病情指数（Y）与旬气温（X）的直线回归关系式为 $Y=-42.28+2.1479X$（$r=0.9180$），气温每上升 1℃，病情指数增加 2.1479。移栽后如遇 28~32℃天气，病情扩展迅速，潜育期仅为 2 d。

六、防控措施

采取以抗病品种和合理轮作为主，高畦栽培和药剂防治为辅的综合防控措施。

1. 选育和推广抗、耐病品种　　目前较抗病的品种有'贵烟 1 号''毕纳 1 号''云烟 85''云烟 311''K325''K596'等，应根据植烟区气候条件、地形、病原菌小种分布等情况，因地制宜地选择抗病品种。

2. 高畦栽培和合理轮作防病　　有条件的区域要大力推进水旱轮作、间作技术，与禾本科作物实行 3 年以上轮作，可兼治花叶病，不与茄科作物轮作；推广高起垄、高培土技术；以垄高 40～50 cm 为宜，易排涝防积水，降低田间湿度；早育苗、早移栽，提前于清明前后移栽，使烟株易感病阶段与高温多雨的气候错开，有一定的防病避病作用；不施带菌粪肥，防止人为灌溉传病，及时清除病叶及病死株，并带出田外烧毁或深埋，保持烟田卫生。

3. 药剂防治　　烟苗移栽后 45 d 内，可轮换选用 58%甲霜·锰锌可湿性粉剂、50%烯酰吗啉可湿性粉剂、48%霜霉·络氨铜水剂、722 g/L 霜霉威水剂或 20%噁霉·稻瘟灵乳油 1500 倍液等灌根 2～3 次，每隔 7～10 d 施用 1 次。

第三节　烟草病毒病

本节图片

烟草病毒病（tobacco virus disease）是烟草生产上的一类重要病害。近年来，烟草病毒病在我国发生有上升趋势，发病较重的植烟区，田间病株率可高达 80%～100%，严重影响烟草产量和品质。据统计，全世界已报道的烟草病毒病有 30 余种，其中分布最广、危害最大的是由烟草花叶病毒和黄瓜花叶病毒侵染引起的花叶病。番茄斑萎病毒是世界十大农作物病毒之一，每年造成农作物的经济损失约 10 亿美元。我国于 1991 年在四川烟草上首次发现番茄斑萎病毒为害，现已成为我国烟草上的重要病害之一。

一、烟草花叶病

烟草花叶病（tobacco mosaic disease）主要是指由烟草花叶病毒（tobacco mosaic virus，TMV）和黄瓜花叶病毒（cucumber mosaic virus，CMV）引起的花叶病，两者在世界各产烟区均有发生。其中，TMV 在我国东北三省、云南、湖南、湖北、福建、四川等烟区普遍发生，受害较重；CMV 在黄淮、华中及华南烟区发生较重，在山东、河南、陕西、安徽、湖南、广东、广西及台湾，其危害已大大超过 TMV。此病已成为我国烟草上的主要病害，给烟草生产带来很大威胁。在田间，两者单独或复合侵染，发病率一般为 5%～20%，重者 90%～100%，苗期发病造成的损失可达 50%～70%，旺长期感染损失可达 30%～50%，现蕾以后发病对产量的影响不明显。病叶品质下降。

（一）症状

1. 烟草普通花叶病　　此病自苗床至大田整个生育期均可发生。新叶的叶脉变成浅绿色，呈半透明的"明脉症状"，几天后叶片形成黄绿相间的"花叶症状"。烟株受侵染后，叶色浓淡不均，出现黄绿相间的"花叶症状"；有的病叶厚薄不均，叶面隆起多个泡斑，形成"泡斑状"；有的病叶沿小叶脉两侧叶色深绿。早期发病，病株严重矮化，叶片皱缩扭曲，有时叶缘向下翻卷或产生缺刻等。天气炎热干燥或在大田后期，叶片可产生大面积褐色坏死斑，即"花叶灼斑"（拓展图 6-4）。

2. 烟草黄瓜花叶病　　发病初期，首先在心叶上表现明脉症，叶色浓淡不均，出现黄绿相间的花叶症状。严重时，叶片变窄、扭曲，伸直呈拉紧状，表皮茸毛脱落，失去光泽等。早期患病，植株严重矮化。有时病叶上出现深绿色的"泡斑"；中部叶或下部叶可形成闪电状坏死，褐色至深褐色；小叶脉或中脉形成深褐色或褐色坏死（拓展图6-5）。

TMV与CMV引起的症状区别：TMV的病叶边缘时常向下翻卷不伸长，叶面茸毛不脱落，泡斑多而明显，有缺刻；而CMV的病叶病斑边缘时常向上翻卷，叶基拉长，两侧叶肉几乎消失，叶尖呈鼠尾状，叶面茸毛脱落，泡斑相对较少，有的病叶粗糙，如革质状。

（二）病原

1. 分类地位 烟草花叶病的病原菌有两种，即烟草花叶病毒（tobacco mosaic virus, TMV）、黄瓜花叶病毒（cucumber mosaic virus, CMV），分别引起烟草普通花叶病和烟草黄瓜花叶病。前者属于帚状病毒科（*Virgaviridae*）烟草花叶病毒属（*Tobamovirus*），后者属于雀麦花叶病毒科（*Bromoviridae*）黄瓜花叶病毒属（*Cucumovirus*）。

2. 形态特征及生物学特性 TMV粒子直杆状，大小为300 nm×18 nm。病毒基因组为正义单链RNA，由约6400个核苷酸组成，其外壳含2130个蛋白亚基，每个亚基由158个氨基酸组成，围绕RNA分子螺旋排列。TMV复制增殖的最适温度为28~30℃，37℃以上即停止增殖。病毒的体外稳定性极强：致死条件为93℃ 10 min或82℃ 24 min；稀释限点为10^{-6}，体外保毒期（20℃）在30 d以上。

CMV粒子为近球形的二十面体，直径28~30 nm，病毒基因组为3条正义单链RNA，大小分别为3400 nt、3100 nt和2200 nt，其外壳蛋白亚基含有287个氨基酸残基。CMV在寄主体外的抗逆性较差，在60~75℃下10 min即丧失侵染力。室温下病株汁液内的病毒只能存活3~4 d。在干燥病叶中病毒也不能长期存活，但真空冷冻干燥病叶中CMV保存9年仍有侵染能力。稀释限点为10^{-5}。

3. 生理分化 TMV具有较多的株系，目前没有统一的划分标准，主要株系有TMV-OM、TMV-U1、TMV-Vulgare、TMV-RS、TMC-C、TMV-N等。CMV也存在明显的株系分化现象，各株系在同种寄主植物上的症状表现存在差异。根据血清学和基因组序列差异，可将CMV株系划分为2个亚组，即亚组Ⅰ和亚组Ⅱ。亚组Ⅰ分离物侵染植物症状较重且主要分布于热带和亚热带地区，而亚组Ⅱ分离物侵染植物症状较轻且主要在温带地区流行。亚组Ⅰ可进一步分为ⅠA和ⅠB，我国烟草CMV分离物两个亚组均有分布，以ⅠB株系报道较多。

4. 寄主范围 TMV的寄主范围很广，包括茄科、苋科、车前科、蓼科、石竹科、豆科等36科350多种植物。CMV能侵染葫芦科、茄科、十字花科及香蕉、竹叶草等1000多种单、双子叶植物，寄主范围甚广，因而该病有广泛的毒源，是引起大田严重危害的重要原因。

（三）病害循环

TMV和CMV都极易通过汁液摩擦传染，嫁接和菟丝子也可传染。由TMV引起的花叶病，其发生流行主要与农事操作中机械接触传染有关，通常情况下，刺吸式口器昆虫（如蚜虫等）不能传染，咀嚼式口器昆虫（如蝗虫、甲虫和蚱蜢等）偶尔可以传染但作用不大，被TMV污染的种子也可以传病。而CMV引起的花叶病主要是通过棉蚜、桃蚜等蚜虫传播。

TMV在被污染的烟叶（包括遗留在田间的病叶和烤晒后的烟叶、烟末、烟丝等）、烟枝、种皮及其他带病的寄主植物上越冬，翌年通过机械摩擦侵染烟苗。在22~28℃条件下，受侵染植株7~10 d后显症；在自然条件下，CMV不能在干死的叶片内存活，主要在老病烟株及众多的中间寄主（如十字花科蔬菜及杂草）上越冬，翌年由带毒蚜虫传染到新植的烟苗，在田间再通过蚜虫和机械接触反复传播。CMV 在烟草内增殖和移动较快，在 24℃条件下经 6 h 便可以自表皮移至叶肉，48 h 内进行第二次侵染，并在一周内完成系统侵染。

（四）发病条件

1. **蚜虫的数量及活动** 由 CMV 引起的花叶病在田间主要靠蚜虫传播，因此，与蚜虫发生、繁殖和活动有关的各种因素均会对此病的发生造成影响。花叶病发病率与田间烟蚜发生量呈正相关，通常情况下，在蚜量达到高峰后 10 d 左右出现病害高峰，高温干旱气候有利于诱导有翅蚜的发生和活动，发病就较重。

2. **栽培管理条件** 土壤肥力差、排水不良的地块，烟株长势弱，容易发生花叶病；连作地或前茬为番茄、辣椒和油菜等，发病也较重。由于 CMV 的寄主范围很广，很多作物（如辣椒、番茄、十字花科蔬菜等）和田边杂草均是其寄主，可作为侵染源，因此，在杂草较多、距菜园较近和蚜虫较多的烟田，发病时间早且受害较重。在 25～27℃时适于烟草花叶病毒病的发生，在 38℃以上时，抑制侵染，高于 37℃或低于 10℃症状隐退，高温还会引起花叶灼斑坏死症状。各类伤口，如打顶抹芽、大风和昆虫为害等造成的伤口，都会加速烟草花叶病的传播蔓延。

3. **品种抗病性** 烟草品种间对 TMV 的抗性差异较大，当前生产上应用的抗 TMV 品种，其大多数抗病性来自心叶烟系统，对 CMV 引起的花叶病，目前还没有找到理想的抗病品种。同一品种不同生育期的抗病性不同，一般烟株苗期、大田期至旺长期对 CMV 易感，现蕾后抗病力较强。

（五）防控措施

针对烟草花叶病应采取以农业防治为主，配合物理防治及药剂防治的综合防控措施。

1. **农业防治** 针对 TMV，应选用无病种子。对可疑病种可用 0.1%～0.2%硫酸锌或 0.1%磷酸三钠液浸种 10 min，对种子表面所带病毒有效，浸种后反复冲洗。不与茄科、葫芦科和十字花科蔬菜轮作，重病地 2～3 年不种烟。早期发现病株及时拔除，对防治 CMV 病害有一定的效果。农事操作避免接触传染。加强田间管理，促进烟株生长，提高植株抗病能力。

2. **药剂防治** 针对 TMV 目前尚无特效抗病毒药剂，常用药剂有 24%混脂·硫酸铜水乳剂、18%丙多·吗啉胍可湿性粉剂、20%吗胍·乙酸铜可溶粉剂、8%宁南霉素水剂、2%氨基寡糖素水剂、0.5%香菇多糖水剂、3%超敏蛋白微粒剂等。应重点在苗床期进行预防，大田期用药，最好于移栽至 30 d 内施用，一般可喷施 2～3 次，每隔 7～10 d 施用一次。

CMV 主要防止蚜虫传毒，因此可在移栽前一天或当天，选用 70%吡虫啉可湿性粉剂 13 000 倍液、3%啶虫脒乳油 2500 倍液等，对烟田及其四周一定范围的蚜虫寄主（如蔬菜类、杂草等）全面喷施一次，栽后每隔 7～10 d 喷施一次病毒剂+杀蚜剂混配液，可喷施 2～3 次，同一区域内须进行联防。病毒剂的选用参见烟草普通花叶病的药剂防治。

3. **物理防治** CMV 可采用银灰色地膜栽培避蚜；在有翅蚜迁飞期内，采用黄板诱杀技术灭蚜防病。

二、烟草番茄斑萎病

番茄斑萎病毒（tomato spotted wilt virus，TSWV）是一种世界范围内危害农业生产的重要病毒，引起了巨大的经济损失。TSWV 的寄主植物非常广泛，包括番茄、辣椒、烟草、马铃薯等。在我国多个省（自治区）大面积发生，已成为烟草生产上的重要病害之一，严重时发病率可达 80%以上，造成烟叶产量和品质下降。

（一）症状

该病毒能侵染烟株的各生长时期，包括苗期、大田期（包括摆盘、团棵期、旺长期和成熟期）等。移栽后 2～4 周出现典型症状，在发病初期主要产生局部坏死，而后出现系统坏死，严重的出现整株严重坏死，甚至死亡，植株也表现出矮化症状。病害症状随植株大小、环境条件、病毒株系及烟草品种的不同而不同。在幼嫩叶片上会出现坏死的同心轮纹和带状坏死斑点。有时烟叶上还会布满小的坏死斑，逐渐合并成大斑，形成不规则的坏死区。发病初期，叶斑颜色为淡黄色，之后变成红褐色。侵染后期，在中部叶片上沿主脉形成闪电状黄斑或坏死轮纹，有时叶脉也会出现坏死。坏死轮纹会沿着茎秆延伸，使导管或髓部出现空洞或黑色坏死。感染烟草番茄斑萎病的烟株矮化，顶芽下弯或萎垂，叶片扭曲，形成不对称生长，出现叶片镶脉、叶脉坏死、畸形、叶面皱缩、同心环纹、坏死斑等症状；感染严重的烟株，最终叶片萎垂并死亡，失去烘烤价值（拓展图 6-6）。

（二）病原

1. **分类地位** 番茄斑萎病毒（tomato spotted wilt virus，TSWV）是番茄斑萎病毒科（*Tospoviridae*）正番茄斑萎病毒属（*Orthotospovirus*）的代表种。

2. **形态特征及生物学特性** TSWV 粒子为具有包膜的球形，直径为 80～120 nm，病毒基因组为 3 分体负义单链 RNA（L-RNA、M-RNA 和 S-RNA）。

3. **传播途径** TSWV 的传播介体为蓟马，蓟马在获毒后，迁飞到烟田传播病毒。研究表明，约有 25 种蓟马能够传播番茄斑萎病毒，以西花蓟马、花蓟马、棕榈蓟马等 9 种蓟马为主要传毒媒介。

4. **寄主范围** 番茄斑萎病毒的寄主范围广泛，已发现 34 科双子叶植物和 7 科单子叶植物共 166 种植物可自然感病，汁液接种可传播 50 科 360 种植物。茄科、豆科、菊科和葫芦科植物均受害严重。重要的寄主植物有烟草、番茄、马铃薯、茄子、辣椒、花生等。一些常见的杂草如蒲公英、三叶鬼针草也受此病毒感染。系统侵染的寄主有番茄、烟草、百日草、莴苣等。局部侵染的寄主有矮牵牛、心叶烟及黄瓜等。

（三）病害循环

烟草番茄斑萎病毒的主要传播媒介是蓟马。蓟马的寄主范围广泛，为害蔬菜、花卉和果树等多种植物，体型微小，一般藏匿于植物隐蔽处为害，繁殖能力极强。烟草上比较常见的是西花蓟马，具有两性生殖和孤雌生殖两种生殖方式，主要以刺吸方式造成嫩叶皱缩卷曲、凋萎，同时传播烟草番茄斑萎病毒和烟草条纹病毒（tobacco streak virus，TSV），染病后导致烟叶损失 30%～50%，严重影响烟叶的产量和质量。

只有蓟马若虫能够获毒，若虫通过取食带病植株感染病毒，病毒粒子进入若虫口腔，透过围食膜，进入蓟马中肠和前肠的肌肉细胞中复制，最后扩散到唾液腺，通过蓟马取食时释放带病毒的唾液侵染健康的寄主植物。获毒时间为 15～30 min，获毒后并不立即传播，一般需在蓟马体内经 2～4 d 复制增殖后才能有效传播。不经过卵传至后代，为持久性传毒，传毒时摄食时间为 5 min，主要通过带毒蓟马刺吸烟叶表皮来传播病毒。被侵染的烟株在数周内出现萎蔫并逐渐死亡，整株的坏死最初仅表现在叶脉上，逐渐沿着茎秆发展，最终造成髓部和导管坏死。

（四）发病条件

烟草番茄斑萎病发生流行与毒源植物的数量和距离、传毒介体的种群数量、气候条件、农事操作等因素密切相关。研究表明，在病害传播中造成介体在植株间活动比介体种群密度更为重要，因而田间频繁的农事操作可使蓟马传毒率增高；烟草田间发病最适温度是 25℃，低于 12℃或超过 35℃均不表现症状；此外，一般苗期感染发病重，成株期抗病能力较强。

（五）防控措施

针对烟草番茄斑萎病应通过加强栽培管理，配合化学、物理、生物等防控技术进行综合防控，减缓 TSWV 的蔓延，具体措施如下。

1. 选择抗病品种　　国外对番茄斑萎病毒的抗性品种进行了大量研究，通过小孢子原生质体融合技术，目前已将花烟草（*Nicotiana alata*）中的抗性基因转化至栽培种（*N. tabacum*）中，近年波兰培育出的'Polata'香料烟较抗 TSWV。但迄今尚未培育出对番茄斑萎病毒抗性较强的烤烟品种。目前生产上栽培的烤烟品种'NC78''K326''G28'等均为感病品种。

2. 防治传毒介体　　由于蓟马属持久性传毒介体，因而防治蓟马对控制此病十分重要，防治蓟马可采取以下措施：消灭越冬虫源，减少春季虫源，药剂防治蓟马等。实验表明，采用紫外反射光覆盖膜，施用抗病性系统诱导物和杀虫剂的综合措施，烟田中蓟马数量减少 68%，番茄斑萎病毒病发病率降低 64%，能够有效地减少番茄斑萎病的发生。

3. 药剂防治　　目前农业生产上防治 TSWV 的药剂主要有宁南霉素、氨基寡糖素、盐酸吗啉胍、香菇多糖等。

4. 加强田间管理　　铲除田边杂草、培育无病壮苗、及时拔除病株、烟田远离蔬菜地等也是重要的防治措施。

第四节　烟草气候斑病

本节图片

烟草气候斑病（tobacco weather fleck）又称气候斑点病、麻点病，是一种非侵染性叶斑病害。其在国内外烟区普遍发生，严重时影响烟草产量和品质，损失很大。该病由美国于 1920 年首次报道，其后在加拿大和日本普遍发生，造成严重损失。在我国，1970 年前后台湾省即有发生，1975～1976 年云南省发生普遍，逐渐成为我国各烟叶产区的主要病害之一，在广西、广东、江西、湖南、云南、福建、河南和贵州等地均有发生。气候斑病导致烟株体内碳氮代谢失调，烤后烟叶的总氮、烟碱、钾离子、总糖和游离氨基酸含量均下降，烟叶产量和品质明显下降。

一、症状

该病一般发生于烟草团棵期至旺长期植株中下部已全部伸展的较成熟的叶片上，从苗床期至成熟采收中后期的脚叶和中上部叶片也时有发生。病害的症状依发生时期和条件的不同，表现出白斑、褐斑、环斑、尘灰等类型（拓展图 6-7）。

1. 白斑型　病斑一般圆形、近圆形或不规则形，直径 1～3 mm。初水渍状，后变褐色，再变为灰白色甚至白色。病斑外缘组织稍褪绿变黄。最后病斑中心坏死、下陷、穿孔、脱落，严重时因多个病斑连合穿孔，可使叶片破烂不堪。病斑中央不透明，无黑点或黑色霉状物。

2. 褐斑型　此型与白斑型相似，但病斑变褐色后，不再变为灰白色，仍保持褐色。病斑内缘色更深，病健交界更明显。

3. 环斑型　病斑常在白斑或褐斑的周围具 1 个甚至 2 或 3 个由多点间断组成的轮环，类似烟草环斑病毒病症状，环斑直径在 1 cm 以上。

4. 尘灰型　病斑极小，且互相紧靠，似尘灰或一般植物叶片受红蜘蛛为害状。初灰白色，后变褐色。受害处也很少穿孔。

在上述这些类型中，白斑型是最常见的类型，褐斑和环斑型也较多，尘灰型则较少。白斑、褐斑和环斑型症状一般发生于烟株团棵期后中下部叶片上，尘灰型则多发生于嫩叶叶尖、叶缘和生长稍差、较薄的叶片上。此外，日本和美国还提出有坏死褐点、非坏死褐点、成熟叶褐斑、雨后黑褐斑和星月斑等症状类型，我国烟田中有些症状与之相似。

二、病因

1. 病原　国内外学者研究表明，该病由大气中 O_3 伤害所致。据广西壮族自治区农业科学院测定：O_3 伤害烟株的临界剂量为 0.321～0.358 mg/（L·0.25 h）。在 12℃低温和 SO_2 存在时则有利于病害的发生。O_3 通过直接渗入叶片表皮和张开的气孔进入叶组织，以后者为主。烟叶表皮厚度和气孔数量及开闭情况等决定 O_3 渗入组织的量。

2. O_3 引起烟株的生理生化反应　O_3 进入叶内即溶解于叶组织液中，首先侵犯周围栅栏薄壁组织的纤维素细胞壁，影响质膜上水和离子的通透性，使细胞整合性丧失，细胞内含物泄漏于胞间腔隙中，O_3 穿过质膜进入细胞器，使叶绿体丧失光合作用的能力，细胞核扭曲，原生质体向中心收缩，细胞壁坍陷，进而海绵薄壁组织直至下表皮细胞也随之崩溃。

3. O_3 伤害的植物范围　O_3 除致害烟草外，国外报道另有受害植物 27 种以上，其中最敏感的有小粒谷类作物、苜蓿、菠菜等；国内报道，供试植物中有受害植物 60 种以上，其中最敏感的有蚕豆、豌豆、菜豆、菠菜、油菜、马铃薯、向日葵等 26 种，较敏感的有黄豆、谷子、玉米、小麦、黑麦、苹果、核桃、桃、李、杏等 20 种。

三、发病条件

该病的发生，除受烟草品种感病性影响外，还受 O_3 浓度和持续时间、烟株生育期和叶片的叶龄及其成熟度、病害发生前后的气候条件、烟株的水分和肥料营养供应状况、其他污染物与病原存在状况的综合影响。各地一致认为：该病均发生于感病品种叶片快速生长至刚成熟阶段。当这个阶段低温、多雨、灌水或土壤水分含量高，叶片细胞间隙内充满水分，日照少，或持续雨天骤晴，氮磷钾肥供应不足或比例失调时，病害便会大发生。若烟田位置低洼，或周围有屏障，或烟株已感染某些病毒病，病害则受到不同的影响。

1. 烟草品种　烟草品种不同，烟株叶片表皮角质层的厚度、气孔大小和密度及烟株的生理生化状况有明显的差异。病害较重的品种有 'Bel-W3' 'Coker-88' 'Coker-139' 'G-80' 'G-140' 'K326' 'K358' 'K370' 'NC-88' 'NC-2326' 和 'Speight G-28'（简称 'G-28'）

等；病害较轻的品种有'Bel-B''Bel-W$_3$-R''CF80''F-200''F-221''F-225''F-226''G-3''NC-89''永定1号''翠碧1号''遵烟1号''红花大金元''中烟90''岩烟97''岩杂2号'等。

2. 烟株的生育状况　　烟株移植后自进入团棵期起直至旺长中后期止，病害最容易发生。受害叶片多位于自下而上的第4～8叶片上，但若烟株早花和生育后期出现特别适合病害发生的气候条件和栽培条件，脚叶和上二棚叶也会发生。

3. 气候条件　　广东、广西、福建、江西和云南等省（自治区）分析表明：我国烟草种植期间寒潮是影响该病发生的最大气候因素。O_3主要聚集在大气的平流层，寒潮来临，温低雨多，雷暴闪电可形成O_3，地面逆温层又有利于平流层中的O_3急剧下降至对流层，与地面汽车和工厂废气等初级污染物在日光下所产生的O_3在地面聚集，地面O_3浓度较高；加上寒潮使原在较高温度下生长的烟株生理失调，烟叶表皮气孔多数处于开放状态，又有利于O_3的侵袭，故病害常较重。

4. 栽培条件　　该病最易发生于膨胀多汁的烟叶上。水田种烟，水分多，湿度大，烟叶膨胀多汁，叶片气孔张开，病害常较重；反之，旱地种烟则较轻。土壤质地不同，烟株生长状况不一，受O_3的伤害存在一定的差异。黏性红壤、新垦红壤病最重，稻田土次之，砂壤土、紫色土最轻。质地较轻、偏酸性的白沙泥田有效钾含量仅33～44 mg/kg，病害重；但碱性紫泥田有效钾为130 mg/kg，病害则较轻。合理施肥，烟株生长发育健壮，病害常较轻；氮、磷不足，或施氮量偏大而磷钾配比量较少病害重。此外，地势低洼、排水不畅、杂草丛生或不合理灌溉的烟田病害也重。

5. 与病毒病及其他病原的关系　　烟株感染病毒病及根结线虫的为害状况在一定程度上也影响着O_3的伤害。国内外报道认为烟株受烟草脉带花叶病毒（tobacco vein banding mosaic virus，TVBMV）、马铃薯Y病毒（potato virus Y，PVY）、烟草条纹病毒（tobacco streak virus，TSV）、黄瓜花叶病毒（cucumber mosaic virus，CMV）侵染和根结线虫为害则O_3伤害重；反之，烟株感染烟草蚀纹病毒（tobacco etch virus，TEV）则较轻。关于感染TMV的植株受O_3伤害的影响问题，国内外看法不一。此外，烟草脉斑驳病毒（tobacco vein mottling virus，TVMV）与O_3的关系还依烟草品种而异。

四、防控措施

1. 选用抗、耐病品种　　在福建、广东、广西、云南、江西等省（自治区），生产上推荐的品种有'NC89''CF80''红花大金元''永定1号''翠碧1号''遵烟1号''中烟90''岩烟97''岩杂2号'等。

2. 加强健身栽培　　培育壮苗，十字期喷施200 mg/L多效唑1次。适时移栽，合理密植，实行高畦栽培。施足基肥，多施农家肥，及时追肥，N∶P∶K=（1∶1∶2）～（1∶2∶3）。合理排灌，注意开沟排渍，寒潮来临时应减少灌水。及时中耕除草，及时采收成熟叶片，去除重病叶与脚叶，增加田间通风透光度。注意防治病虫害，力求减少病毒病和根结线虫病。

3. 药剂防治　　所用药剂有抗氧化剂、抗衰老剂、气孔和生长调节剂、防护剂、矿物质营养和叶面覆盖物等多种，如波尔多液300倍液、65%代森锌500倍液、80%代森锌可湿性粉剂600倍液、70%甲基硫菌灵可湿性粉剂1000倍液、超氧化物歧化酶（SOD）0.04 mg/L或增效醚600倍液等。

本节图片

第五节　桑菌核病

桑菌核病（mulberry sclerotial disease）又称"白果病"，因桑葚染病后多呈灰白色而得名，是桑树果实的主要病害。近年来桑菌核病发生逐年加重，遍及我国江苏、安徽、浙江、江西、上海、四川、重庆、山东、陕西、广西和台湾等省（自治区、直辖市）的果桑种植区，对桑葚的质量和产量造成了严重的影响，甚至有全园无收的现象。

一、症状

桑葚发病后，表面失去光泽度，成熟时表现的正常红紫色消失，果变肥大或者缩小。桑菌核病主要有桑肥大性菌核病、桑缩小性菌核病和桑小粒性菌核病三种类型，病果无商品价值和食用价值。三者由不同病原真菌引起，导致病果表现不同症状，常见的是桑肥大性菌核病。

1. 桑肥大性菌核病　　桑葚染病后，果实肿大，呈畸形。发病后期果实颜色转为乳白色或白色，捻破后散发出一股带有乙醇味的腐烂臭气，核果内部空虚，中心有一块黑色、干硬的大型菌核。大部分会自然脱落（拓展图6-8）。

2. 桑缩小性菌核病　　基部小果开始发病，逐渐向顶部蔓延。桑葚染病后个体显著缩小，质地坚硬，颜色转为灰白色，捻破果实后可见黑色、坚硬的小型菌核。

3. 桑小粒性菌核病　　桑葚的各个小果均可被侵染，导致一些病小果实逐渐膨大，呈现灰黑色，脱落留下果轴。病果子房特别膨大，内部含有大量小型的分生孢子，进而形成小型菌核。

二、病原

1. 分类地位　　桑肥大性菌核病的病原为杯盘菌属桑实杯盘菌（*Ciboria shiraiana*）（异名：桑葚菌核杯盘菌）；桑缩小性菌核病的病原为核地杖菌（*Scleromitrula shiraiana*）；桑小粒性菌核病的病原为杯盘菌属肉阜状杯盘菌（*Ciboria carunculoides*）。有报道发病果实由其中两种菌共同侵染所致。

2. 形态特征

（1）桑实杯盘菌：大型菌核上可形成1~10个子座，子囊盘大，号角状、酒杯状，直径6~17 mm，高5~14 mm，柄与子囊盘同色，长8~22 mm。子囊圆筒形，侧丝细长，内有8个子囊孢子，子囊孢子椭圆形，无色，单胞，具1~2个隔膜（拓展图6-9）。

（2）核地杖菌：每个菌核形成一个分离的子座，子囊盘钟形、半球形，黄绿色，表面细腻光滑，有多条纵向的皱褶，柄细长。子囊圆筒形，内含8个子囊孢子，子囊孢子长椭圆形，无色、单胞，侧面有1处明显内凹，在子囊内单行排列或不规则双行排列。

（3）肉阜状杯盘菌：每个菌核形成一个分离的子座。子囊盘杯状，具长柄，直径4~12 mm，柄部15~42 mm，粗约1.5 mm。子囊圆筒形，大小为（104~123）μm×（6.4~8.0）μm，内含8个子囊孢子。子囊孢子肾形，无色，单胞，大小为（6.4~9.6）μm×（2.4~4.0）μm。

3. 生物学特性　　核地杖菌容易在人工培养基上生长，人工培养时，肉阜状杯盘菌比桑实杯盘菌难生长。

4. 代谢产物　　据文献报道病原菌能够产生草酸，增强细胞壁降解酶活性，抑制植物的活性氧迸发，改变植物细胞氧化还原环境和诱导寄主细胞的死亡，抑制寄主的防御反应。此外，桑实杯盘菌产生的纤维素酶及核地杖菌产生的黑色素与病原菌的致病相关。

5. 生理分化　　我国桑菌核病的优势菌是肉阜状杯盘菌。目前国内外对桑菌核病菌生理小种的研究尚未详细。

6. 寄主范围　　目前，3种桑菌核病菌的寄主均仅见桑树，暂未发现侵染其他植物。

三、病害循环

子囊孢子是主要侵染源。桑菌核病菌的菌核在3~4月环境条件适宜时萌发出子囊盘，盘上着生子囊，子囊成熟时破裂喷发出子囊孢子，子囊孢子随风附着到雌花花序的柱头上。子囊孢子在衰败的桑雌花序柱头上获得营养萌发生长，菌丝蔓延，侵染小核果，随后在果实内扩散，并在小核果中形成菌核。病果脱落后，菌核在土壤中越冬。第二年春天越冬菌核在合适的条件下萌发，开始新一轮侵染。

四、发病条件

桑菌核病发病轻重与品种抗病性、气候条件、菌源数量等因素有密切的关系。

1. 品种抗病性　　不同品种抗病性差异明显，选育和推广抗性品种是控制病害流行的重要策略。

2. 气候条件　　每年3~4月为病原菌菌核萌发产生子囊盘的时期，当其与桑树开花期同步时，若遇天气暖和，雨水多，土壤湿润，则有利于土壤中的菌核萌发和子囊盘形成，发病率高，病害发生严重。

3. 菌源数量　　桑园有轻微发病时，如不及时清除病原菌，则1~2年后病情会逐年加重。

五、防控措施

针对桑菌核病应采取综合防控措施，以选择抗病品种为主，加强栽培管理，掌握关键用药时期进行综合防治。

1. 选择抗病品种　　因地制宜，选择抗病品种，如'剑持''蜀椹1号''蜀椹2号''龙爪桑''白玉王''台湾长果桑'等。如种植感病品种，应避免大面积种植单一品种。建议选择不同成熟期的品种搭配种植，避免病害大面积发生。

2. 加强栽培管理，减少菌源　　冬末春初，对土壤进行翻耕，将菌核深埋，配合使用石硫合剂或高锰酸钾2000倍液进行全园消毒。也可在桑树萌芽前覆盖地膜，阻断病原菌的传播链，同时地膜有增温、除草的作用；在桑葚成熟期，人工采摘病果、捡拾落地病果后集中深埋，减少翌年的侵染源；结合施肥，适当深耕；充分夏伐，保证树体和行间通风透光；冬季落叶后及时修剪、整形。

3. 药剂防治　　桑菌核病的防治重点关注始花期、盛花期、盛花末期。在这3个关键时期可用70%甲基硫菌灵800~1000倍液或50%啶酰菌胺水分散粒剂600倍液进行防治。喷药时整株都要喷到，并且兼顾地面、桑园道路、沟渠等区域。注意药剂交替使用，不可提高浓度，采摘前15 d停止喷药，确保桑葚安全。建议可使用木霉菌制剂稀释液喷施桑树进行防治。

本节图片

第六节 桑细菌性枯萎病

桑细菌性枯萎病（mulberry bacterial wilt）又名桑枯萎病，是桑树主要细菌性病害之一。其首先于2004年在浙江地带出现并被报道，随后在广西、广东桑园陆续被发现。据不完全统计，浙江杭州地区的发病面积由2005年的163.9 hm²扩大到2007年的454.9 hm²，广东至少有7个县、广西有8个县发生过此病。该病发病快，蔓延迅速，对浙江及华南地区各蚕桑产区造成了严重损失，影响桑产业健康稳定发展。

一、症状

桑细菌性枯萎病系统性为害全株。桑树染病后，枝条上部叶片开始表现为失水状，叶片边缘逐渐变褐、内卷，继而焦枯，叶片自下而上脱落，造成光秆（拓展图6-10）；病株茎秆外表正常，无腐烂发霉现象，但剖开根、茎表皮，可见木质部变黄变褐，产生褐色条纹，严重时木质部变褐变黑，保湿培养不产生霉状物。常在夏伐整枝后出现桑树大批枯死现象（拓展图6-11）。桑细菌性枯萎病症状与桑青枯病比较相似，但细菌性枯萎病一般在下部叶片先表现焦枯症状、变褐、内卷，病叶凋萎后由下而上迅速脱落，感病幼桑表现较明显；而青枯病则在发病初期，感病叶片中午失水萎蔫，叶片保持青绿色，清晨、傍晚恢复正常，在反复萎蔫恢复之后，叶片逐渐萎蔫、脱落，桑树整株枯死。

二、病原

1. **分类地位** 桑细菌性枯萎病的病原具有多样化特征。据报道，该病原多集中于肠杆菌属细菌（*Enterobacter* sp.），其中最常见的是阴沟肠杆菌（*E. cloacae*）、阿氏肠杆菌（*E. asburiae*）和桑肠杆菌（*E. mori*）。此外，有报道克雷伯氏菌属（*Klebsiella*）的肺炎克雷伯氏菌（*K. pneumoniae*）、克雷伯氏菌（*K. variicola*）和产酸克雷伯氏菌（*K. oxytoca*），泛菌属（*Pantoea*）的菠萝泛菌（*P. ananatis*），也是桑细菌性枯萎病的病原。

2. **形态特征** 桑细菌性枯萎病常见的病原菌为肠杆菌属细菌，是革兰氏阴性菌，短杆状，两端钝圆，周生鞭毛，不产生芽孢，兼性厌氧。在普通培养基上容易生长，在营养琼脂培养基（NA）和肉汤琼脂培养基（LB）上的菌落为白色或者乳白色，圆形，突起，表面湿润、光滑（图6-2）。在含有0.001%显色剂TTC和0.25% NaCl培养基中培养，菌落圆形，突起，表面湿润、光滑，粉红色到紫色，外围有一透明或半透明圈，随着培养时间的增加，紫色逐渐加深，透明圈变大。

3. **生物学特性** 桑肠杆菌对培养温度比较敏感，在最适培养温度25℃时生长最快，温度低于或高于25℃时，其生长均受到明显抑制。阿氏肠杆菌和阴沟肠杆菌生长最适温度为28～33℃，其中阴沟肠杆菌适应范围最广，在28～38℃均能较好地生长；3种菌在pH为5.0～10.0的培养基中均能生长，阿氏肠杆菌、阴沟肠杆菌在中性至偏碱性的培养基中生长最好，最适生长pH分别为7.5～9.0和7.0～8.0，其中阴沟肠杆菌对pH适应范围较大，在6.5～10.0内均能较好地生长，桑肠杆菌则在弱酸至弱碱范围内均能较好地生长。

4. **寄主范围** 桑细菌性枯萎病的主要病原菌阴沟肠杆菌，其寄主范围较宽，包括榆

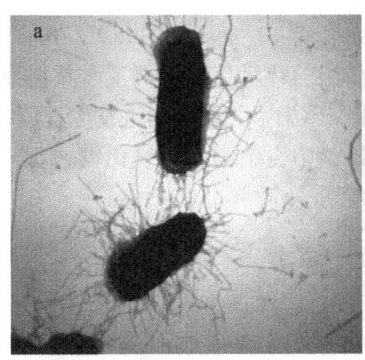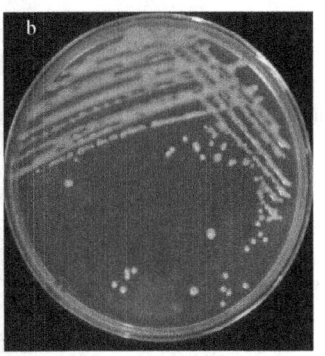

图 6-2 桑细菌性枯萎病病原菌（肠杆菌属）（蒙姣荣提供）
a. 病原菌在电子显微镜下的形态；b. 病原菌在 NA 培养基上的性状

树、椰树、兰花、玉米、洋葱、苹果、番木瓜、豆芽、生姜、夏威夷果、苜蓿等，可引起姜枯萎病、夏威夷果实灰核病、洋葱腐烂病、苜蓿嫩芽腐烂病等。也有文献报道，桑细菌性枯萎病的病原菌多数以内生菌的形式存在于植物体内，如遇植物生长环境不良、植株生长缓慢、抵抗力弱等情况，内生菌会成为为害寄主的病原菌。

三、病害循环

病原菌主要在土壤、病残体、带菌桑苗中越冬。病原菌主要从寄主根部皮层侵入，到达木质部后繁殖蔓延，破坏木质部组织结构，致使木质部变黄变褐，产生褐色条纹，严重时木质部变黑，叶片萎蔫、焦枯、脱落，最后造成植株死亡。散布于土壤中的病原菌，通过土壤、水流、农用器具等传播。远程调运带菌苗木是新植区和无病区的主要传播途径。

四、发病条件

桑细菌性枯萎病在高温多湿的条件下易发生，特别是洪水灾害过后的桑园。华南地区每年6～9月是细菌性枯萎病的高发季节。若在8～9月的高温多雨时段，桑园恰好经历夏伐，造成大量伤口，则发病严重。此外，地势低洼、排水不良、通风透光性差、植株长势衰弱的桑园易发病。

五、防控措施

桑细菌性枯萎病与桑青枯病均为细菌性病害，症状类似。防治桑细菌性枯萎病可参照青枯病的防治方法，结合品种选育、栽培管理、合理剪伐、药剂防治等综合防控措施，重点预防病害的传播流行。

1. 选用无病苗木，培育抗病种苗　带病苗木是新植区和无病区病害发生、蔓延的主要途径。防控桑细菌性枯萎病时，应从源头出发，选用无病区土地或田块育苗，生产无病苗木，可有效切断该病的传播，特别是远距离传播。最有效的手段是从选育优良的抗性品种入手。

2. 加强栽培管理，减少菌源　选择地势较高的地块建园，做好排水工作，施有机肥，改良土壤，增强树势，提高桑树抗病性。发现病株及时挖除烧毁，并在病穴周围深挖沟隔离，用5%石灰水、1%有效氯漂白粉或1∶100倍的福尔马林对病穴土壤进行消毒。避免间作、套作或混作姜科、百合科和杨树等寄主植物。对发病严重的桑园，可与水稻、茭白等作物进行水旱轮作。

3. 合理剪伐　桑细菌性枯萎病在高温高湿的环境下发病严重，桑树夏伐时间应当错开 8～9 月高温多雨时段，提前或延后夏伐，可减少感染率，降低病害发生程度。

4. 药剂防治　据文献报道，平板抑菌试验中生菌素、氢氧化铜、春雷·王铜、溴菌腈对病原菌有一定的抑菌效果，且对家蚕毒性均表现为低毒。

其他经济作物病害见表 6-1。

表 6-1　其他经济作物病害一览表

病名和病原	症状识别	发病规律	防治要点
桑赤锈病 *Aecidium mori* （拓展图 6-12）	病原菌可侵染桑嫩芽、新梢及叶片。感病新梢茎叶局部膨大，或呈弯曲，病斑橙黄色。叶片发病初期出现光亮小点，后逐渐隆起呈青泡状，表皮破裂，散发出橙黄色粉末，为病原菌的锈孢子，严重时整个叶片布满病斑（拓展图 6-13）	在 13～18℃、相对湿度高于 90%的情况下，易发病。种植密度过大、光照不足、通风不良、湿度大、桑园面积大时，易发生和流行。若病叶病梢清理不及时，会加重病害发生	①选栽抗病品种；②适时夏伐剪枝，及时将病枝清园烧毁；③可用对蚕安全的药剂进行防治
桑里白粉病 *Phyllactinia moricola* （拓展图 6-14）	主要在桑树中下部的硬化或老化叶片上发生。叶背着生白粉状圆形病斑，严重时叶背布满病斑。发病后期白色霉层处形成黄色小颗粒，逐渐变褐变黑，后期可见许多黑色小颗粒（拓展图 6-15）	在 24～26℃、相对湿度 70%～80%的情况下容易发生。夏季发生秋季加重；若气候温暖潮湿，桑树密集、徒长，地块低洼积水、通风不良，光线不足等易发病	①选栽抗病品种；②合理密植，适时剪伐，及时将病枝清园烧毁；③可用药剂进行防治
桑灰霉病 *Botrytis cinerea*	桑树新梢嫩茎开始发病，病斑深褐色，潮湿时腐烂，干燥时易从患处干裂折断，导致新梢死亡；叶片发病，大多从叶尖或叶缘开始，逐渐沿主脉向叶内扩展，病叶叶缘多数向叶面卷曲，后期易脱落。片中间少数病斑呈深褐色、近圆形，后期易穿孔；雄花受害易干枯，桑葚受害变腐烂。湿度大时各受害部位表面均着生灰色霉层（拓展图 6-16）	在低温多湿的天气下易发生，每年 4 月上中旬至 5 月下旬为病害发生期。如遇阴天或雨天多，则发病严重，如遇晴天或高气温，湿度小，发病轻。不同品种的桑树之间抗病力的差异较大	①合理密植，开沟排水，有效降低桑园田间湿度；②选用甲基硫菌灵等药剂进行防治
桑污叶病 *Sirosporium mori* （拓展图 6-17）	一般发生在枝条中下部叶片，发病初叶背出现油浸状小斑点，后形成污色霉斑，逐渐扩大，病斑上形成煤粉状物。叶正面呈灰黄色或暗褐色变色斑。严重时污色霉斑布满整个叶背。通常与桑里白粉病同时发生（拓展图 6-18）	一般在 6～7 月开始发生，晚秋发病最重。发病期间，晴雨相间或久雨后暴晒，病害发生严重。若冬季多雨，病叶腐烂降低病原菌存活能力，可减轻翌年的发病程度	①选栽抗病品种；②合理密植，适时剪伐，及时将病枝清园烧毁；③可用啶酰·嘧菌酯、甲基硫菌灵等药剂进行防治
桑轮纹病 *Spondylocladium mori* （拓展图 6-19）	主要为害桑枝条下部叶片。病斑初期为褐色水渍状斑点，后干成白斑，随病情发展病斑呈褐色或红褐色同心轮纹，轮纹外侧的边界处呈深褐色。病斑直径多为 3～4 cm。叶背病斑淡褐色，轮纹不明显，中部密生淡紫灰色分生孢子梗与分生孢子，边缘菌丝白色。病斑龟裂或形成穿孔（拓展图 6-20）	常发生在 5～8 月。种植密集、湿度大、通风不良、透光性不好的桑园，易发生病害	①加强桑园管理，保持桑园通风透光，合理施肥，增强树势，适时剪伐清园；②夏伐疏芽结束后，用 70%甲基硫菌灵可湿性粉剂 1000 倍液喷施新梢
桑褐斑病 *Septogloeum mori*; *Phloeospora maculans*	发病初期叶片正反面可见芝麻粒大小淡褐色水浸状斑，随后扩大为暗褐色近圆形斑，有时病斑受叶脉限制呈不规则形，病斑周围组织褪绿变黄，生淡红色粉质块，内有许多黑色小点，为病原菌分生孢子盘。干燥时病斑中央常开裂，融合成大病斑，叶片焦枯或烂叶，易脱落。新梢、叶柄发病时，病斑呈暗褐色、长形、略凹陷	湿度是该病发生的主要因素。雨水多，特别是在降雨与晴天交替的天气情况下，病情迅速发展，9 月下旬至 10 月是为害高峰期。地势低洼、排水不良、栽植过密、通风透光性差、偏施氮肥的桑园发病重	①栽植或嫁接抗病品种；②剪除病枝叶并烧毁，合理密植，科学水肥管理；③喷施 4～5 波美度（°Bé）石硫合剂、0.7%波尔多液或 70%甲基硫菌灵 1500 倍液

续表

病名和病原	症状识别	发病规律	防治要点
桑青枯病 *Ralstonia solanacearum*	幼桑感病表现为整株叶片呈失水状，但叶片仍保持青绿色。壮年桑树感病，嫩梢或者枝条的中、上部叶梢先失水，像开水烫过，随后扩展，叶片变褐干枯，最后全株缓慢死亡。发病后期，剖开根，见木质部发黄变褐，逐渐变黑，最后腐烂	高温高湿有利于该病发生。夏季潮湿低洼的桑园容易发病。若土壤线虫较多，造成大量伤口，利于病原菌侵入，增加发病率。栽培抗性品种，发病率低	参阅桑细菌性枯萎病和茄科蔬菜青枯病防治方法
桑疫病 *Pseudomonas syringae* pv. *mori*	该病可分为黑枯型、缩叶型和断柄型3种症状。春季多发生缩叶型、断柄型，夏秋季多发生黑枯型。①缩叶型症状：叶片感病，初期褐色近圆形斑，后期病部中央形成穿孔；叶脉感病变褐，叶片向背面卷缩，易导致缩叶；新梢染病出现龟裂状梭形黑色大斑，顶芽变黑枯死。②断柄型症状：病斑发生在叶柄并易折断。③黑枯型症状：叶片感病，呈现点状黄褐色斑，或者出现多角形不规则油渍状斑，后呈黄褐色，有的融合成一片，造成叶片变黄或脱落；叶梢感病，嫩叶或嫩梢变黑腐烂，病部溢出淡黄色菌脓；枝条感病，病部隆起，出现长条形斑。若病原菌侵入木质部或髓部，出现点状或线状黑褐色斑，病枝失水易折断	在秋季雨多湿度大、高温的环境条件下，该病发生严重。特别是雨后暴晴，气温骤升，利于细菌繁殖；大风、暴雨后易造成大量伤口，利于病原菌侵入。若上年秋季发病较重，可能翌年春季、秋季病害暴发	①选栽抗病品种；②合理密植，科学水肥管理，适时剪伐清园；③可用春雷霉素等药剂进行防治
桑紫纹羽病 *Helicobasidium mompa*	病原菌从幼嫩新根开始侵入，根变黄褐色，失去光泽，表面出现丝绵状的紫红色菌丝，蔓延到主根及树干基部，形成紫红色菌索。受害桑树生长缓慢，叶小、色黄，枝梢先端或细小枝枯死，最后全株枯死，根部韧皮部变黑、腐烂，仅剩栓皮和木质部，彼此分离，病株易拔出土壤，病根及病株附近土壤可见紫红色颗粒状菌核	地势低洼、排水不良、砂质土、酸性土的桑园易发病；连年种植桑树地块或桑园间作甘薯、马铃薯、花生、大豆、萝卜等易感病作物发病重	①加强苗木检疫和消毒；②挖除病株，轮作
桑膏药病 *Septobasidium pedicellatum*; *Helicobasidium tanakae*	该病多发生在桑树主干中、上部或支干基部，桑树感病后，病原菌在病部形成菌丝膜，紧贴树皮。菌丝膜圆形或不规则形。黑色膏药病原菌菌膜表面平滑，中央部暗灰色，外侧暗褐色，边缘灰白色，年久的菌丝膜变为褐色，并发生龟裂；褐色膏药病原菌菌膜较厚，表面呈丝绒状，初期栗褐色，后变呈暗褐色，边缘有一圈较狭的灰白色纹，老化时一般不发生龟裂	病原菌以菌膜在树干上越冬，翌年春暖继续生长，5～6月形成担孢子再次传播。担孢子若附着在桑白蚧分泌物上，更容易萌发。因此，桑白蚧较多，该病发生较重。此外，桑园潮湿、通风透光性差，该病发生重	①加强桑白蚧防治工作；②冬季刮除病部菌膜，涂3～5°Bé石硫合剂或20%石灰乳液；③加强栽培管理，科学水肥管理
桑根结线虫病 *Meloidogyne incognita*	根结线虫以2龄幼虫侵入根组织取食，形成不规则的根结。受害桑树表现营养不良、矮小，枝少且细，叶片发黄，薄且少。发病严重时，树体似缺水状，叶皱褶甚至干枯脱落，最终全株枯死（拓展图6-21）	线虫以卵或卵囊在病残体和土壤中越冬。温度是影响根结线虫繁殖代数的重要因素，在北方，一年发生3～4代。在温暖地区，一年可发生7～8代。此外，砂质土壤发生较重	参照柑橘和蔬菜根结线虫病防治方法
桑脉带相关病毒病 mulberry vein banding associated virus, MVBaV	染病植株在不同生长阶段和环境条件下，叶片表现的症状差异很大。4月初观察到主要为静脉带状、花叶或褪绿环斑的初步症状，随后可能出现叶片变形。秋季叶片上常见的是坏死环斑和叶脉坏死（拓展图6-22）	病株一般在3～4月，嫩梢开始表现症状，冬伐桑新出枝条表现明显。夏季高温出现隐症现象。秋季时期，温度凉爽后，症状又逐渐出现	—

续表

病名和病原	症状识别	发病规律	防治要点
烟草野火病 Pseudomonas syringae pv. tabaci	叶片病斑近圆形，中央红褐色坏死，黄晕宽。病斑连合后有轮纹。潮湿多雨时斑面生一层菌脓，干燥后脱落穿孔	细菌在病残体上越冬。通过风、雨水、昆虫传播。偏施氮肥，高温高湿，病害暴发	①选育栽培抗病品种，种子消毒；②氮磷钾配方施肥，及时摘除下部病叶，合理轮作；③用春雷霉素、噻菌铜、噻霉酮等药剂进行防治
烟草靶斑病 Thanatephorus cucumeris	苗期发病，侵染茎可引起烟苗猝倒病和茎溃疡；侵染叶片初期病斑为暗绿色水渍状小点，后逐渐变成白色或透明色，随病情的发展，病斑可扩大到2～3 cm。大田期发病，叶片初期病斑为白色或透明水渍状小点，病斑可扩大到2～6 cm，可见同心环，病斑周围有黄色晕圈，最后病斑部分坏死并形成孔洞	主要为害近地面叶片和下部叶，气温20～30℃、相对湿度较大时，担孢子大量萌发，迅速侵染、蔓延，导致病害流行；当温度和湿度条件不利于担孢子萌发时，引起烟草幼苗猝倒病；田间地表湿度较大时，下部叶片易发病	①科学水肥管理，及时清除病残体，合理密植、轮作；②用代森锰锌、菌核净等药剂进行防治
烟草炭疽病 Collettrichum destructivum；C. nicotianae；C. dematium；C. gloeosporioides；C. fructicola；C. truncatum	叶片发病初期出现暗绿色水渍状小点，随病斑扩大，中间为灰白色或黄褐色，稍凹，边缘稍隆起、呈赤褐色至深褐色，着有较密集的黑点	苗期发病重。在25～30℃时发病最多。多雨、多雾露、苗床排水不良、大水漫灌、烟苗过密等均可诱发病害	①选育栽培抗病品种；②科学水肥管理，健身栽培；③选用福美双、咪鲜胺、苯醚甲环唑等药剂进行防治
烟草白粉病 Oidium ambrosiae；Erysiphe cichoracearum	叶片长满白粉，叶片变黄逐渐干枯，自脚下向上蔓延，叶面粉状斑呈白色，叶片变薄、黄枯	温暖地区在茄科等寄主上越冬。分生孢子经风、雨水传播，或随气流传播。地势低洼、排水不良、通风透光性差，发病重，高温高湿病害加重	①培育和选用抗病烟草品种；②加强栽培管理，合理密植，科学水肥管理；③选用甲基硫菌灵等药剂进行防治
烟草青枯病 Ralstonia solanacearum	属维管束病害，各生育期均有发生，以团棵期至成熟期病害严重。病原菌主要从根部侵入，沿着维管束向上部侵染，系统性为害植株。呈"半边疯"状。茎秆发病出现黑色条斑，可扩展至整株，剖开茎秆，可见根部变黑腐烂，最后全株枯萎。横剖茎用力挤压，从导管溢出黄白色菌脓	病原菌主要在土壤、病残体或其他寄主中越冬，借助灌溉水、生产用具或病苗等传播，从自然孔口和伤口侵入。该病发生与环境气候、土壤条件、品种抗性等因素有关。其中，环境气候是重要影响因子。高温高湿型，尤其连续强降雨天气更有利于病原菌侵染和病害暴发。地势低洼、烟田连作，偏酸性、黏质或含沙量过高的土壤有利于病害的发生和流行	参阅茄科蔬菜青枯病防治方法
烟草枯萎病 Fusarium oxysporum f. sp. nicotianae	全株叶片黄萎、变短，主脉弯曲；小根及部分大根死亡，病株导管内可见菌丝体，木质部变褐色	以厚垣孢子在土壤中越冬。从机械损伤处或侧根处侵入导管，堵塞和破坏输导组织。靠病土、流水传播	①选用抗病品种；②轮作5年以上；③苗床杀线虫；④药剂防治（详见蔬菜枯萎病）
烟草猝倒病 Pythium aphanidermatum	苗期茎基部水渍状黄褐色斑块，开水烫伤状，病健交界不明显，茎部缢缩成细线状而折倒。潮湿时苗床上可见密生一层白色絮状物	以卵孢子、厚垣孢子在土壤、病残体越冬。萌发产生游动孢子，借雨水或灌溉水传播	①苗床消毒；②加强苗床管理，注意通风；③发病初期喷洒霜霉威水剂等
烟草立枯病 Rhizoctonia solani	苗期茎基部生褐色斑点，下陷，边缘明显，绕茎下干枯缩细，皮层变色腐烂，幼苗立枯。潮湿时病部可见淡褐色蛛网状菌丝体，并有不规则淡褐至灰黑色菌核	以菌丝体或菌核在病残体或土壤越冬。通过雨水、流水、带菌肥料传播。以菌核萌发产生菌丝体直接侵入为主	①苗床或育苗盘内拌种双粉剂等处理，或敌克松药土下垫土覆；②发病初期喷淋井冈霉素、霜霉威或福美双等

续表

病名和病原	症状识别	发病规律	防治要点
烟草灰霉病 *Botrytis cinerea*	叶片出现水渍状暗褐色约 5 cm 大小的病斑，细长不规则，病叶干后破碎。潮湿时生大量具立体感灰色霉层	以菌核随病残体在土壤中越冬。萌发生出菌丝，继而产生分生孢子借气流或雨水传播	参阅蔬菜灰霉病防治方法
烟草根黑腐病 *Thielaviopsis basicola*	幼苗染病后猝倒，根发黑。成株期出现矮化，根系腐烂，黑褐色，产生大量黑色霉层。炎热天气下呈萎蔫状	以厚垣孢子在土壤中越冬。萌发生出菌丝并内生大量分生孢子，灌溉水传播。低温潮湿和 pH＞5.6 的土壤极易发生，烟田地势低洼、排水不良，病害发生严重	①采用抗病品种；②苗床不得施用石灰；③避免串灌；④用甲基硫菌灵等药液浇灌
烟草低头黑病 *Colletotrichum capsici* f. sp. *nicotianae*	幼苗茎部或叶柄叶脉病斑黑色，圆形、椭圆形或条状，顶芽随之向染病侧弯曲，重的全株变黑枯死。典型症状是半边枯萎	以菌丝体或分生孢子在土壤、病残体中越冬。通过风、雨水、流水传播。高温高湿，连降暴雨易暴发流行	①选育抗病品种，培育无病苗木；②轮作，增施磷钾肥；③药剂防治（详见烟草炭疽病）
烟草角斑病 *Pseudomonas syringae* pv. *tabaci*	叶上病斑多角形，黑褐色，边缘明显，无晕圈，可达 1～2 cm，或沿叶脉形成条斑，有时出现多重云状轮纹，潮湿时有脓状物	病原菌在带病种子上越冬。高温高湿及风雨天气造成大量伤口，加重发病	详见烟草野火病防治方法
烟草剑叶病 *Bacilus cereus*	植株矮化，叶缘波浪状卷缩或叶片狭长呈剑状，叶柄伸长，叶脉肿大，叶肉变厚变脆，叶片上可丛生许多剑状小叶。有的叶尖呈分叉，叶柄束生在一起	病原菌在土壤中越冬。侵染烟草产生毒素，引起该病。土壤潮湿，通气差，瘠薄或偏碱发病重	①精细整地，排除积水；②增施有机肥，不用带菌肥料，苗期揭膜炼苗；③中期摘除脚叶、病叶
烟草曲叶病毒病 tobacco leaf curl virus, TLCV	重病株严重矮化，茎弯曲，病叶歪扭、皱缩，凹凸不平，叶色变深，僵化变脆，叶背叶脉加厚，常形成大小不一的耳状突起	田间遗留的再生病株或感病中间寄主是初侵染源。靠粉虱传播扩散，在干旱条件下易发生	①培育抗病抗虫品种和无病壮苗；②治虫防病
烟草丛枝病 tobacco witche's broom phytoplasma, TWBP	病株不再生长，侧芽丛生，产生很多坚硬叶小的细枝条，叶片细小皱缩变厚而脆	病原菌在多年生杂草、昆虫介体或病株上越冬。叶蝉传播。在高温条件下易发病	①治虫防病，用吡虫啉等喷施；②铲除中间寄主

第七章 香蕉病害

香蕉病害是香蕉生产中造成产量损失和品质下降的重要因素之一。目前全世界报道香蕉病害约 100 种，中国有 50 多种，重要的病害有香蕉枯萎病、香蕉叶斑病、香蕉炭疽病、香蕉黑星病、香蕉病毒病等。香蕉枯萎病在我国各香蕉产区发生普遍，传播快，给香蕉生产造成了严重损失。为害香蕉叶部的病害种类很多，统称香蕉叶斑病，以香蕉灰纹病、香蕉煤纹病、香蕉叶缘枯斑病和香蕉大灰斑病最常见，常造成叶片焦枯影响后期果实膨大。香蕉炭疽病引起成熟果实腐烂。香蕉黑星病为害的病果降低了香蕉品质，影响销售。香蕉病毒病通过介体或带病毒繁殖材料传播，苗期感染病毒，对香蕉产量和品质的影响较大。香蕉线虫病造成整株生长缓慢、发育不良，正逐步受到重视。另外，寒害、环境污染等生理性病害也在局部地区对香蕉生产造成了一定的威胁。

本节图片

第一节 香蕉枯萎病

香蕉枯萎病（*Fusarium* wilt of banana）又称香蕉巴拿马病、黄叶病，是一种世界性分布的引起植株枯萎的毁灭性病害。1874 年澳大利亚首先报道了该病。1890 年在中美洲的巴拿马发生，由于中美洲主要种植的香蕉品种'大蜜哈'（'Gros Michel'，AAA）高度感病，该病于 1910 年在巴拿马大流行，造成大量蕉园植株死亡、毁园和绝收，直接导致了香蕉出口产业的衰退，破坏了巴拿马乃至整个中、南美洲的农业格局。为纪念该事件，香蕉枯萎病也被称为"巴拿马病"（Panama disease）。病原菌经鉴定为 1 号生理小种，'大蜜哈'品种几近毁灭并退出国际市场。直到 20 世纪 60 年代利用抗 1 号生理小种的'Cavendish'（'香芽蕉'）品种代替'大蜜哈'种植，世界香蕉产业才得以挽救。但为害更严重且可侵染'香芽蕉'的 4 号生理小种于 1967 年在我国台湾省首次被发现和鉴定，随后几年内便侵袭了台湾省的 5 万 hm^2 蕉园，造成了巨大损失。香蕉产业再次面临严重威胁。迄今该病在大多数香蕉生产国都有发生，在中美洲的巴拿马、洪都拉斯及加勒比海的一些国家发病严重。在国内，广东、广西、海南、福建等地的粉蕉和'香芽蕉'均受该病为害，近年有逐步加重扩大危害的趋势，已成为威胁香蕉生产的最主要病害之一。

一、症状

该病症状在香蕉生长接近抽蕾的中后期表现最明显。

外部症状有两种。①叶片倒垂：先在下部叶片及假茎的外层叶鞘发黄，黄化先从叶片边缘开始，逐渐向主脉、中脉扩展，黄化的叶片迅速凋萎下垂，叶柄在靠近叶鞘处折曲，上部叶片相继变黄变褐、干枯和倒垂在假茎四周,仅剩顶部内层叶片保持绿色,直至全株枯死,最后一片顶叶往往迟抽出或不能抽出。②假茎基部开裂:有的病株假茎外围的叶鞘近地面处纵向开裂,渐向内扩展,直达心部,并向上扩展,裂口处维管束变红、黄或褐色干腐,叶片萎蔫、倒垂,最后整株死亡。但其球茎在一段时间内仍存活,由它长出的吸芽此时虽带菌却很少表现症状,直至抽蕾或结实后,原来看似健康的植株才表现出枯萎症状(拓展图7-1)。

内部症状:该病是一种维管束病害,根茎和假茎内部病变明显。在发病初期观察植株根茎部的横切面,在中柱髓部和皮层薄壁组织间可看到黄色或红棕色斑点或斑块,此为被病原菌侵染后坏死的维管束;若纵向剖开病株根茎,可看到黄红色病变的坏死维管束成线条状,靠近茎基部的病变部位颜色深,越向上颜色越浅;病株根部木质部导管常出现红棕色病变,后期大部分根变成黑褐色或干枯,球茎变成黑褐色而逐渐腐烂,有特殊臭味。发病严重的病株,其假茎横切面可看到内层幼嫩叶鞘的维管束变黄色,外层老叶鞘维管束变赤红色。在这些变色维管束内及附近组织中,很容易检查到病原菌的菌丝体和分生孢子。

二、病原

1. **分类地位** 香蕉枯萎病的病原为子囊菌门镰孢霉属尖孢镰孢菌古巴专化型[*Fusarium oxysporum* f. sp. *cubense*(E. F. Smith)Snyder & Hansen]。

2. **形态特征** 在PDA培养基上菌落白色至桃红色或淡紫色,菌丝体白色絮状,气生菌丝不多,基质反面因病原菌分泌色素而形成各种颜色。具大型、小型分生孢子和厚垣孢子(拓展图7-2)。大型分生孢子产生于分生孢子座上,无色,镰刀形,具足细胞,顶端稍尖或微呈钩状,略弯,有3~5个隔膜,具3个隔膜的分生孢子大小为(30~43)μm×(3.5~4.3)μm,4~5个隔膜的为(39~48)μm×(3.5~4.5)μm;小型分生孢子极多,无色,卵圆形或椭圆形,单胞,少数双胞,团生于菌丝体的单瓶梗上;厚垣孢子无色至黄色,单胞或双胞,椭圆形至球形,顶生或间生,单生或串生;有些可产生暗黑色菌核,直径0.5~1.0 mm。

3. **生物学特性** 病原菌生长温度为15~35℃,最适温度为25~28℃;适合生长在弱酸性环境中,在pH为5~7条件下生长最好。在温度25~28℃和土壤持水量25%以上时,容易发病。病原菌进入寄主以后,营死体营养方式,先降解寄主组织,杀死寄主细胞,再吸收营养。

4. **寄主范围** 尖孢镰孢菌古巴专化型在田间侵染粉蕉和'龙芽蕉''香芽蕉',以及其他含有粉蕉亲缘的香蕉。

5. **致病性分化** 根据病原菌对不同香蕉品种类型的致病力的差异,可将其分为3个生理小种,即1号、2号和4号生理小种,4号生理小种可根据病害发生是否受冷害胁迫及发生区域进一步区分为热带4号小种(tropical race 4,TR4)和亚热带4号小种(subtropical race 4,STR4)。其中,1号生理小种世界性分布,主要侵害中美洲香蕉的主栽品种'大蜜哈''龙芽蕉'和粉蕉,一般不侵染'香芽蕉';在国内1995年以前发生的香蕉枯萎病主要是1号生理小种所致。2号生理小种分布于中美洲,只侵染三倍体杂种'棱香蕉'。4号生理小种侵染包括'香芽蕉'在内的所有香蕉品种(系),危害性最大。目前,世界范围内蔓延最广、为害最重的香蕉枯萎病菌当属TR4。我国自1967年在台湾首次发现该小种为害以来,相继在广东、福建、海南、云南和广西等地发现由TR4小种引起的香蕉枯萎病。值得关注的是,Ujat等(2021)基于系统发育与遗传多样性分析而将TR4小种建立为一个新种:*Fusarium odoratissimum* N. Maryani, L. Lombard, Kema & Crous。

三、病害循环

香蕉枯萎病菌是一种土壤习居菌，以厚垣孢子和菌丝体随病残体混入土壤中越冬。在缺乏寄主时能在土壤中存活 3～5 年甚至 8～10 年，但在积水缺氧的情况下存活期则大为缩短。带病植株及吸芽、病残体和病土都是该病的主要初侵染源。如果种植带菌吸芽或在带菌土壤中种植蕉苗时，病原菌首先从幼根侵入，成株期经伤口侵入，经根系木质部扩展到球茎，再通过维管束向假茎蔓延扩展，或通过带菌球茎萌发的吸芽的导管延伸至繁殖用的吸芽苗内。当母株发病枯死后，病原菌随病残体遗留在土壤中营腐生生活。在田间随病株残体、蕉苗、带菌土壤、耕作工具、病区灌溉水、雨水、线虫等进行近距离传播蔓延，通过调运带病原菌的吸芽、土壤和二级苗进行远距离传播。潜育期一般长达 1 个月或更长，但在 25～30℃人工伤口接种幼苗时，7 d 后即可出现症状。有明显的发病中心。一般雨季（5～6 月）感病，10～11 月达到高峰期。

四、发病条件

1. **品种抗性**　粉蕉和'西贡蕉'，以及含粉蕉亲缘的香蕉较感病，其他类型的香蕉较抗病。由于各地生理小种不同，同一香蕉品种在各地抗性有差异。在 1 号生理小种流行区，'大蜜哈'最感病；而'香芽蕉'在 4 号生理小种发生区的台湾严重受害。随着 4 号生理小种传入广东、福建等地，目前几乎所有香蕉品种（系）均受到威胁。

2. **栽培管理**　酸性土壤，地势低洼，土壤湿度大，排水不良，土质板结透气性差，土壤持水量 25%时发病较重。在水浸后蕉园往往发病也较重。土壤黏重、酸性大及砂壤土肥力低的蕉园易发病。香蕉线虫发生较多或其他因素伤根多等因素可促进该病的发生。老蕉区发病重于新蕉区，种植吸芽苗重于组培苗，生长后期重于生长前期。发病高峰期出现于每年的 10～11 月，蕉园有明显的发病中心。

3. **气候条件**　该病为热带作物病害，高温高湿的多雨天气有利于病害的侵染和扩展。春植香蕉重于秋植。

五、防控措施

1. **严格检疫**　建立无病区、轻病区和重病区的分区管理制度。在无病区应使用无病健壮自育苗、组培苗或不带病的吸芽。严禁从国内外病区输入蕉苗。若从无病国家、地区输入其他品种时，入境后要隔离种植，观察 2 年确证无病后才能繁殖推广。对新垦蕉区，应采取推广种植无土基质种苗、建立单独取水系统或水体消毒、进园交通工具和人员消毒等措施。

2. **选用抗病品种**　各蕉区大力推广抗病品种，特别是在病区要大面积推广抗病品种，如'中热 1 号''中蕉 9 号''佳丽蕉'和'海贡蕉'等高抗品种，'南天黄''宝岛蕉''中热 2 号''桂蕉 2 号''苹果粉''桂蕉 8 号''粤科 1 号'和'农科 1 号'等中抗品种。

3. **加强栽培管理**　施用有机肥和碱性肥料改良土壤为中性或偏碱性，重施生物菌肥增加根际有益微生物种群，提高植株抗病力和耐病性。在有条件的地区实行独立排灌或淋灌。零星发病蕉园，及时挖除病株，同时挖走病穴泥土，病穴撒施石灰或土壤喷洒 2%甲醛；发病率高于 20%、多点发生或严重发病蕉园，可与韭菜、甘蔗、水稻、生姜和菠萝等轮作或水旱轮作

2~3年甚至以上。

4. 防止伤口感染 在耕作过程中尽量少翻土，以减少蕉头或根系受伤，如造成断根伤根应及时施用杀菌剂，防止伤口感染病原菌。与防治根结线虫、象甲相结合，减少根系伤口产生。

5. 药剂防治 发病初期，用苯菌灵、咪鲜胺等药液淋灌蕉株（丛）根部四周土壤，每隔5~7 d淋一次，连续淋2~3次，或用枯草芽孢杆菌（10亿芽孢/g）灌根，对香蕉枯萎病的扩展有控制效果。

◆ 第二节 香蕉叶斑病

本节图片

香蕉叶斑病（banana leaf spot disease）是香蕉叶部发生的各种叶斑类病害的统称，在国外主要分布于亚洲各香蕉生产国家，在国内各香蕉产区普遍发生为害。叶斑病主要包括褐缘灰斑病、灰纹病和煤纹病等病害，有时还见有叶缘枯斑病、大灰斑病和长形斑病为害。其中，褐缘灰斑病菌为外来入侵物种，分布较广且为害严重。叶斑病流行年份，叶片受害面积为20%~40%，严重时达80%以上，重病蕉株的病叶呈现枯黄、下垂，到结蕉期仅剩1~2片绿叶，病株产量减少，果实品质下降，严重时减产30%~50%及以上，严重影响香蕉的产量和品质，有的甚至失收。

一、症状

叶斑病多从蕉株基部老叶开始发生，逐渐向上部叶片蔓延。现将6种叶斑病的症状分述如下。

1. 灰纹病 又名灰斑病或新暗双孢霉叶斑病。一般中下层叶发病多，病原菌多从叶缘水孔侵入，初暗褐色或灰褐色，水渍状，半圆形或椭圆形或沿叶缘呈不规则形，大小不一，周缘浸润状；成长病斑椭圆形，中央灰褐色至灰色，有轮纹，斑边深褐色，晕圈橙黄色。病斑扩展后与中脉平行的方向横向连接成大块状褐斑，病斑内的下方呈淡灰褐色，上方呈暗褐色，斑缘黑暗色，外有明显橙黄色似波浪形的黄晕，斑内略轮纹状，后期病斑背面长有灰褐色霉状物（拓展图7-3）。此外，还为害叶鞘呈暗褐斑，为害假茎致组织软化，结果期为害严重的假茎易折断。

2. 褐缘灰斑病 又名香蕉黄条叶斑病，国外称为yellow Sigatoka、Sigatoka disease，俗称为黄死病、芭蕉瘟。此病大多数先发生于老叶。初期发生于叶面或叶背，呈现淡褐色或暗褐色圆形或短条形斑，斑外有褪绿圈，逐渐扩展成黄褐色至深褐色、长条形或椭圆形斑，大多单独存在，近叶缘表面病斑数量比近中脉的多，严重时病斑愈合成不规则形大暗斑，中央灰白色，斑缘外有黄晕，引起叶片迅速早衰，局部或全叶枯死，潮湿时病斑正面上产生稀疏的灰色霉状物（拓展图7-4）。

3. 煤纹病 又名暗褐病病。病斑初期多发生在中下部叶缘，暗褐色，椭圆形，后扩展成不规则形大斑，中央灰褐色，有明显轮纹，斑边暗褐色，斑缘外有淡黄色晕环，病健部交界明显，潮湿时病斑背面着生黑色霉状物。此外，病害发生于果轴基部弯曲处时，产生灰黑色、椭圆形病斑。果上多在果尖及其附近产生黑色、椭圆形或不规则形病斑，具光泽，病部有时龟裂。大蕉常见典型病斑（拓展图7-5）。

4. 叶缘枯斑病 初期发生于叶片两侧，在叶缘上产生不规则形褐斑，后病斑向中脉方向扩展，变成片状褐色枯斑，中央灰褐，斑边扩展似山峰形，斑缘外有淡黄色晕圈。斑上生褐色或灰褐色霉状物。

5. 大灰斑病 初期于叶边或中脉边生褐色椭圆形斑，在中脉两侧发生的病斑，多朝叶缘方向伸展，呈长方块或梯形大灰褐斑，斑面上方有细直纹，下方有较粗暗褐色条纹，斑边暗褐色，斑缘外有淡黄色晕圈。病斑两面生黑色霉。

6. 长形斑病 于叶片中脉两侧生暗灰褐色长片形斑，扩展到叶缘后，叶缘病部呈稍有扭曲的矩形大褐斑，斑上方灰褐色，内有隐纹，下方暗褐色，有深褐色直条纹，斑边暗褐色，斑缘外有黄晕。斑面着生小黑点霉状物。受害严重时病部软化，易下垂。

二、病原

1. 分类地位及形态特征　　不同的症状分别由不同的病原菌引起。

1）灰纹病菌　　为子囊菌门新暗双孢属香蕉暗双孢 [*Neocordana musae* (Zimm.) Hern. Restr. & Crous] [=*Cordana musae* (Zimm.) Höhn.]。子实层多生于叶背面。分生孢子梗较直，无分枝，具结节，有分隔，褐色。分生孢子无色至淡褐色，短瓜子形或倒卵形，多为双胞，具横隔膜1个（图7-1），隔膜处稍缢缩，脐点明显突出，大小为（10～16）μm×（7～11）μm（拓展图7-6）。

2）褐缘灰斑病菌　　无性阶段为香蕉假尾孢菌 [*Pseudocercospora musae* (Zimm.) Deighton] (=*Cercospora musae* Zimm.)；有性阶段为香蕉生球腔菌（*Mycosphaerella musicola* Leach.）。子实体大多数生于叶正面。菌丝体内生。子座气孔下生，暗褐色，近球形，直径15.0～40.0 μm。分生孢子梗稀疏至紧密丛生，大小为（6.5～22.0）μm×（2.5～4.3）μm，浅青黄色至青黄褐色，顶端色浅，直立至中度弯曲，不分枝，无曲膝状折点，顶部窄圆形，无隔膜或偶生一隔膜，孢痕不明显。分生孢子倒棍棒到圆柱形，大小为（30.0～98.0）μm×（2.5～4.3）μm，近无色至浅青黄色，顶部近尖细至钝，基部倒圆锥形平截（图7-2），有3～10个隔膜（拓展图7-7）。在国外，为害香蕉叶片的假尾孢菌还有两个种：一个种是引起香蕉黑条叶斑病（国外称为black Sigatoka、black leaf streak，俗称黑死病）的斐济假尾孢菌（*P. fijiensis*），有性阶段为斐济球腔菌（*M. fijiensis*）；另一个种是同样可引起香蕉叶斑病的真蕉假尾孢菌（*P. eumusae*），有性阶段为真蕉球腔菌（*M. eumusae*）。

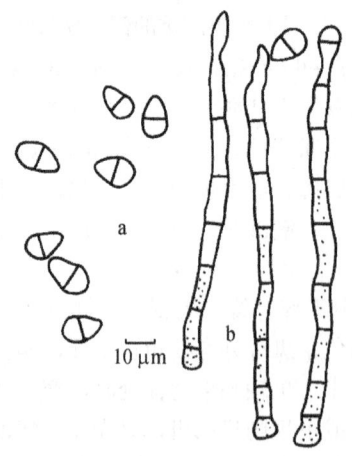

图7-1　香蕉暗双孢（引自戚佩坤，2000）
a. 分生孢子；b. 分生孢子梗

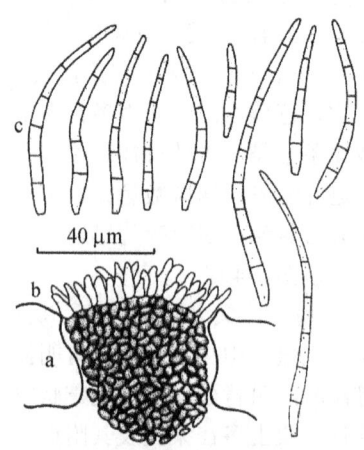

图7-2　香蕉假尾孢菌（引自刘锡琎，1998）
a. 子座；b. 分生孢子梗；c. 分生孢子

3）煤纹病菌　为子囊菌门棒孢霉属簇生棒孢霉［*Corynespora torulosa*（Syd. & P. Syd.）Crous］［＝*Deightoniella torulosa*（Syd.）M. B. Ellis、*Helminthosporium torulosum*（Syd. & P. Syd.）Ashby］。子实层生于叶面，分生孢子梗大小为 100 μm×（10～13）μm，暗褐色，不分枝，有间断性膨大，串珠形，向顶层出 1～8 次，隔膜 6～10 个。产孢细胞近球形，自顶部层出。分生孢子大小为（50～75）μm×（16～25）μm，孔出、单生，淡褐色，后变成褐灰色，倒棍棒形或倒梨形（图 7-3），壁平滑，具 3～8 个假隔膜（多为 4 个），真隔膜 1～2 个，基端圆形，多数孢子具一淡黄色喙，喙长不及孢子体长的一半（拓展图 7-8）。

4）叶缘枯斑病菌　为链格孢属香蕉链格孢（*Alternaria musae* Bour. & Bat.）。分生孢子梗暗褐色。分生孢子大小为（17～55）μm×（8～14）μm，顶端有喙，孢子有纵隔膜 0～5 个，横隔膜 1～7 个。

5）大灰斑病菌　为弯孢霉属新月弯孢霉［*Curvularia lunata*（Wakker）Boedijn］。分生孢子梗深褐色，顶端多屈曲。分生孢子大小为（16～25）μm×（8～14）μm，着生于孢梗顶端，轮状排列，淡褐色，新月形或椭圆形，弯曲明显，横隔膜 3 个，基部上数第 3 个细胞特别大，且色深，两端细胞色浅（图 7-4）。

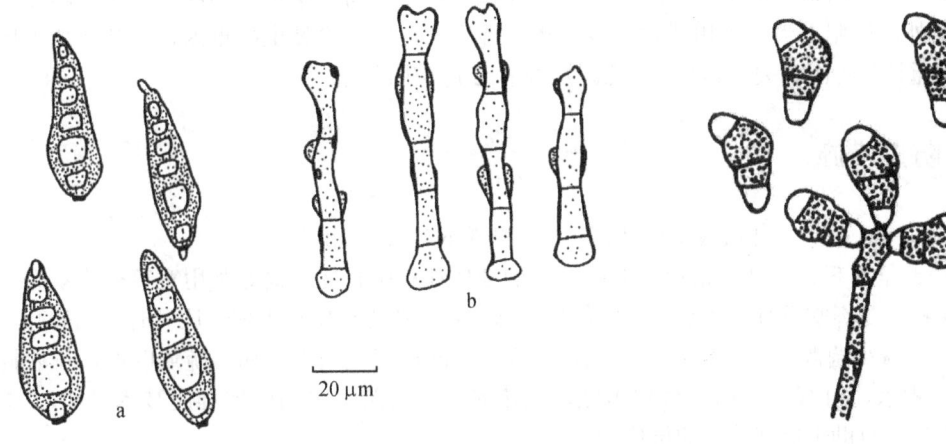

图 7-3　簇生棒孢霉（引自戚佩坤，2000）
　　a. 分生孢子；b. 分生孢子梗

图 7-4　新月弯孢霉分生孢子梗及分生孢子（仿 Ellis，1971）

6）长形斑病菌　为弯孢霉属假弯孢菌（*Curvularia fallax* Boedijn）。分生孢子梗暗褐色，有隔膜，顶端屈曲处着生分生孢子。分生孢子大小为（14～34）μm×（1～11）μm，淡褐色，呈椭圆形或橄榄形，略弯曲，有横隔膜 3～5 个，多数 4 个，从基部上数第 3 个细胞较大，颜色也特深。

2. 生物学特性　上述 6 种病原菌的生长条件大体相同。病原菌生长最适温度为 25～26℃。分生孢子萌发适温为 29℃。适宜 pH 为 6～8。据 Stahel 记载，将香蕉假尾孢菌的分生孢子悬浮液置 28～29℃条件下保湿 3 h 后，萌发率达 80%；而相对湿度在 80% 以下时，孢子不萌发。

三、病害循环

上述 6 种病原菌的病害循环基本相同（参考香蕉炭疽病）。病原菌以分生孢子和菌丝体在田间病部或病残体上越冬。翌春，遇适宜条件时产生分生孢子，和越冬分生孢子一起借风、雨水、昆虫或人为活动传播，成为初侵染源；病部新产生的分生孢子进行再侵染。病害随病苗的调运作远距离传播。

四、发病条件

香蕉叶斑病的发生及为害程度与种植品种抗性和田间累积菌量关系密切。此外，气候条件也会产生一定的影响。

1. 越冬菌源　　感病品种栽植发病后，蕉园病残体积累菌源，而冬春未清园或清园不及时的，遇病原菌生长适宜条件，易引起香蕉叶斑病普遍发生，且发病重。

2. 品种抗性　　不同品种对香蕉叶斑病的抗性差异较大，以往栽植的常规香蕉品种对叶斑病较易感；大蕉较香蕉感病，粉蕉较耐病。近年在香蕉生产中表现较抗病的品种有'桂蕉6号'等。

3. 气候条件　　温度适中、湿度较高的季节有利于发病。我国南方香蕉产区，阳春三月，气候温暖，多阴雨潮湿，香蕉叶斑病开始发生；6~7月高温多雨，该病盛发；9月间如遇台风雨，病害发生加重；10月后气温降低，雨量渐少，病势得以缓和。沿海地区比内陆地区发病重。此外，施肥不当，蕉田排水不畅，田间湿度大，以及象鼻虫严重为害，都会加重病害。病害轻重还与蕉龄有关，3年生的蕉园发病常比1年生的重。

五、防控措施

1. 选用抗病品种　　种植较抗病品种，如'桂蕉6号'；选栽无病蕉苗。

2. 加强栽培管理　　合理密植，兼顾蕉园的通风性和荫蔽性，最好利用宽窄行或双株丛植，合理密植。冬春季及时彻底清除蕉园的病残体，特别在香蕉生长中期，应及时剪除病叶，集中烧毁，既减少菌源，又改善株间通气性，降低田间湿度，减少发病。疏通畦沟，排灌畅通，雨后不积水，可减少发病。合理施肥，增施腐熟有机肥，采用配比施肥技术（N∶P∶K=1∶0.5∶3），有助于提高植株的抗病力。

3. 药剂防治　　苗期和抽蕾初期是药剂防治香蕉叶斑病的关键时期。可供选择的药剂有苯醚甲环唑水分散粒剂、噻菌灵悬浮剂、甲基硫菌灵可湿性粉剂、腈菌唑乳油、12.5%烯唑醇可湿性粉剂500倍液或丙环唑乳油（注意：喷洒丙环唑时，勿喷到果实上，以免造成药害）。上述药剂应交替使用，以免病原菌产生抗药性。一般每隔10~15 d喷1次，连续喷2~3次。在清除病叶，尤其大风暴雨后要及时补喷，保护伤口，减少侵染。由于蕉叶蜡质多，可加0.1%的展着剂以增强药效。

本节图片

◆ 第三节　香蕉炭疽病

香蕉炭疽病（banana anthracnose）又名熟果腐烂病，是世界上香蕉产区最常见的采后及贮运期病害，自果实黄熟起即引致严重腐烂。我国在广东、广西、福建、台湾等香蕉主产区有发生和危害。此病在香蕉生长期就开始发生，主要为害成熟或近熟的果实。在贮运期间为害最重，引起果实大量迅速腐烂，影响果品，缩短香蕉销售期，造成严重的经济损失。

一、症状

该病主要侵害青果和熟果或近成熟果,尤以贮藏果受害最严重,损失最大。叶片、花、苞叶、果梗和果轴上也受侵害。青果受害,潜伏侵染,以菌丝体潜伏在青果表皮下,长时间不表现症状。待采后果实开始发黄和软熟时,在果皮、果柄上开始出现黑色或黑褐色斑点,呈芝麻点状(俗称"芝麻蕉"),随后斑点扩大形成中间下陷、略呈梭形的黑褐斑块,有时有同心轮纹,往往中央纵裂。有些斑块迅速扩展,常汇合成不规则的大斑或斑块,2~3 d 全果变褐色,其上密生黑褐色小点,高温潮湿条件下形成许多粉红色至深红色的黏质状小点,即病原菌分生孢子盘和分生孢子团;严重时整个果面的果皮变黑,果肉烂腐。果轴、果柄、苞叶等部位受害同样出现黑褐色小病块,扩大后全部变黑、干缩或腐烂,后期也可产生粉红色黏质小黑点。果柄发病时,引起蕉指脱落。刚抽蕾的幼嫩指果顶端感病,花序腐烂,果指提早脱落;果指端侵染后变黑腐烂,影响果实发育(拓展图 7-9)。

叶片受害,病斑长椭圆形或不规则长条形,大小不等,斑边褐色稍深,中央灰色,交界不明显,上生许多小黑点即病原菌的分生孢子盘,香蕉生长后期病斑上布满小黑点。

二、病原

1. 分类地位 香蕉炭疽病的病原为炭疽菌属香蕉炭疽菌[*Colletotrichum musae* (Berk. & Curt.) Arx]。

2. 形态特征 分生孢子盘黑褐色,圆形,直径 135~240 μm。分生孢子梗较短,无色,瓶梗状。分生孢子长椭圆形,大小为(13.8~16.8)μm×(5~6)μm,内含物颗粒状。在 PDA 培养基上气生菌丝茂盛,初为白色,老熟时深灰色,菌落上产生橘黄色的分生孢子堆,无刚毛,不产生菌核,分生孢子大小变化较大,为(11~38.5)μm×(5~6)μm(图 7-5)。

3. 寄主范围 该菌在自然条件下只为害芭蕉科。人工接种可侵染苹果、柑橘,但发病较轻。该菌在为害香蕉果实时常与其他病原菌如镰孢霉菌、轮枝菌等共同引起冠腐病,使果梳、果冠变黑造成收缩、腐烂。

图 7-5 香蕉炭疽菌(引自中国农业科学院植物保护研究所,1996)
a. 分生孢子梗及分生孢子;b. 分生孢子(放大)

三、病害循环

病原菌以菌丝体、分生孢子及载孢体在蕉株病部越冬。翌年大量分生孢子在潮湿条件下随风、雨水吹溅至果指末端残存的花器官及幼果上,在有水滴等适合条件时萌发芽管侵入果皮内,并发展为菌丝体缓慢扩展,形成典型的潜伏侵染,直到果实黄熟,糖分升高时迅速扩展而表现症状,并在病斑上形成大量的分生孢子而不断重复侵染。病原菌在青果期潜育期长达数月,若贮运期遇高温高湿时发病极为迅速,潜育期很短,一般为 3~4 d。

四、发病条件

1. 品种抗性 选种抗病品种，该菌可侵染各种蕉类，以香蕉受害最重，大蕉次之，'龙牙蕉'、粉蕉发病很轻，香蕉中'威廉斯''巴西蕉'等品种较抗病。果皮薄的品种较果皮厚的品种容易感病。有研究表明，果实含糖量在决定感病性中起重要作用，含糖量较高的品种较含糖量低的品种易感病；果实含糖量与病斑大小和扩展期长短呈正相关。

2. 栽培管理 收蕉质量及贮运前消毒与否与该病轻重密切相关。若收蕉小心轻放，尽量减少擦伤，贮运前认真消毒杀菌则发病较轻，否则往往造成严重后果。偏施氮肥的香蕉园果实病原菌侵染多，蕉果发病重。

3. 气候条件 高温多雨季节发病严重，温度在 25~32℃时发病最严重。该病在开花期高温高湿、果实生长膨大期间高温多雨及贮运期较温暖的情况下，适宜分生孢子的传播、萌发、侵染，潜育期也较短，病斑迅速扩展并造成果实变黑、腐烂。病原菌生长最适温度为 25~30℃，在果上病害发展最适温度约为 32℃，一般香蕉产区都能满足温度条件，所以发病的决定因素主要是湿度。贮运期间若温度高达 25~32℃，发病最严重。

五、防控措施

针对该病，以加强农业防治和采收及贮运管理工作为防治重点，做好综合防治工作。

1. 选用抗病品种 选种高产优质的抗病品种，如'威廉斯''巴西蕉'等品种较抗病。

2. 加强栽培管理 清洁果园，及时清除和烧毁枯叶、病花、病轴、病果，并在结果初期套袋。加强水肥管理，提高植株抗性。适时采果，当地销售控制在八成熟度，运销控制在七成熟度采收，并于晴天进行，采收及贮运小心轻放，防止擦伤，减少伤口。

3. 药剂防治 从现蕾开花期开始喷药保护，一般 10~15 d 喷 1 次，雨季 7~10 d 喷 1 次，连续喷 2~4 次，减少病原菌潜伏侵染。着重喷果实及附近叶片，常用咪鲜胺可湿性粉剂、代森锰锌可湿性粉剂等，施药后套袋保护（详见香蕉叶斑病药剂防治）。

4. 采后果实处理 在晴天适时采果。采前应避免伤果皮。采果后及时脱梳，并在 24 h 内用药剂浸果消毒，一般选用 40%噻菌灵水剂 500~1000 倍液或 450 g/L 咪鲜胺水乳剂 900~1800 倍液，浸果 1~2 min 后晾干，可减少贮运期间烂果。贮运仓库或运输车辆用 5%甲醛液熏蒸消毒杀菌。

本节图片

第四节 香蕉黑星病

香蕉黑星病（banana freckle disease）又名黑痣病、黑斑病、雀斑病，在东南亚，以及我国华南、西南香蕉产区普遍发生。

一、症状

该病主要为害香蕉叶片和青果。在叶片、叶柄上散生许多直径小于 1 mm 的深褐色至黑色突起的小黑点，扩大后形成深褐色至黑色的近圆形斑块。病斑密生时，叶片变黄，提前凋萎、枯死。病叶一般从植株下部向上发展。为害青果时，多在果背弯曲处表皮上产生许多散生或密集的黑褐色小粒，表皮突起变粗糙（拓展图7-10）。果实成熟时一般不烂果，但使表皮变黑、软熟不均匀，病部组织略下陷，外观差。

二、病原

1. 分类地位　　香蕉黑星病的病原，有性阶段为球座菌属香蕉球座腔菌（*Guignardia musae* Racid.）；无性阶段为叶点霉属香蕉叶点霉 [*Phyllosticta musarum*（Sacc.）van der Aa.]（=*Macrophoma musae*（Cooke）Berl. & Vogl.]。无性阶段较常见。

2. 形态特征　　分生孢子器直径70～155 μm，聚生或散生，球形或圆锥形，孔口较小，褐色至黑色（图7-6）。分生孢子大小为（12～23）μm×（6～13）μm，椭圆形或卵圆形，无色，单胞，偶有双胞；在潮湿条件下，从分生孢子器孔口涌出白色卷丝状孢子角。

3. 生物学特性　　病原菌对环境条件的适应范围广，菌丝在10～35℃、pH 3～10内均能生长，致死条件为55℃ 10 min。

4. 寄主范围　　目前报道仅为害芭蕉科植物，香蕉最易感病，粉蕉次之，大蕉抗病。

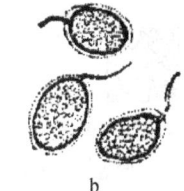
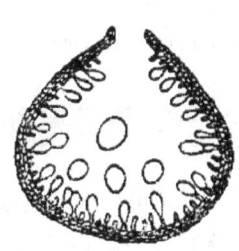

图7-6　香蕉叶点霉（引自中国农业科学院植物保护研究所，1996）
a. 分生孢子器及分生孢子；
b. 分生孢子（放大）

三、病害循环

该病原菌以菌丝体或分生孢子在病叶、病果上越冬。翌年春季降雨后，分生孢子从分生孢子器中溢出，分生孢子借风、雨水进行传播，侵染叶片和果实。在常温条件下孢子在2～3 h后萌发，随后在芽管前端形成附着胞，产生细小的侵入钉，穿透表皮组织侵入为害。在病部产生大量分生孢子，经风、雨水传播，进行再侵染。在温暖潮湿季节潜育期约为20 d，在冷凉干燥季节潜育期约为60 d。人工接种香蕉幼苗叶片，潜育期为10～15 d。

四、发病条件

该病发生流行的基本条件是在高温高湿环境下，蕉园病残体多，菌源丰富。夏、秋季雨水多，园内潮湿时，发病较严重。不同生育期抗病有差异，比如香蕉苗期较抗病，挂果后期较易感病。不同品种的抗性差异大，香蕉中'威廉斯'等品种易感病，粉蕉和大蕉较抗病。

五、防控措施

1. 种植抗病品种　　在重病蕉园区，种植抗性较强的香蕉品种，如'红香蕉''广东2号'，或粉蕉、大蕉类。

2. 做好清园工作　　及时清除病叶并烧毁，减少初侵染源。

3. 加强水肥管理　　不偏施氮肥，增施有机肥和钾肥，提高香蕉植株抗病力；疏通蕉园排灌沟渠，避免雨季积水；抽蕾挂果期，用有小孔的纸袋或塑料薄膜套果，以减少病原菌侵染；袋身小孔有利于香蕉散热；在冬季，套袋对青果有保暖作用。

4. 及时喷药预防　　在叶片发病初期或在抽蕾后蕉叶未开前，及时喷药保护。可选用百菌清、代森锰锌；或结合防治炭疽病，选用咪鲜胺于套袋前喷药保护（详见香蕉叶斑病药剂防治）。

本节图片

第五节　香蕉病毒病

侵染香蕉的病毒有多种，为害我国香蕉主产区的病毒主要有黄瓜花叶病毒（cucumber mosaic virus，CMV）、香蕉束顶病毒（banana bunchy top virus，BBTV）和香蕉线条病毒（banana streak virus，BSV）。一般田间发病率为3%~10%，个别重病田块高达30%。

一、香蕉束顶病

香蕉束顶病（banana bunchy top disease）又称"萎缩病""蕉公""虾蕉"，是香蕉的主要病毒病害之一。该病害于1889年在斐济首次被报道，1900年在中国台湾、1901年在埃及被发现，1923~1927年几乎摧毁了澳大利亚90%的香蕉。目前该病威胁着亚洲、非洲和南太平洋等地约1/4产区的香蕉生产。在我国，几乎所有香蕉产区均有不同程度的香蕉束顶病发生为害，1986年该病在广东、广西、海南、云南、福建和台湾等地普遍发生，一般发病率为3%~5%，重病蕉园达10%~30%，甚至80%。

（一）症状

香蕉整个生长期均可感病，有的当年不表现症状，直到翌年吸芽生长才显症。以每年3~5月新长吸芽症状最明显。

苗期染病一般不能开花结实，病株新长出的吸芽叶片一片比一片短而窄小，硬直，并成束丛生于假茎顶端，形成束顶状（拓展图7-11）。病吸芽叶片呈淡黄色、细弱。病株老叶颜色较健株黄，而新叶较健株深绿。病叶边缘褪绿变黄，有些出现焦枯，质硬而脆，容易折断。病叶叶脉、假茎上经常出现断断续续、长短不一的浓绿条纹，俗称"青筋"，青筋是诊断香蕉束顶病最可靠的特征。病株分蘖较多，根头红紫色，无光泽，大部分根腐烂或变紫色，不发新根。现蕾时染病，花蕾直立不结实，或虽然抽出花序，但花瓣向外翻，易脱落；此时由于叶片已出齐，不表现束顶症状，老叶也不黄化，但嫩叶的叶脉上仍可见"青筋"。病蕾的柄长而细，果柄弯曲，果少且细小，肉脆无香味。

（二）病原

1. 分类地位　　香蕉束顶病的病原为矮缩病毒科（*Nanoviridae*）香蕉束顶病毒属（*Babuvirus*）香蕉束顶病毒（banana bunchy top virus，BBTV）。病毒粒子为球形，直径多数为18~20 nm，BBTV基因组至少由6个大小为1.0~1.1 kb的单链环状DNA组成，分别命名为R、S、M、C、N和U3，均由编码区和非编码区构成。

2. 寄主范围　　BBTV的寄主范围较窄，在自然条件下可侵染芭蕉科芭蕉属的香蕉、大蕉、粉蕉、野蕉等及象腿蕉属的象腿蕉，人工接种可侵染黄瓜、甜瓜、长春花、三七草等，有报道称BBTV还可侵染芋头和美人蕉属植物，但不表现症状。

(三) 病害循环

该病以病毒粒子在未腐病残体、带毒吸芽、田间病株中越冬。远距离随带毒吸芽或幼苗调运传播，田间主要通过香蕉交脉蚜（*Pentalonia nigronervosa*）传播，机械摩擦不能传播。BBTV 侵染香蕉后，病害潜育期与香蕉品种和环境温度等因素有关。在夏季日均温 20~30℃，感染 BBTV 的香蕉吸芽幼苗潜育期为 19~57 d，粉蕉、大蕉则长达 75 d；而在秋、冬季节及初春，由于温度较低，无论香蕉、粉蕉还是大蕉病害潜育期均长达 5~7 个月之久，翌年 3~4 月后才陆续显症。此外，在多年生老蕉园，病害潜育期更长，有些长期潜伏，条件适宜后才表现症状。

(四) 发病条件

1. 病毒与介体昆虫的相互关系　　据现有资料，香蕉交脉蚜的传毒力较强，将饥饿无毒的蚜虫置于病株上取食，最短获毒时间为 30 min，获毒率为 16.7%，24 h 时获毒率为 100%；传毒速度快，每棵健株接种带毒蚜虫 20 头时，15 min 即可使 16.7% 的香蕉带毒，24 h 后带毒率为 100%；香蕉交脉蚜的循回期很短，获毒后取食健株 12 h，可致 16.7% 健株带毒，取食 24 h 的达 33.3%；病毒在蚜虫体内保毒期不少于 14 d，为半持久性传毒，不经卵传毒；传毒效率高，若健株接种 1 头带毒蚜虫，72 h 后便有 10% 以上的蕉苗带毒，且传毒率随所接种带毒蚜虫数量的增加而升高，接种 5 头以上带毒蚜虫的蕉苗带毒率为 100%。

2. 气候因素与香蕉交脉蚜发生和发病的关系　　我国各香蕉产区，香蕉交脉蚜的发生期依其生态条件不同而有差异，凡是能影响蚜虫发生期和发生量的气候因素，都影响香蕉束顶病的发生和发病程度。香蕉交脉蚜每年发生 10~15 代甚至以上，世代重叠明显，发生高峰一般为 9~12 月，有的年份和地区 3~8 月还有一个小高峰；不同地区发生高峰期有差异。6~8 月气温偏高，大风多雨，蚜虫生育受阻，有翅蚜迁移至荫蔽的杂草丛中取食，生育过夏，无翅蚜则通过爬行近距离迁居。蕉园失管，杂草繁茂，有利于蚜虫种群数量增大，从而加重香蕉束顶病的发生流行。

不同地区香蕉束顶病的盛发期不同，云南和台湾分别为 5~7 月和 7~8 月；福建为 4~6 月，有的蕉田在 7~9 月和 10~12 月尚有 1~2 个严重程度较低的盛发期；广西和广东为 4~5 月，12 月至翌年 2 月也有个别植株发病。当年春夏季出现的香蕉束顶病病株，是由上一年秋冬季蚜虫发生为害所致，因此，上一季蚜虫发生高峰期是预防香蕉束顶病的关键时期。

3. 品种抗性和生育期　　不同香蕉品种的抗性差异明显。粉蕉类（如'西贡蕉'）和大蕉类抗病；其次是过山蕉类的'龙芽蕉''沙蕉''糯米蕉'等；香蕉类如'台湾 8 号''天宝短蕉''大种高把''威廉斯'等品种最感病。幼嫩的吸芽和补种的幼苗较成株感病，且潜育期较短。同一块田香蕉对 BBTV 的抗性随香蕉植株株龄而异，2 年生的发病轻，4 年生的发病重，3 年生的居中。

4. 蕉园生态及水肥管理　　如果老蕉园病吸芽多，蕉园杂草丛生，潮湿荫蔽，香蕉交脉蚜发生量大，则发病较重；远离病区新植蕉园发病较轻；田园无杂草，水肥管理合理，氮磷钾肥合理施用，香蕉植株长势旺盛，发病较少；若氮肥多，钾肥不足，植株发病则较重。

二、香蕉花叶心腐病

香蕉花叶心腐病（banana heart rot mosaic）又称香蕉花叶病、香蕉心腐病。1929 年，

Mayee 报道该病首次在澳大利亚发生，随后菲律宾、印度、巴西等国家先后报道该病，中国台湾于 1959 年报道香蕉花叶心腐病，广州地区于 1974 年发现该病。1986 年，该病在广东一些地区大流行，重病蕉园发病率高达 60%～92.5%。1992 年，该病在广西某些地方曾较大面积发病，并迅速扩散，至 1999 年该病在广西发生流行。目前，广东、广西、海南、云南、福建等香蕉种植区均有发生。该病传播速度快，给香蕉生产造成了较大威胁，属于国内检疫对象。

（一）症状

该病为害香蕉幼苗，在叶片上产生断断续续或长或短的褪绿、黄色条纹或黄绿色梭形病斑，严重时整叶出现黄色与绿色相间的花叶，顶部叶片扭曲。病株矮小，心叶和假茎可能出现严重黄化或斑驳，甚至变褐腐烂，成株期感染也表现花叶或心腐（拓展图 7-12）。纵剖假茎可见病部长条状坏死斑，横剖假茎呈块状坏死，有时在球茎内部或根茎内腐烂。病害症状随黄瓜花叶病毒株系、香蕉品种和温度等的不同而出现差异。由病株长出的个别吸芽可能暂时不表现症状。

（二）病原

1. **分类地位**　　香蕉花叶心腐病的病原为雀麦花叶病毒科（*Bromoviridae*）黄瓜花叶病毒属（*Cucumovirus*）黄瓜花叶病毒（cucumber mosaic virus，CMV）。病毒粒子球形，直径 28～30 nm。CMV 是典型的三分体病毒，基因组为正义单链 RNA（+ssRNA），大小约 8.6 kb，由 RNA1、RNA2、RNA3 和两个亚基因组 RNA4 和 RNA4A 组成，有些 CMV 株系含有卫星 RNA（satellite RNA，sat RNA）。

2. **生物学特性**　　CMV 的钝化温度为 50～55℃，稀释限点为 10^{-4}～10^{-3}，体外存活期为 12～24 h。香蕉较难通过汁液摩擦传染，但用病汁液摩擦接种黄瓜子叶容易发病。昆虫传毒试验表明莴苣指管蚜、棉蚜、玉米蚜、豆蚜、桃蚜等以非持久性方式传播该病毒。

3. **寄主范围**　　该病毒寄主范围广，除侵染香蕉、粉蕉和大蕉等芭蕉科植物外，还可侵染葫芦科、茄科等 10 科 47 种（或品种）植物。

（三）病害循环

香蕉花叶心腐病在田间病株或带毒吸芽，以及感染 CMV 的葫芦科、茄科等中间寄主中越冬。田间通过棉蚜、玉米蚜等多种蚜虫介体传播，远距离主要靠带毒吸芽或组培苗传播。该病的潜育期受温度、寄主及生育期等因素的影响，幼嫩蕉苗感染 CMV，病害潜育期一般为 7～10 d；成株期香蕉感染 CMV，其潜育期长达几个月。

（四）发病条件

1. **气候条件**　　香蕉花叶心腐病的初侵染源主要为带病吸芽或中间寄主，田间主要通过蚜虫传播。在蚜虫易发生的气候条件下，该病传播为害严重。在温暖干旱年份，蚜虫发生量大，香蕉花叶心腐病通常发生较严重。蚜虫在秋冬干旱或春雨少的时期大量繁殖，飞翔活跃，扩散传毒，至翌年的 5～6 月相继显症，造成发病高峰，有些地区 3～4 月也发生严重。

2. **品种与树龄**　　'香芽蕉' 比 '大蜜哈' 易感病，目前大面积推广的 '威廉斯' '广东 2 号' '台湾 8 号' '巴西蕉' 等较易感病，粉蕉、大蕉类较抗病，矮秆香蕉的耐病性比高秆香蕉强。新生的幼嫩吸芽和新种植的试管苗较易感病，补种的嫩蕉苗也较成株易感病。

3. 田间生态条件　　蕉园及其附近间种或大面积种植葫芦科、茄科、藜科蔬菜的田块，香蕉花叶心腐病发生较普遍，蚜虫可以在这些中间寄主上大量繁殖，在干旱条件下发病更严重。

三、香蕉线条病

香蕉线条病（banana streak）又称香蕉条斑病。1958 年，在科特迪瓦首次暴发香蕉线条病；直到 1986 年才证实该病害是由香蕉线条病毒（banana streak virus，BSV）引起的。随后，在喀麦隆、哥伦比亚、摩洛哥、加纳、尼日利亚、乌干达、哥斯达黎加、澳大利亚、约旦、厄瓜多尔、南非、马达加斯加、印度、巴西、菲律宾等国家陆续报道了该病。2001 年，我国广东香蕉产区首次发现了该病，随后在海南、云南和台湾也发生了该病。在热带地区，香蕉线条病可造成香蕉减产 6%～90%。

（一）症状

香蕉线条病是系统性病害，有多种症状。香蕉叶片和假茎在发病初期产生连续或不连续的褪绿条斑，或在叶片上出现稀疏或连续的纺锤状病斑，与 CMV 引起的香蕉花叶心腐病症状相似；但是随着症状的发展，条斑逐渐变褐坏死（拓展图 7-13）；假茎、叶柄和果穗有时也会出现条纹症状；病害严重时植株矮化，不开花或果穗小、果实不饱满。有时还出现假茎坏死，病株发育迟缓，甚至导致植株死亡。有研究表明，该病害在香蕉上的症状受环境条件、病毒株系、香蕉品种等影响，症状表现不稳定，可能严重或较轻，甚至出现隐症。田间香蕉存在 BSV 和 CMV 复合侵染的情况。

（二）病原

1. 分类地位　　香蕉线条病的病原为花椰菜花叶病毒科（*Caulimoviridae*）杆状 DNA 病毒属（*Badnavirus*）香蕉线条病毒（banana streak virus，BSV），香蕉线条病毒是不同种的统称。
2. 形态特征及基因组结构　　病毒粒子呈杆状，无包膜，大小为 30 nm×（130～150）nm，基因组为 6.9～7.8 kb 的双链环状 DNA。不同种病毒基因组均含三个开放阅读框（open reading frame，ORF），但大小有差异。其中 ORF1、ORF2 分别编码两个较小的蛋白质，ORF1 编码一种与病毒相关的功能未知的小蛋白质；OFR2 编码约 14 kDa 的蛋白质，该蛋白质可能参与病毒组装；ORF3 主要编码一个多聚蛋白，剪切后产生天冬氨酸蛋白酶、外壳蛋白、逆转录酶（reverse transcriptase，RT）、核糖核酸酶 H（ribonuclease H，RH）及运动蛋白。病毒基因组的变异率较高，多态性丰富。部分香蕉线条病毒可将其基因序列整合进香蕉 B 基因组（*Musa balbisiana* B genome）中，有些整合的病毒基因也可以产生游离的侵染性病毒粒子。当香蕉植株受到胁迫时，如组织培养、杂交、不同温度等影响，香蕉基因组中整合的病毒基因可以产生游离态病毒粒子而侵染香蕉，使香蕉植株表现症状，从而制约香蕉种质资源交换和育种。
3. 生物学特性　　BSV 通过无性繁殖材料（吸芽、试管苗等）进行传播扩散，田间可以通过多种粉蚧传播，主要是桔臀纹粉蚧（*Planococcus citri*）以半持久性方式进行传播，粉蚧的卵、若虫、成虫均可传毒，但传毒效率不同。BSV 也可以通过带毒香蕉种子传播，但是不能通过机械接种和土壤传播。
4. 寄主范围　　香蕉线条病毒的寄主范围较窄，可侵染芭蕉科芭蕉属植物、甘蔗及可食用美人蕉属植物。

（三）病害循环

由于香蕉主要是通过组织培养进行无性繁殖的，组织培养是 BSV 传播扩散的主要途径之一。香蕉吸芽中的 BSV 随着组织培养逐代传递。粉蚧传播并不是引起田间香蕉线条病流行的主要原因，最重要的传播途径可能是通过吸芽和组培苗/试管苗进行远距离扩散。BSV 在不同香蕉品种组织培养过程中的传递规律不同，一般以顶部第 1～2 片叶中病毒含量最高。

（四）发病条件

香蕉线条病症状的表现受很多因素影响，包括香蕉品种、病毒种类、管理水平、环境条件（温度和湿度）等，使病害诊断困难。例如，野生长梗蕉等被 BSV 侵染后症状很轻，而'Cavendish'香蕉感染 BSV 后表现出明显的线条症状。温度也影响香蕉线条病症状的表现，低温（22℃）有利于症状表现，香蕉植株内 BSV 浓度高；高温（28～35℃）时大部分香蕉隐症，病毒浓度低。

四、香蕉病毒病防控技术

香蕉病毒病主要以预防为主，结合种植无病毒组培苗、杀灭传毒介体、科学管理、及时清除田间发病植株等措施，达到防控病害的目的。

1. **严格实行检疫，保护新植区**　严禁从病区引进香蕉种苗。从非病区引进吸芽、种苗或组培苗时应严格实行检疫，保护新开辟的香蕉种植园的安全。为了确保安全，进行香蕉种质资源交流及香蕉种质保存时，需要进行病毒检测，以阻止病毒传播扩散。香蕉组培苗中病毒的检测应以顶部第 1～2 片叶作为检测材料。常用的香蕉病毒检测方法有 ELISA 和 PCR 等。一般认为 ELISA 检测方法经济适用。

2. **选种无病吸芽，采用无病试管苗**　在无病区种植香蕉或开辟新蕉园时，应严格选用无病吸芽，或采用无病香蕉试管苗。种植香蕉试管苗是预防香蕉病毒病的一项基本措施。试管苗生产单位应在无病区选择健壮吸芽，严格进行病毒检测后再大量繁殖，一旦发现带病毒的繁殖材料，即销毁或淘汰可能带毒的全部试管苗。

3. **及时清除病株，减少侵染源**　对所有蕉园全面检查，发现香蕉病株或可疑病株时，应及时进行人工挖除并销毁，以减少病毒传染源。挖除病株后，撒上石灰或淋入石灰水消毒，晒 3～5 d 后，再补种无病健壮蕉苗。农户应认识到清除蕉区病株的重要性，同时统一行动，才能有较好的防效。注意清除园内或附近种植的葫芦科、茄科等 CMV 寄主植物，以减少毒源。

4. **及时治虫防病，防止病害传播扩散**　根据香蕉病毒田间不同介体的传播及发生为害规律，有针对性地防治介体，并注意防治中间寄主的害虫，以减少虫源。由于蕉叶蜡质丰厚、光滑，在药液中加入 0.1%洗衣粉或其他展着剂，可增加药液的黏附性，提高药效。建议在桔臀纹粉蚧低龄期选择内吸性较好的药剂灌根，既能取得较好的防治香蕉线条病的效果，又能减少环境污染和药剂浪费。

5. **加强栽培管理，增强植株抗性**　铲除蕉园内及附近杂草。重病园田改种抗病或耐病品种；注意氮磷钾肥合理配比，增施有机肥以改善香蕉植株的抗病、耐病性。

香蕉其他病害见表7-1。

本表图片

表7-1 香蕉其他病害一览表

病名和病原	症状识别	发病规律	防治要点
香蕉黑条叶斑病 *Mycosphaerella fijiensis*；*Pseudocercospora fijiensis*	大多数侵染始于第3、4片幼叶背生褪绿小斑点，变成平行于叶脉的条斑，晕圈黄绿色；后期黑褐或黑色，中央干枯灰白色。愈合斑中部坏死、外有黄晕，病叶干枯。急性发病，叶片突然变黑，干枯后褐色下垂（拓展图7-14）	以菌丝体、分生孢子在田间病残体上越冬。通过雨水传播。中温高湿、排水不良的田块利于发病和流行	①实行检疫；②清除病残体；③健身栽培；④发病初期喷施抑霉唑、丙环唑或戊唑醇
香蕉煤霉病 *Cladosporium musae*	在叶片及果实上形成灰褐色煤烟状物，影响果品商业价值	以菌丝体、分生孢子在病残体、病果上越冬。该菌常在蚜虫、介壳虫或粉虱分泌于果实的蜜露上生长	①在开花抽穗后喷杀蚜虫、介壳虫；②适时喷用防治叶斑病药剂；③断蕾后及时果穗套袋
香蕉褐纹病 *Pyricularia grisea*	叶片生中央浅褐色、边缘锈红色的眼斑，略呈梭形，轮纹极明显。可侵害果实，症状与叶部相似	以菌丝体和分生孢子在病叶、病果上越冬。湿度大时病重	参阅香蕉叶斑病
香蕉轴（焦）腐病（球二孢果腐病） *Botryodiplodia theobromae*	病原菌从果轴损伤部位侵入，产生水渍状斑块，病部变软、变黑，导致果轴腐烂，果皮易脱落。病部密生小黑粒	同香蕉炭疽病	参阅香蕉炭疽病
香蕉镰孢霉冠腐病 *Fusarium moniliforme*；*Fusarium* spp.	病原菌最初从果轴切口侵入。香蕉采后贮藏7~10 d，蕉梳切口出现白色棉絮状霉层并开始腐烂，继而向果柄扩展，病部前缘水渍状暗褐色，蕉指散落；后期果身发病，果皮爆裂，蕉肉僵化，催熟果皮转黄后食之有淀粉味感	香蕉采收、运输中造成伤口，贮藏运输时高温高湿及高二氧化碳浓度的小环境极易诱发该病。雨后采收或采前灌溉的果实也极易发病	①尽量减少采收、贮运等造成的机械伤；②降低果实后期含水量，采前10 d内不灌溉，雨后隔2~3 d晴天后才收果；③适时喷用咪鲜胺、异菌脲等，采后药剂防腐参照香蕉炭疽病，冷藏温度13~15℃
香蕉细菌性枯萎病 *Ralstonia solanacearum*	幼龄植株叶片迅速黄化，萎蔫或倒折，假茎维管束木质部变色，果实过早成熟或发育停止，果实变黑，果肉干腐，全株枯萎（拓展图7-15）。将病维管束放于清水中，可见切口处溢出菌脓	病原菌在病株、土壤中越冬。借吸芽、污染的工具、流水、昆虫传播	①实行检疫；②做好蕉园卫生；③栽培防病；④及时摘除雄花序，避免昆虫传播；⑤化学防治参考茄科蔬菜青枯病；⑥利用拮抗微生物
香蕉穿孔线虫病 *Radopholus similis*	不定根被线虫穿刺的皮层上产生浅红色或褐色斑，纵裂、坏死，造成皮层萎缩、变黑、腐烂，地上部分生长衰弱，叶少而小，果穗变小（拓展图7-16）	成虫以卵在病组织、土壤中越冬。以吸芽带病土远距离传播，随田间灌溉水、线虫活动扩散	参阅根结线虫病
香蕉肾形线虫病 *Rotylenchulus reniformis*	根受害肥短，开裂，初呈红棕色小点，病痕扩大，根如环剥状开裂，叶片边缘干枯如烧焦状	同香蕉穿孔线虫病	参阅根结线虫病
香蕉细菌性软腐病 *Dickeya zeae*	系统性维管束病害，典型症状为球茎和假茎变黑，引起内部腐烂，维管束变色并伴有难闻的恶臭味，叶片黄化及萎蔫，严重时整株枯死或倒塌（拓展图7-17）	病原菌主要在田间病株、土壤中未腐烂的病残体中越冬。通过灌溉水、雨水、带菌肥料和昆虫等传播	①选种抗、耐病品种；②选用健康种苗；③病株清理；④与甘蔗、玉米及薯类等旱作作物轮作，不宜与茄科作物轮作；⑤化学药剂适时防治，如春雷王铜、宁南霉素或噻唑锌等
香蕉细菌性鞘腐病 *Dickeya dadantii*	主要为害叶鞘和叶柄。叶鞘出现褐色斑点，慢慢膨胀成大斑点，整个叶鞘逐渐变褐腐烂，假茎有明显的纵向裂纹，叶片下垂。病叶柄红褐色，后腐烂（拓展图7-18）。香蕉叶片变黄，严重时植株枯萎和死亡	同香蕉细菌性软腐病	参阅香蕉细菌性软腐病

第八章

龙眼和荔枝病害

中国是龙眼、荔枝的原产地,具有悠久的种植历史,其种植面积和产量均居世界第一。龙眼、荔枝在我国南方各省份水果生产和果农收入中占有重要地位。据报道,我国龙眼病害有50余种,发生较重的是龙眼鬼帚病、炭疽病、白霉病和菟丝子寄生。截至1992年,荔枝病害记载有49种,以霜疫病发生最为普遍且严重,可致50%以上的花穗腐烂、干枯,或导致80%以上的接近成熟果实腐烂、脱落。在多雨潮湿的年份和地区,炭疽病和酸腐病可引起成熟期果实大量落果和贮运期间果实变褐腐烂,造成较大损失。

第一节 荔枝霜疫病

本节图片

荔枝霜疫病(litchi downy blight)原称荔枝霜霉病,是我国广东、广西、福建等省(自治区)荔枝生产中的一种重要病害,在高湿的情况下,引起大量落果、烂果,5~6月多雨时损失可达30%~80%,严重影响荔枝鲜果的产量及贮藏和外销。

一、症状

该病主要为害各生育期的果实、果柄、结果小枝及花穗,高湿时也为害小叶。①果实:果实病斑多从果蒂开始,初在果皮表面出现褐色不规则的病斑,无明显的边缘,潮湿时长出白色的霉层。病斑扩展极迅速,直至全果变褐色,果肉糜烂,带有强烈的酒味和酸味,并有褐色汁液流出,病果易脱落。②果柄、结果小枝及花穗:病斑褐色,病健界线不清楚,高湿时产生白色霉层。③叶片:嫩叶感病,初于叶面产生褪绿小斑,后扩展为淡黄绿色不规则形病斑,病斑两面产生白色霜状霉层。老叶受害,通常在叶的中脉处断续变黑,沿着中脉出现少许病斑(拓展图8-1)。

二、病原

1. **分类地位** 荔枝霜疫病的病原为卵菌门霜疫霉属荔枝霜疫霉菌(*Peronophythora litchii* Chen ex Ko et al.)。

2. **形态特征** 该病原菌在玉米培养基(CMA)、燕麦培养基(OMA)、水琼脂(WA)基质上生长良好。菌丝无隔多核,自由分枝,宽2.7~5.4 μm。孢囊梗高度分化,长短不等,从数百至一千多微米,粗3.6~5.1 μm,在梗端双分叉1至数次或在一个主轴两边形成近双分叉的小分枝,小分枝向顶端渐细,每一顶端同步形成1个孢子囊;但在有些孢囊梗的小分枝顶端或分叉中部及孢囊梗的分枝上会长出长梗，梗端再分化形成新的二级孢囊梗，其上生同步形成的孢子囊，在二级孢囊梗的小分枝上有的还会再形成第三级、第四级或更多级的孢囊梗，这种再生长现象称为多级有限生长。每枝孢囊梗产孢子囊 2～30 余个，成熟后不易被风吹落，但遇水时立即脱落，小分枝上不再形成孢子囊。孢子囊柠檬形或椭圆形，大小为（24～45）μm×（15～28）μm（在 WA 基质上），乳突明显，高 1.8～3.6 μm；具短柄，长 1.8～5.3 μm；直接萌发产生芽管，在其顶端有时生一个次生孢子囊；间接萌发生出 5～10 个游动孢子。游动孢子肾形，大小为（10.3～17.2）μm×（6.5～10.3）μm，双鞭毛侧生。藏卵器球形，直径为 21～34 μm，平滑，卵周质不明显或缺。雄器多围生，或侧生，大小为（8.5～13.4）μm×（7.3～12.2）μm。卵孢子球形，直径 18～30 μm，平滑，不满器。厚垣孢子有或无（图 8-1）。病原菌的

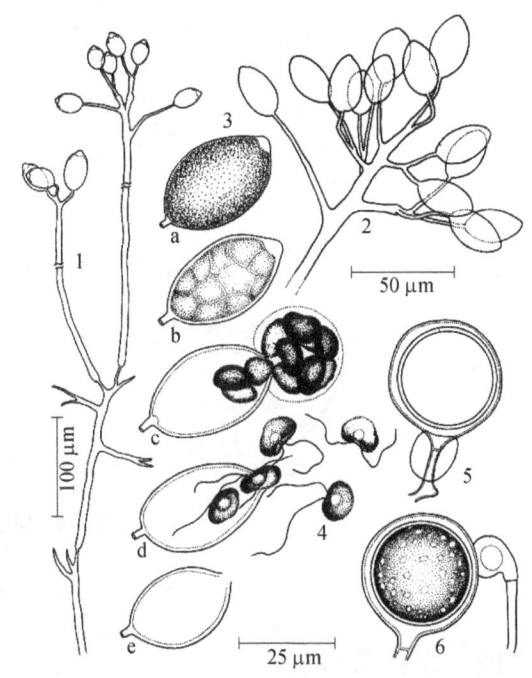

图 8-1　荔枝霜疫霉菌（引自余永年，1998）
1. 多级有限生长的孢囊梗；2. 同步形成的孢子囊；3. 孢子囊释放游动孢子的过程（a～e）；4. 具双鞭毛的游动孢子；5. 具围生雄器的藏卵器；6. 具侧生雄器的藏卵器，内含一个卵孢子

形态和营养生理，有的同霜霉科，如同步形成孢子囊；性器官的形态和在人工基质上的生长能力等，又与腐霉科和疫霉科相同。而多级有限生长方式的孢囊梗则又与上述各科不同（拓展图 8-2）。

3. 生物学特性　　病原菌在 11～30℃时可形成游动孢子囊，最适温度为 22～25℃。孢子囊在 8～22℃时萌发产生游动孢子，在 14℃时形成游动孢子只需 20 min，在 8～16℃时萌发率最高，在 26～30℃时萌生芽管，在 24℃时两种情况都有。该菌侵染时间很短，在高湿度下，在 11～30℃均可侵染，在 18℃时只需 5 min 便可成功入侵，在 25℃时，潜育期不到 1 d，在 11℃时为 7 d。

4. 寄主范围　　在田间除侵染荔枝外，还为害番木瓜。在人工条件下可使番茄和丝瓜致病；刺伤接种还可侵染菜豆和龙眼叶。

三、病害循环

该菌以卵孢子在土壤中越冬，留在树上的病果枝及落地病果皮上的病原菌，未证实能越冬。也有报道该病主要以卵孢子和菌丝体在病叶和病果上越冬。在广东翌年约 3 月末开始发病，形成大量的孢子囊和游动孢子，借风、雨水、雾、露传播，侵染发病。由于潜育期极短，再侵染十分频繁，常迅速造成严重危害。有的年份 7 月末已在病果枝上发现卵孢子，萌发产生芽管，或者芽管上再形成孢囊梗和孢子囊（图 8-2）。在田间，外观完好的被侵染果实，往往造成贮运期间大量果腐。

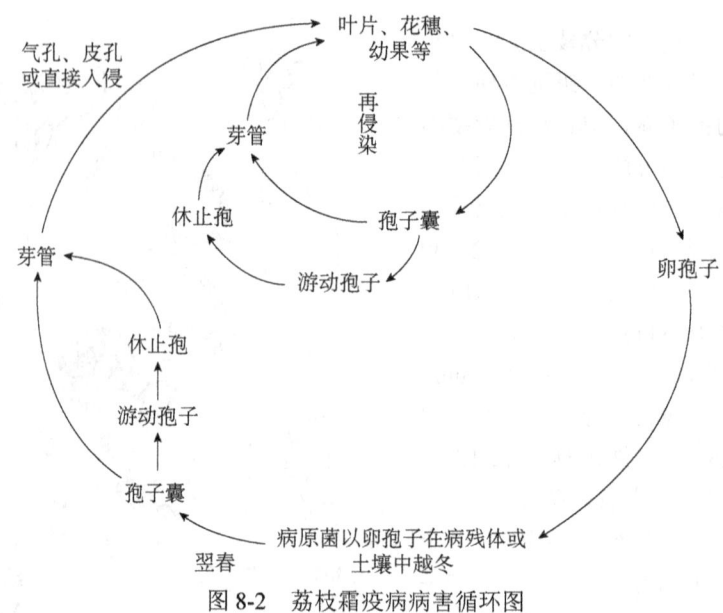

图 8-2 荔枝霜疫病病害循环图

四、发病条件

1. 湿度　　该病的发生与湿度密切相关。广州地区 4～6 月，正值荔枝开花至果实成熟期，温度适宜，如遇 4～5 d 甚至更长时间阴雨，病害严重流行。地势低洼、土质黏重、排渍不畅、密度大的果园，以及枝繁叶茂、挂果多的树发病都较重。同一株树冠下部荫蔽处的果实比四周通风透光的果实发病重。

2. 品种与果实品质　　目前尚未发现抗病品种。早、中、迟熟品种间的发病情况有所差异，早、中熟品种往往遭受严重病害，其原因是果实接近成熟或成熟期遇到高湿和适温条件；而迟熟品种结果后期高温少雨，孢子囊直接萌生芽管而不形成游动孢子，使其繁殖侵染系数大为下降，起"避病"作用，病害发生轻。若迟熟品种结果后期遇多雨年份，也可严重发病。果皮薄、易透水、较湿润的成熟果易受侵害。

五、防控措施

因为缺乏抗病品种，而且该病原菌侵染过程极短，在有利条件下再侵染十分频繁，所以针对该病，应采取以清洁果园、减少侵染源为基础，加强栽培管理，再辅以在感病的生育期施用农药等防治措施。

1. 清洁果园　　果实采收后，结合修剪，清除病枝、病果、病花枝，集中烧毁，绝不可埋入土中或沤肥，以免病原菌进入土壤越冬，成为次春菌源。对地面及树冠全面喷施 30%氧氯化铜悬浮剂 600 倍液或 77%氢氧化铜可湿性粉剂 800 倍液 1 次。

2. 加强栽培管理，短截花穗，果穗套袋　　果园要深耕培土，增施有机肥，运用根外追肥促秋梢老熟，控制冬梢，增强树势，改善土壤结构，并注意加修畦沟以利排水。荔枝开花时常遇低温阴雨，湿度大，且花朵上有蜜露，易染上霜疫病，加上长花穗上吸附着的水分多，不易干爽，加重病害的发生。所以要及时进行短截长花穗，减少花量，减少花穗积水，为开花结果创造良好的环境，同时能有效地减轻发病。在花穗长度 15～20 cm 时进行短截，主花穗短截

1/2，侧花穗短截 1/3。

提倡果穗套袋，可在第二次生理落果期过后，用专用无纺布袋或纸袋套果穗，可显著减轻病害，且能使果实着色均匀，色彩鲜艳，增加果实外观品质，减少落果，同时减少农药残留，也是生产绿色果品的重要方法。

3. 药剂防治　　一般在花蕾发育期、始花期各喷药 1 次，如病情继续发展，7 d 后再喷 1 次；果期应从幼果开始喷至转色时止，10～15 d 喷 1 次，共 4 次以上。病势急时应抢雨停间隙喷药，药后遇雨还应补喷。可选用 25%嘧菌酯悬浮剂 1250～1670 倍液、66%精甲霜灵·氧化亚铜可湿性粉剂 1000～1500 倍液、70%丙森锌可湿性粉剂 600 倍液、70%代森锰锌 350～525 倍液或 86.2%氧化亚铜水分散粒剂 1000～1500 倍液等药剂。上述药剂应轮换使用。

◆ 第二节　龙眼、荔枝鬼帚病

本节图片

龙眼、荔枝鬼帚病（longan and litchi witches' broom）又名丛枝病，在我国分布于台湾、福建、广东和广西等省（自治区）。发病普遍的结果树果园减产 10%～20%，重者 50%以上，已成为生产上亟待解决的问题。

一、症状

龙眼、荔枝鬼帚病可侵染幼苗和成株期的龙眼与荔枝，引起的症状较为相似。

1. 幼苗　　幼苗发病叶落枝枯，推迟出圃或不能出圃。无症带毒幼苗还可能成为新果区或无病果园的病害来源。

2. 成株　　该病周年发生，以春梢盛发期抽生的叶、枝和花穗发病较重，夏、秋梢发病较轻。

（1）叶片：幼叶染病后一般先是顶部小枝叶的部分或所有的小叶黄绿色，不伸展，叶缘向上内卷成月牙形，严重时，叶片细长蕨叶状、栗褐色（拓展图 8-3）。已伸展的幼叶染病后小叶中部凹陷，叶尖向下卷曲或呈不规则形。定形叶被侵染后，单侧或双侧叶缘局部内陷、扭曲、波纹状，叶脉黄化成黄绿色或沿主脉两侧出现黄化，逐渐向叶尖发展，叶缘向叶背反卷，脉间叶肉出现不定形浅黄绿色斑纹，对光观察斑驳状，病叶质脆，粗糙（拓展图 8-4）。有时病健叶可同时存在于同一枝条或羽状复叶上。

（2）枝梢：新梢顶部叶畸形，不久干枯全部脱落成秃枝。病重植株，新梢主、侧枝节间缩短，形成丛生状、扫帚状的褐色无叶枝群，故又称丛枝、扫帚病（拓展图 8-5）。

（3）花穗：花穗受害后，节间缩短变粗，形成丛生簇状花穗。花朵畸形膨大，花器官不发育或发育不正常，密集在一起，花早落（拓展图 8-6）。病穗上的花器官偶有不脱落，可结实，但果小，果肉淡而无味，失去食用价值。

二、病原

早在 20 世纪 50 年代，李朱荣根据龙眼鬼帚病可通过嫁接和种子传病，认为该病由病毒侵染引起。1972 年，So 和 Zee 用电镜观察病叶筛管细胞发现有线状病毒粒子。此后，国内有人从病枝梢表皮、叶片、叶柄和叶脉分离到球形颗粒，因而对该病病原提出各种猜测，有人认为是由植原体或类细菌（BLO）侵染引起，也有人认为是由龙眼瘿螨、亥麦蛾或蟓象为害所致。叶旭东等（1990）和陈景耀等（1994）在电镜下看见线状病毒粒子，健株没有观察到线状病毒。陈景耀等（1994）用盐酸四环素和青霉素G钾处理病苗，无抑病效果，从而排除植原体和BLO引起该病的可能性。目前认为该病原为一种属于马铃薯Y病毒科（Potyviridae）的线状病毒（longan witches' broom virus，LWBV）（=euphoria longan witches' broom virus，EuLWBV）。病毒只存在于寄主筛管内，病毒粒子大小为（300～2500）nm×（14～16）nm，多数粒子长度为700～1300 nm。病毒亚基呈轮状排列，部分粒体从侧面可见核酸空腔。在荔枝蝽（Tessaratoma papillosa）的成虫和龙眼角颊木虱（Cornegenapsylla sinica）的唾液中观察到的病毒粒子，与在龙眼病叶细胞中看到的病毒粒子在形态结构上基本相同。病毒的寄主范围为龙眼和荔枝。在荔枝病叶中也发现了线状病毒粒子，其形态与龙眼病叶中观察到的病毒粒子相似。

三、病害循环

病毒通过种子、接穗、介体昆虫传播，花粉可能带毒，但不能通过汁液摩擦传染（拓展图8-7）。该病主要靠带毒的种子、接穗和苗木的调运作远距离传播。在田间则主要靠荔枝蝽成虫、3龄以上若虫和龙眼角颊木虱成虫传播。种子传病率为0.19%～10%，嫁接传病率为17.4%～100%。潜育期短的为51 d，长者达1年。病芽条可引起砧木发病，潜育期为330～720 d，病砧木可传染健芽，引起贴接苗发病。菟丝子传病率为20%～40%，潜育期为130～336 d。荔枝蝽成虫和若虫的传病率分别为27.9%和40%，潜育期为53 d～1年，龙眼角颊木虱成虫传病率为30.8%，潜育期为80 d～1年。

四、发病条件

该病的发生及为害程度与品种抗病性、树龄、栽培管理和传病昆虫的关系密切，在传病介体发生普遍的地区，病树的数量及带毒种子、实生苗和嫁接苗的数量是病区果园和新区果园病害流行程度的决定因素。病害蔓延的速度与荔枝蝽和龙眼角颊木虱的数量呈正相关，虫害发生重，该病发生也重。此外，有人认为果园病健树根系交互接触也存在传毒的可能性。

荔枝蝽一年发生一代，多以成虫在龙眼、荔枝树冠郁蔽处越冬。翌年2月中旬至3月上旬，当气温回升至16～18℃时，越冬成虫在春梢、花穗上取食，随后交尾产卵。龙眼园产卵期为3月上旬至8月中下旬；在荔枝上为3月上旬至7月中旬，3月中旬至5月为产卵盛期。卵期依气温而异，为8～19 d。若虫期为58～100 d。越冬后的成虫于7月大量死亡。成虫和3龄以上若虫于当年取食时的4月中下旬开始至11月传播该病，但成虫传毒范围、传毒时期远超过若虫。

龙眼角颊木虱在广西桂西南年发生不少于7代，广州地区7代，福州则为3～5代，以若虫在钉状孔洞内越冬。翌年2月下旬至3月上旬为越冬代成虫羽化期。成虫在嫩梢上栖息24 h后交尾产卵于果树幼嫩器官组织上，以幼叶背、嫩梢枝梗卵量最多，组织转绿后着卵极少。卵期夏季为5～6 d，春季为8～9 d。直到羽化前若虫一直在叶片钉状孔洞内生活。各虫态一年中有5个发生高峰，且各峰期均与龙眼树抽发新梢期吻合，但以春梢期虫口密度最大，其余梢期密度较小。故龙眼角颊木虱在3～11月均可传毒，主要传毒时期在3～6月。

龙眼各品种间的抗病性有差异。'红核仔''牛仔''大粒''油潭本''普明庵''福眼''蕉眼''石硖'和'龙壳'等品种较感病；'乌龙岭''信代本''东壁''大乌圆'，以及广西近年新育的迟熟品种'白露1号'和福建新育的'立冬本''水南1号'等品种较耐病。荔枝如'乌叶''陈紫''东刘一号'和'山枝'等品种较感病。龙眼和荔枝的幼年树比成年树易感病，受害也较重。高压苗比实生苗发病率高。此外，栽培管理不善、树势衰弱、秋梢抽生不齐，在寒潮来临时尚未生长充实的秋梢易发病。

五、防控措施

该病的防治策略是在杜绝毒源的基础上，加强栽培管理，及时防治传毒昆虫。

1. **严格检疫** 严禁从病区调运带毒的种子、接穗和苗木等繁殖材料进入新区和新园。

2. **培育无病良种壮苗** 从无病区良种健树采集种子和接穗，在隔离区建立苗圃，培育良种无病苗。病区应尽可能选栽品质优良的抗、耐病品种。感病品种和抗、耐病品种不宜混栽。

3. **治虫防病** 防治荔枝蝽：于2月中旬至3月上旬，当越冬成虫恢复活动时，对虫量多的果树或品种，药剂挑治一次；若虫大量孵化期（4～6月）实施全园喷药。有效药剂有90%晶体敌百虫800倍液、2.5%氯氟氰菊酯乳油2000倍液或10%氯氰菊酯乳油2000倍液加80%敌敌畏1000倍液等，喷雾施药。或在冬、春气温低时人工突然摇树使越冬成虫落地捕杀之。或释放平腹小蜂、卵跳小蜂等天敌1～2次。

防治龙眼角颊木虱：一般在越冬代若虫活动取食期、各代成虫产卵盛期和若虫盛孵期进行。卵期喷30%双神乳油2000～2500倍液；若虫期用80%敌敌畏乳油800倍液、25%噻嗪酮（或吡虫啉等）可湿性粉剂1000倍液或20%氰戊菊酯乳油2500倍液等。

4. **加强栽培管理** 苗圃少量病苗或病重的成年树，及时挖除烧毁。挖砍前需药杀害虫，以免飞散传毒。果树进入结果期后，每年要增施有机肥，氮磷钾肥配施（N：P：K=1.0：0.5：1.0），尤其注意采果前后施肥，以恢复树势，保持树体健旺，减轻病害。冬季深翻扩穴培土，春季犁翻松土，都有利于提高树体抗逆力。有病枝梢应及时剪除，重病枝应重剪砍除，可在一定程度上延缓病情发展。花粉可能带毒，因此疏去病花穗，避免花粉传病。

◆ 第三节 龙眼、荔枝炭疽病

本节图片

龙眼、荔枝炭疽病（longan and litchi anthracnose）是龙眼、荔枝幼龄树的重要病害，据广东报道，荔枝苗病株率达50.3%～92.6%，病叶率一般为31.4%～43.6%，严重的可达62.3%～81.5%，引起苗期落叶，影响幼龄树的生长发育及苗木出圃率；成年树被害，直接影响当年的果实产量，荔枝果实受害比龙眼果实受害重。

一、症状

该病主要为害叶片，尤其是幼苗、未结果和初结果的幼龄树发病特别严重，成年树的嫩梢、花穗和果实也可被害。

叶片上的症状分急性型和慢性型两种。①急性型：多在未转绿时的嫩叶边缘开始发病，初为针尖状褐色斑点，后变为黄褐色、椭圆形或不规则形的凹陷病斑，烫伤状。有不明显或明显轮纹，后期黑褐色，病部易破裂。②慢性型：在嫩叶已充分张开，但还未转绿时开始发病。初在叶尖出现黄褐色小病斑，随后迅速向叶基部扩展，严重时可达整个叶片的1/2～4/5甚至以上，均呈褐色的大斑块，健部和病部界线分明。前期叶面和叶背均为深褐色，健部和病部交界处颜色更深，呈赤褐色至黑褐色，至后期病部叶面为灰色，叶背仍为褐色。叶缘或叶内发病的则呈椭圆形或不规则形的病斑。潮湿时，叶背病部生黑色小粒点。严重时，病叶向上纵卷，易脱落。荔枝叶片发病一般为慢性型，病斑较大，最长可达全叶，一片叶仅剩叶基10 mm左右绿色。

嫩梢发病，先在顶部开始呈萎蔫状，后变黑褐色枯心，终至整条嫩梢枯死。只有少数春、夏梢嫩梢发病，且多在阴雨天气下呈急性发生，秋梢很少见病。

幼果当果径长到10~15 mm时，先出现黄褐色小点，后呈深褐色水渍状，病健部交界处模糊不清，造成早期落果。近成熟或成熟的果实通常易染病，致果肉腐烂，味变酸（拓展图8-8）。后期病部生黑色分生孢子盘和堆聚大量分生孢子。

二、病原

1. **分类地位** 无性阶段半知菌类炭疽菌属的胶孢炭疽菌［*Colletotrichum gloeosporioides*（Penz.）Sacc.］、番石榴炭疽菌（*C. guajavae* Damm, P. F. Cannon & Crous）、睡莲炭疽菌［*C. nymphaeae*（Pass.）Aa］、果生炭疽菌［*C. fructicola* Prihastuti, L. Cai & K. D. Hyde］、暹罗炭疽菌（*C. siamense* Prihastuti, L. Cai & K. D. Hyde）、博宁炭疽菌（*C. boninense* J. Moriwaki, Toy. Sato & T. Tsukiboshi）等可引起龙眼、荔枝炭疽病。

2. **形态特征** 分生孢子盘生于病部表皮下，成熟时突破表皮。分生孢子梗圆柱形，密集排列，无色，单胞。分生孢子大小为（9~24）μm×（3~4.5）μm，无色，单胞，长椭圆形，两端较圆或一端稍尖，内含两个油球。菌丝或芽管顶端接触固体界面时常产生附着胞，大小为（6~20）μm×（4~12）μm，褐色，皮厚，可反复多次萌发和再产生附着胞，从而形成颇为复杂的结构。菌落变异幅度大，在培养中有时产生菌核，菌核暗褐色至黑色。

3. **生物学特性** 菌丝适宜生长温度为15~35℃，低于5℃时菌落不扩展，温度达到42℃时2 d后死亡；pH为2~11，最适pH为6~9。分生孢子在15~35℃均可萌发和生长，但以20~30℃最适，在15℃时萌发缓慢，在35℃时萌发受到抑制；分生孢子萌发需要高的湿度，当相对湿度为100%时，萌发率为96%，有水滴时萌发率为62%，当相对湿度在90%以下时孢子不能萌发。分生孢子在pH 3~10内均可萌发，以pH 5~8时萌发率最高。短时间（2 min）的紫外线照射对孢子萌发有促进作用。

三、病害循环

病原菌以菌丝体和分生孢子盘在病组织上或随病残体落入地面越冬。翌年春天在适宜的气候条件下，分生孢子借风、雨水、昆虫等传播到新生器官上，萌发生出附着胞和侵染丝，从寄主伤口或直接穿透表皮侵入寄主；在天气潮湿时，病斑上产生大量的分生孢子，进行多次重复侵染，使病害不断地扩展、蔓延。该病原菌具明显潜伏侵染特性，常引起荔枝、龙眼在采收后贮运期间腐烂。据报道，从谢花10~20 d的荔枝幼果皮上可检出炭疽病菌，谢花30 d、60 d后果皮上病原菌的潜伏侵染率分别为15.4%和78.3%，到采摘期为90.4%。广东资料表明，荔枝采收后在28℃条件下，经3~4 d开始表现炭疽病症状，7 d后病果率为60.8%~100%，9 d后为83.1%~100%；龙眼采收后在28℃条件下贮藏，3~4 d后开始表现症状，6 d后炭疽病发生率为89.7%，8 d后为99.3%。采后炭疽病发生快、腐烂严重、贮藏效果差，即使采后用杀菌剂处理，也没有明显的防治效果。

四、发病条件

1. 品种及树龄　荔枝品种间的抗病性有较大的差异。严重感病的有'五华蛀核荔''桂味''怀枝'等；'三月红''黑叶''水东'等品种则感病较轻。一般早熟品种发病少，迟熟品种发病稍重。苗木幼树比大树和老树更易发病。据福建省莆田市农业科学研究所报道，龙眼苗龄 1 个多月时的 10 月中下旬出现病害高峰，12 月为第二个高峰，第 3 个发病高峰在翌年 4 月下旬至 6 月中旬，7～9 月气温高时病害停止发展，10 月病情又复上升形成病害峰期。

2. 气候条件　该病发病温度为 13～38℃，最适温度为 22～29℃，在高温高湿多雨条件下最易发生。在广东五华地区，该病在 4 月中旬至 11 月下旬均可发生，每次新梢抽发都有一个发病高峰，尤以夏梢最重，春梢次之，秋雨多的年份秋梢发病也重，秋旱则发病较轻。12 月以后病害停止扩展。冬春冻害寒害削弱树势，会加重病害。

3. 伤口　暴风雨、台风及荔枝蝽、介壳虫等害虫严重发生时易给植株造成大量伤口，有利于病原菌的传播侵染发病。多雨季节或阴雨连绵，伤口侵染最易出现急性型的病斑，到天气放晴时转为慢性型。此外，栽培管理粗放、果园积水、土质浅薄瘦弱、虫害多等因素会造成树势不壮，病害也重。

五、防控措施

1. 加强栽培管理　深翻改土，深沟排渍，增施有机肥和磷钾肥，喷施 0.5%～1.0% 的尿素等铵态氮肥，不但能强壮树体提高抗性，而且对病原菌生长、孢子萌发有明显的抑制作用，与杀菌剂混用效果更好。尤其对苗木幼树，需提高水肥管理技术，及时修剪整形，促进良好树冠的形成，提早出圃结果丰产。同时搞好治虫防病工作。

2. 清除菌源　冬季彻底剪除病枝叶，集中烧毁。结合防治其他病虫害，喷施 1 次 0.8～1°Bé 石硫合剂，春、夏梢发病时，及早剪除病叶、枝和病果，并喷洒杀菌剂。

3. 药剂防治　对苗木幼树以保梢为主，在春、夏梢抽出后，叶片展开未转绿前，抓紧喷药。对结果树以保护花穗和保果为主，视病情和气候抓紧花穗期、幼果发育期和果实近成熟期施药，每 7～10 d 喷 1 次，连喷 2～3 次，必要时可增加次数。药剂有 62% 多·锰锌可湿性粉剂 600～700 倍液、25% 咪鲜胺乳油 1 000～1 200 倍液、40% 腈菌唑 4 000～6 000 倍液和 0.5% 石灰倍量式波尔多液；药剂宜交替喷洒，以防病原菌产生抗药性。4 月上中旬喷药保梢时，正是荔枝蝽猖獗期，可复合杀虫剂喷雾，杀虫防病（详见龙眼鬼帚病防治）。

◆ 第四节　菟丝子寄生

本节图片

菟丝子（*Cuscuta* spp.）是菟丝子科的一类恶性寄生杂草，也是重要的植物检疫对象，全世界约 170 种，我国约 14 种，可寄生于不同的寄主植物而形成菟丝子寄生（dodder parasite），其中为害龙眼的菟丝子为日本菟丝子。当菟丝子蔓延覆盖树冠 50% 时，减产也达 50%，若蔓延达树冠的 80%，则会绝收，甚至造成龙眼树死亡。

一、症状

日本菟丝子以茎蔓攀缘在龙眼树的茎和叶部,以吸盘与龙眼的维管束系统相连接,吸收龙眼树的水分、无机营养和有机化合物,使龙眼生长衰弱,叶片黄化、脱落,枝梢干枯。受害严重的龙眼树不能正常开花结果,甚至整株死亡。被害植株上可见黄色、黄白色或紫红色无叶细藤缠绕,覆盖在树冠上,随着菟丝子茎蔓的不断生长和蔓延,最终将整个树冠覆盖,远远望去似一把大伞罩住树冠(拓展图8-9)。观察被菟丝子缠绕的枝条,可见多处产生缢痕,缢痕处即菟丝子产生吸盘之处。

二、病原

该病的病原为日本菟丝子(*Cuscuta japonica* Choisy),其叶退化为鳞片状,茎蔓多分枝,粗1~2 mm,肉质,有两种类型:一类茎蔓黄白色,有时带紫色瘤状斑;另一类茎蔓紫红色或粉红色,常带紫色瘤状斑。花无柄或几乎无柄,穗状花序,长达3 cm,基部分枝多。苞片及小苞片鳞片状,卵圆形,长约2 mm。花萼碗状,肉质,长约2 mm,5裂,几乎达基部,背面常有紫红色瘤状突起。花冠钟状,淡红色或绿白色,长3~5 mm,顶端5浅裂,裂片稍直立或微反折。雄蕊5枚,着生于花冠喉部裂片之间,花药卵圆形,黄色;花丝无或几无;子房球状,平滑,2室。花柱细长,合生为1,约与子房等长,柱头2裂。蒴果卵圆形,长约5 mm,褐色,内有种子数粒,褐色,略扁,有棱角。

三、菟丝子为害特性

菟丝子的种子成熟后落入土中,经休眠越冬后,翌年春末夏初20℃左右时经2~3 d即可发芽。正常萌发的幼苗根端呈圆棒状,不分枝,上生短而密的茸毛,犹如根毛。茎紫褐色,生长很快,在20℃条件下日伸长1~2 cm,在未与寄主建立寄生关系前不分枝。10余日后,根部及茎基部即自行枯死或腐烂。但茎在空气湿度较高时仍可继续伸长50 cm以上。在无寄主情况下可独立生活达45 d之久。茎遇寄主时,由于接触的刺激而缠绕于寄主上,以茎先端3~5 cm的一段最为灵敏,形成吸器,钻入皮层,与韧皮部连接,吸收养分和水分。吸器不能钻破已木栓化的树皮。通常2~3年生以上的枝条不易遭害。

菟丝子与寄主建立寄生关系后,茎继续伸长,并不断分枝,缠绕寄主和自相缠绕,尖端处不断形成新吸器,以致覆盖整个树冠。一株菟丝子在一个生长季节,可缠绕多株相邻的寄主植物。菟丝子的新断茎如具腋芽,可发育成新的植株。一般夏末开花,秋季陆续结果,9~10月成熟。成熟后蒴果破裂,散出种子。菟丝子的结实量,一株能产生2500~3000粒种子,多时可达万粒。

在南方地区,菟丝子可以终年为害;如遇冬天寒冷年份,菟丝子的茎蔓死亡,但吸盘未死,来年春暖后,吸盘发芽,长出新蔓继续为害。

四、防控措施

1. 加强栽培管理　于早春菟丝子种子未萌发前结合苗圃和果园的栽培管理进行中耕深

埋，使之不能发芽出土，一般种子埋于 1 cm 深处易发芽，埋于 3 cm 以下便难以出土。

2. 铲除菟丝子　春末夏初检查苗圃和果园，发现菟丝子应立即铲除或连同受害部分一起剪除。由于它的断茎有发育成新株的能力，剪除时必须彻底。剪下后不可随意抛丢在其他植物附近或苗床上，以免再传播。如果菟丝子发生较普遍，则应在种子未成熟前彻底拔除，以免成熟的种子遗落在土中，增加第二年的侵染源。

3. 药剂防治　在菟丝子生长的 5～10 月，于树冠上喷布内吸传导型灭生性茎叶除草剂 6%草甘膦水剂 200～250 倍液，30 d 后藤体致死率达 75%～82%，60 d 后达 100%，能够根治。对龙眼树势和生长不但无不良影响，而且有一定的刺激生长作用，处理树一般早抽新梢 10～15 d，且每条茎枝多抽 2～3 条新梢，生长旺盛，叶色浓绿，花序粗壮，产量显著增加，对果实品质无不良影响。在 6～8 月气温高时浓度可低些，在 5 月和 10 月气温较低时浓度可稍高些。施药时期掌握在龙眼新梢老熟后，菟丝子开花结籽前，生长衰弱的树浓度应偏低，最好喷两次，间隔 10 d 后喷第 2 次。采用鲁保 1 号 1.5～2.5 kg/667 m² 有一定的防治效果。

龙眼、荔枝其他病害见表 8-1。

本表图片

表 8-1　龙眼、荔枝其他病害一览表

病名和病原	症状识别	发病规律	防治要点
龙眼叶点霉白星病 *Phyllosticta dimocarpi*	叶斑多生于叶尖或叶缘，初为褐色小圆点，扩大后呈灰白色近圆形，直径 2～3 mm，病健交界处深褐色。斑上生黑色小粒点分生孢子器	以菌丝体及分生孢子器在病叶组织中越冬。分生孢子靠风、雨水传播。栽培管理粗放，树势弱发病重	①加强栽培管理，注意清洁果园；②发病初期喷 0.5%波尔多液、苯醚甲环唑、腈菌唑或咪鲜胺等
龙眼壳二孢叶斑病 *Ascochyta longan*	叶上病斑圆形或不规则形，中央灰白色或淡褐色，边缘褐色，有黄晕。斑上生黑色分生孢子器。病斑愈合成不规则形大斑，引起落叶	参阅龙眼叶点霉白星病	参阅龙眼炭疽病、叶点霉白星病
龙眼链格孢黑斑病 *Alternaria alternata*	叶两面生近圆形或不规则形黑褐色斑，可扩及全叶，斑边明显。斑背生黄褐色绒状物子实体	病原菌在病叶及病残体上越冬。通过分生孢子气流吹传。树势弱易发病	参阅龙眼、荔枝炭疽病
龙眼镰孢菌叶斑病 *Fusarium oxysporum*	多从叶缘叶脉处侵染，病斑不规则，中央灰白色，斑边褐色，严重时沿主脉扩及全叶	同龙眼链格孢黑斑病。病原菌还可侵染黄瓜、丝瓜、葡萄等叶片	①果园清洁卫生，集中病残体烧毁；②可用咪鲜胺等药剂防治
龙眼顶多毛孢褐斑病 *Bartalinia bischofiae*	通常从叶尖开始发病，沿主脉向叶柄扩展至全叶，黄褐色，病健交界处有灰绿色水渍状晕带。斑上生黑色小粒分生孢子器	病原菌在病叶及病残体上越冬。多侵染苗木幼叶，致叶片黄化脱落。发病规律尚不明了	①及时剪除病残体；②加强管理以增强树势；③用咪锰·多菌灵等药剂防治
龙眼拟茎点霉灰色叶枯病 *Phomopsis guiyuan*； *P. longanae*	多始发于叶尖，*P. guiyuan* 呈"∧"形扩展，深褐色、褐色至灰白色，边界暗褐或紫褐色，波纹状。斑面密生分生孢子器。*P. longanae* 中央比两边扩展快而呈大"∨"形，两种病斑区别明显	病原菌在病部越冬。分生孢子靠雨水溅射传播	参阅龙眼炭疽病、叶点霉白星病
龙眼拟盘多毛孢叶缘焦枯病 （灰斑病） *Pestalotiopsis pauciseta*	多始于叶缘，圆形、椭圆形或不规则形，赤褐色，常愈合成不规则形大斑，沿主脉呈波纹状，有黄晕。后期病斑呈灰白色，散生黑色分生孢子盘	以菌丝体及分生孢子盘在病叶组织上越冬。分生孢子靠风、雨水传播。其余与叶点霉白星病相似	参阅龙眼炭疽病、叶点霉白星病

续表

病名和病原	症状识别	发病规律	防治要点
龙眼、荔枝煤烟病 *Meliola* spp.; *Capnodium* spp.; *Neocapnodium* spp.; *Asterina* spp.	病部初为黑色小霉斑，向四周扩散，呈烟煤状，有时边缘翘起或成片脱落。菌丝层下面的寄主组织色较淡，严重受害的叶片卷缩，褪绿，甚至脱落	病原菌在病部越冬。翌年春季孢子飞散传播。蚧类、粉虱等害虫的存在是该病发生的先决条件。凡栽培管理不良、荫蔽潮湿及害虫严重的果园，该病也重	①杀虫剂除治害虫；②用0.3%～0.5%石灰倍量式波尔多液喷雾或高脂膜200倍液喷树冠；③加强果园管理
龙眼、荔枝果实酸腐病 *Geotrichum candidum*	多从蒂端或虫伤处发病，病果皮褐色至深褐色，整个果实褐腐，腐烂果肉有酸臭气味，外溢酸水，果壳外表被白色霉状物所覆盖（拓展图 8-10）	病原菌为土壤习居菌。孢子靠风、雨水、昆虫传播，从伤口侵入。害虫多病重	①防治荔枝蝽及果蛀蒂虫；②在采摘、运输时，尽量避免损伤果实和果蒂
龙眼果实青霉病、黑霉病 *Penicillium* sp.; *Aspergillus* sp.	青霉病初现白色霉点，后变青蓝色，果实变软腐烂。黑霉病多在近果蒂端出现黑色霉点，条件合适时扩展极快，2～3 d 黑霉可覆盖全果，病果软烂	病原菌可在土壤和腐败有机物上营腐生生活。采、装、运过程中伤口多或高温高湿，会加重病害	①采、装、运过程中尽量减少伤口；②贮运温度为 0～5℃；③参见龙眼、荔枝果实酸腐病防治方法
龙眼、荔枝藻斑病（红锈藻） *Cephaleuros parasiticus*（侵染龙眼）; *C. virescens*（侵染荔枝）	叶表面形成近圆形绒毛状的藻斑，夏季多呈砖红色，其他季节呈绿色。树皮被寄生后出现裂纹（拓展图 8-11）	红锈藻以营养体在寄主病组织上越冬。孢子囊萌生的游动孢子从寄主气孔侵入	①加强果园管理，清除病枝落叶；②于 4 月下旬或 5 月喷布 0.5%石灰倍量式波尔多液等药液 1～2 次
龙眼、荔枝槲寄生 *Viscum articulatum*; *V. orientale*; *V. japonicum*	为常绿寄生小灌木，高 20～40 cm，茎基部圆柱形，具二棱；小枝扁平，绿色，每一节间呈圆形、倒披针形或近条形，两面具多条脉。叶对生呈鳞片状突起。花单性，雌雄同株，生于茎节上端凹陷处，基部有两片合成盘状的小苞片。果实近卵形，直径约 4 mm，基部具宿存小苞片	种子随鸟粪传播到寄主植物上，在适宜温、湿度条件下萌发，胚根伸出种皮后与寄主接触处形成吸盘，长出吸根钻入寄主木质部	人工砍除。槲寄生根条不发达，但皮下的内生吸根却在枝干上下延伸很远。在防除时须将内生吸根所之处砍去，方能除根
龙眼、荔枝桑寄生 *Loranthus parasiticus*; *L. chinensis*; *L. yadoriki*	寄生于成年树的枝条上，为常绿寄生小灌木，枝无毛，具突起皮孔，叶近对生或互生，革质，卵形至椭圆形，穗状花序，两性花，果实为浆果	种子靠鸟粪传播，黏附在寄主树权树皮上，萌发后产生胚根，与寄主接触形成吸盘，产生吸根与寄主的木质部相连	彻底清除树上的桑寄生植株，注意连同寄主的枝梢及寄生植物的吸根和匍匐茎一起铲除
龙眼幼苗顶枯病（生理性病害）	发生于胚芽出土时及其后的3～5 d 内，茎尖和上胚轴受害变为黑褐色，组织干枯萎缩，茎部受害严重的造成折腰，使害芽停止生长。此后，胚原生长点侧芽位置再抽新芽，一些新芽再度受害，如此反复发生，甚至达 3～6 次。反复被害的幼嫩芽苗呈丛生状，且一芽比一芽弱	太阳暴晒致使幼芽灼伤所致。地表温度在 34℃以下时不发病；苗圃有遮阴防晒条件的，幼苗少发病或不发病；黏质土的稍轻，砂质土病较重。苗圃地经常保持湿润的，幼苗病较轻，干旱的病重	主要通过降低地表温度来预防该病害的发生。具体可采用搭棚遮阴，淋水降温，利用甘蔗叶或禾草、杂草覆盖畦面，提早 15 d 间种玉米等作遮阴植物，或行间插置遮阴物等预防措施
龙眼肿瘤病（病因未明）	感病枝干初期病部产生小突起，后逐渐增大形成肿瘤，表面粗糙或凹凸不平，木栓化	曾有怀疑为球壳孢属真菌 *Sphaeropsis tumafaciens* 所致，但接种 6 年后仍未显症	①做好清园工作；②于抽春梢前及在台风过境后和果实采收后全面喷一次 1∶2∶200 石灰倍量式波尔多液
荔枝枝干溃疡病（病因未明）	树干及枝条表皮粗糙龟裂，溃烂，并有突起瘤状物，病部逐渐扩大，加深，有的皮层翘起。削去病部表层则见到密布小黑点，即病原菌。木质部变褐色后枯枝死亡	该病以山坡老树发病较多，不同荔枝品种发病轻重不一样。伤口多的树干易发病	①初病时刮净病部及翘起的皮层，锯掉重病枝，刮口涂上波尔多浆或石硫合剂；②加强病树管理，减少伤口

第九章 杧果病害

杧果是我国南方沿边地区重要的热带、亚热带果品之一，同时也是世界五大水果之一。截至 2021 年，全国杧果栽培面积 37.46 万 hm²，产量 395.80 万 t，产值 211.40 亿元。已知有杧果病害 60 余种，炭疽病、蒂腐病、白粉病、拟盘多毛孢叶枯病和细菌性黑斑病常年都有不同程度的流行，炭疽病和蒂腐病同时是贮运期的重要病害，常酿成贮运期间严重果腐。

第一节　杧果炭疽病

本节图片

杧果炭疽病（mango anthracnose）是杧果生长期及杧果采后的主要病害之一，在世界杧果产区普遍发生。在杧果生长期，可造成高于 10% 的损失；在贮运期，病果率一般为 30%～50%，严重的可达 100%。

一、症状

该病主要为害杧果树的嫩叶、嫩枝、花序和果实。嫩叶染病后最初产生黑褐色的圆形、多角形或不规则形小斑。小斑扩大或多个小斑融合可形成大的枯死斑，枯死斑常开裂、穿孔。重病叶常皱缩、扭曲、畸形，最后干枯脱落。嫩枝病斑黑褐色，绕枝条扩展一周时，则病部以上的枝条枯死，其上丛生小黑粒。花朵或整个花序遭害，变黑凋萎。幼果极易染病，上生小黑斑，覆盖全果后，皱缩脱落。幼果形成果核后受侵染，病斑为针头大小黑点，不扩展，直至果实近成熟时扩展迅速，湿度大时上生粉红色孢子团。近成熟果实被害后，上生黑色、形状不一的病斑，中央略下陷，果面有时龟裂。病部果肉变硬，终至全果腐烂。病斑密生时常愈合成大斑块。该病有明显潜伏侵染现象，田间似无病的果实，常在后熟期和贮运期显症造成烂果（拓展图 9-1）。

二、病原

1. **分类地位**　杧果炭疽病的病原主要有两种：一种是无性阶段半知菌类炭疽菌属胶孢炭疽菌 [*Colletotrichum gloeosporioides* （Penz.） Sacc.]，另一种是尖孢炭疽菌（*C. acutatum* Simmonds.）。前者有性阶段为子囊菌门小丛壳属围小丛壳菌 [*Glomerella cingulata* （Stonem.） Spauld. et Schrenk.]，后者为尖孢小丛壳（*G. acutata*）。*C. gloeosporioides* 是主要病原。两者为害症状基本一致，区别在于 *C. gloeosporioides* 的受害果肉略软，而 *C. acutatum* 受害果肉略呈海绵状干腐。此外，*C. citri*、*C. asianum*、*C. musae*、*C. fructicola*、*C. siamense*、*C. karstii*、*C.*

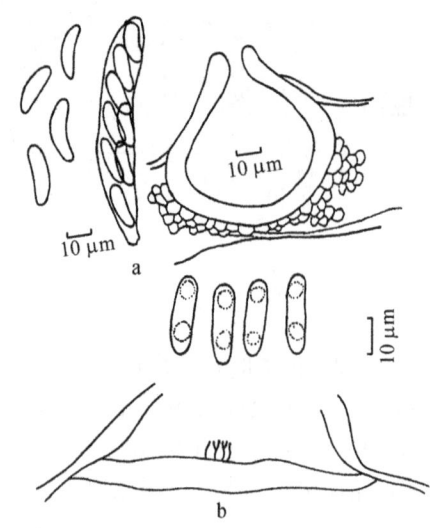

图 9-1 胶孢炭疽菌（引自戚佩坤，2000）
a. 子囊壳、子囊和子囊孢子；b. 分生孢子盘、产孢细胞和分生孢子

endophyticum、*C. cliviae*、*C. brevisporum* 等也可引起杧果炭疽病。

2. 形态特征　　*C. gloeosporioides* 引起的病斑上分生孢子盘直径 $100\sim250~\mu m$，浅褐色，圆形或卵圆形，扁平或稍隆起。在 PDA 培养基平板上，菌落白色至浅灰色，气生菌丝绒状，产生橘红色的分生孢子堆。分生孢子大小为 $(10.5\sim17.7)~\mu m\times(3.6\sim5.5)~\mu m$，平均为 $15.2~\mu m\times4.5~\mu m$，无色，单胞，椭圆形或圆筒形、两端钝圆，中间有 1 油球（图 9-1）；*C. acutatum* 在 PDA 培养基平板上，菌落灰黑色至浅黑色，气生菌丝不发达，产生的分生孢子不聚集成堆。分生孢子大小为 $(10.2\sim16.5)~\mu m\times(2.2\sim3.6)~\mu m$，平均为 $13.7~\mu m\times2.8~\mu m$，无色，单胞，梭形，中间有 1 油球。

3. 生物学特性　　*C. gloeosporioides* 的生长温度为 $7\sim37$ ℃，适温为 $20\sim31$ ℃，最适温度为 28 ℃。在 37 ℃条件下菌丝生长畸形。该菌分生孢子形成的适温为 $25\sim31$ ℃。pH 为 $5\sim8$ 时适宜病原菌生长，当 pH 为 3 时菌丝生长畸形，菌落边缘呈波浪状。该菌在 pH $3\sim10$ 均可形成分生孢子，pH $3.5\sim4.5$ 时产孢量最大。

光照可促进该菌形成分生孢子。短时（$10\sim30$ min）太阳光照可诱导菌落产生大量的分生孢子。黑暗有利于分生孢子萌发，但光照对分生孢子萌发有一定的抑制作用。在培养基中添加一定量的酵母膏（$8\sim10$ g/L）对该菌分生孢子形成有明显的促进作用。机械损伤也能刺激菌丝体产生分生孢子。高湿条件有利于分生孢子形成，低湿不产孢，但孢子寿命长。经紫外线照射 10 min 的分生孢子全部失去活力。

C. gloeosporioides 的分生孢子在适宜营养条件下萌发时，可产生两种具有不同功能的芽管：一种芽管在其先端形成附着胞；另一种芽管直接转化成分生孢子梗，并在其上产生分生孢子，即该菌有微循环产孢特性。不同菌株间在致病性上存在较大差异，但目前尚未发现本菌有生理小种分化现象。该菌对咪鲜胺、咪鲜胺锰盐等药剂极为敏感，对多菌灵、噻菌灵等药剂较为敏感，而对腈菌唑、苯醚甲环唑等药剂的敏感性极低。*C. acutatum* 对多菌灵和噻菌灵的敏感性远远低于 *C. gloeosporioides* 对这两种药剂的敏感性。

4. 寄主范围　　据报道，我国南方沿边地区，该病至少可为害 61 科 160 种植物，常见的寄主有苹果、梨、柑橘、葡萄、柿、木瓜、龙眼和荔枝等。

三、病害循环

病原菌主要在杧果植株上的病叶、病枝及落地的植株病残体上越冬。湿度高时病原菌可产生大量的分生孢子，通过雨水、风、昆虫等传播，从寄主的伤口、皮孔、气孔侵入，在嫩叶上也可穿过角质层直接侵入。再侵染频繁。病原菌在寄主病残体上可存活 2 年以上。已穿孔的冬季老叶病斑上，存活的病原菌量最低，几乎分离不到病原菌。

四、发病条件

该病的发生要求20～30℃的气温和高湿条件。在我国华南与西南杧果产区，每年春季杧果嫩梢期、花期至幼果期，温度均适宜发病，此期如遇阴雨连绵或雾大湿度高的天气，该病常严重发生。湿度是左右我国杧果种植区炭疽病发生与流行的关键因子。据报道，温度在16℃以上，每周降雨3 d以上，相对湿度高于88%，则病害可在两周内大流行。冬、春严寒遭冻害后也易导致病害大流行。杧果叶瘿蚊为害所造成的伤口容易诱发病害，且其为害状与炭疽病症状类似，应注意区分。

杧果品种间抗病力存在一定的差异，但目前还没有发现免疫型杧果品种。在我国栽培的大多数杧果品种均较感炭疽病，'白花杧''吕宋杧''金钱杧''扁桃杧'等品种相对较抗病。幼嫩器官组织较易染病。熟果染病后迅速腐烂。

五、防控措施

1. 农业防治　　种植抗病品种。近年广西选出了优质、抗病、耐病的鲜食品种'金煌芒''帕拉英达杧'等品种。不宜种植过密，以免阳光不足，植株长势衰弱，有利于病害。深沟排渍以降低湿度。剪除病枝、病叶，清除园中病残体，并集中烧毁。幼龄果在喷药后套袋。

2. 药剂防治　　重点应放在保护花序、提高穗实率和减少幼果期病原菌的潜伏侵染上。喷药时间和次数视病情和天气情况而定。可供选用的药剂有25%咪鲜胺乳油750～1000倍液、250 g/L嘧菌酯悬浮剂1250～1667倍液或30%苯甲·嘧菌酯悬浮剂1500～2000倍液等。

3. 果实采后处理　　精选的好果，可用咪鲜胺药液（含有效成分250 mg/L）浸泡15 min，后在含氧量6%的环境中贮藏。

◆ 第二节　杧果蒂腐病

本节图片

杧果蒂腐病（mango stem end rot）是杧果采后的主要病害，在世界主要杧果产区普遍发生，在中国华南，采后腐烂率为20%～40%，贮藏期一般病果率为10%～40%，重者可达100%，严重降低其经济和食用价值。

一、症状

多数杧果蒂腐病一般从蒂部始见症状，少数也从果蒂以外的部位开始发病。症状的表现往往依病原不同而异，主要有以下几种：①蒂部初期暗褐色，无光泽，病健交界明显，不久病部转为深褐色至黑褐色，病果的果肉液化，果皮开裂，有汁液外流（拓展图9-2）；②发病初期在果蒂上产生暗黄褐色病斑，病斑后转为深褐色，果肉液化、流汁，有酸味；③在发病初期蒂部呈暗黄色、水渍状，病部果皮皱缩，无汁液外流，后期病部转成浅褐色至黄褐色。症状①和③扩展较快，在25～34℃条件下3～5 d可致全果腐烂，并在病部上产生小黑粒，即分生孢子器。

二、病原

1. **分类地位** 引起杧果蒂腐病较常见的病原为半知菌类的3个种。

（1）球二孢属可可球二孢菌（*Botryodiplodia theobromae* Pat.），主要引起症状①，也可为害杧果枝条，引起裂皮、流胶，若从枝条剪口侵入，还可引起"回枯"。

（2）拟茎点霉属杧果拟茎点霉（*Phomopsis mangiferae* Ahmad），主要引起症状②。

（3）小穴壳属多米尼加小穴壳菌（*Dothiorella dominicana* Pet. et Cif.），主要引起症状③，若从果皮侵入时，还可造成果皮黑斑。

2. **形态特征**

（1）*B. theobromae*：在PDA培养基平板上，气生菌丝生长旺盛，菌落初为白色至灰色，后转至黑褐色，生长极快，基质由淡黄色转至褐色。子座质地坚硬，截面呈椭圆形，大小为（3～5）mm×（1～3）mm。每一子座一般含1～6个卵圆形或椭圆形分生孢子器，大小为（150～550）（310）μm×（110～380）（210）μm。分生孢子梗大小为26.1 μm×5.0 μm，无色，单生无隔膜，先端尖细。未成熟的分生孢子呈椭圆形或卵圆形，少数基部平截，单胞透明，壁厚，内含物颗粒状。成熟的分生孢子大小为（24.2～37.5）μm×（10.0～16.3）μm，黑褐色，椭圆形，有一横隔，少数表面有纵纹（图9-2）。

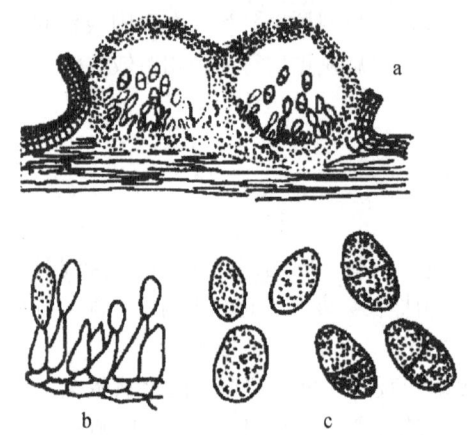

图9-2 可可球二孢菌（引自吕佩珂，2002）
a. 子座内的分生孢子器；b. 分生孢子梗及分生孢子；
c. 分生孢子（放大）

（2）*P. mangiferae*：在PDA培养基平板上，菌落白色、薄绒状、平展，生长中速，基质初呈白色，后转孢子梗分枝，产孢细胞瓶梗型。分生孢子单胞，无色透明，从形态上可分为两种类型：α型分生孢子和β型分生孢子。前者多为近梭形，大小为（6.3～7.5）μm×1.9 μm，后者为线形，大小为（20～30）μm×（0.8～1.0）μm（图9-3）。

（3）*D. dominicana*：在PDA培养基平板上，菌落呈毛茸状，生长快，菌丝体初为白色，后转至暗灰色或灰黑色，气生菌丝生长不旺。子座质地坚硬，内含1至多个分生孢子器，球形，直径100～125 μm。分生孢子大小为（14.2～27.3）（20.3）μm×（4.0～7.3）（5.7）μm，长梭形或倒棒形，单胞，无色（图9-4）。

3. **生物学特性**

（1）*B. theobromae*：在13～40℃均可生长，适温为19～37℃，最适温度为28～34℃，低于10℃或高于43℃时停止生长。该菌的最适生长pH为5.0～5.5。子座形成需要光照，各种不同光源对子座形成诱导作用的强弱依次为荧光＞蓝色光＞绿色光＞红色光。室内测定结果表明，该菌对多菌灵较敏感，咪鲜胺、烯唑醇、腈菌唑、络氨铜等农药对菌落生长无抑制作用。

（2）*P. mangiferae*：适宜生长温度为9～31℃，最适温度为25～31℃，该菌不能在低于13℃或高于34℃的环境中生长。适于该菌生长的pH范围较宽，在pH 4～10生长良好，最适pH为6.0～6.5。光可诱导该菌分生孢子器的形成，从诱导分生孢子器产生的效果来看，黑色光＞蓝色光＞绿色光＞红色光，即较短波长的可见光照更有利于该菌分生孢子器的形成。多菌灵对该菌的室内抑制效果较好，其次为咪鲜胺及噻菌灵，异菌脲、腈苯唑、络氨铜及烯唑醇等药剂对该菌无抑制作用。

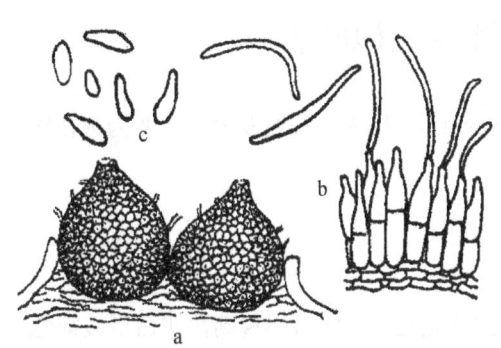

图 9-3 杧果拟茎点霉（引自周至宏，2000）
a. 分生孢子器；b. 分生孢子梗及 β 型分生孢子；
c. α 型分生孢子

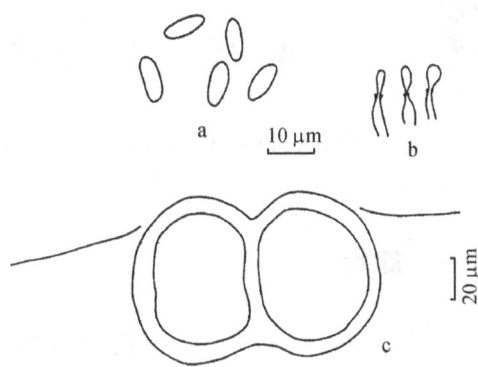

图 9-4 多米尼加小穴壳菌（引自戚佩坤，2000）
a. 分生孢子；b. 产孢细胞；c. 分生孢子器

（3）*D. dominicana*：在 100%相对湿度下温度适宜时 3 h 分生孢子即可萌发，9 h 孢子萌发率大于 80%。19～37℃是该菌生长适温区，最适温度为 25～34℃，低于 10℃该菌基本停止生长，在 43℃条件下生长很慢。该菌最适生长 pH 为 3.5～5.5，pH 高于 9.0 时菌落基本停止生长。与 *B. theobromae* 相似，*D. dominicana* 子座形成也需要光照，各种不同光源对子座形成诱导作用的强弱也依次为荧光＞蓝色光＞绿色光＞红色光。该菌对咪鲜胺、多菌灵、腈菌唑等农药均较敏感。该菌可通过花梗潜伏侵染杧果，引起幼果脱落，开花后第 11 周检测花梗的带菌率，可预测小穴壳属真菌引起杧果采后蒂腐病的发病率。

三、病害循环

病原菌主要以菌丝体及分生孢子器在寄主病残体上或以菌丝体潜伏在寄主体内越冬。翌年条件适宜时，分生孢子自分生孢子器孔口涌出，通过昆虫、雨水溅射传播，侵染发病。机械伤及虫伤多更易诱致病害流行。

四、发病条件

25～35℃有利于该病发生，结果期台风暴雨频繁则病害发生较重，收果时相对湿度较低则病害发生较轻。果实采收时留短果柄，避免被土壤污染并及时进行采后处理的发病较轻，反之则发病重。此外，采前如喷施硝酸钙、氯化钙等含钙化合物，会加重杧果蒂腐病的发生。

五、防控措施

杧果蒂腐病菌都能侵染嫁接苗导致死苗，苗期应结合其他病虫进行防治，并及时拔除死苗焚毁。搞好清园工作，减少菌源。幼果期每隔 14 d 用硫磺·多菌灵悬浮剂涂抹或喷施果面，共 3 次。收果时第一次预留果柄长约 5 cm，加工处理前进行第二次短剪，留果柄长约 0.5 cm。采摘时，果实不能直接放于土表，以免病原菌污染。同时用温度为 52℃的 45%噻菌灵胶悬剂 500 倍液浸果 5 min，或用一定浓度的赤霉素等涂抹果蒂后置 10～13℃条件下贮藏。采果前不得喷用含钙化合物（详见杧果炭疽病防治）。

本节图片

第三节 杧果拟盘多毛孢叶枯病

该病又称杧果灰斑病（mango Pestalotiopsis leaf spots），国内外普遍发生，主要为害转绿后的叶片，导致叶片早衰、枯死、脱落。

一、症状

该病多始发于叶缘，有时也从侧脉间的非叶缘部位先发病。病斑不规则，灰白至浅褐色，边缘深褐色。病部常见黑色小点分生孢子盘，严重发生时可致叶组织大片枯死（拓展图9-3）。

二、病原

1. **分类地位** 半知菌类拟盘多毛孢属，国外报道共有7种，国内查明有2种：杧果拟盘多毛孢［*Pestalotiopsis mangiferae*（P. Henn.）Stey.］（= *Pestalotia mangiferae* P. Henn.）及胡桐拟盘多毛孢［*P. calabae*（West.）Stey.］。

2. **形态特征**

（1）*P. mangiferae*：分生孢子盘圆形。分生孢子橄榄形，大小为（22～26）μm×（8～10）μm，具4个隔膜5个细胞，隔膜间稍缢缩，中间3个细胞色深，两端细胞无色，顶端细胞一般有3根附属丝，偶有1根、2根或4根，附属丝长3～25 μm，基部附属丝长约3 μm（图9-5）。

（2）*P. calabae*：分生孢子盘黑色，多发生于叶背，直径150～180 μm。分生孢子长纺锤形，大小为（15～20）μm×（4～7）μm，具4个隔膜5个细胞，两端细胞无色，中间3个细胞暗褐色，隔膜处无或稍缢缩，顶端细胞有2～3根附属丝，附属丝长3～19 μm。

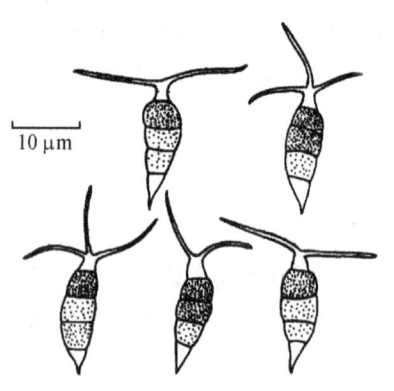

图9-5 杧果拟盘多毛孢分生孢子
（引自戚佩坤，2000）

3. **生物学特性** 连续光照或光照与黑暗交替有利于 *P. mangiferae* 生长，光对该菌产孢有显著的促进作用。该菌的最适生长温度为27～30℃，在理查氏（Richard）培养基上，在25～28℃和pH 5条件下生长及产孢最好。有研究表明，波尔多液、多菌灵对该菌的生长及分生孢子盘的形成有显著的抑制作用。

三、病害循环

病原菌主要在寄主及其病残体上越冬，翌年条件适宜时产生分生孢子，通过风、雨水传播侵染发病，病叶上新形成的分生孢子进行多次再侵染。高温多雨、植株生长衰弱有利于病害发生。病原菌也可通过潜伏侵染或通过伤口直接侵染引起贮藏期果实腐烂。

四、防控措施

详见杧果炭疽病防治。

第四节 杧果细菌性黑斑病

本节图片

杧果细菌性黑斑病（mango bacterial black spot）又称细菌性角斑病或溃疡病，是杧果生产上最重要的细菌性病害之一。该病广布于云南、广西、广东、海南和福建等省（自治区），流行年份常造成早期落叶，果面疤痕密布，降低产量和商品价值。贮运中接触传染导致烂果。

一、症状

杧果细菌性黑斑病菌会侵害叶、叶柄、果实、果柄及幼梢。果实上初生暗绿色、水渍状、针头大小点，扩展后变成黑褐色、圆形或略不定形斑，中部常星状开裂，流出胶液。大量菌溢如经雨水溅散，雾、露滴流淌，在果面常形成条状、微黏的污斑（拓展图9-4）。病果终至腐烂，但腐烂速度比炭疽病慢。受害叶片初现众多小黑点，扩展受叶脉阻隔成多角形，斑外有黄晕。病斑多时融合成大的不规则形斑块枯死。叶柄和叶脉病斑黑色开裂，导致大量落叶。幼梢、果柄常出现菱形纵向溃裂，斑边略隆起，状如火山口，常渗出黏质物，后变黑色。

杧果细菌性黑斑病与炭疽病和疮痂病的区别： 炭疽病病斑近圆形，斑边明显，中央稍凹陷、色浅、边缘色深；疮痂病病斑隆起明显，中央凹陷，但不流胶，组织木栓化；细菌性黑斑病病斑易纵裂且流出黏质物。

二、病原

1. **分类地位** 杧果细菌性黑斑病的病原为普罗特斯细菌门黄单胞杆菌属野油菜黄单胞菌杧果致病变种［*Xanthomonas campestris* pv. *mangiferae-indicae*（Patel et al.）Dye］（=*Pseudomonas mangiferae-indicae* Patel et al.）。

2. **形态特征** 在牛肉汁蛋白胨琼脂基质上菌落乳白色，圆形，隆起，光滑，黏稠，菌体单胞，杆状，大小为（1~1.5）μm×（0.3~0.5）μm，极生单鞭毛。

3. **生物学特性** 该菌在27~32℃条件下生长良好。能使葡萄糖氧化产酸，属呼吸型代谢，能利用柠檬酸盐、琥珀酸盐作唯一碳源，并使其呈碱性反应。氧化酶反应阴性，过氧化氢酶阳性，能使淀粉水解，明胶液化，石蕊牛乳冻化，产氨和硫化氢，不产吲哚，硝酸盐还原阴性，不产生果聚糖。

4. **寄主范围** 自然寄主包括杧果、腰果、巴西胡椒、槟榔青等漆树科植物，人工接种也可侵染野杧果和蒜香藤。

三、病害循环

病原菌在被害寄主及病残组织上越冬。翌年借雨水溅射吹传到新生组织器官上，从伤口或自然孔口侵入发病，结果后又经风、雨水传播到果上为害。贮运中湿度大时，接触传染，导致大量腐果。在28~35℃条件下针刺接种紫花杧保湿，潜育期为4 d。

四、发病条件

病原菌生长最适温度为 25~30℃,果树生长期均能满足,影响发病的主要因素是雨湿条件。多雨季节,尤其是台风暴雨过后严重发病,并引致大量落叶。品种间抗病性有一定的差异,印度品种'Alphonso''Bombay''Green'等抗病。抗病品种的酚类化合物、黄酮类化合物、糖总量及铵态氮含量均较高。

五、防控措施

1. 清洁果园　冬季彻底清除枯枝落叶,集中烧毁。
2. 药剂防治　着重预防性喷药,特别是在台风暴雨前后喷药,如2%春雷霉素水剂400~500倍液、46%氢氧化铜水分散粒剂1000~1500倍液和多黏类芽孢杆菌可湿性粉剂(50亿CFU/g)500~1000倍液。提倡一喷多用,如30%氧氯化铜+70%甲基硫菌灵(1:1)800倍液等,可兼治炭疽病(详见第十章柑橘溃疡病防治)。

本节图片

第五节　杧果白粉病

杧果白粉病(mango powdery mildew)是杧果生产上的重要病害之一,在我国西南、华南杧果种植区普遍发生,每年由该病引起的产量损失占5%~20%。

一、症状

杧果树的花序、嫩叶、嫩梢和幼果均受该病菌侵染。发病初期在寄主的幼嫩组织表面出现分散的白粉状病斑,继续扩大或相互融合成大的斑块,布满白色粉状孢子。受害嫩叶常扭曲畸形,病组织转成棕褐色,病部略隆起。花序受害后花朵停止开放,花梗不再伸长,以后变黑、枯萎。后期病部生黑色小点闭囊壳。严重时引起大量落叶、落花和幼果在豆粒大时掉落(拓展图9-5)。

二、病原

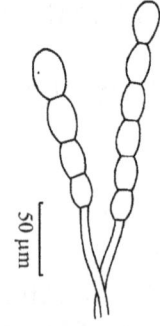

图9-6　杧果粉孢菌
(引自戚佩坤,2000)

1. 分类地位　杧果白粉病的病原,无性阶段为半知菌类粉孢属杧果粉孢菌(*Oidium mangiferae* Berth.);有性阶段为子囊菌门白粉菌属二孢白粉菌(*Erysiphe cichoracearum* DC.)。

2. 形态特征　菌丝生于寄主体表,无色,有隔膜,以吸器侵入寄主体内吸取营养。分生孢子梗直立,单生,长64~163 μm。分生孢子无色,卵圆形,大小为(33~43)μm×(18~28)μm,串生于分生孢子梗顶端(图9-6)。

3. 生物学特性　分生孢子萌发的温度为9~32℃,最适温度为23℃,在相对湿度0~100%条件下均能萌发,但高湿对其萌发更为有利。本菌属专性寄生菌,尚未能用人工培养基来繁殖、培养。

三、发病规律

病原菌以菌丝体或粉孢子在寄主的叶片、枝条或脱落的叶、花、枝、果中越冬,其存活期可达 2~3 年。翌年,病组织上产生大量分生孢子随风扩散,侵染寄主的幼嫩组织。该病再侵染频繁。气温在 20~25℃时适宜病害发生流行,湿度对病害的发生影响虽然不是很明显,但在花期如遇夜晚冷凉及雨水多时发病加重。在华南,一年中杧果白粉病的发生一般早于杧果炭疽病,1 月下旬至 2 月中旬开始发病,2~4 月杧果抽叶开花期为该病盛发期。杧果品种间的抗病性有差异。

四、防控措施

在杧果树刚开花和结果时,各喷一次化学农药。常用的药剂有 50%硫磺胶悬剂 200~400 倍液、12%苯甲·氟酰胺悬浮剂 1000~1500 倍液、29%吡萘·嘧菌酯悬浮剂 2500~3500 倍液、30%吡唑酯·氟醚菌微囊悬浮-悬浮剂 1200~1500 倍液、80%代森锰锌可湿性粉剂 400~600 倍液或 70%甲基硫菌灵可湿性粉剂 750~1000 倍液等。

杧果其他病害见表 9-1。

本表图片

表 9-1 杧果其他病害一览表

病名和病原	症状识别	发病规律	防治要点
杧果疮痂病 Sphaceloma mangiferae	嫩叶病部木栓化、粗糙、略隆起疮痂斑,常向一侧变形扭曲,斑边多灰褐色,中央白色至灰色,其上产生小黑粒,易穿孔。受害新梢皮层粗糙、开裂或枯死。幼果病斑灰色至褐色,中央组织粗糙、木栓化、开裂(拓展图9-6)	以菌丝体和分生孢子盘在病部及落地病残体上越冬。分生孢子借风、雨水传播侵染,随带病种苗远距离传播。温暖多雨病害重。品种间的抗性有差异	①不从病区引入种苗和接穗;②修剪和烧毁带病枝、叶及病残体;③种植抗病品种;④可用代森锰锌等药剂防治。参阅柑橘疮痂病
杧果流胶病 Phomopsis mangiferae; Diplodia mangiferae (拓展图9-7)	叶片、枝梢、树干及果实患部现条状溃疡,中部略下陷,粗糙,流出泪痕胶液。初无色,后变褐色,病重时,皮层、韧皮部及木质部变黑坏死,环枯后上部枝叶枯死(拓展图9-8)	病原菌在病残体及病树上越冬。借风、雨水及昆虫传播。冬春低温或寒潮过后严重发生。分叉部、嫁接口、截秆口等处容易染病,台风暴雨后病害易流行	①及时清除病残体;②刮除茎干病斑,用波尔多浆(硫酸铜:生石灰:鲜牛粪=1:2:3)涂敷伤口,病枝条从病部下 20~30 cm 处剪除,涂上波尔多液;③增施腐熟有机肥,防治害虫;④参阅杧果炭疽病
杧果叶点霉穿孔病 Phyllosticta mortoni	染病叶片上生 2~5 mm 圆斑,中央浅褐色,斑边深褐色。斑上常长出黑褐色小点。病斑易破裂穿孔	病原菌以菌丝体和分生孢子器在病组织内越冬。高温多雨发病较重	参阅杧果炭疽病
杧果黑变病 Cladosporium herbarum	受害叶布满黑色的霉状物。病果易脱落,严重影响果实外观,降低其商品价值	病原菌在病部越冬。种植密度大、荫蔽及白蜡蛾发生多易发病	参阅杧果炭疽病
杧果细极链格孢叶斑病(叶疫病) Alternaria tenuissima	幼苗叶、叶柄和茎上病斑圆形至不规则形,褐色至深褐色,稍隆起,轮纹不明显。叶柄受害叶片ízquierdo黄。茎部生褐色圆形病斑,有时纵裂,严重时幼苗枯死	病原菌在病部越冬。用云南的砧木发病率高,用海南土杧、福建土杧等作砧木,发病率较低	①选用抗病砧木;②用 0.5:1:100 波尔多液或异菌脲等药液喷雾
杧果大茎点霉叶斑病 Macrophoma mangiferae	春梢嫩叶病部出现 0.5~1 cm 浅褐色圆斑,斑边深褐色,斑外缘水渍状,后期病斑不规则形,中央产生小黑点	同杧果叶点霉穿孔病	参阅杧果炭疽病

续表

病名和病原	症状识别	发病规律	防治要点
杧果曲霉病 *Aspergillus niger*; *A. flavus*	果皮上初现浅褐色至褐色不规则形斑，上生黑色或黄色的霉状物。果肉软腐、流汁。该菌也可引起蒂腐（拓展图9-9）	初侵染源来自被病原菌污染的包装材料。机械伤口多、受冷害、成熟度高的果实病较重	参阅杧果蒂腐病
杧果果实垢斑病 *Gloeodes pomigena*	果上初生污青色不定形斑，愈合后果面大部分污褐色至污黑色，可见极细小的黑点分生孢子器（拓展图9-10）	病原菌在病部及病残体上越冬。菌丝表生似煤污的垢斑。影响贮藏	①清洁田园，果实套袋；②药剂防治。参阅荔枝、杧果炭疽病
杧果煤烟病 *Tripospermum acerinum*; *Capnodium mangiferae*; *Meliola mangiferae*	在病株的叶片和果实表面覆盖一层黑色绒毛状物（拓展图9-11）	病原菌主要以蚜虫、介壳虫、叶蝉分泌的蜜露为营养，故此类昆虫多发时该病发生也随之严重。在荫蔽、高湿环境下容易发病	①降低田间湿度；②及时防治蚜虫、介壳虫与叶蝉，并在杀虫剂中加入0.1%高锰酸钾；③喷施石硫合剂或1：2：200石灰倍量式波尔多液
杧果藻斑病 *Cephaleuros virescens*（拓展图9-12）	叶片初期病斑灰绿色、近圆形，后转为紫褐色，其上生橙褐色绒状物（拓展图9-13）	病害通过雨水、昆虫等途径传播，主要发生在春季。栽培管理差、老树、通风透光差的果园发病较重	①开沟排渍，疏去过密枝；②治虫；③药剂防治。参阅杧果煤烟病
杧果苗立枯病 *Rhizoctonia solani*; *Sclerotium rolfsii*（拓展图9-14）	根部或茎基部出现褐色水渍状斑，后变黑腐烂，全株自上而下青枯、死亡。病部常缢缩下陷，并在其上产生白色菌丝体，或形成网状菌索，后期长出菌核（拓展图9-15）	菌核在土中越冬并存活多年。病原菌能侵染多种植物，主要从幼苗伤口侵染。寄主植物连作、高温高湿、植苗过密、果苗受伤等均有利于病害发生	①高畦育苗，合理密植，不连作；②每667 m²撒施25 kg石灰和1.5～2 kg五氯硝基苯消毒；③定期淋灌氟胺·嘧菌酯、哈茨木霉菌可湿性粉剂等；④拔除烧毁病苗并撒上石灰或喷淋上述杀菌剂
杧果白绢病 *Sclerotium rolfsii*	幼苗的根茎交接处初水渍状，后变色、发黑。病部常缢缩下陷，组织坏死，病部及土表生白色菌丝层及浅褐色似油菜籽大小的菌核。植株枯死	菌核于寄主病残体及土壤中越冬。一般5～9月盛发。寄主范围广，伤口侵入。植株伤口多及前作为寄主作物的果园易发病	①减少根颈部伤口，及时拔除病株烧毁，病穴撒上石灰；②植地用五氯硝基苯进行土壤消毒；③茎基喷施唑醚·氟酰胺、井冈霉素等杀菌剂
杧果紫（纹羽）根病 *Helicobasidium* sp.	幼苗茎基部和根部变紫褐色至紫色，皮层腐烂，木质部干腐。表面由红色根状菌索覆盖，潮湿时形成一层紫红色丝绒状膜层，可见扁球形菌核。病重者枯死	病原菌在土壤中越冬。从根部或茎基部侵入。凡土质黏重、通气性差、易板结或排水不良的苗圃地发病较重	参阅杧果苗立枯病及白绢病
杧果生理性叶缘枯病	1～3龄树秋梢叶尖、叶缘先出现水渍状、暗黑褐色的波纹斑，朝中脉扩展后，形成叶缘枯斑，褐色至浅褐色。叶片脱落变成秃枝。病株的局部须根变黑	病因及发生规律尚未清楚	①在肥沃的土壤中建园，增施有机肥；②加强肥水管理，勤施薄施腐熟的粪水，勿施化肥。干旱时经常淋水

第十章

柑橘病害

柑橘是目前世界上发展最快的大宗水果，我国的柑橘面积在2008年就达到206.74万hm^{2}以上，居世界首位，产量为2331.3万t。多种柑橘病害造成的严重危害是柑橘减产的重要原因之一。目前国内发现的柑橘病害将近100种，其中危害性较大的有柑橘黄龙病、衰退病、裂皮病、碎叶病、溃疡病、疮痂病、炭疽病、脚腐病、树脂病、根结线虫病、慢衰病和贮运期的青霉病、绿霉病等十多种，其中黄龙病和溃疡病为我国检疫性植物病害。

黄龙病是一种毁灭性病害，自20世纪70年代以来，曾摧毁了广东、广西和福建等省（自治区）成千上万株柑橘树。虽然随着研究的不断深化，该病的病原、传毒介体昆虫和病害发生发展规律逐步被明确，在防治上也积累了很多经验，但对于广大疫区而言，黄龙病的防治仍然是一项长期而艰巨的任务。溃疡病在我国南部省份常流行，造成柑橘树势衰弱，叶片掉落，果实品质和产量下降，并降低商品价值。柑橘根结线虫病和根线虫病主要为害根部，受害树冠出现枝梢短弱，叶片变小，结果率降低；严重受害植株叶片黄化，叶缘卷曲或黄萎，无光泽，最后致叶片干枯脱落或枝条枯萎及全株死亡。加强检疫是控制黄龙病、溃疡病和线虫病蔓延的关键措施。衰退病等病毒类病害在我国过去为害不重，近年由于推广国外引进的某些品种，在一些地区发病面积不断扩大，局部地区为害较重，成为柑橘生产的一种潜在威胁，已引起科技工作者和生产经营者的极大关注。对于贮运期病害，则需要加强产中防治，以减少贮运期由病害造成的损失。

第一节 柑橘黄龙病

本节图片

黄龙病（citrus huanglongbing）又称黄梢病（yellow shoot），在我国最早于1919年在广东省珠三角地区被发现，广西于1943年报道在柳州和玉林发生该病，当时称为"辣椒叶"。目前，在我国该病主要在广东、广西、福建、海南和台湾等省（自治区）发生和流行，云南、贵州南部的部分地区、四川的西昌地区和攀枝花市、江西的赣州地区、湖南的郴州和宜章及浙江的温州和平阳等局部地区也有发生。在国外，该病被称为"青果病"（greening）。1995年11月在我国福建福州召开的第十三届国际柑橘病毒学家组织（IOCV）会议上将其统一定名为黄龙病。在2004年以前，该病仅分布于亚洲和非洲，之后在美洲的巴西和美国也发现了黄龙病。

该病是一种植物检疫对象，是我国南部柑橘产区的毁灭性全株系统性病害，苗木和幼龄树在发病后1～2年内枯死，成年树发病后则在2～3年内丧失结果能力。

一、症状

柑橘生长期中每次梢期均可发病，以夏、秋梢受害最重。该病的特征性症状是叶片的均匀黄化（均匀黄化叶）和斑驳状黄化（斑驳叶），以及果实成熟期的"红鼻子果"和"青果"。此外，常见的症状还有叶片的缺素状黄化（缺素状叶）和树势衰退，落叶、落花严重，产生大量枯枝等。

1. 均匀黄化叶　　在绿色树冠上的一个大枝或数个小枝，其新梢上的叶片长至正常大小，在转绿过程中停止转绿，呈现均匀的黄色或淡黄色，质地硬而脆，并很快掉落。春梢较少，夏、秋梢发生较多，前者多发生于树冠中、下部的外围，后者则多发生于树冠的顶部，俗称"插金花"或"鸡头黄"；'椪柑''蕉柑'发生较多，'温州蜜柑'和甜橙较少，'沙田柚'更少；同一品种，栽于水田者和肥水管理水平较高者发生较多，反之则较少（拓展图 10-1）。

2. 斑驳叶　　新梢上的叶片在转绿后，从叶片基部和靠近基部的边缘部分开始，逐渐褪绿转变成浅黄色至黄色，并继续向叶片上部和中间扩展，形成不规则的黄斑，叶片的其余部分仍保持绿色，整张叶片呈现不均匀的黄绿相间的斑驳状，有的最后全叶褪绿而均匀黄化。此种斑驳叶质地也较硬而脆，可较长时间挂于树上不掉落。斑驳叶在柑橘不同品种的春、夏、秋梢均可发生，而且在前、中、后期病树上都可见到。因此，斑驳叶常作为田间诊断黄龙病的主要依据（拓展图 10-2）。

3. 红鼻子果和青果　　病树果实常显著变小并呈洋梨形、桶状或果身歪斜等畸形，待到成熟期，此等畸形果着色极不均匀，表现为果蒂附近橙红色或橙黄色而其余部分仍保持绿色，群众形象地称之为"红鼻子果"。红鼻子果果皮无光泽，果实质地变软（故又被称为"棉花果"），果肉淡而无味，完全失去了经济价值。橘类品种如'椪柑''南丰蜜橘'和'砂糖橘'等最容易出现红鼻子果，柑类和甜橙类品种也可出现红鼻子果症状，尤其在干旱年份发生较多。而'沙田柚'则很少出现红鼻子果症状，一般只表现为果小和果身不正等。红鼻子果症状因其特征明显，相比以上两种症状更易识别，对于田间病树的诊断有重要意义。而在甜橙类品种、'温州蜜柑'和柚类品种上，则会出现不着色的青色或着色很浅的淡青黄色，果皮无光泽的"青果"症状，无食用价值（拓展图 10-3）。

4. 缺素状叶　　叶片叶脉及叶脉附近的叶肉呈绿色而脉间叶肉呈黄色，类似缺锌或缺锰症状。此种黄化叶多发生于上年病枝梢新抽生的枝梢上及中、后期病树上（拓展图 10-4）。

5. 其他症状　　病树落叶严重，不定期抽梢，梢短而纤弱，叶小而直立，出现大量枯枝，树势衰退。开花多而早，坐果率极低，果小而畸形。病树后期新根少，须根腐烂，随后有的大根也腐烂，木质部变黑，根皮脱落，最终导致全株枯死（拓展图 10-5）。

二、病原

1. 分类地位　　普罗特斯细菌门候选韧皮部杆菌属（*Candidatus Liberibacter*）新近报道有 3 个种：亚洲韧皮部杆菌 [*Candidatus L. asiaticus*（Clas）]、非洲韧皮部杆菌 [*Candidatus L. africanus*（Claf）] 和美洲韧皮部杆菌 [*Candidatus L. americanus*（Clam）]。亚洲种属于耐热型，发病最适温度为 30℃，介体昆虫为柑橘木虱（*Diaphorina citri* Kuwayama）；非洲种属于冷凉型，发病最适温度为 20~25℃，由非洲木虱（*Trioza erytreae* Del Guerico）传播。我国的柑橘黄龙病病原为亚洲韧皮部杆菌。2004 年，Diva do Carmo Teixeira 等首先于巴西圣保罗发现美洲种，而后研究证明在美洲南部、中部和北部除了亚洲种，也有该种分布，美洲种发病适温为 22~32℃，由柑橘木虱传播。

2. 形态特征　　该病原菌目前尚未能在人工培养基上获得纯培养，故又称为韧皮部难培养菌。在电镜下观察，菌体是多形态的，呈圆形、椭圆形、长杆状或不规则形，大小差异很大，为（170～2500）nm×（40～600）nm。菌体的外围包被由3层单位膜构成，内外两层的电子密度较浓，而中间层的电子密度较稀，似周质间隙（periplasmic space），包被厚度为17～33 nm，平均为25 nm，与革兰氏阴性菌细胞壁的多层结构相似（图10-1）。

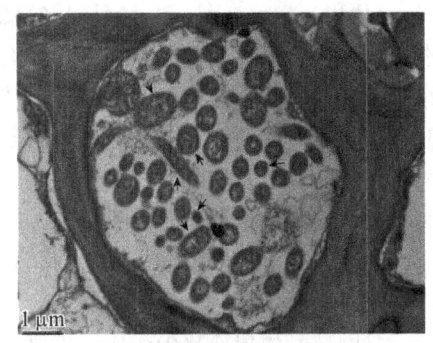

图10-1　柑橘黄龙病菌（郑正提供）
病树韧皮部筛管细胞中的病菌
箭头指示双层膜

3. 生物学特性　该病原菌革兰氏染色呈阴性反应，对热和抗生素均较敏感。用49℃湿热空气处理病接穗或病苗50～60 min，可杀死病原菌；用盐酸四环素、盐酸土霉素或青霉素G钾盐1000 mg/L溶液浸泡接穗2 h，也可消除病原菌。

4. 寄主范围　该菌主要为害芸香科的柑橘属、金柑属和枳属三属的植物。九里香在田间不表现症状，但能检测到病原菌，可能是黄龙病的隐症寄主。用菟丝子能将该病原菌从柑橘树上传到长春花植株上，引起不规则黄斑等症状，表明这种植物也是该病寄主。

三、病害循环

该病的初侵染源，在病区主要是田间病株，在新区则主要是带菌接穗和苗木。该病不能由汁液摩擦传染，也不能通过土壤和流水传病。种子能否传病目前尚未明确。在有病原存在的条件下，病害可通过柑橘木虱在田间作辗转传播，使果园在发病后3～4年内发病率高达70%～100%。柑橘木虱终生带菌传病，但寿命较短。3龄以上若虫和成虫获菌时间短的为2～5 d，长的可达30 d，1～2龄若虫不传菌；循回期为20～30 d，短的仅1～3 d；传菌时间单虫2叶期>5 h，成株期1～5头虫/株时为7～14 d，20～60头虫/株时为1 d；幼苗上潜育期一般为2～8个月，用病芽嫁接苗木，3～5个月可以发病，个别最长的嫁接后6年才发病。据广西柑橘黄龙病研究小组试验，不同品种的传病力不同，'椪柑''蕉柑''尤力克柠檬'的传病率最高，甜橙次之，'温州蜜柑'的传病率较低；不同时期嫁接传病率也有差异，11月至翌年4月的嫁接传病率高，可达70%～100%，5～7月的嫁接传病率低，一般为30%以下；不同组织嫁接传病力不同，用病芽、病枝段和病叶碎片嫁接接种能传病，而用病皮接种不传病或传病率极低（拓展图10-6）。

四、发病条件

1. 病树（病苗）及介体昆虫的数量　病树（病苗）的存在及数量的多少是黄龙病发生流行的首要因素。在有柑橘木虱发生的条件下，苗木带病率越高，果园黄龙病扩展蔓延及至毁灭的速度就越快。例如，一个新植柑橘园的苗木发病率超过5%，或者一个成年柑橘园的发病率超过10%，柑橘木虱数量又较多，往往可在2～3年内使整个柑橘园严重发病而丧失经济栽培价值。在无柑橘木虱发生地区，即使病树较多，病害也不会流行。纬度、海拔、山丘、果园坡向及气候通过影响温度的高低，从而影响柑橘木虱种群能否建立及种群数量，因而间接地影响黄龙病的发生和流行。

2. 柑橘种类和品种的抗、耐病性　不同种类和品种的柑橘树在感病后的衰退速度有差异。'椪柑''大红柑'和'福橘'等橘类品种和柑类品种'蕉柑'较感病，幼龄树感病后一般在当年或下次梢期就会全株发黄，成年树感病后也往往在1~2年内迅速黄化衰退，基本丧失结果能力；'温州蜜柑'、甜橙和柚类较耐病，成年树感病后，在肥水管理较好的情况下，在3~5年内还可维持一定的结果量。枳在田间无症状表现，但用作砧木品种时，并不增加接穗品种的耐病性。其他砧木品种如酸橘、红橘、墨西哥黎檬（*Citrus limonia*）和酸柚等，其本身感病性较强，对接穗品种的耐病性无多大影响。

3. 树龄　　在病区，幼龄树发病往往比老龄树严重，常常出现"先种后死，后种先死"的现象。这是由于幼树抽梢次数多，柑橘木虱在幼树上取食、产卵和传播病原的机会也比老树多，且因幼龄树树体较小，在一定数量的病原进入树体后，繁殖扩散至全株和在树体内达到一定浓度所需要的时间都比老树要短。老柑园则由于封行密闭，通风透光程度较差，新梢少，不适于柑橘木虱活动，故老柑园发病往往多从园边开始。

4. 栽培管理　　栽培管理好的果园，柑橘树新梢抽发整齐，老熟快，柑橘木虱数量少，减少了传病的机会，因此柑园发病较少、较慢。若栽培管理粗放，新梢抽发不整齐、老熟慢或树冠稀疏，都有利于柑橘树在大丰产的当年或翌年严重发病。这除了可能因为丰产柑橘树树体消耗大、生命力减弱、抗病力下降，更可能是由于大丰产年的气候条件对柑橘木虱越冬和春梢期的传病活动极为有利，以及丰产后管理跟不上，因而柑园往往在大丰产后严重发病。

五、防控措施

对于该病，原则上应采取以杜绝或消灭病原为前提和以扑灭介体昆虫柑橘木虱为中心的综合防治措施。在无病区和新区，应着重防止该病的传入，实施严格的植物检疫制度，培育和种植无病苗木及防止柑橘木虱传入等措施；在柑橘产区，尤其在病区，应建立以柑橘黄龙病为第一重要病害、柑橘木虱为第一重要害虫的柑橘病虫害综合防治体系，实施以控制柑橘木虱为重点，配合挖病树、培育和种植无病苗、高密度种植、加强栽培管理、抹梢控梢等的柑橘黄龙病综合防治措施。

1. 严格实行植物检疫制度　　严禁病区苗木和接穗流入无病区与新区。新区从外地引种，应要求当地植物检疫部门出具证书，确保接穗或苗木无黄龙病时方可引入。柑橘苗木的生产和销售应实行生产许可证制度，凡无证销售的苗木，不论有无症状表现，应一律按植物检疫条例处理，予以烧毁。柑橘黄龙病的检测方法有田间症状诊断及指示植物检测、电子显微镜观察、血清学检测和分子生物学检测等4种。鉴定该病的指示植物，南非专家建议采用'伏令夏橙'或'奥兰多橘柚'，中国专家建议采用'椪柑'。目前在生产上，大规模的调查一般以田间症状诊断为主；对采穗母本和苗木等需要快速鉴定，多采用PCR技术。

2. 建立无病苗圃，培育无病苗木　　无病苗木的地点，最好选择在无黄龙病和无柑橘木虱发生的地区。如在病区或有柑橘木虱发生的地区建圃，则苗圃周围距离柑橘园应在2 km以上，若有山岗、树林阻隔则更好。在建园之前，还应彻底清除园内及附近的零星柑橘类植物及九里香和黄皮等柑橘木虱的寄主。近年有的地方采用防虫大棚培育无病苗，克服了选圃的困难，管理和运输也方便，是一种简便易行、效果好的办法。无病苗圃选用的砧木种子和接穗等繁殖材料，必须是采自无病区或隔离较好的无病柑园的8~10年生甚至以上、品质优良、生长健壮、丰产的柑橘树，并应经过消毒处理后方可使用。无病苗圃成败的关键是能否长期坚持严格的检疫措施。

1）砧木种子的消毒　　砧木种子的消毒普遍采用热处理法：将洗干净的砧木种子置于铁

丝笼或纱布袋内，在 50～52℃热水中预热 5 min，取出立即投入 55～56℃的热水中浸泡 50 min。浸泡时热水要盖过种子 3 cm 以上，水温要保持恒定，并经常搅动，使种子受热均匀。处理完毕，将种子取出放入凉水中降温，然后摊开晾干，待种子表面无浮水时即可播种。在隔离条件下长成的幼苗可作砧木或接穗来源，长成的大树也可作采穗母树。

2）接穗消毒　可有如下数种方法。①湿热空气处理。用一加盖的木桶或金属桶作消毒箱，箱高 55 cm。箱内注入约 10 cm 深的清水，四壁贴上湿黄板纸，箱底水内插入两个 300 W 的加热器加温，箱内放一个高出水面与箱腔同大的铁丝网架。箱盖开一小孔插入温度计。箱内装一小风扇以搅和空气。处理前先通电把空箱加热至 49℃，开动小风扇和调节控温仪使温度稳定，便可放入接穗。应采用生长充实、芽眼饱满、营养充足的无病芽条作接穗，去叶时留下叶柄，倒置箱内可减少灼热伤害。每条接穗要彼此分离，以保证受热均匀。待箱盖上温度升至 49℃时开始计时，50 min 后取出即可。用此法处理可去除多种病原并兼治螨、蚧等害虫，但嫁接成活率低，一般只有 20%～30%成活。②热水间歇处理。先将接穗浸入 44℃温水中预热 5 min，然后移至 47℃热水中浸泡 8～10 min，取出用湿布包好，24 h 后重复处理一次，如此重复处理三次。此法可明显提高成活率，且消毒效果显著。③药剂处理。可防治黄龙病、溃疡病、疮痂病和螨类等病虫。消毒程序如下：A. 用宁南霉素或春雷霉素溶液浸泡 2～3 h；B. 用软毛刷从芽条基部顺向顶部洗刷芽条，以免伤及芽眼，这可清除附于芽条表面的蚧类、螨类虫体、虫卵，刷完用清水漂洗干净；C. 用 50%苯菌灵、25%溴菌·多菌灵或 70%甲基硫菌灵 800 倍液浸泡 30 min 以杀灭炭疽和疮痂病菌；D. 用 700 mg/L 医用硫酸链霉素加 1%乙醇作助剂，浸泡 30 min，取出晾干，即可嫁接或贮藏。上述工作应一气呵成，不能中断。

3）茎尖嫁接脱毒　嫩梢经消毒后切取带 2～4 个叶原基的茎尖，长度为 0.14～0.18 mm，在无菌条件下嫁接于试管内播种的砧木上。成活后再嫁接于盆栽实生苗上，经指示植物如'蕉柑''椪柑''尤力克柠檬'等鉴定确证无病后培育成母本树。此法脱除黄龙病率达 100%，对衰退病、裂皮病的平均脱除率分别为 80.6%和 54.1%。对碎叶病脱除无效，需与热处理法结合，方可获得理想结果。

育苗过程中还应特别注意苗圃及周围地区柑橘木虱的发生动态，一旦发现苗圃内有柑橘木虱，即应及时喷药彻底扑灭，如有生长异常的苗木应及时挖除销毁。

3. 隔离种植　在病区，应避免在已发病的柑园附近建立新柑园，新柑园距离病柑园原则上愈远愈好，至少应有 2 km。也可用非芸香科植物种植防护林带，阻隔介体昆虫迁移。

4. 彻底防除柑橘木虱　此项措施是疫区防治黄龙病最重要的环节，要抓好三个时期：一是每年春芽萌动前，可结合冬季清园，加喷杀虫剂防除。可选用 10.5%高氯·啶虫脒乳油 2000～3000 倍液，杀死越冬后木虱成虫。二是春梢期、夏梢期和秋梢期的新梢抽发期，根据柑橘木虱产卵期与柑橘梢期基本一致的特点，当芽长 0.5～5 cm 时，视虫口密度情况，连喷 1～2 次杀虫剂防除。春梢期选用 10%吡虫啉可湿性粉剂 2000 倍液，该药剂既可除治成虫、幼虫，又能防治蚜虫和粉虱；4 月下旬至 5 月上中旬夏梢期，可喷施 21%噻虫嗪水分散粒剂 3360～4200 倍液，兼治矢尖蚧等蚧壳虫；秋梢期可选用 10%吡虫啉可湿性粉剂 1000 倍液或 1.8%阿维菌素乳油 2500 倍液，兼治柑橘潜叶蛾、锈壁虱等；此外，20%甲氰菊酯乳油 1000 倍液或 4.5%高效氯氰菊酯乳油 1000 倍液，对柑橘木虱成虫的防效也较好。三是 9 月以后至翌年 1 月抽生的晚秋梢和冬梢，须坚决抹除，以切断木虱食物链，否则不能防黄龙病，但抹梢前要先施药，可选用上述药剂。

柑橘木虱与其他病虫害同时发生时，可考虑复配相关的杀菌、杀虫剂。必须注意：药剂应轮换施用，且同一种农药在同一年内施用不能多于 2 次。

5. 挖除病树，更新柑园　　在未投产的新柑园或轻病柑园，病株率低于10%的，一经发现病株立即挖除，并在挖除前全园喷布一次杀虫剂杀死柑橘木虱。挖除病株后的空穴，可在翌年春用石灰消毒后补种二年生无病大苗。在发病较重的成年柑园，病株率高于20%的，也须先用上述杀虫剂之一治虫，以免带菌木虱传病。剪除病枝，到采果后再全株挖除，其空穴处不再补种新树，待大多数植株失去经济栽培价值后，实行全园淘汰，经1～2年后重新种植无病苗。

6. 推行"矮、密、早、丰"栽培技术以减少产量损失　　'蕉柑''椪柑''温州蜜柑'和甜橙等，用枳壳作砧木，株型矮化适宜密植。加强栽培管理，以提高前期产量，早丰产以增加收益。即使因黄龙病逐一砍挖掉病株后也不致明显影响产量。这样可以缩短生产周期，加速果园更新，不失为减轻黄龙病损失的农业措施之一。

本节图片

◆ 第二节　柑橘溃疡病

柑橘溃疡病（citrus canker）是柑橘的重要病害，为国内外植物检疫对象。在国外，其主要发生于亚洲、非洲、北美洲、南美洲、大洋洲的一些国家和地区；在我国，云南、广西、广东、海南、台湾、福建、浙江、江苏、湖北、湖南、江西各省（自治区），以及四川、贵州的部分地区均有不同程度的发生或流行，其中以华南各省（自治区）受害最重。

柑橘树染病后，会落叶落果，影响树势和产量。果实发病时，品质变劣，商品价值降低，且不耐贮藏。苗木感病时，生长受阻，叶片脱落，延迟出圃或不能出圃。

一、症状

除花柱和花瓣未见染病外，几乎所有有气孔分布的绿色组织都能染病。胚茎、真叶染病后很快死亡。其典型症状为木栓化隆起的溃疡坏死斑。

1. 叶片症状　　初于叶背出现黄色或暗绿色针头大小的油渍状斑点，随后向叶片正、反两面逐渐隆起，成为淡黄褐色、近圆形的病斑。不久，病部表皮破裂，呈海绵状，隆起更显著，木栓化，表面变粗糙，灰白色或灰褐色，继后病部中央凹陷，并呈现细轮纹，周围有黄色或黄绿色的晕环，在晕环的内侧常有褐色的釉光圆圈。后期病斑中央凹陷成火山口状开裂。病斑直径3～5 mm，依品种而异。在甜橙和柚的品种上病斑较大，隆起明显；在酸橙、枳和宽皮柑橘类的品种上，病斑较小，隆起不甚明显，病斑融合后形成不规则的大病斑（拓展图10-7）。

2. 枝梢症状　　枝梢病斑与叶片上的基本相似，唯木栓化隆起和火山口状开裂比叶上病斑更为显著，但周围无黄色晕环。当病斑环绕全枝时，枝梢干枯而死（拓展图10-8）。

3. 果实症状　　果实病斑较大，最大可达12 mm，且火山口状开裂隆起更加显著。有些品种未成熟的青果，病斑周围有暗褐色的釉光边缘，黄晕有或无。病斑只限于果皮上，果实品质变劣，严重时会引起早期落果（拓展图10-9）。

该病在干燥环境下不表现病征。在多雨潮湿的情况下，病斑上常有病原菌的黏液溢出。

二、病原

1. 分类地位　　柑橘溃疡病的病原为普罗特斯细菌门黄单胞杆菌属柑橘黄单胞杆菌[*Xanthomonas citri*（Hasse）Gabriel et al.］[=*X. axonopodis* pv. *citri*（Hasse）Vauterin = *X.*

campestris pv. *citri* Dye = *X. citri*（Hasse）Dowson]。

2. 形态特征　　菌体短杆状，大小为（1.5～2.0）μm×（0.5～0.7）μm，两端圆，极生单鞭毛，能游动，有荚膜，无芽孢（图10-2）。革兰氏染色反应阴性，好气性，在马铃薯琼脂培养基上，菌落初呈鲜黄色，后转蜡黄色，圆形，表面光滑，周围有狭窄的白色带。在牛肉汁蛋白胨琼脂培养基上，菌落圆形，蜡黄色，有光泽，全缘，微隆起，黏稠。

图10-2　柑橘黄单胞杆菌菌体
（引自王春林，2005）

3. 生物学特性　　病原菌发育温度为5～36℃，最适温度为25～30℃，致死温度为49～65℃；适宜pH为6.1～8.8，最适pH为6.6。耐干燥，在室内玻片上能存活121 d；在日光下晒2 h死亡；耐低温，冷冻24 h不影响其生活力。但不耐高温高湿，在30℃、饱和湿度下，24 h后全部死亡。在田间，病叶上的病原菌可存活半年以上，枝干上的病原菌可长期保持活力。据日本报道，在春季人工接种的情况下，病原菌在杂草和稻草上能存活40～90 d，在土壤中能存活约60 d。在秋季人工接种时，病原菌在结缕草、香根草及稻草上能存活200～300 d，在土壤中存活约150 d，在夏橙根部存活约300 d。据此认为，柑橘溃疡病菌可区分为两个生态型，即寄生生态型和腐生生态型，前者以寄生为主，后者以腐生为主。

4. 生理分化　　据国外报道，根据其对几种柑橘属植物的不同致病性，柑橘溃疡病菌至少可分为3个菌系（表10-1）。

表10-1　柑橘溃疡病菌3个菌系对5种柑橘属植物的相对致病性

寄主名称	A菌系	B菌系	C菌系
甜橙（*Citrus sinensis*）	+++	+	-
葡萄柚（*C. paradisi*）	++++	+	-
柠檬（*C. limon*）	+++	+++	-
柑橘（*C. reticulata*）	+	+	-
墨西哥来檬（*C. aurantifolia*）	++++	++++	++++

注："+"代表有致病力，加号多少代表致病力强弱；"-"代表无致病力

A菌系（亚洲菌系）：在葡萄柚、来檬、甜橙和柠檬上发病最重，并能侵染芸香科19属和1种楝科植物。该菌能在36℃条件下生长，对噬菌体CP1和CP2敏感。B菌系：严重侵害墨西哥来檬和柠檬，对其他柑橘属植物的致病力弱。在36℃时不能生长，仅对噬菌体CP2敏感。C菌系：在巴西只能侵染墨西哥来檬，故又称为墨西哥来檬专化型。我国四川、福建、江苏、台湾等省的溃疡病菌均属A菌系。

此外，1984年美国佛罗里达州柑橘苗圃中暴发的叶、枝、梢斑点病的菌株，主要发生在苗圃，故称为苗圃型柑橘溃疡病（简称为N型），经血清学试验、质粒和染色体组DNA分检及噬菌体敏感性试验，它不属于A、B、C菌系。近年，墨西哥又分离出一个溃疡病菌的特异菌系。

5. 寄主范围　　该病原菌主要为害芸香科的柑橘属、金柑属和枳属植物。据巴西报道，酸草[*Trichachne insularis*（L.）Nees]也是该病原菌的寄主。

三、病害循环

病原菌主要潜伏于病组织内越冬，尤其秋梢上的病斑是病原菌重要的越冬场所。翌年春季

在适宜的条件下，病部溢出菌体，借风、雨水、昆虫、人畜和枝叶接触传播至嫩叶、嫩梢和幼果，在保持 20 min 水膜的场合下，病原菌就可从气孔、水孔、皮孔或伤口侵入，在皮层组织间迅速繁殖，溶解中胶层，充满细胞间隙，刺激细胞增生，使组织肿胀，最后形成溃疡。湿度大时溃疡上溢出细菌进行再侵染。该病的远距离传播是调运带病（菌）苗木、接穗、果实和污染病原菌种子到新的地区和果园。

该病潜育期的长短取决于柑橘品种、组织老熟程度和外界温度条件。在广西南部的'暗柳橙'上，春梢潜育期为 12~25 d，夏、秋梢为 6~21 d，果实为 7~25 d。在四川的实生甜橙上，夏梢潜育期一般为 5~11 d，短的为 4 d，长的在 16 d 以上，在夏季高温干旱条件下，潜育期可达 30 d 以上；该病原菌还有潜伏侵染现象，在某些柑橘品种上，病原菌侵入秋梢后，冬季不表现症状，到翌年春末夏初历经 140 多天后才显症，成为病害流行的初侵染源，这给该病的检疫、采穗和防治工作带来了困难（拓展图 10-10）。

四、发病条件

1. **气候条件** 高温潮湿多雨是该病发生和流行的必要条件。病原菌生长发育和致病的最适温度为 25~30℃。在柑橘树生长期温度都能满足发病要求，因此水湿条件就成为决定性因素。降雨有利于病原菌繁殖和传播，新梢期降雨早而多时，发病就早且重。因此，该病在华南各省份发病较偏北的省份重。沿海地区台风暴雨多，这不仅有利于病原菌吹溅传播，而且造成大量寄主伤口而有利于病原菌的侵入，病害发生更重。此外，雨量的多少还与病斑的大小有关，春梢期气温低，雨量少，病斑较小，发病轻；夏、秋梢期高温多雨，则病斑较大，发病重。相反，在干旱季节，病害则不发生或很少发生。

2. **寄主因素** 柑橘不同种类和品种对溃疡病感病性的差异很大。一般是甜橙和柚类最感病，柑类次之，橘类较抗病，金柑最抗病。我国最感病的种类和品种有脐橙、夏橙、柠檬、葡萄柚、枳、枳橙，以及'香水橙''改良橙''新会橙''柳橙''化州橙''印子柑''雪柑''刘勤光橙''沙田柚''文旦柚'等；'蕉柑''椪柑''瓯柑''温州蜜柑''茶枝柑''福橘''年橘''早橘''慢橘''乳橘''本地早''朱红'和香橼等感病较轻；'漳州红橘''南丰蜜橘''川橘'和金柑等抗病性最强。

柑橘品种的感病性还与表皮组织结构有密切关系。在自然条件下，气孔是病原菌侵入的门户，不同种类和品种叶片气孔分布密度及其中隙大小与感病性呈正相关。甜橙叶片气孔最多，中隙最大，最感病；橘类和'温州蜜柑'气孔少而小，比较抗病；柚的气孔数量和大小介于两者之间，为中度感病；而金柑的气孔分布最稀，中隙也最小，抗病性最强。此外，柑橘器官上油胞多的品种，如橘类和'温州蜜柑'单位面积上的油胞数比甜橙及柠檬多 1 倍以上，气孔数量相应较少，因而减少了病原菌侵入的机会，故前者抗病性比后者强。金柑和'川橘'等表皮角质层丰厚，抗病性极强。枳的叶片及枝梢发病严重，而果实几乎不发病，主要是由于果皮表面密布短小茸毛，起了保护作用。上述形态学上的性状，是寄主抗病性的基础。此外，寄主的抗病性还可能与其生理特性有关，故在抗病育种时应注意加以利用。

寄主的感病性还与寄主组织的老熟程度有关。溃疡病菌一般只侵染一定发育阶段的幼嫩组织，刚抽生的嫩梢、嫩叶和刚形成的幼果及老熟了的组织都不感病或不易感病。因为这些幼嫩组织器官的各种自然孔口尚未形成，病原菌无法侵入；而老熟了的组织已革质化，不再形成新的气孔，原有的气孔又处于老熟阶段，孔隙极小或闭合，病原菌难以侵入。据广西华山农场 1982 年资料，'暗柳橙'春梢萌芽后 35 d 开始显症，随着枝梢伸长发病逐渐加重，40~60 d 时枝梢停止生长，叶片尚嫩绿时气孔形成最多，孔隙也最大，故侵入率高、发病重，出芽后60~70 d叶片老熟革质化，病原菌侵入困难，发病基本停止。一般而论，甜橙夏、秋梢侵染的始、盛、末期较春梢的相应提前，分别为7 d、16~32 d和49 d，以及13 d、19~33 d和60 d，发病历期也比春梢的短。病原菌入侵果实则与果径有关，幼果横径5~6 mm，即落花后11~14 d，为侵染初期；23~34 mm，即落花后49~66 d，为入侵盛期；50 mm左右，花谢后161 d时为入侵末期。果实着色后不再发病。其原因也与气孔发育过程有关。一年中的发病盛期，叶溃疡为6~8月，果溃疡为6~7月。夏、秋梢发病率占全年总发病率的98%以上，是翌年新梢主要的初侵染源，为全年生长期中防治的重点。

此外，苗木和幼树生长旺盛，新梢重叠抽生，很不整齐，病原菌侵入的机会多，故发病较严重。成年树和老龄树新梢抽发次数少，数量少，抽梢期整齐且较短，病原菌侵入机会少，故发病较轻。树龄越大，发病越轻。

3. 栽培管理因素　　凡摘除夏梢和通过抹芽控梢，促使秋梢抽发整齐的橘园，病害显著减少。留夏梢和未控制秋梢生长的柑园，因抽梢期间正值高温多雨且梢期长，病害往往严重。合理施肥，增施钾肥，适当修剪，可以减少夏梢抽发和促使新梢抽发整齐，从而减少发病。偏施氮肥，特别是在夏季前后施用大量速效氮肥，会促发夏梢，新梢生长重叠，导致病原菌反复侵染传播发病。果园不同品种混栽，由于抽梢期不一致，有利于病原菌辗转传播，菌原积累，增加传染机会，也会使抗病的品种发病。此外，柑园中的潜叶蛾、凤蝶幼虫、恶性叶虫和华沟盾螨等新梢害虫，不仅造成大量伤口，而且频繁传播病原菌，极显著地加剧发病。据四川资料，潜叶蛾为害所致夏梢溃疡，其病叶率就占了整个夏梢叶溃疡的70%以上。

五、预测预报

在有初侵染源的情况下，以品种的感病性、新梢抽放期、抽放次数和数量、整齐度等情况，以及新梢长1.5 cm至幼果横径0.9~3.0 cm（落花后30~60 d）期间的气象预报作为该病预测预报的依据。①旬均气温在15℃以上，相对湿度在60%以上，春梢即可受侵染，加上20 d左右的潜育期，即春梢溃疡病的始发期。②春、夏、秋梢期间，旬均温为20~30℃，相对湿度在80%以上，旬雨量为20~200 mm时，又与新梢和幼果的易侵入期相吻合，则可能严重发生。落花后30~60 d，如遇上述气候条件，则果实发病严重，低于上述气候条件，则病轻或停止发病。③春梢前期和秋梢后期，除雨量、湿度条件外，主要受温度条件制约。春季温度回升慢，则始发期迟，秋季低温干旱来得早，则停止发病时间提前。④在同等条件下，幼龄果树发病重，老龄果树发病轻。

溃疡病严重度分级标准。①叶片分级标准：0级，整张叶片无任何病斑；Ⅰ级，整张叶片有病斑1~5个；Ⅲ级，整张叶片有病斑6~10个；Ⅴ级，整张叶片有病斑11~15个；Ⅶ级，整张叶片有病斑16~20个；Ⅸ级，整张叶片有病斑21个以上。②果分级标准：0级，无病；Ⅰ级，病斑相连面积占整个果面的5%以下；Ⅲ级，病斑相连面积占整个果面的6%~10%；Ⅴ级，病斑相连面积占整个果面的11%~25%；Ⅶ级，病斑相连面积占整个果面的26%~50%；Ⅸ级，病斑相连面积占整个果面的50%以上。

六、防控措施

鉴于我国各柑橘产区目前溃疡病普遍发生的实际情况，防治策略是逐步缩小该病的为害范围和减轻为害程度，保护新果区和无病区，改造老病区，进而达到根除该病的目的。一切防治工作都可以按下述三项原则来设计：限制病害蔓延；减少病害的自然发生机会；减少已经发生的病害。共同的目标就是减少病害来源。

1. **限制病害蔓延** 包括检疫、尽可能消灭有病苗木和病树、培育无病苗木等措施。

1）**植物检疫** 严格执行《植物检疫条例》，实施产地检疫，严禁从病区引进带病的苗木、接穗和果实。如确实需要从疫区调进无病苗木、接穗等繁殖材料时，要有检疫部门的检疫证明，并先行隔离种植2～3年后确证无病时方可定植。试种过程中一经发现病株，应连同健株一起全部烧毁。对外来芸香科植物，都要经过检疫、消毒和试种。

利用噬菌体和酶联免疫吸附试验，能快速、准确地检测无病症材料是否带菌。对于零星发病的地区则采用封锁消灭措施，可有效阻止病害传播。

2）**种子、苗木消毒** ①种子消毒。有热水消毒和药液消毒两种方法：热水消毒，参见柑橘黄龙病防治；药液消毒，可用5%高锰酸钾溶液浸15 min或1%福尔马林溶液浸10 min，浸后用清水洗净，晾干后即可播种。②苗木消毒。未抽芽的接穗或苗木可用49℃湿热空气分别处理50 min和60 min。热处理到预定时间后立即用冷水降温。已抽芽的苗木或接穗，在剪除病枝叶后可用700 mg/L医用链霉素加1%乙醇作辅助剂，浸泡30～60 min。此外，嫁接苗还可用47℃热水间歇处理，每次10 min，24 h浸泡1次，连续3次，效果佳。

3）**建立无病苗圃，培育无病苗木** 建立无病母本园，就地供应无病接穗，技术措施详见柑橘黄龙病。

2. **减少病害的自然发生机会** 包括品种合理布局、栽培管理、治虫防病和种植防护林等措施。

1）**品种合理布局** 在溃疡病常发区，适当选择抗、耐病品种，但应避免感病的甜橙、柚类等品种与较抗病的柑橘类品种混栽。对严重染病的甜橙等种类，可采用"多枝高接换种"法换接上较抗病的'蕉柑'和橘类等品种。新梢抽发后应经常清除新病枝叶，定期施药保护，并及时除治新梢害虫。

2）**加强栽培管理、治虫防病** 科学施肥，增施磷钾肥，不偏施氮肥，增强树势，提高抗性。避免在夏至前后施肥，以免促发大量新梢。对幼年树和壮年树的夏、秋梢采用抹芽控梢办法，使新梢抽发整齐和成熟期一致。疏剪过密枝梢和病虫枝，使通风透光，减少传染发病机会，并有利于喷药保护。搞好修剪及果园卫生，在冬季或早春柑橘树抽梢前，结合修剪，彻底剪除病枝叶，清除园地落叶、残果和枯枝，集中烧毁，对重病枝条应进行重剪，重新培养树冠。修剪后喷洒0.8～1.0°Bé石硫合剂清园。对幼树主干病斑，可用利刀刮除后，涂抹1∶1∶（15～20）波尔多液。在春、夏、秋梢期剪除病枝叶和病果，要在各次梢老熟后，选晴天或阴天露水干后进行，以避免交叉感染。所有用具都要消毒。对病苗圃可在冬季或早春发病前进行低剪，就地烧毁病枝叶，加强护理，以免新梢再度染病。及时防治新梢害虫。

3）**种植防护林** 种植非芸香科植物作防护林或在上风向成片种植较抗病的品种，都可降低由风灾造成的发病率。

3. **减少已经发生的病害** 适时用药防治可显著减少病害发生。但喷药防治一定要在清除菌源的基础上进行，务必均匀、周到、细致地喷布冠层、枝、干，效果才好。苗木幼树以保梢为主，春梢在萌芽后25～30 d，夏、秋梢在萌芽后10 d左右，少数新梢自剪时喷洒第一次药，连喷2～3次，10 d左右1次。成年树以保果为主，护梢为辅，保果在花谢后10 d、40 d、60 d各施药1次。暴风雨过后应及时补喷，以保护新梢、枝叶和果实。可供选用的药剂有：20%噻菌铜悬浮剂500倍液；36%春雷霉素·喹啉铜2000～3000倍液，可兼治多种真菌性病害；77%氢氧化铜可湿性粉剂400～600倍液；15%络氨铜水剂200～300倍液，可兼治炭疽病、疮痂病和螨类。

◆ 第三节　柑橘疮痂病

本节图片

柑橘疮痂病（citrus scab）在我国柑橘产区均有分布，尤以中亚热带和北亚热带柑橘产区发病严重。柑橘苗木和幼树的新梢、嫩叶受害后，生长发育受阻，幼果受害后容易脱落或发育不良、品质低劣。

一、症状

该病只为害柑橘类果树，主要为害柑橘新梢、嫩叶和幼果，也可为害花萼和花瓣。天气潮湿时，在病疤表面长出的灰色粉状物或细绒状物，即病原菌的子实体。

1. 叶片和新梢症状　病斑在春梢叶片刚抽出尚未展开前即可发生。叶片最初出现半透明、黄褐色的圆形小斑点，随后逐渐扩大并木栓化，叶正面凹陷，直径0.3～2.0 mm。病斑多数发生在叶背、不穿透叶片两面，叶背突起成圆锥状的疮痂。灰白色、暗褐色或红褐色病斑散生或连片，为害严重时叶片畸形扭曲凋落。在某些感病品种上，发病后期疮痂可脱落形成穿孔。新梢症状与叶片上的相似，但突起没有叶片上的明显，受害枝梢短小、扭曲（拓展图10-11）。

2. 果实症状　幼果在谢花后3～5 d即发病，初呈水渍状褐色小斑，后渐扩大为黄褐色圆锥形木栓化的疣状突起。病斑散生或群生于果皮上，后期呈褐色或灰白色，表面粗糙。幼果在早期发病常呈褐色腐烂脱落，感病较晚的果实往往发育不良，长大后病斑不很明显，易与一些机械伤疤相混淆。病果多形小、皮厚、汁少、味酸或成为畸形果（拓展图10-12）。

二、病原

1. 分类地位　柑橘疮痂病的病原，无性阶段为半知菌类痂圆孢属柑橘痂圆孢（*Sphaceloma fawcettii* Jenkins）；有性阶段为子囊菌门痂囊腔菌属柑橘痂囊腔菌（*Elsinoe fawcettii* Bitanc. et Jenk.），我国尚未发现。

2. 形态特征　分生孢子盘散生或多个聚生，初埋藏于寄主表皮下，近圆形，后突破表皮外露。分生孢子梗密集着生，圆筒形，大小为（12～22）μm×（3～4）μm，顶端尖或钝圆，不分枝，无色或淡灰色，一般无隔膜，偶生1～2个隔膜。分生孢子顶生，大小为（6～8.5）μm×（2.5～3.5）μm，无色，单胞，长卵形或椭圆形，两端各有一个油点（图10-3）（拓展图10-13）。

3. 生物学特性　病原菌的生长温度为13.5～32.0℃，最适温度为21℃。在培养基上分生孢子形成温度为24～26℃，在越冬病斑上于10～28℃条件下均能形成孢子，最适温度为20～24℃。分生孢子

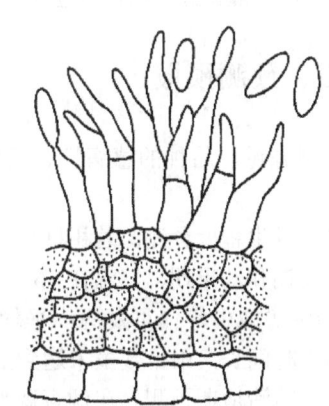

图10-3　柑橘痂圆孢产孢细胞及分生孢子
（引自戚佩坤，2000）

在 13～32℃条件下均能萌发，最适温度为 24～28℃。在柑橘叶片浸出液中浸泡 5 h，孢子萌发率可达到 100%。

三、病害循环

病原菌主要以菌丝体在病组织内越冬，也可以分生孢子在枝条芽苞上越冬。翌年春季，当阴雨多湿，气温回升到 15℃以上时，越冬菌丝体产生分生孢子，借风、雨水或昆虫传播到柑橘春梢幼嫩枝叶、花及幼果上，萌发芽管，从表皮直接侵入寄主体内，潜育期为 3～10 d。病斑上产生的分生孢子进行再侵染，辗转为害夏、秋梢的嫩叶、新梢和幼果，最后病原菌又以菌丝体在病部越冬。该病借助带病苗木、接穗和果实的输出及引进远距离传播（拓展图 10-14）。

四、发病条件

1. 气候条件　　该病发生的温度为 15～24℃，最适温度为 20～21℃，当温度高于 25℃时，病原菌生长便受到抑制，气温达 28℃以上时，病害基本停止扩展，故该病多在温带地区发生。在温度适于该病发生的柑橘生长期内，若降雨量大，降雨时间长，春、夏、秋梢和果实都可严重罹病。例如，桂北、粤北、闽北和浙江黄岩等地，由于春季温度适中，降雨多，露多，雾重，湿度大，故春梢发病最重。山地柑园发病重，平地果园发病较轻。夏梢期间，气温较高，不利于病原菌发育，病害较少发生；10 月以后，温度降低，如雨露较多，发病又复严重。

2. 柑橘品种　　不同柑橘种类和品种抗病性有显著差异。一般橘类、'温州蜜柑'和黎檬最感病；柑类、柠檬、柚类中度感病；甜橙、金柑、香橼、枳的抗病性很强。

3. 寄主组织的老熟程度　　病原菌只侵染幼嫩组织，以刚抽出的嫩梢、尚未展开的嫩叶及刚谢花后豆粒大的幼果最易感病。当叶片生长宽达 1.5 cm 左右，果实增长至核桃大小时，即具抵抗力。随寄主组织的不断成长，抗病力逐渐增强，至叶片完全老熟和果实组织将近老熟时不再感病。

4. 树龄　　苗木和幼树发病较重，壮年树次之，15 年生以上的树很少发病。这是由于苗木及幼树抽梢次数多，抽梢期长，病原菌侵染的机会多，而高龄树则与此情况相反。

5. 栽培管理　　在栽培管理的各个环节上，凡能做到合理修剪、冬季清园、适当施肥、培土及时、排灌良好、控制树冠合理生长、新梢抽放整齐的柑园，发病较轻；反之，发病较重。

五、预测预报

以菌源量、品种的感病性、新梢和幼果期的气象要素为主要依据，进行综合分析，作出预报。

（1）发生程度预测。若柑橘树为感病品种，特别是苗木和幼龄树，初次侵染菌源较多，在新梢抽发期和幼果期，气温在 16～23℃内，平均旬雨日 1～3 d，为轻度发生；平均旬雨日 4～6 d，为中等或中等偏重发病；平均旬雨日在 6 d 以上，则可能严重发病。此外，如雾大、露重、结露时间长，雨日数虽未达到上述指标，也有可能严重发病。

（2）防治适期预测。在调查观察的基础上，结合常年抽梢历期，综合分析新梢抽发情况，当芽长 0.5 cm 左右时为保护新梢的喷药适期，花落 2/3 时为喷药保护幼果的适期。

（3）防治指标。保护春梢的防治指标为上年秋梢老叶的病叶率达 15% 以上；保护幼果的防治指标为当年春梢病梢率在 10%以上。

（4）'温州蜜柑'幼果发病与春梢发病始见期的期距。据湖南东安 1983~1986 年的调查观察，春梢发病始见期至幼果发病始见期的期距为 27~33 d，平均为 30.5 d；谢花期（花谢 80%）至幼果发病始见期的期距为 10~13 d，平均为 11.7 d。春梢发病重，幼果发病也重。

（5）标准的划分。发病程度划分标准和严重度分级标准如下所示。

发病程度的划分标准：轻度发生，30%病果率的橘园面积占该地区结果橘园面积的 10%以下；中等发生，30%病果率的橘园面积占该地区结果橘园面积的 10%~30%；严重发生，30%病果率的橘园面积占该地区结果橘园面积的 30%以上。

严重度分级标准：0 级，叶片、果实无病斑；Ⅰ级，病斑相连面积占整张（个）叶（果）面的 5%以下；Ⅲ级，病斑相连面积占整张（个）叶（果）面的 6%~10%；Ⅴ级，病斑相连面积占整张（个）叶（果）面的 11%~25%；Ⅶ级，病斑相连面积占整张（个）叶（果）面的 26%~50%；Ⅸ级，病斑相连面积占整张（个）叶（果）面的 50%以上。

六、防控措施

针对该病，应采用以药剂保护柑橘幼嫩组织为重点的综合防治措施。

1. 药剂防治　　药剂防治的目的是保护柑橘新梢、幼果不受侵害。苗木和幼树应以保梢为主，结果树以保果为主。苗木、幼树一般在每次梢期喷 1~2 次药，在芽长 0.5 cm 以内时喷第一次，10~15 d 后喷第二次。结果树以保果为主，在春芽长 0.5 cm 以内时喷第一次药，保护春梢，落花 2/3 时喷第二次，保护幼果。在夏季多雨和气温不是很高的地区，可在 5 月下旬至 6 月上旬再喷 1 次，以保护夏梢和幼果。药剂可选用嘧菌酯悬浮剂、苯醚甲环唑水分散粒剂、氢氧化铜可湿性粉剂、松脂酸铜乳剂、咪鲜胺可湿性粉剂、吡唑醚菌酯·咯菌腈悬浮剂等。波尔多液的持效期长，但易诱发锈壁虱猖獗为害，不可常用。

2. 农业防治　　加强柑橘园的栽培管理，彻底进行冬季修剪、清园，剪除病枝、叶，清除地面枯枝、落叶，集中烧毁，以减少病害的初侵染源。加强肥水管理，避免偏施氮肥，使树势壮旺、抽梢整齐和加速新梢老熟，缩短植株感病期。荫蔽的果园应疏删过密的枝条，改善通风透光条件，水田柑橘园应起畦种植，注意排水，以降低果园湿度。

3. 培育无病苗木　　在无病区或新区应种植无病苗木。培育无病苗木的方法与溃疡病的基本相同。可结合培育无检疫性病害的苗木一同进行，但接穗消毒改用 25%咪鲜胺乳油 1000 倍液浸泡 30 min。

◆ 第四节　柑橘炭疽病

本节图片

柑橘炭疽病（citrus anthracnose）是一种普遍发生的世界性病害，在我国各柑橘产区都有分布。该病常造成柑橘树大量落叶、梢枯和落果，导致树势衰弱，产量和品质下降，甚至枝干和植株枯死。在苗圃发生时，会引起苗木枝枯、叶落和整株枯死。在果实贮运期间，可引起果实大量腐烂。

一、症状

该病主要为害叶片、枝梢、果柄、果实和苗木，也可为害大的枝条、主干和花器官。

1. 叶片症状　可分为普通型、落叶型及次生型三种类型。

1) 普通型　①急性型。发病叶片尚未老熟前，叶片多从叶尖、叶缘或沿主脉开始，初呈淡青色或青褐色像开水烫伤状小斑，迅速扩大成为黄褐色、油渍状的大斑块，半圆形、近圆形或不规则形，略显环状纹，边缘不清晰，与健部交界处波纹状。病叶腐烂脱落。天气潮湿时，病斑上产生大量的朱红色黏性孢子团液点（拓展图 10-15）。②慢性型。多发生于成长叶或老熟叶片的叶缘或叶尖处。病斑黄褐色，稍凹陷，圆形或不规则形，边缘褐色，病健交界分明。天气干旱时，病斑中部呈灰白色干枯，表面长出稍微隆起，作同心轮纹状排列或不规则排列的小黑点即病原菌的分生孢子盘（拓展图 10-16）。雨湿多时，病健部界线不明显，病斑上出现朱红色的黏性液点。病叶不脱落或脱落较慢。叶芽受害，不能开展，梗部变褐色后，叶芽脱落。

2) 落叶型　大多发生于'温州蜜柑'一年生老叶上，造成大量落叶。病斑多从叶尖开始，初呈淡青带暗褐色至深褐色、边缘界线不清晰、云纹状、近圆形或不规则形的大斑。遇雨时产生深黄色的分生孢子盘和朱红色的小液点。

3) 次生型　病斑初期多在两侧脉与主脉之间偏向叶缘的部位出现梭形或不规则形、半透明、水渍状褪绿斑。其上方的叶表部分微突皱纹状，最后叶斑内呈现枯焦区域，中央灰白色或淡褐色稍凹陷，表面生小黑点，轮纹状或不规则状排列。此型病斑多发生在甜橙品种的晚秋梢上，此时叶片尚未老熟，遇到气温降低，易受害。

2. 枝梢症状　急性型常突发于刚抽生尤其受冻害后的嫩梢顶端 3～10 cm 处，呈开水烫伤状，3～5 d 后病部凋萎发黑，病健交界分明，表面产生朱红色的黏性液点（拓展图 10-17）。慢性型多发生于枝梢中部，从叶柄基部腋芽处或受伤皮层处开始发生，初为淡褐色、椭圆形，扩大后长梭形、稍下陷。当病斑环绕枝梢一周时，病梢即由上而下枯死。枯死的枝梢呈淡褐色或灰白色，天气潮湿时，斑面也生朱红色液点，干旱时则散生小黑点。三年生以上枝条的病斑因树皮颜色较深，病部不易觉察，剥开皮层，可见皮层枯死和病部扩展范围。病枝上的叶片常常卷缩干枯，经久不落。若病斑较小和树势较强，病部周围会产生愈伤组织，使病皮干枯脱落，常形成大小不等的梭形或长条状的病疤。

3. 花、果症状　病原菌侵染雌蕊柱头，呈褐色花腐脱落。幼果受害，初为暗绿色、油渍状、不规则形、略凹陷的病斑，迅速扩大至全果（拓展图 10-18）。潮湿时，病果上出现白色霉状物和朱红色的黏性液点。其后病果失水干缩，成为黑色僵果挂在树上或脱落。

在成熟果实上，症状有干斑型、果腐型和泪痕型三种。①干斑型。病斑多在近果蒂和果腹部位或其他部位发生，褐色，圆形或不规则形。在比较干燥的条件下，病斑有一定界线，边缘明显，黄褐色至栗褐色，稍凹陷，病部果皮革质或硬化，中央密生小黑点。干斑型病斑一般仅限于果皮，瓢囊不易受害。②果腐型。常发生于多湿的果园或贮运期间高湿的场合下。病斑多从蒂部开始，呈青褐色，水渍状，不规则形，边缘整齐或不整齐，迅速扩大，终至全果呈深褐色腐烂。在果园中，病果腐烂脱落，或失水干枯，成为僵果挂在树上。天气潮湿时，病果上产生灰白色至灰绿色的气生菌丝，上生朱红色的小液点或黑色粒点。③泪痕型。病斑可发生于果实的任何部位，只限于果皮表面，外表呈现红褐色或暗红褐色条状微凸的干疤，形似流泪的痕迹。

果梗受害，有叶果枝多从叶柄基部叶痕处发生，无叶果枝多从近蒂部果柄处发生，初呈淡黄色病斑，其后变成褐色的枯柄或枯蒂，常导致采前大量落果。椪柑和果梗细长的品种受害最重。

4. 苗木症状　苗木受害多自离地面 6～10 cm 处或嫁接口处开始发病，病斑呈深褐色、不规则形，严重时树干顶部或整株苗木枯死。

二、病原

1. **分类地位** 柑橘炭疽病的病原，无性阶段为半知菌类炭疽菌属胶孢炭疽菌 [*Colletotrichum gloeosporioides* (Penz.) Sacc.]；有性阶段为子囊菌门小丛壳属围小丛壳菌 [*Glomerella cingulata* (Stonem.) Spauld. et Schrenk.]。

2. **形态特征** 枝和叶片急性型病斑上的分生孢子盘一般无刚毛，果实病部和叶片慢性病斑上的分生孢子盘有刚毛。分生孢子盘初埋生，直径 106.9～270.0 μm，后突破寄主表皮外露，上生暗褐色、不分枝、尖端透明或淡色的刚毛，大小为 (40.0～160.0) μm×(2.5～4.2) μm，稍弯曲，有 1～2 个隔膜。分生孢子梗无色，单胞，圆柱形，大小为 (9.8～29.4) μm×(2.2～4.9) μm。分生孢子无色，单胞，长圆形、椭圆形或圆形，大小为 (8.4～18.0) μm×(4.5～6.0) μm，有时稍弯曲或一端稍细，内含 1～2 个油球 (图 10-4)。

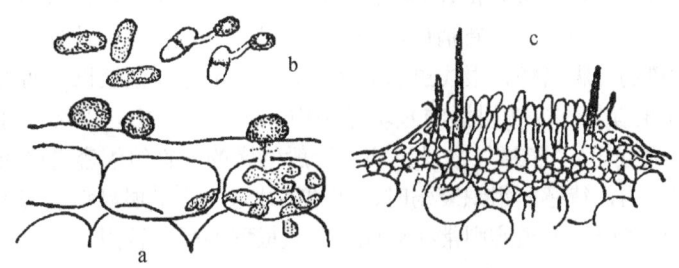

图 10-4 胶孢炭疽菌（引自中国农业科学院植物保护研究所，1996）
a. 叶面病菌附着胞萌发侵入寄主表皮细胞；b. 分生孢子萌发形成附着胞；c. 分生孢子盘

3. **生物学特性** 病原菌在 6～37℃时都能生长，最适温度为 21～28℃，致死温度为 65～66℃。分生孢子萌发适温为 22～27℃，在清水中不易萌发，在 4%橘叶煎汁或 5%葡萄糖液中萌发最好（拓展图 10-19）。

4. **寄主范围** 该病原菌可为害芸香科柑橘亚科的甜橙、柑、橘、柚、香橼、柠檬、佛手、金柑等所有的种和品种。

三、病害循环

病原菌主要以菌丝体、分生孢子和附着胞在被害的病枝、病叶和病果上越冬，其中病枯枝梢是病原菌的主要初侵染源。翌年春天，当温、湿度适宜时，病组织中越冬的菌丝产生分生孢子，和越冬分生孢子一起借风、雨水、昆虫及枝叶接触传播至寄主组织表面，萌发芽管和侵染丝从伤口或气孔侵入寄主，导致发病。病斑上产生大量分生孢子进行反复再侵染。柑橘采收后，病原菌又以上述方式在柑橘病组织内越冬（拓展图 10-20）。

该病原菌具有潜伏侵染的特点，主要以侵染丝潜伏于角质层下滞育，当树势衰弱、寄主抗性减退时，侵染丝才发展成菌丝，在皮层细胞中迅速扩展为害。

四、发病条件

1. **气候条件** 夏秋季高温多雨、冬季冻害较重或早春气温低和阴雨多的年份与地区，树势变弱，抗性下降，易发病。据在'椪柑'上观察，在华南地区，一般在3月下旬至4月上旬为上一年的秋梢和当年春梢始病期；4月上旬至5月上中旬为春梢叶片发病盛期；5月中下旬至6月为幼果及其果梗和新抽夏梢发病盛期；7月下旬至8月上中旬为夏梢叶片、新抽秋梢和成果果梗发病期（枯柄始期）；8月下旬至9月上中旬为枯柄发生高峰期，开始落果；10月中旬至11月上旬为枯柄落果高峰期和秋梢叶片发病盛期。一年中，4~5月和7~8月为该病的盛发期。

2. **植株长势和栽培管理**　该病的发生流行和危害轻重，与树龄、树势、土壤条件、管理、树冠状态及其他病虫害等关系密切。栽培管理正常的幼年树和初结果树，树势壮旺的成年树病轻；相反，树势衰弱的植株枝条及果实往往容易发病。凡是土壤结构差，土质黏重，土层瘠薄，有机质含量低，地下水位高，排水不良及严重受旱的柑园发病较重；反之较轻。凡施牛栏垫土、绿肥、堆肥、塘泥、麸饼等有机质肥较多，增施钾肥，松土、培土工作做得好的柑园发病轻；反之较重。

树冠及时修剪间伐、通风透光良好的柑园，比株行间交叉郁闭的柑园病情轻。重病柑树经主枝重剪更新，抽吐出大量健壮的新梢后，则不发病或发病极轻微。此外，红蜘蛛、天牛、介壳虫、锈壁虱、黄斑病、脚腐病、根线虫病等病虫害严重的柑园或植株，病害加重发生。

3. **柑橘品种和生育期**　在柑橘的栽培品种中，甜橙、柠檬，以及'椪柑''蕉柑''雪柑''温州蜜柑''大红柑''年橘'最易感病。一般幼嫩的器官组织容易受害，侵入的病原菌往往潜伏在寄主组织内，待感病组织衰弱时，病原菌才进一步扩展显症。寄主抗病力随着植株各部分组织的生长而增强，但果实则常在近成熟时或成熟期受害较烈。

五、预测预报

该病发生期长，症状复杂，影响发病因素多，所以要准确预测其发生盛期和发生程度的难度较大。常根据急性型症状的出现对生产影响较大，而且比较容易掌握等几个因素进行测报：①根据越冬病原基数大小，结合长期天气预报，预测夏季急性型炭疽病发生程度。据湖南吉首地区经验，如果上年遗留病叶率在5%以上的果园，花期遇雨2 d以上，将会发生流行；②根据当地历年系统调查资料，作出病况与时间的相关曲线图，再参照历年该病的发生情况，结合当地的天气预报，估测出当年的防治适期；③冬后春梢抽发前调查病原基数大，应预报抽梢前进行防治，剪除春梢抽发前病枝病叶，并在春梢抽发时喷药防治；④在病情系统调查或普查中，发现急性型病斑，而气候条件又适于该病流行时，则应预报用药防治。

炭疽病病叶分级标准：0级，无病斑；Ⅰ级，病斑面积占叶面积的1/4以下；Ⅱ级，病斑面积占叶面积的1/4以上、1/2以下；Ⅲ级，病斑面积占叶面积的1/2以上。

六、防控措施

针对该病，应采取在加强栽培管理，增强树势的基础上，与药剂保护相结合的综合防治措施。

1. **加强栽培管理，增强树势，提高抗病力**　对果园实施扩穴，深翻，增施有机肥和磷钾肥，注意及时排除积水和修剪，及时间伐密植园，同时不失时机地做好其他病虫的防治，都有利于增强树势，提高抗病力。剪除病枝叶和病果，集中烧毁。冬季清园后，结合防治其他病虫害，喷施1次0.8~1.0°Bé石硫合剂。

2. **适时喷药保护** 各地应根据当地历年发病的实际情况,结合田间观察确定喷药时期。在华南产区,4~5月,如部分春梢的基枝(可以是上一年的秋梢或夏梢、春梢)叶片开始出现黄化,甚至有些春梢和花、果变黄褐色凋萎且较普遍时,需立即喷药。在7~8月,如发现带叶结果枝上叶片变黄,检查果柄上有病斑,或者有些秋梢的基枝与晚夏梢的叶片变黄,检查枝条有病斑,即应喷药防治,以保护梢叶、果柄、花器官和幼果不受或少受侵害。可供选用的药剂有50%咪鲜胺可湿性粉剂加70%甲基硫菌灵可湿性粉剂(9:1)1000~2000倍液、25%咪鲜胺乳油500~1000倍液、10%苯醚甲环唑水分散粒剂667~2000倍液、42%噻菌灵悬浮剂300倍液、氢氧化铜可湿性粉剂、松脂酸铜乳剂、嘧菌酯悬浮剂、咯菌腈悬浮剂、溴菌腈可湿性粉剂等,药剂须交替使用,以防病原菌产生抗性。

第五节 柑橘脚腐病

本节图片

柑橘脚腐病(citrus foot rot)又称裙腐病,几乎全球所有柑橘产区都有发生。受脚腐病为害的柑橘树主干基部皮层腐烂,致使树冠叶片枯黄,树势衰退,开花多而不能正常挂果,果少,皮粗,容易早黄和早落,严重时整株枯死。

一、症状

栽植过深的幼树,多从嫁接口处开始发病,大树一般在主干离地面0.33 m以内的部位发病。病疤不定形,褐色湿腐,常流出褐色胶液,可深达木质部,有强烈刺鼻的酒糟味。温暖潮湿时病部迅速扩展直至根部,最后造成根颈部环割,引起主干、主根、侧根和须根腐烂。干燥时,病部干枯开裂,与健部界线明显,呈褐色带,扩展慢或停止扩展,有的甚至可自然痊愈。但有的在条件适宜时又可恢复扩展为害。腐烂轻者,柑橘树叶片失去光泽,所结果实果皮粗糙而厚,比正常树的果实着色早。腐烂重者,在植株生病的方位或全株,叶片中脉及侧脉变金黄色,叶肉浅绿色,较易脱落,开花多,但不能挂果。当腐烂部绕树干一周时,全树叶片严重黄化,叶片落光,病树枯死。疫霉菌所致病斑褐色,发展较慢,湿腐状,无酒糟味,但略有蘑菇味,潮湿时长出白色绵毛状菌丝。镰孢菌所致病斑黄褐色,近圆形,发展快,病皮腐烂,有很浓的酒糟味(拓展图10-21)。

二、病原

1. **分类地位** 该病不同产区报道的病原不同,往往有两种或两种以上,主要病原也不一样,主要有卵菌门疫霉属(*Phytophthora* spp.)和半知菌类镰孢属(*Fusarium* spp.)。国内报道疫霉种主要有烟草疫霉(*Phytophthora nicotianae* Breda de Haan)(=*P. parasitica* Dast.)、棕榈疫霉(*P. palmivora* Butler)、柑橘生疫霉(*P. citricola* Saw.)、苎麻疫霉(*P. boehmeriae* Saw.)、樟疫霉(*P. cinnamomi* Rands)、恶疫霉丁香变种[*P. cactorum* var. *syringae* (Kleb.) Sarej.]、甜瓜疫霉(*P. melonis* Katsura)、恶疫霉[*P. cactorum* (Lebert & Cohn) Schröter]和柑橘褐腐疫霉[*P. citrophthora* (R. et E. Smith) Leonian],四川报道烟草疫霉为主要病原。镰孢菌有金黄尖镰孢[*Fusarium oxysporum* Schlect. var. *aurantiacum* (LK.) Wollenw.]、蚀脉镰孢(*F. vasinfectum* Atk.)和茄镰孢[*F. solani* (Mart.) Sacc.]等。

2. 形态特征及生物学特性　　烟草疫霉孢子囊大小为（24~72）μm×（20~48）μm，顶生，有时间生或侧生，卵圆形、椭圆形或洋梨形，易脱落，有乳头状突起。厚壁孢子多，黄色，球形，直径20~60 μm。有性繁殖为异宗交配型，藏卵器间生或侧生，穿雄器而出，蜜黄色，球形，直径18~33 μm。卵孢子球形，直径11~29 μm，壁厚1.4~2.9 μm；雄器下位生，大小为（12~16）μm×（10~14）μm。在PDA培养基上菌丝呈絮状，生长温度为10~35℃，最适温度为25~28℃；在pH 4~9培养基上均能生长，最适pH为4~7（拓展图10-22）。

金黄尖镰孢分生孢子分大型和小型两种。大型分生孢子镰刀形，3~7个隔膜，多为4~5个隔膜，大小为（33.0~70.0）μm×（3.0~5.5）μm；7个隔膜的为（36.0~95.0）μm×（3.3~4.5）μm。小型分生孢子椭圆形，单胞，少数1隔膜。菌核直径一般为1~5 mm，最大为16 mm。在米饭培养基上产生紫色或栗褐色的子座。厚垣孢子球形至卵形，单胞，直径5~12 μm，双胞的大小为（11~14）μm×（7~9）μm。菌丝生长温度为11~35℃，最适温度为25~30℃；pH 4~8的培养基上均能生长，最适pH为7.5。大型分生孢子的萌发温度为18~33℃，最适温度为25~29℃。

三、病害循环

疫霉菌以菌丝、厚垣孢子和卵孢子在病株或土壤里的病残体中越冬。翌年气温升高，雨量增多时，旧病斑中的菌丝继续为害健康组织，同时陆续形成孢子囊，释放游动孢子；镰孢霉则产生分生孢子。随水流或土壤传播，从植株根颈部伤口或直接侵入。在24~32℃时，潜育期为3~5 d，在6℃时为21~35 d，在4℃时超过60 d。侵染最适温度为28℃，高于32℃时侵染强度显著下降（拓展图10-23）。

四、发病条件

1. 气候条件　　气温为20~30℃，相对湿度在85%以上时发病严重，最适温度为25℃，超过35℃时病害受到抑制。在华南，4~9月均有病株出现，而以5~8月高温高湿季节发病较严重。在四川金堂，该病在田间于4月中旬开始发病，发病盛期在6~8月，此时正值高温多雨季节，11月以后不再形成新病斑。

2. 品种抗性　　近缘植物和柑橘的不同种类，对该病的抗病性有显著差异。酒饼簕、枳、枳橙、枳柚、柚、酸橙和'大叶金豆'等对该病高抗或抗病；'大建柑''旺苍宜昌橙''红皮山橘''年橘''汕头酸橘''土柑''红柠檬''粗柠檬''土柠檬'和香橙为中抗或中感型；'椪柑''尤力克柠檬''越橘''四会柑'，以及金橘和甜橙为感病或重度感病型。

此外，土质黏重、排水不良和土壤干湿变化大的粉砂土发病重，栽植过深和过于密闭的果园，以及树干受天牛、吉丁虫等害虫为害或由其他机械原因造成主干基部伤口，都会加剧该病的发生。该病的发生还与柑橘树的树龄有一定的关系：一般苗木和幼龄树发病较少，壮年树发病较多，老树发病最多。

五、防控措施

1. 选用抗病砧木　　是新栽果园预防该病最有效、最经济的措施。但是，对抗病砧木的选用，首先应考虑当地的主要病害和土壤条件选择最佳的砧穗组合。例如，甜橙嫁接在柚砧上，表现不亲和；酸橙抗脚腐病，但对衰退病敏感；枳抗脚腐病，但对裂皮病敏感，也不耐碱性和碳酸钙含量高的土壤。因此，对抗病砧木的选用，必须综合多种因素，因地制宜，避免顾此失彼。

2. 加强栽培管理　　定植不可过深，嫁接口必须露出土面；改良土壤，注意开沟排水。耕作时避免刮伤树干，并注意防治天牛和吉丁虫等树干害虫，以免造成伤口，防止病原菌侵入。

3. 刮治轻病树　　春、秋季检查病株，用刀将病部烂皮及其附近部分健皮一起刮除，并深刻纵道数条，刻道间隔 1 cm，涂上代森锰锌水分散粒剂或 68.7%噁酮·锰锌水分散粒剂，两个月后再涂一次。如病部埋于土下，刮治后将树干基部带菌泥土挖除，换上河沙或干净新土，有促进伤口愈合和长出新根的作用。

4. 靠接换砧　　重病树或砧木感病的植株主干基部近处，选择不同方位种植抗病砧木靠接换砧，借以起到增根或取代原有病根的作用；重病树在靠接换砧后，应对树冠进行重剪，并挖除烂根，薄施腐熟粪肥和进行根外施肥，促进树势恢复。此法对于 10 年生以下的植株效果明显。

第六节　柑橘采后贮藏病害

本节图片

柑橘果实在贮藏、运输期间常因病腐烂 10%～30%，严重时可高达 50% 以上。

引起柑橘果实在贮藏、运输期腐烂的病害有两类 20 余种：一类是真菌性病害，常见的有青霉病、绿霉病、黑腐病、蒂腐病、炭疽病、褐腐病、酸腐病等；另一类是由不良的环境因素引起的生理性病害，如褐斑病、枯水病、水肿病等。其中最严重的是青霉病和绿霉病，一般占贮藏期总腐果数的 70%～80%。

柑橘采后贮藏病害（storage diseases of citrus postharvest）的主要种类常随柑橘种类、贮藏条件、贮藏时间不同而异。一般甜橙类以青霉病、绿霉病、炭疽病为主，宽皮柑橘类以青霉病、绿霉病、黑腐病为主；贮藏前期以青霉病、绿霉病为主，后期以黑腐病、炭疽病、蒂腐病为主。

一、症状

1. 青霉病（blue mold）和绿霉病（green mold）　　青霉病和绿霉病的发病过程和症状基本相似。染病果实初期出现褐色、水渍状、圆形软腐病斑，组织软化，略皱缩下陷，以手指轻压较易破裂；2～3 d 后，病斑表面中央始见白色霉状物（菌丝体），并迅速扩展成为白色、圆形的霉斑，其中央部分生出青色（青霉病）或绿色（绿霉病）的粉状霉层，外围有一圈白色霉层环；边缘与健部交界处呈水渍状。病部在高温高湿条件下迅速扩展，全果在 1～2 周内完全腐烂。两病的症状区别如表 10-2 所示（拓展图 10-24）。

表 10-2　青霉病和绿霉病的症状比较

项目	青霉病	绿霉病
分生孢子丛	青色，初期生于果皮上，后期延至果心空隙间	橄榄绿色，只生于果皮上
白色菌丝环	外观粉状，较窄，直径 1～3 mm	略带黏性，微有皱缩，较宽，直径 8～15 mm
病部边缘	水渍状，边缘明显，较整齐	水渍状，边缘不明显，不整齐
腐烂速度	较慢，在 21～27℃时，全果腐烂需 14～15 d	较快，在 21～27℃时，全果腐烂需 6～7 d
气味	有发霉气味	散发出芳香气味
黏着性	果实腐烂后与包装纸和接触物不粘连	果实腐烂后与包装纸和接触物粘连在一起

2. 黑腐病（black rot） 幼果受害后变成黑色僵果。成果受害，有黑心和黑腐两种类型。①黑心型症状：病原菌多于幼果期从蒂部伤口侵入直至果心潜伏，条件适宜时，引起果心腐烂，果肉呈墨绿色，在中心柱空隙处长出大量深墨绿色的绒毛状霉，而果实外表无明显症状。这种症状在'椪柑''黄岩早橘''乳橘''福橘''四川甜橙'和柠檬上比较常见。②黑腐型症状：病原菌多从蒂端剪口、脐部小孔和其他部位的伤口侵入，初呈水渍状、淡褐色、圆形病斑，后变红褐色至黑褐色，病部扩大后稍凹陷，呈半柔韧性腐烂，边缘不规则。潮湿时，表面长出白色气生菌丝，并很快转变成墨绿色的霉层；病果瓤囊腐烂，味酸苦有臭味，果心也长出墨绿色的绒毛状霉。在甜橙和'温州蜜柑'上发生较多，'黄岩橙橘''本地早''早橘'上也有发生（拓展图10-25）。

3. 黑色蒂腐病（Diplodia stem-end rot） 病斑初生在果蒂和蒂部周围，淡褐色软腐，绕果蒂逐渐扩大，边缘呈波纹状，病部暗紫褐色或黑色，很软，以指轻压，皮易破裂，病部迅速沿果心和向瓤囊间扩展，直达脐部，并在果顶皮部出现病斑，形成"穿心烂"症状；同时从果蒂开始的腐烂也沿着瓤囊部向果顶作带状扩展，最后全果腐烂。病果果皮暗褐色或黑色，常在油胞破裂处溢出茶褐色黏液。腐烂的果肉变红褐色，并与中心柱分离，种子则黏附在中心柱上。在干燥条件下，腐果失水僵化；在潮湿条件下，病部长出灰绿色至暗黑色、绒毛状的菌丝体，并形成许多小黑粒状的分生孢子器（拓展图10-26）。

4. 褐色蒂腐病（Phomopsis stem-end rot） 该病的发生过程和症状与黑色蒂腐病相似。但病部果皮较坚韧，用手指轻压，有革质柔韧感，边缘呈波纹状。果实内部腐烂速度比果皮快，故当果皮病部扩展至全果1/3~1/2时，果心已全部腐烂，此时果顶皮部也呈褐色腐烂，称为"穿心烂"。在高温高湿条件下，病部表生白色菌丝体和散生许多灰褐色至黑褐色、小粒点状的分生孢子器。病果汁胞破裂，味酸苦（拓展图10-27）。

5. 褐腐病（brown rot） 又称褐色腐败病或疫菌褐腐病。发病初期，果皮上出现淡褐色斑，扩展迅速，单个病斑在几天内可引起全果变色腐烂。在潮湿条件下，可长出稀疏的白色菌丝。病果散发出一种恶心的臭味。

二、病原

1. 青霉病菌和绿霉病菌 属于半知菌类青霉属，青霉病菌为意大利青霉（*Penicillium italicum* Wehmer），绿霉病菌为指状青霉（*P. digitatum* Sacc.）。青霉属分生孢子梗无色，顶部有多次分枝，排列成帚状，最上层分枝（产孢细胞）瓶状，顶端形成串生的分生孢子（瓶梗孢子）；分生孢子单细胞，近球形，无色（图10-5，图10-6）。绿霉病菌和青霉病菌形态相似，其区别如表10-3所示。两种病原菌菌丝的生长最适温度分别为27℃和25℃，两者生长最低温度为6~8℃，最高温度为33℃。青霉病菌形成分生孢子的温度为15~30℃，最适温度为20℃。绿霉病菌形成分生孢子的温度为18~30℃，最适温度为28℃。空气中二氧化碳浓度较高时，可以抑制两菌分生孢子的形成（拓展图10-28）。

2. 黑腐病菌 为半知菌类链格孢属柑橘链格孢（*Alternaria citri* Ellis et Pierce）。分生孢子梗直立，大小为（25.2~84.0）μm×（3.5~4.9）μm，暗绿色或暗褐色，通常不分枝，其顶端呈膝状弯曲，1~7个分隔。分生孢子2~7个串生，褐色或暗橄榄色，卵形、纺锤形、长椭圆形或倒棍棒形，大小为（14.0~58.8）μm×（8.4~15.4）μm，嘴胞有或无，表面光滑或具有圆疣，有1~6个横隔膜和0~5个纵隔膜，横隔膜处稍缢缩。病原菌的生长适温为25℃，当温度降至 12～14℃时，生长速度便减慢（拓展图 10-29）。

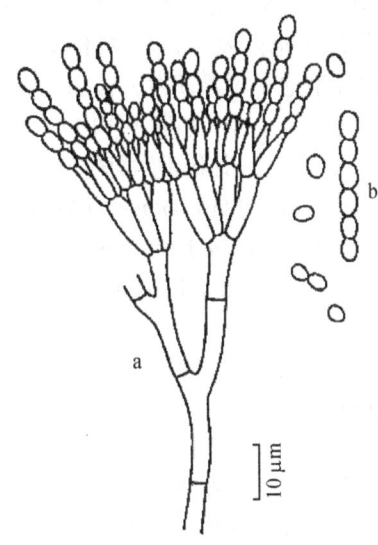

图 10-5　意大利青霉（引自戚佩坤，2000）
a. 分生孢子梗的梗基、瓶梗及分生孢子；b. 分生孢子

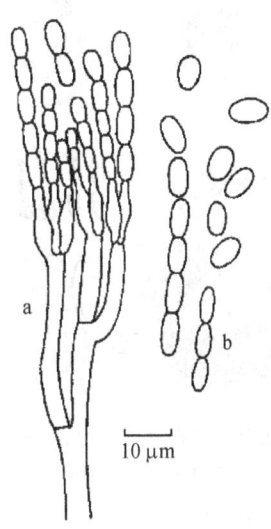

图 10-6　指状青霉（引自戚佩坤，2000）
a. 分生孢子梗的梗基、瓶梗及分生孢子；b. 分生孢子

表 10-3　青霉病菌和绿霉病菌形态比较

项目	青霉病菌	绿霉病菌
分生孢子梗长度/μm	100～600	30～100
分生孢子梗分枝次数	3	1～2
小梗数/枝	3～4	2～6
瓶梗末端形状	较尖细	较钝
分生孢子形状和大小	长椭圆形，较小， (3.1～6.2) μm×(2.9～6.0) μm	椭圆形至广椭圆形，较大， (4.6～10.6) μm×(2.5～7.0) μm

3. 黑色蒂腐病菌　　为半知菌类壳色单隔孢属蒂腐壳色单隔孢（*Diplodia natalensis* Evans）。分生孢子器洋梨形至扁球形，大小为（289.8～522.0）μm×（189～510）μm，黑色，表面光滑，有孔口。分生孢子梗大小为（8.4～18.9）μm×（2.8～5.6）μm，密生，无色，圆柱形，不分枝，有侧丝。未成熟的分生孢子单胞，大小为（16.8～23.8）μm×（11.2～16.1）μm，无色，近球形、卵形至长椭圆形，表面光滑。成熟的分生孢子双胞，大小为（21～29.4）μm×（11.9～15.4）μm，长椭圆形，暗褐色，有线纹，隔膜处稍缢缩。未成熟的分生孢子在适宜条件下经 4 h 即萌发，成熟的分生孢子不易萌发（拓展图 10-30）。

4. 褐色蒂腐病菌　　无性阶段为半知菌类拟茎点霉属柑橘小囊孢拟茎点霉（*Phomopsis cytosporella* Penz. et Sacc.）（=*P. citri* Fawcett）；有性阶段为子囊菌门间座壳属柑橘间座壳（*Diaporthe medusaea* Nitschke）[=*D. citri*（Fawcett）Wolf]。分生孢子器直径 210～714 μm，球形、椭圆形或不规则形，具瘤状孔口。分生孢子有两种类型：一种卵形，大小为（6.5～13.0）μm×（3.25～3.9）μm，平均为 8.58 μm×3.26 μm，无色，单胞，含油球 1～4 个，一般 2 个；另一种丝状或钩状，大小为（18.90～39.00）μm×（0.98～2.28）μm，平均为 28.4 μm×1.0 μm，无色，单胞（图 10-7）。菌丝生长最适温度为 20℃左右，在 10℃及 35℃条件下生长缓慢。卵形

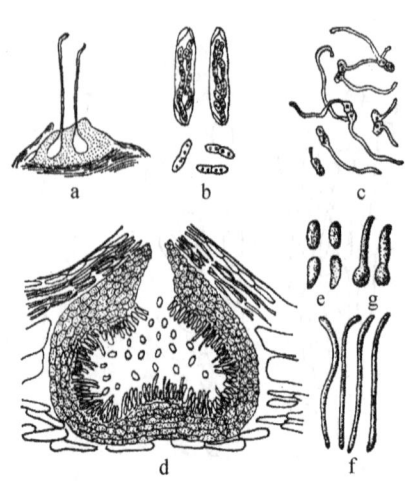

图 10-7　柑橘褐色蒂腐病菌（引自中国农业科学植物保护研究所，1996）

a. 埋藏在子座内的子囊壳；b. 子囊及子囊孢子；c. 子囊孢子萌发；d. 分生孢子器；e. 卵状分生孢子；f. 丝状分生孢子；g. 分生孢子萌发

分生孢子萌发的温度为 5～35℃，适温为 15～25℃；在有叶片组织的水中，在 35℃ 条件下经 24 h 后发芽率可达 93%；在 7℃ 条件下也能发芽，经 72 h 发芽率可达 56%。丝状或钩状分生孢子不易萌发。该病原菌在田间尚可引起柑橘树脂病和沙皮病（拓展图 10-31）。

5. 褐腐病菌　为卵菌门疫霉属疫霉菌（*Phytophthora* spp.），主要是烟草疫霉（*Phytophthora nicotianae* van Breda et de Haan）（=*P. parasitica* Dast.）和柑橘褐腐疫霉 [*P. citrophthora*（R. et E. Smith）Leonian]。其形态和生理详见柑橘脚腐病。

三、病害循环

（1）青霉病菌和绿霉病菌在各种有机质上营腐生生活，分生孢子靠气流传播，从伤口侵入，引起果腐。以分生孢子进行重复侵染。在贮藏库中，青霉病菌侵入果皮后，能分泌一种挥发性物质，损伤接触到的健果果皮，引起接触传染，而绿霉病菌则不能。

（2）黑腐病菌主要以分生孢子附着在病果上越冬，也可以菌丝潜伏在枝、叶、果组织中越冬。当温、湿度适宜时产生分生孢子，靠气流传播到花或幼果上，长期潜伏于果面，直到果实成熟或经过一段时间的贮藏后，生理衰退，病原菌便乘虚侵入，引起发病和果腐。

（3）黑色蒂腐病菌的传播和侵染主要源自树冠上部枯死或病枝梢上的分生孢子。分生孢子通过雨滴溅散到果实上，并可潜存在萼洼与果皮之间，能耐较长时间的干燥环境。孢子萌发通过伤口特别是果蒂剪口侵入。病原菌在果园中为害枝条，引起枝条枯死，以菌丝体和分生孢子器在枯死的枝条上越冬。

（4）褐色蒂腐病菌以菌丝体和分生孢子器在病柑橘及病树干的组织内越冬。分生孢子器终年可涌出分生孢子角，经雨水冲刷溶化后，随水滴顺枝干流下，或借风力、雨滴溅散、昆虫与鸟类等传播，从果蒂或果柄的剪口侵入致病。

（5）褐腐病菌的侵染源主要来自土壤，病原菌产生的游动孢子囊或从孢子囊中释放出来的游动孢子靠雨滴溅附到树冠下层的果实上，引起下层果实发病。天气潮湿时，病果上很快产生大量的孢子囊，通过雨水、昆虫或气流传播到树冠中、上部的果实上。带病的果实在贮藏期可以造成腐烂。

四、发病条件

1. 伤口　引起柑橘贮藏病害的病原菌，大多数属于弱寄生真菌，多通过果皮上的各种伤口、果蒂剪口及蒂缘组织侵入，如青霉病、绿霉病、黑色蒂腐病、褐色蒂腐病等。因此，在果实采收、装运及贮藏过程中，凡造成果实受伤的，均会增加发病机会。

2. 温、湿度　青、绿霉病发病温度为 6～33℃，但青霉病最适温度为 18～26℃，绿霉病最适温度为 25～27℃。因此，柑橘在贮藏初期多发生青霉病，贮藏后期则多发生绿霉病。有利于发病的相对湿度为 95%～98%。在雨后、重雾或露水未干时采收的果实，果面湿度大，果皮含水量多，较易擦伤，发病较重。

3. 品种及砧木　　黑腐病的发生与品种关系密切，橙类发病轻，宽皮柑橘如'温州蜜柑''南丰蜜橘''椪柑''福橘'等发病重。此外，砧木与果实耐贮性关系也很大。四川省农业科学院对18种不同砧木的甜橙果实做贮藏试验，贮藏120 d后检查，发病轻的果腐率只有28%，发病中等的为44%，发病重的为79%；试验证明用枳、红橘和'土柑'作砧木的甜橙果实耐贮性最好。

4. 抗药性　　长期单一使用某一种杀菌剂，使青、绿霉病菌形成抗药性。据广东、湖南报道，青、绿霉病菌对多菌灵、甲基硫菌灵已产生抗药性，药效日趋下降，加重了两病的发生。

五、防控措施

1. 加强田间防治　　贮藏病害多来自田间，在产中已被侵染或潜伏侵染。例如，褐色蒂腐病来自果园中的树脂病，而褐腐病则是果园中常见病害，炭疽病菌的附着胞在果实上普遍存在，一旦果实在贮藏期生理活动变衰弱，病原菌便乘虚侵入，引起发病。因此，须抓好田间病害防治。

2. 适时采收，防止果实受伤　　柑橘果实的耐贮性与果实的成熟度有关。为兼顾果实风味和耐贮性，贮藏用果的采收期以果实八成成熟度为最佳。在果实采收、装运和贮藏过程中应尽量做到轻剪、轻拿、轻放，防止果实造成各种机械伤，减少病原菌侵入的机会。此外，贮藏入库时要严格选果，剔除病、伤果实。

3. 杀菌剂处理　　可有如下两种方式。①果实采前喷布：在果实采收前7～10 d对树冠进行喷药，可喷施25%嘧菌酯悬浮剂600～1000倍液、10%苯醚甲环唑水分散粒剂1000倍液或25%咪鲜胺乳油加70%甲基硫菌灵可湿性粉剂（9:1）1500～2000倍液等，上述药剂可加入50～100 mg/L的2,4-D混合使用，有保持果蒂青鲜、兼治蒂腐病的作用。②果实采后浸药：果实采收后，先剔除病、伤果，然后用药液浸泡处理。可用上述药剂或50%多菌灵可湿性粉剂1000倍液、50%甲基硫菌灵可湿性粉剂1000倍液、50%苯菌灵可湿性粉剂1000倍液、25%咪鲜胺乳油2000倍液、抑霉唑500 mg/L液、100～200 mg/L的25%咪鲜胺乳油500～1000倍液、45%噻菌灵悬浮剂300～400倍液浸果1～2 min，置于阴凉通风处晾干，用农用聚氯乙烯膜单果包装后装入果箱中贮藏。

药剂浸果务必使果实全部浸泡到药液中，在加用25%咪鲜胺乳油500～1000倍液或45%噻菌灵悬浮剂300～400倍液时，必须在采果后24 h内进行，才能对果蒂有良好的保鲜作用。此外，在果实贮藏前，要堆放在阴凉通风处预贮3～6 d，使其散发田间热量，果皮稍失水有弹性，呼吸强度减弱后，再放入贮藏库、窖中贮藏。

4. 改善贮藏条件　　①消毒贮藏库和采收工具：采果前或果实入库前，应将贮藏库和采果剪、采果袋、盛果箩筐和果箱等工具进行消毒，均用50%多菌灵可湿性粉剂500倍液或50%甲基硫菌灵可湿性粉剂500倍液浸泡，晾干后使用；贮藏库、窖也可用上述药剂喷雾消毒，或每立方米库房用10 g硫黄粉熏蒸24 h，后打开窗门及通气孔，待其通风2～3 d，药气散发后，便可将果实入库贮藏。②控制贮藏库（窖）的温、湿度：一般柑橘贮藏温度应控制在5～10℃内，日温差以不超过1～2℃为宜；相对湿度保持在85%左右，并注意适当通风换气。在贮藏期间，要定期检查，及时剔除病果，防止传染和蔓延。③改进包装方法：采用聚氯乙烯薄膜单果包装，可防止发病果实传染健康果实，并可适当提高果面二氧化碳浓度，其防腐保鲜效果优于塑料膜大袋包装或聚乙烯膜单果包装。

第七节 柑橘衰退病

本节图片

柑橘衰退病（citrus tristeza）是一种世界性的柑橘病害，几乎所有的柑橘生产国均有发生。在国外，南、北美洲和西班牙等均有分布，病死树以数万株计。我国的重庆，湖南长沙，江西南丰，浙江黄岩、衢州，广西柳州、桂林、全州、灌阳、恭城，广东化州、博罗，以及台湾等地的柑橘也都普遍检测出衰退病毒。应提高警惕，积极防患。

一、症状

有衰退型（或速衰型）、苗黄型和茎陷点型三种，有时分别称为衰退病（或速衰病）、苗黄病和茎陷点病。

1. 衰退型　受衰退病毒侵染的酸橙砧木的甜橙和'宽皮柑橘'，初期病树不抽或少抽新梢，老叶失去光泽，主脉及侧脉附近黄化，新叶则呈现类似缺锌、缺锰症，病叶易脱落。病枝从顶部向下枯死，果实变小，树势衰退，植株矮化。有时在出现初期症状几个月后，病树叶片突然凋萎但不脱落，果实干缩残留在树上，植株枯死，因此又称速衰病（拓展图10-32）。

2. 苗黄型　受衰退病毒侵染的酸橙、'尤力克柠檬'、葡萄柚和多种柚类品种的实生苗，新梢变短，叶片直立和黄化，植株矮化（拓展图10-33）。

3. 茎陷点型　来檬、葡萄柚、'八朔'、大部分柚类品种和某些甜橙品种在受到衰退病毒的侵染后，其1~2年生枝条呈现严重的茎木质部陷点。品种的叶脉上会出现黄色透明节斑（拓展图10-34）。

柚类病株还会出现春梢枝短和"S"形弯曲、叶片扭曲畸形、植株矮化等症状。20世纪90年代以来，在广西一些地方的'温州蜜柑'，出现春梢枝短和"S"形弯曲，叶片初呈后仰卷曲、长大后呈龟尾状，出现植株矮化的症状（暂定名为'温州蜜柑'矮化病）。经广西壮族自治区柑桔研究所鉴定，初步认为其可能是由茎陷点病毒引起的。

二、病原

1. 分类地位及形态特征　柑橘衰退病的病原为长线形病毒科（Closteroviridae）长线形病毒属（Closterovirus）柑橘衰退病毒（citrus tristeza virus，CTV），粒子为非常弯曲的长线形，大小为2000 nm×（10~20）nm（图10-8）。

2. 病毒株系　衰退病毒有致病力强弱不同的多个株系，一般认为田间存在的常常是不同株系的复合物。苗黄型衰退病毒是一种强毒株系，在'尤力克柠檬'和葡萄柚实生苗上引起苗黄症状和严重矮化，在墨西哥来檬和麻风柑上引起严重脉明和木质部陷点。严重茎陷点株系侵染柚类品种时，可致春梢叶片扭曲畸形，枝条木质部现重度陷点或凹槽，但在'尤力克柠檬'和葡萄柚上不引起苗黄症。弱毒株系在'尤力克柠檬'和葡萄柚上不引起苗黄症和矮化，在墨西哥来檬和麻风柑上引起轻微脉明和少量木质部陷点，植株

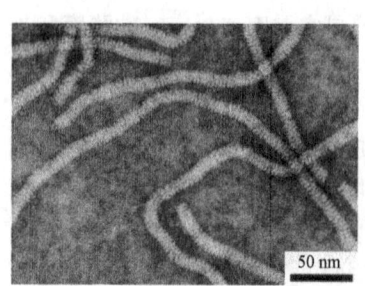

图10-8　柑橘衰退病毒粒子
（引自洪健等，2001）

轻度矮化。

3. 传播途径　该病通过带毒的苗木或接芽传播，嫁接、接种病枝皮和病叶碎片也可传病。该病可导致病株和带毒隐症植株，在田间通过褐色橘蚜、棉蚜、橘二叉蚜和绣线菊蚜等蚜虫传播。其中褐色橘蚜的传病力最强。近年有人用酶联免疫吸附试验（ELISA）鉴定出'沙莫蒂甜橙''大翼柠檬''马叙葡萄柚'及我国浙江省的枸头橙病树果实的种子中带有衰退病毒，说明种子有传病的可能性。汁液摩擦和土壤不传病。

4. 寄主范围　该病的寄主包括几乎所有柑橘类植物，黄皮、九里香、酒饼簕、指橘等某些芸香科柑橘亚科植物和西番莲。

三、病害循环

该病的初侵染源，在病区主要是柑园中的病株和带毒隐症植株；在新区则主要是带病（或带毒）苗木或接穗作远距离传播所致。果园中病害通过褐色橘蚜等蚜虫在田间辗转传播，衰退病毒在侵入寄主后，一般先从顶部向下运动，破坏砧木的韧皮部，阻碍养分输送，引起根部腐烂，然后引起地上部发病（拓展图10-35）。

四、发病条件

1. 品种感病性　柑橘类植物中，枳是抗病的；宽皮柑橘和大部分甜橙品种是耐病的，受侵染后无明显症状。'粗柠檬'和黎檬无明显症状。来檬（如墨西哥来檬）、葡萄柚、少数甜橙（如巴西的'佩拉甜橙'）和多数柚类品种表现茎陷点症状。酸柚、'尤力克柠檬'、葡萄柚和柚类实生苗受衰退病毒的苗黄株系侵染后表现苗黄症状。

2. 砧、穗组合　对于衰退病毒的弱毒株系和苗黄株系，甜橙/酸橙（酸橙中枸头橙除外）组合高度感病，宽皮柑橘/酸橙组合感病。而以枳、枳橙、酸橘、红橘、柠檬等作砧木的甜橙和宽皮柑橘都抗病，用酸柚作砧木的'沙田柚'也抗病。对于严重茎陷点株系，上述常用的砧木品种嫁接柚类品种（如'沙田柚''文旦'和酸柚等）都高度感病，枳作砧木的某些甜橙（如'北碚447锦橙'）和'温州蜜柑'（如'宫川温州蜜柑'和'尾张温州蜜柑'）感病。

3. 实生植株的感病性　弱毒株系只为害来檬的实生植株，苗黄株系除为害来檬外，还可为害酸橙、葡萄柚、'尤力克柠檬'和柚类品种，某些甜橙的实生树也感病，其他柑类和品种的实生植株耐病，枳和枳橙则基本免疫。严重茎陷点株系可严重为害'沙田柚'和酸柚的实生植株，墨西哥来檬和葡萄柚的实生植株感病，而'尤力克柠檬'和酸橙的实生植株耐病。

4. 介体昆虫　褐色橘蚜等传毒媒介昆虫在我国分布十分普遍，也是该病在我国广泛分布、蔓延较快的重要原因之一。有人在20世纪80年代用无衰退病的柑橘苗木在隔离地区建园，定植后第三年调查有30%左右的植株感染了衰退病毒。

五、防控措施

1. 加强植物检疫　加强植物检疫，防止茎陷点强毒株系的传入。

2. 选用抗、耐病砧木或接穗品种　预防衰退病的弱毒株系和苗黄株系，应选用枳、枳橙、酸橘、红橘、柠檬和枸头橙等抗、耐病品种作砧木。对于严重茎陷点株系，可选用耐病柚类品种。

3. **弱毒株系保护** 国外有人试用弱毒株系保护办法，以避免柑橘受到强毒株系为害，在生产上已有应用的实例，可在试验的基础上逐步推行。

4. **治虫防病** 对于受强毒株系侵染的柑橘园，应及时挖除病株、大面积除治介体蚜虫，以防止病害蔓延。

◆ 第八节 柑橘根结线虫病

本节图片

柑橘根结线虫病（citrus root-knot nematode disease）在世界上很少有系统报道。其在印度、苏里南、澳大利亚和以色列等国均有发生。在国内，福建、广西、台湾、广东、浙江、湖北、江西、湖南、四川等省（自治区）均报道有发生为害，发现的根结线虫种类多样。由于线虫破坏根的吸收能力，使树冠生长受抑制，产量逐年降低，如不积极防治和加强管理，病树一般4～5年后便丧失生产能力，甚至整个果园毁灭。例如，广东化州于1974年底至1975年初，因此病烧毁了几十万株柑橘苗。

一、症状

1. **地下部分** 病原线虫以2龄幼虫侵入嫩根，刺激细胞过度生长和分裂，致使根部形成大小不等的根结。新生根结一般黄白色，以后逐渐变为黄褐色，病害进一步发展，可在根结上长出次生根结，并刺激根部长出大量小根，形成乱发状的须根团。此外，在根部还可看到白色、粉红色或黑褐色的胶质卵囊（拓展图10-36）。

营养根都可能受害，导致地上部树势生长不良，植株严重衰退，叶片黄化，易落叶，果实少而小，严重影响品质。根部受害严重时，最主要的症状特点为：营养根系受侵染后，可在根结处产生须根，又重复受侵染，因此造成根系变粗短、密集，呈面团状，后期大多数受侵染的根腐烂坏死，失去了吸收与输送营养的能力。在体视显微镜下解剖并观察新鲜根系处根结，可见梨形雌虫。在7月采集的样本，根结处有大量的透明胶质卵囊；1个根结内可有多个雌虫，每个卵囊内有300～450个卵，每个卵囊内基本都可见雄虫。

2. **地上部分** 在一般发病情况下，病株地上部无明显症状。随着根系受害加重，树冠出现枝短梢弱、叶片变小的症状，秋旱时叶片卷曲；病树生势衰退，出现开花多、结果少、着果率低和果小等症状。严重时叶片干枯，枝条枯萎以致整株死亡。

二、病原

1. **分类地位** 此病可由多种根结线虫（*Meloidogyne* spp.）引起。据国外报道，引起柑橘根结线虫病的有短小根结线虫（*M. exigua*）、南方根结线虫（*M. incognita*）、印度根结线虫（*M. indica*）和爪哇根结线虫（*M. javanica*）。国内柑橘上发现有15种根结线虫，分别为南方根结线虫（*M. incognita*）、花生根结线虫（*M. arenaria*）、爪哇根结线虫（*M. javanica*）、柑橘根结线虫（*M. citri*）、东海根结线虫（*M. donghaiensis*）、印度根结线虫（*M. indica*）、简阳根结线虫（*M. jianyangensis*）、孔氏根结线虫（*M. kongi*）、福建根结线虫（*M. fujianensis*）、苹果根结线虫（*M. mali*）、闽南根结线虫（*M. mingnanica*）、欧氏根结线虫（*M. oteifae*）、短小根结线虫（*M.*

exigua)、顺昌根结线虫（*M. shunchangensis*）和番禺根结线虫（*M. panyuensis*）。据报道，为害两广柑橘的根结线虫优势种为花生根结线虫或闽南根结线虫。

2. 形态特征　　花生根结线虫雌虫呈梨形或球形，体长 510～1100 μm，体宽 400～600 μm。体表薄，有环纹，唇区稍突起，口针长 14～16 μm，基部球圆形。卵巢 1 对，盘卷，几乎充满体腔。肛门和阴门位于虫体的末端或近末端。会阴花纹呈卵圆形，背弓低，圆而平，沟纹光滑到波浪状，有时侧区稍呈锯齿状，背纹和腹纹在侧线处相遇常呈一角度，同时花纹可侧面延伸形成 1～2 个"翼"。近侧线处有分叉和不规则的短纹。

雄虫：蠕虫形，唇区低平，唇盘与中唇融合，无侧唇，头感器明显，口针粗壮，侧区 4 条侧线。

2 龄幼虫：体长 450～490 μm，唇区不缢缩，侧面观平钝圆锥形。口针长 10 μm，口针基部球明显，圆形（拓展图 10-37）。

三、病害循环

病原线虫主要以卵和幼虫及雌虫在土壤及寄主根中越冬。当春天环境适宜时，2 龄幼虫在土中活动，伺机侵入新根，在根内发育成 3、4 龄幼虫及雌、雄成虫。雌虫的卵排到露在根外的胶质卵囊中，卵孵化出 2 龄幼虫，在土中继续伺机侵染为害新根。华南农业大学室内盆栽试验结果表明，当月平均温度为 25～28℃时，此线虫完成生活史需 47～60 d。据调查，在广东的气候条件下，柑园里线虫一年内可进行多次重复侵染。但最主要的侵染高峰出现在柑橘盛发新根的 2～3 月，以及出现秋梢时的 9～10 月。此病的主要侵染源，在无病区是带病苗木，在病区则是带线虫的土壤、肥料和病树根。病苗是远距离传播的主要侵染源，水流是近距离传播的重要媒介。此外，带有病原线虫的农具及人畜也可传播此病。

四、发病条件

1. 2 龄幼虫侵染与柑橘发根的关系　　由于土中 2 龄幼虫只侵染幼嫩新根，因此柑橘新根盛发期如 3 月、10 月，往往是 2 龄幼虫侵染的高峰期。据研究者在大田取样测定结果，当新根盛发时，土中 2 龄侵染性幼虫的高峰期后，往往是新根内 2 龄寄生幼虫的高峰期。

2. 与柑橘品种的关系　　据调查，此线虫广泛寄生在各种柑橘品种上，但不同品种的感病程度有所差异，其中甜橙和'雪柑''蕉柑'等品种比较感病；而'年橘'和柚等品种则比较抗病。

3. 与土壤的关系　　发病的轻重与土质有明显的关系，此病在通气良好的中性偏碱的土壤环境中发生严重，而在通气不良的偏酸性土壤中发生较轻。一般砂质土和砂壤土发病较重，红壤土和黏壤土发病较轻。

五、防控措施

由于柑橘根结线虫和其他根结线虫一样，只有土壤中的 2 龄侵染幼虫起侵染作用，其他虫态均不起侵染作用；此外，带病苗木也是侵染源之一。因此，控制土壤的环境条件以抑制 2 龄幼虫的繁殖和侵染，以及防止苗木带病，是防治此病的关键。在无病区和新垦柑橘产区以检疫为主；在病区则实行培养无病苗木、加强栽培管理和药剂防治为主的综合措施。

1. 检疫　　对从外地调进和本地培育的苗木，在移植前都必须进行严格的检验检疫，发现带病苗木及时销毁或用药剂处理，以防病害的传入和蔓延。

2. 培育无病苗木　　选好苗圃地，最好选生荒地，尤其是植被以茅草为主的生荒地育苗；选地时注意使用前作不是种过寄主植物的地块育苗；用杀线虫剂处理苗圃地后才种植。

3. 病苗热水处理　　用47~48℃热水浸病根15 min，能较彻底地杀死病根中的线虫。

4. 选用抗病品种　　根据中国农业科学院（1990）报道，在四川，'枳壳'最抗病，枳橙也较抗病，而柚、红橙、枸头橙、香橙和'意大利酸橙'则感病。广西壮族自治区农业科学院（2018）报道，广西野生砧木'苦柚'较抗病；重病区可以试种抗病品种。

5. 加强栽培管理　　加强栽培管理，特别是水肥管理，多施有机肥如猪牛粪、牛尿和豆麸等可增强植株的耐病力及有利于土壤根结线虫天敌的繁殖和活动，要注意改善果园的排水条件，如地下水位高的要开深沟，以降低地下水位。挖病根：收果后，在春天1~2月，结合培土和施肥，挖除病根团，挖根时要注意保护水平根，要把病根搬离果园烧毁或深埋，挖根后施石灰、猪牛栏肥和豆麸等有机肥。这样可以减少侵染源，同时使植株生长壮旺。如果土壤沙性太大，可在树冠范围内挖除沙土，换塘泥或水稻土，每株树换土约1 m³，以创造不利于2龄幼虫发育和侵染的土壤环境条件。

6. 药剂防治　　早春季节，挖去树冠下3~5 cm深的表土或在树冠下近外围处挖宽为30~40 cm、深10~15 cm的环状沟，阿维•噻唑膦颗粒剂500~1000 mL/667 m²灌根。或结合冬季施肥，每株施150~200 g 5%阿维菌素颗粒剂或100~150 g 10%噻唑膦颗粒剂、50~100 g 50%氰氨化钙颗粒剂等，与所有的肥料充分搅拌混合均匀后，围绕树冠滴水线挖环状浅沟或在树冠下挖放射浅沟施，然后盖土。

本节图片

◆ 第九节　柑橘慢衰病

柑橘慢衰病（citrus slow decline disease）又称柑橘半穿刺线虫病，为世界性分布，目前在世界上所有重要的柑橘产地都有发生报道，感染率为24%~90%，在世界范围内造成产量损失10%~30%。我国柑橘半穿刺线虫在各个重要柑橘产区发生普遍，为害严重，主要分布于福建、广东、云南、江苏、湖南、湖北、江西、四川、山东、贵州、江西、陕西、重庆、台湾和广西等15个省（自治区、直辖市）。柑橘半穿刺线虫限制我国柑橘产业发展，在不同发病情况下，造成的产量损失可达30%~50%，甚至100%。

一、症状

柑橘半穿刺线虫，俗称柑橘线虫或柑橘根线虫，该线虫侵染柑橘根部，要经过多年种群发展，才能导致柑橘生长衰退。树势衰退多为缓慢性发展，因此柑橘半穿刺线虫引起的柑橘病害又称为柑橘慢衰病。

柑橘慢衰病主要表现在成株期。发病率低的柑橘园可见零星黄化植株分布于正常植株中，黄化病株逐年扩散。柑橘成株根系受害后主要表现为新叶黄化，后期严重时多为整株黄化，病重株叶片可表现小叶，枝梢稀疏，叶易脱落，花、果易脱落，结果数量少且变小，失去经济价值。叶片黄化可表现斑驳黄化或均匀黄化，柚树除黄化明显外，还易导致叶片卷曲失水症状（拓展图10-38）。

柑橘半穿刺线虫世代发育不整齐，在营养根上常见有大量未成熟的雌虫或产卵的成熟雌虫。侵染点周围细胞组织变为褐色，轻度为害时仅在表皮产生伤痕，无其他症状；但在线虫种群数量大，受害严重的根系，侵染点周围细胞组织由浅褐色变为褐色，表面粗糙不平，营养根变短，常变形成扭曲状。后期严重时根皮变黑腐烂，皮层易脱落。成熟雌虫进行孤雌生殖，卵产在由雌虫后部排泄孔分泌的胶质中，几乎将露在根外表的虫体掩盖。由于土壤中的颗粒易黏附在胶质混合物上，因此导致受侵染根的表面显得较粗大，同时根部伤口容易感染其他微生物，导致复合侵染，造成更严重的经济损失。受柑橘半穿刺线虫侵染后，其根系上优势菌根真菌菌丝和泡囊可能受到影响，也可能是柑橘慢衰病株根系发育受阻的原因之一（拓展图10-39）。

由于线虫在发育过程中不断取食，细胞坏死，进而引起其他有害微生物沿着线虫侵入的路线侵入，使根的皮层产生黑色坏死病痕。形成半穿刺线虫和其他微生物的复合侵染，根上出现大量病痕，根腐烂，严重受害的根皮层同中柱脱离。

二、病原

1. **分类地位** 病原属于半穿刺线虫属（*Tylenchulus*），其中重要的种为柑橘半穿刺线虫（*Tylenchulus semipenetrans*）。

2. **形态特征** 雌成虫的虫体颈部呈不规则弯曲，比体部长，口针纤细，角质膜薄，虫体后部呈不规则明显膨大、角质膜厚，无环纹，阴门之后虫体变细尖并朝腹面弯曲，排泄孔和阴门位于虫体后部，排泄孔位于阴门前，无直肠和肛门，排泄细胞发达，卵产生于胶状混合物中。

二龄幼虫虫体细，直或略弯，弓形，食道腺与肠基本平接或略覆盖肠，排泄孔位于虫体中后部，无直肠和肛门，尾长圆锥形，端尖到圆。

雄成虫的虫体呈蠕虫形，细小，头部骨质化，口针退化，口针基部球不明显，食道退化。交合刺稍弯曲，杀死后露于体外，无交合伞。尾部长圆锥形，末端圆（拓展图10-40）。

3. **寄主范围** 柑橘半穿刺线虫是专性寄生线虫，已报道有30多种经济植物受到此线虫的危害，主要为芸香科柑橘属植物，如柑橘（*Citrus reticulata* Blanco.）、柚［*C. maxima*（Burm.）Merr.］、柑（*C. chachiensis* Hort.）、橙（*C. sinensis*）、柠檬［*C.×limon*（Linnaeus）Osbeck］、葡萄柚（*C. paradisi* Macf.）、蜜柚（*C. grandis*）等；其次是芸香科其他植物，如黄皮［*Clausena lansium*（Lour.）Skeels］。此外，受害比较严重的植物还有葡萄（*Vitis vinifera* L.）、柿（*Diospyros kaki* Thunb.）和油橄榄（*Olea europaea* L.）。其他寄主还有枇杷［*Eriobotrya japonica*（Thunb.）Lindl.］、九里香［*Murraya paniculata*（L.）Jack.］、梨（*Pyrus* spp.）、草莓（*Fragaria × ananassa* Duch.）、荔枝（*Litchi chinensis* Sonn.）、桃（*Amygdalus persica* L.）、龙眼（*Dimocarpus longan* Lour.）、杧果（*Mangifera indica* L.）、苹果（*Malus pumila* Mill.）、板栗（*Castanea mollissima* BL.）、鸭嘴花（*Adhatoda vasica* Nees.）、红椿（*Toona ciliata* Roem.）、日本鹿蹄草（*Pyrola japonica* Sied）等，但很少有为害的报道。我国蔡秋锦等发现柑橘半穿刺线虫能够侵染为害杉木［*Cunninghamia lanceolata*（Lamb.）Hook.］、柳杉（*Cryptomeria japonica* var. *sinensis* Miquel）和野柿（*Diospyros kaki* var. *sylvestris* Makino）。也有报道柑橘半穿刺线虫还能在石榴（*Punica granatum* L.）上寄生，且产生"慢衰"症状。

4. **生理分化** 柑橘半穿刺线虫不同种群的寄主不同，存在致病力分化。根据其对柑橘、枳、油橄榄上的侵染和繁殖能力的差异，全世界的柑橘半穿刺线虫目前分为3个生理小种，分别是柑橘小种（*Citrus* biotype）、枳小种（*Poncirus* biotype）和地中海小种（*Mediteranean*

biotype)。柑橘小种在枳上繁殖很差，但在柑橘、枳橙、油橄榄、葡萄和柿上繁殖很好；枳小种能在大多数柑橘、枳和葡萄上繁殖，但不能在油橄榄上繁殖；地中海小种除了不能在油橄榄上繁殖，其他与柑橘小种相似。

三、病害循环

该线虫以幼虫和卵在柑橘根际土壤中越冬，第二年春季，土壤达到15℃以上时，2龄幼虫开始活动，从新根的伸长区和分生区侵入。柑橘树大部分的营养根受害后，使水和矿物盐吸收减少，地上部分表现病态。秋季柑橘停止发新根后，线虫数量减少，因此为害相对减轻。

病原线虫在田间主要是通过土壤传播，2龄幼虫在无寄主的土壤中可以存活9个月以上。传播效率取决于线虫在土壤中忍受不利环境条件的能力。农具、动物、风和雨水也有传播作用。该线虫主要通过繁殖材料和土壤进行远距离传播。

四、发病规律

半穿刺线虫属于定居型半内寄生线虫。当寄主植物存在时，2龄幼虫可侵染幼嫩根系，虫体前半部侵入根皮层，形成固定的取食点吸取营养，后端露在根外，定居寄生在根部，完成3次蜕皮发育成雌成虫，雌成虫进行孤雌生殖，将卵产在由排泄孔分泌的胶质状混合物（卵囊）中，平均每条雌虫产卵75~100个。柑橘半穿刺线虫可通过孤雌生殖进行繁殖，在土壤温度为18~21℃时，32~42 d可完成一次生活史，其生活史受寄主、气候和土壤成分等条件的影响。适宜线虫繁殖的温度是28~31℃。雄虫不取食，不为害作物，离开寄主后在根表与雌虫交尾。

五、防控措施

柑橘半穿刺线虫一旦传入新区，很难彻底消灭，目前主要通过选用无病苗圃、加强苗木检疫、采用抗性砧木、栽培管理、生物防治、化学防治等措施综合防治。

1. 加强检疫，建立无病苗圃　　柑橘半穿刺线虫主要通过苗木和土壤远距离传播，因此加强苗木的检疫，防止线虫传入新区，是防治该病害的重要措施。大部分国家都对柑橘半穿刺线虫采取了严格的检疫措施，以确保引进的外来实生苗或嫁接苗根系不带线虫。建立无病苗圃，选择远离柑橘园且无病原线虫的土地或用熏蒸过的土壤建造柑橘苗圃，生产无线虫的实生苗，实行苗木检疫合格证。

2. 栽培管理　　通过加强栽培管理措施，改良土壤的微生态条件，促进柑橘根系生长，降低线虫种群数量，是目前柑橘半穿刺线虫防治的重要途径。在种植柑橘前，实行一年生农作物轮作1~3年，或休耕4个月至1年，通过直接翻土暴晒，或物理干扰、土壤化学药剂处理，加速线虫死亡，降低柑橘半穿刺线虫种群数量。

3. 选用抗性砧木　　采用抗性砧木是防治柑橘半穿刺线虫最经济、有效的途径。柑橘半穿刺线虫不同种群存在致病力分化，因此在选择砧木时，要能确定当地的柑橘半穿刺线虫的生理小种。对柑橘半穿刺线虫具有遗传抗性的种质资源来自枳及其杂交种。

4. 土壤添加有机质或植物源物质的应用　　在土壤中施加有机添加物可对柑橘半穿刺线虫种群产生影响。例如，土壤中添加几丁质能降低柑橘半穿刺线虫的种群，几丁质在分解过程中产生的氨对 2 龄幼虫具有毒杀作用；利用适量的白芥（*Brassica hirta*）、芥菜（*B. juncea*）组织作为土壤添加剂，对半穿刺线虫具有防治效果。将黏性旋复花（*Inula viscosa*）叶片粉末添加到土壤中，对柑橘半穿刺线虫也具杀毒作用；印楝（*Azadirachta indica*）、牛角瓜（*Calotropis procera*）、曼陀罗（*Datura albiflora*）的水提物对柑橘半穿刺线虫 2 龄幼虫具有杀毒作用。

5. **生物防治** 生物源农药是从天然植物或微生物中获取的具有杀线虫活性的物质。这些杀线虫活性的物质具有安全、高效、不污染环境等优点。有报道：淡紫拟青霉（*Paecilomyces lilacinus*）对柑橘半穿刺线虫的防治效果可达 80%，且持效期长。荧光假单胞菌（*Pseudomonas fluroscens*）能有效降低柑橘半穿刺线虫种群数量，幼虫和雌虫的减退率分别为 53%和 44%。白色木霉（*Trichoderma album*）和巨大芽孢杆菌（*Bacillus megaterium*）对柑橘半穿刺线虫的室内生物测定致死率很高，盆栽实验也有一定效果，且对感染植株的生长具有促进作用。枯草芽孢杆菌（*Bacillus subtilis*）对柑橘半穿刺线虫的防治效果达 74%。

6. **化学防治** 主要杀线剂有噻唑膦、阿维菌素、氟吡菌酰胺等。

柑橘其他病害见表 10-4。

本表图片

表 10-4　柑橘其他病害一览表

病名和病原	症状识别	发病规律	防治要点
柑橘裂皮病 citrus exocortis viroid, CEVd	枳或枳橙砧嫁接的甜橙等砧木皮层纵向开裂、翘起和剥落，树干严重矮化。在'伊唑格'（'Etrog'）香橼上，叶片后仰卷曲，叶背主、侧脉呈现污褐色条斑（拓展图 10-41）	主要通过嫁接和机械汁液传播，菟丝子也能传病。几乎可侵染所有的柑橘种类和品种，但在酸橘或红橘嫁接的甜橙或宽皮柑橘上隐症。潜育期可长达数年	①培育和栽培无病苗木。②注意选用酸橘、红橘等抗耐病砧木。③消毒嫁接、修剪工具，可选用 10%漂白粉或 1%~2%次氯酸钠溶液
柑橘碎叶病 citrus tatter leaf virus, CTLV （拓展图 10-42）	枳或枳橙作砧木的柑橘树，嫁接口出现皱折，接穗基部肿大，植株矮化或严重矮化。在枳橙或厚皮来檬上，叶缘缺损，叶片扭曲畸形，叶面产生黄斑（拓展图 10-43）	发病或隐症植株是该病的初侵染源。病毒通过嫁接或汁液传播。主要为害枳或枳橙作砧木的柑橘树。'北京柠檬''蕉柑''椪柑''雪柑''新会橙''暗柳橙''本地早''宫川温州蜜柑''兴津温州蜜柑'等也带毒	①从无毒优良母树上采穗。②采用热处理加茎尖嫁接方法培育无病苗木。热处理一般采用白天 40℃和晚上 30℃处理 9 d 加白天 35℃和晚上 30℃处理 13~20 d。③选用酸橘、红橘、柠檬、枸头橙等耐病砧木
柑橘树脂病 *Phomopsis cytosporella*; *Diaporthe medusae*	①流胶型，病部皮层组织松软，灰褐色，渗出褐色胶液。遇高温干燥，病部干枯下陷，皮层开裂剥落，木质部外露，现出四周隆起的疤痕。②干枯型，病部皮层红褐色，干枯略下陷，微有裂缝，但不立即剥落。在病健部交界处有一明显隆起的界线（拓展图 10-44）	以分生孢子器在枯枝上越冬。分生孢子借风、雨水、露水和昆虫等传播到枝干、新梢、嫩叶和幼果上。该病周年发生，6~10 月发生较多；受冻害，其他伤口多，雨季及栽培管理不良也常造成该病大发生	①在冰冻前进行培土和树干束草，霜冻期间果园灌水，防寒。夏秋干旱，注意浇水，及时防虫。②在暑天前，用生石灰 10 kg、食盐 1 kg、动物油 0.15 kg 和水 50 kg 配制成刷白剂涂干。③彻底刮除病部及斑边的黄褐色菌带，暴露 1~2 d 后，涂以波尔多液。于 5 月和 9 月各涂药 3~4 次。还可用多菌灵或 8%~10%的冰醋酸等涂洗
柑橘沙皮病 病原同树脂病	果实、叶背或嫩枝上密生紫褐色微粒，粗糙如沙皮。并致枝条弯曲和生长停滞（拓展图 10-45）	同树脂病	①同树脂病。②春梢萌发前、落花 2/3 时及幼果期，分别喷 1 次 0.5∶1∶100 波尔多液或氢氧化铜等
柑橘膏药病 *Septobasidium albidum*; *S. sinense*; *Helicobasidium* sp.	在枝上绕生白色或褐色致密而光滑，内部柔软如海绵状的菌丝组织，紧贴于树枝上，如同贴着膏药一般（拓展图 10-46）	病原菌在病部越冬。担孢子借气流和介壳虫传播。在华南，4~12 月均可发生，高温多雨、介壳虫多和过于荫蔽潮湿发病重	①防治介壳虫。②剪除病枝。③在病部涂抹波尔多液或石硫合剂。在 4~5 月和 9~10 月雨前或雨后涂刷 1~2 次

续表

病名和病原	症状识别	发病规律	防治要点
柑橘黑斑(星)病 *Phoma citricarpa*; *Phyllosticta citricarpa*; *Guignardia citricarpa* (拓展图10-47)	春梢叶片及果上初生褐色小点,后成黑褐色圆形斑,2~3 mm,中央略凹陷,边缘稍隆起,上生黑色小粒点(拓展图10-48)	病原菌在病残体上越冬。分生孢子通过风、雨水和昆虫传播到幼果和春梢叶片上。高温多湿,管理不良及老树发病较重	①增施有机肥。②冬季清园,剪除病枝、叶。③在落花毕至落花后1个月内,每隔15 d喷药1次,保护幼果。详见柑橘炭疽病、疮痂病
柑橘脂点黄斑病 *Stenella citri-grisea*; *Phyllosticta citricarpa*; *Mycosphaerella citri*	叶面初生针头大小的褪绿小点,对光透视呈半透明状。后成大小不一的黄斑,上生浅褐色的疱疹状小粒点。老病斑褐至黑褐色(拓展图10-49)	病原菌在病部越冬。孢子通过风、雨水传播到新叶上。4~10月发病较多。甜橙发病较'温州蜜柑'重。春梢发病重于夏、秋梢	①加强栽培管理。②在落花2/3时,喷施氢氧化铜等药液,隔6~8周再喷波尔多液1次。③及时收集、烧毁地面落叶,减少菌源
柑橘煤烟病 *Meliola butleri*; *Chaetothyrium citricola*; *Capnodium citri* (拓展图10-50)	叶片表面生黑色片状可以抹掉的菌丝层,很像叶片上黏附着一层煤烟(拓展图10-51)	病原菌在病部越冬。翌年孢子散落在蚧虫、粉虱、蚜虫等的分泌物上,再度引起发病。荫蔽潮湿条件有利于发病	①防治蚧虫、粉虱、蚜虫等。②适当疏剪,改善通风透光条件。③发病初期,树冠喷布0.5:1:100倍量式波尔多液等
柑橘苗立枯病 *Rhizoctonia solani* (参照稻纹枯病)	幼苗茎基部初生水浸状小斑,病斑绕茎后引起皮层腐烂,茎部缢缩;地上部叶片凋萎,根部腐烂,根皮易剥落(拓展图10-52)	病原菌在土中营腐生生活。主要借助耕作活动和水流传播。多在苗高17 cm以内时发病。在4~6月为发病盛期	①选择地势较高地块育苗,避免连作。②施腐熟的有机肥。③挖除病苗集中烧毁,药剂防治详见稻纹枯病
柑橘苗疫病 *Phytophthora nicotianae*; *P. spp.*(参照柑橘脚腐病)	嫩叶初生暗绿色水渍状斑点,后为暗灰色似开水烫伤状斑块;嫩梢上的为浅褐色至褐色病斑,重时枯死。潮湿时,病部长出白霉层(拓展图10-53)	病原菌在土中和病残体上越冬。高温多雨病重。地势低洼、排水不良、地下水位高、连作地或前作为蔬菜的园圃发病最重	①与柑橘立枯病防治基本相同。②药剂防治详见荔枝霜疫病等
柑橘灰霉病 *Botrytis cinerea* (拓展图10-54)	花瓣先现水渍状小点,扩大为黄褐色斑致花腐。嫩叶幼果染病,幼果易落。病部生灰黄色霉层(拓展图10-55)	详见第十三章葡萄灰霉病发病条件	详见第十三章葡萄灰霉病防治
'温州蜜柑'青枯病 病原尚未确定,可能是由接穗和砧木不亲和所致,也可能是由病毒类病原引起	一般于果实采收后至翌年春梢生长期发生,有普通型、急性型和慢性型3种。普通型部分大枝或全株叶片失水状,5~7 d后叶片纵向干卷枯死,挂于树上或逐渐脱落;急性型发病后3~5 d全株叶片青枯干卷死亡;慢性型病树不抽梢或迟抽梢,病花着果少,果小,品质差,病树冠多在1~2年后全部死亡。这3种症状的病树,枝干皮层无异常表现,但嫁接口处韧皮部有一黄褐色环带,砧穗接合部界线明显	主害'温州蜜柑',发病与'温州蜜柑'的砧木品种有一定关系,以黎檬、酸橘、'福橘'、甜橙、酸柚等品种作砧木的发病严重,以枳作砧木的较少发病或不发病。在采后11月至翌年5月,如遇长期低温阴雨,天气突然转晴时最易罹病。前期管理好丰产、后管理差的果园较易发病。同一果园,低洼积水处往往比高亢处发病早而多	①选用抗病砧木,采用枳作'温州蜜柑'的砧木。②加强栽培管理,在病区,用枳实生苗靠接在酸橘、黎檬等易感病品种作砧木的植株主干上。③重剪病枝,重病树可作露骨更新,并追施速效肥或腐熟有机肥。对仅有少数大枝发病的,可锯掉发病大枝。④高接换种。初期病树重剪后也可高接上亲和力好又适合当地发展的柑橘品种或种类,如'新会橙''暗柳橙''椪柑'或脐橙等。对于重病树,如砧木尚好,可将接穗部锯掉,待砧木发出萌蘖后,根据需要嫁接其他适宜品种
柑橘日灼病 烈日暴晒引起	果实成熟时,向阳面果皮焦黄,内部相应部位的囊瓣失水干枯,失去食用价值(拓展图10-56)	高温干燥,日照强烈时常发生。早熟'温州蜜柑'发病较重。喷布石硫合剂可加剧该病的发生	①避免过度修剪。②高温时尽量不用石硫合剂。③高温时用白纸粘贴果实向阳面,防止太阳直射
柑橘缺镁症	老叶轻者主脉两侧(含侧脉)间呈现黄点或黄斑;重者由主脉两侧向外褪色,仅在叶基部残留界线明显的倒"∧"形绿色区。结果枝上的叶片尤为显著(拓展图10-57)	轻沙土柑橘园,土壤pH<5,大量施用钾素,钾/镁率大于0.4~0.5或100 g土壤的氧化镁含量少于1 mg当量时,均可出现缺镁	5月以后,树冠喷布0.2%的硫酸镁或0.1%硝酸镁,连续喷2~4次,可矫治缺镁症。喷雾时溶液中加入0.5%尿素,可增进喷雾效果

续表

病名和病原	症状识别	发病规律	防治要点
柑橘缺硼症	成熟叶及老叶沿主脉和侧脉变黄，主、侧脉破裂或木栓化，叶尖向后卷曲，黄褐色，小枝顶枯。幼果和成熟果海绵层产生褐色胶状物，种子发育不良或无种子，幼果大量脱落（拓展图10-58）	土壤含硼低；酸性土施用石灰或碱性土因酸化和淋溶而使硼流失；酸橘或酸橙砧的柑橘品种比枳砧的更易出现缺硼病	①花期叶面喷施0.1%~0.2%硼酸或硼砂2~3次。②每667 m² 用0.25~0.5 kg硼砂与有机肥或土混匀，穴施
柑橘缺锌症	新梢短小，叶片小而窄，主脉和侧脉及其邻近的一小部分叶肉组织保持绿色，其余的叶肉组织则呈现黄色，并经常在褪绿区出现细小绿点。严重时顶枝枯死（拓展图10-59）	土壤含有效锌低于0.3~3 mg/L，含磷量过高，大量施用氮肥，湿度过大，钾、铜过量及其他元素不平衡的土壤和酸性土、碱性土都会引起缺锌	叶面喷布0.2%硫酸锌加0.1%熟石灰，连续喷2~3次。酸性土每株穴施0.1 kg硫酸锌。碱性土和中性土施用硫酸锌无效
柑橘缺锰症	新梢叶片大小较正常，而主、侧脉及其邻近叶肉组织绿色，其余叶肉组织褪绿变成黄色。严重缺锰时，部分小枝枯死（拓展图10-60）	酸性土锰淋溶严重，或碱性土锰可溶性低，均可发生缺锰。石灰性土极易产生缺锰症	①叶面喷施0.3%硫酸锰加0.1%熟石灰，连续喷2~3次。②施用锰肥，对酸性土壤有效，对碱性土和中性土施用无效

第十一章 橡胶树病害

天然橡胶是重要的工业原料和战略物资,含有天然橡胶的植物有 2000 多种。巴西橡胶树(*Hevea brasiliensis*)属大戟科橡胶树属,是目前大面积商业化种植生产天然橡胶的植物。巴西橡胶树于 1876 年引种于巴西亚马孙盆地,目前主要在东南亚地区栽培。我国于 1904 年引种巴西橡胶树,经过 100 多年的发展,目前为世界第四大植胶国。全世界巴西橡胶树上发生的病害,已报道的有 100 多种。据估计,每年由病害造成的橡胶干胶产量损失为 10%~15%。

我国记录的橡胶树病害有 90 多种,主要有白粉病、炭疽病、季风性落叶病、棒孢霉落叶病、割面条溃疡病、褐根病、红根病、褐皮病等。生理性病害主要有寒害、黄叶病等。南美叶疫病是拉丁美洲部分地区发生的重要橡胶树病害,极具毁灭性,目前是我国及东南亚橡胶树上的重要检疫对象。

本节图片

第一节 橡胶树白粉病

橡胶树白粉病(rubber tree powdery mildew)是橡胶树上一种重要的叶部病害,该病于 1918 年在印尼爪哇岛首次记述,现已遍布全世界各植胶国。1951 年在我国海南首次发现此病,目前是我国橡胶垦区每年春季发生流行的重要病害之一。橡胶树白粉病侵染后引起橡胶树大量落叶,推迟开割时间,引起胶乳产量锐减,也可使树冠生长不良而橡胶树生势衰弱,甚至新梢枯死。1959 年,此病在海南首次大流行,橡胶树因病落叶 2~3 次,许多林段被迫推迟到 8 月才开割,据当时海南省农垦总局统计,当年干胶产量损失 50%。2008 年,云南西双版纳地区也由于该病大流行,橡胶树多次大量落叶,胶乳产量比上年同期减产一半以上。据估计,该病害中度流行年份可使胶乳减产 10%~20%,大流行年份减产 30%左右,特大流行年份减产 50%以上。

一、症状

橡胶树白粉病只为害橡胶树的幼嫩组织,包括嫩叶、嫩芽、嫩梢和花序。橡胶树白粉病为害叶片症状会随着气温的变化和叶片物候期的发展而变化,呈现 5 种不同类型:新鲜活动斑、红斑、白色藓状斑、黄斑和褐色坏死斑(拓展图 11-1)。嫩叶感病初期,在叶面或叶背上出现辐射状的银白色菌丝,似蜘蛛丝,以后在病斑上出现一层白粉,形成大小不一的白粉病斑,即新鲜活动斑,这是本病最显著的特征。嫩叶感病初期若遇高温,菌丝生长受到抑制而病斑变为红褐色,常称为红斑。红褐色病斑遇适宜的温度还能恢复产生分生孢子,使病斑继续扩大,恢复为新鲜活动斑。随着气温升高和橡胶树叶片老化,原新鲜活动斑上的病原菌侵染能力降低，白粉斑发展为老叶藓状斑。当白粉斑上的病原菌完全消失，呈现黄色病斑，为害严重造成叶片组织坏死，发展为褐色坏死斑。发病严重时，病叶布满白粉，叶肉组织皱缩、畸形、变黄，最后脱落。花序感病后出现一层白粉。病害严重时花蕾全部脱落，只留下光秃秃的花轴。

二、病原

1. 分类地位　橡胶树白粉病的病原，无性阶段为粉孢属橡胶树粉孢（*Oidium heveae* Steinm.）（=*Ersiphe quercicola*），尚未见有性态。

2. 形态特征　病原菌的菌丝无色、透明，有分隔，宽 3～7 μm，寄生于寄主表面，菌丝上可形成裂片状或多裂附着胞，单生或对生；分生孢子梗直立，不分枝，柱状，由 2～3 个细胞组成，长 53.0～105.0 μm；分生孢子单生、无色、透明，卵圆形或椭圆形，成熟的分生孢子大小为（22.7～36.9）μm×（12.0～20.3）μm，串生于分生孢子梗顶端，成熟后脱落，随气流传播侵染。分生孢子附着于寄主表面，可从分生孢子一侧长出芽管，芽管顶端形成裂瓣状附着胞（图 11-1）（拓展图 11-2）。

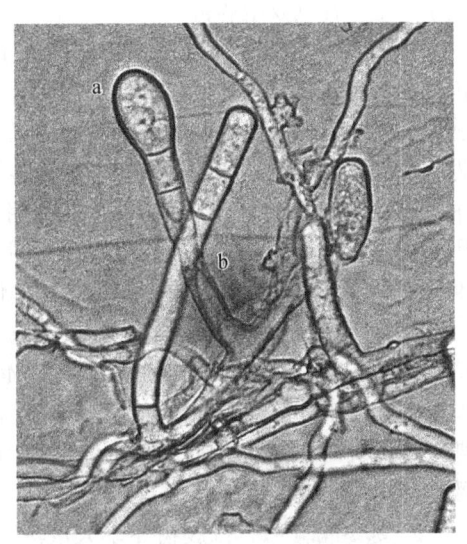

图 11-1　橡胶树粉孢（何其光提供）
a. 分生孢子；b. 分生孢子梗

3. 生物学特性　①病原菌为专性寄生菌，以梨形吸器侵入寄主体内吸取营养，只能侵染橡胶幼嫩组织，一般 4～8 d 繁殖一代。②病原菌喜好冷凉气候，分生孢子萌发的最适温度为 16～32℃，侵染、病斑扩展和产生孢子的适宜温度为 15～25℃，当温度高于 38℃和低于 12℃时，孢子发芽率低于 0.5%，其侵染、扩展、产孢能力均显著减弱。在适宜温度下 4～8 d 繁殖一代。在一般室温条件下孢子只能存活 5～7 d，经低温后保存可存活 15 d 左右。③病原菌喜阴湿天气，浓雾和毛毛雨天气有利于分生孢子萌发、扩展和侵染。病原菌分生孢子在相对湿度为 0 的干燥条件下也能萌发，在相对湿度达 80%以上时，分生孢子萌发率较高，平均萌发率为 40%～60%，最高可达 80%以上。但叶面有水膜则不利于分生孢子萌发。

三、病害循环

橡胶树白粉病全年均可发生，但流行于橡胶树大量抽嫩叶的春季。病原菌在苗圃幼苗、风断树嫩梢、林段自生苗、野生寄主及越冬橡胶树未脱落的老病叶上越冬，成为翌年春季的初侵染源。分生孢子借助气流传播到新抽嫩叶上，分生孢子附着在橡胶树古铜期叶片表面 2 h 后即可开始萌发产生芽管，3～4 h 时分生孢子萌发达到高峰，随后芽管顶端开始分化形成成熟的耳垂状或掌状附着胞，接种 7～8 h 时附着胞形成达到高峰期。12～13 h 开始形成侵染钉侵入寄主，24 h 左右在寄主体内形成吸器，从寄主细胞内吸收营养。随后进入病原菌菌丝扩展期，病原菌形成更多的次生菌丝，并在寄主表面蔓延，形成网状白粉斑。白粉斑上布满菌丝和分生孢子梗，分生孢子梗顶端形成大量的分生孢子，随着分生孢子的成熟、释放，接触新的幼嫩组织，开始下一轮侵染。当气温升高和橡胶树叶片老熟后，病原菌在老病叶、嫩梢、林下自生苗或野生寄主上越夏和越冬。

四、发病条件

橡胶树白粉病的发生流行与橡胶树物候期的长短、越冬菌量大小及冬春的气候条件有密切关系，是一种气候型病害。

1. **橡胶树物候**　橡胶林中存在大量新抽易感病的嫩叶是白粉病流行的基本条件。橡胶树大面积种植郁闭成林后，不但形成明显的落叶、抽叶过程，在春季还为病原菌集中提供大量感病的嫩叶组织，使胶园形成一种荫凉高湿的小气候环境，有利于病原菌侵染、繁殖和传播，为病害流行提供了必需的条件。若缺少该条件，白粉病菌只能在少量嫩叶和苗圃幼苗上辗转发生，度过夏秋及冬季。橡胶树群体抽叶期的早晚决定着白粉病发生期的早晚。橡胶树群体嫩叶历期长短，决定着白粉病的流行强度。同一植株几种叶龄组织并存时，病情也比较严重。嫩叶期如遇到倒春寒，新叶老化过程延缓，病情加重。

实生树和多品系混种林段，物候不整齐，病情比较重。而品种单一和物候整齐的林段，病情相对比较轻。品种'PB86'和'RRIM600'冬季落叶彻底，抽叶早而整齐，在病原菌大量增殖之前，新叶已经老化，起到避病作用，但某些年份因抽叶早，遇上倒春寒，延缓了嫩叶历期，病情反而比晚抽叶的品种重。品种'PR107'冬季落叶一般不彻底，抽叶晚且不整齐，多数年份病情比较重。

2. **越冬菌量**　橡胶树冬季大量落叶期，橡胶树粉孢即进入越冬阶段。越冬场所主要为胶林中未落的老叶、嫩梢、苗圃中小苗、林下实生苗。越冬菌量的多少与翌年白粉病的流行强度有关，因为基础菌量大，橡胶树越冬后新抽的嫩叶侵染菌源大，病害始见期相对较早，再侵染次数多，病害也就相对比较重。但由于受气候和物候的综合影响，有时越冬菌量虽大，白粉病却并不严重；反之，虽然有的年份越冬菌量较少，但若橡胶树在抽嫩叶期间的气候条件适宜，当年白粉病也可能流行。

3. **气候条件**　橡胶树白粉病是一种气候型病害。气候条件除直接影响病原菌生长外，也影响橡胶树物候期的长短，特别是病害流行前期的气候，常常通过影响橡胶树落叶和抽叶状况来影响病害的发生和严重程度。在气象因子中，温度是决定该病是否流行的主导因素。橡胶树白粉病病斑扩展的适宜温度为15～22℃。在这个温度范围内，只要有一定的菌源和感病组织，病害便会迅速发展。春季橡胶树抽新叶期间如遇上日平均温度高于26℃持续6 d或最高温度32℃以上的高温天气，则白粉病不会流行。橡胶树越冬落叶、春季抽叶的整齐度和进程与冬春的气温也密切相关。冬季气温偏高，橡胶树落叶不彻底，春季抽叶也就不整齐；相反则落叶彻底，抽叶整齐。在橡胶树抽叶期间，温暖的天气会加速抽叶速度和新抽叶片老化，从而减轻病情。如果出现倒春寒，则延缓新叶老化而加重病情。

在其他流行条件满足的情况下，降雨和日照对白粉病的发生发展也有一定的影响。日照不良不利于橡胶树抽叶和新抽叶片的老化，有利于白粉病流行。橡胶树粉孢耐干旱，在降雨量很少、相对湿度很低的情况下，只要其他流行条件具备，也会流行。例如，海南东部及云南潞江坝个别年份出现历史上罕见的春旱，橡胶树白粉病仍然大流行。

五、防控措施

橡胶树白粉病的防治要贯彻"预防为主，综合防治"的方针，综合运用品种抗性、农业防治和药剂防治等措施。

1. **选育抗病品种** 国内外都开展过一些抗病品种的选育工作，但进展缓慢，还不能满足生产需要。早期在印度尼西亚爪哇发现无性系'LCB870'新抽出的叶片在12～14 d内老化，嫩叶期短，常能避过白粉病为害，但因其产量不高而没有推广。20世纪50年代，斯里兰卡选育出抗病品种'RRIC52'，产量中等，具有较高的抗（耐）病力，曾推荐在高海拔地区种植。之后用'RRIC52'与其他高产品系杂交，选出'RRIC100''RRIC101'和'RRIC103'等抗病品系，以及耐病品系'1103'和'1108'。'PP86'和'RRIM600'对白粉病也有一定的抗性，其主要特点是落叶彻底、抽叶整齐一致，橡胶树群体叶片老化快，因此表现避病。'PR107''GT1''PBS/51'和'PR228'属于感病品系，需加强其他防治措施。

2. **农业防治** 加强栽培管理，增施肥料，促进橡胶树生长，提高抗病和避病能力，可减轻病害发生和流行。

马来西亚于1973年开展了营养元素对橡胶树抽叶和病原菌侵染产孢关系的试验，发现加倍施用氮肥能降低病原菌产孢的能力和使橡胶树提早抽叶，增加叶量。在大田试验中，也发现在越冬末期和抽芽初期加倍施用氮肥可获得浓密健康的树冠，降低因病落叶的数量。对于不易喷施硫黄粉和人工脱叶的胶园，可采取加倍施氮肥的方法来防治橡胶树白粉病。

3. **药剂防治** 硫黄是目前广泛用于防治橡胶树白粉病的有效药剂，硫黄粉的细度要求达到325目，太粗或太细防治效果都不理想。91%硫黄粉剂用量为11.25～15 kg/hm^2，根据白粉病病情、橡胶树物候和天气情况酌情确定。病情较重、橡胶树处于嫩叶盛期、遇低温阴雨天气时，喷粉量应适当加大。病情较轻，橡胶树新抽叶片已开始成熟，遇晴朗暖和天气，喷粉量可适当减少。硫黄粉的有效期为7～10 d。喷粉时间应选在风力不超过2级时为宜。晚上22:00到翌晨8:00，一般气流比较平稳且橡胶树叶面有露水，最适宜喷粉。大雾或静风天气，白天也可喷粉。喷粉操作应从下风处开始，喷粉走向要与风向垂直，以获得最大的保护面积。利用飞机喷粉具有防效好（与地面防效相当或稍好）、速度快、工效高及喷粉均匀等优点，适用于大面积控制病害流行。但也存在成本稍高，受天气、地形限制较大等缺点。飞机喷粉用药量一般为12 kg/（hm^2·次），有效喷幅80～100 m。由于飞机喷粉工作效率比较高，第一次喷粉时间可适当推迟到橡胶树抽叶40%左右、总发病率10%～40%时进行。第二次喷粉时间则参照地面防治。

三唑酮、十三吗啉等也是防治橡胶树白粉病的有效药剂。由于橡胶树树冠高大，宜将药剂有效成分加工成乳油或油烟剂等剂型，用热雾机喷热雾或用烟雾机喷烟。喷热雾或喷烟可使药物抵达树冠顶部，而且在持续雨天的情况下，利用下雨间歇期进行喷药操作也能取得良好的防效，弥补了持续雨天喷硫黄粉影响防治效果的缺陷。

橡胶树白粉病的药剂防治应注意以下4个环节。

（1）铲除越冬病原。在早春橡胶树抽叶以前，摘除断倒树和正常树的冬嫩梢2～3次，对经常遭受台风为害的沿海地区，每株断倒树留若干条粗壮的嫩梢，并用硫黄粉进行防治。橡胶苗圃也是病原菌越冬场所之一，每年从12月开始，根据橡胶苗嫩叶的病情进行喷药防治，直到有效控制病害发生为止。

（2）控制中心病株（病区）。在橡胶树20%抽叶以前，进行一次中心病株（区）调查，一旦发现，及时进行单株或局部喷药防治。在橡胶树抽叶不整齐、中心病株（区）明显的年份，做好此次防治对于控制病害的大区流行有较好效果。在阴雨天气持续时间长的年份和地区，抓紧中心病株（区）的防治尤为必要。

（3）流行期全面喷药。根据病情、物候及未来一周内的天气预报和本地区的短期预报资料，安排好各林段第一次喷粉日期。若预报有阴雨天气出现，应提前喷粉。

（4）局部防治后抽叶植株。新抽叶 70%老化以后，绝大部分橡胶树已安全度过了感病期，没必要进行全面防治。但部分抽叶较迟的橡胶树仍处于感病阶段，需进行局部防治，否则会出现严重落叶。

本节图片

第二节　橡胶树炭疽病

橡胶树炭疽病（Colletotrichum leaf disease of rubber tree）是世界上各橡胶种植国橡胶树上普遍发生的一种叶部病害。1905 年，Petch 首次报道橡胶树炭疽病在斯里兰卡发生为害，随后在马来西亚、印度、泰国和中国等橡胶树种植地都有报道，为橡胶树种植区的常见病害。该病害在国内外流行范围逐年扩大，发病趋势越来越严重。在我国，初期记载该病害为次要病害，仅在苗圃和新植幼树上有少量发生。近年来，橡胶树炭疽病和橡胶树白粉病并称为我国橡胶树叶部重要"两病"。

一、症状

橡胶树炭疽病可为害苗圃小苗、大田幼树直至成龄开割胶树，侵染嫩叶、叶柄、嫩梢和胶果等部位，引起嫩叶脱落、嫩梢回枯、果实腐烂，甚至形成僵果挂在树上。严重时会引起橡胶树的重复落叶和嫩梢回枯，推迟开割时间。

通常，橡胶树炭疽病为害不同部位呈现的症状各异。该病主要为害部位是叶部，嫩叶和老叶均可受害。古铜色嫩叶染病后，初期叶尖和叶缘呈不规则暗绿色水渍状病斑，随后变黑坏死、扭曲，最终叶片脱落、枝条干枯。淡绿色嫩叶染病后，叶尖、叶缘呈现圆形或不规则形、暗绿色、似开水烫过一样的水渍状病斑，病斑较大，有时在病斑边缘可见黑色坏死线。淡绿色嫩叶染病后期或老化叶染病后，可呈现多种不同类型的症状。①圆形和半圆形型：病斑多在叶尖叶缘处呈半圆形，或在叶片上呈圆形，初期为水渍状小斑，随后扩大。②不规则型：初期呈灰褐色或红褐色，近圆形，病健交界明显，后期病斑相连成片，形状不规则，有的有穿孔。③叶缘枯型：受害初期叶尖或叶缘褪绿变黄，随后叶缘由外向内表现出先黄后枯，病斑呈现灰白色，病健交界呈锯齿状。④突起圆锥型：病斑突起成小圆锥体，病斑边缘皱缩，严重时整张叶片布满向上突起的小点，有穿孔（拓展图 11-3）。

炭疽病在老叶上容易产生小黑点（分生孢子盘），小黑点呈轮纹排列分布或分散分布。嫩梢、叶柄、叶脉染病后，出现黑色下陷小点或者黑色条斑，嫩梢染病后除了叶片掉落，还容易发生顶芽回枯。绿果染病后，病斑暗绿色，水渍状腐烂。在高湿条件下，发病部位长出黏稠状的粉红色孢子堆。

二、病原

1. 分类地位　　无性阶段由炭疽菌属（*Colletotrichum*）多个复合群下的多个复合种引起，主要有胶胞炭疽菌复合群（*C. gloeosporioides* species complex）下的暹罗炭疽菌（*C. siamense*）、果生炭疽菌（*C. fructicola*）和乐东炭疽菌（*C. ledongense*）；尖孢炭疽菌复合群（*C. acutatum* species complex）中的版纳炭疽菌（*C. bannanense*）、*C. australisinense*、*C. laticiphilum*

和 C. wanningense 等。有性阶段为小丛壳属（Glomerella）。

2. 形态特征　炭疽菌的分生孢子盘多在叶面散生或轮生，浅褐色，圆形或卵圆形，扁平或隆起，直径 100～250 μm。分生孢子盘内密生短小的无色分生孢子梗，分生孢子梗顶生分生孢子。分生孢子盘上有时长有硬而长、直或弯的深褐色刚毛。刚毛具 1～2 个隔膜，大小为（50～100）μm×（4～7）μm；胶孢炭疽菌复合群的分生孢子单胞无色，椭圆形或圆筒形，有油点或无；分生孢子大小依培养基种类或寄生部位不同而有差异，一般大小为（12.0～15.0）μm×（4.4～5.8）μm。尖孢炭疽菌复合群的分生孢子无色，单胞，呈纺锤形，基部圆滑，顶端尖，或两端稍尖，内含 1～2 个油球，一般大小为（12.0～15.0）μm×（3.8～4.8）μm（图 11-2）（拓展图 11-4）。

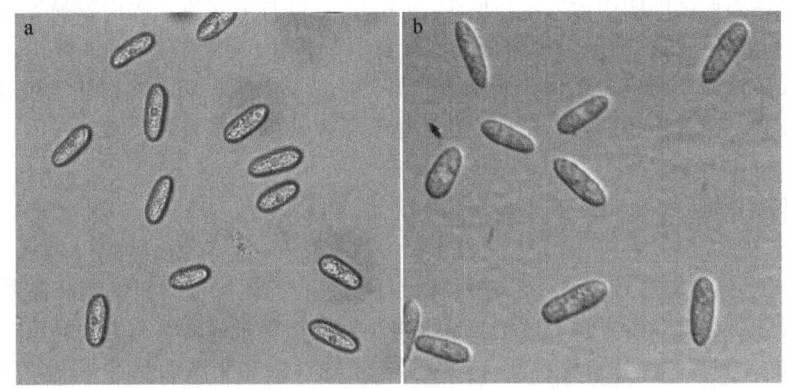

图 11-2　橡胶树炭疽菌（林春花提供）
a. 胶孢炭疽菌复合群；b. 尖孢炭疽菌复合群

3. 生物学特性　炭疽菌在橡胶叶汁琼脂培养基上生长较快，菌丝生长的最适温度为 25～28℃，在 40℃时停止生长。分生孢子萌发的最适温度为 25～30℃，低于 15℃或者高于 40℃，分生孢子不萌发或者萌发极少。在高湿条件下，分生孢子接种在疏水表面 2～6 h 后为萌发高峰期，12～24 h 是附着胞形成高峰期。尖孢炭疽菌复合群在马铃薯琼脂培养基上容易产生粉红色孢子堆。

三、病害循环

病原菌以菌丝体及分生孢子堆在染病的组织上越冬，分生孢子可从叶片、嫩梢、胶果的自然孔口、伤口等侵入寄主组织，也可以通过嫩叶叶片表皮直接侵入。分生孢子附着在叶片后 2～6 h 萌发产生芽管，13～16 h 形成附着胞，附着胞多呈圆形、卵圆形，进而从伤口或自然孔口侵入寄主。在温、湿度适宜的情况下，潜育期为 2～4 d，雨水和潮湿的气流是病害传播的必要条件。病原菌的分生孢子堆在天气干燥时干缩结痂，在潮湿的天气下孢子堆软化，易释放分生孢子，通过风、雨水及水滴溅射等方式传播。寄主范围很广。

四、发病条件

橡胶树炭疽病发生流行与橡胶树品系的感病性、气候条件及胶园的立地环境等都有一定的关系。品系的感病性是此病发生的基础，雨水和湿度是病害流行的主要条件。

1. 橡胶树品系的感病性　橡胶树不同品系对炭疽病菌的感病性有明显差异。但不同年份或不同地区，同一品系对炭疽病的抗性也有所差异。据报道，'热研44-9''热研11-9''热研88-13''热研7-31-89''热研8-79''保亭933''南强1-97''IAN873''文昌217''云研77-2''云研77-4''云研277-5'等对炭疽病表现出较好的抗性。

2. 气候条件　橡胶树嫩叶和老叶都可以发生炭疽病，但嫩叶期为易感期，每年春季橡胶新抽大量嫩叶时期，炭疽病容易和白粉病共同侵染，造成大量嫩叶落叶。嫩叶期炭疽病的发生流行主要受春季温、湿度的影响，流行程度主要受流行期的降雨及空气中相对湿度的影响。相对湿度在90%以上容易发病。嫩叶期如有3 d以上的阴雨或大雾天气，病情上升快。若连续出现3~4 d高温晴朗天气，或温度低于15℃，则病情发展缓慢。历年早春，橡胶树处于抽嫩叶期，且容易遇到连续的阴雨天气，日照少，湿度大，叶片老化慢，因而容易导致病害流行。

3. 立地环境　橡胶园处于地势低洼、冷空气易沉积的地区，或四面环山、日照短、雾大的谷地，或近水面（河溪、水田）湿度大的地方，易发生炭疽病。密植林段树冠郁闭，病原菌也易繁殖传播。在栽培管理差、肥料不足的情况下，炭疽病也发生严重。

五、防控措施

1. 选种抗（耐）病高产品系　在病害流行频率高的地区选种抗病高产品系，是预防橡胶树炭疽病最经济、有效的方法。各植胶地因地制宜地选种抗（耐）病高产品系。

2. 加强栽培管理，提高植株抗性　对历年重病林段和易感病品系林段，可在橡胶树越冬落叶后到抽芽初期施用速效肥，促进橡胶树抽叶整齐，以减少侵入机会。在病害流行末期，对病树施用速效肥，促进病树迅速恢复生长。注意不要在低洼积水地和山谷地建立苗圃，合理施肥，加强管理，使得胶苗生长健壮，提高胶苗的抗病能力。

3. 药剂防治　结合病害预测，科学合理地轮换使用化学药剂。每年春季橡胶树新抽大量嫩叶时期，炭疽病容易发生流行，在此期间应加强病害调查，尤其是历年重病区和易感病品系的林段。一般从橡胶树抽叶30%开始进行病情调查，若发现病害发生，在未来10 d内，若预报有连续3 d以上的阴雨或大雾天气，则要在低温阴雨天气来临前进行药剂防治。可选用的药剂有多菌灵胶烟剂、硫磺·多菌灵可湿性粉剂、百菌清可湿性粉剂、咪·酮·百菌清热雾剂、氟硅唑·咪鲜胺热雾剂、腈菌·咪鲜胺热雾剂、咪鲜·三唑酮热雾剂等。于早晨7时前或者傍晚7时，静风时施药防治，每隔7~10 d喷1次，连喷2~3次。

本节图片

◆ 第三节　橡胶树割面条溃疡病

橡胶树割面条溃疡病（rubber tree stripe canker）是世界上各植胶国普遍发生的一种重要割面病害。其于1909年在斯里兰卡首次被报道，迄今已遍及世界各植胶区，其中斯里兰卡、柬埔寨发生最为严重，马来西亚、印度尼西亚、越南南部病情也较严重。我国于1961年在云南西双版纳胶园的实生树上首次发现此病，随后病情日趋严重。1962年，在海南的一些农场第一次暴发流行该病，造成30多万株橡胶树割面溃烂。之后在不同年份也有不同程度发生。1970年，海南垦区因病溃烂350万株橡胶树，约占当年开割橡胶树的12%。1971年，云南景洪某农场重病林段发病率高达90%，河口地区1972年因该病停割株数比1971年增加4.5倍。1978~1980年，云南西双版纳垦区条溃疡病又发生流行，因该病停割的重病树达23万多株，年损失干胶近 800 t。广东、广西也有此病发生的报道。割面条溃疡病能引起橡胶树割面树皮溃烂。轻病树病部虽能愈合，但再生皮恢复不平滑，会影响割胶。重病树割面大块溃烂，或整个割面上下部原生皮也溃烂，木质部腐朽，加上小蠹虫蛀食，致使病树常被台风吹断，造成更大损失。该病在采用冬季安全割胶等一系列综合防治措施后，病情基本上得到控制。

一、症状

橡胶树割面条溃疡病主要为害割面，在割面上出现一至数条甚至数十条竖立的黑线，排列成栅栏状，病痕深及木质部（拓展图 11-5）。黑线病痕可扩展或融合成黑色条状病斑，天气潮湿时在病斑上长出白色霉层（即病原菌的菌丝体和孢子囊），天气干燥时霉层消失。遇低温阴雨天气，病斑向四周迅速扩展，形成块斑，严重的可向上扩展到主干的第一分枝以上，造成半个树围的树皮溃烂。在新、老割面上病斑处，常见虫孔、蛀屑和正在蛀食的小蠹虫，有时伴有流胶或渗出铁锈色的液体。部分病树在老割面或原生皮上呈现皮层隆起、爆裂、溢胶，用手按压有弹性感，刮去病部表面的粗皮，呈现黑褐色病斑，边缘水渍状，皮层与木质部之间夹有凝胶块，除去凝胶后木质部呈黑褐色。按病害侵染强度和天气状况，可将病斑分为三种类型：①急性扩展型块斑，刮去粗皮，可见病斑黑褐色，边缘呈暗色水渍状，病部与健康皮层界线不明显，病斑扩展最快；②慢性扩展型块斑，病部与健康皮层界线明显，块斑被黑色线纹包围，病斑扩展较慢；③稳定型块斑，块斑干枯下陷，边缘开始长出愈伤组织，病斑已基本停止扩展。在一定条件下，各类型块斑可互相转化。高温干旱时，急性扩展型块斑可转化为稳定型块斑；低温阴雨时，慢性扩展型块斑和稳定型块斑的一部分可转化为急性扩展型块斑。

二、病原

1. 分类地位　　该病的病原为疫霉属的多种疫霉菌（*Phytophthora* spp.），主要有柑桔褐腐疫霉（*P. citrophthora*）、棕榈疫霉（*P. palmivora*）、簇囊疫霉（*P. botryosa*）、蜜色疫霉（*P. meadii*）、寄生疫霉（*P. parasitica*）和辣椒疫霉（*P. capsici*）等。张开明等（1990）报道在我国海南省和云南省橡胶树上发现的有柑桔褐腐疫霉、辣椒疫霉、寄生疫霉、蜜色疫霉和棕榈疫霉 5 种，田间优势种为柑桔褐腐疫霉。

2. 形态特征　　柑桔褐腐疫霉在胡萝卜琼脂（CA）培养基上的菌落呈花瓣状，气生菌丝中等，菌丝无色透明，管状，分枝少，无隔膜，多核，菌丝宽 4～8 μm，未见菌丝膨大体和厚垣孢子。孢囊梗简单合轴分枝、不规则分枝或不分枝；孢子囊倒梨形、卵形、椭圆形、葫芦形或不规则形，基部钝圆（图 11-3），大小为（28.4～62.8）μm×（26.8～38.1）μm；长宽比约 1.7（1.3～2.1），乳突明显，单个，平均厚度 2.8（1.8～4.3）μm。排孢孔直径 5～7 μm。孢子囊在清水中不脱落，在色氨酸培养基上与寄生疫霉配对不形成有性器官或形成极少的有性器官（拓展图 11-6）。

棕榈疫霉在 CA 培养基上的菌落呈放射状，气生菌丝较少，菌丝较细，宽 2～3 μm。厚垣孢子大量产生，球形，顶生，直径 28.5（20.9～31.4）μm。孢囊梗不规则分枝或简单合轴分枝，孢子囊多为卵形，少数倒梨形或长卵形，基部钝圆，大小为（24.4～54.0）μm×（20.9～34.9）μm；长宽比约 1.6，乳突明显，单个，平均厚度 3.6（2.8～7.0）μm，排孢孔直径 5～7 μm，孢子囊大量脱落，具短柄，与寄生疫霉配对培养可产生大量有性器官，可见球形藏卵器，球形卵孢子，雄器围生。

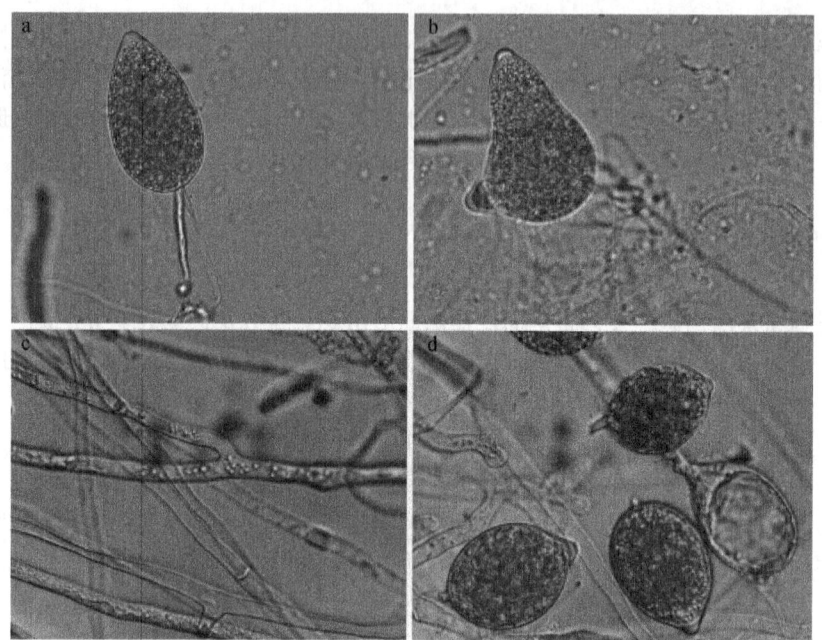

图 11-3 疫霉菌（陈庆河提供）

a、b. 柑桔褐腐疫霉孢子囊；c. 棕榈疫霉菌丝；d. 棕榈疫霉孢子囊

3. 生物学特性 几种疫霉菌生长最适温度为 23~27℃，但寄生疫霉在 35℃时仍能正常生长，其最适温度为 25~30℃。疫霉菌孢子囊在 25℃左右直接萌发产生芽管，在 20℃左右则间接萌发释放游动孢子。

4. 寄主范围 病原菌的寄主范围很广，除侵染橡胶树外，还能侵染多种热带植物，如可可、胡椒、槟榔、椰子、剑麻、肉桂、木菠萝、柑橘和番木瓜等数十种植物。

三、病害循环

疫霉菌以菌丝体、卵孢子和厚垣孢子在土壤或胶园病组织及野生寄主植物上越冬。翌年橡胶开割后，若遇到连续的降雨或高湿条件，病原菌生长繁殖形成孢子囊，释放出大量游动孢子，孢子囊和游动孢子可通过风、雨水、雨滴溅射或者胶刀传播到新割面，萌发长出芽管进行侵染，继而在割面上形成黑线或块斑，引起割面树皮溃烂。温、湿度适宜时，病害的潜育期为 1~3 d。冬季天气逐渐转冷，停止割胶，不再有新的割口（伤口）时，病原菌停止活动。

四、发病条件

橡胶树割面条溃疡病的发生流行与气候条件、割胶作业、橡胶树品系的感病性、季风性落叶病的发生、胶园的立地环境等都有密切关系。

1. 气候条件 降雨或高湿度，尤其是持续的毛毛雨天气，是条溃疡病菌侵染的主要条件，高湿且冷凉气温是导致条溃疡病斑扩展，造成树皮溃烂的主要因素。

在割胶期间，降雨或者高湿度，割面有水膜，适宜病原菌繁殖、传播、萌发和侵染。通常，连续出现 3 d 以上的阴雨天气，相对湿度在 90% 以上时，则可引起病原菌侵染而使新割面出现黑线。连续阴雨天数越多病情越重。

疫霉菌在 20～25℃最适宜的温度条件下，则更有利于病原菌的侵染和病斑扩展。低温加高湿是病斑扩展的重要因素，当日平均气温下降到 21℃以下，日最低温度 16℃以下时，病斑扩展迅速，病情严重。低温不仅降低了橡胶树新割面嫩皮组织的愈伤速度和削弱了橡胶树的抗病能力，还使病原菌更易侵入并能迅速扩展为害。因此，冬季低温阴雨，树身不干时割胶，病害最易暴发流行。

2. 割胶作业　　割胶制度、割胶技术和割线高度等对割面条溃疡病的发生有密切影响。割胶刀数多，强度大，尤其是低温阴雨天气树身不干时割胶，加刀、连刀的林段发病重；割胶过深、伤树多，割正刀，割线不平顺等橡胶树病重。割线过低发病重，主要原因是菌源可同时来自下雨时风雨携带的病原菌、季风性落叶病病树树冠下所流雨水携带的病原菌和雨滴溅射带菌土壤中的病原菌。据调查，80 cm 以上的高割线和 30 cm 以下的低割线，条溃疡病的发病率为 1∶15.5。因此，转高割线割胶是安全、有效的防病措施。近几十年来，从早期的 1 d 或 2 d 割一刀，改为 3 d 或 4 d 割一刀，刀数减少，强度变小，且冬季实施了"一浅四不割"的安全割胶措施，该病已得到有效控制。

"一浅"指适当浅割，留皮 0.15 cm，不伤树。

"四不割"指：①早上 8 时，气温在 15℃以下，当天不割；②毛毛雨天气或割面树皮不干时不割；③对于芽接树的前垂线离地面 50 cm 以下或者实生树前垂线离地面 30 cm 以下的橡胶树，不进行低割线割胶，在冬季病害流行期要转高割线割胶；④病树出现 1 cm 以上的病斑，在未经治疗处理前不割，割面黑线密集的病树，应停割并做好化学防治。

3. 橡胶树品系的感病性　　品系不同，病情差异较大。芽接树一般比实生树病重。在芽接树中，'PB86'最易感病，'RRIM600''PR107'次之，'GTI''RRIM513''RRIM603'病较轻。在实生树中，幼龄树病害重，老龄树病较轻。

4. 季风性落叶病　　引起橡胶树季风性落叶病的病原菌与割面条溃疡病的病原菌相同，在有季风性落叶病发生的胶园，雨水能顺着橡胶树树干带将树冠上的季风性落叶病菌携带到割面上侵染割口，引发割面条溃疡病。因此，季风性落叶病发病严重的胶园，割面条溃疡病也往往发病严重。

5. 胶园立地环境　　地势低洼、易积水、种植过密、郁闭度大、失管荒芜、通风透光差的林段，林内湿度大，割面不易干燥，有利于病原菌的繁殖和积累，病害偏重。

五、防控措施

割面条溃疡病的防治要以农业措施、物理措施为主，结合药剂防治，科学进行橡胶树的管、养、割。

1. 加强栽培管理　　雨季前，砍除防护林下层和胶园内的藤蔓、灌木和杂草，修除断倒树枝和下垂枝，排除胶园内的积水，合理施肥，降低林段湿度，使之通风透光，加快树皮干燥，创造不利于病原菌传播和侵染的条件，控制和减轻病害的发生。

2. 科学开展割胶作业

（1）避免高强度割胶。合理安排割次，抓紧有利天气割胶，避免在病害流行季节高强度割胶。

（2）坚持"一浅四不割"的冬季安全割胶措施。

（3）提高割胶技术。正确掌握"稳、准、轻、快"的割胶方法，少伤树，以减轻本病的发生。

3. 安装防雨装置　　发生季风性落叶病的开割胶园，树冠上的病果、病枝、病叶会提供大量菌源，通过雨水、露水等携带至割面，从而加重条溃疡病的发生。因此，在季风性落叶病和条溃疡病易发生的季节前，在橡胶树割面上方安装油毡或塑料防雨装置，能阻隔顺树干下流的雨水携带病原菌到达新割口，减少侵染源和创造不利于病原菌侵染的割面干燥条件。安装防雨设施，不仅能有效控制条溃疡病的发生，而且能减少雨冲胶量，增加割胶刀次。

4. 药剂防治　　较好的防治药剂有甲霜·锰锌、代森铵、嘧菌酯等。在病害流行的季节，发病初期可选用上述药剂在割胶的当天涂布割线。例如，用25%甲霜·锰锌可湿性粉剂80～100倍液，每7～10 d施药1次；每割1～2刀涂药1次等，可取得较好的防效。此外，适当施用乙烯能诱导橡胶树增强对橡胶割面条溃疡病的抗性。

在割胶季节，当割面上出现条溃疡黑线病痕时，在割线上及时涂施有效药剂2次，能较好地控制病痕扩展。对已形成条斑或小块斑的割面，先用刀刮去表层粗皮，暴露出病斑后，用代森铵等药剂涂施2次，也可控制病斑扩展。如遇扩展型病斑则要进行刮治处理，选晴天，用刀先把病部树皮刮除干净，伤口先用上述药剂进行表面处理，待干燥后撕去凝胶，再用凡士林或1∶1的松香棕油涂封伤口，病部木质部还可喷杀虫剂防虫蛀，待木质部表面充分干燥时，再涂封低酸煤焦油或1∶1的沥青柴油合剂进行防腐。

第四节　橡胶树根病

本节图片

橡胶树根病（rubber tree root disease）是一类为害橡胶树根系的重要病害，造成根系吸收功能下降，影响橡胶树的正常生长，胶乳产量下降，甚至整株枯死。自1904年在新加坡首次记录橡胶树白根病以来，各植胶国相继报道了8种不同的橡胶树根病，其中以马来西亚、印度尼西亚、印度、科特迪瓦、刚果等国较为严重。我国发现有7种，其中以褐根病和红根病分布最广，为害最重。此外还有紫根病、黑纹根病、臭根病、黑根病、白根病。褐根病和臭根病造成的橡胶树死亡速度最快，其次是红根病，紫根病不易造成死亡。白根病是我国进境植物检疫性病害，1983年11月在海南东太农场、2005年11月在云南河口发现有白根病为害，相关部门及时采取措施进行了有效控制。

我国橡胶树根病的发病率、死亡率、病区数呈大幅度增高趋势。1965年对云南河口植胶区6个农场374 677株实生树普查的结果表明，根病累计总发病率为2.1%，死亡率为0.25%。2006年，云南天然橡胶产业股份有限公司河口分公司对根病进行了再次普查，结果发现根病种类上升到了7种，根病累计发病率为3.3%，累计死亡率为2.5%，病区数由448个发展到10 440个。近年来，各植胶区普遍反映根病越来越严重，且二代胶园比一代胶园更为严重。

一、症状

地上部位症状：几种根病造成的地上部位症状相似（拓展图11-7）。根茎部染病后，病树初期出现植株长势下降，叶变小、变黄、无光泽，顶芽抽不出或抽芽不整齐，树冠稀疏，枯枝多。秋冬季落叶早，春季抽叶迟，病树树干干缩、树皮干裂。后期造成植株死亡，部分树头出现条沟、凹陷或烂洞。高温多雨季节，在病树树头长出菌膜或子实体。

地下部位症状：不同种类的根病造成的地下症状有所不同。区分的主要依据有：病根表面菌丝、菌膜、菌索色泽；病根外观、质地及气味；子实体形状及颜色。

1. 红根病（red root disease）　　病根表面粘泥沙，用水洗后常见枣红色或黑红色革质菌索或菌膜，前端呈白色，后端变为黑红色。病根散发出浓烈的蘑菇味。发病后期木材湿腐，松软呈海绵状，皮木间有一层白色腐竹状菌膜。高温多雨季节在病树树头侧面常长出担子果，担子果上表面有皱纹，灰褐色、红褐色或黑褐色，下表面光滑，灰白色，担子果边缘常为白色（拓展图 11-8）。

2. 褐根病（brown root disease） 病根表面粘泥砂，常凹凸不平，泥沙不易洗掉，有铁锈色疏松绒毛状菌丝和薄而脆的黑褐色菌膜。木质部常见褐色网纹。病根散发出蘑菇味。发病后期木质部干腐，质硬而脆，剖面有蜂窝状。根颈处有时烂成空洞。病根树头侧面有时可见担子果，担子果半圆形，无柄，上表面黑褐色，下表面灰褐色、不平滑（拓展图 11-9）。

3. 臭根病（stinking root disease） 病根表面不粘泥砂，无菌丝菌膜，有时在病皮表面出现粉红色孢梗束。木质坚硬，木质部易与根皮分离，皮木间有扁而粗的白色至深褐色羽毛状或草叶状菌索。病根发出粪便臭味（拓展图 11-10）。

4. 紫根病（purple root disease） 病根表面不粘泥砂，常见密集的深紫色菌索覆盖。已死病根表面有紫黑色小颗粒（菌核）。无蘑菇味。后期木质部干腐、质脆、易粉碎，易与根皮分离（拓展图 11-11）。

5. 黑根病（black root disease） 病根表面粘泥砂，水洗后可见网状菌索，其前端白色，中段红色，后段黑色，洗去泥砂菌索露出白色小点。后期木质部湿腐、松软、无条纹。病根有蘑菇味。子实体紧贴病部，为灰褐色至灰白色膜状，长于树干皮层（拓展图 11-12）。

6. 黑纹根病（Ustulina root disease） 病根表面不粘泥砂，无菌丝、菌膜。在树干、树头或暴露的病根常有灰色或黑色炭质子实体。木质部干腐，剖面有锯齿状黑纹，有时黑纹闭合成圆圈。病根无蘑菇味（拓展图 11-13）。

7. 白根病（white root disease） 病根表面长有菌索，呈根状分枝，粗细不一，形成网状，先端白色，扁平，老熟时稍圆，黄色至暗褐色。病根木质部坚硬，白色、淡黄色或褐色。病根具有蘑菇味。病树头上可长出子实体，无柄，单生或群生，堆积成层；革质或木质，上表面橙黄色，有明显的黄色边缘，下表面橙色、红色或淡褐色（拓展图 11-14）。

二、病原

1. 分类地位
（1）红根病：其病原为担子菌门灵芝属橡胶灵芝（*Ganoderma pseudoferreum*）和菲律宾灵芝（*G. philippii*）。
（2）褐根病：其病原为担子菌门木层孔菌属有害木层孔菌（*Phellinus noxius*）。
（3）臭根病：其病原为子囊菌门灿球赤壳属匍灿球赤壳菌（*Sphaerostilbe repens*）。
（4）紫根病：其病原为担子菌门卷担子菌属紧密卷担菌（*Helicobasidium compactum*）。
（5）黑根病：其病原为担子菌门卧孔菌属褐卧孔菌（*Poria hypobrunnea*）。
（6）黑纹根病：其病原为子囊菌门焦菌属炭色焦菌（*Ustulina deusta*）。
（7）白根病：其病原为担子菌门硬孔菌属小孔硬孔菌（*Rigidoporus microporus*）。

2. 形态特征
（1）橡胶灵芝：担子果一年或多年生，无柄，木栓质，菌盖呈半圆形或扇形，单生，菌盖较薄呈覆瓦状生长，上表面有皱纹，有漆样光泽，灰褐色、红褐色或黑褐色；下表面平整，灰白色，边缘厚钝，白色。担孢子卵圆形或近卵圆形，双层壁，外壁透明，平滑，内壁淡褐色，无小刺，大小为 $(5.8 \sim 8.1)\ \mu m \times (3.9 \sim 5.6)\ \mu m$。

(2) 菲律宾灵芝：担子果一年或多年生，无柄或有柄基，木栓质，菌盖呈扇形或不规则形，菌盖层层重叠呈瓦片状或单生，上表面有皱纹，有漆样光泽，菌盖上有明显同心环带与纵皱。新鲜担子果颜色为灰褐色至浅褐色，老化后呈深褐色，边缘颜色较浅，老化后边缘颜色变深，边缘圆钝；菌肉为淡褐色、褐色至深褐色，菌肉多有环纹。担孢子卵圆形或近卵圆形，双层壁，外壁透明，平滑，内壁淡褐色，无小刺，大小为（5.1～9.4）μm×（4.5～8.4）μm。

(3) 有害木层孔菌：担子果多年生，硬木质，单生或叠生，檐生于病树茎基部，担子果上表面黄褐色至黑褐色、有或无同心环带，下表面灰褐色、光滑或圆锥状突起，壳状担子果下表面常长有圆锥形的钉状突，密布小孔，是产生孢子的多孔层。担孢子卵圆形，单胞，壁厚，深褐色，大小为（3.25～4.12）μm×（2.6～8.25）μm，内有油胞。

(4) 匍灿球赤壳菌：无性阶段的分生孢子梗束高 2.0～8.0 μm，直径 0.5～1.0 μm，棍棒状，顶端膨大呈圆球形。分生孢子梗束及球形的头部初期呈粉红色，后期变成红褐色，有毛，球形头部白色；分生孢子单细胞，卵圆形，无色，大小为（9.12～22.25）μm×（6.3～10.2）μm。有性阶段的子囊壳球形，深红色，产生于菌丝束上，常围绕分生孢子梗束的基部聚生。子囊孢子 8 个，双细胞，灰褐色至红褐色，卵圆形，微收缩，直径为 19～21 μm。

(5) 紧密卷担菌：子实体平伏，紫色，呈松软的海绵状。菌丝束生于橡胶树的根部，表面形成紫色疏松菌丝结成的绒毛状菌膜或网状菌丝束，扩展后形成扁球形菌核。担孢子单细胞，无色，卵圆形或镰刀形，顶端圆，基部略尖，表面光滑。

(6) 褐卧孔菌：病原菌在树根表面形成网状菌索，菌索根状，前段呈白色，较老部分变为黑色。子实体紧贴病部，为灰褐色至灰白色膜状，长于树干皮层，宽 15～30 cm，长 20～130 cm，子实体与木质部之间长有白色至淡黄色腐竹状菌膜，易分离剥落。

(7) 炭色焦菌：子实体由子座构成，子座初为白色至灰白色的薄片，随后逐渐变为深灰色或黑色块状物。无性阶段的子实体青灰色，近边缘为浅灰色，分生孢子梗短而不分枝，无色。分生孢子单胞，无色，香瓜子形，大小平均为 5.5 μm×2.5 μm。有性阶段产生子囊壳，子囊壳埋生于子座中，黑色，球形；子囊棒状，内含子囊孢子 8 个，单行排列，有侧丝；子囊孢子单胞，香蕉形或梭形，褐色至黑色，大小为（27.3～38.1）μm×（7.2～13.4）μm。

(8) 小孔硬孔菌：病原菌在病根表面形成根状菌索，粗细不一，有少数分枝，分枝多时呈细网状。子实体檐生，无柄，通常单生或群生，堆积成层，长达数尺。革质或木质，上表面橙黄色，有明显的黄色边缘，下表面橙色、红色或淡褐色。担孢子无色，圆形，大小为（4.5～5.2）μm×（8.3～16.1）μm。

3. 生物学特性　　红根病病原菌生长最适温度为 28℃，适宜 pH 为 7～9，能利用多种碳氮源；褐根病病原菌菌丝生长适宜的温度为 25～30℃，在全暗条件下菌落生长速率最快，喜弱酸性或中性环境；臭根病病原菌菌丝生长的适宜温度为 25～34℃，最适温度为 28℃，适宜 pH 为 7～9；白根病病原菌菌丝生长最适温度为 25～30℃，适宜 pH 为 6～7。

4. 寄主范围　　根病菌的寄主范围很广，但不同种类根病菌的寄主范围不同。红根病菌的常见寄主除橡胶树外，还有三角枫、台湾相思、柑橘、荔枝、咖啡、可可、茶树、苦楝、厚皮树等；褐根病菌的寄主有橡胶树、三角枫、倒吊笔、台湾相思、非洲楝、桃花心木、苦楝、木麻黄、麻栎、厚皮树、柑橘、咖啡、胡椒、野牡丹、鸭脚木、龙眼、柠檬桉、杧果等；紫根病菌的寄主有橡胶树、白心刀把木、飞机草、木薯、甘薯、葛藤等；白根病菌的寄主有橡胶树、可可、槟榔、咖啡、杧果、椰子、樟树、印度麻、番荔枝、菠萝蜜、人心果、银合欢、细叶桉、油棕、柑橘、茶、鱼藤、竹、胡椒、刺桐、木薯、龙脑树、木棉树及豆科植物等；臭根病的寄主有橡胶树、木菠萝、荔枝、龙眼、小叶榕等。

三、病害循环

前茬感染根病的橡胶树病根或垦前林地中感染根病的各种灌木，其根病病原菌很容易传染到新定植的橡胶树上，是最重要的初侵染源。在橡胶树林段中，橡胶树或者其他植物的病根与健康橡胶树的根系接触，即可将病原菌传播扩散到健康植株上。根病菌的子实体产生的孢子还可以通过风、雨水、气流进行传播，病原菌孢子被风吹落到新砍伐的树桩截面或根颈伤口处，在适宜的环境条件下，孢子萌发侵入寄主，引起寄主发病，继而通过病根与健根的接触传播，扩大病区；此外，还有人认为昆虫可携带传播红根病的孢子。

四、发病条件

橡胶树根病的发生和植地垦前的植被类型、开垦方式等农业措施、土壤类型等有一定的关系。

1. 垦前的植被类型　　垦前杂树病根是橡胶树根病的主要初侵染源。垦前植被为森林地或混生杂木林地的胶园根病最多。灌木林地根病次之，草原地较少发生根病。在海南中部、云南河口，垦前植被多为森林地，根病较多。

2. 开垦方式等农业措施　　开垦方式等农业措施会影响初侵染菌源的菌量，从而影响根病的发生程度。机垦作业、深翻地、苗圃地和间作地多次耕作，清除了带病的杂树头，减少了侵染菌源，植胶后根病发生减少。人工翻地、残留的杂树桩及树头多，根病发生较多。

3. 土壤类型　　根病蔓延速度和土壤质地、土壤湿度和通气程度有关。土质黏重，结构紧密，易板结，通气差，红根病和紫根病多。例如，云南河口部分地区属于这种土壤结构，红根病、紫根病发生严重，并常伴有臭根病。土壤含水量高，有利于病原菌的生长蔓延，降低根系的抗病力，也会加重根病为害。

五、防控措施

本病以预防为主，结合早期科学治理。定期检查，及时发现病树、挖隔离沟或清除病株，并施以化学药剂加以控制，不让病原菌在橡胶园蔓延扩大。

1. 加强栽培管理，减少菌源

（1）垦前彻底清除杂树桩。更新的林段尽量利用机械拔除老胶树的树头，清除残存根系。新开垦的林地也要尽可能地彻底清除杂树树头和树根。

（2）培育无病苗。胶苗出圃要严格检查，避免定植病苗，禁止定植时林地中的病根回穴。

（3）加强抚育管理。搞好林段管理，消灭荒芜，增施有机肥，提高植株的抗病性。

2. 挖沟隔离　　定期检查，发现病树及时处理。从病树数起第二和第三株橡胶树之间挖深 1 m、宽 30～40 cm 的隔离沟，使健康树的根系不与病根接触，可有效阻止病根的传播。并注意定期（每间隔 2～3 个月检查 1 次）检查并清除沟中的枯枝落叶，防止根系跨沟生长。

3. 药剂防治　　可用 75% 十三吗啉灌根，用量为 30～40 g/株；或在轻病树头周围挖开表土，取 30 mL 药液，用清水 3 L（3 kg）兑成药液，将药液环绕于树头周围均匀淋灌，再回土覆盖，2 个月后再施用一次，一个周期（两年 4 次）可取得较好的防效。此外，淋施三唑酮、咪鲜·三唑酮、多菌灵药液等也可取得良好的防效。

橡胶树其他病害见表 11-1。

本表图片

表 11-1　橡胶树其他病害一览表

病名和病原	症状识别	发病规律	防治要点
橡胶树褐皮病 病因多种，可分为生理性和病理性两类。病理性病原：植原体（phytoplasma）	是世界上植胶国家一种常见的重要割面病害，又称死皮病。割胶时，割线局部或全部干涸不排胶，有时还伴随褐色斑点、斑纹的出现，严重时甚至会出现树皮爆裂和割面变形等症状（拓展图 11-15）	病理性死皮具有传染性，一般沿胶行连株发病。高温多湿、树龄大、割胶强度大、过度刺激割胶，发病重	①选育耐割耐刺激的橡胶树新品系。②建立无病苗圃，铲除患病幼树。③根据地域和品系特点配套合适的割胶制度。④对中、轻褐皮病类死皮可用 0.1%四环素注射处理
橡胶树季风性落叶病 *Phytophthora* spp. （病原同橡胶树割面条溃疡病）	①叶片染病，病部呈现暗绿色水渍状病斑，叶柄基部和病部叶背常伴有白色凝胶溢出（拓展图 11-16），凝胶后期变黑，整张绿色叶片连同叶柄很快脱落，这是本病的典型症状。②枝条染病，通常在树冠中、下层枝梢端部枝条先发病，初期水渍状病斑，呈环状扩展，后变黑下陷，枝条上的叶片凋萎下垂，挂在枝条上不落，最后病梢变黑皱缩干枯。也有些病斑从枝条扩展到叶柄，使叶片连同叶柄一起脱落。③果实染病，初期果面呈现水渍状病斑，溢出白色凝胶。多数病果最后干缩变黑，挂在枝条上长时间不脱落。天气潮湿时，病果上长出白色霉层	带菌的僵果、枝条、割面条溃疡病斑及带菌的土壤是初侵染源。每年雨季，病原菌产生孢子囊并释放出游动孢子，借风、雨水传播到绿色胶果、嫩梢和叶片上侵染为害	①在停割之前与春天开割以后，用 58%的甲霜灵·锰锌可湿性粉剂调成糊剂涂刷整个割线和割线上下方约 3 cm 范围内的树皮。②合理排灌，及时修剪病枝，勿进行高强度割胶
橡胶树棒孢霉落叶病 *Corynespora cassiicola*	主要为害叶片，也为害叶柄和嫩梢。典型症状为：在叶片为害部位的主脉及邻近侧脉变黑坏死，呈"鱼骨状"或"铁轨状"（拓展图 11-17）。症状还会随着橡胶品系、叶龄、侵染部位、侵染季节不同而异，部分病斑呈圆形，中央灰白色、边缘褐色、外围黄色晕圈明显；还有病斑中央呈纸质状，易穿孔，外围有深褐色坏死线和明显的黄色晕圈；叶尖叶缘受害后常形成"V"形或波浪形干枯；发病严重常造成叶片大量脱落，枝梢光秃	病原菌为害寄主广，分生孢子在田间全年可存活。春季产生大量分生孢子，借气流传播引起初侵染，随后在橡胶树等其他寄主上常年可反复再侵染。高湿阴雨天气有利于该病的发生流行	①不在发病林地附近建苗圃，严禁在发病胶园采种购苗。②对 2 年以下树龄的易感病品系可用耐病或抗病品系重新芽接。③采用多菌灵等药剂喷施处理
橡胶树麻点病 *Bipolaris heveae*	主要为害叶片，也可为害叶柄及嫩枝条。叶片上常形成均匀分布、较密集的小病斑，病斑初期呈褐色小斑点，随后扩展为 1~3 mm 的圆形或近圆形病斑，病斑中央灰白色，边缘褐色，周围有黄色晕圈。叶片老化后，有些病斑中央出现穿孔。叶片主脉、叶柄及嫩枝条发病，出现褐色条斑。潮湿条件下病斑背面常出现灰褐色霉状物（拓展图 11-18）	常在幼树和苗圃中发生。分生孢子在老叶上越冬，春季借风、雨水和气流传播到新抽嫩叶，潮湿条件下分生孢子萌发形成附着胞和侵入丝侵入叶片，也可从气孔和伤口侵入。高温多雨季节、土壤贫瘠地块发生严重	①选择土壤肥沃、排水良好、通风透光的地区育苗。②加强管理，施足基肥。③用 0.3%代森锰锌每 5 d 喷一次，共喷 5~6 次，对减少病叶脱落有一定的效果
橡胶树南美叶疫病 无性阶段： *Pseudocercospora ulei* 有性阶段： *Microcyclus ulei*	该病为我国对外检疫性植物病害。主要为害叶片，嫩叶最感病，严重时可为害叶柄和茎。发病初期，叶被面出现水渍状透明点，随后迅速变成暗淡的橄榄色或青灰色斑点，病部常具绒毛状物。病斑少时，仅叶缘或叶尖向上卷曲，成畸形叶；病斑多时，则整个叶片卷缩变黑脱落，或挂在枝上呈火烧状。后期病斑多穿孔，在病斑周围产生黑色颗粒状子囊果。挂在枝梢不落的叶片上，病斑背面边缘常产生许多黑褐色、圆形分生孢子器。绿色胶果感病后，产生褐色、近圆形病斑，表面粗糙呈疮痂状或变黑皱缩。叶柄感病呈螺旋状扭曲，病部有时形成癌状斑块。花序感病卷缩、枯萎、脱落	分生孢子和子囊孢子均可作为侵染源。子囊孢子是初侵染的主要菌源。越冬存活的病落叶上的子囊孢子经过气流传播侵染新抽嫩叶，发病后产生大量的分生孢子，分生孢子借风、雨水传播，可进行多次再侵染。高温高湿有利于病害发生和流行	①采用苯菌灵、甲基硫菌灵、代森锰锌等药剂喷雾防治。②采用上述药剂进行热雾喷药效果更佳。③采用化学脱叶剂使胶树一致落叶。④抗病品种（系）树冠芽接

续表

病名和病原	症状识别	发病规律	防治要点
橡胶树割面霉腐病 Ceratocystis fimbriata	发病初期在新割面皮层出现略微凹陷的暗褐色斑块，斑块随后变为黑色。条件适宜时，病斑扩展互相汇合成一条与割线平行的相连或者断续的下陷黑带，病斑上常长出一层白色霉状物，后期霉状物上形成一些小而黑的刺毛状物	病原菌以厚垣孢子和子囊壳在病组织内越夏存活，翌年条件适宜时经气流传播到新割口上侵入引起发病，后产生大量薄壁分生孢子，通过割胶刀等割胶工具、气流及昆虫等传播进行再侵染。此病多发生于秋冬季节	①加强抚育管理，修除下垂枝，保持通风透光，降低林内湿度。②在病害发生季节，用75%乙醇或5%苯酚进行胶刀消毒。③药剂防治详见第三章甘薯黑斑病防治
橡胶树割面绯腐病 Corticium salmonicolor	通常在橡胶树树干的第二、三分杈处，主干或第一分杈发生。初期病部树皮表面呈蜘蛛网状银白色菌索，随后病部逐渐萎缩、下陷，变灰黑色、爆裂流胶，最后产生粉红色泥层状菌膜，皮层腐烂。重病枝干树皮腐烂，露出木质部，病部上方枝条枯萎枯死	病原菌在病残体或野生寄主上越夏存活，雨季来临，产生担孢子随风、雨水传播侵入树干。高温多雨季节为该病害盛发期	①选育抗病高产品系。②加强林内管理。③橡胶树发病时，喷施0.5%~1.0%波尔多液，每10~15 d喷一次，或施用十三吗啉
橡胶树拟盘多毛孢叶斑病 Neopestalotiopsis aotearoa	主要为害叶片，还可以为害嫩梢、嫩枝和绿色胶果。叶片受害部位最初褪绿呈黄色水渍状，随后形成黑褐色、近圆形的病斑，病斑进一步扩大形成中央灰白色、外围有黑褐色坏死线和黄色晕圈的病斑，受害叶片从叶柄处脱落，仅剩下叶柄挂在树上。湿度大时，病斑中央散生许多小黑点	病原菌是热带、亚热带地区广泛存在的一种真菌。病原菌在病残体或野生寄主上存活，分生孢子随风、雨水、气流传播。高温高湿条件有利于病害的发生	①加强抚育管理，及时清理胶园。②采用咪鲜·三唑酮、咪鲜胺、福·福锌等药剂喷施防治
橡胶树回枯病 Lasiodiplodia theobromae	主要为害幼树，先从树冠顶端枝条开始，小枝叶片变黄，落叶干枯，内部组织变褐，继而蔓延到主干，沿主干向下扩展，病株木质部发生蓝变，主干横切面可见皇扇形或者放射状扩展的蓝色病变，部分病株茎干皮层组织呈纵向条带状枯死，后期整株枯死。部分病树茎干表面还伴随着流胶现象。病株枯死一段时间后，病茎表皮上长出黑色分生孢子堆	病原菌可以分生孢子器和孢子座在病死树上长期存活，产生的分生孢子经气流或风、雨水传播到新树冠上，遇到伤口可侵入引起发病。该病原菌的寄主范围广，可引起许多木本作物的枝枯、果实腐烂、蒂腐、流胶等	①加强幼树种植区肥水管理。②清除病枝和病株。③选用多菌灵、咪鲜胺等药剂防治
橡胶树枯萎病 Fusarium oxysporum	该病引起橡胶树幼树顶梢自上而下回枯变褐，呈现"半边死"症状。枯死枝条茎干木质部髓心变褐，木质部横切面有零散分布的蓝变症状。有的幼树基部茎干一侧的树皮爆裂溢胶，溢胶凝固变黑，削去表皮，韧皮部组织变黄褐色至黑褐色，木质部有变黑褐色的纵向条纹	病原菌以菌丝体、厚垣孢子等在土壤中存活。病残体和土壤是该病的初侵染源。病原菌可从幼根或伤口侵入，至木质部上下扩展为害。风、雨水、流水、昆虫、农事操作等可对病害进行传播	药剂防治参阅第七章香蕉枯萎病防治
橡胶树黑团孢叶斑病 Periconia heveae	主要为害叶片，多在淡绿叶上为害，初期出现针头大小的褐色病斑，随后扩展成大病斑，病斑中央灰白色，病部组织不规则坏死并破裂穿孔。老叶病斑边缘有浅黄色的褪绿晕圈。病斑表面常长黑色毛状物	病原菌分生孢子在橡胶或其他寄主（如木薯）病残体上越冬，经风、雨水传播，从叶片伤口或者表皮直接侵入为害。低温高湿有利于该病的发生	选用百菌清可湿性粉剂、多菌灵烟剂，防效较佳
橡胶树丛枝病植原体（phytoplasma）	幼树或开割树的病枝丛生，枝条变扁、带化，带化的病枝宽3~5 cm，有时病枝上呈不规则扭曲，枝顶并排生长十几个小芽	病原菌可通过昆虫和芽接等途径传播	选用四环素、青霉素和保01等药剂处理有一定防效
橡胶树藻斑病 Cephaleuros virescens	发病初期在叶片上产生细小的透明斑点，病斑扩大后为圆形，其上长满黄褐色绒毛状物，老病斑后期变灰褐色或灰白色	主要发生于橡胶树的叶片上。荫蔽潮湿的环境有利于该病的发生	①加强培育管理，合理施肥，避免林地过于荫蔽，做到通风透光。②可用0.2%~0.5%硫酸铜溶液喷雾防治

续表

病名和病原	症状识别	发病规律	防治要点
橡胶树桑寄生 *Taxillus chinensis*; *Dendrophthoe pentandra* 等	桑寄生的种子传播到橡胶树枝条或者树干上后，种子萌发长出胚根和胚芽，胚根形成吸盘吸附在树皮上，然后由吸盘上长出吸根，穿入橡胶树的树皮进入木质部，其导管与橡胶树的导管连通，胚芽长成枝叶。被桑寄生寄生的橡胶树生势衰弱，叶片稀少，枝条逐渐变小至枯死	主要通过鸟类传播桑寄生的种子。靠近居民点、防护林、森林地且鸟类较多的老胶园，胶树受害较为严重	①在每年冬季橡胶越冬落叶后抽芽前，把桑寄生连同吸根一起，同寄主的被害部位砍掉。②橡胶树冬季黄叶后至抽叶前，在树头桑寄生着生方向取皮排胶，再钻孔注入灭桑灵药剂5~8 mL 封口，防效较佳
橡胶树寒害 低温寒害	受害后，茎干、割面和枝条爆皮，溢出大量白色胶乳（凝胶随后变黑），树冠顶蓬叶变色、失水枯萎，枝条回枯。病变组织易受小蠹虫蛀食。茎基部受寒害后，皮层隆起，爆裂流胶，树皮溃烂，内部往往夹有凝胶块，后期烂皮干缩下陷，形成"烂脚"	低温、阴雨天数多，地势低洼、阴坡、荫蔽林段，容易发生寒害。不同的橡胶树品系和发育期对低温寒害反应有显著差异	①推广种植抗寒品种，选择健壮、抗逆性强的幼苗。②合理修剪，入冬前修剪下垂枝、病枝，减少郁闭。③增施钾肥，10 月增施钾肥，对幼龄橡胶树施适量越冬钾肥 0.1~0.2 kg/株，开割橡胶树施适量越冬钾肥 0.2~0.3 kg/株。④利用割面保护药剂对橡胶树割面进行越冬涂封，可有效提高割面的耐寒能力

第十二章
其他热带、亚热带作物病害

我国番木瓜病害据记载有 40 种，其中，番木瓜环斑病发生普遍，为害最重，有的甚至失收，炭疽病则可致产中和产后大量烂果。据统计我国菠萝病害有 50 种，以黑腐病、病毒性凋萎病、菠萝苗疫霉心腐病和果实生理性黑心病为常见，往往造成产中及产后贮运制罐期间惨重损失。

罗汉果花叶病、根结线虫病在广西主产区永福、临桂和融安等县普遍发生，成果率及商品果率显著下降，品质变劣，严重时可致不结实。全球已知有枇杷病害 40 余种，最重要的是炭疽病、灰斑病和早期落叶病如角斑病、斑点病、污叶病等。

正在发展中的热带、亚热带果树，如台湾大青枣、番石榴、杨桃、木菠萝、西番莲（百香果）、番荔枝、人心果、鸡蛋果等均发生多种病害，其发生流行规律有的不明，有的了解不多，尚待深入研究。

◆ 第一节 番木瓜环斑病

本节图片

番木瓜环斑病（papaya ringspot disease）是番木瓜的主要病害，1949 年在美国夏威夷首次被报道，于 1992 年在当地暴发流行，造成毁灭性损失。该病自 1964 年在我国华南地区开始流行后，在广东、广西、海南、福建和台湾等省（自治区）普遍发生，二年生植株发病率往往高达 100%。目前在巴西、印度、波兰、苏丹等国均有发生，给当地葫芦科作物生产造成了严重损失。目前已在广西、山东、四川等省（自治区）的罗汉果、西葫芦、苦瓜等作物上检测到番木瓜环斑病病原。植株早期染病会导致严重矮缩，基本失去经济价值；中后期染病者，经过加强栽培管理，当年仍可获得一定产量，但果实品质已大大下降。病株一般难以越冬，或越冬后翌年长势衰弱，不结果或少结果，1~4 年内死亡。

一、症状

病株叶片褪绿黄化，花叶斑驳，叶背面产生水渍状斑点或环斑，后期新生病叶扭曲、畸形，似鸡爪状。茎秆和叶柄上也产生水渍状斑点，扩大后连成条斑，病果上产生水渍状斑点、环斑、环纹，果肉中产生带苦涩味的硬块（拓展图 12-1）。

二、病原

1. 分类地位　番木瓜环斑病的病原为马铃薯 Y 病毒科（*Potyviridae*）马铃薯 Y 病毒属

（*Potyvirus*）番木瓜环斑病毒（papaya ringspot virus，PRSV），可通过蚜虫以非持久性方式传播，根据寄主范围不同可分为番木瓜（papaya，P）株系和西瓜（watermelon，W）株系，其中PRSV-W株系只侵染葫芦科作物，引起植株矮化、叶片褪绿和畸形等症状。

2. 形态特征　　病毒粒子线状，大小为（700～800）nm×12 nm。

3. 生物学特性　　病毒致死温度为53～60℃，稀释限点为10^{-3}。在23～28℃条件下体外存活期为2～3 d。该病毒可通过汁液摩擦和棉蚜、桃蚜等多种蚜虫以非持久性方式传播，未发现种子和土壤可以传病。

4. 寄主范围　　除番木瓜外，PRSV还可以侵染西葫芦、南瓜、黄瓜和罗汉果等葫芦科植物，引起花叶、褪绿黄斑、黄脉等症状，侵染苋色藜和昆诺藜会引起局部褪绿斑或枯斑症状。

5. 生理分化　　根据在西葫芦等寄主植物上的症状特点，华南的番木瓜环斑病毒可区分为Ys、Vb、Sm和Lc四个株系，其中，Ys是优势株系，Vb次之，Sm和Lc较少见。台湾省报道有M、SM、SMN和DF等株系。

三、病害循环

该病的侵染源包括番木瓜老病株及染病的葫芦科植物等，在田间主要通过棉蚜和桃蚜等多种蚜虫将病毒从毒源植物带到本田，并进行反复传播再侵染。此外，农事操作和大风造成的机械摩擦也可以传播该病。

四、发病条件

1. 种植环境　　该病的发生与毒源植物和有翅蚜虫活动密切相关，毒源植物多且距离近则发病较早，发病较重；反之则发病较迟、较轻。

2. 气候条件　　天气温暖干旱有利于有翅蚜虫发生和活动，有翅蚜量与发病呈正相关。一般番木瓜苗期发病较少，开花结果后发病加剧。在广州地区观察发现，田间蚜虫高峰分别在6月上旬、8月中旬和10月中旬，而田间发病高峰则在6月下旬、9月上旬和10月下旬各出现一次，以9月上旬为重。病害高峰时间比蚜虫盛发期迟10～30 d。病毒的潜育期长短与温度有关，日均温26.2～27.3℃条件下为6～7 d，10.3～22.1℃条件下为30～34 d。

五、防控措施

1. 选育抗、耐病品种　　培育抗、耐病品种是防治该病的关键。目前缺乏番木瓜抗病品种，高生种、青柄种易感病，而矮生种（如'穗中红'）、红叶柄品种及海南红肉种较耐病，但上述品种在病害流行地区发病率都很高，品种抗病性差异并不显著。利用美国Florida番木瓜品种'EL-77-5'与'Costa Rica Red'杂交，获得一个高产并耐PRSV的杂交品种'Tainung No.5'，但果实体积大、风味差。目前各地栽培的番木瓜品种中，马来西亚'梭罗'系列和'铁丁''日升''穗中红'等均属耐病品种。

番木瓜是异花授粉果树，即使通过杂交手段选育抗、耐病品种成功，其后代的性状也必然会严重分离，很难保持其抗病优良性状不变。目前提出并应用的抗病毒基因工程策略有病毒来源基因（如外壳蛋白基因）介导的抗性、复制酶基因介导的抗性、运动蛋白基因介导的抗性等。

2. 转基因品种　　转基因番木瓜为防治番木瓜环斑病毒提供了新的方法。20世纪90年代，美国康奈尔大学与夏威夷大学等单位的研究人员合作，分离并克隆了病毒外壳蛋白编码基因，通过遗传转化番木瓜并培育出抗病的番木瓜品种，并于 1998 年 4 月获得美国国家环境保护局（EPA）登记，1999 年 5 月，进行全球首例商品化应用。在我国华南农业大学克隆了华南番木瓜环斑病毒优势株系 Ys 的外壳蛋白基因，并完成了对番木瓜组织的遗传转化，获得了表达外壳蛋白基因的高抗 PRSV 的工程植株。中山大学利用生物工程技术将两种抗病毒基因导入番木瓜优良品种，获得了对 PRSV 高抗或免疫的新品系 7 个。

3. 物理防治　　在防虫网内种植番木瓜被证明是一种极为有效的防治 PRSV 的方法，在台湾省曾每年推广面积达 1000 hm²。番木瓜种植园宜搭建规格为 20～30 筛目且丝径为 0.18 mm 的防虫网，并在距离防虫网外 4～10 m 处挂放天敌友好型可降解粘虫黄板诱杀传毒昆虫。

4. 栽培管理措施　　适当调整播种期，实行春植，并加强肥水管理，定期喷杀蚜虫，果园远离番木瓜老病株和葫芦科植物，是较好的办法。

5. 交叉保护　　交叉保护是指当寄主植物受到病毒弱毒株侵染之后，能够免受强毒株侵染的现象。该现象最早于 1929 年被报道，随后应用于烟草花叶病毒、柑橘衰退病毒、辣椒轻斑驳病毒和凤果花叶病毒等引起的病毒病防治。利用 PRSV 弱毒株系进行交互保护在美国首先获得成功，但 PRSV 弱毒株系的交互保护作用受株系专化保护作用限制，建议各地应从本地优势强株系中诱变出适合当地的弱株系才能取得更好的防治效果。

6. 药剂防治　　联防联治传毒介体昆虫，药剂的使用应符合《农药合理使用准则（十）》（GB/T 8321.10—2018）。从幼苗期开始，每间隔 15～20 d 喷雾 1 次防控药剂，并加入防治刺吸式口器害虫的杀虫剂。未发病的果园，宜用诱导植株抗病毒药剂；发病初期，宜用钝化病毒药剂，每间隔 15～20 d 喷雾 1 次钝化病毒，以喷雾全株表面湿润为宜。

◆ 第二节　番木瓜炭疽病

本节图片

番木瓜炭疽病（papaya anthracnose）可终年为害番木瓜，但以秋季最为严重。幼果及成熟果发病多，常造成果腐。果实在贮运期间也可被侵染为害，是一种重要的采后病害，严重影响番木瓜果实的品质和产量。

一、症状

番木瓜炭疽病可为害果实、叶柄和叶片。①果实：幼果和成熟果均可受害。果实染病后，先出现 1 至数个污黄白色或暗褐色的小斑点，呈水渍状，病斑扩展至 5～6 mm 时，病斑下陷，出现同心轮纹，轮纹上产生朱红色小点分生孢子盘和朱红色的液点分生孢子团。病害后期的病斑表面生黑色分生孢子盘，或黑色小点与朱红色小点相间排列的同心轮纹。果肉变成褐色，病害严重时全果腐烂。②叶柄和叶片：叶柄上的病害多发生于将脱落的或已脱落的柄上。病斑椭圆形或不规则形，病部不下陷，病健交界不明显，斑上有黑色小点或朱红色小点。叶片病斑多发生于叶尖或叶缘，少数在叶的中部或叶脉上，病斑椭圆形或不规则形，褐色，病斑中央黄色、边缘褐色，病健分界明显，水渍状，斑上长出小黑点（拓展图 12-2）。

二、病原

1. 分类地位　　在国内目前报道引起番木瓜炭疽病的病原有 8 种，分别为胶孢炭疽菌

（Colletotrichum gloeosporioides）、辣椒炭疽菌（C. capsici）、番木瓜炭疽菌（Glomerella magna）、短孢炭疽菌（C. brevisporum）、暹罗炭疽菌（C. siamense）、多孢炭疽菌（C. plurivorum）、冲绳炭疽菌（C. okinawense）和平头炭疽菌（C. truncatum）。

2. 形态特征　　胶孢炭疽菌的分生孢子盘直径 150～320 μm，褐色，具黑色刚毛。分生孢子梗大小为（10.5～25）μm×（3.5～4.5）μm，无色、圆柱形、瓶体式产孢。分生孢子大小为（15～19）μm×（4～5）μm，无色，圆柱形，两端钝圆，单胞，萌发前生一横隔膜。

辣椒炭疽菌的分生孢子盘直径 115～260 μm，褐色，盘上密生黑色刚毛，大小为（55～275）μm×（4～5）μm，多者达 50 根以上，顶端渐尖，基部无明显膨大；产孢细胞圆柱形，瓶体式产孢；分生孢子大小为（21～27）μm×（2.8～4）μm，无色，镰刀形，顶端钝状，基部窄、平截；附着胞褐色、椭圆形。

三、病害循环

病原菌在病株的僵果、叶、叶柄和地面病残体上越冬，成为翌年该病的初侵染源。分生孢子借风、雨水及昆虫传播。从伤口、气孔或直接由表皮侵入叶片、叶柄和果实，在贮运中的果实，病原菌可由接触传染。在田间，病原菌常潜伏侵染青果，待果实转黄时才扩展为害形成病斑。叶、叶柄和果实受害后产生病斑，病斑上产生大量的分生孢子，经传播后进行再侵染，造成病害扩展蔓延。

四、发病条件

高温高湿或田间积水，以及采果时大量弄伤果皮，常引致该病严重发生。发病温度为 12～33℃，最适温度为 27℃；孢子萌发要求相对湿度在 95%以上；病原菌在适宜温度范围内，相对湿度 87%～95%时，潜育期为 3 d；如湿度低，则潜育期长；如相对湿度低于 54%时则不发病，高温多雨发病严重。田间排水不良，施肥不当，通风条件差等都会加重病害的发生和流行。

五、防控措施

我国目前尚未有抗病的品种，因此番木瓜炭疽病的防治应采用综合措施。

1. 加强栽培管理　　实行统一制种，规范管理，制种地、苗圃与大田隔离，推广无病试管苗。重施基肥，及时合理施追肥，促使树势强壮，提高抗病力。搞好田间排灌系统，排除田间积水。在生长季节中随时清除病叶、病果。及时治虫，果实带柄采摘，轻拿轻放。冬季清园，彻底清除病果、病叶并集中烧毁或深埋。

2. 药剂防治　　大田发病期定期使用杀菌剂，尤其在花蕾期至幼果期应喷药保花保果。药剂可用苯甲·嘧菌酯、咪鲜胺等杀菌剂，从花蕾期至采果前 10 d 每隔 7～10 d 喷 1 次。

采收后的果实可用杀菌剂在安全时间浸泡处理，晾干后，先以 20℃预冷处理 24 h，青果可转到 10℃，熟果可转到 7℃条件下冷藏。但青果在低于 15℃的条件下冷藏天数不能超过 7 d，否则不能成熟。

第三节 菠萝黑腐病

菠萝黑腐病（pineapple black rot）又称软腐病或果腐病，是菠萝的主要病害之一，主要为害菠萝苗基、叶片及果实，在世界菠萝产区普遍发生。在我国菠萝贮运期，严重时病果率可达50%～60%，对菠萝生产与加工的危害较大。

一、症状

不同发病部位，其症状表现各异，主要有3种类型。①黑腐：病原菌通过受伤的果眼、果柄、顶芽伤口等侵染果实，引起黑腐。生果、熟果均可受害，以熟果发病居多。病部果眼由绿色转成黄褐色，果汁外流，并散发出刺鼻的酒糟味。果内组织病健交界明显。剖开病部在室温下静置20 h，从切面病部上长满白色菌丝体及分生孢子霉层，霉层随后转成灰黑至深黑色（拓展图12-3）。②基腐：一般在定植不久的菠萝苗上发生，苗基部及其下部叶片变黑腐烂，植株极易倒伏。③叶斑：苗期与成株期均可受害。初期病斑呈褐色小点，天气潮湿时可扩展至10 cm大的不规则形水渍状斑块，上生灰白色霉层。天气干旱时，病斑转为草黄色、纸状，其边缘呈黑褐色。严重时叶枯黄。

二、病原

1. **分类地位**　菠萝黑腐病的病原，无性阶段为半知菌类串珠霉属奇异根串珠霉[*Thielaviopsis paradoxa*（de Seynes）Scorch.]（=*T. ethacetica* Went.）；有性阶段为子囊菌门长喙壳属奇异长喙壳菌[*Ceratocystis paradoxa*（Dade）Moreau]。

2. **形态特征**　在PDA培养基平板上，菌落初为灰白色，后转灰黑至深黑色。菌丝直径变幅大，为2.5～15.0 μm，菌落边缘菌丝直径变幅小，为5.0～7.0 μm。该菌产生两种无性孢子，即大型分生孢子（厚垣孢子）与小型分生孢子。大型分生孢子串生于菌丝顶端的孢子梗上，大小为（7.2～20.4）μm×（5.4～12.0）μm，初期无色，成熟后转成褐色至黑褐色，单胞，顶部一个球形，其余椭圆形，若基物表面有水膜，则孢子可互相聚集成团。小型分生孢子内生于分生孢子梗中，大小为（6.6～16.8）μm×（3.0～6.0）μm，排列成串，一般10个左右，成熟后自梗顶端孔口依次释出，无色，单胞，长方形或圆筒形，成熟后转成肉色至茶褐色，椭圆形或卵形，偶见双胞，大小为（8.8～12.5）μm×（5.0～7.0）μm（图12-1）。

3. **生物学特性**　病原菌的生长温度为12～38℃，适温为25～30℃，最适温度为28℃。在38℃

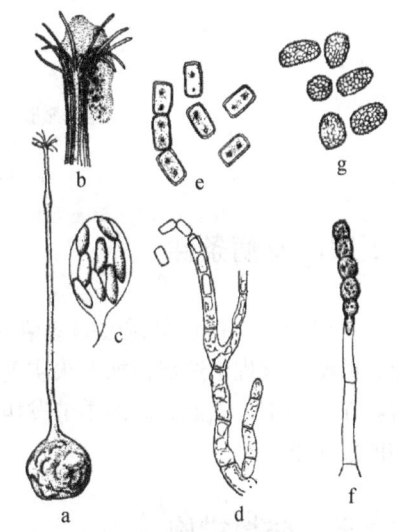

图12-1　菠萝黑腐病病原菌形态（引自中国农业科学院植物保护研究所，1996）
a. 子囊壳；b. 子囊壳喙部先端（放大）；c. 子囊和子囊孢子；d. 小分生孢子梗和小分生孢子；
e. 小分生孢子（放大）；f. 大分生孢子梗和大分生孢子；g. 大分生孢子（放大）

时，孢子虽可萌发但不能形成正常菌落，芽管伸长受到明显抑制，但可形成内生孢子；高于 40℃时，病原菌容易死亡。高温会加速小型分生孢子后熟，而低温抑制其后熟，在 8℃条件下，培养基中的小型分生孢子基本上不能后熟，但在 28℃或 33℃中培养 18 h 后，其后熟率达到 98%。病原菌能正常生长的 pH 为 3～8。

幼嫩的分生孢子可被含 0.05%苯胺蓝的水合氯醛与酚的等量混合液染成蓝色，而成熟的孢子则染不上色。成熟无性孢子在纯水、葡萄糖液或蔗糖液中均不能萌发，其正常萌发除需要适宜的水分、温度、pH 外，还需特定的营养因子，该营养因子存在于马铃薯中，遇高温（如焙烧）容易分解消失。

4. 寄主范围　　除菠萝外，病原菌还可侵染甘蔗、香蕉、杧果、椰枣、可可等热带与亚热带植物。

三、病害循环

病原菌主要以厚垣孢子于土壤及病组织中越冬。厚垣孢子在土壤中可存活 4 年之久。分生孢子通过昆虫、风、雨水传播，从寄主伤口侵入，引起发病。果实在贮运期间，病原菌可通过接触传播、蔓延。无伤接种菠萝果眼，虽然也能造成轻微感染，但病害的严重发生主要还是病原菌通过寄主伤口侵染所致（图 12-2）。

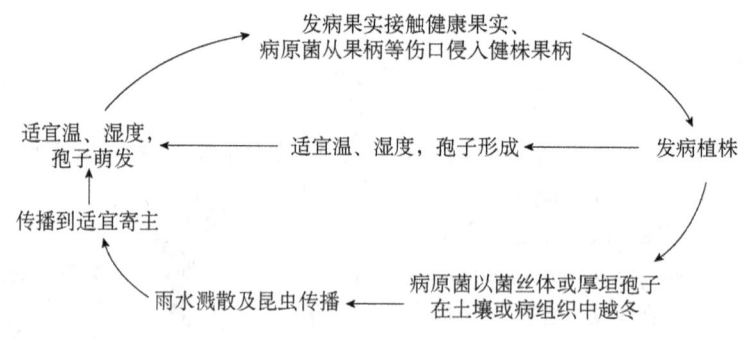

图 12-2　菠萝黑腐病侵染循环图

四、发病条件

在田间，伤口均易诱致病原菌的侵染，如摘除顶芽、托芽等操作，虫鼠食害及采收、装运、贮藏等过程中造成植株及果实受伤。在冬季受低温霜冻的植株与果实也易遭受病原菌的侵害。在一年中，高温、高湿季节发病比较重，低温干燥的季节发病较轻。较甜的菠萝品种比较酸的发病重。

五、防控措施

1. 清除菌源，选用壮苗　　及时清除病苗病果，集中处理高温沤肥，以减少侵染源。选用壮苗，取苗后需阴干数日，待伤口木栓化后移栽，或用 50%多菌灵可湿性粉剂 500 倍稀释液浸泡 10 min 后种植，种植应在晴天进行。

2. 农事操作时减少及保护伤口　　在农事操作及菠萝采收、贮运过程中应尽量避免给植株与果实造成伤口。不可避免造成伤口的农事操作（如摘除顶芽和托芽、采收等）应选在晴天露水干后进行。若在阴雨天、湿度大的条件下进行农事操作时，可用50%多菌灵可湿性粉剂或45%噻菌灵悬浮剂750～1000倍液涂抹伤口，防止病原菌侵染。

3. **安全贮运** 菠萝的运输工具及贮藏环境应用福尔马林等药剂进行消毒。贮运菠萝时，夏季注意仓库的通风与降温，冬季应注意防寒保温。

第四节 菠萝凋萎病

本节图片

菠萝凋萎病（pineapple mealybug wilt）又称菠萝根腐病，是全世界菠萝产区分布广、为害重、传播快的一种重要病毒性病害，目前已在美国、澳大利亚、古巴、泰国、印度、巴西、肯尼亚、马来西亚、印度尼西亚、洪都拉斯、波多黎各、斯里兰卡、越南、菲律宾、哥斯达黎加、英属圭亚那、加纳等产区发现了该病发生为害。我国广东、海南、广西和台湾等省（自治区）均有该病发生为害的报道。在发病菠萝园造成的产量损失达10%～60%，成为菠萝生产中的一大障碍。

一、症状

该病主要发生在成株期。不同品种发病症状有一定的差异。发病初期，植株基部叶片变黄发红、皱缩，失去光泽，叶尖失水皱缩并向下回卷，以后叶片干枯，植株停止生长，无法正常开花结果或花果畸形。维管束稍有褐变，导致病株生长不良、矮小。有时生长健壮的植株比生长不良的植株更易发病，症状发展快且明显，有时病株会长出新根、新叶，呈现恢复现象，但其后病害继续发展，表现出同样病程。随着病程的发展，植株根系附生大量细长、蛛网状的白色菌丝体，根部由根尖腐烂发展到根系的部分或全部溃烂，导致凋萎枯死（拓展图12-4）。

二、病原

1. **分类地位** 该病目前已确认是由菠萝凋萎相关病毒（pineapple mealybug wilt-associated virus，PMWaV）和介体昆虫粉蚧（*Dysmicoccus* spp.）复合作用产生的，二者缺一均不致病。PMWaV为长线形病毒科（*Closteroviridae*）葡萄卷叶病毒属（*Ampelovirus*）的正义单链RNA病毒，粒子长杆状。

2. **介体昆虫** 该病主要是由菠萝洁粉蚧（*Dysmicoccus brevipes*）和新菠萝灰粉蚧（*D. neobrevipes*）传播的，到冬季低温时，粉蚧在菠萝植株或野生寄主上越冬。

3. **病毒株系** 目前报道引起菠萝凋萎病的PMWaV株系有5种，分别为PMWaV-1、PMWaV-2、PMWaV-3、PMWaV-5和PMWaV-6。

三、病害循环

病毒在病株、野生寄主植物中越冬并成为翌年的初侵染源。田间主要由于菠萝洁粉蚧和新菠萝灰粉蚧传播扩散，蚂蚁在粉蚧排出的蜜露上取食并搬迁带毒粉蚧，因而也成为传播媒介之一，田间再侵染也是粉蚧的扩散所致。菠萝感染病毒后，在潮湿条件下发病较慢，在干旱情况下，表现症状较快，潜育期为15 d至几个月。

四、发病条件

1. **菠萝粉蚧和蚂蚁** 有研究表明，粉蚧在没有菠萝凋萎相关病毒的情况下不能引起菠萝凋萎病，同样PMWaV在没有粉蚧的环境中也不能引起菠萝凋萎病传播。在有粉蚧发生的条件下，菠萝凋萎相关病毒侵染2个月后开始表现症状，幼苗或新移植植株最容易发病，定植10个月以上的植株不易发病。在长期的进化过程中，蚂蚁与粉蚧间建立了良好的互利共生关系：粉蚧吸食植物汁液并排出蜜露，蚂蚁以蜜露为食料，并搬运粉蚧加速粉蚧种群的扩散与发展，同时蚂蚁还可以降低或防止捕食性及寄生性天敌对粉蚧的为害。因此，菠萝地的蚂蚁数量、粉蚧的发生为害与菠萝凋萎病的发病程度之间密切相关。

2. **气候条件** 病害多在秋冬季高温干旱和春季低温阴雨天气发生。广西多发生在9~11月和翌年3~4月；广州地区多发生于10~12月；海南多发生于11月至翌年1~2月。秋季干旱期，粉蚧繁殖快，可借风吹传到邻近植株取食，加速病情发展；春季阴雨期，土质黏湿，造成根系不易生长且腐烂，复合侵染真菌如镰孢霉（*Fusarium* sp.）、樟疫霉（*Phytophthora cinnamomi*）、轮枝菌（*Verticillium* sp.）等大量繁殖生长，加速根部腐烂，植株凋萎。

3. **土壤条件** 砂质土保水能力差，含水量少，根系易缺水枯死。山腰洼地、黏重地易积水沤根；山坡陡，土壤冲刷严重，根系裸露地也易发病。地下害虫如蛴螬、白蚁、蚂蚁、蚯蚓等造成根系伤口、吸水力下降，会加重凋萎病的发生。新开辟地发病少，熟地、连作地发病多。

4. **品种抗性** 卡因类品种较其他品种易感病，但卡因类杂交种抗凋萎病较好，其抗病机制不明。

五、防控措施

1. **选用无病虫种苗** 从无病区选择健壮种苗进行繁殖生产。若从病区引种，需选无粉蚧为害的无病种苗，种植时用50%氰戊·马拉松乳油800倍液浸苗2~3 min，晾干后定植。

2. **及时治虫及预防真菌复合感染** 发现有粉蚧为害，及时选用药剂喷杀，促进黄叶转绿，杀灭粉蚧并抑制土壤杂菌生长繁殖，病株及周围健株基部淋施药液，可减少凋萎病为害。还可使用毒饵诱杀等措施控制蚂蚁数量，通过诱杀蚂蚁控制粉蚧的种群数量，是防治菠萝凋萎病有效的方法。

3. **加强栽培管理** 采用高畦种植，开好排水沟，避免积水和土壤流失；增施有机肥，促进根系生长，提高植株抗、耐病性。

本节图片

第五节　百香果茎基腐病

百香果（*Passiflora edulis*）又名西番莲、巴西果、鸡蛋果，属于西番莲科（Passifloraceae）西番莲属（*Passiflora*）植物，是一种多年生热带和亚热带水果，因其水果香味而得名，我国种植区域主要分布在台湾、广西、福建、广东、云南、浙江、四川等省（自治区）。近年来，百香果已成为我国南方的一种重要水果，种植面积在不断扩大。茎基腐病和病毒病是影响百香果生产的重要病害，有调查显示，在百香果茎基腐病（stem base rot of passion fruit）发病严重的地区，植株发病率为30%～40%，死亡率高达40%～60%，造成严重的经济损失。

一、症状

百香果茎基腐病发病部位为植株茎基部，距地面20～30 cm处，幼苗、成株均可染病。发病后，茎基部形成明显的水渍状、深褐色病斑，病斑在适宜环境条件下逐渐扩展，病部皮层慢慢腐烂脱裂，最终与木质部分离，影响植株生长；发病后期，空气湿度较大时，病部表面会产生红色小粒状物，病斑环绕茎基部，影响植株水分和养分向上运输，引起植株枯萎，甚至死亡；发病较轻时，病斑不影响生长，但植株叶片表现褪绿和萎蔫，环境条件适宜时还可以继续存活（拓展图12-5）。

二、病原

1. 分类地位　　不同百香果产区茎基腐病的病原菌种类存在较大差异，常见的有腐皮镰孢菌（*Fusarium solani*）、可可毛色二孢菌（*Lasiodiplodia theobromae*）、尖孢镰孢菌（*F. oxysporum*）、轮纹镰孢菌（*F. concentricum*）、烟草疫霉菌（*Phytophthora nicotianae*）和棉链格孢（*Alternaria gossypina*）等。

2. 形态特征

（1）可可毛色二孢菌：在PDA培养基上，在30℃、相对湿度70%时，菌落初为灰白色，后变为灰褐至褐黑色，产生黑色色素；在全光条件下，15～20 d产生黑色近球状子座，子座表面附满菌丝。一个子座内有多个分生孢子器，近球形，大小为（180.0～318.9）μm×（157～436.0）μm；孔口周缘细胞深褐色，未成熟分生孢子单细胞、无色，未成熟分生孢子壁比成熟壁更厚，平均为1.4 μm；成熟的分生孢子双细胞、褐色至黑色，平均为22.1 μm×12.9 μm；长宽比（L/W）为1.7～1.8，侧丝无色，顶端略微膨大，无隔；未成熟分生孢子无色，易与大茎点霉属（*Macrophoma*）真菌混淆（拓展图12-6）。

（2）尖孢镰孢菌：小型分生孢子数量多，卵圆形、肾形，假头状着生于产孢细胞上，大小为（5.0～12.6）μm×（2.5～4.0）μm；大型分生孢子镰刀形，稍弯，向两端较均匀地逐渐变尖，基部常有一显著的突起称为足胞，具1～7个隔膜，多数3个隔膜。1～2个隔膜的大小为（10.0～34.0）μm×（2.5～4.0）μm；3～4个隔膜的大小为（23.0～56.6）μm×（3.0～5.0）μm；5～7个隔膜的大小为（31.0～60.0）μm×（3.0～6.0）μm。厚垣孢子易产生，球形，直径6.0～8.0 μm，单生，对生或串生。产孢细胞短，单瓶梗。

（3）烟草疫霉菌：在V8培养基上，菌落圆形均一，气生菌丝不丰富。将菌丝块置于无菌水中，培养1～2 d后产生大量的孢子囊，孢囊梗无分枝或有短分枝，孢子囊大部分不从孢囊梗上脱落，孢子囊为柠檬形、倒梨形、椭圆形，基部钝圆；大小为（24.5～44.3）μm×（22.8～34.5）μm；孢子囊顶部具乳突、半乳突或无乳突；一般单独顶生于孢囊梗上，偶尔间生；成熟后脱落或不脱落，孢子囊部分有小柄，柄长3～5 μm；未见厚垣孢子，冷冻后释放游动孢子（图12-3）。最低生长温度为8～10℃，最适生长温度为28℃，最高生长温度为36～40℃。在V8培养基上的生长速度比PDA培养基上快。在28℃条件下，V8培养基上日生长量为16.2 mm，在PDA培养基上为13.7 mm。

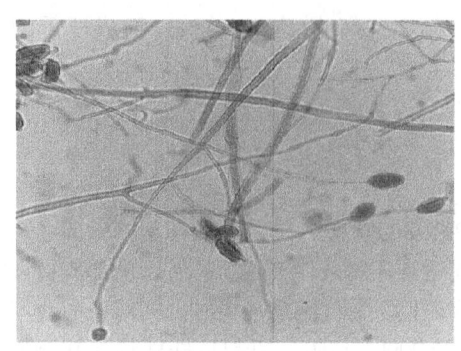

图 12-3　烟草疫霉菌孢囊梗和孢子囊

3. 生物学特性

（1）可可毛色二孢菌：菌丝最适生长温度为 30℃；最适生长 pH 为 6～8；53℃ 10 min 可致死；最适菌落生长碳源为葡萄糖，最适氮源为牛肉浸膏；不同光照条件对菌丝生长有影响，在 24 h 光照条件下菌丝生长最快。

（2）尖孢镰孢菌：PDA 培养基为病原菌培养的最适培养基；病原菌生长的最适温度为 25～30℃；pH 在 3～12 时，病原菌均能生长，最适 pH 为 6～8。以麦芽糖为碳源时病原菌生长最快，D-半乳糖最慢；以赖氨酸为氮源时病原菌生长最快，甲硫氨酸为氮源时生长最慢。总体上，孢子萌发和病原菌生长对温度、酸碱度、营养物质的要求基本一致，光照对孢子萌发的影响不明显。

（3）烟草疫霉菌：最适培养基为燕麦片培养基，最适 pH 为 9，最适温度为 28℃；番茄培养基、pH 为 10 和光暗交替有利于其形成孢子囊；pH 为 7、温度为 5℃及全光照处理是游动孢子释放的最佳条件；游动孢子萌发受酸碱度和光照的影响均不明显，28℃是其萌发的最适温度。

三、病害循环

百香果茎基腐病菌主要以病组织内和病部表面附着的菌丝体或孢子越冬。田间病残体，含有未腐熟病残体的土杂肥，病茎、病果或混杂在土壤中的病残体，都可成为初侵染源或再侵染源。主要通过种苗、水流和带菌土壤传播，病原菌易从近地面处有伤口的茎基部或茎基部的表皮侵入。病原菌侵入后 15～20 d，在潮湿条件下，产生大量的菌丝体或分生孢子，随土壤、雨水、苗木、农事操作等传播进行再侵染。在百香果周年生长过程中，可发生多次再侵染。

四、发病条件

百香果茎基腐病发病轻重与气候条件、品种抗病性及耕作栽培技术等因素有着密切的关系。

1. 气候条件　茎基腐病发生流行最适温度为 25～28℃，相对湿度需在 90%以上。当土壤有一定数量的菌源时，种植扦插繁殖的种苗后，6～8 月，多雨高湿，光照不足，有利于病原菌菌丝生长、产孢、传播和侵染发病。在 25～28℃、相对湿度 90%时，孢子萌发需 5 h；相对湿度为 100%时，仅需 3～4 h；相对湿度在 60%以下不适合侵染；高于 28℃时病害发展受抑制。在百香果开花结果期如遇高温多雨、时雨时晴天气，病害可在短期内大流行。例如，广西每年 6～8 月，气温偏高、雨量和雨日偏多，光照不足，百香果茎基腐病大流行，发病后的病部布满白色菌丝或白色、粉红色霉层，病株叶片老叶先变黄，病茎干枯，严重的病株提早枯死，影响产量。

2. 品种抗病性　不同品种抗病性的差异明显，茎基腐病发生与种植品种、苗木类型有直接关系。果皮黄色的'黄金百香果'品种相对耐病，因此生产上宜选种健康嫁接苗，如以高产、优质、抗病的紫色果或黄色果品种为接穗，以果皮黄色的品种为砧木进行嫁接的嫁接苗。

3. 耕作栽培技术　地块连作 2 年及 2 年以上的果园病重；缺水、缺肥及管理粗放的果园发病重；排水不良、种植过深过密、园地荫蔽的果园发病较重；枝条过密的果园病重；采用垂帘式栽培模式，经常修剪老弱枝、病枝和多余的嫩枝，改变田间小气候，利于通风透光，降低行间湿度,利于有效枝生长,增强抗病力,不利于病原菌侵染。土地肥沃,果园基肥足,有机肥、大量元素、中量元素、微量元素肥料合理搭配,做到科学的水肥管理,植株生长健壮,发病较轻。

五、防控措施

1. 宜选种高产、优质、抗病的品种　有条件的果园宜种植以'黄金百香果'为砧木的良种嫁接苗。

2. 采用垂帘式种植模式　促进果园通风透光,有利于开花、结果和防病。

3. 注重水肥管理　增施有机肥、复合微生物菌肥,配合淋施含海藻素冲施肥,以改良土壤环境,壮大土壤中有益菌群,起到以菌治菌的作用;大雨过后,要及时排除积水,防止果园积水。

4. 适时修剪　保持果园通风透光,减少果园荫蔽程度;加固棚架,减少由风害引起的茎部损伤。

5. 清除病株　对于发病严重的植株,及时将病株连根挖出,带出园外销毁,并在病穴撒施生石灰进行土壤消毒。如果发现少数病情较轻的病株时,可用小刀刮除病部,然后用70%甲基硫菌灵或噁霉灵可湿性粉剂800倍液涂抹或喷淋患处,每隔10~15 d喷1次,喷2~3次,可很好地控制百香果茎基腐病的发生和蔓延。注意地下害虫、线虫等防治工作。

6. 药剂灌根防病　高温多雨季节,每隔15~20 d用咯菌腈与高锰酸钾混合液灌根1次预防病害。巡园时发现叶片发黄或出现凋萎现象,要及时检查茎部和根部。发病初期扒开茎基部土壤,刮除病部,用春雷·王铜500~750倍液等喷淋及涂抹病部。

◆ 第六节　百香果病毒病

本节图片

百香果原产于热带地区,我国台湾省最早引入,近年在广东、广西、福建、海南、四川和贵州等地均有种植。当前生产上百香果主要为无性繁殖,苗木多为外地引种栽培,加上连年种植,多种病毒累积,导致百香果病毒病(passion fruit virus disease),发病重、蔓延快,且存在多种病毒复合侵染现象,严重地区发病率高达100%,严重影响百香果产量和品质,已成为制约产业发展的重要因素。

一、症状

百香果全生育期均可受害,引起叶片花叶、斑点、黄化、坏死、脉明,出现浓淡黄色斑纹、叶形歪曲皱缩,果实小且畸形、果皮变厚变硬、木质化、果腔缩小,整株果树品质和产量衰退等,且存在多种病毒复合侵染现象,造成更为复杂的症状(拓展图12-7)。

二、病原

目前,国内外已报道能侵染百香果的病毒有40余种。其中,国内发生的百香果病毒主要有西番莲木质化病毒(passion fruit woodiness virus,PWV)、黄瓜花叶病毒(cucumber mosaic virus，CMV）、东亚西番莲病毒（East Asian passiflora virus，EAPV）、西番莲斑驳病毒（passiflora mottle virus，PaMV）、夜来香花叶病毒（telosma mosaic virus，TeMV）、百香果潜隐病毒（passiflora latent virus，PLV）、广东番木瓜曲叶病毒（papaya leaf curl Guangdong virus，PaLCuGDV）和大戟曲叶病毒（euphorbia leaf curl virus，EuLCV）等。

三、病害循环

百香果病毒可在田间茄科、葫芦科等作物，田边杂草等多种寄主植物及病株或中间寄主上越冬，成为其初侵染源，并在田间通过各种蚜虫、蓟马、粉虱和汁液接触等方式进行传播。病毒也可通过修剪、机械、嫁接等传播。靠带毒种苗进行远距离传播。

四、发病条件

带毒种苗调运是其远距离传播的主要方式，也是病毒病大规模暴发的关键因素，但至今未发现种子传毒。果园周边如有烟草、黄瓜、桃树等蚜虫喜欢的食源和毒源植物，病毒病会更加严重。偏施氮肥、不良的整枝打叉抹芽等农业措施也会人为促进病毒病的发生。

1. 气候条件　　春季气温回升快，蚜虫开始活动时正值百香果幼苗期，容易造成田间病毒病扩散，随后高温高湿，有利于病毒病暴发流行，夏季高温时，又会出现隐症现象，使种植者容易忽视病毒病的防控。

2. 品种抗病性　　选种优质、高产的健康种苗，最好种植嫁接苗；经田间调查发现，黄色果品种比紫色果品种耐病。无论紫色果还是黄色果，树龄越长，病情越重，但1年树龄的普遍较轻。

3. 栽培管理　　管理粗放、虫害发生较多的果园，发生较严重；缺肥干旱，植株长势差，病毒病较重；采用架式栽培，及时整形修剪，通风透光好不利于发病；整地精细，施足基肥，以有机肥、生物肥、缓释性肥混合施用为宜；有条件的果园宜进行与禾本科作物轮作，以减轻病害发生。

五、防控措施

坚持"预防为主，综合防治"的植物保护工作方针，严格控制带毒苗进园，开展病害综合防控措施。

1. 抗、耐病品种的选育　　选培适合当地种植的高产、优质及抗、耐病毒病的品种。

2. 加强种苗调运检疫　　百香果主要通过嫁接和扦插等无性方式进行育苗，种苗调运频繁，利于病毒远距离传播，严格控制病苗调运是防病的重要关卡。

3. 培育无病毒种苗　　选择无病虫害和生长健壮的百香果果园作为采穗圃，采穗圃需具备防虫网等物理隔离条件。采穗圃与育苗网室做好防蚜虫等传毒介体的缓冲间，减少传毒机会，育苗基地最好选在与大田有自然隔离的区域，培育健康种苗。或培育经过脱毒处理的嫁接健康苗。

4. 清除田间传染源　　减少初侵染源，尽量选择远离毒源植物的地方建园，苗木定植前应彻底清园，消除田间杂草及病残体，并喷施杀虫剂消灭传毒介体，做到定植前田间无病毒。

5. 健树栽培　　①种植模式。提倡一年一种，病毒病发生轻的果园，可以2～3年一种。

②宜选择土质疏松、有机质含量大于3%、pH为5.5～6.5的地块，不宜选择低洼地种植，雨水多季节易及时排水。③合理密植。根据土壤质量、气候条件和品种特性确定种植密度，每667 m²推荐种植150～220株。④注意减少不必要的伤口，减少病毒传播机会。⑤及时清理病枝病叶，幼苗期发现病株应及时拔除，带出园外烧毁或深埋，减少病虫基数，对病株穴周围进行消杀处理后补种新的无毒种苗。⑥科学修剪，剪除病残枝与茂密枝，调节通风透光度，剪刀应消毒，减少植株间互相传染，确保植株健壮生长。

6. 肥水管理 提高寄主抗性。提倡大苗种植；移栽时施足底肥，移栽后适时追肥，避免偏施氮肥，增施磷钾肥和腐熟农家肥，可促进植株复壮，提高植株抗病力；干旱时及时补水，加强水肥管理，培育壮苗。

7. 防治传毒介体 百香果病毒病的主要传毒介体为蚜虫，所以大田定植后应悬挂黄色诱虫板，每667 m²悬挂10～20块，悬挂高度略高于植株高度。地面也可覆盖银灰色地膜驱避蚜虫。必要时全园用药防治蓟马、蚜虫等刺吸式口器害虫，防止病毒随介体传播，可选药剂有吡蚜酮、螺虫·噻虫嗪等。

8. 辅助化学药剂防治 如果病株发病情况较轻，且果园内传毒较少，可等采收完成后挖除；幼苗期或发病初期，可喷施低聚糖素及其他病毒抑制剂，每10 d喷1次，连续2～3次，以预防病毒病发生发展，促进植株健壮生长。

◆ 第七节 火龙果溃疡病

本节图片

火龙果溃疡病（pitaya canker disease）是火龙果生产上最严重的真菌病害，湿热多雨季节常有发生，在中国、马来西亚、以色列和美国的种植园迅速蔓延，对商业种植园构成重大威胁。我国广西、广东、海南、贵州和台湾等地均有火龙果溃疡病的发生。2012年，广东清远火龙果种植区暴发了溃疡病，病株率高达60%，对火龙果的茎秆和果实造成了极大的危害。该病不仅影响火龙果的产量，还影响火龙果的品质，严重制约了火龙果产业的发展。

一、症状

火龙果溃疡病主要为害火龙果的茎秆和果实。初期在茎秆和果实上形成褪绿凹陷圆形斑。茎部病斑逐渐扩散变成橘黄色或橙色，发病严重时整条茎上布满了密密麻麻的病斑，病斑突起，扩大后相互粘连成片，果实和茎秆迅速腐烂，空气干燥时腐烂的病枝干枯发白，病斑上产生黑色的分生孢子器；在发病初期，果实表皮及鳞片均出现凹陷的褪绿圆形斑点，病斑逐渐变成橘黄色，随着果实的成熟及病斑的发展，病斑变成灰白色突起的溃疡斑。发病后期在溃疡斑上形成针头大小黑点，为病原菌的分生孢子器（拓展图12-8）。

二、病原

1. 分类地位 火龙果溃疡病的病原为半知菌类柱节孢属新暗色柱节孢［*Neoscytalidium dimidiatum*（Penzig）Crous et Slippers］。

2. 形态特征 病原菌的孢子分为3个类型，分别是节孢子、厚垣孢子和分生孢子。节孢子具有0～2个隔膜，无色透明到浅褐色，呈圆柱形或杆状，大小为（2.11～7.37）μm×

（5.26～12.63）μm。节孢子细胞壁加厚形成深褐色、球形的厚垣孢子。在寄主上形成单生、黑色的球形分生孢子器，遇水后喷射出分生孢子。分生孢子无色透明，为椭圆形到卵形、棒状或圆形，成熟时变成棕色，大小为（5.50～9.91）μm×（10.50～16.31）μm（图12-4）。

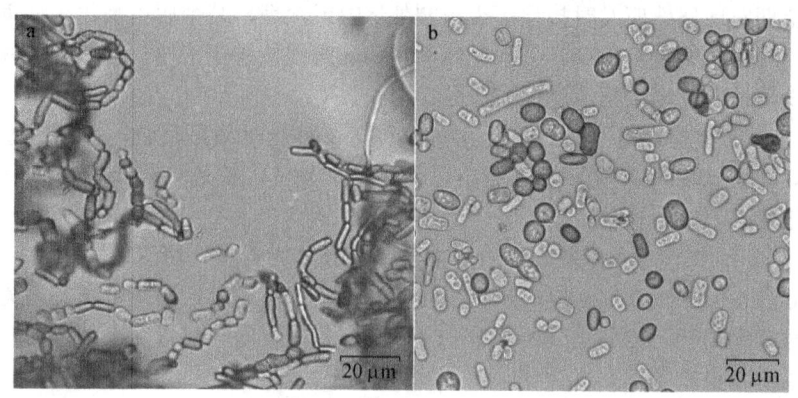

图12-4　新暗色柱节孢
a. 新暗色柱节孢属节孢子链；b. 分生孢子

3. 生物学特性　　适合病原菌生长和产孢的温度为25～35℃。温度低于5℃和高于40℃时病原菌均不能生长，30℃为最适生长和产孢温度。该病原菌在PDA培养基上生长迅速，在25～28℃条件下2～4 d便能够长满平板，菌丝初期为透明无色的分枝状、有分隔，呈辐射状扩展，培养4 d后逐渐变成灰绿色，最后变成黑绿色。相对湿度越高，孢子萌发率越高，当相对湿度在98%以上时，孢子萌发率高达100%。广东省发现的火龙果溃疡病菌，适合病原菌生长的pH为4～10，其中菌丝生长的最佳pH为8，产孢和孢子萌发在中性环境中发展相对良好，最佳pH均为7。

4. 寄主范围　　新暗色柱节孢寄主广泛，除了侵染火龙果引起溃疡病，还可以引起杧果茎尖坏死和茎腐病，柑橘枝枯、溃疡和流胶病，以及麻风树根基部腐烂病。有报道其能侵染英国胡桃木、无花果和猴面包树，还可以侵染人和动物，引起白粒足菌肿病、肤癣病、鼻窦炎和肺部感染。有研究人员认为该病原菌属于机会致病菌。

三、病害循环

火龙果溃疡病菌主要以病斑内菌丝体和病斑表面附着的分生孢子越冬。田间病残体、含有未腐熟病残体的土杂肥、病茎、病果或混杂在土壤中的病残体都可成为初侵染源。主要随风、雨水传播，越冬的分生孢子借气流传播到嫩茎和果实上，在23～25℃条件下，从孢子两端长出芽管、附着胞和侵入丝，从寄主表皮细胞直接侵入，少数从气孔侵入，6～12 h即可完成。侵入后侵染丝产生一种泡囊状组织，其上再产生次生菌丝，向周围蔓延。菌丝在寄主表皮细胞内扩展得很慢，侵入木质部导管和管胞后扩展得很快，经7～10 d形成橘黄色稍凹陷的病斑。病原菌侵入后10～14 d，在潮湿条件下产生大量的分生孢子，随气流、雨水等传播进行再侵染。在火龙果周年各生育期，可发生多次再侵染。

四、发病条件

火龙果溃疡病的发生与其生长的环境、品种抗病性和物理特性等关系密切。

1. 气候条件　　在高温多雨季节，溃疡病发生最为严重。一般温度为30℃左右时易发生，在台风过后更容易出现病害大面积暴发和流行的现象。

2. 品种抗病性　　不同火龙果品种对溃疡病抗病性的差异也较大，经田间调查发现，'102-4''大丰1号'和'97-3'这三个品种在田间发病严重，病情指数较高，而'红水晶'和'81-1'这两个品种在田间发病较轻，病情指数较低。抗病品种有'黑龙'；中抗品种有'金都1号''软枝大红''桂红龙1号''红水晶''华农2号''黑珍珠1号''黑珍珠2号'等；而'桂红龙3号''大丘园''大丰1号''钦州1号''128A''97-3'和'102-4'为高感品种。

3. 品种物理特性　　不同品种对溃疡病的感病程度与表皮组织结构有关，气孔是植物病原菌侵染的重要通道，不同火龙果品种之间的气孔密度差异显著，高感品种气孔密度大，发病更为严重，相比之下，气孔密度越低，病原菌侵入的机会就越少，抗、耐病性越强。

五、防控措施

1. 利用抗病品种　　选用适合当地栽培的抗病品种是目前最经济、有效的防治措施。目前经研究发现的抗病品种有'黑龙''红水晶''华农2号''黑珍珠1号''黑珍珠2号'。此外，加强检疫工作，严格控制带病种苗的调运，建立无病苗圃，选用无病种苗。

2. 加强田间管理　　加强火龙果种植园的管理。搞好果园卫生，及时修剪病茎，清理病残株及田间杂草，带出园区进行销毁，减少初始菌源，避免病害蔓延扩散。合理施肥，科学灌溉，适当施用磷钾肥，提高植株抗病性，减少长期喷灌，加强空气流通，降低空气湿度。

3. 药剂防治　　田间发病后，喷施30%吡唑醚菌酯悬浮剂1000倍液、325 g/L苯甲·嘧菌酯悬浮剂等杀菌剂2~3次，对火龙果茎和果实溃疡病有良好的防效。

◆ 第八节　番荔枝根腐病

本节图片

番荔枝（*Annona squamosa* L.）是番荔枝科番荔枝属的落叶小乔木，外形酷似荔枝，故名"番荔枝"，果实由许多成熟的子房和花托合生而成，恰似佛头，故有佛头果、释迦果之称。在我国浙江、台湾、福建、广东、广西等省（自治区）均有栽培。在种植过程中，根腐病是番荔枝上的一种重要病害，广东部分2~5年果园根腐病发病率为15%~40%，死亡率近35%，造成了巨大的经济损失，是制约番荔枝产业发展的主要因素之一。

一、症状

该病害一般在种植3年后开始出现。受侵染植株根部的皮层及木质部变黑腐烂，被害植株刚开始根毛变稀少，然后部分侧根和主根呈褐色腐烂，扩展到整株根系变褐腐烂，变褐的根皮容易脱落，内部组织褐色坏死。潮湿时病部表面长出灰白色霉层，地上部分叶片逐渐变黄、凋萎，最后整株枯死（拓展图12-9）。

二、病原

1. 分类地位　　已报道的番荔枝根腐病（sugar apple root rot）病原种类较多，各地的报道不一，包括纤细小帚梗柱孢（*Cylindrocladiella tenuis*）、潮湿镰孢菌（*Fusarium udum*）、腐皮镰孢菌（*F. solani*）、嗜线虫镰孢菌（*F. nematophilic*）等镰孢霉属真菌，以及寄生疫霉（*Phytophthora parasitica*）、棕榈疫霉（*P. palmivora*）等。

2. 形态特征

（1）纤细小帚梗柱孢：在 PDA 培养基上 25℃培养 7 d，气生菌丝白色或灰色，菌落褐色、边缘有宽约 2 cm 的环带，不产生不育附属丝。分生孢子梗无色、分隔、单生，具近轮枝状或者青霉状分枝，大小为（180～356）μm×（3.5～6.0）μm。梗分枝：一级分枝 0～1 个分隔，大小为（14～35）μm×（3～6）μm；二级分枝为（10～31）μm×（2.0～3.5）μm；三级分枝为（11～19）μm×（2～3）μm。瓶梗圆柱形，无色，不分隔，大小为（8.5～22.0）μm×（1.6～3.0）μm。分生孢子圆柱形，无色，具 0～1 个隔膜，两端钝圆，大小为（11.5～20.0）μm×（2～3）μm。

（2）寄生疫霉：在 V8 培养基上菌落圆形、灰白色，气生菌丝无隔、不丰富；菌丝体水培后形成褐色厚垣孢子，孢囊梗直径与菌丝类似，大部分孢子囊带有孢囊梗，孢子囊倒梨形、卵圆形或圆形，大小为（35～68）μm×（30～45）μm，乳突明显。

（3）潮湿镰孢菌：在 PDA 培养基 25℃条件下培养，菌落开始呈白色，后变成灰白色，生长迅速，培养基反面呈米黄色。大型分生孢子镰刀状，直形，无色，具 1～4 个分隔（3 个分隔为多），大小为（27.1～41.5）（34.0）μm×（4.0～5.9）（5.4）μm；小型分生孢子从单出瓶状小梗产生，无色，较多，腊肠形至卵形，大小为（8.6～10.0）（9.3）μm×（2.7～3.8）（3.1）μm。厚垣孢子仅在菌丝中间产生。

三、病害循环

病原菌在腐烂根系或土壤中越冬，随水流、农事操作携带病土传播，侵染相邻健康植株，病原菌不断积累，病害越来越严重（图 12-5）。

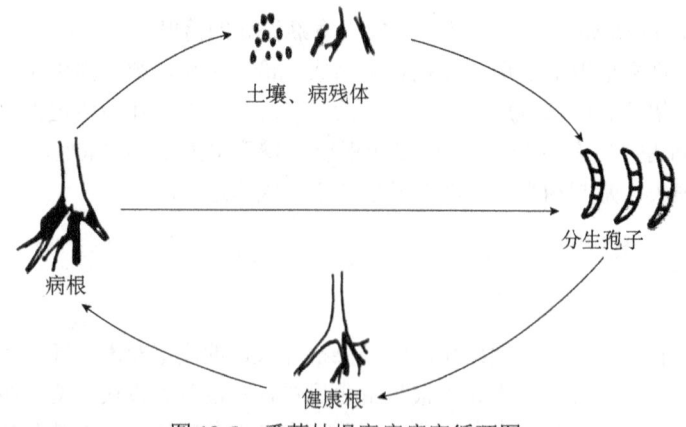

图 12-5　番荔枝根腐病病害循环图

四、发病条件

1. 气候条件　雨水多的年份比干旱年份发病严重。
2. 品种抗性　与砧木品种密切相关，以'凤梨释迦'为例，采用土番荔枝和越南番荔枝作为砧木的嫁接苗最感病，其次是以本砧的嫁接苗，以牛心番荔枝为砧木的嫁接苗较抗病，且生长快速。3个主导品种中，'凤梨释迦'最感病，'AP释迦'和'大目释迦'其次。

3. 栽培技术　　土壤黏重、排水不良、砧木感病、除草剂伤根、肥料烧根、耕作伤根、高温多雨等因素，有利于病害发生。各年龄的植株均可发病，以结果植株发病较严重，我国番荔枝冬季膨果期（9～11月）发病最严重。番荔枝根腐病通过带菌的种苗、农机具等调运进行远距离传播。

五、防控措施

1. 采用抗病砧木，选择无病种苗　　选择抗根腐病品种作为砧木，选择无病苗圃种苗进行种植。

2. 及时清除病株，减少侵染源　　加强监查，特别是雨季，挖除发病严重植株，集中烧毁，在发病植株挖除后的坑内撒施石灰粉，消灭病原菌。

3. 栽培管理，培育健壮树势　　选择土壤肥沃、排水良好、雨季不积水的缓坡地种植，规划设计好排灌系统；番荔枝为浅根系植物，要注意浅种，利于根系扩展和生长，提高植株抗病能力；农事操作时避免对茎干和枝条造成伤口；使用腐熟的有机肥，避免由肥害引起的根部损伤；对由于根腐病缺株补种时，土壤用石灰撒施表面消毒，进行暴晒数周后方能补种。

4. 药剂防治　　对于出现病株的果园，可使用杀菌剂进行全园灌根，发病轻的植株进行重度修剪，彻底刮除溃疡斑处坏死的树皮和木质部组织，把伤口部位泥土清理去除，用1∶1∶20的波尔多液涂封伤口并包扎。

第九节　咖啡锈病

本节图片

咖啡锈病（coffee rust）是咖啡的一种毁灭性病害。1861年，咖啡锈病首次在东非的维多利亚湖附近野生咖啡上被报道；1869年，斯里兰卡栽培咖啡发生锈病，曾因该病减产75%，在10年内完全摧毁了斯里兰卡的咖啡产业。随后在整个非洲、亚洲、中南美洲等咖啡种植地都相继报道了该病。该病以流行猛烈、传播速度快、造成的损失惨重而著称，与稻瘟病、马铃薯晚疫病合称为世界作物三大病害。我国于1922年在台湾首次发现该病，随后蔓延至广东、海南、云南、福建和广西等咖啡种植区，常引起大量落叶，每年造成减产15%～30%，严重威胁咖啡安全生产。

一、症状

咖啡锈病主要为害叶片，有时也为害嫩枝和幼果。染病初期，在叶背面出现许多2～3 mm浅黄色水渍状斑点，斑点周围有明显的浅绿色晕圈。随后病斑扩展至5～8 mm时，从叶背长出橙黄色粉末状物（夏孢子堆）（拓展图12-10）。后期病斑汇集，形成不规则形大病斑，最后病斑中央变褐干枯。有时在夏孢子堆的周围会出现浅绿色晕圈。严重为害时，病斑干枯呈深褐色，病叶黄化、脱落、枝条干枯，树势衰弱，甚至整株死亡。

二、病原

1. 分类地位 咖啡锈病的病原为担子菌门驼孢锈菌属咖啡驼孢锈菌（*Hemileia vastatrix*）和咖啡锈菌（*H. coffeicola*）。我国以咖啡驼孢锈菌为害造成的黄锈病为主，由咖啡锈菌为害形成的灰锈病仅发生在非洲。

图12-6 咖啡驼孢锈菌夏孢子堆（a）和夏孢子（b）（引自Talhinhas et al., 2017）

2. 形态特征 咖啡驼孢锈菌菌丝有隔膜，分枝多；夏孢子单胞，肾形或近三角形，橙黄色，有明显的驼背，背脊表面密生圆锥形短刺，腹部凹面光滑无刺（图12-6），夏孢子大小为（30.6～41.5）μm×（21.6～39.6）μm。夏孢子堆多生于咖啡叶背气孔上（呈黄色粉末状），夏孢子相互倾轧密集排列，部分通过寄主表皮细胞而外露，散生或群生。夏孢子在病原菌的生活史和病害循环中起着重要作用。

除了夏孢子，目前还发现了冬孢子和担孢子。冬孢子比夏孢子略小，大小为（24.4～30）μm×（16.0～24.7）μm，单胞，陀螺形或不规则形，无色至黄色，外表光滑，顶部有一乳突。冬孢子常出现于夏孢子堆中，但不常见。无休眠期，接触水膜可发芽产生担子和担孢子。担孢子梨形或卵圆形，橙黄色。担孢子不侵染咖啡。目前尚未发现性孢子和锈孢子，也未发现有转主寄主。

3. 生物学特性 夏孢子萌发适宜的温度为17～26℃，最适温度为21～22℃；夏孢子接触水膜后即可萌发。夏孢子在低温干燥的条件下可以存活6个月左右。在室温下，夏孢子经10～15 d后萌发率明显下降，1个月后完全失去萌发力。

4. 生理小种分化 驼孢锈菌有明显的生理小种分化现象。锈菌种内存在一些彼此在形态上没有明显差异，但在致病性方面有所区别的生理小种。葡萄牙国际咖啡锈病研究中心（CIFC）建立了锈菌生理小种的鉴别寄主谱，并鉴别出40个咖啡锈菌生理小种（用Ⅰ、Ⅱ、Ⅲ……表示）。目前已知的咖啡锈菌小种的毒力基因有9个，分别为V_1～V_9。其中只有Ⅱ号小种（仅含V_5毒力基因）和ⅩⅩⅩⅡ号小种（仅含V_6毒力基因）带单个毒力基因，其余生理小种均含有2个或2个以上的毒力基因。

不同国家或地区，锈菌生理小种分布不同。利用CIFC咖啡锈菌生理小种鉴别寄主谱，我国于1988年和1997年分别对国内咖啡种植区收集的咖啡锈菌进行了生理小种鉴定，共发现有锈菌生理小种7个。其中云南5个，分别为Ⅱ、Ⅰ、ⅩⅤ、ⅩⅤⅢ和ⅩⅩⅣ号生理小种；海南3个，分别为Ⅱ、Ⅵ和ⅩⅩⅡ号小种；广东仅1个，为Ⅱ号小种。Ⅱ号小种分布于各咖啡种植区，占鉴定样品总数的55.2%，是我国的优势小种。印度于1995年报道有23个生理小种。埃塞俄比亚仅发现4个生理小种。

5. 寄主范围 咖啡驼孢锈菌是专性寄生菌。在自然界中，咖啡驼孢锈菌仅靠夏孢子侵染咖啡，靠菌丝体在病叶内越冬越夏，病叶是锈菌唯一的生存场所。

三、病害循环

病原菌以菌丝体在寄主病叶中越冬或越夏，遇到适宜的气候条件，病斑上产生新的夏孢子堆。夏孢子借气流、雨水、昆虫和人畜传播至寄主叶片上，遇到水膜萌发产生芽管，从气孔侵入，侵入丝顶端形成吸器，吸取寄主营养。菌丝体在寄主体内生长扩展，从叶片气孔处长出孢子梗和夏孢子堆，形成病斑。病斑上的夏孢子可反复再侵染，甚至大面积流行。病害潜育期的长短与温度关系密切，最适温度为22℃左右，此温度下潜育期为14~15 d，气温升高或者降低，潜育期均相应延长，在18℃时潜育期为25~29 d，在25℃时为15~18 d。病害潜育期及夏孢子的产生量还受叶龄、品质抗性和病原菌小种的毒性等因素影响。嫩叶染病后的潜育期比老叶的潜育期短；通常从病斑出现到夏孢子产生需要5~7 d（图12-7）。

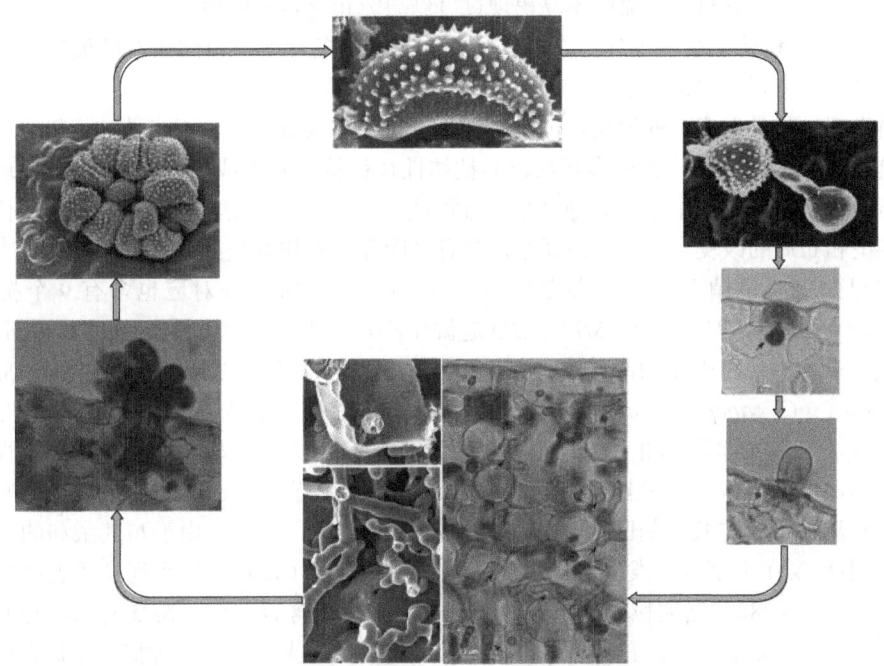

图12-7 咖啡锈菌侵染过程（引自Talhinhas et al.，2017）

四、发病条件

咖啡锈病的发生流行与气候条件、咖啡园所在地的海拔、咖啡品质和病原菌小种、咖啡园立地环境及栽培管理有密切关系。

1. 气候条件 该病的发生与温、湿度关系密切。温度可影响病原菌夏孢子的形成、萌发、侵染、潜育期和寿命。有研究显示，夏孢子在培养基上萌发最低、最适、最高温度分别为15.5℃、22℃、28℃，在叶面上最低、最高温度分别为12.5℃、32.5℃。温度还可影响各地区不同的流行季节。我国各地锈病的流行季节平均温度为18~26℃，与夏孢子萌发的适温几乎吻合。云南德宏锈病的流行季节一般在4月下旬到11月下旬。广西水口地区通常4~6月锈病流行，7~8月因气温过高病害停止发展。海南一般从10月开始发生，11月至翌年3月流行，4~5月因气温偏高，病情停止发展。

夏孢子萌发必须接触水滴，因而叶面上的水滴（雨露）量及停留时间是锈病侵染与流行的必要因素。云南亚热带地区都是雨季来临后迅速流行，这与湿度大，叶面水膜停留时间长有关。当叶面水膜停留时间在 20 h 以上时，夏孢子的侵染率最高。云南部分咖啡种植区，在非雨季流行期，昼夜温差大，露重，露水停留时间长达 14~16 h，锈病发生重。因此，在雨量稀少的地区，叶面上露水成为锈病流行的重要条件之一。

2. 海拔　　海拔与咖啡锈病发生有一定的关系，海拔越高，气温越低，锈病发生越轻。在斯里兰卡海拔 1500 m 以下的地区种植咖啡，锈病发生严重；在海拔 1500~1800 m 的地块种植，咖啡锈病发生较轻。巴西也报道，海拔越高，锈病的潜育期越长；海拔在 700 m 以上的山区，潜育期超过 30 d，锈病发生很轻。除了海拔影响气温，不同海拔地区的生态环境也有差异，海拔和山地有关，必然存在着坡向、地势问题和南来暖气流爬坡形成的地形雨，出现一些年雨量、日照时间和光辐射能差异极大的地区，从而影响到咖啡生势，结果量和锈病严重程度的差异；一般来讲，海拔高，咖啡不易出现过度结果，也是病轻的原因。

3. 咖啡品质和锈菌生理小种　　在气候条件适宜的条件下，田间病原菌优势小种与栽培品种亲和是锈病流行的关键因素。

锈菌生理小种类型多、变异快，一个品种是否抗锈主要取决于它对当地的优势小种是否不亲和。抗病品种大面积推广种植多年后，其抗锈性往往就会减退或"丧失"。锈菌生理小种的变化、新的致病小种的产生是引起咖啡品种抗锈性"丧失"的主要原因，同时这种变化又与咖啡品种类型和布局的改变有着密切的联系，二者之间存在着相互制约的关系。

目前已知咖啡锈菌含有 9 个毒力基因（V_1~V_9），咖啡品种对应也含有 9 个抗病基因（$SH1$~$SH9$）。其中 $SH1$、$SH2$、$SH4$、$SH5$ 起源于小粒种咖啡（*Coffea arabica*），尤其是 $SH5$ 存在于绝大多数小粒种咖啡的品种中；$SH3$ 起源于大粒种咖啡（*C. liberica*）；$SH6$~$SH9$ 起源于中粒种咖啡（*C. canephora*）。在许多国家或地区，小粒种咖啡是主栽品种，田间咖啡锈菌优势小种为携带 V_5 毒力基因的 Ⅱ 号生理小种，而锈菌的 V_5 毒力基因与咖啡中的 $SH5$ 抗性基因相遇表现亲和，所以导致了这些国家或地区咖啡锈病的大流行。但是，目前推广的含有 $SH6$ 和 $SH7$ 等抗病基因，或与其他基因混合的品种，如'Catimor'系列，由于与其亲和的含有毒力基因 V_6 的小种仅在个别国家发生且出现频率极低，所以'Catimor'系列品质表现出高度的抗病性。品种'S.288'是大粒种和小粒种咖啡杂交后代，含有 $SH3$、$SH5$ 基因，与 Ⅱ 号小种及其他一些小种不亲和，表现出抗性。'S.288'在我国云南大面积推广种植多年仍表现较好的抗性。但在印度由于其亲和小种Ⅷ号的出现，'S.288'种植数年后抗病性丧失。随着咖啡品种的变化，各种植地锈菌小种及田间优势小种也会发生相应的变化。

4. 咖啡园立地环境和栽培管理　　种植过密或咖啡园地势低洼、管理不善、修剪不及时，园内湿度过大，发病重；适当稀植或在空旷地种植咖啡，通风透光，叶面不易结露，对夏孢子萌发不利，发病轻；施肥过多，结果量过多，树体营养消耗过大，抗病力下降，发病重；合理施肥，适当疏花疏果，减缓树势早衰，有利于提高寄主抗性，发病轻。

五、防控措施

咖啡锈病的防治以选种抗、耐病丰产良种为主，综合运用农业防治和药剂防治等措施。

1. 选育和推广抗病丰产良种　　选栽抗性品种是控制咖啡锈病最经济和可持续的措施，利用抗性育种控制咖啡锈病已取得很大的成功。1911 年，印度选育出了高产抗锈的'Kent'系列咖啡，最先开创了咖啡选育种研究的先河。随后许多咖啡生产国在抗、耐锈病品质选育中都取得了成功。例如，印度选育出含 *SH3* 抗性基因的'S.288''S.333'和'S.795'系列品系；洪都拉斯选育出的'IMCAFE90'（'Caturra'בTimor'杂交）品质，高产且抗所有当时已知的小种；CIFC 选育出了'Catimor''Sarchimor'和'Cavimor'系列品种；巴西选育出了'Araponga MG1''Cultivars Catiguá MG1''Catiguá MG2''Paraíso MG H 419-1''Sacramento MG1''Pau-Brasil MG1''Icatu''IAPAR 75163'等多个抗锈高产品种；肯尼亚培育出的'鲁伊鲁 11'，高产且抗锈病和炭疽病；葡萄牙咖啡研究中心选育出了含 *SH6* 抗性基因的'Catimor'系列品种。目前，我国先后从国外引进了大量的咖啡抗锈品种，并在国内筛选出了适合我国种植的高产高抗品种'墨西哥 11'，高抗品种'马来 1 号''马来 2 号'，杂交种'阿拉巴斯塔'，中高抗品种'墨西哥 13''墨西哥 14'等。但品种的抗病性是品种与病原小种间互作的结果，如果大面积长期种植单一品种，必然会加大对田间锈菌小种的选择压力，从而加速小种的变异，导致品种抗性丧失。田间品种的合理搭配是保证垂直抗性品种抗性持久的关键。因此除了选用抗病品种，还应该注意统一地区多个品种的搭配和品种轮换使用。

2. 加强栽培管理　　修剪和隐蔽是控制咖啡锈病的重要栽培措施。咖啡园应适当种植隐蔽树，合理密植，改善园内小气候环境；适时修枝整形，促进营养生长，控制咖啡果的生长量，防止咖啡园早衰，保持叶片的抗锈性。注意合理施肥，增施磷钾肥，避免偏施氮肥，增强品种的抗锈性。

3. 药剂防治　　病害流行前期，使用含铜杀菌剂作为叶面保护剂，可有效防病，还能给咖啡树供给微量元素铜，促进生长，增加产量，如 50%氧化亚铜可湿性粉剂 1000 倍液或 50%氢氧化铜可湿性粉剂 300 倍液。有病斑出现时，使用内吸性杀菌剂进行喷雾防治。内吸性杀菌剂可用 10%苯醚甲环唑 2000~2500 倍液等。内吸性杀菌剂应与铜制剂轮流使用，以免产生抗药菌系。

热带、亚热带作物其他病害见表 12-1。

表 12-1　热带、亚热带作物其他病害一览表

病名和病原	症状识别	发病规律	防治要点
番木瓜曲叶病 tobacco leaf curl virus，TLCV；papaya leaf curl China virus，PaLCuCNV；papaya leaf curl Guangdong virus，PaLCuGDV	植株矮化，病叶往上卷曲，叶柄扭曲，叶脉增生，对光看叶脉呈暗绿色	自然条件下由烟粉虱以持久性方式传播，获毒 2 h 以上可传毒，获毒 24 h 内随获毒时间延长，传毒效率明显增加。以带毒苗木进行远距离传播。高温高湿有利于发病	①隔离种植，远离病区；②清除果园周围的番茄和胜红蓟等中间寄主；③及时防治传毒媒介，用吡虫啉或啶虫脒等杀虫剂喷杀烟粉虱；④有条件的应用防虫网大棚保护种植
番木瓜白粉病 *Oidium caricae-papayae*	叶部受害初期表面为白色小粉霉斑，病斑融合成大斑，几乎布满全叶。叶黄早落	病原菌在病株上越冬。育苗地或育苗棚通常病重	①注意苗棚通风；②喷施三唑酮、硫磺·多菌灵悬浮剂或甲基硫菌灵等
番木瓜疮痂病 *Cladosporium caricinum*	叶片病斑黄色、不规则，叶背对应处沿脉两侧木栓化小突起疮痂状，视感粗糙。后期病斑灰褐色穿孔	病原菌在病株和病残体上越冬。分生孢子通过气流传播。湿润诱发病害	①清洁田园；②防治炭疽病时兼治，还可施用甲基硫菌灵·乙霉威、多菌灵·福美双·溴菌腈或丙硫多菌灵等
番木瓜白星病 *Phyllosticta papayae*	叶斑灰白色，圆形至不定形，直径 2~5 mm，上生小黑粒。易穿孔	病原菌在病株和病残体上越冬。幼苗、长势差的植株易感病	①注意田园卫生；②加强肥水管理；③用百菌清或咪鲜胺锰盐等喷治
番木瓜果腐病 *Penicillium* sp.；*Alternaria alternata*	贮运期果面生青灰色至蓝色近圆形霉，有黄晕。霉斑融合。后期病生菌（交链孢菌）污染，中间变黑色，边缘仍为青蓝色	病原菌在果实、叶柄、叶片上越冬。成熟果、伤口多，湿度大，果腐重	①选晴天适时采果；②采、选、贮、运过程中尽量减少伤口；③药剂消毒。详见柑橘青、绿霉病
菠萝灰斑病 *Annellolacinia dinemasporioides*	下部叶斑近圆形或长椭圆形，中央灰白色，边缘深褐色，有黄晕。上生黑色刺毛状分生孢子盘	以菌丝体和分生孢子盘在病部越冬。分生孢子通过风、雨水传播。病斑多时叶片枯死	①加强栽培管理；②及时剪除基部病叶烧毁；③可用甲基硫菌灵等药剂喷雾。详见果树叶斑病

病名和病原	症状识别	发病规律	防治要点
菠萝叶斑病 *Curvularia eragrostidis*； *Cochliobolus eragrostidis*	叶片上生浅黄色椭圆形或长圆形小点，病斑大小为（10～30）mm×（6～10）mm，边缘深褐色，中央淡褐色，凹陷，斑上生黑色霉层	与菠萝灰斑病相似	详见果树真菌性叶斑病
菠萝拟盘多毛孢叶斑病 *Pestalotiopsis microspore*； *P. palmarum*	病斑长圆形，中央淡褐色，微凹陷，病斑边缘深褐色。表皮下埋生黑色分生孢子盘或外露	与菠萝灰斑病相似	详见果树真菌性叶斑病
菠萝黄斑病 *Phomopsis ananassae*	成株及幼苗叶片中部，病斑不规则形或椭圆形，中央蜜黄色，斑边浅棕色，大小为（5～35）mm×（2～3）mm。分生孢子器埋生	与菠萝灰斑病相似	详见果树真菌性叶斑病
枇杷炭疽病 *Colletotrichum acutatum*； *C. gloeosporioides*	受害果暗褐色湿腐状，略下陷，有的可见轮纹，可见分生孢子盘。重病果腐烂，干缩成僵果。叶灰褐色，圆形或半圆形，略凹陷，具轮纹	病原菌在病株及病残体上越冬。分生孢子通过风、雨水传播，从伤口或直接侵入。有潜伏侵染特性	详见柑橘等果树炭疽病
枇杷灰斑病 *Pestalotiopsis eriobotryfolia*； *P. spp.*	叶斑圆形或近圆形，直径2～4 mm，浅褐色至灰白色，病斑边缘黑褐色，边界明显。斑面生小黑点。果面病斑近圆形，紫褐色，湿腐状凹陷，晕圈水渍状	病原菌在病株及病残体上越冬。孢子通过风、雨水传播。从伤口或自然孔口侵染。温暖多雨，郁蔽果园易诱发病害	①清除病残，修剪过密枝；②药剂可用苯醚甲环唑、氢氧化铜或三唑酮等
枇杷烟色轮斑病 *Pestalotiopsis adusta*	叶斑浅褐至灰色，亚圆形，直径5～15 mm，可见轮纹，生有小黑点，边界暗褐色，具较宽紫红褐色晕圈	与枇杷灰斑病相似	详见枇杷灰斑病
枇杷壳二孢轮纹病 *Ascochyta eriobotryae*	叶斑多发生在叶尖叶缘，半圆形至近圆形，浅褐、灰褐至灰白色，病斑边缘暗褐色，微显轮纹，散生小黑粒	病原菌在病株和病残体上越冬。分生孢子自孢子器孔口涌出，雨水溅散吹传	详见果树真菌性叶斑病
枇杷斑点病 *Phyllosticta eriobotryae*	叶斑圆形至不规则形，中部灰白至灰褐色，病斑边缘深褐色，分界明显。斑面生小黑粒	与枇杷壳二孢轮纹病相似	详见果树真菌性叶斑病
枇杷假尾孢灰斑病 *Pseudocercospora eriobotryae*	叶斑圆形，直径2～5 mm，不定形斑长10 mm以上，褐至棕褐色，生灰色霉层，病斑边缘深棕色，有黄晕	与枇杷灰斑病相似	详见果树真菌性叶斑病
枇杷枯萎病 *Fusarium sp.*	该病是维管束病害，受害株根部、茎基部皮层及木质部维管束变褐坏死，根部皮层剥落，重者导致植株死亡	病原菌在土壤越冬。通过风、雨水、灌溉水及带菌肥传播。侵入维管束后植株凋萎。地下害虫多时加重病害	①除治地下害虫；②农事操作时减少伤根；③挖除病株烧毁，病穴淋施嘧菌酯、硫磺·多菌灵悬浮液或甲基硫菌灵等药液
番石榴枝枯病 *Hendersonula toruloidea*	枝梢上初现褐斑，后扩大并绕茎，病部及以上枝梢皮层至灰色坏死。病斑生黑色分生孢子器	以菌丝体和子座在病组织上越冬。分生孢子借风、雨水传播致病。泰国品种比本地品种病重	①剪除病枝集中烧毁；②新梢抽出或初病期喷布硫磺·多菌灵悬浮液或吡唑醚菌酯、30%氧氯化铜+75%百菌清（1∶1）1000倍液等
番石榴炭疽病 *Colletotrichum gloeosporioides*	叶斑近圆形，褐色至暗褐色，边缘色深，微现轮纹。枝梢现黑褐色短条状凹陷斑，绕茎后枝枯。果上病斑黑褐色，扩展后软腐。病斑上生朱红色黏质小液点	病原菌在病株和病残体上越冬。分生孢子借风、雨水传播。具潜伏侵染特性。新梢嫩叶易染病	详见杧果、荔枝、龙眼炭疽病
番石榴灰斑病 *Pestalotiopsis disseminata*	叶尖或叶缘生灰褐色至灰白色病斑，边缘深褐色，半圆形至不定形斑。果上病斑为褐色至紫褐色，边缘略隆起，中部凹陷。病斑生黑色孢子盘。致叶枯或果腐	病原菌在病组织内越冬。分生孢子借风、雨水传播。广东珠江三角洲无明显越冬期	详见杧果、荔枝、龙眼炭疽病

第十二章　其他热带、亚热带作物病害

续表

病名和病原	症状识别	发病规律	防治要点
番石榴褐斑病 *Pseudocercospora psidii*	叶部病斑暗褐色至红褐色，边界不明显，背面生灰色霉。果面病斑暗褐色，边界处红褐色，病健界线不清晰，中部微下陷。病斑生灰色霉	与番石榴灰斑病相似。广州地区泰国番石榴及杂交番石榴病果率>50%；本地品种病轻	详见杧果、荔枝、龙眼炭疽病
番石榴绒斑病 *Mycovellosiella myrtacearum*	叶面病斑赤褐色或污褐色，边界模糊，不定形；背面灰煤色至灰褐色，可见薄霉层。病重时落叶	病原菌在病组织或病残体上越冬。孢子随风、雨水传播。从伤口侵入。广州地区终年见病。泰国品种病较重	选用咪鲜胺锰盐、69%代森锰锌·烯酰吗啉+75%百菌清（1:1）1000倍液或吡唑醚菌酯等防治。其余详见杧果炭疽病
杨桃炭疽病 *Colletotrichum gloeosporioides*	同番石榴炭疽病	与番石榴炭疽病相似	详见杧果、荔枝、龙眼炭疽病
杨桃赤斑病 *Pseudocercospora wellesiana*	叶部感染初为黄褐色小斑，后红褐色，有黄晕，病斑近圆形或不定形。病重时早落叶	病原菌在病树和病残体上越冬。温暖潮湿季节易发病	详见杧果、荔枝、龙眼炭疽病
杨桃枝条膏药病 *Helicobasidium* sp.	发病枝条包裹一层褐色绒状菌膜，表观之如贴膏药状	病原菌在病枝上越冬。担孢子借气流、昆虫传播。果园失管、老树、低洼郁闭发病多	①加强栽培管理；②治虫防病，可用50%三唑酮+80%敌敌畏（1:1）1000倍液或40%三唑酮+40%敌百虫·马拉硫磷1000倍液等防治
木菠萝炭疽病 *Colletotrichum gloeosporioides*; *C. artocarpi*	叶斑灰褐色，近圆形或不定形，微凹陷，略显轮纹，边缘紫褐色，有黄晕。果斑不定形，黑褐色，微凹陷，边界模糊，严重时病部果肉腐烂。病斑生有朱红色液点或小黑点	病原菌在病树或病残体上越冬。孢子借风、雨水传播。该菌终年发生。春末夏初，排水不畅易发病	详见杧果、荔枝、龙眼炭疽病
木菠萝裂果 （生理性病害）	果实近成熟时从果蒂至果顶纵裂，大小达30 cm×（3～4）cm。果肉初黄白色，腐生菌污染后长黑霉，腐烂	果皮与果肉生长不协调所致。久旱逢雨或久雨放晴，温、湿度急剧升降时易裂果	①尚无良策，久旱时注意喷水、灌水，久雨时深沟排涝；②适当增施磷钾肥
毛叶枣炭疽病 *Colletotrichum gloeosporioides*	叶部病斑近圆形，褐色，连合后不定形，黄褐至黑褐色，生黑色或朱红色小点。果斑浅褐色微下陷，保湿后生粉红色霉，果实软腐	病原菌在病株或病残体上越冬。分生孢子经雨水溅射吹传。生境温和湿润易发病。具潜伏侵染特性	详见其他果树炭疽病
毛叶枣链格孢黑斑病 *Alternaria alternata*	叶部病斑圆形或近圆形，中央灰白色，边界深褐色。后期病部开裂，病叶易脱落。叶正背两面生墨绿色至黑色霉	苗圃发生重，老叶、损伤叶片易发病，在南宁周年均可发生。密植、高温高湿病重	①加强管理，清洁苗圃；②可用百菌清、菌核净、噁霜灵·代森锰锌或代森锰锌等药剂防治
毛叶枣灰霉病 *Botrytis cinerea*	多发生于叶缘，黄褐色，呈"∨"形向叶柄处扩展，有轮纹，边缘波纹状。叶片中央的病斑大，呈牡丹花状。叶背生灰色霉层。早落叶	病原菌在病树上越冬。分生孢子借气流传播。多雨潮湿植株郁闭易诱发病害	①加强管理，清洁苗圃；②可选用三唑酮、甲基硫菌灵·乙霉威或乙烯菌核利等药液喷雾
毛叶枣白粉病 *Oidium zizyphi*	幼嫩枝梢和叶片上布满白粉状霉，严重时叶片黄化畸形。病枝皮硬化、萎缩、畸形。果梗受害后落果	病原菌在病树及病残体上越冬。分生孢子随风、雨水传播侵染发病	①清洁果园；②可喷用三唑酮、烯唑醇或百菌清等防治
西番莲炭疽病 *Colletotrichum capsici*; *C. gloeosporioides*	叶片自叶缘生半圆、近圆或不定形病斑，黄褐色，边缘色深。斑上生小黑点分生孢子盘。易破碎。还可致蔓枯和果腐	病原菌在病株及病残体上越冬。分生孢子由雨水溅射吹传。温暖潮湿发病重。黄果品种病重	①注意田园卫生，焚毁病残；②增施钾肥，勿偏氮肥；③药剂防治。详见其他果树炭疽病
西番莲菌核果腐病 *Sclerotinia sclerotiorum*	发生于贮运中的果实。病果皱缩变褐。保湿后布满灰白色至灰黑色菌丝体。菌核灰黑色近圆形或鼠粪状	以菌丝体和菌核在病组织上越冬。子囊孢子借气流传播	①采收贮运过程减少人为伤口；②药剂可选用25%异菌脲+45%噻菌灵（2:1）500倍液或50%乙烯菌核利+45%噻菌灵（1:1）500倍液等浸果1～2 min，捞起沥干包装

续表

病名和病原	症状识别	发病规律	防治要点
番荔枝白绢病 *Sclerotium rolfsii*	幼苗根茎部呈湿腐状，皮层褐腐，易剥离，木质部灰青色，附近及表土生绢丝状白色菌丝或菌索，菌核褐至茶褐色。病苗失水萎枯	以菌索或菌核在土中越冬，可存活4~5年。借雨水、灌溉水或土杂肥传播。从伤口或自然孔口侵入。调运病苗木远距离传播。过酸土壤病重	①深沟排渍；②增施石灰调节土壤酸性；③土杂肥需充分腐熟；④挖除病株焚毁。病穴撒入五氯硝基苯毒土（药量为土重的0.2%）、浇灌咪鲜胺、嘧菌酯或高锰酸钾500倍液等防治
番荔枝枯萎病 *Fusarium* sp.	叶片变黄凋萎，最终导致全株枯死。剖视茎基部和根部，皮层维管束和木质部变褐坏死	病原菌可在土壤营腐生生活。借雨水、灌溉水、带菌粪肥传播。从幼根及受伤根茎侵入维管束繁殖为害	详见番荔枝白绢病
人心果炭疽病 *Colletotrichum gloeosporioides*	多从叶尖或叶缘生褐色病斑，如沸水烫伤状，边界不清或明晰，边缘暗紫色，中部灰褐色至灰白色，生小黑点。枝梢、花、果均可被害	病原菌在病部越冬。分生孢子借风、雨水传播。温暖潮湿及郁蔽果园病重	详见其他果树炭疽病
鸡蛋果炭疽病 *Colletotrichum capsici*；*C. gloeosporioides*	从叶片叶缘开始发病，半圆形或不规则形，病斑边缘深褐色带较宽，中部褐色，上生小黑点	同人心果炭疽病	详见其他果树炭疽病

第十三章

葡萄病害

葡萄是世界上栽种面积最大的果树。近年来，我国的葡萄栽培面积迅速扩大，特别是过去很少种植的南方一些省（自治区）也开始大量种植葡萄，但葡萄病害严重影响了葡萄业的发展。全球已知葡萄病害100多种，中国有60多种，其中为害比较严重的有十多种，如黑痘病、炭疽病、白腐病、灰霉病、霜霉病、褐斑病和病毒病等。黑痘病、炭疽病和白腐病是为害果实最严重的三大病害，严重时可造成果实损失70%~80%，甚至颗粒无收。霜霉病和锈病等主要为害叶片，严重时叶片焦枯早落，果实瘦化酸涩，对树势和产量均有较大影响。而扇叶病、卷叶病等病毒病及线虫病，则是葡萄早衰、退化的主导因素之一。

◆ 第一节 葡萄黑痘病

本节图片

葡萄黑痘病（grape spot anthracnose）又称疮痂病、鸟眼病，是葡萄果实的重要病害之一，在我国的南、北产区均有发生，在多雨潮湿地区，特别是南方产区，发病严重，常造成重大损失。

一、症状

黑痘病主要为害葡萄的绿色幼嫩部分，如果实、果梗、叶片、叶柄、新梢及卷须等，以果穗受害损失最大。幼果受害，果面出现褐色小圆斑，扩大后直径达3~8 mm。病斑中央凹陷，灰白色，外部深褐色，周缘紫褐色，似鸟眼状。后期病斑硬化或龟裂。病斑限于皮表，不深入果肉。果实小而酸。潮湿时，病斑上出现黑色分生孢子盘，并溢出乳白色黏液，此为病原菌的分生孢子团。幼叶受害，初呈针头大褐色或黑色斑点，周围有黄晕。后病斑扩大为圆形或不规则形，直径1~4 mm，病斑中央灰白，稍凹陷，边缘黑褐或紫色，干燥时病斑中央破裂穿孔，但病斑周缘仍保持紫褐色的晕圈。叶脉上病斑呈梭形，凹陷，灰色或灰褐色，边缘暗褐色。受害严重时常使病叶扭曲皱缩。穗轴、果梗、叶柄、新梢、卷须等受害，症状与果实和叶片相似。发病严重时，多个病斑相连合，新梢停止生长，萎缩枯死（拓展图13-1）。

二、病原

1. **分类地位** 黑痘病的病原，无性阶段为半知菌类痂圆孢属葡萄痂圆孢菌 [*Sphaceloma ampelinum* (de Bary) Shear]；有性阶段为子囊菌门痂囊腔菌属葡萄痂囊腔菌 [*Elsinoë ampelina* (de Bary) Shear]，我国尚未发现。

2. **形态特征** 分生孢子盘疣状，半埋生于寄主组织内。分生孢子梗短小，大小为

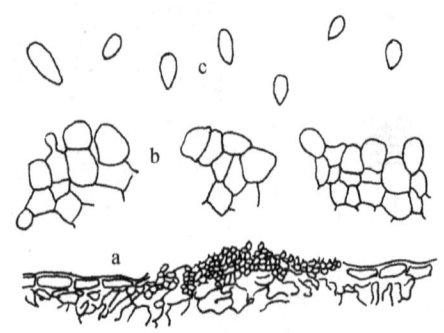

图 13-1 葡萄痂圆孢菌（仿 Sutton，1980）
a. 载孢体；b. 产孢细胞；c. 分生孢子

（6.6～13.2）μm×（1.3～2.0）μm，无色，单胞。分生孢子椭圆形或卵形，大小为（4.8～11.6）μm×（2.2～3.7）μm，无色，单胞，稍弯曲，两端各有1个油球（图 13-1）。

3. 生物学特性　菌丝生长温度为 8～32℃，最适温度为 24℃。分生孢子形成和萌发适温为 24～25℃，并要求高湿度。潜育期长短受气温、品种抗性和感病组织老嫩程度的影响，一般为 3～12 d。当温度在 24～28℃时，潜育期最短为 3～6 d；超过 30℃时，发病受到抑制。

三、病害循环

病原菌既可以菌丝体在病蔓、病梢和叶痕上越冬，也可在病残体如病果和病叶上越冬。在我国北方果区，以病残体越冬为主，病原菌在病组织中可存活 3～5 年；在南方果区，病残体易腐烂，不是主要的初侵染源，而以在病株上越冬为主。翌年 3～5 月产生新的分生孢子，借风、雨水传播。孢子萌发后，芽管直接侵入寄主，引起初次侵染。以分生孢子进行重复侵染。病害的远距离传播主要靠带病苗木与插条的调运（图 13-2）。

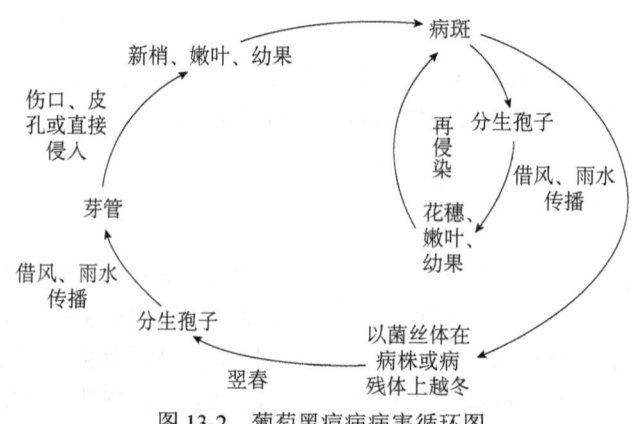

图 13-2　葡萄黑痘病病害循环图

四、发病条件

1. 环境条件　该病的发生与降雨、大气湿度及植株幼嫩情况密切相关。在 24～25℃条件下，多雨高湿利于分生孢子的形成、传播及萌发侵入，而这样的气候也有利于寄主组织的迅速生长，组织幼嫩，致使病害更易流行。干旱年份或少雨地区，发病显著减轻。

该病的发病时期依地区而异。在广西北部，3 月中下旬开始发病，4 月中下旬为发病盛期。在福建，4 月上旬开始发病，4 月下旬至 5 月上旬为发病盛期。在重庆，有两个发生期，第一次在 3 月中旬后开始发病，4 月上中旬为盛发期；第二次在 6 月上旬至 9 月下旬发生，7 月中旬至 8 月下旬为发病盛期。地势低洼、排水不良、管理粗放、通风透光不好或施用氮肥过多的果园往往发病较重。冬季清园不彻底，遗留大量病残体的果园加剧发病。

2. 品种抗病性及生育期　品种间的抗病性有明显差异：东方品种及地方品种易感病，

个别西欧品种也易感病；绝大多数西欧品种及黑海品种抗病；欧美杂交种很少感病（如'夏黑'和'巨峰'为高抗品种）。其中，严重感病的品种有'季米亚特''羊奶''龙眼''无核白''保尔加尔'；中度感病品种有'葡萄园皇后''玫瑰香''新玫瑰''意大利''小红玫瑰'等；轻微感病品种有'莎巴珍珠''上等玫瑰香''法兰西兰''佳里酿''吉母沙'等；抗病品种有'富士''先丰''仙索''白香蕉''巴柯''赛必尔2003''赛必尔2007''水晶''金后''黑虎香'等。

葡萄生育期不同，抗病性也不同。幼嫩的组织易感病，停止生长后的叶片几乎不再染病。果粒越小，染病越重。果粒如高粱粒大时抗病性开始增强。枝蔓表皮转成褐色后基本不再受害。

五、防控措施

1. **选育抗病品种** 选育和种植适宜各葡萄栽培区的园艺性状良好的抗病品种。

2. **清除菌源** 生长期中，及时摘除不断出现的病叶、病果及病梢。清扫园内落叶、病穗。冬季修剪时，仔细剪除病梢、僵果，刮除主蔓上的枯皮，同时收集烧毁。在葡萄发芽前20 d，全面喷洒一次铲除剂。常用的铲除剂有0.3%五氯酚钠加3°Bé石硫合剂、10%硫酸亚铁加1%粗硫酸或40%福美砷可湿性粉剂100倍液等。

3. **加强栽培管理，改善果园生境** 合理施肥，多施有机肥，增施磷钾肥，不偏施氮肥，减少徒长枝的抽生，增强树势。及时剪除过密枝、徒长枝、细弱枝和病虫枝，适时绑蔓，提高结果部位，改善棚架通风透光条件。此外，南方果区雨水多，建园时应开好排水沟，雨后应特别注意及时排干园内积水，以降低果园湿度。

4. **地表覆盖** 用黑色地膜或稻草等覆盖地面，阻抑土壤越冬菌的侵染，减轻病害，提高果实品质；同时保持土壤疏松，防止雨水冲刷流失肥分，抑制杂草生长。覆盖稻草在夏季还可降低土温，在冬季则可保温，增加有机质含量。

5. **果穗套袋** 对高度感病品种或严重发病地区，果穗套袋不仅可有效防止病害的发生和害虫、鸟类对果实的危害，减少用药次数，降低农药残留，而且可减少裂果及贮运期的腐烂率。果袋可用旧报纸或牛皮纸制作成两端直通的圆筒，筒径20 cm左右，高30 cm左右，将果穗套入纸袋后上端扎紧，下端通气不封口或封口则效果更佳，如采用塑料薄膜套袋，其下端则必须敞开通风。用塑料薄膜与葡萄专用袋的效果较优。套袋时间多在果实长至直径1 cm左右大时进行，套袋前适当疏果并喷药一次。常用的药剂有80%代森锰锌可湿性粉剂800倍液、10%苯醚甲环唑水分散粒剂1000倍液、250 g/L嘧菌酯悬浮剂1000~2000倍液或70%代森锰锌可湿性粉剂600~800倍液等。果实接近成熟前20 d左右解除果袋，并在2~3 d内选用上述药剂之一再喷一次药保护。

6. **生长期喷药保护** 葡萄展叶后开始喷药防治，以开花前和落花70%~80%时的两次喷药最为重要。可根据降雨和病情决定喷药次数。有效的药剂除前述之外，还有1∶0.5∶240波尔多液、50%咪鲜胺乳油1500~2000倍液、10%苯醚甲环唑水分散粒剂1000倍液、250 g/L嘧菌酯悬浮剂1000~2000倍液、75%百菌清可湿性粉剂600倍液或400 g/L氟硅唑乳油6000~10 000倍液等。详见柑橘疮痂病药剂防治。

7. **苗木消毒** 新建的葡萄园或苗圃，对苗木或插条要严格检验，烧毁重病苗；对可疑苗木进行消毒处理，即在萌芽前用上述铲除剂、3%~5%硫酸铜或15%硫酸铵，整株喷药或浸泡3 min消毒。

8. 避雨栽培　　在降雨频繁地区，如广西在4月下旬至5月上旬，于葡萄架上方搭建与畦面同宽的塑料膜拱棚，以避免雨水对植株的直接冲刷和溅射传播病原菌，可有效降低果园湿度，不利于病原菌传播、侵染和繁殖，并减少约1/3的用药量，降低农药残留，还可减少雨水冲刷引起的土壤中有机肥流失。广西桂林兴安经验，此法可有效地控制50%～70%病害的发生和危害。

◆ 第二节　葡萄炭疽病

本节图片

葡萄炭疽病（grape anthracnose）又名晚腐病、苦腐病，是葡萄近成熟期的重要病害之一。我国各产区均有分布。发病严重的果园，病穗率可达70%。该病除为害葡萄外，还能侵害苹果、柑橘和梨等多种果树。

一、症状

葡萄炭疽病一般只发生在着色或近成熟的果实上。病原菌也能侵染幼果、蔓、叶和卷须等，但无明显症状。着色后的果实上初生褐色圆形小斑点，后病斑逐渐扩大并凹陷，生轮纹状排列的小黑点，即病原菌的分生孢子盘，天气潮湿时其上溢出粉红色黏液，即分生孢子团。病斑可扩展到半个或整个果面，果粒软腐易脱落，病果酸而苦；或逐渐干缩成为僵果。果柄和穗轴发病产生暗褐色、长圆形的凹陷病斑，导致病斑以上部分干枯脱落（拓展图13-2）。

二、病原

1. 分类地位　　葡萄炭疽病的病原包括半知菌类炭疽菌属的多个种，主要为葡萄炭疽菌（*Colletotrichum viniferum*）、隐秘炭疽菌（*C. aenigma*）和果生炭疽菌（*C. fructicola*），其中 *C. viniferum* 是主要病原菌。

2. 形态特征　　*C. viniferum* 的分生孢子盘黑色，初埋生于寄主表皮下，后突破表皮外露。分生孢子梗大小为（16～25）μm×（3～4.5）μm，无色，单胞，不分枝。分生孢子大小为（12～16）μm×（4.5～6.0）μm，无色，单胞，圆筒形，两端钝或圆形。附着胞大小为（6.5～10.5）μm×（4.5～6.0）μm，褐色，卵圆形或棍棒形，有时呈不规则缺刻（拓展图13-3）。3种病原菌分生孢子形态上差别不大，*C. viniferum*（7.67 mm/d）在PDA培养基上生长速度，较隐秘炭疽菌（11.47 mm/d）和果生炭疽菌（12.93 mm/d）慢。

3. 生物学特性　　病原菌生长适温为26～29℃，最高为35℃，最低为7～9℃。病原菌生长与糖的含量有关，含糖量6%时生长最好，果糖、葡萄糖、蔗糖均为良好碳源。结果枝上的越冬病原菌在10～35℃时均可产孢，最适温度为25～28℃。枝条水湿后开始产孢。孢子萌芽温度为9～35℃，最适温度为28～32℃。孢子的形成和萌发均需要高湿度。孢子在蒸馏水中几乎不发芽。

三、病害循环

病原菌主要以菌丝体在结果母枝、一年生枝蔓表层组织及病果上越冬，也可在叶痕、穗梗及节部等处越冬。翌春环境条件适宜时，产生大量的分生孢子，借风、雨水或昆虫传到新梢、叶片及幼果穗上，引起初次侵染。病原菌可直接侵入果皮或通过皮孔、伤口侵入。幼果期的果汁成分主要是酒石酸，含糖 0.5%～2.0%，pH<2.5，对病原菌生长不利，故显症后病斑不扩大或不显症，呈潜伏侵染状态。果实着色期，含糖 8%以上，pH>2.5，铵态氮和非蛋白态氮增加很快，病原菌生长迅速，病斑扩大快，直至腐烂。潜育期，幼果为 20 d，着色期后为 4～6 d。病斑上产生的分生孢子进行多次再侵染（图 13-3）。

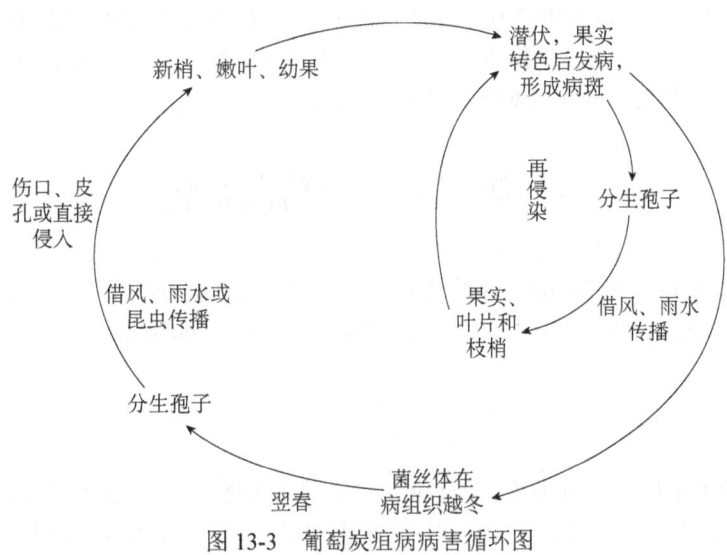

图 13-3　葡萄炭疽病病害循环图

四、发病条件

1. 降雨　病原菌产生分生孢子除了需要一定的温度，还需要高湿度。一般日降雨量在 15～30 mm，大气湿度能湿润病组织，田间即可出现病原菌的孢子。阴雨连绵，最有利于孢子持续产生。葡萄成熟期高温多雨，常导致病害流行。在广西，6～10 月是该病的发生期，其中 6 月中下旬至 7 月下旬为'巨峰'葡萄的成熟期，也是该病的发生高峰期。在福建，6 月中旬开始发病，7 月上中旬进入发病盛期，7 月下旬达到发病高峰，与'巨峰'葡萄的成熟期一致。在重庆地区，该病的发生期为 5 月中旬至 8 月中旬，6 月中下旬盛发，7 月至 8 月上旬葡萄大量成熟时达到发病高峰期。

此外，果园排水不良、土质黏重、架式过低、偏施氮肥、蔓叶过密、通风透光不良等环境条件也有利于发病。

2. 品种　一般早熟品种可避病，果皮薄的品种和晚熟品种往往发病较严重。感病较重的品种有'巨峰''吉姆沙''季米亚特''无核白''亚历山大''鸡心''保尔加尔''葡萄皇后''沙巴珍珠''玫瑰香'和'龙眼'等；感病较轻的品种有'黑虎香''意大利''烟台紫''蜜紫''小红玫瑰''巴米特''水晶'和'构叶'等；抗病的品种有'赛必尔 2007''赛必尔 2003'和'刺葡萄'等。

五、预测预报

晚秋季节从重病果园中采集无病状的叶片（或副梢末端）数百张，风干后留下叶柄。翌年春天，将带菌叶柄绑缚成束，悬于离果园较远的旷地，其下连接漏斗和玻璃瓶，在每次下雨后，收集瓶内雨水，在显微镜下检查有无病原菌孢子，预报孢子初见期和首次施药防治日期。

六、防控措施

综合防治方法详见葡萄黑痘病防治。此外，春芽萌动时，喷洒80%福美双·福美锌可湿性粉剂500倍液、40%福美砷可湿性粉剂100倍液或2°Bé的石硫合剂加五氯酚钠200倍液，以降低越冬菌源。果园中初次出现孢子时，即于3~5 d内喷第一次药，以后每隔15 d喷1次，连续喷3~5次。其他有效药剂详见葡萄黑痘病和柑橘炭疽病药剂防治。

本节图片

◆ 第三节 葡萄白腐病

葡萄白腐病（grape white rot）又称腐烂病、水烂、穗烂，我国的南方和北方果区普遍发生，一般年份果实损失率为15%~20%，流行年份损失率可达60%以上。

一、症状

该病主要为害果穗，也可为害新梢和叶片。①果穗症状。多在近地面的果穗尖端开始发病，在果梗和穗轴上产生淡褐色、水渍状、边缘不明显的病斑，病部皮层腐烂，手捻易脱落，病组织有土腥味。以后，病斑逐渐向果粒蔓延，使果粒基部变褐软腐，最后整个果粒呈褐色软腐。天气潮湿时，病穗轴及烂果粒表面密生灰白色至灰褐色小粒点，为分生孢子器，其上溢出灰白色黏液分生孢子团。病部呈灰白色腐烂，所以称为白腐病（拓展图13-4）。穗轴及果柄发病后干枯皱缩，病部以上萎蔫、干枯。果实发病严重时，全穗腐烂，病果受震动极易脱落；天气干旱时，果粒干缩呈猪肝色棱角状僵果，悬挂树上，长久不落。白腐病果粒症状和房枯病很相似，但后者果粒不易脱落，病果上的小粒点呈黑色且较稀疏，溢出的黏液滴分生孢子团呈灰黑色。②枝梢症状。病斑均发生在近地面部位或在机械伤、雹伤和摘心造成的伤口处。病部开始呈水渍状，后发展成长条形，色泽也由浅褐色变为黑褐色，略凹陷，并着生大量灰色小点状的分生孢子器。后期寄主表皮组织脱落，肉质部分腐烂解离，只剩下丝状维管束组织，使病皮呈"披麻状"。发病严重时，病部缢缩，枝梢枯死或折断，影响植株生长。③叶片症状。首先从下部叶尖、叶缘或有损伤的部位开始，逐渐向植株上部扩散。病部初呈水渍状、淡褐色、近圆形或不规则形斑点，逐渐扩大成具有环纹的大斑，上面也着生灰白色小粒点，但以叶背和叶脉两边居多。后期病斑干枯易破裂。

二、病原

1. **分类地位** 葡萄白腐病的病原，无性阶段为半知菌类垫壳孢属白腐垫壳孢菌 [*Coniella diplodiella*（Speg.）Pet. & Syd.] 和 *Coniella vitis* Yan, Li & K. D. Hyde；*C. diplodiella* 的有性阶段为子囊菌门卡尼囊壳属 *Charrinia diplodiella*（Speg.）Viala & Ravaz.，我国尚未发现。*C. vitis* 的有性阶段尚未发现。

2. **形态特征** *C. diplodiella* 的分生孢子器散生，球形或近球形，直径96~160 μm，具孔口。分生孢子大小为（7.8~13.3）μm×（4.3~6.0）μm，单胞，淡褐色至暗褐色，椭圆形或卵形，一端稍尖或钝圆，另一端稍平截，内含1至多个油球，表面光滑（图13-4）。

3. 生物学特性　　分生孢子萌发温度为13~40℃，最适温度为28~30℃。孢子萌发要求95%以上的相对湿度，在92%以下时不能萌发。分生孢子在蒸馏水中不萌发，在0.2%葡萄糖液中萌发率也不高，在葡萄汁液中萌发率可达93.2%，在放有穗梗的蒸馏水中萌发率最高。

三、病害循环

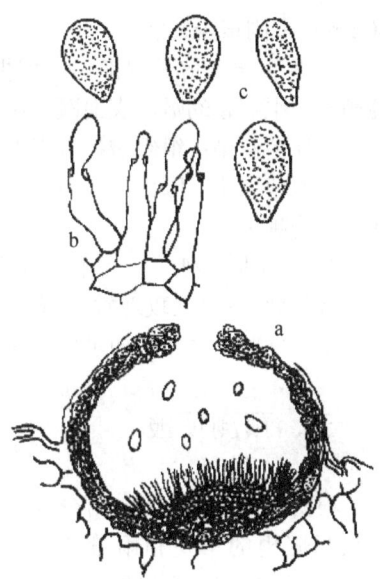

图13-4　白腐垫壳孢菌
（仿 Person and Goheen, 1988）
a. 载孢体；b. 产孢细胞；c. 分生孢子

病原菌主要以分生孢子器、分生孢子或菌丝体随病残体在土壤表面和表层越冬，其中僵果上的分生孢子器越冬存活力最高。病残体腐烂后，病原菌还可在土壤中存活1~2年。在各种病残体中，以病果最为重要。病原菌在土壤中越冬时，一般以地面和表土20 cm以内最多。病果落地后不易腐烂，附于其上的病原菌有的可存活4~5年之久。越冬后，第二年春季条件适宜时病原菌产生分生孢子，靠雨水反溅传播，侵染近地面寄主组织，引起初次侵染。病斑上产生的分生孢子会引起多次再侵染。病原菌主要从伤口侵入，但少数也可从表皮较薄处直接侵入，有的还可从果实的蜜腺处侵入。在适宜条件下，该病潜育期为3~4 d，最长可达10 d，一般为5~6 d（图13-5）。

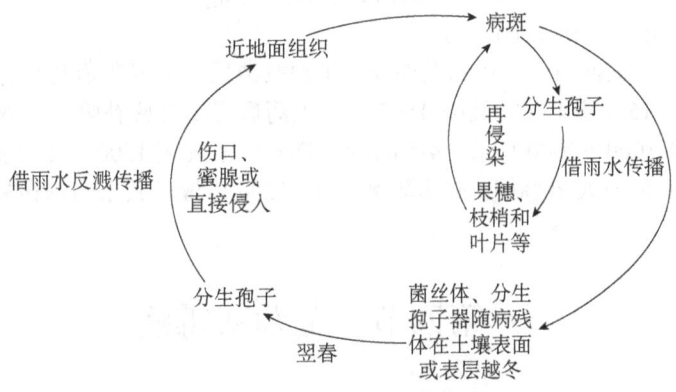

图13-5　葡萄白腐病病害循环图

四、发病条件

1. 环境因素　　高温高湿是病害发生和流行的主要因素。多雨年份及通风透光不良的高湿果园发病重。雨季早发病也早，雨季迟发病也迟。果园发病后，每逢雨后就会出现一个发病高峰，特别是在暴风雨或雹灾后，造成大量伤口，更易导致病害流行。

栽培方式与发病关系密切，如篱架比棚架病重，这可能是因为篱架果穗部位较接近地面。据调查，发病初期有80%的病穗集中在距地面40 cm以内，其中60%集中在20 cm以下，

60 cm 以上则很少发病。

2. 寄主组织的成熟度　据报道，病原菌孢子在糖水中才能萌发，在清水及青果汁中不能萌发。组织越幼嫩，表面凝水中外渗的糖类物质就越少，同时幼嫩组织愈伤能力强，所以不易受病原菌侵染；组织越接近老熟，表面凝水中糖类物质越多，再加上老熟组织愈伤能力差，易受病原菌侵染。因此，在自然条件下，幼果不发病，进入着色期的果实才开始发病，越接近成熟发病越重。

3. 品种抗病性　品种抗病性存在明显差异，'巨峰''佳利酿''马福尔多''黑赛白利'最为感病；'红玫瑰香''黄玫瑰香''上等玫瑰''吉姆沙''龙眼'次之；'黑虎香''紫玫瑰香''柳子''保尔加尔'等较少感病。

五、预测预报

根据北京地区的方法可分为以下三个阶段。①始发期：以病果出现为标志，发病的早晚与坐果后降雨的早晚和雨量的大小密切相关。当旬雨量达 15 mm 时，其中最多一次达 6～7 mm，再加上 5～6 d 的潜育期，即始发期。②盛发期：以病穗率达 10%为盛发期的低限，进入盛发期的早晚取决于 7 月上中旬大雨出现的时间，即以果实着色期的降雨量为依据，当旬降雨量或最大一次降雨量在 60 mm 以上时，加上 3～4 d 的潜育期，即盛发期。③持续期：盛发期持续时间的长短，取决于雨季结束的早晚。

六、防控措施

1. 清除菌源　方法同葡萄黑痘病。此外，还可用福美双 1 份、硫黄粉 1 份、碳酸钙 2 份，三者混合均匀后撒在果园土表，每 667 m^2 撒施 2～3 kg。

2. 加强栽培管理　详见葡萄黑痘病。

3. 药剂防治　根据当地历年始发期及当年预报结果，掌握在始发期前 5～6 d 喷第一次药，以后每隔 10～15 d 喷 1 次，连喷 4～5 次。喷药后遇雨时应补喷。有效的药剂有 30%苯甲·嘧菌酯悬浮剂 1000～2000 倍液、40%唑醚·咪鲜胺水乳剂 1500～2500 倍液、40%氟硅唑乳油 8000～10 000 倍液或 20%抑霉唑水乳剂 800～1200 倍液。其余药剂详见柑橘疮痂病和葡萄黑痘病。

本节图片

第四节　葡萄灰霉病

葡萄灰霉病（grape gray mold）不仅为害花穗、幼果，也是贮藏、运输和销售期间引起果实腐烂的主要病害。其在南方葡萄产区普遍发生；在北方产区露地栽培除个别年份外一般发病不重，但保护地栽培的葡萄，灰霉病发生日趋严重，已成为保护地葡萄生产的重要病害之一。

一、症状

灰霉病主要侵染花穗、幼果和将要成熟的果实，也能侵染新梢、叶片、果梗。花穗、幼果感病，先在花梗和小果梗或穗轴上产生淡褐色、水浸状病斑，后变暗褐色软腐。天气潮湿时，病部长出一层灰色的霉状物子实体。天气干燥时，染病的花穗、幼果逐渐失水、萎缩，最后干枯脱落，造成大量落花落果，甚至整穗落光。新梢及叶片染病后产生淡褐色不规则的病斑，在叶片上有时出现不太明显的轮纹，后期病斑上也出现灰色霉层。果实上浆后染病，果面出现褐色凹陷病斑，扩展后整个果实腐烂，先在果皮裂缝处产生灰色孢子堆，后蔓延到整个果实，长出灰色霉层。果梗发病后变黑色。病部后期长出黑色块状菌核（拓展图13-5）。

二、病原

1. 分类地位　　葡萄灰霉病的病原，无性阶段为半知菌类葡萄孢属灰葡萄孢（*Botrytis cinerea* Pers. ex Fr.）；有性阶段为子囊菌门葡萄核盘菌属富克葡萄孢盘菌［*Botryotinia fuckeliana*（de Bary）Whetzel］，通常情况下很少发生。

2. 形态特征　　分生孢子梗从寄主表皮下菌丝体或菌核上长出，细长，呈不规则的树枝状分枝。顶端细胞膨大成球形，上生小梗，梗上着生分生孢子。分生孢子大小为（9～15）μm×（6.5～10.0）μm，无色或灰色，单胞，椭圆形或卵圆形，分生孢子聚集成葡萄穗状，并呈灰色（图13-6）。菌核块状，黑色，形状不规则。

图13-6　灰葡萄孢分生孢子梗及分生孢子（引自康振生等，1997）

3. 寄主范围　　除为害葡萄外，还侵害草莓、番茄、茄子、辣椒、黄瓜、西葫芦、金瓜、菜豆、豇豆、豌豆、白菜类、甘蓝类、青花菜、芹菜、香芹、芫荽、胡萝卜、芦笋、百合、莴苣、菊花、猕猴桃、柿、越橘、毛叶枣等多种植物。

三、病害循环

病原菌以菌核、分生孢子和菌丝体随病残组织在土壤中越冬。该病原菌是一种寄主范围很广的兼性寄生菌，多种水果、蔬菜和花卉都可发生灰霉病，因该病害初侵染源除葡萄园内的病果、病枝等越冬病残体外，其他场所的越冬病原菌也能成为该病的初侵染源。菌核和分生孢子的抗逆性很强，越冬以后，第二年春天在条件适宜时，菌核萌发产生新的分生孢子，新老分生孢子通过气流传播到花穗、果实或叶片上，在有外渗营养物质的情况下，很易萌发，通过伤口、自然孔口及幼嫩组织侵入寄主发病，病斑上的分生孢子借气流传播进行再侵染。春天主要侵染花序及幼果。有时病原菌在葡萄开花末期还可穿过柱头和花柱侵入子房，成为潜伏侵染，直到果实成熟后或贮运期才发病（图13-7）。

四、发病条件

低温潮湿有利于发病。在15～20℃条件下，饱和湿度保持15 h，病原菌就可侵染葡萄。所以，株行距过密，通风不良；保护地浇水过多，温室湿度大及偏施氮肥或土壤偏碱等都有利于病害发生。不同品种的抗性不同，'尼加拉''黑罕''黑大粒'等高度抗病；'玫瑰香''葡萄园皇后''白香蕉'等中度抗病；'洋红蜜''新玫瑰''白玫瑰香'高度感病。

该病有两个明显的发病期：第一次发病在开花前及幼果期，主要为害花及幼果，这时的低温多湿条件易引起大发生，造成大量的落花落果；第二次发病在果实着色至成熟期，此时若遇

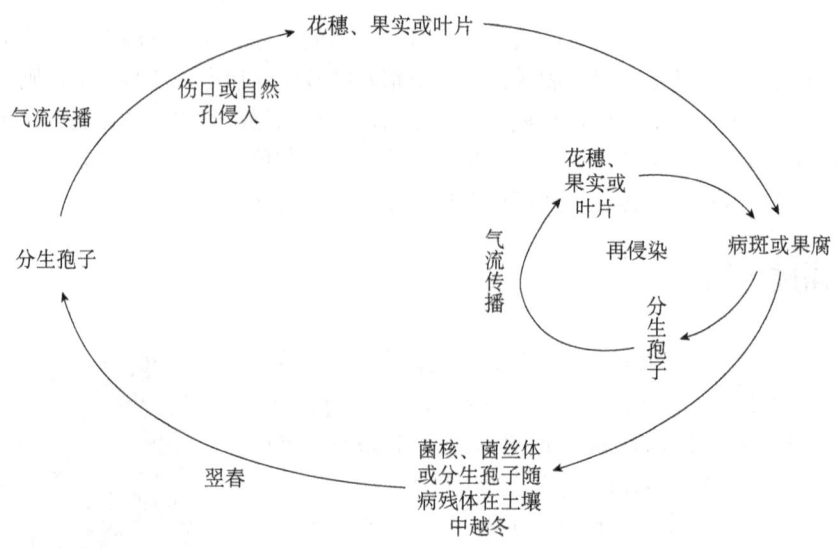

图 13-7 葡萄灰霉病病害循环图

暴风雨，病原菌最易从伤口侵入浆果并产生灰霉层。在桂林，该病的第一次发生期一般在 3～5 月，其中以 4 月下旬至 5 月上旬为发病高峰期，此时也正是葡萄的开花期，再加上阴雨潮湿、气温不高，特别有利于该病的侵染和流行；第二次发病期在 6 月中下旬至 7 月下旬果实着色至成熟期。在重庆，4 月上旬至 5 月上旬为该病的发生期，4 月中下旬盛发，此时也正是现蕾期至开花期。

五、防控措施

1. 加强栽培管理　　落叶后应彻底清除架上病穗、病蔓等带病组织和地上落叶、落果，并集中烧毁或深埋，减少越冬菌源。注意果园排水，勿使过于潮湿；及时修剪、绑蔓，保持较好的通风透光条件，清除近地面的蔓、叶，降低湿度；适当增施磷钾肥，控制氮肥，提高植株抗病能力。

2. 采用避雨栽培　　详见葡萄黑痘病防治。

3. 药剂防治　　开花前和落花后及时喷药，以防幼果发病；果实成熟期，先摘除病果、病穗再喷药保护。常用的药剂有 50%嘧菌环胺水分散粒剂 625～1000 倍液、40%啶酰·咯菌腈 1000～2000 倍液、50%异菌脲可湿性粉剂 750～1000 倍液、50%啶酰菌胺水分散粒剂 500～1500 倍液或 50%腐霉利可湿性粉剂 1000～2000 倍液等。

4. 安全贮运　　在采收和运输过程中尽量避免造成伤口，并可在贮藏前用 50%异菌脲可湿性粉剂或 50%腐霉利可湿性粉剂 1000 倍液浸果处理。

本节图片

◆ 第五节　葡萄霜霉病

葡萄霜霉病（grape downy mildew）在我国的各产区都有发生，是为害葡萄叶片的重要病害之一。在南方葡萄产区，由于多雨潮湿，该病几乎年年流行，常常造成大量叶片焦枯，提早落叶，枝蔓扭曲，发育不良，削弱树势，并影响当年和第二年产量。

一、症状

葡萄霜霉病主要为害叶片,严重时也能侵染嫩梢、花序、幼果等绿色幼嫩组织。叶片受害最初产生半透明、油渍状小斑点,渐扩大为淡黄色至黄褐色多角形病斑,边缘不清晰,大小形状不一,常数个病斑连在一起,形成黄色干枯大斑。潮湿时,病斑背面产生一层白色的霜霉状物,即病原菌的孢囊梗和孢子囊(拓展图13-6)。后期病斑干枯变褐,病叶提早脱落。嫩梢、花梗、卷须、叶柄发病,初为半透明、水渍状斑点,后变为浅褐色至暗褐色的不规则病斑,潮湿时也产生白色的霉状物。后期病斑干枯变褐,病部叶片提早脱落。幼果感病,病部呈灰绿色,并生有白色霉层,随即皱缩脱落。果粒半大时受害,呈褐色软腐状态,不久干缩早落。果实着色后不再受侵染。

二、病原

1. 分类地位　　葡萄霜霉病的病原为卵菌门单轴霉属葡萄生单轴霉 [*Plasmopara viticola* (Berk. & Curt.) Berl. & de Toni.]。

2. 形态特征　　孢囊梗大小为(250～850)μm×(6～10)μm,一般5～6枝成簇从表皮气孔中伸出,无色,无隔膜,单轴状分枝3～6次,一般分枝2～3次,分枝处略成直角。在分枝的末端有2～4个小梗,梗端着生1个孢子囊。孢子囊大小为(13～39)μm×(8～21)μm,无色,单胞,倒卵圆形或椭圆形,顶部有乳头状突起,萌发时产生6～8个无色、肾形、侧生2根鞭毛的游动孢子,大小为(7.5～9.0)μm×(6～7)μm。一般游动半小时后,失去鞭毛变成圆形的静止孢子,然后长出芽管,经由叶背气孔侵入寄主。秋季受害部位可产生卵孢子,圆球形,直径30～35μm,褐色,壁厚,表面平滑,略具波纹状。卵孢子在水中萌生芽管,顶端生梨形孢子囊,内生30～60个游动孢子(图13-8)。

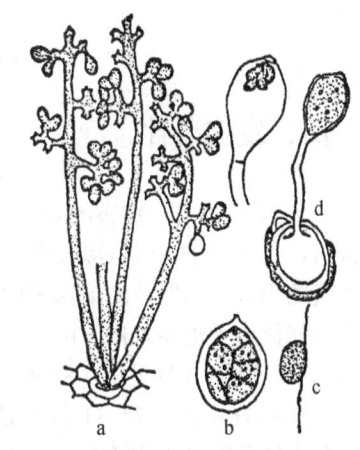

图13-8　葡萄生单轴霉(引自中国农业科学院植物保护研究所,1996)
a. 孢囊梗;b. 孢子囊;c. 游动孢子;
d. 卵孢子萌发

3. 生物学特性　　孢子囊形成温度为13～28℃,最适温度为15℃。形成的时间主要为夜间。孢子囊萌发温度为5～21℃,最适温度为10～15℃,在高温干旱条件下孢子囊可存活4～6 d,低温下可存活14～16 d;游动孢子萌发的温度为12～30℃,最适温度为18～24℃。卵孢子萌发温度为13～33℃,最适温度为25℃。相对湿度95%～100%及4 h以上的黑暗条件可促进孢子囊的形成;孢子囊萌发和游动孢子的萌发都离不开高湿度和雨露,因此高湿和冷凉是发病的有利条件。气温高于30℃时抑制发病。葡萄霜霉病菌为专性寄生菌,不能在人工培养基上培养。

三、病害循环

病原菌主要以卵孢子随落叶在土中越冬。气候温和地区也能以菌丝体在芽鳞和未落叶片内越冬。卵孢子在潮湿土中能存活两年。翌年春天气温达13℃时,卵孢子在高湿条件下萌发产生芽管和孢子囊，孢子囊萌生游动孢子，借风、雨水吹传到寄主绿色组织上，由气孔、水孔侵入，经7~12 d的潜伏期，又产生孢子囊，进行再侵染。孢子囊一般在夜间生成，侵染则多在早晨发生。孢子囊暴露在阳光下数小时即失去活力。秋末病原菌在叶内形成卵孢子越冬（图13-9）。

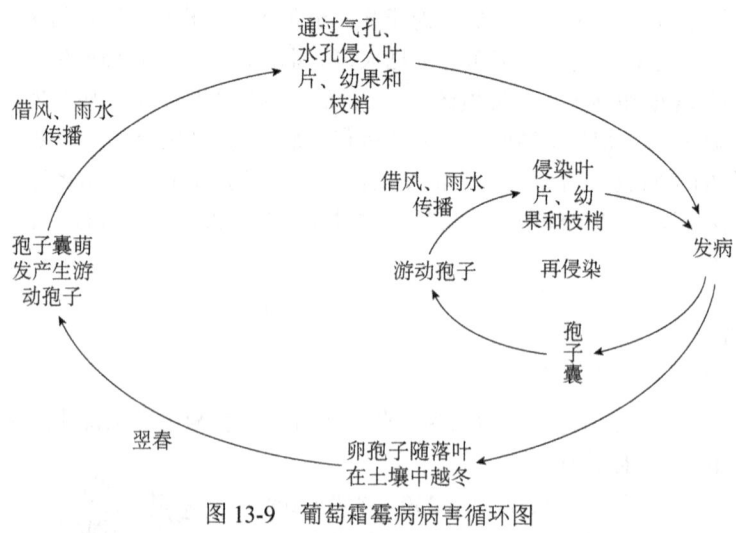

图13-9 葡萄霜霉病病害循环图

四、发病条件

1. **气候条件** 病害的发生与温度、湿度和降雨有密切关系。雨湿充足是病害流行的主导因素。每年秋季，气候凉爽且气温忽高忽低，昼夜温差大，若遇多雨、雾浓、露重天气，对孢子囊的形成、萌发及游动孢子的萌发侵染都很有利，易引起病害流行。在适温条件下，病原菌在夜间比白天更易入侵。由于各产区气候条件不同，发病早晚及为害程度也不一致。在我国北方果园，通常6月见病，8~9月为盛发期；浙江杭州大多在9月上旬开始发病，10月上旬为盛发期；在广西，7~11月均是该病的发生期，7月下旬至9月下旬为盛发期；在重庆地区，7月上旬至11月都有发生，7月下旬至9月上旬为盛发期。

2. **品种抗病性** 栽培品种间的抗病性有明显差异，一般来说，美洲种葡萄和'夏葡萄''圆叶葡萄''沙地葡萄''心叶葡萄'较抗病；欧亚种葡萄感病。利用抗病砧木可影响接穗的抗病性。葡萄细胞液中钙/钾值高，叶片气孔稀，孔径小，且其周围有白色堆积物的品种都较抗病。铵态氮及多酚类物质等含量高则抗性增强。抗性较强的品种有'康拜尔''早生''尼加拉''岗5''镇3''留8''白-35-1'等；'红地球''巨峰''新玫瑰香''甲州''黑香玛特'等感病。此外，果园地势低洼、栽植过密、棚架过低、荫蔽、通风透光不良、偏施氮肥、树势衰弱等都有利于发病。

五、预测预报

测报方法可根据以下4项指标进行：①病原菌卵孢子在土壤湿度大的条件下，当昼夜平均温度达13℃时，即可萌发；②昼夜平均温度在12~13℃及以上，同时有孢子囊形成，寄主表面又有2.0~2.5 h及更长时间的水滴存在，病原菌即可完成侵染；③在适合的条件下（温度

22～24℃，感病品种）潜育期为 4 d，在 12℃时则延长至 13 d；④病原菌潜育期结束后，还必须有高湿条件（下雨或有重露）才能产生孢子囊，进行再侵染。依据这些指标，并参照当地气象预报资料，即可预报病原菌初侵染时间。

六、防控措施

1. **加强果园管理** 多雨地区采用避雨栽培（详见葡萄灰霉病防治）。
2. **药剂防治** 根据测报，在病原菌初侵染前喷第一次药，以后每隔 10～15 d 喷 1 次，连喷 2～3 次。可供选用的药剂有 250 g/L 嘧菌酯悬浮剂 1000～1500 倍液、40%烯酰吗啉悬浮剂 1600～2400 倍液、40%噁酮·氰霜唑悬浮剂 3500～4500 倍液、25%氟吡菌胺·氰霜唑悬浮剂 4000～5000 倍液、24%霜脲·氰霜唑悬浮剂 2000～3000 倍液、50%多·福可湿性粉剂 400～500 倍液和 85%波尔·霜脲氰可湿性粉剂 600～800 倍液等。以上药剂应交替使用，以防病原菌产生抗药性。

第六节 葡萄褐斑病

本节图片

葡萄褐斑病（grape brown leaf spot）是葡萄叶部的主要病害之一。该病害在我国分布广泛，我国的东北、西北、华北和华中等各葡萄种植区均有发生。植株染病后，引起叶片提前枯黄脱落，树势衰弱，产量下降。为害严重时，发病率可达 30%以上。

一、症状

葡萄褐斑病主要为害叶片，主要发生在葡萄生长中后期，严重时造成中下部叶片脱落。褐斑病包括大褐斑病和小褐斑病，两者为害叶片，在叶片上形成褐色病斑，症状相似。大褐斑病初期在叶片表面产生近圆形、多角形或不规则形褐色小斑点，后扩大为近圆形病斑，直径 2～13 mm。病斑中间颜色浅，灰白色至黑褐色，边缘暗褐色至近黑色。病健交界处明显。严重时，多个病斑融合成不规则形大斑，焦枯状，叶片脱落。湿度大时，叶片正面或背面产生暗褐色霉状物。小褐斑病症状同大褐斑病相似，但是病斑较小，直径 2～3 mm。生产上以大褐斑病发生较多，造成的危害较严重一些（拓展图 13-7）。

二、病原

1. **分类地位** 大褐斑病的病原为葡萄假尾孢菌 [*Pseudocercospora vitis*（Lév.）Speg.][=*Phaeoisariopsis vitis*（Lév.）Sawada]；小褐斑病的病原为尾孢菌属葡萄座束梗尾孢 [*Cercospora roesleri*（Catt.）Sacc.]。
2. **形态特征** 大褐斑病菌的分生孢子梗聚集成束，暗褐色。孢子梗具隔膜，不分枝，中上部曲膝状弯曲，大小为（56.5～141.4）μm×（3.9～5.1）μm。分生孢子黄褐色，倒棍棒形，顶端钝圆至钝，基部平截，少数具有长的尾部，具 4～9 个隔膜，有时在隔膜处缢缩，大小为（31.1～82.2）μm×（4.6～7.7）μm。

三、病害循环

病原菌主要以菌丝体或分生孢子在病叶上或随病落叶进入土壤中越冬，也可附在主枝、侧枝的树皮上及结果母枝表面等处越冬。第二年初夏，越冬病组织上产生分生孢子，与越冬的分生孢子一起成为初侵染源。分生孢子通过气流或风、雨水传播，从叶片背面气孔侵染为害。该病在果园内可发生多次再侵染（图13-10）。

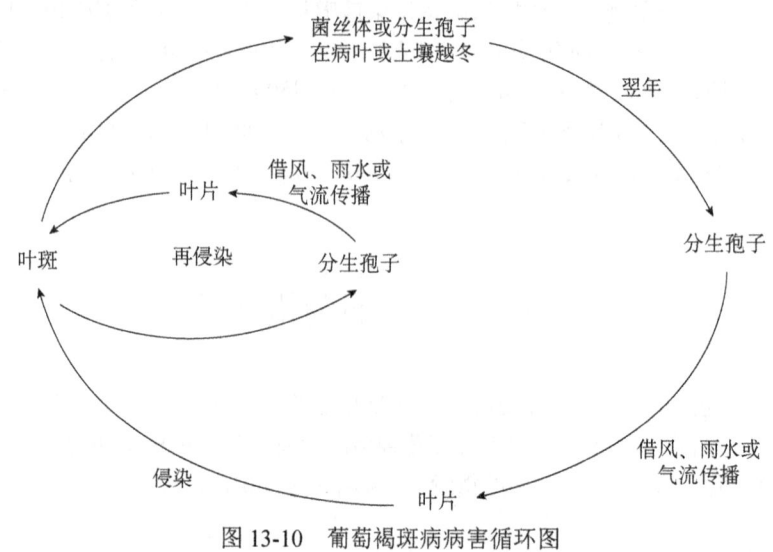

图13-10 葡萄褐斑病病害循环图

四、发病条件

1. 气候条件　高温高湿易发病。雨水较多时或地势低洼的田块发病重。一般每年6月病害开始发生，7~9月为发病盛期，严重时8月即可造成大量落叶。我国东北地区褐斑病多在7月中下旬开始出现病害，8月发展迅速，9月达到最大。
2. 栽培措施　枝叶茂密、肥水不足、排水不良病害重。
3. 品种抗性　美洲葡萄品种易感病，欧洲葡萄品种发病轻。欧美种比欧亚种易感病，据调查，在北方如'巨峰''京优''藤稔''无核早红'和'赤霞珠'等品种发病重，'奥古斯特''美人指''无核白鸡心''京秀'和'无核白'等品种抗病，发病轻。

五、防控措施

1. 冬季清园　参阅葡萄黑痘病等病害防治。清园后喷布2~3°Bé的石硫合剂1次。
2. 药剂防治　药剂防治参照葡萄黑痘病和炭疽病。

本节图片

第七节　葡萄病毒病

葡萄病毒病（grape virus disease）是影响葡萄生产发展的重要病害。据报道侵染葡萄的病毒达 25 属 55 种。国内外已经报道的病毒病有 11 种，其中葡萄扇叶病、葡萄卷叶病、葡萄栓皮病和葡萄茎痘病 4 种病害在世界各葡萄产区发生较普遍。葡萄扇叶病是全球葡萄产区分布最普遍且为害最严重的一种病毒病。葡萄受害后一般减产 20% 以上，重的可达 80%。我国报道较多的是扇叶病和卷叶病。

一、症状

1. 葡萄扇叶病（grapevine fanleaf disease）　该病有三种症状类型。①扇叶型：主要为害叶片。春天新生叶皱缩畸形，缺刻深，可深达主脉。叶片不对称，边缘齿刻不规则。叶柄张开角度大，叶脉扭曲、明脉，扇叶状（拓展图 13-8）。扇叶有浅绿色斑点。枝条畸形，节间长短不一，或缩短或在节上萌生双芽。病株落花落果严重，果实少而小。植株生长衰弱。②黄色花叶型：夏季新叶现鲜明黄色斑点，逐渐扩展后变成黄绿相间的花叶，田间病株多连片发生。夏季高温时隐症。秋季气温逐渐下降，又陆续显示花斑或黄化症状。6 月的黄化叶，秋季呈日灼状发白，边缘常变褐。此型病叶通常不变形。③脉带型：此型症状多出现在夏季初、中期，沿脉出现黄色或淡绿色带状斑纹，叶形正常。

2. 葡萄卷叶病（grapevine leafroll disease）　受侵染的葡萄植株在生长后期表现症状。叶片从下部老叶开始向上发病，叶片反卷，叶面凹凸不平，叶脉间变红，红色扩展加深，直至变成黑红色，仅叶脉保持绿色（拓展图 13-9）。

二、病原

1. 分类地位

1）葡萄扇叶病　病原为伴生豇豆病毒科（*Secoviridae*）豇豆花叶病毒亚科（*Comovirinae*）线虫传多面体病毒属（*Nepovirus*）葡萄扇叶病毒（grapevine fanleaf virus，GFLV），目前已报道有 3 个株系：扇叶株系（grapevine fanleaf strain，GFLS）；黄色花叶株系（grapevine yellow mosaic strain，GYMS）；镰脉株系（grapevine vein banding strain，GVBS）。

2）葡萄卷叶病　病原为长线形病毒科（*Closteroviridae*）葡萄卷叶相关病毒（grapevine leafroll-associated virus，GLRV）。已有 11 种葡萄卷叶相关病毒被报道，其中 GLRaV-2 和 GLRaV-3 是引起我国葡萄园内葡萄卷叶病的主要病原。

2. 形态特征及生物学特性　葡萄扇叶病毒粒子为等径对称多面体，直径 30 nm（图 13-11）。钝化温度为 60~65℃，稀释限点为 10^{-4}~10^{-3}，体外存活期在 20℃时为 15~30 d。葡萄卷叶相关病毒粒子线形，长为 1444~2200 nm。

3. 鉴定方法

1）指示植物鉴定法　采用圣·乔治（St. George）丛生葡萄（*Vitis rupestris*）作指示植物。将指示植物扦插成苗，于 6 月中下旬切取待测葡萄嫩枝作接穗劈接于指示植物上。如受检葡萄携有扇叶病毒，嫁接存活后经 3~16 个月，在指示植物乔治葡萄新叶上显示黄色斑纹或畸形，以后出现典型扇叶症等各类症状。此外，也可以苋色藜（*Chenopodium amaranticolor*）、昆诺藜（*C. quinoa*）、千日红（*Gomphrena globosa*）、菜豆（*Phaseolus vulgaris*）等作检测寄

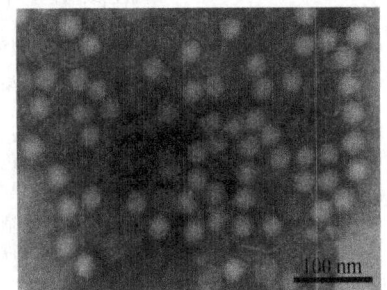

图 13-11　葡萄扇叶病毒粒子
（引自洪健等，2001）

主,取待测葡萄幼嫩组织,置于 0.01 mol/L pH 7.0 磷酸缓冲液加 2.5%烟碱中研磨得到汁液,并进行人工接种。但其可靠性较差,无症反应并非不带扇叶病毒,需在保证接种条件下多次重复接种。

2) 血清鉴定法　用酶联免疫吸附试验(ELISA)鉴定扇叶病毒,十分快捷简便。如首次鉴定即呈阳性反应,表示有扇叶病毒存在,反应如为阴性时,则需重复 2~3 次。

三、发病规律

葡萄扇叶病通过嫁接和无性繁殖材料如自根苗接穗、插条传播;线虫也是重要的传播媒介,主要为剑线虫属中的标准剑线虫(*Xiphenema index*)和意大利剑线虫(*X. italiae*)。剑线虫的传毒力强,取食病株仅几分钟,便可获毒和传毒,成虫和幼虫都能传毒,但不能继代带毒。剑线虫在土中可存活 6~10 年。葡萄扇叶病毒具潜伏侵染特性,在许多栽培品种上不显症,肉眼几乎不能直接鉴别。通常用指示植物鉴定法和血清鉴定法进行鉴定。

四、防控措施

1. 加强检疫　新建葡萄园必须从无病毒果园引进繁殖材料。对可疑繁殖材料必须经过严格鉴定确保无毒后方可采用。

2. 培育无病毒母本园　可采用茎尖脱毒的方法,获得无病毒苗木。从无毒母本树上采接穗进行嫁接或采插条进行扦插,繁殖无病苗。

3. 查清线虫种类　剑线虫为专性传毒线虫,新建果园前应查清该地线虫种类,尤其不应在有剑线虫的砂质土中种植葡萄。

4. 土壤消毒　可用熏蒸性杀线虫剂处理土壤(详见第十八章第四节蔬菜根结线虫病防治)。

葡萄其他病害见表 13-1。

本表图片

表 13-1　葡萄其他病害一览表

病名和病原	症状识别	发病规律	防治要点
葡萄白粉病 *Oidium tuckeri*; *Uncinula necator*	叶片、嫩梢、果穗的病部有白色粉状物(拓展图 13-10)	以菌丝体在病组织内越冬。分生孢子借风力传播。气温高于 7℃时,孢子即能萌发侵染	①加强栽培管理;②用己唑醇微乳剂、苯甲·吡唑酯水分散粒剂等药剂防治
葡萄房枯病 (轴枯病) *Macrophoma faocida*; *Physalospora baccae*	小果梗病斑褐色,晕圈褐色。穗轴和果粒生不规则褐斑,病果粒暗紫色或黑色,干缩成僵果不脱落。叶斑中央灰白色、边缘褐色。分生孢子器黑色	以分生孢子器或子囊壳在病果和病叶上越冬。翌年 3~7 月,分生孢子或子囊孢子借风、雨水传播。在 15~35℃均可发病,最适温度为 24~28℃	①选用抗病品种;②清洁田园,加强栽培管理;③可用代森锰锌或波尔多液等药剂防治
葡萄黑腐病 *Guignardia bidwellii*; *Greeneria uvicola*; *Phyllosticta ampelicida*	主要为害果穗。果粒病斑边缘褐色,中央灰白色。后期病果软腐,失水变蓝灰色僵果,不脱落。其上密生黑色分生孢子器或子囊壳	以分生孢子和子囊壳在僵果和病枝梢上越冬。分生孢子和子囊孢子借风、雨水传播。温暖潮湿易大发生。果实成熟度越高越易侵染	①选用抗病品种;②清除病残,加强栽培管理,套袋;③开花前、谢花后、果实膨大期可喷洒波尔多液或百菌清等
葡萄穗轴褐枯病 *Alternaria viticola*	花梗、果梗、穗轴上病斑褐色水浸状坏死,上生霉层。花蕾、幼果萎缩干枯脱落。幼果病斑黑褐色,圆形,长大后病斑会脱落,对果实生长无影响	以分生孢子和菌丝体在结果母枝和散落在土壤中的病残体上越冬。借风、雨水传播。侵染幼嫩穗轴及幼果。低温多雨有利于该病的侵染蔓延	①选用抗病品种;②清除菌源,加强栽培管理;③开花前后可喷洒百菌清、咪鲜胺、异菌脲或噻菌灵等防治

续表

病名和病原	症状识别	发病规律	防治要点
葡萄蔓枯（割）病和枝枯病 *Phomopsis viticola*	蔓基部病斑初红褐色略凹陷，后成黑褐色大斑。秋天表皮纵裂丝状，表生多数黑色小粒点。病部以上生长衰弱枯死。枝枯病多见于当年生枝条叶痕处，暗褐至黑色，节间短叶小，病原菌可扩及髓部致枝枯	以分生孢子器或菌丝在病蔓上越冬。分生孢子借风、雨水吹传。经伤口、皮孔、孔口侵入，潜育期30 d，经1～2年现病征	①加强栽培管理；②刮除蔓上病斑，涂上5°Bé石硫合剂；③结合黑痘病等进行防治
葡萄叶斑枯病 *Septoria ampelina*	新梢顶端第三、四片叶最先发病。叶片病斑红褐色至黑色，不规则形，斑边宽	以分生孢子器在病叶中越冬。分生孢子借风、雨水传播。多雨高温季节发病重	①清除病残；②加强栽培管理，深沟排渍；③详见葡萄其他叶斑病防治
葡萄轮斑病 *Acrospermum viticola*	叶上初为红褐色不规则斑，后扩大为圆斑，具明显轮纹。斑背生浅褐色霉层	病原菌在病叶上越冬。孢子借风、雨水传播，从叶背气孔侵入。高温多雨年份发病重	①秋后清园；②详见葡萄其他叶斑病防治
葡萄苦腐病 *Melanconium fuligineum*	叶柄出现浅褐色病斑，叶片下垂、萎蔫、干枯，但不脱落。果粒褐色，软腐，有苦味。孢子盘轮纹状排列	以分生孢子盘和菌丝体在病残体上越冬。借风、雨水传播，高温多雨年份发病重	详见葡萄炭疽病
葡萄根癌病 *Agrobacterium tumefaciens*	主要为害根、扦插苗的地下剪口、根颈及多年生枝蔓。癌瘤近球形，乳白色至褐色，表面粗糙	病原菌在癌瘤组织内及土中越冬。通过雨水、种苗等传播，从伤口侵入。潜育期2～3个月。pH≥7，土温22℃易发病	①种植无病苗；②苗木在1%硫酸铜液浸5 min；③切瘤刮治，涂石硫合剂或波尔多液；④增施酸性肥料及有机肥等
葡萄茎痘病 grapevine rupestris stem pitting-associated virus，GRSPaV	植株矮化，茎蔓粗皮，春芽萌发迟。嫁接口附近木质陷点或陷槽	由嫁接传毒，也可通过带毒繁殖材料传播	培育脱毒材料
葡萄栓皮病 grapevine corky bark virus，GCBV	整树有木质陷点，树皮粗糙，叶小，变红或黄褐色，反卷，不正常落叶	潜隐性带毒，传播媒介不明。由无性繁殖材料传播	①种植无病毒材料；②热处理
葡萄无味果病 grapevine ajinashika virus，GAV	病树无症状表现，病果含糖量低，着色差，口感不好；穗生长不良	由嫁接传毒	①选用无病苗木；②苗木热处理消毒
葡萄剑线虫、长针线虫和针线虫病 *Xiphinema* spp.；*Longidorus* spp.；*Paratylenchus hamatus*	受病根略肿大并弯曲；病重时根尖遍布黑色坏死斑	由带线虫苗木或随耕作栽培措施和流水传播。随种苗远距离传播	选用无线虫苗木（详见植物根结线虫病防治）
葡萄半穿刺线虫病 *Tylenchulus semipenetrans*	以雌虫吸食寄主汁液，固着不动，致根腐，树势变弱，减少分枝，果、叶少而小	该线虫传播途径同上	①土壤药剂处理；②选栽无线虫苗；③加强肥水管理
葡萄根腐（坏死）线虫病 *Pratylenchus vulnus*；*Pratylenchus* spp.	根系生长差，吸收根坏死，呈丛状簇生长	随苗木和耕作栽培措施扩散	同上述线虫病
葡萄裂果病（生理性病害）	果实常纵向开裂、腐烂，并生有霉状物	果实生长后期水分失调	①增施有机肥，加强水肥管理；②控制结果密度
葡萄水罐病（生理性病害）	病果酸，含糖量低，含水量多，果肉变软，皮肉分离，水珠成串溢出	肥料欠缺、长势差、低洼积水、田间湿度大、摘心过重、结果量过多，发病重	①增施有机肥，幼果期喷施磷酸二氢钾；②合理灌水、排渍；③适度修剪

第十四章

其他落叶果树病害

本章重点介绍柿、梨和猕猴桃等常见落叶果树病害。

柿树在我国广为栽植。据报道，全球有柿树病害 50 多种，中国有 20 余种，发生普遍和较严重的有炭疽病、角斑病、白粉病、叶枯病等。前两种病害在广西常造成大量落叶落果，削弱树势，对果品产量和质量影响很大。梨是我国重要的水果之一，我国梨产量约占世界总产量的 2/3，目前我国已知有梨树病害 90 种，其中发病较为普遍的有黑星病、轮纹病和锈病等。猕猴桃最早起源于中国，我国猕猴桃的总量已位居世界第一。目前全球已发现猕猴桃病害 30 多种，中国普遍发生且较严重的病害有溃疡病、黑斑病、软腐病、褐斑病、叶枯病等。

本节图片

◆ 第一节　柿炭疽病

柿炭疽病（persimmon anthracnose）是柿树生产上的毁灭性病害，主要为害柿果实和嫩枝，造成果实腐烂，大量脱落；枝条枯死甚至整株死亡，还能为害贮藏期柿果实。该病害分布于国内主要柿树栽培区，自北至南产区均有发生，广西、广东、山东受害严重，严重制约我国柿树产业的可持续发展。

一、症状

柿炭疽病主要为害果实和新梢，叶片较少发病。

1. **果实症状**　果实发病初期，果面上出现针头大小的深褐色斑点，逐渐扩大为椭圆形病斑，直径在 5 mm 以上时，中部凹陷，并密生略呈轮纹状排列的灰色至黑色的小粒点分生孢子盘，遇雨或高湿时，溢出粉红色黏质的分生孢子团。一个病果上一般有一至多个病斑，呈不规则状，病斑深入果皮以下，致使果肉形成黑色的硬块。病果提前脱落、腐烂。柿蒂感病，首先在四角出现病斑，并由柿蒂四角尖端向内扩展，并伴生黑色小粒点（拓展图 14-1）。

2. **新梢症状**　新梢染病初期，出现黑色小圆斑，后逐渐扩大为长椭圆形、褐色病斑，中部稍凹陷，表面有纵裂纹，病斑长 10~20 mm，并产生黑色小粒点，湿度大时从病斑中溢出粉红色黏质分生孢子团。病斑处木质部腐朽，病梢极易折断，病斑环绕枝条一圈后，病斑以上枝条枯死。

3. **叶片症状**　叶片发病主要在叶柄和叶脉上形成初为黄褐色，后渐变为黑色或黑褐色的病斑，病斑呈长条形或不规则形，其上密生黑色分生孢子盘，潮湿时溢出粉红色黏质孢子团。病斑环叶柄一圈时，叶片脱落（拓展图 14-2）。

二、病原

1. **分类地位** 柿炭疽病的病原为半知菌类炭疽菌属哈锐炭疽菌（*Colletotrichum horii*）、果生炭疽菌（*C. fructicola*）、喀斯特炭疽菌（*C. karstii*）、暹罗炭疽菌（*C. siamense*）和胶孢炭疽菌（*C. gloeosporioides*），其中山东甜柿炭疽病以哈锐炭疽菌为主，福建以果生炭疽菌为主要病原。

2. **形态特征** 哈锐炭疽菌在 PDA 培养基上菌落呈灰绿色，分生孢子长圆形或圆柱形，两端圆，单胞，无色，大小为（3.7~4.3）μm×（19.6~31.9）μm；暹罗炭疽菌在 PDA 培养基上菌落呈灰绿色，分生孢子椭圆形，单胞，无色，大小为（5.2~7.2）μm×（14.2~15.6）μm；果生炭疽菌在 PDA 培养基上菌落呈灰绿色，孢子椭圆形，单胞，无色，大小为（4.0~4.7）μm×（11.5~12.8）μm。

3. **生物学特性** 果生炭疽菌和暹罗炭疽菌最适产孢温度为 35℃，哈锐炭疽菌最适产孢温度为 25℃；pH 4~10 均适宜柿炭疽病菌菌丝生长，果生炭疽菌在 pH 5 和 9 时产孢最佳，暹罗炭疽菌和哈锐炭疽菌在 pH 9 和 10 时产孢最佳。恒温处理 10 min，哈锐炭疽菌和暹罗炭疽菌的致死温度为 49.2℃，果生炭疽菌的致死温度为 47.9℃。

4. **寄主范围** 病原菌的寄主范围极广，可侵染多种果树及蔬菜。

三、病害循环

病原菌主要以菌丝体在幼龄柿树枝条病斑组织中越冬，也可在叶痕、冬芽、病果中越冬。翌年初夏，越冬病原菌产生新的分生孢子，随风、雨水和昆虫传播，侵害新梢和果实。病原菌从伤口侵入潜育期为 3~6 d，从表皮直接侵入潜育期为 6~10 d，再侵染频繁。在北方柿区，枝梢在 6 月上旬开始发病，到雨季进入发病盛期，后期继续侵害秋梢。果实从 6 月下旬至 7 月上旬开始发病，直至采收期，发病重时 7 月中旬开始落果，多雨年份发病严重。

四、发病条件

柿炭疽病在中国南北方均有发生，其中在广西、陕西、浙江、山东、广东为害较重。主要影响因素包括品种抗病性、树龄、气候条件、栽培管理措施等。

1. **品种抗病性** 在相同的管理条件下，不同柿品种发病情况有所不同。例如，'镜面柿'为高感品种，易发病；'磨盘柿''牛心柿'不易发病；'日本甜柿'发病较少或不发病。

2. **树龄** 柿炭疽病的发生与柿树树龄呈负相关，树龄越小，病情指数越高，发病越严重。树龄越大，病情指数越低，发病越轻。15 年生以上的树基本不发病或者病害对树体生长及结果的危害极小。柿苗和幼树期极易受炭疽病菌为害，此阶段为防治柿炭疽病的重点时期。

3. **气候条件** 柿炭疽病的发生与气候条件有密切的关系。柿炭疽病菌发育最适温度为 25~30℃，产孢的最适温度为 25~35℃。孢子萌发、侵入、菌丝体生长、产孢都需要很高的湿度，因此该病的发生与降雨量、空气湿度密切相关。一般情况下，干旱少雨的年份发病轻；反之，若当年雨水多且空气湿度大，则有利于病原菌产生大量的分生孢子，利于该病的传播与侵染，故发病重。

4. **栽培管理措施** 一般情况下黏性土壤和砂质土壤上的柿园，管理粗放的柿园，长期偏施氮肥、有机肥不足、灌溉量大的柿园发病重。

五、防控措施

1. 选用无病苗木　　带病柿苗是柿炭疽病发生和流行的主要侵染源，因此在建园时，要严格进行苗木检疫，引种健康种苗。定植前用1∶3∶80波尔多液或20%石灰乳浸苗10 min，并用清水洗干净。

2. 加强栽培管理　　合理增施有机肥，增强树势，提高树体抗病力。注意平整土地，防止积水，雨后及时排水。合理修剪，疏除过密枝，以改善树体通风透光性。果实采收后，及时清除园内的枯枝、落叶、落果，剪除病梢、病果，并集中烧毁，减少侵染源。

3. 药剂防治　　在柿树发芽前，全园喷施1次3～5°Bé石硫合剂。新梢生长期和果实发育期可用10%苯醚甲环唑水分散粒剂1500～2500倍液等药剂喷施，连喷2～3次，可有效控制该病侵染。

本节图片

◆ 第二节　柿角斑病

柿角斑病（persimmon angular leaf spot）是柿树的重要病害之一，除柿树外，还为害君迁子（即黑枣树）（*Diospyros lotus* L.）。其在我国南北柿区均有分布，发病严重时，造成落叶、落果，对结果树树势和产量及苗木的生长发育均造成很大影响。

一、症状

该病为害柿树的叶片和果蒂。叶片受害，初期在正面出现黄绿色病斑，形状不规则，边缘较模糊，斑内叶脉变黑色。随病斑的扩展，颜色逐渐加深，最后形成中部浅黑色、边缘黑色的多角形病斑，有明显的黑色边缘，斑上密生黑色绒状小粒点（分生孢子座）。病斑自出现至定型约需30 d。病斑背面颜色较浅，开始时呈淡黄色，后变为褐色或黑色，也有黑色边缘，但不及正面明显，小粒点也较正面稀少。病斑直径2～8 mm。发病严重时，病斑连成大斑块，造成叶枯和叶片大量脱落。柿蒂染病，病斑发生在蒂的四角，由蒂的尖端向内扩展，形状不定，颜色为淡褐色至深褐色，边缘黑色或不明显。病斑两面均可产生黑色绒状小粒点，但以背面较多（拓展图14-3）。

该病严重发生时，可在采收前一个月造成大量落叶。落叶后，果实变软，并相继脱落，但病蒂大多仍残留在树上。

二、病原

1. 分类地位　　柿角斑病的病原为半知菌类假尾孢菌属柿假尾孢菌（*Pseudocercospora kaki* Goh & W. H. Hsieh）。

2. 形态特征　　分生孢子座大小为（22～26）μm×（17～50）μm，暗橄榄色，半球形至扁球形。其上丛生淡褐色短杆状、不分枝、直立或稍弯曲、无隔膜、尖端较细的分生孢子梗，大小为（7～23）μm×（3.3～5）μm，其上着生1个分生孢子。分生孢子大小为（15～77.5）μm×

(2.5~5)μm，棍棒状，直或稍弯曲，上端较细、基部稍宽，无色或淡黄色，有隔膜 0~8 个（图 14-1）。

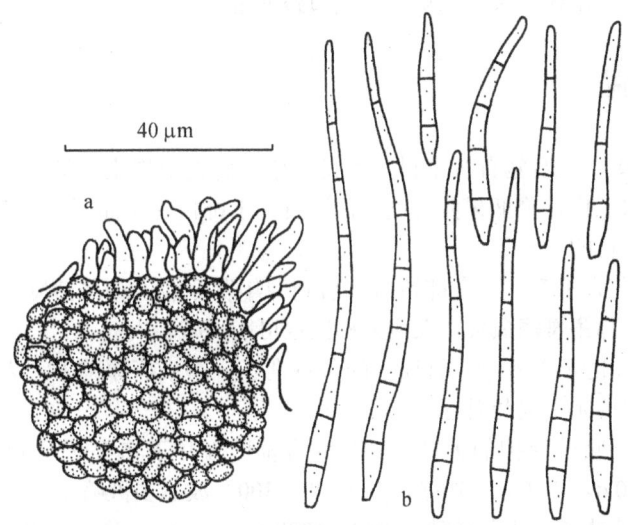

图 14-1　柿假尾孢菌（引自刘锡琎，1998）
a. 分生孢子座及分生孢子梗；b. 分生孢子

3. 生物学特性　病原菌发育温度为 10~40℃，最适温度为 30℃左右。人工培养时，最适 pH 为 4.9~6.2。

三、病害循环

病原菌以菌丝体在病蒂或病叶上越冬，尤其是挂在树上的病蒂更是其主要越冬场所和传播中心。病蒂能残存于树上 2~3 年，病原菌在病蒂内也可存活 3 年以上。在我国南方通常 4~5 月，而在河北、山东等地，一般在 6~7 月于越冬病蒂上即可产生大量分生孢子，经风、雨水传播，从气孔侵入，潜育期为 25~38 d。当年病斑上产生的分生孢子，在适宜条件下也可进行再侵染。由于我国南方柿树生长期较长，且发病较早，终止期较迟，再侵染对病害流行的作用比北方大。

四、发病条件

1. 气候条件　该病发病的早晚和病情的轻重与雨季的早晚和雨量的大小密切相关。在 4~8 月，如降雨早、雨日多、雨量大，则有利于分生孢子的产生和侵入，发病早而严重；反之则发病较晚、较轻。在河北、山东等地，8 月初开始发病，在多雨年份，9 月即可严重发病并造成大量落叶、落果，9 月下旬至 10 月初，叶片大多落光，果多变软，不能加工，损失很大。在广西恭城，月柿（水柿）在 5 月下旬开始发病，7~8 月开始落叶、落果。柿的品种不同，开始发病的时间也稍有差异。例如，'阳朔牛心柿'比'恭城月柿'发病早，前者的萼片最早在开花前后即可出现症状。

2. 叶龄　柿叶的抗病力因发育阶段不同而异。老叶易感病，幼叶较抗病，故在同一枝条上，顶部叶片病轻，下部老叶病重。此外，君迁子苗木最易感病，但君迁子大树则比柿树抗病。

3. 栽培环境　　渠道边栽种的树或树冠下部及内膛的叶片，由于相对湿度较高，一般发病早而严重；而路旁或旱地栽种的树，则发病较轻。残留病蒂多的树发病早而严重；靠近君迁子树（北方柿区常将其用作砧木）的柿树发病也较严重。

五、防控措施

1. 加强栽培管理　　增施有机肥料，改良土壤，促进植株生长健壮，提高抗病力。低洼果园应做好开沟排水工作，降低果园湿度，创造有利于柿树生长而不利于病原菌繁育的条件，从而达到控制病害的目的。

2. 清除挂在树上的病蒂　　在柿树落叶后到翌年发芽前，彻底清除树上残留的柿蒂，在北方柿区可基本避免柿角斑病成灾，在南方柿区也可明显减轻发病。

3. 避免柿树与君迁子混栽　　君迁子的蒂特别多，感染病原菌多，为避免其所带病原菌侵染柿树，应避免在柿园中混栽君迁子。

4. 喷药保护　　喷药保护的关键时期为北方柿区6月下旬至7月下旬，南方柿区4～5月，即落花后20～30 d。用1：（3～5）：（200～300）波尔多液喷1～2次、65%代森锌可湿性粉剂500～600倍液或70%甲基硫菌灵800～1000倍液喷2～3次，可有效预防该病。

本节图片

◆ 第三节　梨　锈　病

梨锈病（pear rust）又名赤星病、羊胡子，是梨树的主要病害，有转主寄主桧柏栽植的梨产区发病较重。梨锈病常引起叶片早枯、脱落，影响梨树叶片的光合作用和树势。幼果感病，会引起畸形、早落，对产量的影响很大。

一、症状

此病只为害幼叶、叶柄、新梢及幼果等幼嫩绿色组织。

1. 叶片　　叶片受害后，叶正面出现橙黄色具光泽斑点，逐渐扩展为近圆形、边缘较淡的黄色病斑，最外面有一层黄绿色的晕圈，病斑直径4～8 mm。表面密生黄色、微凸、针头大的小斑点，为病菌性孢子器。空气湿度大时，从性孢子器溢出淡黄色黏液，内含大量性孢子。黏液干燥后，斑点变黑，病组织加厚，正面凹陷，背面隆起处生出褐色毛状物，形似山羊胡子，即锈孢子器。毛状物破裂后散出黄褐色粉末，为锈孢子。病斑多时，可引起梨树早期落叶（拓展图14-4）。

2. 果实　　发病后，果面产生橙黄色病斑，后期病斑凹陷，中间密生孢子器，形成黑色木栓化硬疤，其上着生小黑点和毛状物。病部生长停滞形成畸形果，果实易早落（拓展图14-5）。

3. 新梢、叶柄、果柄　　新梢、叶柄、果柄上的病斑与果实症状相似，病斑上产生性孢子器和锈孢子器，后期病部龟裂，引起梨树落叶、落果。

4. 桧柏　　为病原菌转主寄主，染病初期在针叶及小枝上出现浅黄色隆起斑病，翌年3月病斑破裂，溢出红褐色冬孢子角。春季雨后，冬孢子角吸水膨胀，呈橙黄色舌状胶质体，干燥时缩成表面有皱纹的污胶物。

二、病原

1. **分类地位**　由担子菌门胶锈菌属梨胶锈菌（*Gymnosporangium haraeanum* Syd.）侵染引起。病原菌在整个生活史中可产生性孢子器（性孢子，受精丝）、锈孢子、冬孢子、担孢子4种类型孢子，无夏孢子。

2. **形态特征**　一个病斑上可产生10余条毛状物（锈孢子器），丛生于梨叶背或嫩梢、幼果和果梗的肿大病斑上，细圆筒形，长5～6 mm，直径0.2～0.5 mm。组成锈孢子器壁的护膜细胞长圆形或梭形，大小为（42～87）μm×（23～42）μm。锈孢子器内生有很多的锈孢子，锈孢子球形或近球形，大小为（18～20）μm×（19～24）μm，橙黄色，表面有疣状细点。锈孢子器成熟后，先端破裂，散出黄褐色粉末状的锈孢子。性孢子器扁烧瓶状，埋生于叶正面病组织的表皮下，孔口外露，大小为（120～170）μm×（90～120）μm，内生许多纺锤形、无色的性孢子，大小为（8～12）μm×（3～3.5）μm。冬孢子角红褐色或咖啡色，圆锥形，长2～5 mm，顶部宽0.5～2.0 mm，基部宽1～3 mm。冬孢子纺锤形或长椭圆形，双胞，黄褐色，大小为（33～62）μm×（14～28）μm，在每个细胞的分隔处各有2个萌发孔，柄细长。冬孢子萌发时长出担子，担子4个细胞，每胞生一小梗，每小梗顶端生一担孢子。担孢子卵形，淡黄褐色，单胞，大小为（10～15）μm×（8～9）μm。

3. **生物学特性**　病原菌需要在两类不同的寄主上完成其生活史。在梨、山楂、木瓜等寄主上产生性孢子器及锈孢子器；在桧柏、龙柏等转主寄主上产生冬孢子角，冬孢子萌发温度为5～30℃，最适温度为16～22℃。担孢子萌发适温为15～23℃，锈孢子萌发适温为27℃。

4. **寄主范围**　该种病原除可侵染梨树外，还可侵染木瓜、山楂、棠梨和贴梗海棠等。转主寄主为松柏科的桧柏，此外还有欧洲刺柏、南欧柏、高塔柏、圆柏、龙柏、柱柏、翠柏、金羽柏和球桧等。

三、病害循环

梨锈病菌是以多年生菌丝体在桧柏枝上形成菌瘿越冬，翌春3月形成冬孢子角，冬孢子萌发产生大量的担孢子，担孢子随风、雨水传播到梨树上，侵染梨的叶片等，经6～10 d的潜育期，即可在叶片正面呈现橙黄色病斑，接着在病斑上长出性孢子器，在性孢子器内产生性孢子。在叶背面形成锈孢子器，并产生锈孢子，锈孢子不再侵染梨树，而借风传播到桧柏等转主寄主的嫩叶和新梢上，萌发侵入为害，并在其上越夏、越冬，到翌春再形成冬孢子角。梨锈病菌无夏孢子阶段，不发生重复侵染，一年只有一个短时期内产生担孢子侵染梨树。

四、发病条件

1. **转主寄主**　在担孢子传播的有效距离内（5 km），患病桧柏越多，梨锈病发生越重。

2. **气候条件**　在有转主寄主存在的条件下，当梨树萌芽、幼叶展开时，如遇天气多雨，温度适宜冬孢子萌发，风向和风力均有利于担孢子的传播，则病害重。若冬孢子萌发，梨树仍未发芽，或当梨树发芽、幼叶展开时，但天气干燥，不利于冬孢子萌发，则病害轻。梨萌芽、展叶期气温高低及降雨多少是影响当年梨锈病发生严重程度的重要因素。

3. **品种抗病性**　梨树品种之间的抗病性差异很大，中国梨最感病，日本梨次之，西洋梨最抗锈病。建园时,必须栽植抗病品种。

五、防控措施

1. 铲除转主寄主 彻底铲除梨园周围 5 km 以内的转主寄主桧柏,是防治梨锈病最关键、最有效的措施。规划新园时,果园四周 5 km 以内不种植桧柏。

2. 清除越冬菌源 如不能彻底铲除梨园附近的桧柏时,则在 3 月桧柏上冬孢子萌发前,用 3~5°Bé 石硫合剂或 45%石硫合剂 100~150 倍液喷施桧柏,以铲除越冬病原菌,减少侵染源。

3. 化学防治 第一次用药掌握在梨树萌芽时进行,以后间隔 10 d 用药一次,连喷 3~4 次。在重病区,于梨树展叶期和谢花后各喷一次杀菌剂,防止担孢子的侵染。药剂可选用 1∶2∶200 波尔多液、65%代森锌可湿性粉剂 500 倍液、25%腈菌唑乳油 6000 倍液、20%三唑酮乳油 2000 倍液等。花期用药应掌握在大多数谢花后进行,避免盛花期用药。

4. 生物防治 将重寄生菌葡酒锈生座孢(*Tuberculina vinosa* Sacc.)的孢子悬浮液喷雾接种于梨锈病菌性孢子器处,可收到良好的防治效果。

本节图片

◆ 第四节 梨轮纹病

梨轮纹病(pear ring rot)又称粗皮病、轮纹褐腐病、疣皮病,是我国梨树主要病害之一,不论南北梨产区均有发生。重病梨园枝干发病率可达 100%,病果率为 40%~50%。枝干发病后,促使树势早衰;果实发病后造成大量烂果。

一、症状

梨轮纹病主要为害枝干和果实,有时也可为害叶片。①枝干:以皮孔为中心先产生瘤状突起暗褐色斑,扩展成暗褐色的近圆形或扁圆形坏死斑,直径 5~15 mm。入秋后气温下降,病斑不再扩展,同时病斑外缘产生一圈裂纹,边缘翘起似马鞍状。以后每年病斑的扩展过程与此相同,经过多年扩展后,就形成了以皮孔为中心的同心轮纹状病斑。侵染的翌年在头年的病斑上生大量小黑点,即分生孢子器,且此后每年都在新扩展的病部形成。枝干上病斑多时,树皮变粗糙,故谓"粗皮病"。被害严重时,枝干病斑可深达形成层,导致树势衰竭甚至枝干死亡。湿度大时,从分生孢子器中溢出灰白色黏液状分生孢子团,并可连续产孢 4 年,有的可达 9 年。②果实:症状多在采果后 7~25 d 内显现,也有延至采后 43 d 显症的。病果初以皮孔为中心发生水渍状、褐色、近圆形的斑点,逐渐扩大而呈暗红色,往往有明显的同心轮纹,后期病斑略凹陷,并从中心起逐渐产生许多小黑点。病果容易腐烂,并流出茶褐色的黏液,有酸臭气味,最后干缩成僵果。在冷贮场合下,大多不形成明显的轮纹斑,病斑中部浅褐色,外围有黑色的宽边。③叶片:产生不规则形褐色病斑,后逐渐变灰白色。有时也生小黑点状的分生孢子器,严重时叶片早枯早落(拓展图 14-6)。

二、病原

1. 分类地位 梨轮纹病的病原,无性阶段为半知菌类大茎点菌属轮纹大茎点菌

（*Macrophoma kawatsukai* Hara）；有性阶段为子囊菌门葡萄座腔菌属贝伦格葡萄座腔菌梨生专化型［*Botryosphaeria berengeriana* de Not. f. sp. *piricola*（Nose）Koganezawa et Sakuma］（=*Physalospora piricola* Nose）。

2. 形态特征　　分生孢子器扁球形或球形，直径 383～425 μm，黑褐色，具乳头状孔口；分生孢子梗棍棒形，单胞，大小为（18～25）μm×（2～4）μm。分生孢子无色，单胞，纺锤形或长椭圆形，大小为（24～30）μm×（6～8）μm（图14-2）。

3. 生物学特性　　菌丝生长温度为15～35℃，适温为27～30℃。在马铃薯蔗糖琼脂培养基上培养，如无光照，病原菌不产生分生孢子。若在有光的条件下，温度达20～25℃，经过15 d左右就会产生分生孢子器及分生孢子。黑光灯的照射能促进产生分生孢子，当温度为22℃左右时，将其置于20 W的黑光灯下照射，第3天可出现分生孢子器；第6天开始形成分生孢子，经过8～10 d分生孢子器及分生孢子可大量产生。pH 4.4～9.0均适宜菌丝的生长及分生孢子的形成，最适pH为5.5～6.6。在30～34℃条件下，分生孢子在清水中经14 h，萌发率为60%，经22 h达95%。分生孢子萌发时先产生1～2个横隔膜，少数产生3个横隔膜，然后在孢子两端长出细长的芽管。

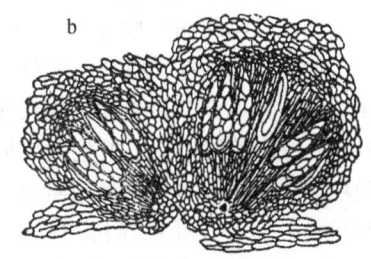

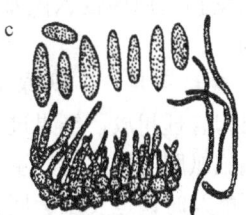

图14-2　梨轮纹病菌（中国农业科学院植物保护研究所，1996）
a. 分生孢子器；b. 分生孢子梗及分生孢子；c. 子囊壳、子囊及子囊孢子

4. 寄主范围　　轮纹病菌的寄主范围很广，除为害梨外，还能为害苹果、花红、桃、李、杏、栗、枣、海棠等多种果树，以苹果受害最重。

三、病害循环

病原菌以菌丝体、分生孢子和子囊壳在枝干病斑中越冬。枝干病组织中的菌丝体可存活4～6年。每年春季2月下旬，如有降雨便可释出分生孢子或子囊孢子，经风、雨水溅射吹传到枝干或果实上，从皮孔或伤口侵入，24 h即可完成侵染，引起发病或组织带菌。潜育期约为15 d。病原菌孢子飞散距离为10～20 m。当年病斑很少产生分生孢子器，至第2～3年才形成大量分生孢子器和分生孢子，从第4年开始产生孢子的能力逐渐下降，13年生以上的病枝干不再形成孢子。果实从刚落花的幼果到成长的果实都可不断遭受病原菌侵染。病原菌定殖潜伏于果皮附近组织内，外表不表现症状，至果实成熟期，抗性下降，陆续显症。由于病组织上当年不能生成成熟的分生孢子器，故该病无再侵染。

四、发病条件

1. 气候条件　　气候是影响该病发生流行的关键因素。果实生长前期降水次数多，病原菌孢子形成和散布多，侵染也较多，同时发病高峰也早。若果实成熟期遇高温潮湿，轮纹病便严重发生；反之，病原菌侵染较少。当温度在20℃以上，相对湿度在75%以上，或者降雨量一次多达 10 mm 或连续降雨 3～4 d 时，病原菌孢子会大量散布，病害迅速传播。枝干上病斑的分布常与水滴流淌的痕迹一致，说明病原菌的传播和入侵与雨水有很大关系。染病果实在 32～36℃时腐烂最快，只需 5 d 就全部腐烂。

2. **品种感病性** 含日本梨亲本的品种一般发病较重，其中以'二十世纪''江岛''太白''菊水'发病最重；'黄蜜''晚三吉''博多青'次之；'今村秋'较抗病。含'中国白梨'亲本的'秋白梨''鸭梨''早酥梨'等发病重；'严州雪梨''莱阳梨''三花梨'等发病较轻。西洋梨与中国梨的杂交种'康德'抗病力很强。品种间抗病力的差异与品种皮孔的大小、多少及组织的结构有关。

此外，寄主存在阶段抗病性，经研究发现，在河北南部产区鸭梨品种上，从 4 月中旬末梨树花落后开始至 7 月下旬分期在果实上用菌丝圆片粘贴接种，采果后室温诱发几乎全部发病；8 月上旬接种的果实，发病急剧降低；8 月中旬接种的病少；8 月下旬后接种的几乎无病。这说明果实对该病有着明显的阶段抗病性。在苹果上的研究也有类似的结果，说明该抗病性是结构抗性，即与皮孔木栓化的程度有关，前期皮孔外未形成木栓层，病原菌易侵入，已形成木栓层的皮孔病原菌侵入困难，完全木栓化的皮孔不能侵入。果实的易感期也为施药防治的关键时期。

3. **栽培条件** 病原菌的寄生性较弱，衰弱植株、老弱枝及病园内补栽的幼树均易发病。果园管理粗放，结果过多，大小年明显，不修剪病枝、不清理果园、病虫害严重及施肥不当、偏施氮肥等发生均较重。果实受吸果夜蛾、蜂、蝇等为害多的发病也严重。采收期过于集中，不能及时调运及贮运期温度偏高（>15℃），均可诱发大量病害。

五、防控措施

1. **清除菌源** 主要抓住以下几个环节进行除菌。①刮除枝干病斑：此项工作应在梨萌芽前进行，刮削下来的病残体集中烧毁。②喷布铲除性药剂：枝干休眠期喷施 40%福美砷 50～100 倍液、45%晶体石硫合剂 300 倍液或 1～3°Bé 石硫合剂等。③田园卫生：修剪病虫枝、病果，彻底清理深埋或烧毁；不用树木枝干作果园围篱；不用带皮木棍作支棍和顶柱；清除其他寄主上的枯死枝。

2. **果实套袋** 落花后喷 1～3 次上述药剂之一，同时进行疏果、定果，再进行果实套袋，可基本解决病害问题。

3. **加强栽培管理** 合理施肥，增施有机肥和磷、钾、钙肥，喷施微肥，氮肥适量，以增强树势而减轻发病。采果后修枝，剪除枯枝、干桩、荫蔽枝及适当疏果控制结果量等壮树措施，都对减少菌量有明显作用。

4. **果实感病期药剂防治** 从梨树落花开始，根据降雨早迟及时喷施农药，以保护果实不被侵染。可供选择的药剂有 61%乙铝·锰锌可湿性粉剂 400～600 倍液、30%苯醚甲环唑·丙环唑乳油 3000 倍液、25%嘧菌酯悬浮剂 600～1000 倍液、70%甲基硫菌灵 1000 倍液、45%噻菌灵悬浮剂 500 倍液、40%硫磺·多菌灵悬浮剂 400 倍液、1∶1∶200 波尔多液或 30%碱式硫酸铜胶悬剂 400 倍液等，还可兼治黑星病。

5. **采果前喷药** 在采果前，病原菌多在皮孔周围潜伏，可喷施 1～3 次高浓度内吸杀菌剂，如 61%乙铝·锰锌可湿性粉剂 400～600 倍液。

第五节 梨黑星病

本节图片

梨黑星病（pear scab）又称梨疮痂病、黑霉病、雾病，是我国梨树上普遍发生的病害之一，尤其在辽宁、河北、河南、山东、山西和陕西等梨产区为害严重。该病害可侵染一年生以上枝的所有绿色器官，包括叶片、花序、新梢、芽鳞和果实等部位，主要为害叶片和果实。发病严重时，不仅引起梨树早期大量落叶，而且为害果实，导致果实畸形，不能正常膨大，同时病树第二年结果减少，影响产量甚大。

一、症状

该病害从梨树开花展叶到果实近成熟期均可发生，可侵染果实、果梗、叶片、叶柄、叶脉、新梢、花序等所有绿色幼嫩组织，其主要特征是在发病部位形成显著的黑色霉斑，像一层煤烟。①果实：从刚谢花的幼果至采收成熟期均可发生，感病程度随果实成熟度的增加而加重。落花后小粒果被害，多在果柄或果面生黑色或墨绿色近圆形斑，随后脱落。幼果发病初期病斑淡黄色，圆形或不规则形，潮湿时生黑霉；干燥时病斑绿色，无黑霉，故名"青疔"。幼果病部组织生长受阻，致使果实畸形、开裂，严重时导致果实掉落。成果病斑圆形凹陷，木栓化开裂，呈"荞麦皮"状，但果形正常。果实近成熟期被害，病斑淡黄绿色，略凹陷，斑上可生稀疏霉状物。冷藏后的病果或带菌果，斑上生浓密银灰色霉层，扩展很慢。②叶芽：主要表现为鳞片变黑并产生黑霉，同时常在芽基周围产生近圆形黑斑；发病重的发芽不饱满甚至枯死，发病较轻的芽翌年萌生成病梢。在同一枝上，顶芽少有被害，亚顶芽以下若干个芽较易受害。③病梢：发病枝条俗称"乌码""病芽梢"，几乎全由病芽发展而成，当年新梢极少染病。发病新梢从基部开始，逐渐向上产生一层黑色至墨绿色、致密的霉层，向上扩展可达叶柄或者叶片基部。病梢叶片由红变黄，干枯掉落，只剩下一个"黑橛"。④叶片：叶片发病，最初表现为近圆形或不规则形、淡黄色病斑。随后在叶背面沿叶脉产生墨绿色至黑色星状放射的霉层，严重时病斑连成一片，整个叶背面布满黑霉，造成早期落叶。⑤叶柄、叶脉：病斑长条形或梭形，中部凹陷，严重的叶脉折断，叶柄变黑，叶片枯死，斑面易生黑色霉。叶柄受害常是促使叶片早期掉落的主因（拓展图14-7）。

二、病原

1. 分类地位　　梨黑星病病原的无性阶段为半知菌类黑星孢属梨黑星孢（*Fusicladium virescens* Bon）[=*F. pirinum*（Lib.）Fuckel]；有性阶段为子囊菌门黑星菌属梨黑星菌（*Venturia pirina* Aderh.）。研究表明，在日本梨上寄生的黑星病菌为 *V. pirina*，而西洋梨上则为纳雪黑星孢（*V. nashicola* Tanaka et Yamamoto）。前者只能侵害日本梨，而不能侵害西洋梨；后者只能侵害西洋梨，而不能侵害日本梨。

2. 形态特征　　分生孢子梗大小为（8.0～32.0）μm×（3.2～6.4）μm，暗褐色，散生或丛生，直立或稍弯曲，有分生孢子脱落后留下的瘤状痕迹。分生孢子大小为（8.0～24.0）μm×（4.8～8.0）μm，着生于梗的顶端或中部，淡褐色或橄榄色，纺锤形、椭圆形或卵圆形，单胞，但少数孢子在萌发前可产生一个隔膜（图14-3）。子囊壳一般在过冬后的落叶上产生，多聚生，平均大小为118.6 μm×87.1 μm，叶背多于叶正面，埋生，圆球形或扁圆球形，颈部较肥短，成熟后有喙部突出叶表，壳壁由2～4层胞壁加厚的细胞组成。子囊棍棒状，大小为（37.1～61.8）μm×（6.2～6.9）μm，聚生于子囊壳的底部，无色透明。每个子囊内含子囊孢子8个，子囊孢子淡黄绿色或淡黄褐色，状如鞋底，双胞，上大下小，大小为（11.1～13.6）μm×（3.7～5.2）μm。

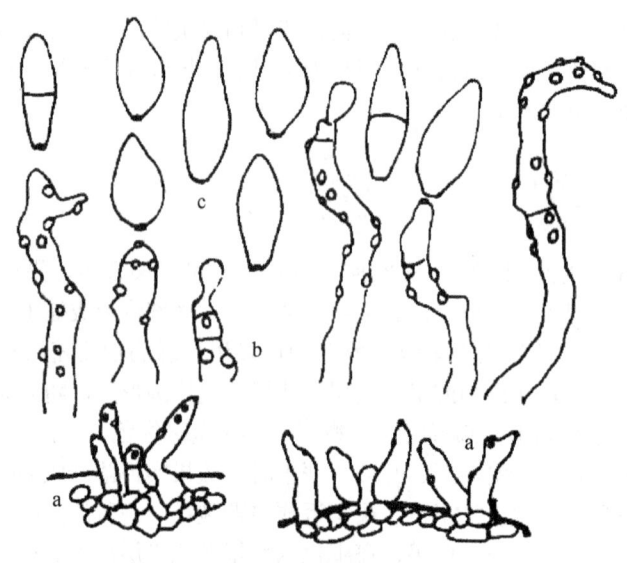

图14-3 梨黑星孢
a. 子座和分生孢子梗；b. 分生孢子梗；c. 分生孢子

3. 生物学特性　菌丝在5～28℃条件下均可生长，而22～23℃为其最适生长温度。分生孢子形成的最适温度为20℃，萌发温度为2～30℃，适温为21～23℃。新鲜的分生孢子在25℃条件下经24 h后，萌发率可达95%以上。分生孢子萌发时芽管可自顶端、侧方或中腰部分伸出，但以从孢子中部萌发者居多。分生孢子的生命力很强，在8.3～14.0℃温度下，经过3个月尚有一半以上可萌发。在自然条件下，残叶上的分生孢子可存活4～7个月。干燥和较低的温度有利于分生孢子的存活。在湿润条件下，虽然分生孢子容易死亡，但病原菌却大量产生子囊壳，以更换越冬方式来保存菌源，这也是病原菌在系统发育过程中对环境条件适应的一种表现。另外，梨黑星病菌有明显的生理分化现象，目前可分为5个不同的致病类型。

三、病害循环

病原菌主要以菌丝体或分生孢子在病芽的鳞片间或鳞片内越冬，也可通过菌丝体在枝梢病部越冬，或以菌丝体、分生孢子及未成熟的子囊壳在落叶上越冬。第二年春季一般在病芽萌生的新梢基部最先发病，病梢是重要的侵染中心。分生孢子和子囊孢子可通过风、雨水传播到附近的叶、果上，通过萌发的芽管直接侵入引起发病。病叶和病果上不断产生新的分生孢子，造成多次再侵染。潜育期为14～25 d，其长短除受温度影响外，还与叶龄有关。展叶后5～6 d的病叶潜育期最短，其抗病性随叶龄的延长而增加，展叶后30 d以上的叶片不再受侵染。晚秋病叶落于地面，在严寒到达以前，子囊壳就开始于病组织内形成并发育，但一直停留于未成熟状态，到第二年春天环境条件好转后，才继续发育产生子囊孢子。子囊壳多形成于老病斑的边缘，而且只有在潮湿的环境下才能形成。分生孢子和子囊孢子均可作为病原菌的初侵染源，但以子囊孢子的侵染力较强（图14-4）。

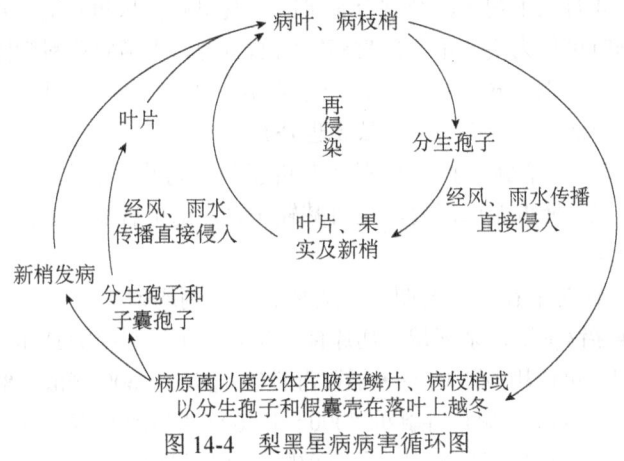

图14-4　梨黑星病病害循环图

四、发病条件

梨黑星病的发生受寄主抗病性、温度和湿度等因素的影响。

1. 寄主抗病性　　不同种和品种抗病性有差异，一般以中国梨最感病，日本梨次之，西洋梨较抗病。发病重的品种有'鸭梨''秋白梨''京白梨''黄梨''平梨''酥梨''安梨''一生梨''光皮梨''花盖梨''麻梨''宝珠梨''海东梨'等；其次为'砀山白皮酥梨''莱阳茌梨''红梨''严州雪梨''蒲瓜梨''长十郎''二宫白''黄梨''八云'等；而'玻梨''蜜梨''香水梨''新世纪''铁头梨'和西洋梨（如'巴梨'）等品种有较强的抗病性。

另外，寄主的幼嫩组织最易感染病原菌，当新梢木栓化、叶片角质化后，则不再被侵染。幼叶感病，展叶1个月以上一般不受感染。

2. 气候因素　　适宜的温、湿度是黑星病发生流行的重要因素。病原菌入侵的初始温度为8～10℃，发病适温为11～20℃，高于25℃时病害受抑制。适温下一次降雨量5 mm以上且持续48 h阴雨天，就可顺利完成侵染。一般而论，在多种气象因子中，降雨对该病的影响最大。因此，一年中病害发生早迟和流行程度主要取决于降雨早晚、降雨量多少和持续天数。由于我国各地气候条件不同，黑星病在各地的发生期也随之而异。广西、云南等地在3月下旬至4月上旬开始发病，6～7月为发病盛期；浙江通常在4月中下旬始见病，盛发期在梅雨季节。

3. 栽培管理　　地势低洼、树冠茂密、通风透光不良及湿度较高、肥力不足的梨园和树势较弱的梨树易感病。

4. 越冬菌量　　越冬后存活病原菌数量大，则病害发生早。越冬病原菌存活数量与冬季温、湿度关系密切。冬季温暖潮湿，落叶易腐烂分解，病原菌死亡而不能越冬。冬季温暖干燥，落叶上的病原菌分生孢子可越冬。冬季寒冷潮湿，不利于分生孢子越冬，但有利于子囊壳的形成和越冬。

五、防控措施

针对梨黑星病，应采取农业防治与喷药保护为主的综合治理措施。

1. 清除病原菌　秋末冬初清扫落叶和落果，早春梨树发芽前结合修剪清除病梢、叶片及果实，加以烧毁。也可于发病初期摘除病梢或病花丛，在南方梨区从 3 月下旬至 4 月上旬起，黄河故道地区从 4 月上中旬起，经常查看果园，发现病花丛和病梢，及早摘除，对减轻发病有很大的作用；同时可作为决定第一次喷药时间的参考。中国农业科学院果树研究所的研究人员发现在梨芽萌动时，对全树喷施硫酸铵或尿素 10～20 倍液，可明显减轻新梢发病。在花芽绽开时，施用 1～3°Bé 石硫合剂的防治效果也好。

2. 加强果园管理　增施肥料，特别是有机肥料，可增强树势，提高抗病力。适当疏剪，使树冠内通风透光，降低梨园湿度，也可减轻病害。定果后及时进行果实套袋，可以有效防止果实受病原菌侵染。

3. 药剂防治　针对早春梨膨大期，可选择石硫合剂均匀喷洒；在梨树花前、花后，可各喷波尔多液或代森锰锌 1 次，杀灭越冬病原菌。生长期可视梨树的具体病情、气候环境变化情况，每隔 15～20 d，可选用 60%的多·福可湿性粉剂 400～600 倍液、80%代森锰锌可湿性粉剂 500～1000 倍液、400 g/L 氟硅唑乳油 8000～10 000 倍液或 60%锰锌·腈菌唑可湿性粉剂 1000～1500 倍液等药剂对病株喷药 1 次，可有效防治梨黑星病。

本节图片

第六节　猕猴桃溃疡病

猕猴桃溃疡病（kiwifruit canker）是猕猴桃新近出现的一种毁灭性病害，该病害最早于 1980 年在美国加利福尼亚州和日本静冈县被报道，1986 年我国湖南东山峰农场人工猕猴桃林证实发生该病。随着猕猴桃种植面积迅速扩大，溃疡病在湖南等地来势猛、发展快、流行频率高，有的果园近乎毁灭。该病害是一种极具毁灭性的细菌性病害，现已被列为中国森林植物检疫性病害。人工接种该病原菌还可使桃、梅、豆类、番茄、马铃薯、洋葱等发病。

一、症状

该病害主要为害猕猴桃树干、枝条、叶片和花蕾等部位，严重时造成整株枯死。枝条上多从幼芽、皮孔、叶痕、枝条分叉处染病，发病初期呈水渍状病斑，随病斑扩展颜色逐渐变褐，皮层分离，手压之有松软感，最后病皮层开裂，分泌乳白色菌脓，后期经氧化形成黄褐色或锈红色黏液，剖茎可见髓部和皮层均褐变腐烂。病斑绕茎后，茎斑上部枝叶萎垂死亡。感病叶片病斑呈深褐色，不规则形或多角形，直径为 2～3 mm，周围常伴有黄色晕圈。发病条件适宜时也可不形成晕环。病叶易掉落。花蕾染病后，部分不能开花，花蕾变褐枯死；即使开花结果，果小且易落果或形成畸形果（拓展图 14-8）。

二、病原

1. 分类地位　猕猴桃溃疡病的病原为普罗斯特细菌门假单胞杆菌属丁香假单胞菌猕猴桃致病变种（*Pseudomonas syringae* pv. *actinidiae* Takikawa et al.）。

2. 形态特征　病原菌菌体单生，短杆状，两端圆，大小为（1.57～2.07）μm×（0.37～0.45）μm，多为单极生鞭毛，无芽孢，无荚膜。在肉汁胨琼脂基质上，菌落乳白色，圆形，略隆起，有光泽，边缘完整，半透明具黏性，有弱荧光（图 14-5）。

3. **生物学特性** 细菌不液化明胶，不能还原硝酸盐，不产生氨和硫化氢，淀粉不水解。可利用肌醇和蔗糖等，但不能利用阿拉伯糖、纤维二糖、鼠李糖和酒石酸盐等。

4. **宿主范围** 除侵染猕猴桃外，人工接种还可感染番茄、大豆、马铃薯、桃、杏等作物，对烟草也具有很强的侵染能力。

图 14-5 猕猴桃溃疡病菌在 NSA（nutrient sucrose agar）培养基上形成的菌落（引自 Stefani and Loreti，2014）

三、病害循环

病原菌主要在病枝蔓上越冬，也可随病残体在土壤中越冬。春季从病部溢出的细菌，由风、雨水滴溅和蚜虫携带进行近距离传播，也可经由枝剪、耕作等农事活动近距离传播；远距离传播则主要通过未经检测的苗木、接穗和携带病原菌的花粉等方式传播。病原菌从寄主的气孔、皮孔、水孔及伤口等处侵入。潜育期为 3~5 d。该病害一年中有两个发病时期：一是春季，在伤流期至落花期；二是秋季果实成熟前后，但春季危害更为严重（图 14-6）。

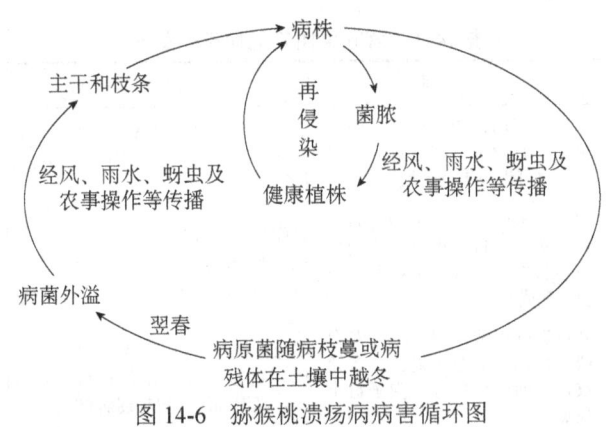

图 14-6 猕猴桃溃疡病病害循环图

四、发病条件

猕猴桃溃疡病的发生发展与种植区的温度、湿度和持续降雨天数密切相关。研究表明，低温阴雨高湿的气候条件是导致猕猴桃发病的重要因素。早春时节低温（10~20℃）、多雨和高湿有利于病原菌的入侵和繁殖；但当气温升高（>20℃）时，猕猴桃溃疡病菌的存活率降低，病害减弱。可见猕猴桃溃疡病是一种低温高湿病害。此外，栽培管理不良、山区雾浓露重、土质黏重、果园排渍不畅等都会诱发该病害。

五、防控措施

猕猴桃溃疡病的传播速度快，一旦暴发很难防治，应当坚持"预防为主，综合治理"的方针，降低该病害的危害。

1. **加强植物检疫** 严禁从病区引进和调运苗木,对外来苗木须进行消毒处理。同时利用全国植物检疫信息化管理系统,对苗木、接穗和商业花粉调入信息进行实时监管。

2. **选育和利用高抗品种与砧木** 利用优良的抗猕猴桃溃疡病品种是防治该病害最为有效和经济的措施。猕猴桃对该病害的抗病性具有明显差异,如'华特'和'徐香2'等品种为高抗品种。

3. **农业防治** 果园栽培管理措施直接影响该病害的发生,如树龄、种植密度、施肥种类等会直接影响猕猴桃的生理活动。在栽培过程中,应根据树龄大小和树势强弱,有目的地限制植株的负载量。合理施用有机肥、生物菌肥,适当追加钾、钙、镁等元素,增加树木长势。在修剪过程中,要确保树干通风透光。

4. **药剂防治** 立春后至萌芽前喷施 1∶1∶100 波尔多液、27.12%碱式硫酸铜悬浮剂 600～800 倍液、47%春雷·王铜可湿性粉剂 500～800 倍液或 3%噻霉酮可湿性粉剂 800～1000 倍液等,每隔 7～10 d 喷 1 次。萌芽后至谢花期,用 3%中生菌素可湿性粉剂 600～800 倍液或 2%春雷霉素水剂 500 倍液等,7～10 d 交替喷用 1 次。果实采摘后,结合修剪清园,喷施 1～2 次 0.3～0.5°Bé 石硫合剂或 1∶1∶100 波尔多液。施药方式也可影响防治效果。单一施药以刮除病斑涂药效果最佳,其次为注干,喷雾喷药效果最差。灌根+注干组合施药的防效最好。

落叶果树其他病害见表 14-1。

表 14-1 落叶果树其他病害一览表 本表图片

病名和病原	症状识别	发病规律	防治要点
柿黑星病 *Fusicladium kaki*	叶斑近圆形,中部褐色,边缘黑色,有黄晕。病斑背面生黑霉。也可为害果及新梢	病原菌在病枝条中越冬。孢子经风、雨水传播。中温高湿病重	①彻底清园,剪除病枝梢;②从发芽到5月下旬喷杀菌剂
柿白粉病 *Phyllactinia kakicola*	主要为害叶片,也可为害新梢和果实。叶斑黑褐色,背面生白粉状霉,上散生黄褐色至黑色闭囊壳小点	以闭囊壳在病叶上越冬。经风、雨水传播,由气孔侵入。温暖潮湿病重	①生长期喷洒 0.3°Bé 石硫合剂、三唑酮或硫磺·多菌灵悬浮剂等;②清除落叶集中烧毁
柿叶枯病 *Pestalotiopsis diospyri*	叶斑近圆形或不规则形,灰白或灰褐色,周边深褐色,有轮纹,正面生黑色分生孢子盘小粒点	病原菌在病组织中越冬。经风、雨水传播,由伤口侵入。高温高湿、树势弱病重	详见柿角斑病
柿疯病 *Phytoplasma* sp.	病枝徒长,直立,丛生,顶端细弱呈鸡爪状,维管束变黑。病叶薄而脆,凹凸不平,叶脉黑色	病原菌存在于病树木质部导管中。经叶蝉传播。冻害、树势差病重	①加强肥水管理;②除治传毒昆虫
草莓白粉病 *Sphaerotheca macularis*	叶斑暗污色至红褐色。发病器官表面生白色粉状物	菌丝在草莓幼芽中越冬。分生孢子经气流传播,再侵染频繁	①选栽抗病品种,清除病残体;②加强肥水管理,增施磷钾肥;③发病前喷醚菌酯、乙嘧酚磺酸酯、氟菌唑等药剂
草莓叶斑(蛇眼)病 *Ramularia tulasnei*; *Mycosphaerella fragariae*	叶部生红色圆形病斑,中间灰白色,边缘紫色,斑面有粉状孢子	病原菌在病残体上越冬。分生孢子飞传,再侵染多次	①选栽抗病品种,清理病残体;②合理密植;③发病前喷吡唑醚菌酯、春雷霉素等药剂
草莓疫霉果(革)腐病 *Phytophthora cactorum*	果上病斑黄褐色至暗褐色,生长停滞。成熟果实病斑紫色,果肉革质,味苦(拓展图14-9)	卵孢子在土中或病残体中越冬。游动孢子囊借雨水、灌溉水传播。潮湿生境病重	①加强栽培管理,注意果园卫生;②选用抗病品种;③药剂防治(详见第十八章第七节芋疫病防治)
草莓灰斑病 *Pseudocercospora fragarina*	病斑圆形或不规则形,中央灰白色、边缘褐色,上生小黑点分生孢子器。叶黄枯	病原菌在病残体或病株上越冬。低洼潮湿、密植病重	①选栽抗病品种;②加强栽培管理,注意果园卫生;③用咪鲜胺等药剂防治

续表

病名和病原	症状识别	发病规律	防治要点
草莓芽枯病 *Rhizoctonia solani*	受害蕾、新芽萎蔫，青枯或猝倒，黑褐色枯死，生白色至浅褐色蛛网状霉	以菌核或菌丝随病残体在土中越冬。经水流、农具等传播，靠菌丝侵染蔓延	①在无病地育苗采苗；②合理密植，勿偏施氮肥；③注意排水；④药剂防治。详见稻纹枯病防治
草莓根腐病 *Phytophthora fragariae*	急性型青枯状，叶尖凋萎，整株枯萎。慢性型老叶边缘紫红色，根褐色腐朽	以卵孢子在土中或病残体中越冬。游动孢子借水流传播，侵染根部	①轮作，无病地育苗；②起垄或高畦栽培，排渍水；③挖除病株；④甲基营养型芽孢杆菌9912、棉隆等药剂灌根和撒施防治
草莓枯萎病 *Fusarium oxysporum* f. sp. *fragariae*	根系维管束褐色。多在植株一侧发生心叶卷缩变黄，叶小畸形。严重时整株枯亡	病原菌在病残体、土中、粪肥中及种子上越冬。经分苗和灌溉、田间管理等传病	①选栽抗病品种，轮作；②定植前用敌克松等处理土壤；③用咪鲜·咯菌腈、氰烯菌酯等药剂灌根防治
草莓角斑病 *Xanthomonas fragariae*	叶尖病斑红褐色、水渍状、不规则形，多数病斑融合致叶片干枯。高湿时见菌脓	病原菌在种子、病残体及土中越冬。低洼高湿诱发病害	①施腐熟有机肥，增施磷钾肥；②高垄定植，深沟排渍；③喷布络氨铜·锌等药剂防治
草莓青枯病 *Ralstonia solanacearum*	初时下位1~2片叶凋萎，叶柄下垂，似开水烫伤状，随后枯死。根冠中央变褐色	病原菌在植株上或随病残体在土中越冬。经灌溉水或雨水传播。时晴时雨易发病	①施用无菌肥料；②轮作；③三氯异氰尿酸、二硫氰基甲烷或石灰消毒；④中生菌素等灌根防治
草莓芽线虫病 *Aphelenchoides fragariae*	叶皱缩畸形，萎垂，花芽不发育或芽变红色	在种苗或田间病株上越冬。靠雨水、灌溉水传播	①选栽抗病品种，无病育苗；②轮作；③处理土壤（详见第十八章第四节蔬菜根结线虫病防治）
草莓丛枝病 strawberry witches' broom phytoplasma，SWBP	病株簇缩丛生，叶片小化，僵绿。有的品种匍匐茎缩短，叶柄伸长，花不绽放	病原在寄主韧皮部组织中越冬。由东方叶蝉传播。寄主范围广	①杀灭传媒昆虫；②培育无病苗；③四环素液灌根防治
猕猴桃疫霉病 *Phytophthora cactorum*	侵害近土面茎基处。病斑初褐色水渍状，条状或梭形，严重时枯萎	病原菌在病残体中越冬。经风、雨水、流水传播，由伤口或嫁接口侵入。荫蔽潮湿病重	①用腐熟有机肥；②培育无病苗；③挖除病树，清除病残；④用噁霉灵、霜霉威等浸根或灌根防治
猕猴桃根结线虫病 *Meloidodyne* spp.	根系有大量的结节状物，大小不一。植株矮小，新梢细弱，叶片黄化，变薄，叶片早落	在土壤或病组织中越冬。靠调运有虫苗木进行远距离传播。砂壤土发病重	①培育无病苗，不向病区引苗；②栽种前温烫浸苗；③用氨基寡糖素或棉隆处理土壤防治

第十五章
十字花科蔬菜病害

十字花科蔬菜种类很多,栽培较多的有各类白菜、芥菜、芜菁、冬油菜、萝卜、甘蓝、花椰菜、紫菜薹等,其中以各类白菜栽培面积广,总产量高。全球已报道十字花科蔬菜病害逾50种,中国有30余种。其中最重要的十字花科蔬菜病害是病毒病、软腐病和霜霉病,全国产区均有发生,且危害损失大,并称十字花科蔬菜三大病害。菌核病、黑斑病、黑腐病和根肿病全国产区均有发生,流行年常造成相当程度的减产。

本节图片

第一节 十字花科蔬菜霜霉病

十字花科蔬菜霜霉病(downy mildew of Cruciferae)是全世界范围内严重威胁十字花科蔬菜生产的重要病害之一,在我国各地区均有发生,尤以大白菜受害最为严重。在南方,除大白菜外,小白菜、菜心、椰菜、芥菜、萝卜等均受害严重。严重时,大白菜霜霉病发病率可达到80%~90%,造成的产量损失可达20%~60%。

一、症状

十字花科蔬菜霜霉病主要为害叶片,茎、花梗和种荚等也可受害。白菜幼苗叶面不明显,背面生白色霜霉,重病苗黄枯。成株叶片初在正面见淡绿色水渍状小斑,扩展后黄色至黄褐色,因受叶脉限制形成多角形或不规则形病斑,斑边不明显,斑背生白色霜状霉。潮湿时病情急剧发展,叶片黄枯皱卷,层层干枯脱落,最后仅存中心包球。花梗染病肥肿,弯曲畸形丛生状,似龙头拐,俗称"老龙头";花器官肥大变形,花瓣绿色,久不掉落;种荚黄褐色,细小弯曲,结实不良,未成熟先开裂或不结实,病部生白色霉层(拓展图15-1)。

甘蓝和花椰菜受害,病苗症状与白菜的类似。成株叶片斑面微凹陷,黑至黑紫色,多角形或不规则形,斑背霜霉灰白色或灰紫色。花椰菜花球顶端变黑甚至延及整个花球,不能食用。

芜菁和萝卜叶部症状与白菜的相似,肉质根部病斑褐至黑褐色,稍凹陷、不定形,贮运期易烂。其他如油菜、芥菜、菜薹、榨菜、菠菜、莴苣、茼蒿等的症状也与白菜的类似,但菠菜霜霉病斑背面霉层为灰白色至灰紫色。

十字花科蔬菜霜霉病与白锈病常混合发生,为害更加严重,尤以茎、花梗、种荚为甚。

二、病原

1. 分类地位 霜霉病的病原为卵菌门霜霉属寄生霜霉[*Hyaloperonospora parasitica*

（Gaum.）Goker］。

2. 形态特征　菌丝无色，无隔膜，蔓延于寄主细胞间，靠圆形或囊状吸器伸入寄主细胞内吸取养分。孢囊梗自气孔伸出，长154.5～515.0 μm，单生或2～4根束生，无色，无隔膜，基部略膨大，2～8次二叉状对称分枝，小梗尖细、向内弯曲，略钳状，顶生一个无色、单胞、长圆形至卵圆形孢子囊，大小为30.9 μm×（18.0～28.0）μm，多从侧面萌生芽管。卵孢子黄至黄褐色，近圆形，直径30～40 μm，壁光滑或有皱纹，萌发生出芽管（图15-1）。

3. 生物学特征　病原菌生长发育要求较低的温度和较高的湿度。菌丝发育适温为20～24℃，孢子囊产生适温为8～12℃，萌发温度为3～25℃，适温为7～13℃，在适温下高湿度或水滴中经3～4 h萌发；病原菌侵染适温为16℃；卵孢子形成适温为10～15℃，相对湿度为70%～75%，萌发温度与孢子囊的基本相同。8～13℃和高湿条件最适于病原菌侵入。

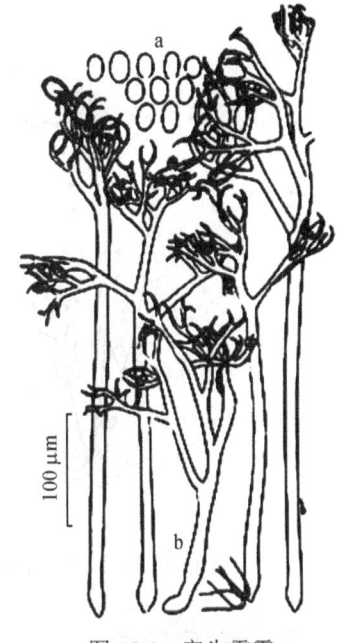

图15-1　寄生霜霉
（引自吕佩珂，1998）
a. 孢子囊；b. 孢子囊梗

4. 生理分化　该菌有明显的生理分化现象，国外报道有不同的生理小种。国内王铨茂、裘维蕃等通过对西南和京津地区菌种致病性进行研究，鉴定出3个变种。①芸薹属变种（*H. parasitica* var. *brassicae*）：对芸薹属蔬菜致病力强，对萝卜属致病力较弱，不侵染荠菜属。有3个生理小种：A.甘蓝类型，对甘蓝、芥蓝、花椰菜等侵染力强，侵染大白菜、油菜、芜菁、芥菜等能力极弱；B.白菜类型，对大白菜、小白菜、油菜、芥菜和芜菁侵染力极强，对甘蓝侵染力极弱；C.芥菜类型，对芥菜侵染力极强，对甘蓝侵染力极弱，有的菌株能侵染大白菜、油菜、芜菁，有的则不能。②萝卜属变种（*H. parasitica* var. *raphanin*）：对萝卜属侵染力强，对芸薹属如大白菜、甘蓝、芥菜等侵染力弱，不侵染荠菜属蔬菜。③荠菜属变种（*H. parasitica* var. *capsellae*）：只侵染荠属，不侵染其他十字花科蔬菜。

三、病害循环

南方冬季气候暖和的地区，终年种植十字花科蔬菜，孢子囊在田间辗转传播为害，不存在越冬、越夏问题。长江中下游地区，以卵孢子随病残体在土壤中或以菌丝体潜伏于秋季罹病植株内越冬。翌春条件合适时，越冬蔬菜上产生的孢子囊和越冬卵孢子传播到春植蔬菜上萌发侵染。北方冬季寒冷，病原菌以卵孢子随病残体在土中和采种株上越冬，也可以卵孢子附着于种子表面或随病残体混杂于种子间越冬，菌丝体也可潜伏在采种株内越冬。

卵孢子和孢子囊主要靠气流和雨水溅射传播，萌发后从气孔或表皮直接侵入寄主，新产生的孢子囊进行频繁再侵染，引致病害流行。据报道，卵孢子侵染白菜幼苗时，从幼茎侵入后，菌丝体向上扩展到子叶和第一对真叶内引起发病，但不能到达第二对真叶，这种现象称为有限的（或半）系统侵染。植物生长后期，病组织内形成卵孢子，进行越夏或越冬。在北方，越夏卵孢子经30～60 d休眠后萌发，侵染秋植白菜、萝卜、甘蓝等（图15-2）。

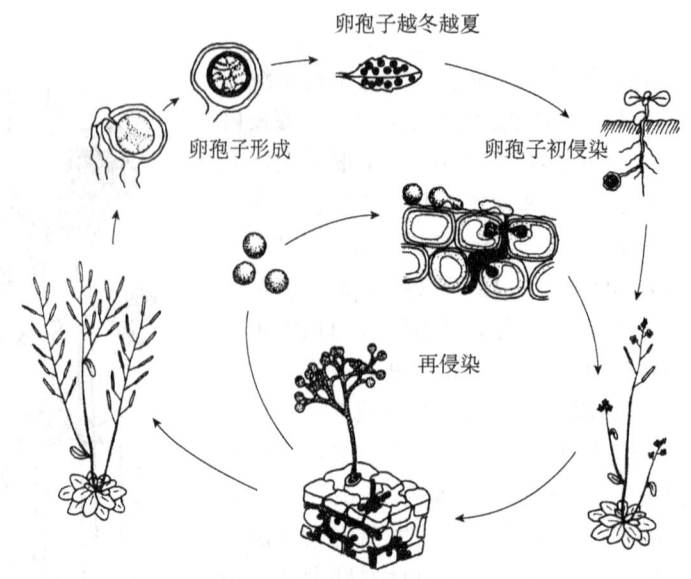

图 15-2　十字花科蔬菜霜霉病病害循环图（改自 Slusarenko and Schlaich，2003）

四、发病条件

霜霉病的发生与温、湿度，品种抗病性和栽培环境等因素密切相关，以温、湿度影响最大。

1. 温、湿度　病害的发生流行取决于温、湿度条件。温度主要影响病害出现早迟、潜育期长短和侵染循环频数；雨湿则主要影响其轻重。在适温场合下，湿度越大，病情越重。气温 16～20℃，昼夜温差大或天气忽冷忽热，露大雾重，尤其山区和石山地区，雾露时间长，湿度大，即便雨水少，也有利于病害流行。气候对该病的影响，尤以大白菜易感期的莲座期和包心期最大。

2. 品种抗病性　品种抗病性有明显差异，且与抗病毒性有相关性。疏心直筒型品种，外叶张开角度小，行间通透性较好，病较轻；圆球形、中心型品种，外叶张开角度大，行间通透性差，病较重。青帮品种病较少，白帮品种柔嫩多汁易罹病。病毒病重的植株霜霉病也重。因此，这两种病害往往会先后或同时大发生。

3. 栽培环境　轮作地尤其水旱轮作，菌源较少，病较轻；连作地特别是感病寄主连作，菌源积聚多，病较重。包心期能避过雨季的播种期为大白菜适宜播种期，否则易罹病；播种偏迟虽能避过雨季减轻发病，但不能丰产。此外，播种密度过大，蹲苗时间过长，土质黏重，整地不平，沟浅不畅，排渍困难，基肥欠缺或追肥不及时，或偏施迟施氮肥，都会削弱寄主抗性，加重病情。

五、防控措施

针对霜霉病，应采用以抗病品种和栽培管理为主，结合药剂防治的综合防控措施。

1. 选用抗病品种　生产上先后推广种植的结球白菜抗病品种有'北京新 2 号''北京新 80 号''晋杂 3 号''山东 4 号''秦白 2 号''小青口''小杂 55''小杂 60''小杂 65 号''大麻叶''天津青 9 号'等。抗病杂交种系列（杂交一代）有'青杂'系列、'丰抗'系列、'郑白'系列等。抗病普通白菜有'南农矮脚黄''60 天特青菜心''29 号菜心''迟菜心 2

号'等。冬油菜则以甘蓝型油菜较抗病,芥菜型次之,白菜型较感病。较抗病的油菜品种有'中双 4 号''两优 58b''秦油 2 号''白油 1 号''青油 2 号''沪油 3 号''蓉油 3 号'等。实际应用时应注意,即便同一类型,不同品种间的抗性也有差异。

2. 精选种子及种子消毒　　对可疑病种在播种前用 10%盐水选种,清除秕粒和病粒,洗净后阴干播种;或 72.2%霜霉威水剂或 53%甲霜灵·代森锰锌水分散粒剂 1000 倍液浸种 0.5 h 后催芽播种;或用种子重量 0.3%的 25%甲霜灵或 50%福美双可湿性粉剂拌种消毒。

3. 栽培管理　　实行 2 年以上轮作,水旱轮作最好。前茬收获后及时清除病残并深翻。推行深沟窄厢高畦栽植,以利除湿排渍。调节播种期,合理密植,适时间苗定苗并剔除病株,使包心期避开多雨季节。施足基肥,不用带菌土杂肥,增施磷钾肥,及时追肥,增强植株抗病力。

4. 药剂防治　　据预测预报,田间出现中心病株后及时喷药保护。可选用 60.6%氟噻唑·锰锌水分散粒剂 135~165 g/667 m²、687.5 g/L 氟菌·霜霉威悬浮剂 60~75 mL/667 m²或 40%三乙膦酸铝可湿性粉剂 150~200 倍液等(详见荔枝霜疫病药剂防治)。每 667 m²喷药液 60~70 kg,7~10 d 喷 1 次,连喷 2~3 次,兼治白粉病。在霜霉病与白斑病混发时可用前述三乙膦酸铝 200 倍液加 70%的乙铝·锰锌可湿性粉剂 130~400 g/667 m²;与黑斑病混发时则加 10%苯醚甲环唑水分散粒剂 35~50 g/667 m²或加 4%嘧啶核苷类抗生素水剂 400 倍液,兼治效果甚佳。

◆ 第二节　十字花科蔬菜软腐病

本节图片

十字花科蔬菜软腐病(Cruciferae soft rot)是一种世界性的细菌性病害,可为害大白菜、甘蓝、小白菜、油菜、萝卜、西兰花等蔬菜。十字花科蔬菜整个生长期和运输、储藏过程中都会受其为害。20 世纪 50 年代初期,软腐病在黄河以北地区常造成大白菜严重损失,减产五成以上,个别地区甚至毁产绝收;50 年代后期采取措施,得以控制,但在有利于病害发生的条件下或栽培措施不当时,仍能造成较大损失。

一、症状

软腐发生部位从伤口(虫伤、机械损伤等)处开始,初期呈浸润性半透明状,以后病部逐步扩大呈现明显的水渍状,表皮下陷,上面有污黄色细菌溢脓。病部内部组织除维管束外,全部腐烂成黏滑软腐状,并发生恶臭。大白菜和甘蓝在田间多在包心以后开始发病,初期植株外围叶片在烈日下表现萎垂,但早晚仍能恢复,随着病情的发展,外叶萎垂不再恢复,造成叶球露出。发病严重的植株结球小,叶柄基部和根茎处心髓组织完全腐烂,充满灰黄色黏稠物,臭气四溢。用脚一踢,菜头即落下。菜株的腐烂有些从根髓或叶柄基部向上发展蔓延;也有些从外叶边缘或心叶顶端开始向下发展,或从叶片某一虫伤处向四周蔓延,最后造成整个菜头腐烂。腐烂的病叶,在晴暖干燥环境下失水干枯,变成薄纸状。萝卜受害的部位都是从根尖的虫伤或其他伤口开始,初呈水渍状,以后病部向上发展成软腐。病健部界线分明,并常有汁液渗出。留种株有时老根外观完好,但内部心髓完全腐烂,仅存空壳(拓展图 15-2)。

二、病原

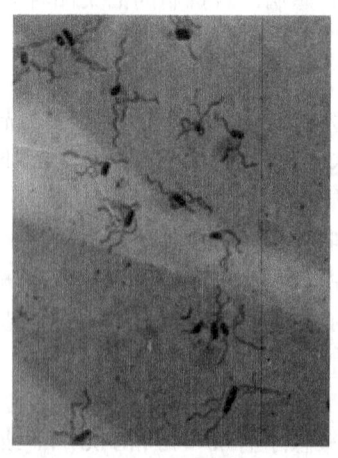

图 15-3 十字花科蔬菜软腐病菌
（黄式玲提供）

1. **分类地位** 软腐病的病原为胡萝卜软腐果胶杆菌胡萝卜亚种（*Pectobacterium carotovorum* subsp. *carotovorum*）。
2. **形态特征** 病原菌菌体短杆状，大小为（2.2～3.0）μm×（0.5～1.0）μm，周生鞭毛2～8根，无荚膜，不产生芽孢，革兰氏染色阴性（图15-3）。
3. **生物学特性** 该菌生长的最适温度为25～30℃，最高生长温度为40℃，最低生长温度为2℃，致死温度为50℃。在pH 5.3～9.2均可生长，最适pH为7.2。该病原菌不耐光或干燥，在日光下暴晒2 h，大部分可死亡。在脱离寄主的土壤中病原菌只能存活15 d左右。通过猪消化道消化后，病原菌也完全死亡。

三、病害循环

在我国南方温暖菜区，终年都有多种蔬菜寄主存在，病原菌无明显越冬期，在田间辗转传播蔓延；在北方则主要在带病种株、窖藏或土中未腐烂的病残体及害虫体内越冬。通过雨水、灌溉水、带菌肥料、昆虫（如甘蓝蝇、花条蜉象、黄条跳甲、菜粉蝶等）等传播，自伤口侵入。此外，软腐病菌从白菜幼苗阶段开始，在整个生育期内均可由根毛区侵入，潜伏在维管束或通过维管束传到地上各个部位，在厌氧性条件下才大量繁殖并引起发病。白菜潜伏带菌率高达95%，软腐病菌经潜伏繁殖后，引起生长期或贮藏期发病（图15-4）。

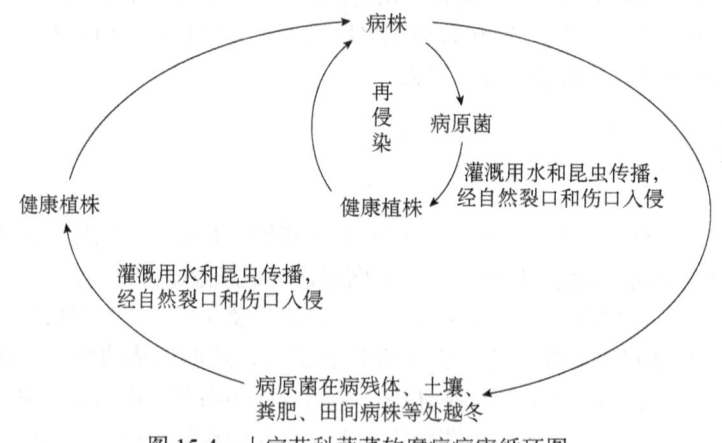

图 15-4 十字花科蔬菜软腐病病害循环图

四、发病条件

1. **品种抗病性和生育期** 白菜品种间有明显的抗性差异。青帮型白菜比白帮型抗性较优；疏心直筒品种抗性优于球形、牛心形品种。抗霜霉病和病毒病的白菜品种，对软腐病也有抗性。
2. **栽培环境** 平畦栽培，排水不畅，土壤缺乏氧气，对寄主根系生长和叶基部愈伤组织的产生不利，发病严重；高垄种植，排渍顺畅，土中氧气充足，利于根系生长和寄主形成愈伤组织，使病原菌侵染机会减少，发病较轻。前作物为葫芦科或茄科蔬菜的发病重，与豆类、禾本科作物轮作发病较轻。此外，过早播种、气温持续较高、易感期包心期提早、雨水多而早的年份等都可导致发病。

3. 气候因素　　以雨水和温度的影响最大，两者都对菜株愈伤速度、传媒昆虫的发生期、发生量和病原菌传播繁殖产生影响。温度对白菜幼苗愈伤能力的影响较小，但对成株的愈伤速度影响较大。雨水多、排渍不畅，植株基部淹水缺氧，伤口难以愈合，对病原菌的传播、繁殖有利。雨水多且持续时间长，伤口渍水缺氧，可加速病害发生。大白菜生长后期气温偏低，害虫向菜株心部钻藏食害，可加剧病害的发生。

4. 伤口种类和愈伤速度　　伤口种类有叶柄自然裂口、虫伤、各类病斑伤和机械伤等。自然裂口占总伤口比率最大，软腐病的发病率也最高，其次是虫伤和病斑伤所致的病害。自然裂伤于莲座中期至结球初期最多，多发生于久旱得水后，一旦染病，病原菌沿维管束迅速扩展至全株，损失最大。伤口愈合速度随白菜生育期而异，苗期较强，莲座期变弱。

五、防控措施

十字花科蔬菜软腐病的传播速度快，一旦暴发很难防治，应当坚持"预防为主，综合治理"的方针，降低该病害的危害。

1. 农业防治　　选择土地肥沃、地势较高的地块种植，种植前要提前半个月翻耕暴晒；高畦种植。施用腐熟有机肥、饼肥作基肥，中耕不宜过深，发现病株要及时连根拔除，病穴用石灰消毒，减少传染。追肥以化肥为好，但要均匀施用，避免伤根、烧叶。追肥切勿用未腐熟的人粪尿，尤其不要盖头泼浇。浇水以保持土壤湿润为原则，特别注意包心期后不能缺水，以防根产生裂口，但又不可大水浸灌，雨后要及时排水。南方高温菜区还可通过夏季地膜，增加土温以杀死或抑制土中软腐病菌。轮作和间作：与豆科、禾本科作物轮作或与葱、蒜、韭菜间作发病较少；玉米与大白菜间作，两者病害都较少。

2. 选育抗病品种　　选育抗病品种，大白菜直立和青帮型品种伤口愈合快，发病程度相对较轻，如'多抗4号''绿抗70''鲁光18'和'鲁白10号'等。

3. 治虫防病　　早期采用消灭地下害虫的一切手段，防止地下害虫对根部造成伤口；从幼苗期开始，加强田间检查，如发现黄条跳甲、菜青虫等害虫为害时，及时喷洒氯虫·噻虫嗪、高效氯氟氰菊酯等杀虫剂进行防治。

4. 药剂防治　　苗期药液喷淋可选用20%噻菌铜悬浮剂沿菜畦挖穴灌入；或在浇水时随水滴入50%氯溴异氰尿酸可湿性粉剂2.5~5.0 kg/667 m²，连续2~3次；或用20%噻唑锌悬浮剂100~150 mL/667 m²或2%春雷霉素可湿性粉剂100~150 g/667 m²等药剂喷施，喷药时应以发病植株和其周围的植株为重点。另外，对铜制剂敏感的品种要慎用。

◆ 第三节　十字花科蔬菜黑斑病

本节图片

十字花科蔬菜黑斑病（Cruciferae *Alternaria* leaf spot）是十字花科蔬菜常见病害，全国各地均有分布。20世纪80年代后期以来，白菜黑斑病为害加重。春秋两季发生普遍，病害大发生年减产20%以上，染病菜株不耐贮运。

一、症状

黑斑病主要为害白菜、甘蓝、萝卜、花椰菜及油菜等十字花科的叶片、叶柄、花梗、花球和种荚。叶片受害，初生近圆形的褪绿斑，扩大后边缘淡绿色至暗褐色，且显现同心轮纹，有的病斑具有黄色晕圈，在高温高湿条件下病部穿孔。白菜病斑较小，直径2～6 mm，甘蓝和花椰菜病斑颜色较深且较大，直径5～30 mm。发病严重时，病斑可融合成大斑块，致叶片枯死。茎部或叶柄病斑长梭形或条状，呈黑褐色凹陷。采种株的茎或花梗受害，病斑暗褐色，椭圆形、梭形或长条形。种荚病斑近圆形，中心灰色，边缘暗褐色，周缘浅褐色。湿度大时病部生暗褐色霉层（拓展图15-3）。

二、病原

1. **分类地位** 黑斑病的病原为子囊菌门链格孢属芸薹链格孢 [*Alternaria brassicae* (Berk.) Sacc.] [=*A. exitiosa* (Kühn.) Jørstad]、甘蓝链格孢 [*A. brassicicola* (Schw.) Wiltshire] (=*A. oleracea* Milbr.) 和日本链格孢 [*A. japonica* Yoshii] (=*A. raphani* Groves et al.)。

2. **形态特征** 前两种病原菌分生孢子形态相似，都为倒棍棒形，有纵横隔膜。其区别主要是：①芸薹链格孢分生孢子梗大小为（121.0～165.5）μm×（5.5～10.0）μm，淡榄褐色，单生或2～6根丛生，直立或膝状弯曲，具隔膜。分生孢子单生，罕短链生，具横隔膜6～12个，纵斜隔膜0～6个，孢身大小为（64.0～158.0）μm×（19.5～43.5）μm，褐色，直立或微弯。喙柱状，大小为（23.0～93.0）μm×（6.0～8.0）μm，横隔膜2～4个（图15-5），主要为害白菜、油菜、芥菜等。②甘蓝链格孢分生孢子梗大小为（31.0～80.0）μm×（4.5～7.0）μm，淡青褐色至褐色，单生或2～5根束生，基胞膨大，少数有分枝，直或弯，有隔膜。分生孢子大小为（25.0～93.0）μm×（7.5～25.0）μm，淡青褐色至青褐色，光滑，3～8个链生，圆柱形、椭圆形，横隔膜3～10个，纵、斜隔膜0～8个，隔膜处明显缢缩。喙一般不发达，多为单胞假喙，淡青褐色（图15-6），主要寄生于甘蓝、油菜和花椰菜。③日本链格孢分生孢子梗大小为（50.0～86.0）μm×（3.5～5.0）μm，分枝或不分枝，分隔，直或略弯，淡黄褐色。分生孢子单生或2～3个孢子短链生，大小为（36.5～50.8）μm×（10.2～14.8）μm，黄褐色，初生者较大，卵形、近椭圆形或短棒状，具4～8个横隔膜，1～7个纵、斜隔膜。次生分生孢子多数较短，卵形、阔卵形或近椭圆形，大小为（23.5～33.6）μm×（10.9～17.2）μm，黄褐色，横隔膜3～5个，纵、斜隔膜1～3个；分生孢子在主横隔膜处明显缢缩，无喙（图15-7）；侵害大白菜、甘蓝、萝卜和水稻等。

3. **生物学特性** 芸薹链格孢的生长温度为0～35℃，适温为17～25℃；分生孢子萌发适温为20～25℃；菌丝和分生孢子致死条件为48℃ 5 min；生长pH为3.6～9.6，最适pH为6.6。甘蓝链格孢的生长温度为10～35℃，适温为25～27℃；孢子萌发温度为1～40℃。日本链格孢的生长和侵染适温为17～29℃，产孢适温为23～25℃，超过35℃侵染力急剧下降；适宜pH为7.1～8.0。

4. **代谢产物** 链格孢能产生两类毒素，即寄主选择性毒素和非寄主专化性毒素。已报道的寄主选择性毒素至少有13种，其中芸薹链格孢或甘蓝链格孢产生的寄主选择性毒素被称为AB-毒素。一般认为，AB-毒素包含4种组分：腐败菌素B、高腐败菌素B、腐败菌素B2和脱甲基腐败菌素B。其中，腐败菌素B是AB-毒素的重要组分，较低浓度的腐败菌素B就能对芸薹属植物的正常生理功能产生干扰。

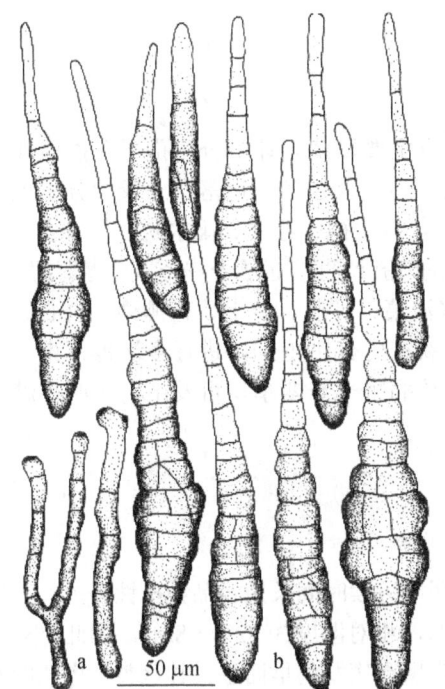

图 15-5 芸薹链格孢（引自张天宇，2003）
a. 分生孢子梗；b. 分生孢子

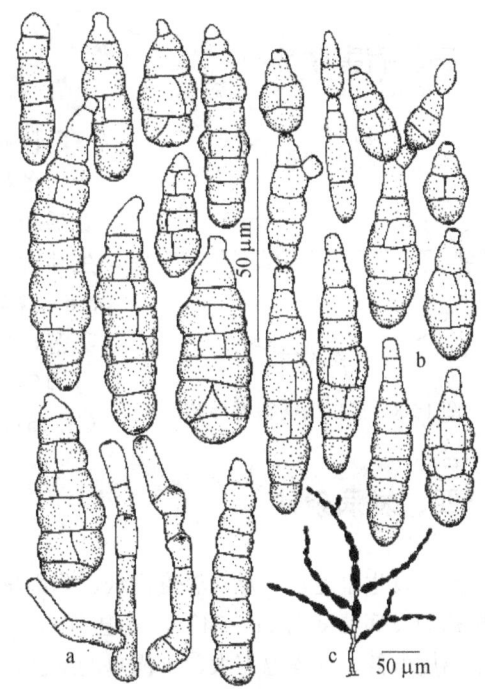

图 15-6 甘蓝链格孢（引自张天宇，2003）
a. 自然标本上的分生孢子梗及分生孢子；b. PCA+滤纸上的
分生孢子；c. PCA+滤纸上的产孢表型

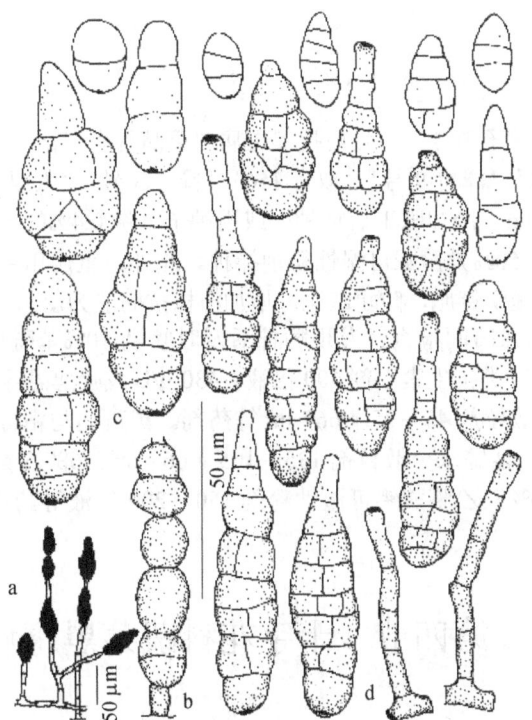

图 15-7 日本链格孢（引自张天宇，2003）
a. PCA 平板上的产孢表型；b. PCA 平板上的厚垣孢子；c. PCA 平板上的分生孢子；d. 自然基质上的分生孢子梗及分生孢子

三、病害循环

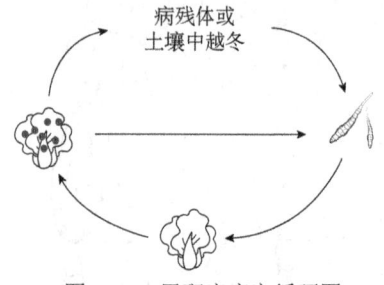

图15-8 黑斑病病害循环图

该病在北方主要以菌丝体、分生孢子在病残体或种子、冬贮菜及冬油菜上越冬。遗落在土表的分生孢子可存活365 d。翌年分生孢子经风、雨水吹传到寄主上，萌生芽管从寄主的气孔或直接穿透表皮侵入，潜育期为3～5 d。辗转侵害油菜、甘蓝、萝卜、花椰菜、菜心、小白菜等，病斑上新产生分生孢子，进行多次再侵染。在南方周年菜区，该病害一年四季均可发生，无明显越冬期（图15-8）。

四、发病条件

病害发生早迟及轻重与温度高低、降雨早晚、阴雨持续时间长短及品种抗性有关。白菜类黑斑病的发病温度为11～24℃，适温为11.8～19.2℃，相对湿度为72%～85%。因此，多雨高湿及温度偏低、昼夜温差大、雾露重的地区，白菜类黑斑病发病早而重。甘蓝类黑斑病的发病适温为28～31℃，在夏季高温多雨或保护地高温高湿的环境中均有利于发病。一般华南地区白菜黑斑病多发生在气温较低的12月至翌年2月，而甘蓝黑斑病则发生在气温较高的10～11月及翌年3月。品种间抗性有差异，但尚没有免疫品种。

五、防控措施

1. **选用抗病品种和种子消毒** 目前抗黑斑病白菜品种有'洛阳东京3号''郑白4号''郑杂2号''北京88号''津青9号''双青156''晋菜3号''太原2号''青庆'等。种子可用50℃温汤水浸种25 min，冷却晾干后播种；或用种子重量0.4%的50%福美双可湿性粉剂或种子重量0.2%～0.3%的50%异菌脲可湿性粉剂拌种。此外，重病田要与非十字花科作物轮作2～3年。施足基肥，增施磷钾肥，防止缺肥，增加植株抗病能力。

2. **药剂防治** 加强田间检查，发现病株后及时喷洒10%苯醚甲环唑水分散粒剂35～50 g/667 m²、4%嘧啶核苷类抗生素水剂400倍液、430 g/L 戊唑醇悬浮剂15～18 mL/667 m²或68.75%噁酮·锰锌水分散粒剂45～75 g/667 m²等药剂。黑斑病与霜霉病混合发生时，可用上述药剂加60.6%氟噻唑·锰锌水分散粒剂135～165 g/667 m²、687.5 g/L 氟菌·霜霉威悬浮剂60～75 mL/667 m²或40%三乙膦酸铝可湿性粉剂150～200倍液等药剂，每隔7 d左右喷施1次，连续防治3～4次。

本节图片

第四节　十字花科蔬菜黑腐病

十字花科蔬菜黑腐病（Cruciferae black rot）是由种子传带的细菌性病害。其在我国普遍发生，尤以在气候凉爽、雨量充沛或雾大露重的温带和亚热带地区为害十分严重。萝卜田间病株率可高达30%，经贮藏后腐烂率为5%～10%；流行年份花椰菜的枯死率可达30%以上。

一、症状

十字花科蔬菜全生育期均可发病,主要特征是维管束坏死变黑。播种后染病烂种、烂芽不能出土。幼苗染病,子叶水渍状枯死,也可扩展到真叶,叶脉上出现黑色条斑或黑点状斑,根髓部显黑色病变,幼苗枯死。成株叶片发病,多从叶缘开始,呈"V"形向内扩展,黄褐色,外围黄色,边界不明显。当病原菌沿叶脉向中心蔓延时,形成网状黑脉或黄褐色大斑。叶柄染病,病原菌通过维管束向上扩展,常使叶片歪向一侧,病部黄化或淡褐色干腐,部分外叶枯萎、脱落。潮湿时,病部有黄褐色菌溢或水渍状湿腐。重症植株茎基腐烂萎凋,茎髓部中空、黑色干腐。种株发病,叶斑也呈"V"形,叶落,花茎髓部暗褐色枯死(拓展图15-4)。

萝卜叶片病斑与白菜上的相似。有病块根外观无大异常,但维管束变黑,内部组织黑色干腐,重者空心。田间还能诱发十字花科蔬菜软腐病,造成严重损失。

二、病原

1. **分类地位** 黑腐病的病原为普罗特斯细菌门黄单胞杆菌属油菜黄单胞杆菌油菜黑腐病致病变种 [*Xanthomonas campestris* pv. *campestris* (Pam.) Dowson] [=*X. campestris* (Pam.) Dowson]。

2. **形态特征** 菌体短杆状,大小为 (0.7~3.0) μm× (0.4~0.5) μm,单生或链生,极生单鞭毛,无芽孢,有荚膜,革兰氏染色反应阴性(图15-9)。在牛肉汁琼脂培养基上菌落近圆形,初呈淡黄色,后变蜡黄色,边缘完整,略突起,薄而平滑,具光泽,老龄菌落边缘呈放射状。

3. **生物学特性** 病原菌的生长发育温度为5~39℃,适温为25~30℃,致死温度为51℃;耐干燥,在干燥条件下存活12个月以上。生长pH为5.8~10.0,最适pH为6.4,耐盐浓度为2%~5%。

4. **寄主范围** 该菌主要为害甘蓝、油菜和结球白菜,还可侵染青菜、花椰菜、苔菜、球茎甘蓝、芥蓝、芥菜、芜菁、萝卜等10多种十字花科蔬菜。Vicente等 (2001) 将 *X. campestris* pv. *campestris* 划分为6个生理小种,其中1号和4号生理小种在十字花科植物上发病最严重,生理小种6在世界范围内分布最广,但为害程度次之,其他生理小种相对少见。

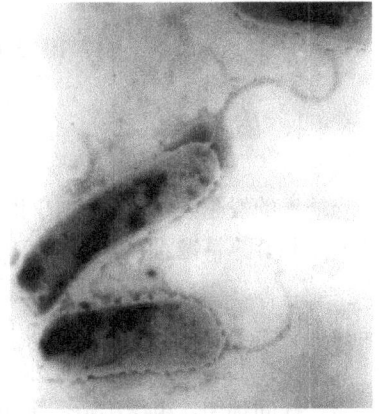

图 15-9 十字花科蔬菜黑腐病菌
(黄式玲提供)

三、病害循环

病原菌随种子或病残体遗留在土壤中或在采种株上越冬。病原菌在土壤中的病残体上经1年仍保存侵染力,在种子上可存活2年以上。如播种带菌种子,幼苗出土时依附在子叶上的病原菌主要从叶片边缘的水孔或伤口侵入,也可从嫩叶的气孔侵入,引起发病。成株叶片发病,病原菌在薄壁细胞内繁殖,并迅速进入维管束,引起叶片发病,再从叶片维管束蔓延至茎部维管束,引致系统侵染。采种株染病,细菌由果柄处维管束进入种荚使种子表面带菌,或经荚皮的维管束进入种脐，致种皮带菌，病残体碎片还可混杂或附着在种子上。调运带菌种子是远距离传播的主要途径。在生长期主要通过风、雨水、灌溉水、农事操作、带菌肥料及昆虫等传播（图 15-10）。

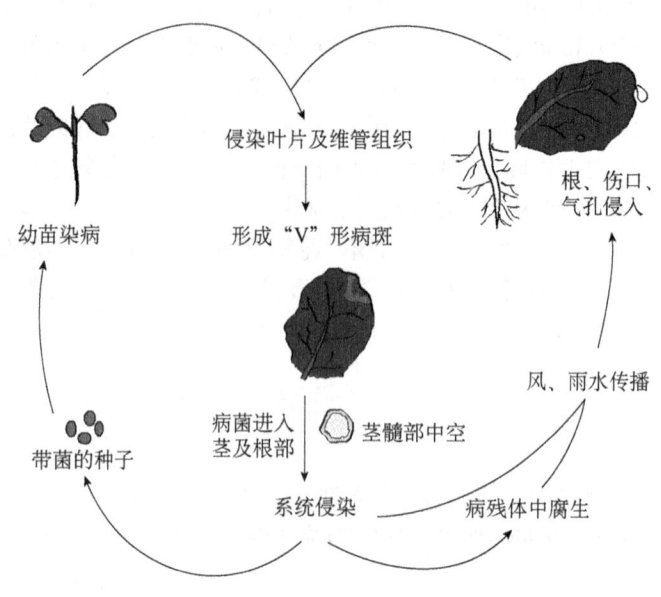

图 15-10　十字花科蔬菜黑腐病病害循环图

四、发病条件

病害的发生条件主要是苗期的雨量和露水，其次是作物的品种（系）的抗病性。育苗期间的雨量和雾露情况直接影响菜苗的感染数量，从而影响移植后的发病程度。如果育苗时天气无雨干旱、雾露少，在苗期和移植后就不致发病或发病较轻；反之则重。十字花科作物连作和周年种植十字花科蔬菜的地区，如气候温和，在 15.5～21.0℃条件下雨量充沛，植地土质黏重，排水不畅，叶面结露、叶缘吐水，都利于病原菌侵入发病。种植过密，施肥不当，植株徒长或早衰，株间郁闭，组织柔嫩，害虫为害猖獗，暴风雨频繁，发病严重。

五、防控措施

1. 选用抗病品种　　品种抗性有一定差异，一般直筒形结球白菜比球形、圆筒形的抗病。目前可供选用的较抗病品种有'津青 9 号''晋菜 3 号''秦白 2 号''太原 2 号'和'86-2'等。抗黑腐病萝卜品种有早熟萝卜'富源 1 号''青脆 50''天一''雪单 3 号'等。

2. 种子消毒　　从无病田或无病株采种，用 45%代森铵水剂 300 倍液浸种 15～20 min，冲洗后晾干播种；或用 50%琥胶肥酸铜可湿性粉剂按种子重量的 0.4%拌种，可预防苗期黑腐病的发生。也可用中生菌素 100 倍液 15 mL 浸拌 200 g 种子，吸附后阴干；或每 1000 g 种子用漂白粉 10～20 g（有效成分）加少量水，将种子拌匀，然后放入容器内封存 16 h，均可有效地防治十字花科作物种子携带的黑腐病菌。此外，与非十字花科蔬菜轮作 2～3 年。适时播种，合理浇水，适时蹲苗；收获后及时清洁田园；及时防治害虫，减少伤口。

3. 药剂防治　　发病初期喷洒 6%春雷霉素水剂 25～40 g/667 m² 等。

◆ 第五节　十字花科蔬菜根肿病

本节图片

十字花科蔬菜根肿病（Cruciferae clubroot）又称"天冬根"，世界性分布。我国台湾 1936 年报道在大白菜上发现了该病，现在各产区均有不同程度发生为害。根肿病从苗期开始发生，严重时可导致菜苗死亡以致全田毁株。成株受害则根部肿大腐烂，甚至使植株枯萎死亡，一般发病率达 10%～30%，严重的高达 50%以上。

一、症状

幼苗和成株均可受害，被害根肿大成瘤是病害的主要特征。病株初期地上部症状不明显，当发展到根部膨大时，由于根的生理活动受到阻抑，地上部即表现出叶片转淡、失去光泽、叶缘变黄、生长缓慢、株形矮小及萎蔫等症状。受害根系由于受病原菌的刺激，其薄壁细胞大量分裂和增大而形成肿瘤。肿瘤的发生部位、形状和大小因寄主不同而异。在甘蓝、白菜、芥菜等蔬菜及油菜上，其肿瘤多发生在主根及侧根上，主根上的肿瘤大而数量少，侧根的肿瘤小而多，一般多呈纺锤形、手指形或不规则形，大的如鸡蛋或更大，小的如玉米粒。在萝卜、芜菁等根菜类的肿瘤多发生在侧根上，主根一般不变形或仅在根端生瘤。肿瘤初期表面光滑，后期表面粗糙、龟裂，常易受软腐病菌等侵入，造成组织崩溃腐烂，散发臭味（拓展图 15-5）。

二、病原

1. 分类地位　　根肿病的病原为根肿菌门根肿菌属芸薹根肿菌（*Plasmodiophora brassicae* Woron.）。

2. 形态特征　　休眠孢子囊在寄主细胞内形成，无色，球形或扁圆形，壁薄、单胞，大小为（4.6～6.0）μm×（1.6～4.6）μm，萌发产生游动孢子。游动孢子为裸露的单核原生质体，形态不定或略作梨形或球形，直径 2.5～3.5 μm，前端具两根长短不等的鞭毛，能在水中作不规则游动，与寄主根毛或根表皮接触后，鞭毛消失成休止孢，萌发后从寄主根毛侵入寄主细胞内，发展为原生质团变形体。变形体可通过导管、筛管等多种途径进入形成层。变形体成长后，可充塞整个寄主细胞。变形体刺激寄主薄壁细胞分裂、膨大，经 10 d 左右致根部形成肿瘤。最后病原菌又在寄主细胞内形成大量的休眠孢子囊（图 15-11），根部肿瘤腐解后，休眠孢子囊进入土中越冬。

3. 生物学特性　　休眠孢子囊的抗逆性很强，在土中可保持侵染力达 10 年或更长时间，稍休眠或不经休眠也能萌发。萌发时要有充足的氧气和水分。因此，土壤含水量 70%左右并

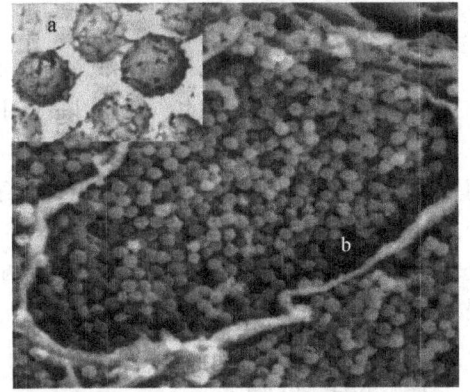

图 15-11　芸薹根肿菌（引自吕佩珂，1998）
a. 油菜根肿病菌休眠孢子囊；b. 寄主细胞内的休眠孢子

保持 18~24 h 时萌发最适宜。在碱性基物中（pH 7.2 以上）很少萌发或不萌发。在腐殖质土壤的浸出液和无机盐溶液中加速萌发。萌发和侵染的土温为 6~30℃，最适温度为 18~25℃。在适宜的土壤温、湿度下经 18~24 h，休眠孢子即可萌发和侵入寄主体内。

4. 生理分化　据国外研究报道，病原菌有 9 个生理小种。我国普遍采用 Williams 4 个鉴别品种，划分为 12 个生理小种，其中 4、7、9 和 11 号为优势生理小种。另外，我国芸薹根肿菌还有侵染甘蓝和不侵染甘蓝的两种生理型。

5. 寄主范围　芸薹根肿菌是一种低等原生动物，专性寄生，可侵染十字花科植物 100 多个种和变种。除主要为害大白菜、白菜、甘蓝、花椰菜、芥菜、芜菁、萝卜、榨菜等蔬菜外，芸薹根肿菌还能侵染香雪球、庭荠、缎花、胡椒草、紫罗兰等花卉。人工接种还可侵染 4 种非十字花科植物，如罂粟科的虞美人、榉草、禾本科的草地生黑麦草和豆科的红三叶草。

三、病害循环

病原菌以休眠孢子囊在土壤、堆肥或病残体内越冬。孢子囊借雨水和灌溉水、线虫、昆虫、农事操作等传播。带菌菜苗、菜株和病土转运也可使病害作远距离传播。病原菌从根毛侵入到表现根肿症状，历时 9~10 d。植株受害越早发病越重；而晚期侵染，因植株根系已发育完全，不会引起重大变形，根肿症状也不典型，发病也较轻（图 15-12）。

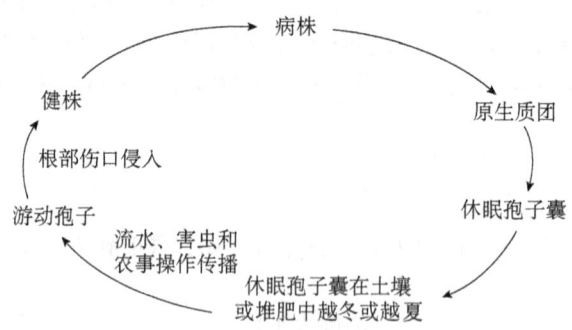

图 15-12　十字花科蔬菜根肿病病害循环图

四、发病条件

病害的发生为害与土壤的酸碱度和温、湿度有关，当土壤 pH 5.4~6.5、土壤温度 18~25℃和土壤相对含水量为 60%左右时，寄主受害最严重。而当土壤 pH 在 7.2 以上，土壤温度在 12℃以下或 27℃以上，以及土壤相对含水量在 45%以下或 98%以上时，就不适宜病原菌的萌发和侵入，病害即少发生或不发生。十字花科作物连作地含菌量大，发病重；轮作地菌量少，发病轻。晴天定植后有半个月好天气，根肿病很少发生；雨天种菜或种植后下雨多，发病重。偏施过量氮肥，少施磷钾肥，会加重病害。增施石灰可降低土壤酸度，抑制病原菌萌发和侵入，减少病害发生。

五、防控措施

1. 实施检疫　严禁从病区调运蔬菜种苗，保护无病区。

2. 选育无毒苗和苗床消毒　　无毒苗选育：对育苗基质进行根肿病菌检测，选用健康基质进行育苗，培育无毒苗的同时注意健根壮苗。苗床消毒：湿土可用 1∶50 倍福尔马林液 1100 cm² 淋药液 2 kg；干土则用 1∶100 倍福尔马林液 1100 cm² 淋药液 4 kg，淋后随即用尼龙薄膜或草帘覆盖密封，经两昼夜后揭除覆盖物，待土中药味消失后（约 2 周）再进行播种育苗。

3. 农业管理措施　　及时清理田间病残体，加强田间管理和栽培措施，优化施肥技术和氮磷钾肥配比，避免偏施过量氮肥，注意有机肥和化肥的搭配轮换施用。

4. 土壤改良　　选用生石灰和石灰氮等碱性土壤改良剂进行土壤改良或利用万寿菊秸秆和水稻秸秆等粉碎返田处理，另外碳酸氢铵和生石灰联合覆膜进行土壤熏蒸 14 d 以上也能有效防治十字花科蔬菜根肿病的发生。

5. 抗病品种选育　　选用抗病品种受根肿病菌生理小种差异的影响较大，因此抗病品种的选用还应加强土壤中根肿病菌生理小种的检测。目前可供选用的抗病品种有'京春 CR3 琴萌''CR 京秋新 3 号''琴萌 CR1239''抗大 3 号'，甘蓝类如'秋甘 5 号''德高 CR117''极品大白菜'和'滇赢白菜王'等。

6. 化学防治　　氟啶胺和氰霜唑等是当前控制根肿病效果较好的农药，其中氟啶胺防治效果最好且应用最广泛。合理的施药方式能提高农药对根肿病的防治效果，采用新型农业机械进行拌土法施药比幼苗灌根法防治效果更好，苗期蘸根后移栽比后期农药灌根更能减轻根肿病的发生，农药间合理搭配使用及农药与植物防御诱导剂的互配也能提高对根肿病的防治效果。

7. 生物防治　　生物防治是根肿病绿色防控的重要措施。已报道枯草芽孢杆菌、哈茨木霉、根瘤菌、多黏类芽孢杆菌和放线菌等都是防治十字花科蔬菜根肿病重要的生防资源，对根肿病都有良好的防治效果。

8. 非寄主作物轮作　　轮作是控制土传病害的重要手段。甜玉米、万寿菊、大豆、洋葱、大蒜及禾本科作物与十字花科蔬菜轮作都能减少根肿病菌休眠孢子数量，减轻根肿病的发生和危害。

十字花科蔬菜其他病害见表 15-1。
本表图片

表 15-1　十字花科蔬菜其他病害一览表

病名和病原	症状识别	发病规律	防治要点
十字花科蔬菜病毒病 芜菁花叶病毒（TuMV）、烟草花叶病毒（TMV）、黄瓜花叶病毒（CMV）等	心叶脉明或叶脉失绿，花叶、斑驳。病重时叶片硬且脆，皱缩，上生大量小褐斑，叶背主脉现褐色略凹陷坏死短条斑，植株矮化畸形，不结球或结球松散，内层叶上有灰褐色小点；采种株抽薹慢且短，花梗扭曲，不结荚或荚果微小，发芽率低；病株根系不发达，严重影响病株长势，削弱抗性（拓展图 15-6）	气候条件既影响作物的生长发育和抗性，也影响传媒昆虫的发生和迁移扩散，对病害发生早迟和轻重起关键作用。气温上升至 20～25℃，病害进入盛发期	①选用抗病品种；②种子消毒；③农业防治，培育无病壮苗，进行间苗、除草等农事操作时，手及工具应用肥皂水消毒等；④防治蚜虫；⑤药剂防治：发病初期喷施氨基寡糖素或吗胍•乙酸铜等
油菜菌核病 Sclerotinia sclerotiorum	油菜苗期发病，先在茎基与叶柄近地面处出现红褐色斑点，扩大后转为白色。成株下部叶片受害，初生暗青色水渍状斑块，扩大后成为圆形或不规则形大斑。茎部病斑多发生于主茎的中下部，病部生黑色的鼠粪状菌核。荚果受害，病斑初呈水渍状，浅褐色，不规则形（拓展图 15-7）	以菌核或菌丝在土壤、种子和病茎中越夏、越冬。病害在连作地发病重；过度密植，田间郁蔽，湿度大，发病较重；春秋季雨水多时，菌核病易严重发生	①选用抗病品种；②选用无病种子及种子处理；③栽培防病，实行轮作，最好与水稻轮作；④药剂防治：发病初期喷洒多•酮、腐霉•多菌灵、多菌灵、异菌脲等

续表

病名和病原	症状识别	发病规律	防治要点
白菜炭疽病 *Colletotrichum higginsianum*	叶斑近圆形、灰褐色，中央下陷薄纸状，边缘褐色微隆起，后期病斑灰白色、半透明，易穿孔。叶柄、花梗、种荚病斑与叶片上类似，斑上常有红色黏质物（拓展图15-8）	以菌丝随病残体在土中越冬。分生孢子借风、雨水传播。潜育期为3～5 d。高温多雨易流行	①选用抗病品种；②种子消毒；③发病初期喷洒唑醚·代森联、吡唑醚菌酯等药剂
白菜白斑病 *Pseudocercosporella capsellae*	叶片生不规则形、浅灰色至白色病斑，外有污绿色晕圈或边缘湿润状。斑面现灰色霉状物，有的破裂穿孔（拓展图15-9）	以菌丝随病残体于土表或以分生孢子黏附在种子上越冬。借风、雨水传播。多雨年份，病害容易流行	①选用抗病品种；②实行轮作；③发病初期喷洒乙铝·锰锌等药剂
十字花科细菌性黑斑病 *Pseudomonas syringae* pv. *maculicola*	病斑在叶背呈膜状不规则角斑，大小不等，叶面斑灰褐色、油渍状。湿度大时，斑背溢出污白色菌脓；干燥时，病部开裂或穿孔状，叶脉不易被害（拓展图15-10）	病原菌在病残体上越冬。借风、雨水、灌溉水传播。苗期至莲座期阴雨天气多，该病发生重	①选用抗病品种；②栽培防病；③发病初期喷洒络氨铜水剂或中生菌素
甘蓝黄叶病 *Fusarium oxysporum* f. sp. *conglutinans*	病株萎蔫、矮心、黄化。芥蓝、结球甘蓝叶边缘变紫，叶基变褐，下部叶片连续脱落，植株感病部位维管束变黑	病原菌在土中生存。高温干燥持续时间过长，浅层根系被扒伤，反季节栽培的白菜发病较重	①选用抗病品种；②勤浇水降温，防治地下害虫，避免伤根；③喷洒咯菌腈或硫磺·甲硫灵悬浮剂等
萝卜根结线虫病 *Meloidogyne hapla*；*M. arenaria*；*M. incognita*	地上部分生长衰弱，叶片不舒展，叶小且发黄，根系畸形，须根少。根部生大小不等瘤状物或根结，内部可见白色细小梨形雌虫	常以卵或2龄幼虫随病残体遗留在土壤中越冬。病土、病苗及灌溉水是主要传播途径。砂土较黏土病重	①清洁田园，清除病残体；②轮作2～3年；③施用氯唑磷颗粒剂等进行防治（详见第十八章第四节蔬菜根结线虫病）
大白菜干烧心病 （生理性病害）	叶球顶部边缘向外翻卷，逐渐干枯黄化，病部组织水渍状，叶片上部也变干、黄化，叶肉干纸状。病健交界明显。叶脉黄褐至暗褐色，病叶主要在叶球中部	该病主要发生在钙质土地区，是土壤中缺少水溶性钙，营养失调缺锰引起的。患病的白菜含锰量很低	①喷洒0.7%硫酸锰；②喷施喷洒型硝酸钙，在苗期至莲座期或包心期前共喷3次；③用拌种型硝酸钙进行拌种
白菜类蔬菜冻害 （生理性病害）	大白菜、小白菜、油菜、菜心等在越冬栽培、育苗、早熟栽培及大白菜生长后期均可发生冻害，轻的叶片变白呈薄纸状；重的似开水烫过，瘫倒在地	青菜类苗期遇到-5～-3℃温度，蕾期在0℃以下，极易受害；大白菜在-5℃以下开始受冻，持续2 d以上，日均温也降至0℃以下，则会构成严重冻害	①控氮增磷钾；②覆盖保护蔬菜心叶；③重施腊肥，提高土温，中耕培土；④控制早薹早花，清沟培土，施草木灰或谷壳灰；⑤喷洒27#高脂膜乳剂

第十六章

茄科蔬菜病害

常见的茄科蔬菜有番茄、辣椒、茄子及马铃薯等。茄科蔬菜病害种类众多,许多重要病害均可在茄科作物上发生,包括病毒病、青枯病、炭疽病、根结线虫病、镰刀菌枯萎病、灰霉病等;此外,番茄晚疫病、早疫病、溃疡病等,辣椒白绢病,茄褐纹病、绵疫病等均是我国生产上的重要病害。

第一节 茄科蔬菜青枯病

本节图片

茄科蔬菜青枯病(bacterial wilt of Solanaceae vegetable)是一种典型的细菌性萎蔫型维管束系统性病害,其特征性症状是植株急性凋萎和维管束变色。该病在热带、亚热带地区普遍发生,也是我国长江流域以南各省(自治区)的常发病,在北方地区的温室大棚中近年来也发生严重,可造成灾害性损失。

一、症状

该病全生育期均可发生,但大多集中于作物生长中后期(开花结果期)发病,在高温高湿的环境下发病更急,从发病到死亡一般只需要 4~8 d 的时间。

1. **番茄青枯病**　常在株高 30 cm 左右时显症,先是顶端叶片萎垂,其后是下部再到中部叶片凋萎,但也有不从顶叶而是从其他部位叶片首先凋萎的病例。叶脉后期变黑。病茎表皮粗糙,是其中下部增生的许多长短不一的不定根。潮湿时,病茎上可见初水渍状后呈褐色的 1~2 cm 长的斑块,髓部也褐腐中空。大气干燥则无此现象,但木质部明显紫褐色(拓展图16-1)。

2. **马铃薯青枯病**　又称"洋芋瘟",也称南方细菌性枯萎病或褐腐病。病株下部叶片先萎蔫,后叶脉变褐,茎部也生褐色条纹。块茎病轻的症状不明显,重的芽眼处变浅褐色或褐色,甚至溢出菌液。横切块茎,切面呈环点状腐烂,其上会自动泌出污白色菌脓(拓展图 16-2)。

3. **茄子、辣(甜)椒青枯病**　初期仅个别枝上叶片或少数几张叶片萎蔫,病茎表面症状不明显,后期病叶褐色焦枯,整株死亡。

二、病原

1. **分类地位**　青枯病的病原为普罗特斯细菌门拉尔氏菌属茄青枯拉尔氏菌(*Ralstonia solanacearum* Yabuuchi et al.)[=*Burkholderia solanacearum*(Smith)Yabuuchi et al.=*Pseudomonas*

solanacearum E. F. Smith］。

2. 形态特征及培养性状　　菌体短杆状，两端钝圆，大小为（0.9～2.0）μm×（0.5～0.8）μm，无荚膜，无芽孢，极生1～4根鞭毛（图16-1）。在马铃薯或牛肉汁琼脂培养基上，菌落乳白色，近圆形，光滑，稍隆起，不产生荧光素，培养7～10 d后菌落渐变褐色，培养基黑褐色。

茄青枯拉尔氏菌具有明显的变异性。在复合培养基上可产生野生型（具致病性）与变异型（无致病性）两种菌落：当培养基（牛肉汁、蛋白胨、葡萄糖、琼脂）中含0.05%氯化三苯基四氮唑（TZC）或在其他培养基上于30℃培养36～48 h后，野生型菌落较大，多在2～5 mm甚至以上，边缘白色，中央粉红色，有环状螺纹；变异型菌落很小，直径1 mm左右，边缘浅蓝色或白色，中央暗红色。

图16-1　茄青枯拉尔氏菌
（引自吕佩珂，1998）

3. 生物学特性　　茄青枯病菌好气，革兰氏染色阴性反应，具有高度的变异性和适应性，不同地域或不同寄主的菌株间有明显的变异和分化现象。根据青枯菌对碳水化合物的氧化能力或其对寄主植物的致病能力，将其划分为不同的生化型（biovar）或生理小种（race）。据青枯菌在合成培养基中对3种二碳糖（乳糖、麦芽糖、纤维二糖）和3种己醇（甜醇、甘露醇、山梨醇）的氧化作用，可划分成5个生化型（生化变种）。茄青枯病菌在培养基上极易丧失致病力，以花生青枯病菌为例，一般培养3 d后致病力减弱，5～10 d后大为下降甚至不能致病。用灭菌水密封法或矿物油浸渍法保存菌种10年，其生活力和致病性无多大变化。病原菌在土壤中经1～8年仍保持活力。

病原菌的生长温度为10～41℃，适温为27～37℃，致死条件为52～54℃ 10 min；不耐干燥及淹水，在干燥条件下10 min，或病株暴晒2 d或阴干3 d全部死亡；水浸60 h失去致病力。病原菌适应的pH为6～8，pH 6.6为适点。

4. 生理小种　　源自不同地区或不同寄主的青枯病菌株对不同种类的植物侵染能力有明显差异。根据菌株对不同植物种类的致病性差异将不同来源的青枯菌可划分成5个生理小种，包括：可侵染茄科蔬菜（包括番茄、马铃薯、茄子、辣椒和烟草等）和其他科植物的1号小种，寄主范围较广；只侵染香蕉、大蕉和海里康（Heliconia）的2号小种；只侵染马铃薯和偶尔侵染番茄、茄子的3号小种；对姜有强致病力，而对番茄、马铃薯等其他植物具弱致病力的4号小种；对桑具强致病力，而对番茄、马铃薯、龙葵和辣椒有弱致病力，对普通烟、花生、芝麻、蓖麻、甘薯和姜无致病力的5号小种。生理小种研究对于抗病育种至关重要。茄青枯病菌生理小种与生化型间并无确定的关联性。

5. 寄主范围　　此菌寄主含45科约500种植物，最常见的有花生、番茄、烟草、马铃薯、茄子、辣椒、姜、砂姜、罗汉果、甘薯、桉、芝麻、蓖麻、向日葵、萝卜、菜豆、田菁、香蕉、荔枝、木麻黄、广藿香等，也能侵染桑、聚合草和油橄榄、刺儿菜、白花草、鬼针草、龙葵、曼陀罗、灯笼果等。人工接种禾本科植物和黄豆、绿豆、红豆、黑豆、豇豆等多种豆科植物及木薯、西瓜等不发病。

三、病害循环

病原菌在土壤、病残体、带菌（病）种薯、其他寄主（包括田间带菌而无症状的桥梁寄主），以及以病株和病薯块作饲料的牲畜粪便，混杂有病残体、带菌（病）杂草的土杂肥中越冬。病原菌从寄主植物根部、茎部、块根、块茎等处的伤口或自然孔口侵入，经皮层进入维管束并在其中繁殖蔓延，再扩展至髓部和皮层的薄壁组织细胞间隙，分泌果胶酶分解细胞中胶层，导致寄主组织瓦解腐烂，并致烟草、番茄、马铃薯等植物茎皮呈条状褐变。细菌散释于土壤中，随雨水、灌溉水、耕作农具、昆虫、啮齿动物和病健株根系间的接触等传播。此外，种薯切块用的刀片，中耕锄草培土、收获、运输和入窖贮存过程中使用的锄、犁、筐、袋，以及人的脚和牲畜脚蹄等，都可沾染病原菌传带，反复地进行再侵染。作物收获时病原菌直接落入土中或随病残体在土壤、堆肥、植物产品中越冬、越夏（图 16-2）（拓展图 16-3）。

远程调运带菌（病）的植物产品，如种薯、苗、木等各类繁殖材料，则是新植区和无病区发病的传播途径。

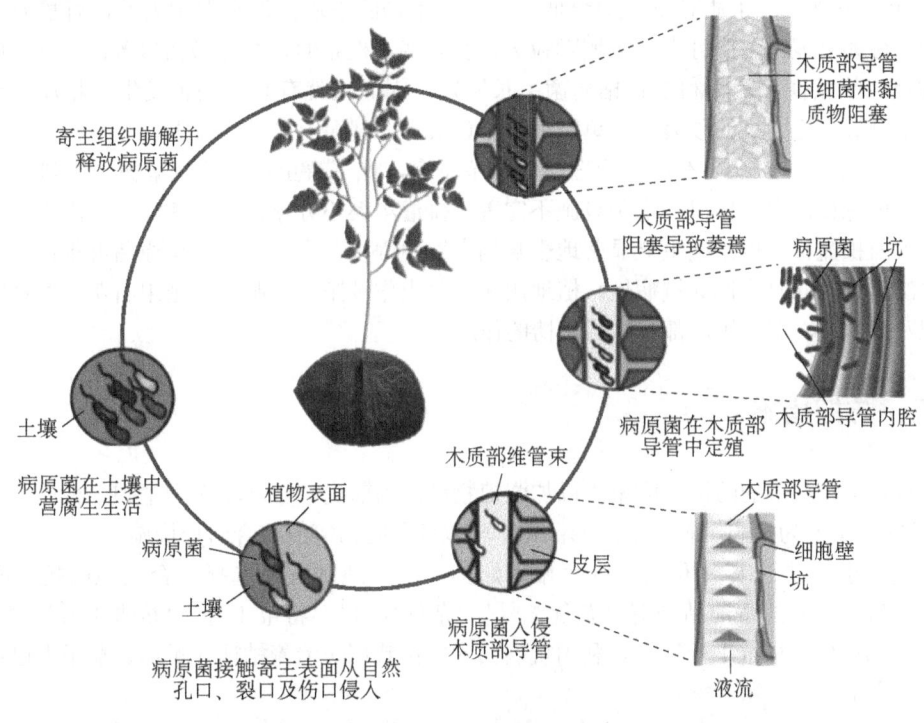

图 16-2　茄科蔬菜青枯病病害循环图（引自 Tariq and Rustgi, 2020）

四、发病条件

青枯病的发生流行主要受耕作制度、气候条件和品种抗病性等的影响，与土壤类型（植地条件）、田间管理及植物生育期也有一定的关系。

1. 耕作制度　　植物青枯病在新植区或新垦地很少发生。但经寄主植物多年连作后，病情便日渐严重，据湖北资料，花生连作 2~3 年，每年病株增长率为 10%~30%，历经 3~4 年病株率升至 70% 以上；相反，病株率超过 50% 的旱坡地，轮作 5~6 年，病害逐年减少；病株率少于 10% 的轻病地，轮作 1~2 年，病害发生轻。青枯病田如与水稻轮作，病害发生更少。

2. 气候条件　　温度对病害显症的影响很大。茄科蔬菜青枯病适宜发病的气温与土温为 28℃ 左右，土温在 17℃ 以下或超过 35℃，气温即便稳定在 28℃ 也不显症。气温在 18℃ 左右时，植株生长良好，少有病害出现。

一般而论，当气温稳定在 20℃ 左右以上时，土壤潮湿，多雨，昼夜温差大，发病重；晴雨交替，久雨骤晴、久旱豪雨或久晴骤灌，都会突发病害迅速流行。持久无雨或阴雨连绵地温下降，病情较轻。

3. 品种抗病性　　品种间抗病性差异明显。例如，'抗青1号''抗青19号''早抗1号''赣番茄2号''夏星''东方红1号'和'浙杂204'等番茄品种的抗病性较强；'宁优6-2-4''湘研1号''早杂2号''通椒1号''粤椒1号''新椒1号'等辣椒品种较抗病。此外，青枯病菌的寄主范围广泛，许多野生寄主往往是重要的越冬、越夏场所，也是大量的初侵染源。

4. 植物生育期　　番茄青枯病，苗高30 cm左右以上见病，多从花期开始表现症状，开花挂果期最盛，开花结果期病情最重。

5. 植地条件　　土质黏重，地势低洼，排渍不畅的田块；保水保肥力差，有机质含量少的贫瘠土壤如砂泥土、麻骨土，土壤颗粒大，孔隙多，根系伸长摩擦微伤口多；土壤呈中性到微酸性反应等条件，都有利于青枯病菌生长繁殖，因而也就有利于病害发生。相反，土质疏松、排水良好、肥力高的砂壤土、鱼鳞细土、黄壤土、湖泥土等发病较少。

6. 田间管理　　肥料不足，管理粗放，杂草多，地下害虫多，田鼠猖獗，中耕除草措施不当造成植株根部大量伤口；水利设施不完善，排灌沟渠不分家，任由串灌、漫灌等，都会引起病害大面积流行。根结线虫能显著地影响病害发生程度，它既能提高病原菌群集性，又能促进植株的感染，同时降低其抗病性。植地用尿素兑土作种肥、基肥，或施用石灰、茶枯饼等各种饼肥及草木灰、塘泥等，都有减轻病情的作用。

五、防控措施

茄科蔬菜青枯病的防治，应采用以加强植物检疫为前提，合理轮作为基础，种植抗病品种（嫁接抗病砧木）为中心，农业措施为保障，辅以药剂防治等的综合防控措施。

1. 选用抗病丰产良种和利用抗病砧木嫁接　　因地制宜地选择适合当地的抗、耐病品种。抗、耐青枯病的番茄品种有'杂优1号''杂优3号''特宝1号''抗青1号''抗青19号''湘引79-1''早抗1号'等。利用抗病砧木嫁接栽培防治青枯病在番茄、茄子上已得到较为广泛的应用。

2. 实行轮作　　一般病田发病率在10%～20%的实行1～3年轮作，重病田实行5～6年轮作。我国南方轮作物以禾本科植物最理想，最好是水旱轮作。具体实施时，必须配合使用无病壮苗无病种。

3. 种子和苗床消毒，培育无病壮苗　　从无病田留种。番茄种子用53℃温水浸种30 min；或用30%二硫氰基甲烷乳油，以种子重量的0.02%～0.04%拌种；或20%噻菌铜悬浮剂600倍液或0.1亿CFU/g多黏类芽孢杆菌细粒剂300倍液浸种30 min，晾干后催芽播种，对防治种子携带的细菌、真菌有效。

苗床应选地势高、土质疏松、排水方便、背风向阳的田块，用无病土或更换新土，最好采用无病土介质营养钵育苗，培育健康无病苗，也有利于保护根系，施足基肥，多施有机肥，促进植株速生快发。马铃薯提倡用小整薯作种，这样可以避免通过切刀切块时带菌反复传播。

4. 改进栽培技术

（1）因地制宜地早播种、早育苗、早移栽。这样可在植物生长中后期易感阶段避开高温多雨季节，减轻病情。在华南，番茄可改春植夏收为秋植冬（春）收，如选用早熟品种效果将更好。广西玉林烟草播期可较常年提早10～15 d，但在易发病区不宜推广地膜种烟。在马铃薯二季作栽培区和一、二季作垂直分布区，春薯播种期可适当提早和延迟秋薯播种期。

（2）改良植地条件。选择地势高燥、排渍良好的砂壤土，推行深沟高畦（垄）种植，施足腐熟有机肥作底肥，勿偏施迟施氮肥，配方施肥，缺硼病区应适当追施硼肥，以促进植株维管束生长发育。烟草宜用硝态氮；铵态氮则不利于烟草生长，故病也重。以尿素兑土作底肥，则对病原菌有抑杀作用。早中耕，早搭架（番茄），生长中后期勿中耕和下田时应尽量避免因踩踏垄背伤根。整枝、打顶、抹芽、采摘烟叶或剪取薯苗等田间劳作，应选在晴天露水干后进行。与非寄主作物合理间作套种，可减少病健植物根系间接触传播。搞好水利设施，务使排灌分家，力求避免病田水流入无病田。

（3）注意田园卫生。作物收获后及时清除病残体集中烧毁，提早翻耕晒垡，减少病、虫源。在植物生长过程中发现病株随即连根拔除，装于塑料袋内，勿使连根的病土到处散落，携出田外集中处理。病穴立即撒上生石灰或灌注2%福尔马林液，覆土踩实消毒。同时注意防治地下害虫、线虫（详见第十八章第四节蔬菜根结线虫病防治）等。

5. 药剂防治　　目前尚未有防治青枯病的特效药剂，但也有一些药剂经试验有一定的防效，可供选用的药剂如下：20%噻森铜悬浮剂300～500倍液、20%噻唑锌悬浮剂160～200 mL/667 m²、5亿CFU/g荧光假单胞杆菌300～600倍液或0.1亿CFU/g多黏类芽孢杆菌细粒剂1050～1400 g/667 m²等，淋根2～3次。分别在始病期（或前3 d）及其后10～15 d各1次；3次施药中的第1次药可作移栽时的定根水浇入，也可在第1次施药后隔10 d再淋1次。（营养杯）育苗移栽的移植前5～7 d喷淋1次。

第二节　番茄叶霉病

本节图片

番茄叶霉病（tomato leaf mold）在全国各地广泛分布，是保护地番茄的重要病害，常造成20%以上的损失。露地番茄也时有受害，并呈逐年加重趋势。

一、症状

番茄叶霉病主要为害叶片，严重时也为害茎、花和果实。叶片受害，叶面出现椭圆形或不规则形淡黄色褪绿斑，边缘不明显，叶背病部初生白色霉层，后变为灰褐色或黑褐色绒状物，即分生孢子梗和分生孢子。条件适宜时，叶正面也可长出黑霉，随病情发展，叶片由下向上逐渐卷曲，可导致整株叶片干枯与脱落（拓展图16-4）。嫩茎及果柄的病斑与叶片上的病斑相似，并可延及花器官，引起花器官凋萎，幼果脱落。果实染病，果蒂附近或果面形成黑色的圆形或不规则形斑块，硬化凹陷，不堪食用。

二、病原

1. 分类地位　　番茄叶霉病的病原，无性阶段为钉孢属黄褐钉孢霉［*Passalora fulva*（Cooke）U. Braun & Crous］［=*Fulvia fulva*（Cooke）Cif. =*Cladosporium fulvum* Cooke］。番茄叶霉病病菌存在着明显的生理小种分化。

2. 形态特征　　分生孢子梗成束地从寄主气孔伸出，暗橄榄色，顶端色淡，稍具分枝，有1～10个隔膜，细胞上端向一侧膨大，呈节状，上生分生孢子。产孢细胞单生或多芽生，

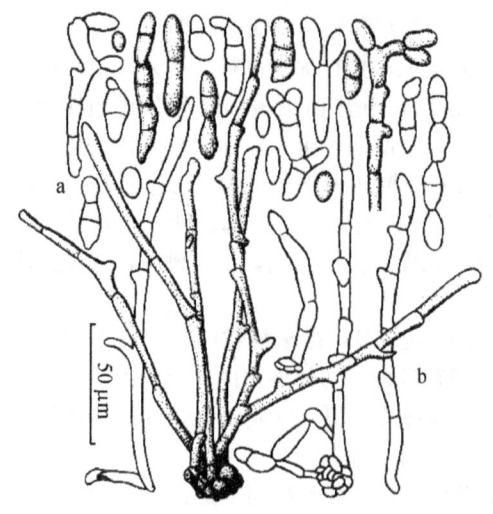

图 16-3　黄褐钉孢霉（引自吕佩珂，1998）
a. 分生孢子；b. 分生孢子梗

合轴式延伸，大小为（127.5～212.9）μm×（3.0～5.0）μm。分生孢子串生，孢子链通常分枝。孢子大小为（10.0～45.0）μm×（5.0～8.8）μm，圆柱形或椭圆形，初无色，单胞，后淡褐色至榄褐色，光滑，具 0～3 个隔膜，隔膜处稍缢缩（图 16-3）。

3. 生物学特性　　温度和湿度对菌丝生长与孢子的萌发具有较大的影响。菌丝生长温度为 10～35℃，最适温度为 20～25℃。在 PDA 和 PSA 培养基上生长缓慢，但菌丝层厚，在燕麦培养基和玉米粉培养基上生长迅速，但菌丝层薄。分生孢子萌发温度为 5～30℃，最适温度为 20～25℃。空气相对湿度在 85% 以上时，分生孢子即可萌发，相对湿度增大，萌发率提高，在水中萌发率最高。分生孢子萌发 pH 为 2.2～9.0，最适 pH 为 3.5～5.5。

三、病害循环

番茄叶霉病侵染番茄、茄子、辣椒等。病原菌以分生孢子、菌丝块在病残体和土壤内越冬，或以分生孢子附着在种子上或以菌丝潜伏在种皮内越冬。分生孢子的存活力强，可存活 1 年以上。带病种子，在幼苗即可发病。从病残体的分生孢子通过气流或风、雨水传播，病原菌萌发后，从寄主叶背面的气孔侵入，菌丝蔓延在细胞间，并产生吸器伸入细胞内吸取水分和养分。环境条件适宜时，病斑上产生大量的分生孢子，可引起多次再侵染（图 16-4）。

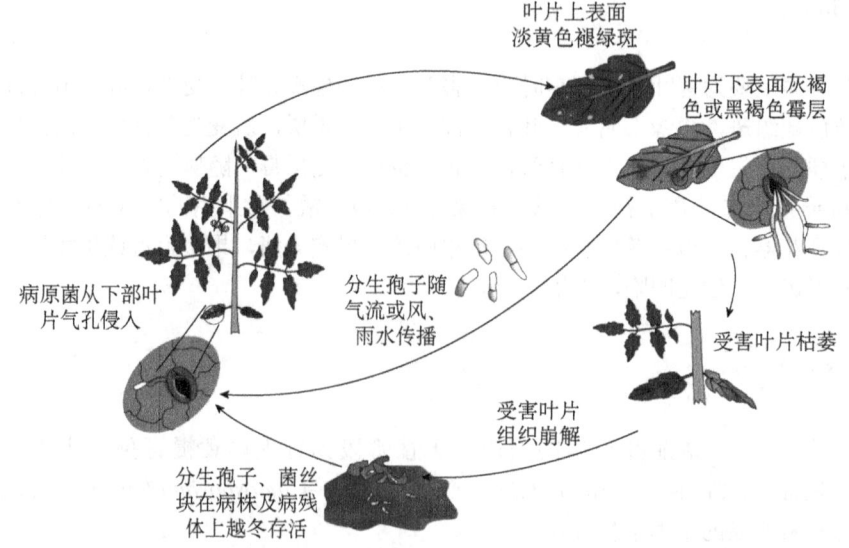

图 16-4　番茄叶霉病病害循环图（引自 Sarah and Dave，2022）

四、发病条件

病原菌发育最适温度为 20～25℃。相对湿度高于 90% 发病重，相对湿度小于 85% 不易发生。气温低于 10℃ 或高于 30℃，病情发展可受到抑制。连年单作，长期连续阴雨天气、排渍不畅，株间郁闭，发病重。

五、防控措施

1. **选栽抗病品种和无病种** 番茄品种对叶霉病抗性有明显差异，利用抗病品种是防治番茄叶霉病最为经济、有效的方法。抗性较强的有'沈粉 3 号''佳红''中杂 9 号''中杂 11 号''双抗 2 号''佳粉 15 号'等，选用抗病品种时应注意合理布局和轮换。不从病株采种，并可用播前温汤浸种（53℃，30 min），捞起晾干播种。

2. **栽培防病** 有条件的可采用水旱轮作，有利于减少越冬病原菌。棚内要适时通风，控制浇水，雨后及时排干；切勿过度密植，及时整枝打杈，增加光照；合理施肥，避免偏施氮肥，提高植株抗病能力。

3. **药剂防治** 保护地休棚期，可每亩用硫黄粉 3～5 g 进行熏蒸，密闭 24 h，减少田间菌量；露地发病初期用 70% 甲基硫菌灵可湿性粉剂 32～48 g/667 m²、250 g/L 嘧菌酯悬浮剂 60～90 mL/667 m²、10% 氟硅唑水乳剂 40～60 mL/667 m² 或 47% 春雷·王铜可湿性粉剂 109～124 g/667 m²，隔 7～10 d 喷 1 次，连续或交替轮换施用。

◆ 第三节 番茄溃疡病

本节图片

番茄溃疡病（tomato bacterial canker）为我国进境植物检疫对象，是世界性的番茄细菌性病害。该病最早于 1909 年在美国密歇根州发现，之后在美国各地流行；国内，1986 年在北京明确发现，现新疆、内蒙古、甘肃、黑龙江、辽宁、吉林、山西、河北、广西、天津、福建、湖北等地已有发生。该病是番茄生产中最为严重、具有毁灭性的病害之一，除为害番茄外，还为害辣椒等茄科植物。

一、症状

该病是一种维管束系统性病害，从幼苗至成株期均可发生。幼苗发病，多始于叶缘，由下部向上逐渐萎蔫，有些在胚轴或叶柄处产生溃疡状凹陷条斑，使植株矮化或枯死。成株发病，下部叶片小叶边缘凋萎或卷缩下垂，似干旱缺水状，细菌未达到的部位，其枝叶生长正常。植株枯萎时间较长，有时植株一侧或部分小枝萎蔫。病情进一步发展，叶柄和叶脉上出现小白点，在茎和叶柄上出现褐色条斑，凹陷，向两端延伸开裂，可见髓腔先变黄到红褐色，显现溃疡症，长出许多不定根。病部细菌经维管束进入果实，可达胎座和果肉，致使幼果皱缩、滞育、畸形和种子变黑或有黑色小点，种子很小，但仍能发芽。果面可见略微隆起的白色圆点，中央为褐色木栓化突起，粗糙，斑边晕圈白色，呈典型"鸟眼斑"。鸟眼斑是番茄溃疡病病果的一种特异性症状，多由再次侵染引起，不一定与茎部系统侵染发生于同一植株。多雨潮湿天气，病部可溢出污白色菌脓（拓展图16-5）。

二、病原

1. **分类地位**　番茄溃疡病的病原为放线菌门棒形杆菌属密执安棒杆菌密执安亚种 [*Clavibacter michiganense* subsp. *michiganense*（Smith）Davies et al.]。

2. **形态特征**　菌体短杆状或棍棒状，无鞭毛，单胞或成对，大小为（0.7～1.2）μm×（0.4～0.7）μm。在523琼脂培养基上28℃培养96 h后，菌落直径1 mm，黄色，稍突起，边缘整齐，光滑，不透明，黏稠状。

3. **生物学特性**　革兰氏染色反应阳性。好气性。氧化碳水化合物，不脂解，水解明胶缓慢，尿酶阴性，硝酸盐还原阴性，水解七叶苷。适宜pH为7。发育温限为1～35℃，适温为24～27℃，53℃ 10 min致死。

4. **寄主范围**　寄主范围限于茄科中的一些属或种，如番茄属、辣椒属、烟草属等47种植物。

三、病害循环

田间病残体上的越冬菌源和种子携带的病原菌是造成初侵染的主要菌源，也可在其他寄主植物如其他茄科植物及田间野生植物上存活。病株的架材和病果的装具，也可黏附病原菌而成为传病媒介和侵染源。在病株上采收的种子带菌率可达100%；病健株混收的种子，即使病株不多，但由于病原菌污染，种子表面也会带菌。干燥种子上的细菌可存活2年以上，病残体所带的病原菌在土壤中可存活1～2年。病害可随种子调运作远距离传播，田间发病后主要靠雨水溅射，风、雨水吹传及灌溉水和昆虫传播。此外，也可通过田间农事操作如整枝、扎架、摘果等传病。病原菌可从植株各部位的伤口侵入，天气潮湿时，也可由叶片的气孔、水孔等自然孔口侵入。病原菌侵入后，通过韧皮部进入寄主体内扩展，经维管束进入果实的胚，侵害种子脐部或种皮，致使种子带菌。

四、发病条件

1. **初始菌量**　造成病害在田间流行并决定损失大小的最主要因素是初侵染源数量。
2. **栽培环境**　带菌幼苗在发病前有一段时间的潜伏期，一般在移植后10～20 d出现系统症状。病原菌的发育适温为24～27℃，高湿条件下进行侵染，多雨、重露、大雾利于病害发生，连日阴雨或暴雨季节常诱发病害流行。

五、防控措施

1. **加强检疫**　防止从境外或病区引种时将病原菌带入；一旦发现疫情，病区应予封锁，植物产品不得外卖，严防病害扩散传播。
2. **选育抗病品种和种子消毒**　已发现野生番茄高抗溃疡病，可用于培育抗病良种。建立无病留种地，从无病株采种，对可疑带菌种子采用55℃温水浸种25 min，用70℃干热灭菌

72 h，或用 1.05%次氯酸钠浸种 20~40 min，然后晾干催芽；温水和热力浸种可兼治其他种传真菌病害。

3. 农业防治　　田间一旦发现病株，及时拔除清除；清除田间病残体；温室可在高温季节，喷施水后用透明塑料膜覆盖，日晒 4~6 周闷棚，可有效减少土壤中的病原菌；也可与非茄科作物轮作 2 年以上；加强水肥管理与健身栽培。

4. 药剂防治　　田间出现病株，及时拔除销毁，并在全田喷洒 77%硫酸铜钙可湿性粉剂 100~120 g/667 m² 或 77%氢氧化铜水分散粒剂 20~30 g/667 m²，并兼治其他真菌病害。

◆ 第四节　番茄细菌性斑疹病

本节图片

番茄细菌性斑疹病（bacterial speck of tomato）又称细菌性斑点病、番茄"机油病"，是影响全世界番茄生产的重要病害之一。其会降低番茄品质和产量，病害发生后，一般减产 10%~30%，严重地块减产 50%以上。该病是 1993 年首次在美国报道，之后在南非、印度、澳大利亚、法国、巴西等 20 多个国家发生，并造成严重损失。20 世纪 90 年代以前，在我国台湾有相关记载。从 1997 年开始，在我国北京、河南、吉林、山西、辽宁、河北、福建、广西等地陆续有该病发生的报道。

一、症状

番茄细菌性斑疹病主要为害叶、叶柄、茎、花和果实，尤以叶缘及未成熟果实最明显。苗期和成株期均可染病。叶片染病，产生深褐色至黑色不规则形斑点，直径 2~4 mm，斑点周围有或无黄色晕圈，湿度大时，病斑后期可见发亮的菌脓。茎秆和叶柄染病时，初形成米粒状大小的水浸状斑点，病斑周围无黄色晕圈，病斑逐渐增多扩大，颜色由透明到灰色至褐色，最后形成黑褐色。形状由斑点扩大为椭圆，最后病斑连片形成不规则形斑块，严重时可使一段茎秆变黑。花蕾受害时在萼片上形成很多黑点，连片时使萼片干枯，不能正常开花。幼嫩果实初期产生稍隆起小斑点，果实近成熟时，病斑周围往往能保持较长时间的绿色，病斑附近果肉略凹陷，后病斑周围呈黑色，中间色浅并有轻微凹陷（拓展图 16-6）。

番茄细菌性斑疹病与其他细菌性病害的区别是果实上的病斑点较小，且周围组织仍保持较长时间的绿色。

二、病原

1. 分类地位　　番茄细菌性斑疹病的病原为薄壁菌门假单胞菌属丁香假单胞菌番茄致病变种［*Pseudomonas syringae* pv. *tomato*（Okabe）Young, Dye & Wikie］。

2. 形态特征　　菌体短杆状，大小为（0.5~1.0）μm×（1.5~5.5）μm，无荚膜，无芽孢，革兰氏染色阴性。在 NA 培养基上 25℃培养 2 d，菌落近圆形，乳白色，不透明，表面光滑，黏稠状，边缘整齐或局部呈齿轮状，菌落直径 2.0~3.5 mm，在金氏 B（KB）培养基上产生黄绿色荧光。

三、病害循环

番茄细菌性斑疹病病原菌可在番茄植株、种子、病残体、土壤和杂草上越冬，条件合适时，细菌主要从伤口侵入，也可从茎、幼果角质层和花茎侵入，侵染种脐或种皮，使种子带菌。细菌可通过风、雨水传播，或通过农事操作、昆虫、土壤和水传播，可在田间发生多次侵染，可随种子远距离传播。

四、发病条件

低温（18～24℃）高湿（相对湿度≥80%）有利于病害发生流行。早春气温低，低洼地块，田间排水差，设施栽培关棚时间过长，植株表面有水滴或潮湿状态，是番茄细菌性斑疹病发生的重要诱因。湿、冷、低温多雨、喷灌均有利于病害发生，一般喷灌比滴灌或沟灌发病重；叶面结露时间长，感染概率高；播种带菌种子导致幼苗发病。

五、防控措施

1. 选用抗病良种　　选用优良品种，如'粉都312''T737''石番28''石番33''金粉108''石红401'等耐病抗病品种。

2. 种子处理　　播种前，用55℃温水浸泡种子30 min，或50%多菌灵可湿性粉剂500倍液浸泡1 h，捞出晾至半干后直接播种。或用30%甲硫•福美双悬浮剂，按种子重量的0.3%剂量拌种，发芽后播种。

3. 合理轮作　　合理选择地块，避免与番茄、辣椒等茄科、葫芦科蔬菜连作，与非茄科、葫芦科蔬菜轮作3年以上，减少田间菌源。

4. 清洁田园　　及时修剪、打杈，摘除病叶病果，发现病株及时拔除，带出田园深埋或焚烧。在拔除部位撒施生石灰或草木灰，防止病原菌积累和传播。收获后及时清除田间及周围的杂草，清理残枝残叶，带出田园集中处理，以减少病原。保护地栽培时，要在收获后灌水密闭闷棚，高温高湿可促进残留组织的分解和腐烂，降低病原菌的存活率。

5. 加强健身栽培　　采用配方施肥技术，施用充分腐熟的有机肥和堆肥；采用滴灌和沟灌，避免大水漫灌和喷灌；田间湿度较高时，避免整枝打杈等农事作业；移栽避免伤根；合理密植，增加田间透气性。

6. 药剂防治　　可选50%多菌灵可湿性粉剂600倍液、3%中生菌素可湿性粉剂1000倍液、70%代森锰锌可湿性粉剂800倍液、14%络氨铜水剂400倍液、47%春雷•王铜可湿性粉剂500倍液或77%氢氧化铜可湿性粉剂500倍液，喷雾防治，每隔5～7 d喷1次，连续2～3次，可有效防治番茄细菌性斑疹病。

本节图片

◆ 第五节　辣椒炭疽病

辣椒炭疽病（pepper anthracnose）是常发病害，分布普遍，危害严重，减产可达30%以上。

一、症状

辣椒炭疽病主要为害辣椒果实和叶片,严重时也会侵染茎部。果实,特别是将近成熟的果实最易发生,初现水渍状黄褐色圆斑,边缘褐色,中央灰褐色,斑面有隆起的同心轮纹,轮纹上密生小黑点或橙红色小粒点(拓展图16-7)。潮湿时病斑表面溢出红色黏稠物,被害果内部组织半软腐,容易干缩,病部常呈膜状,易破裂。对于叶片,该病多发生在老熟叶片上,初为褪绿水渍状斑点,后变为褐色,中间淡灰色,近圆形,病斑扩大后呈不规则形,有同心轮纹,具有轮生黑色小点粒,严重时可引起落叶。茎和果梗有时也受危害,着生褐色不规则凹陷斑,密生小黑点,干燥时开裂。

二、病原

1. **分类地位** 辣椒炭疽病的病原,无性阶段属于半知菌类炭疽菌属,目前多认为有4个种:胶孢炭疽菌[*Colletotrichum gloeosporioides* (Penz.) Sacc.]、辣椒炭疽菌[*C. capsici* (Syd.) Butl. et Bis.]、球炭疽菌[*C. coccodes* (Wallr.) Hughes] [=*C. atramentarium* (Berk.et Br.) Taub]及尖孢炭疽菌(*C. acutatum* Simmons);有性阶段为子囊菌门小丛壳属围小丛壳菌[*Glomerella cingulata* (Stonem.) Spaulding et Schrenk.]。

2. **形态特征** 辣椒炭疽菌的分生孢子盘上生有较多的暗褐色刚毛,大小为(74~128)μm×(3~5)μm,具隔膜2~4个;分生孢子大小为(22~26)μm×(4~5)μm,无色,新月形,顶部尖,基部钝,单胞(图16-5)。球炭疽菌刚毛少见,分生孢子大小为(7~22)μm×(3.5~5.0)μm,无色,单胞,圆柱状。主害主根和侧根,变褐腐烂,皮层组织坏死,病株叶片变褐枯萎;茎基部空腔内生大量黑色不规则形、表面粗糙的菌核,其上刚毛不发达,黑褐色。菌核小,直径0.5~1.0μm。前者侵染辣椒、番茄、茄、大豆、香蕉、苹果、梨等;后者侵染辣椒、番茄、茄、马铃薯等。

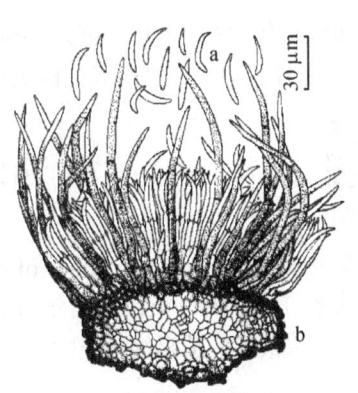

图16-5 辣椒炭疽菌(引自吕佩珂等,2007)
a. 分生孢子;b. 分生孢子盘

三、病害循环

病原菌主要以分生孢子盘和菌丝体随病残体在土壤中越冬,也可以菌丝体潜伏在种子里,或以分生孢子附着在种皮表面越冬。分生孢子主要借风、雨水传播,也可通过昆虫传播,从伤口或寄主表皮直接侵入引致发病。

四、发病条件

高温高湿有利于此病发生。发病温度为12~33℃,最适温度为27℃左右;孢子萌发相对湿度在95%以上；病原菌在适宜温度范围内，相对湿度为87%～95%时，潜育期为3 d，再侵染频繁；如相对湿度低于54%时则不发病。田间排水不良，种植密度过大，施肥不足或氮肥过多，通风条件差，管理粗放引起表面伤口，或因叶斑病落叶多，果实受烈日暴晒等情况，都会加重病害的发生和流行。

五、防控措施

1. **选栽抗病品种和种子消毒** 总体抗病品种少，但一般辣味强的品种都较抗病，如'杭州鸡爪椒''早羊角''早杂2号''湘研4号''湘研5号''湘研6号''中子粒''朝地椒一号'等；甜椒也有较抗病品种，如'长丰''茄椒1号''早丰1号''吉农方椒''九椒1号''皖椒1号''铁皮青'等。在无病株留种。将种子浸于55℃温水中30 min后，移入冷水中冷却，晾干后播种。或先在清水中浸泡6～15 h，再用1%硫酸铜溶液浸泡5 min，拌草木灰中和酸性后播种；也可用50%多菌灵可湿性粉剂500倍液浸种1 h消毒后播种。

2. **栽培防病** 发病严重的地块实行水旱轮作，或与瓜、豆类蔬菜轮作2～3年。避免在低湿地种植，雨后立即开沟排水；合理施肥，增施有机肥，不偏施氮肥，增施磷钾肥，增强植株抗性；注意通风透光，避免栽植过密和预防果实日灼等。及时摘取成熟衰老的、受伤的果实可避病。

3. **药剂防治** 发生前或发生初期，及时喷药防治，可用70%福•甲•硫磺可湿性粉剂、30%苯甲•嘧菌酯悬浮剂、70%代森锰锌、75%戊唑•嘧菌酯水分散粒剂等合适浓度喷施（其他药剂详见第十章第四节柑橘炭疽病药剂防治）。

本节图片

第六节 茄褐纹病

茄褐纹病（Phomopsis blight of eggplant）在全国茄产区普遍发生，常造成苗床缺株，严重时缺株率可达60%以上；多雨年份病害流行，引起茄果腐烂，有些产区病果率达20%以上，留种地受害最重。茄褐纹病在贮运、销售中还可继续为害。

一、症状

茄褐纹病在幼苗期和成株期均有发生，分别为害叶、茎及果实。幼苗染病，茎基部出现凹斑，并有小黑点，天气潮湿时，病斑迅速扩展，造成幼苗猝倒或立枯。成株叶片发病，初生苍白色小斑点，扩展后呈圆形、近圆形或不规形病斑，边缘深褐，中央浅褐或灰白，有轮纹，上生大量黑点，病部组织变薄，易破裂穿孔。茎部病斑梭形，边缘深紫褐色，中间灰白色，上生许多深褐色小点，病部稍下陷，形成干腐状溃疡，后期病部皮层脱落，露出木质部。病斑可环绕茎，导致受害上部枝叶萎蔫枯死。果实受害，产生淡褐色大型斑。在圆茄上病斑圆形或长圆形；长茄上病斑梭形或长圆形，稍凹陷褐色湿腐，有时病斑扩及半个或整个果实，病部生稍大的小黑点，轮纹状，最后病果腐烂落地或成僵果悬留枝头。病果种子灰白色或灰色，无光泽，皱缩，脐部变黑色。据广西大学农学院资料，该病原菌在茄果上有明显潜伏侵染现象，看似无病的茄子，经常温贮存后出现很高的病果率（拓展图16-8）。

二、病原

1. **分类地位** 茄褐纹病的病原，无性阶段为半知菌类拟茎点霉属茄褐纹拟茎点霉 [*Phomopsis vexans* (Sacc. et Syd.) Harter]；有性阶段为子囊菌门间座壳属茄间座壳菌 [*Diaporthe vexans* (Sacc. et Syd.) Gratz]，少见。在广东、福建采集的茄褐纹病的病原，也有人将其鉴定为大豆拟茎点霉（*P. longicolla* Hobbs）。

2. **形态特征** 分生孢子器寄生于寄主表皮下，成熟后外露。分生孢子器近球形，凸出孔口，壁厚黑色，其大小因环境条件和寄主部位而异，果实上的分生孢子器直径为 120～350 μm，叶上的为 60～200 μm；分生孢子无色，单胞，有两种形态：在叶上，分生孢子椭圆形或纺锤形，大小为（4.0～6.0）μm×（2.3～3.0）μm；茎和果上分生孢子线形或拐杖形，大小为（12.2～28.0）μm×（1.8～2.0）μm，但不多见。上述两种分生孢子可长在同一个或不同的分生孢子器内（图16-6）（拓展图16-9）。

3. **生理分化** 病原菌在查彼克（Czapek）基质上生长良好，形成大量的分生孢子器。生长温度为 7～40℃，适温为 28～30℃，形成分生孢子器的适温为 30℃，分生孢子产生及萌发适温为 28℃。

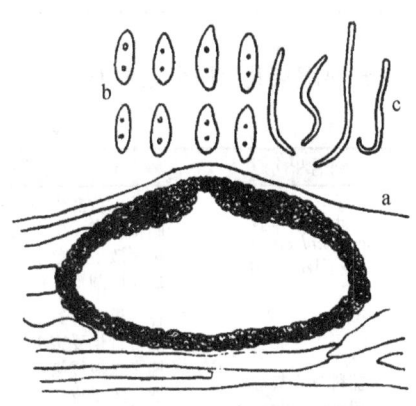

图 16-6 茄褐纹拟茎点霉
（引自戚佩坤，1966）
a. 载孢体；b. 椭圆形分生孢子；c. 线形分生孢子

三、病害循环

病原菌多以菌丝体或分生孢子器在土表病残体组织上，或以菌丝潜伏在种皮内，或以分生孢子附着在种子上越冬。种子内和病残体上病原菌一般可存活2年。翌年，播种带菌种子可引起幼苗立枯或猝倒，土壤病残体带菌引起茎部溃疡，幼嫩茎感病。分生孢子通过风、雨水、昆虫和田间农事操作传播侵染发病，条件适合时再侵染频繁。

四、发病条件

病原菌在高温高湿环境中有发展。田间气温为28～30℃，相对湿度高于80%，而且持续期较长，或连续阴雨，病害容易流行。病害发生与品种、栽培管理有关，多年连作，苗床播种过密，幼苗纤弱，定植田低洼，土壤黏重，排水不良，偏施氮肥时发病严重。

五、防控措施

1. **选栽抗病品种和种子消毒** 一般长茄较圆茄抗病，绿皮茄较紫皮茄抗病。从无病种株采种，种子用55℃温水浸种15 min，或52℃温水浸种30 min，移入冷水中冷却，晾干后播种；或采用50%苯菌灵和50%福美双可湿性粉剂各1份，混合泥粉3份后，用种子重量的0.1%拌种。

2. 栽培防病 及时清除病残体；实行 1 年水旱轮作或 2～3 年的旱旱轮作，有利于减少病原菌。采用无病土或介质进行营养钵或苗盘育苗，培育健康无病苗，也有利于保护根系。提早播种移栽，施足基肥，多施有机肥，促进植株速生快发，把采收盛期提前到病害流行季节之前。

3. 药剂防治 茄子叶、茎、果发病前或发病初期，开始喷洒 25%嘧菌酯悬浮剂、75%百菌清可湿性粉剂、吡唑醚菌酯悬浮剂、苯甲·嘧菌酯悬浮剂、64%噁霜灵·代森锰锌可湿性粉剂 500 倍液或 1∶1∶200 波尔多液等，按农药使用说明倍数使用，隔 10 d 左右 1 次，注意轮换用药，视天气和病情决定防治次数。

茄科蔬菜其他病害见表 16-1。

本表图片

表 16-1　茄科蔬菜其他病害一览表

病名和病原	症状识别	发病规律	防治要点
番茄斑枯病 *Septoria lycopersici*（拓展图 16-10）	叶片正背面生圆形或近圆形、边缘暗褐色斑，中央灰白色，略凹陷，斑面散生黑色小点，易穿孔。茎上病斑椭圆形、褐色	病原菌随病残体在土中越冬，种子也能带菌。分生孢子借风、雨水传播。多雨季节或雨后转晴易发病	①实行 3～4 年轮作；②从无病株留种，种子温水消毒；③高畦栽培，摘除病叶深埋；④药剂防治参阅番茄早疫病
茄科蔬菜灰霉病 *Botrytis cinerea*（拓展图 16-11）	花、果、叶、茎均可发病，果实染病，青果受害重，残留的柱头或花瓣多先被侵染，后向果实或果柄扩展，致果皮呈灰白色，并生有厚厚的灰色霉层，呈水腐状。叶片发病从叶尖、叶缘开始，沿叶脉间呈"V"形向内扩展，黄褐色，病斑边缘有深浅相间的纹状线（拓展图 16-12）	以菌核在土壤或病残体上越冬、越夏。温度 20～30 ℃、相对湿度 90%以上易发生，花期最易感病，借气流、灌溉及农事操作传播，从伤口、衰老器官侵入	①加强栽培管理，避免阴雨天浇水，发病后控制浇水和施肥，集中处理病果、病叶，注意农事操作卫生；②药剂防治，抓住移栽前、开花期、果实膨大期三个时期用药，用腐霉·福美双或异菌脲或嘧霉胺等喷雾
茄科蔬菜软腐病 *Pectobacterium carotovora* pv. *carotovora*	病原菌从茎部伤口侵入，髓部腐烂有恶臭，干缩中空。枝叶萎蔫下垂叶色变黄。马铃薯病叶生暗绿色不规则斑，潮湿时迅速腐烂。块茎水渍状，薯肉崩离有恶臭。番茄、辣椒果实内部溃烂，一般保留表皮	病原菌主要在田间病残体上越冬，在土中或堆肥里也有大量病原菌存在。借雨水、灌溉水、昆虫等传播，田间农事活动也可传病	①轮作，高畦栽培；②防治地下害虫及蛀果害虫；③番茄宜早抹芽、整枝，避免在阴雨天整枝；④马铃薯要充分晾干后贮藏，发现病薯，立刻取出，保持干燥、低温和通风；⑤药剂防治，用噻菌铜、春雷·王铜等喷雾
茄子黄萎病 *Verticillium dahliae*（拓展图 16-13）	结果期发病严重。初在中、下部个别枝叶，叶脉间开始变黄，继而变为褐色。病叶在晴天高温时呈萎蔫状，上卷，脱落。维管束呈黄褐色或棕褐色	以菌丝体、厚垣孢子和微菌核随病残体在土中越冬。可存活 6～8 年。靠带病种子远距离传播。田间借风、雨水、流水、人及农具传播	①轮作 4 年和种子消毒；②高畦栽植，农事操作避免伤口；③清洁田园；④药剂防治详见蔬菜枯萎病
茄子炭疽病 *Colletotrichum capsici*	果实病斑近圆形、椭圆形至不定形，稍凹陷，黑褐色，斑面生黑色小点及溢出赭红色黏质物，即分生孢子盘和分生孢子	以菌丝体和分生孢子盘在病残体越冬，也可以分生孢子黏附在种子表面越冬。温暖多湿，植地低洼易发病	详见辣椒炭疽病防治
辣椒白粉病 *Leveillula taurica*; *Oidiopsis Taurica*（拓展图 16-14）	叶背密生白色粉状霉层，最后叶片变为淡黄色脱落，形成光秆（拓展图 16-15）	以闭囊壳随病叶在地表越冬。分生孢子借气流传播	①用抗病品种；②靠栽培措施防病；③喷洒啶氧菌酯·戊唑醇、苯甲·氟酰胺悬浮剂或咪鲜胺乳油等防治
辣椒疮痂病 *Xanthomonas campestris* pv. *vesicatoria*	叶片生圆形或不规则形的水渍状斑点，墨绿色至黄褐色，有时现轮纹，具不规则形隆起疮痂状。茎蔓现不规则条斑或斑块，木栓化，或纵裂为疮痂状。果实上生圆形或长圆形病斑，稍隆起、墨绿色，后期木栓化（拓展图 16-16）	细菌在种子表面或随病残体留在土中越冬。借风、雨水、昆虫传播。从气孔或伤口侵入。高温多雨潮湿环境发病重	①选栽抗病品种；②选用无病种子和种子消毒；③喷施锰锌·拌种灵或氢氧化铜等药液防治

第十七章
葫芦科蔬菜病害

葫芦科蔬菜包括黄瓜、冬瓜、丝瓜、南瓜等多种瓜类，栽培面积很大。全球报道瓜类病害100余种，其中黄瓜病害20多种，丝瓜、南瓜、冬瓜、西葫芦、苦瓜、瓠瓜等的病害各有10余种，节瓜病害7种。大多数病害的病原相同。为害叶片的有霜霉病、白粉病、炭疽病、细菌性角斑病和黑星病等；为害茎蔓的有蔓枯病、疫病和炭疽病等；为害茎基及根部引起全株萎蔫枯死的有枯萎病、根腐病、白绢病等；为害幼苗的有猝倒病、立枯病和沤根等；还有由病毒侵染所致的花叶病。

本章将葫芦科蔬菜上发病急、难防治、危害损失大的病害，依病原类群归为5类：病毒病害、卵菌所致病害、细菌性青枯病害、镰刀菌枯萎病害和根结线虫病害。前两类病害发生为害的特点是一旦环境条件适宜，便会在短期内突发式地在影响所及的空间范围内严重流行，导致作物产量灾害性损失。细菌性青枯病害、镰刀菌枯萎病害和根结线虫病害属于土传病害，病原数量逐年积累快，寄主范围广泛，往往造成严重影响，前两者往往易造成毁灭性的损失。本章将着重介绍上述各类病害的发生流行规律和相应的防治对策。

◆ 第一节 瓜类蔬菜病毒病与植原体病害

本节图片

我国是世界上葫芦科作物的最大生产国和消费国。瓜类作物受病毒侵染后通常会产生花叶、斑驳、黄化、矮化、畸形及坏死等症状；病毒复合侵染时症状更加复杂，病情加重；造成产品品质降低，产量损失，严重的减产达80%以上，甚至失收。

植原体（phytoplasma）归属细菌，因其所致病害发生为害特点和防治与病毒所致病害类同，为便于学习，本节将植原体病害与病毒病害一起阐述。

葫芦科蔬菜病毒病主要包括黄瓜、西瓜、南瓜、冬瓜、甜瓜、节瓜、丝瓜、苦瓜、瓠瓜、西葫芦等多种瓜类植物病毒病。

一、症状

此类病害主要有4种症状类型：①花叶型；②皱缩疱斑型；③绿斑花叶型，仅见于黄瓜和西瓜，幼苗顶端2~3叶现亮绿或暗绿斑驳，随后暗绿斑驳隆起，新叶浓绿脉明，叶扭曲；④黄斑花叶型，症状与③相似，但叶上的星状斑为黄色，老叶近白色。②、③两症状果面可见浓绿与淡绿相间的疱状花斑，凹凸不平或畸形；西瓜果肉着色不均匀或软化乏味（拓展图17-1）。

二、病原

国际上报道的可以侵染葫芦科作物的病毒有近 90 种,我国已报道侵染葫芦科作物病毒 26 种,常见的有 10 余种:黄瓜花叶病毒(cucumber mosaic virus,CMV)、小西葫芦黄花叶病毒(zucchini yellow mosaic virus,ZYMV)、西瓜花叶病毒(watermelon mosaic virus,WMV)、烟草花叶病毒(tobacco mosaic virus,TMV)、番木瓜环斑病毒西瓜株系(papaya ring-spot virus-watermelon strain,PRSV-W)、南瓜花叶病毒(squash mosaic virus,SqMV)、黄瓜绿斑驳花叶病毒(cucumber green mottle mosaic virus,CGMMV)、烟草坏死病毒(tobacco necrosis virus,TNV)、南瓜蚜传黄化病毒(cucurbit aphid-borne yellows virus,CABYV)、小西葫芦黄点病毒(zucchini yellow fleck virus,ZYFV)、中国南瓜曲叶病毒(squash leaf curl China virus,SLCCNV)等。

侵染罗汉果、黄瓜、西瓜、瓠瓜、甜瓜等葫芦科的主要病毒性状比较见表 17-1。

表 17-1 葫芦科病毒病主要病毒性状比较

病毒及其分类	性状				传播方式	症状
	形态及大小	稀释限点	钝化温度/℃	体外保毒期		
小西葫芦黄花叶病毒(ZYMV) 马铃薯 Y 病毒科/马铃薯 Y 病毒属	弯曲线状,750 nm×11 nm	$10^{-5} \sim 10^{-4}$	55~60	3~5 d	4 种以上蚜虫非持久性;汁液	花叶;脉绿;黄化;蕨叶;叶、果畸形
西瓜花叶病毒(WMV) 马铃薯 Y 病毒科/马铃薯 Y 病毒属	弯曲线状,750 nm×15 nm	10^{-4}	55~60	5 d	38 种以上蚜虫非持久性;汁液;种子	花叶或斑驳;疱斑
南瓜花叶病毒(SqMV) 豇豆花叶病毒科/豇豆花叶病毒属	正二十面体球形,直径 30~33 nm	$10^{-6} \sim 10^{-4}$	75~80	28~42 d	黄瓜条叶甲、十一星叶甲等;汁液;种子	黄斑;花叶或斑驳;皱缩
番木瓜环斑病毒西瓜株系(PRSV-W) 马铃薯 Y 病毒科/马铃薯 Y 病毒属	弯曲线状,(600~800) nm×(12~15) nm	$10^{-3} \sim 10^{-2}$	50~55	8~16 h	蚜虫非持久性;汁液	花叶;疱斑;畸形
烟草坏死病毒(TNV) 番茄丛矮病毒科/番茄坏死病毒属	等轴对称二十面体球形,直径 28 nm	—	85~95	—	机械;芸薹油壶菌游动孢子	叶坏死斑;侵染根系
南瓜蚜传黄化病毒(CABYV) 南方菜豆花叶病毒科/马铃薯卷叶病毒属	等轴对称二十面体球形,直径 25~30 nm	—	—	—	蚜虫持久性;嫁接	黄化;卷叶
烟草花叶病毒(TMV) 植物帚状病毒科/烟草花叶病毒属	杆状,(280~300) nm×(15~18) nm	10^{-6}	90~93	120~180 d;干燥组织中>50 年	汁液	脉明;花叶或斑驳;疱斑;卷叶;叶鼠尾状
黄瓜花叶病毒(CMV) 雀麦花叶病毒科/黄瓜花叶病毒属	球形,直径 28~30 nm	$10^{-4} \sim 10^{-3}$	60~70	3~4 d	60 多种蚜虫非持久性;汁液	脉明;花叶或斑驳;卷叶、叶狭长;叶脉坏死
黄瓜绿斑驳花叶病毒(CGMMV) 植物帚状病毒科/烟草花叶病毒属	杆状,(300~310) nm×18 nm	$10^{-7} \sim 10^{-6}$	90~100	常温下数月;0℃时数年	汁液摩擦;种子	生长缓慢、矮化、色斑、水疱、变形

三、病害循环

TMV 可在土壤中病残根茎部、混有病屑的种子上，以及在周边的茄科寄主上越冬，也可在土杂肥或感病中间寄主，甚至烤制过的烟叶烟末或晾晒过烟叶的棚架上越冬。通过汁液摩擦接触传播且效率很高。田间病健株接触，农事操作时手、农具或衣物等粘染了病株汁液，再触摸健株，都可引起发病。嫁接和菟丝子也可传染。田间病健株间的频繁碰触，导致病害流行。

CMV、TLCV、BBWV（broad bean wilt virus）、PLRV、ZYMV、SqMV、TNV、TuMV、植原体等多在越冬的农作物、各种蔬菜、多年生（宿根）杂草和果木上越冬。此外，CMV、CGMMV 还可在种子中越冬。除 SqMV 的传毒介体为黄瓜条叶甲、十一星叶甲等外，多数病毒的传毒介体为多种蚜虫。翌春，经吸食过越冬病寄主汁液的多种有翅蚜在田间的辗转迁移为害，传播到新植作物或无病作物上。蚜虫获毒和传毒的时间都很短，仅需 1 min 左右，最长保毒期为 100～120 min。田间主要由多种蚜虫和汁液摩擦接触，进行反复传播。植原体则由叶蝉传播。此外，PSTVd 还通过蚱蜢、甲虫、绿盲蝽、桃蚜等传毒。

四、发病条件

病毒病的发生流行与气候条件，栽培管理，作物及其品种抗性、栽植期和生育期等多种因素密切相关。

1. 气候条件　　气候条件既影响作物的生长发育和抗性，也影响传媒昆虫的发生和迁移扩散，对病害发生早迟和轻重起关键作用。不同类型的病毒病对温度要求虽有差异，但在华南冬季田间仍可见病株，其后随气温上升至 20～25℃，病害进入盛发期。温度过高或偏低，都会抑制病毒侵染。温暖的天气和充足的光照会缩短潜育期。TMV 发生适温为 25～27℃，38～40℃侵入受阻，超过 35℃或 10℃以下时隐症，22～28℃时的病害潜育期为 7～14 d；CMV 发病适温在 20℃左右，高温时症状消失。作物从育苗到成熟，如遇低温阴雨光照不足，致植株生长迟缓，长势弱，抗性下降。若感病的生育期和适宜病害流行条件相叠合的时间长，病情越发加重。

较高的温度和干旱有利于蚜虫的繁殖和迁移为害活动。据报道，适于蚜虫迁移的温度为 26～28℃，相对湿度为 55%～80%。若温度超过 32℃或低于 10℃，风速高于 1.87 m/s（约 2 级风）和降雨频繁且雨量大，相对湿度高于 85%时，蚜虫迁移活动较弱，发生量也显著降低，病害便随之减轻。但对 TMV、PVX 等只通过汁液摩擦传播的病毒而言，大风雨使植株间碰触次数显著增加和强度加大，创口多，促进病害在田间蔓延。

2. 栽培管理　　土壤干旱，排水不畅，土质黏重坚硬、板结而瘦瘠，营养元素不均衡，偏施氮肥的田地，病情重；连作田块或温室大棚中，感病作物，交叉种植，毒源丰富，蚜虫等介体辗转迁移为害且虫量大，病害早且重。田间农事操作如绑蔓、打顶、抹芽、虫害重等，都会造成大量伤口，加剧病情。

3. 品种抗性、栽植期和生育期　　感病田留种，用病种育苗，苗株过密和管理不善，造成病、弱苗多，病情轻重还与植期和生育期有关，适当早播可避开介体活动及传毒高发期；瓜类病毒病在苗期最易感病，感染越早发病越重。

五、防控措施

控制瓜类病毒病发生流行的关键是采用以利用抗、耐病品种，选用无病种苗，农业防治和除治蚜虫（介体）并重的综合防控措施。

1. 选用抗、耐病品种　　因地制宜地利用优质，丰产，抗、耐病的品种防治病毒病，是一项最为经济、有效的措施。黄瓜抗 CMV 的品种有'京旭2号''万绿''津研7号''宁丰1号''宁丰2号''鲁春32号'等。西葫芦抗 CMV 的品种有'天津25号''邯郸西葫芦''东北0607角瓜'等。'山西黑皮西葫芦''阿尔巴尼亚西葫芦'等则抗 WMV。西瓜抗 WMV、CMV、TMV 的品种有'庆红宝''齐红宝'等。

2. 植物检疫与无病毒种苗的利用　　①加强入境或国内检疫性病毒的检疫，防止检疫性病毒及其介体随种苗或材料在国际、国内扩大蔓延。②无病种苗的选择：部分瓜类种子带毒率高，建立无病良种留种田，提供健康种苗，是控制病毒病害的重要基本措施。培育无病壮苗，用营养杯育苗，育苗（床）土应选用非病田土和非菜园土；苗床应远离病田、烤烟房、晾棚等场所；进行间苗、除草等农事操作时，手及工具应用肥皂水等消毒。③种子消毒与热处理：种子带毒是受害植物初侵染的重要来源，防止混入病株残屑，注意将种子风净。对可疑带毒种子要进行消毒。在播种前用清水浸种 3～4 h，再移入 10%磷酸三钠（Na_3PO_4）溶液中浸 40～50 min，捞出用清水冲洗后再催芽播种；或用 0.1%高锰酸钾溶液浸 30 min。干种子还可用 70℃恒温处理 3 d、60～62℃温水浸泡 10 min 或 55℃温水浸泡 40 min，后移入凉水中 12～14 h，再催芽播种。其他作物的种子可据实际情况参照施行。

3. 农业防治　　①适期播种与合理密植：各地应据实际情况因地制宜地调节播种期和移栽期，使作物的易感期避过蚜虫迁移高峰期；一般情况下，作物稀植病毒病稍重，密植稍轻，认为密植遮阳，地温低，并与介体的活动量小，虫口密度低有关。②加强水肥管理：选用无病壮苗，适期适量水肥管理，高垄栽培，排涝除渍，及时中耕除草松土，促生新根；施足基肥，勿偏施氮肥，增施磷钾肥。烟田、（叶）菜地等如出现花叶，应及时追施速效氮肥如 1%尿素，增强作物抗病力，减轻病情。③加强田园卫生：重病田地实行 2～3 年轮作，忌避重茬和与其他茄科、葫芦科、豆科、十字花科等植物连作、邻作或混作。清除病毒的野生寄主和原寄主的自生病苗；在整枝、打杈、栽苗及除草等农事活动操作过程中，用肥皂水浸泡农具和水洗消毒；与高秆作物如玉米等间作套种，可阻隔蚜虫迁移，通风透光，有利于作物健康生长，因而减轻发病。收获后立即翻耕并撒布石灰，促使带毒残体加速腐解，钝化病毒。

4. 防治蚜虫

1）物理防蚜　　①用黄板黏杀蚜虫：根据蚜虫喜欢黄色、畏惧白色的特性，田间直接用黄色诱蚜板粘杀蚜虫，也可用黄色皿或金色盅药液诱杀蚜虫，还可用荧光皿（将荧光素稀释 500 倍液，装入直径 10 cm 的玻皿中），置于高出作物 30 cm 以上的木（竹）支架上。银色对蚜虫有忌避作用，苗床和植地用银色反光来驱赶蚜虫防病效果良好。②利用地面覆盖物和纱网避蚜防病：播种后立即搭建 50 cm 高的拱架，每隔 30 cm 纵横各拉一条银灰色或乳白色反光塑料薄膜，或覆盖银灰色遮阳网（凉爽纱），移栽前撤去。此法在发病重的年份，播种越早，防治效果越好。③铝箔纸驱蚜：可用约 50 cm 宽的铝箔纸（或银色地膜）平铺在畦埂上，直至作物成熟。④张挂塑料条驱蚜：将 5 cm 宽银灰（白）色塑料张挂在植地上，每隔 60 cm 左右挂 1 条，张挂高度在 50 cm 左右。番茄、瓜类、豆类等需插杆及搭棚架绑蔓的作物，也可将塑料条均匀系挂于适当高度的插杆或棚架上。此法比②法驱蚜防病效果更佳。

2）药剂治蚜　在蚜虫迁移初始即用药防治。治蚜可选用 25%噻虫嗪水分散粒剂 5000～10 000 倍液喷雾，此药内吸传导性强，对刺吸式口器害虫的防效很好，且对作物生长有促进作用；或选用 50%抗蚜威水分散粒剂 2500～3000 倍液或 2.5%氟氯氰菊酯乳油 3000～4000 倍液等，特别注意喷洒新（心）叶和叶背面，需均匀、周到、细致。还应注意防治叶蝉、蓟马、甲虫等害虫。

为使植物苗期全株带药，还可在播种时施用残效期久的噻虫嗪或吡虫啉等颗粒剂，按规定剂量和方法施用，通过根部内吸后，达到蚜虫刺吸幼苗时即中毒死亡的目的。

5. 药剂防治　发病初期喷施 20%毒氟磷悬浮剂、0.5%香菇多糖水剂、0.5%几丁聚糖水剂或 24%混脂·硫酸铜水乳剂等。7～10 d 喷 1 次，连续 2～3 次。此外，喷施 0.1%稀土微肥、α-萘乙酸、1%过磷酸钙或 0.1%磷酸二氢钾，提高植物对病毒病的抗、耐病性，缓解病毒病症状。

第二节　瓜类枯萎病

本节图片

瓜类枯萎病（cucurbits fusarium wilt）又称萎蔫病、蔓割病，是我国瓜类作物的重要病害之一。以西瓜、黄瓜发病最重，甜瓜、冬瓜次之，葫芦、丝瓜也可受害，南瓜发病轻。露地栽培的瓜类比温室大棚等的发生危害轻。

一、症状

全生育期均可发生，以结瓜期受害最重。苗期子叶黄化，顶叶萎垂，根颈黄褐色，缢缩或猝倒，或立枯状。成株下部叶片褪绿，生长迟缓，沿叶脉现鲜黄色网状条斑，黄叶自下而上发展，午间萎蔫，早晚恢复，接着全株枯死。有时病株一侧或部分枝蔓先见病，然后全株枯萎。病株茎基无光泽、微黄白色，或稍缢缩，多纵裂状，溢出树枝状胶质物。湿度大时，其上生白色至粉红色霉状物（分生孢子团）。主根或侧根呈黄褐色腐朽，病蔓下部维管束褐色，茎节部更明显。据此可与蔓枯病、疫病、猝倒病、菌核病等引致的枯萎性病害区分（拓展图 17-2）。

西瓜常由压蔓处开始显症，雨后病情急剧发展，茎叶突然萎蔫。西瓜、甜瓜还在瓜柄部产生黄褐色条斑，一直延伸至瓜蒂部，引起烂果。

二、病原

1. 分类地位　枯萎病的病原为半知菌类镰孢霉属尖孢镰孢菌（*Fusarium oxysporum* Schlect.）。

2. 形态特征　在 PSA（马铃薯蔗糖）培养基上，气生菌丝灰白色，绒毛状，基质底部淡黄色、紫青色或紫蓝色。分生孢子分大小两型：大型分生孢子形成慢，量少，无色，纺锤形或镰刀形，大小为（15.0～47.3）μm×（3.5～4.0）μm，隔膜 1～5 个，多数 3 个，顶细胞较长，渐尖，足细胞不明显；小型分生孢子形成快，量大，无色，单胞，偶双胞，卵形、腊肠形或长椭圆形，大小为（5.0～12.5）μm×（2.5～4.0）μm，厚垣孢子顶生或间生，量少，淡黄色，圆形，直径 5～13 μm（图 17-1）。该菌在病组织中能形成菌核。

3. 生物学特性　病原菌的生长温度为 4～38℃，适温为 24～27℃；pH 为 2.3～9.0，适

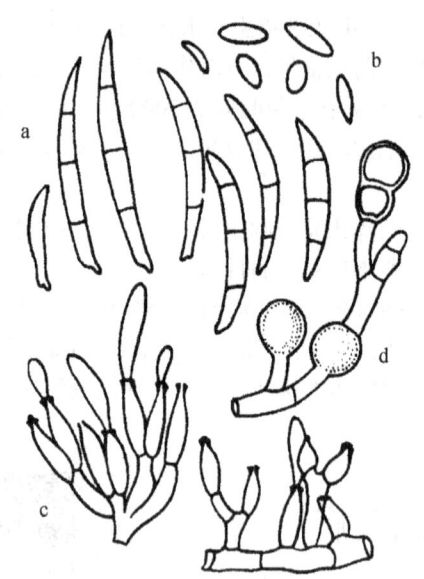

图 17-1 尖孢镰孢菌（引自吕佩珂，1998）
a. 大型分生孢子；b. 小型分生孢子；c. 分生孢子梗；
d. 厚垣孢子

宜 pH 为 4.5～5.8。耐干燥、低温，在含水量 70% 的土壤或红壤中存活较好。

4. 生理分化　目前已知至少有 20 个专化型为害不同作物，据对不同瓜类侵染力差异可分成 5 种专化型。

（1）西瓜专化型（*Fusarium oxysporum* Schlecht. f. sp. *niveum* Snyder et Hansen），主要侵害西瓜、冬瓜、瓠瓜、黄瓜和甜瓜轻微受害，不侵染西葫芦、南瓜、丝瓜和豌豆。文献报道，该专化型内至少有 3 个生理小种。

（2）黄瓜专化型（*Fusarium oxysporum* Schlecht. f. sp. *cucumerinum* Owen），对黄瓜、甜瓜致病力强，香瓜、西瓜、冬瓜、南瓜发病轻，西葫芦、瓠瓜、丝瓜不感病。有 4 个生理小种。

（3）甜瓜专化型［*Fusarium oxysporum* Schlecht. f. sp. *melonis*（Leach et Gurrence）Snyder et Hansen］，甜瓜、香瓜、菜瓜发病重，黄瓜发病轻，不侵染西瓜、瓠瓜、南瓜、丝瓜。

（4）瓠瓜专化型（*Fusarium oxysporum* Schlecht. f. sp. *lagenariae* Matsuo et Yamamoto），瓠瓜、葫芦罹病重，南瓜受害轻微，黄瓜、西瓜、甜瓜不发病。

（5）丝瓜专化型（*Fusarium oxysporum* Schlecht. f. sp. *luffae* Kawai, Suzuki et Kawai），只侵染丝瓜、甜瓜，轻度侵染香瓜，不侵染黄瓜、西瓜。

三、病害循环

病原菌以菌丝体、厚垣孢子、微菌核与病残体一起在土层和未腐熟的土杂肥中，以及以菌丝体潜伏于种子内或微菌核附于种子上越冬。菌核和厚垣孢子通过家畜消化道后仍保存活力。病原菌在旱作土壤中经 5～10 年尚存侵染性。播种带菌种子长出的幼苗有可能被侵染为病苗。在田间主要借风、雨水、流水、昆虫、农事操作、未腐熟带菌有机肥等途径传播。土中厚垣孢子受根系分泌物、有机酸等刺激打破休眠萌发，芽管从幼根的薄嫩处、茎基部、根部伤口或根冠细胞间隙侵入，然后通过皮层逐渐侵入维管束的导管，在导管内大量繁殖，并随水分传播到各个部位。未侵入寄主的芽管仍可发育并形成厚垣孢子，继续在土中生活。病种子发芽时，病原菌多从胚根处侵入。压蔓西瓜则从根颈及其下部伤口或不定根处侵入。病原菌还可以从线虫或地下害虫为害造成的伤口处侵染。侵入寄主的病原菌，先在薄壁组织中繁殖蔓延，然后进入维管束，通过导管向上转移至全株，堵塞导管和分泌致萎毒素，使寄主细胞死亡，植株枯萎。幼苗发病潜育期一般为 10～15 d，成株期则在 20 d 左右。

该病通过调运带菌种子和运送染菌肥料进行远程传播。

四、发病条件

植物枯萎病的发生流行与品种抗性和耕作制度，温、湿度，植地条件等密切相关。

1. 品种抗性和耕作制度　不同瓜类品种间抗性差异很大，如'东农'系列（'东农812''东农807''东农808'等）、'津优48号'和'津优49号'黄瓜高抗枯萎病；'爱能5号''农科大11号'等西瓜品种表现出较高抗性。感病品种的连年种植，菌源逐年稳步累加，遇条件合适时，便会造成重度流行。

2. 温、湿度　瓜类枯萎病发病最适地温为20～23℃，起始温度低限为15℃，最高为35℃。因此，设施栽培比露地栽培的罹病重；春季栽培的比夏季的病重；苗期及结瓜前低温时间长的发病也重。据北京市郊资料，当平均气温达20℃以上时田间可见菜豆枯萎病病株，24～28℃时发病最烈。茄科枯萎病则在土温28℃时严重，土温在21℃以下或33℃以上时病情发展缓慢。

水分管理失当，浇水次数过多或大水漫灌，土壤积水，根系窒息发育差；或久雨转晴，久晴后豪雨，或浇水后遇大雨，或时晴时雨，或水分忽多忽少，土壤长期干燥等，植株抗性弱，发病重。

3. 植地条件　枯萎病在沙土及砂壤土较重，黏土及壤土相对较轻；pH 4.5～6.0的土壤病重，中性及微碱性土壤病害相对较轻。线虫和地下害虫多的土壤病株率也高。土质瘠薄，腐殖质少，偏施化肥尤其是氮肥，病害重；反之，富含有机质或施用腐熟有机肥特别是多施饼肥的土壤，利于拮抗菌繁殖，病害显著减少。

五、防控措施

在选用抗病品种，推广抗病砧木嫁接的基础上，采用以控害丰产的农业技术为主，种子消毒和药剂防治为辅的综合防控措施。

1. 选用抗病品种　抗西瓜枯萎病的品种有'京欣1号''汴梁1号''红巨人''京抗1号''郑抗1号''郑州8902''龙宝'等；黄瓜抗病的品种有'津杂3号''津杂4号''中农5号''碧春''鲁黄1号''早丰1号''东农812''东农807''东农808'等，以及'长春密刺''叶儿三'等；甜瓜、冬瓜等不同地区均有可选用的抗病品种。

2. 利用抗病砧木进行嫁接栽培　嫁接已经成为瓜类蔬菜抵抗枯萎病的有效途径。目前抗性砧木在西瓜、黄瓜上已被广泛采用，防病效果良好。西瓜抗病砧木以'超丰F1'、葫芦、瓠瓜较好；黄瓜用'云南黑籽南瓜'。嫁接方法有生长点直插法、生长点斜插法、靠接法、切接法、贴接法等。其成败关键是掌握好苗龄，嫁接后温、湿度管理。嫁接苗还有长势强、耐低温、早熟和高产的特性。

3. 留种和种子消毒　从无病株上采种留种。购买的种子要进行消毒。可选用50%多菌灵可湿性粉剂1000倍液浸种30～40 min或25%咪鲜胺乳油3000倍液浸种30～60 min；洗净后催芽。西瓜种子采用冷水预浸5～6 h，转入45℃温水中15 min，再移入55℃热水中15 min，冷水冷却后催芽播种。

4. 农业防治　①轮作和选用无病苗：有条件的地方采用水旱轮作，或与玉米、甘蔗轮作3～4年。采用营养钵或育苗盘育苗，选用无病介质（土），种子消毒后进行育苗；或选用未种过茄瓜类的菜园土或水稻土进行育苗。②改善栽培技术：施行起垄、高畦地膜覆盖栽培，土温高，土壤结构好，通透性强，根系发达，植株长势健旺，少发病。苗龄适中，不宜过大，栽前适当蹲苗，育壮苗，带土移栽，或直播，或营养杯育苗，减少伤口。基肥足，多施有机肥和饼肥。增施磷钾肥。低温期少浇水，勤中耕，提高土温。完善灌排系统，灌排分家，勿积水，杜绝大水漫灌。开花结实期可适度多浇水和追肥，但切忌追施硫酸铵和碳酸氢铵，注意调节土壤 pH, 土壤越酸病害越严重。③注意田园卫生：详见第十六章茄科蔬菜青枯病和第十八章蔬菜根结线虫病。

5. 药剂防治 镰孢霉枯萎病一旦发病，防控困难，因此应以预防为主。可选用 2.5% 咯菌腈悬浮剂、30% 噁霉灵水剂 600～800 倍液、6% 春雷霉素可湿性粉剂或 40% 甲硫·福美双可湿性粉剂 600～800 倍液等药剂喷雾或灌根。田间如果植株发病严重，及时拔除病株，并用生石灰对定植穴进行消毒处理。

本节图片

◆ 第三节 瓜类蔓枯病

瓜类蔓枯病（cucurbits gummy stem blight）又称黑腐病，是瓜类作物上发生的一种重要的真菌性病害，常造成流行蔓延，严重制约瓜类产业的健康发展。西瓜、甜瓜、黄瓜、冬瓜、节瓜、笋瓜、佛手瓜等葫芦科蔬菜的叶片、茎蔓和果实都可受侵染为害。

一、症状

蔓枯病在植株生长的整个生育期均可发生。但苗期为害相对较低，多在成株发生，中后期发生严重，主要为害茎蔓和叶片，严重时瓜果也被侵染。茎蔓受害多在节部，出现梭形或椭圆形病斑，扩展成数厘米长的大斑（拓展图 17-3）。病部有时溢出琥珀色胶质物。后病部呈黄褐色干缩，纵裂成乱麻状，引起蔓枯。其上散生小黑点，即分生孢子器（拓展图 17-4）。叶片发病，多在边缘产生半圆形斑，或自叶缘向内呈"V"形扩展，淡黄色或黄褐色，隐约可见轮纹，其上散生许多小黑点，后期病斑易破裂。果实多在幼瓜期受害，病斑逐渐变大形成龟裂的凹陷斑，严重时可观察到密生的小黑点，引起果实腐烂。

二、病原

1. 分类地位 瓜类蔓枯病的病原，无性阶段为半知菌类壳二孢属西瓜壳二孢菌（*Ascochyta citrullina* Smith）；有性阶段为子囊菌门球壳菌属瓜类黑腐球壳菌 [*Didymella bryoniae*（Auersw.）Rehm] [=*Mycosphaerella melonis*（Pass.）Chiu & Walker.]。但近年通过对分子进化关系的研究，认为葫芦科蔓枯病的病原菌为壳多孢霉（*Stagonospora* spp.），其下分为 3 个种，分别为 *S. cucurbitacearum*、*S. citrull* 和 *S. caricae*，3 种病原菌均可以为害葫芦科绝大部分植物，其中为害最普遍和发生最广泛的为 *S. cucurbitacearum*。

2. 形态特征及生物学特性 分生孢子器叶面生，多聚生，初埋生后突破表皮外露，球形至扁球形，直径 80～136 μm，器壁淡褐色，顶部呈乳状突起，孔口明显、圆形。分生孢子大小为（11.5～16.0）μm×（3.5～5.0）μm，短圆形至圆柱形，无色，两端稍圆，多弯曲，少正直，初为单胞，后生一隔膜；子囊座多生在茎蔓上，细颈瓶状或球形，直径 96～110 μm，黑褐色，有孔口，单生在叶片正面，突出表皮。子囊大小为（33.8～78.0）μm×（7.8～13.0）μm，无色，多棍棒形，正直或稍弯。子囊孢子大小为（10.4～15.6）μm×（3.9～8.3）μm，无色，短棒状或梭形，具 1 个分隔，上面细胞较宽，顶端较钝，下面的孢子较窄，顶端稍尖，隔膜处缢缩明显（图 17-2）。病原菌的生长温度为 5～36℃，适温为 24～28℃；适宜 pH 为 6.2～8.4。

三、病害循环

瓜类蔓枯病为种传及土传病害。病原菌主要以菌丝体、厚垣孢子、分生孢子器及子囊座随病残体在土中或棚架材上，或附着在种子上越冬。在未分解的病残体上病原菌可存活1年半及以上。分生孢子和子囊孢子借风、雨水或灌溉水等传播，从伤口、气孔、水孔或直接侵入。发病后新产生的分生孢子进行再侵染。种子带菌率为5%～30%，播种后可引起子叶和嫩茎发病。

四、发病条件

病害的发生情况与温、湿度和栽培条件有很大关系。在温度10～32℃、相对湿度超过80%时，病害易于发生。但不同瓜类的最适发病温度有差异。在温度18～25℃的条件下，遇雨日多，雨量大，高湿度时最利于发病。病害的流行时段，在南方为春、夏季，在北方为夏、秋季多雨时节。植株茎基部发病与土壤水分有关，地势低洼积水、地下水位高，土质黏重，平畦种植，植株密度过大，脱肥，植株长势弱及多年连作，病势重。

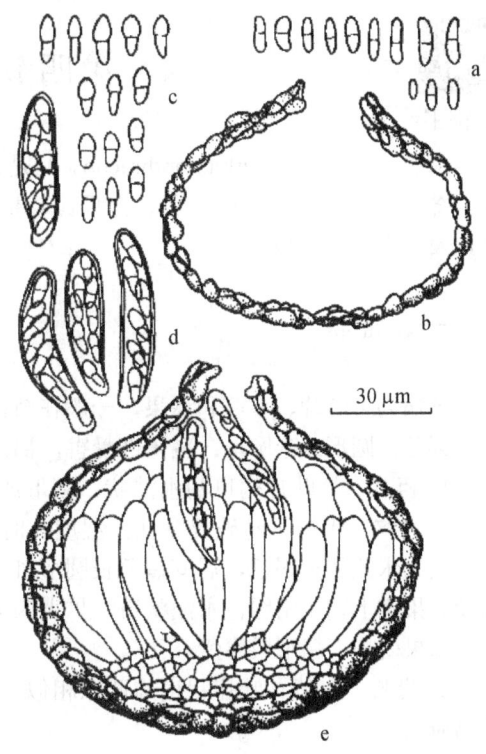

图17-2 瓜类蔓枯病菌（引自吕佩珂，1998）
a. 分生孢子；b. 分生孢子器；c. 子囊孢子；d. 子囊；
e. 子囊座

五、防控措施

1. 选栽抗、耐病品种和种子消毒　　抗、耐病品种的选育和推广是防治瓜类蔓枯病最有效、简便的途径。不同栽培品种间对蔓枯病存在显著的抗性差异，目前国内较抗病的甜瓜品种主要有'银蜜58''甬甜8号''敦蜜1号'等，西瓜品种有'圣女红3号''申抗988''新红宝''郑杂1号''新澄1号''平优西瓜'等；在无病田选留种子。用种子重量0.3%的50%福美双可湿性粉剂拌种。

2. 栽培防病　　收获后彻底清园；水旱轮作1年或实行2～3年旱旱轮作，可有效降低越冬菌源；苗床或苗盘育苗，介质无菌或为无病土。在定植前施足基肥，使用充分腐熟的有机肥，注意氮磷钾比例；选择排灌状况良好的地块，高畦种植；大棚栽培要及时通风，降低棚内湿度。

3. 药剂防治　　发病初期喷洒氟菌·戊唑醇、苯甲·嘧菌酯、嘧菌·百菌清、嘧菌酯、苯甲·吡唑酯、双胍·己唑醇等，按农药说明书使用剂量与方法，每隔7～10 d喷1次，轮换使用，连续2～3次。

本节图片

第四节 瓜类炭疽病

瓜类炭疽病（cucurbits anthracnose）是瓜类蔬菜的重要病害。西瓜、甜瓜最易感病，黄瓜、冬瓜次之，南瓜、西葫芦、丝瓜比较抗病。近年来，瓜类炭疽病在温室、大棚栽培条件下，发生有上升趋势。

一、症状

该病为害叶片、茎蔓和瓜果，一般在植株生长中、后期发病较重。幼苗子叶病斑多始于叶缘，褐色，圆形或半圆形；茎基部受害，褐色，缢缩，幼苗猝倒。各类瓜症状略有不同。

1. 西瓜　　叶片病斑初水渍状，圆形或纺锤形；成长病斑黑色，圆形，有时有紫色晕圈和同心轮纹，干燥时易破裂穿孔，湿度大时斑面生橙红色黏质点或黑色粒点。茎蔓和叶柄病斑，初为水渍状黄褐色，后变黑色长圆形斑，略凹陷，绕茎或叶柄一周后，病部以上蔓或叶片枯萎。果实上初生暗绿色水渍状斑，扩大为褐色圆形稍凹陷斑，常龟裂，潮湿时生橘红色黏质物。瓜果受病，畸形或腐烂。

2. 甜瓜　　茎、叶症状也与西瓜相似，但瓜上的病斑较大，凹陷明显，龟裂，上生橘红色黏质物。

3. 黄瓜　　病害症状与西瓜类似，但叶上病斑为红褐色，有黄晕；瓜条成熟时易染病，弯曲变形，病斑黄褐色，略凹陷，圆形（拓展图 17-5）。

二、病原

1. 分类地位　　瓜类炭疽病的病原，无性阶段为炭疽菌属瓜类炭疽菌［*Colletotrichum orbiculare*（Berk. & Mont.）Arx］［=*C. lagenarium*（Pass.）Ell. et Halst.］；有性阶段为子囊菌门小丛壳属围小丛壳菌瓜类变种（*Glomerella cingulata* var. *orbicularis* Jenk. et al.）。

2. 形态特征　　分生孢子盘聚生，初埋生，红褐色，后突破表皮呈黑褐色。刚毛散生于分生孢子盘中，长 90～120 μm，有 2～3 个横隔膜，暗褐色，顶端色淡，略尖，基部膨大。分生孢子梗密生，无色，圆筒状，单胞，大小为（20～25）μm×（2.5～3.0）μm。分生孢子长圆形或卵圆形，无色，单胞，大小为（14～20）μm×（5.0～6.0）μm。萌发产生 1～2 根芽管。附着胞暗色，近圆形、椭圆形至不规则形，大小为（5.5～8.0）μm×（5.0～5.5）μm，壁厚（图 17-3）。

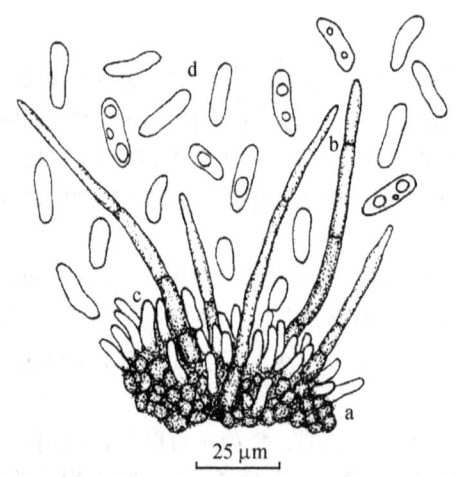

图 17-3　瓜类炭疽菌（引自郑建秋，2004）
a. 分生孢子盘；b. 刚毛；c. 分生孢子梗；d. 分生孢子

三、病害循环

病原菌主要以菌丝体或拟菌核（未成熟的分生孢子盘）在种子上或随病残体在田间越冬。潜伏在种子上的菌丝体也可以直接侵害子叶，引致苗期发病。分生孢子借风、雨水传播。

四、发病条件

田间发病最适温度为24℃，8℃以下、30℃以上即停止发展。当相对湿度为87%～98%、温度为24℃时，潜育期为3 d，相对湿度低于54%时则不发病。温室或塑料大棚早春棚内温度尽管较低，但湿度大，棚室内集结大量水珠和叶面结露，容易引起炭疽病。病原也可存活于大棚或塑料棚内顶面的水珠中。露地瓜类炭疽病则与当年雨季的早晚和降雨频率有密切关系，一般南方在5～6月、北方在8～9月的多雨季节容易发生流行。此外，低洼种植、排水不良、氮肥过多、通风不良、栽培粗放、杂草丛生、植株生长衰弱等发病较重。

五、防控措施

1. 选栽抗病品种　　黄瓜抗炭疽病品种有'津研4号''中农1101''夏丰1号''农大秋棚1号''碧春'等。此外，'中农5号''夏青2号'较耐病。西瓜品种有'海农6号''新澄1号''新克'等。

2. 种子消毒　　从无病棚、无病株选留种子。种子可用55～60℃温水浸种15 min；或用50%多菌灵可湿性粉剂500倍液浸种20 min后冲洗干净再催芽；或用种子重量0.3%的50%多菌灵可湿性粉剂拌种。以上措施均可收到良好的杀菌效果。

3. 栽培防病　　病重田可与大田作物水旱轮作1年（季）。推广高畦地膜栽培，西瓜地畦面铺草或麦秸等可明显减轻病害。定植后至结瓜期要严格控制浇水；保护地栽培要注意温、湿度管理，采取放风排湿、控制浇水等措施，降低棚内湿度和叶面结露，抑制病原菌萌发和侵入。

4. 药剂防治　　掌握在露地或棚室瓜类发病初期使用，可用药剂有30%苯甲·嘧菌酯悬浮剂40～50 mL/667 m²、80%福·福锌可湿性粉剂125～150 g/667 m²、10%苯醚甲环唑悬浮剂50～75 mL/667 m²、70%福·甲·硫磺可湿性粉剂80～120 g/667 m²或50%甲硫·福美双可湿性粉剂70～105 g/667 m²等，每隔7～10 d喷1次，连续防治3～4次。

◆ 第五节　瓜类白粉病

本节图片

瓜类白粉病（cucurbits powdery mildew）在全国各地均有发生，具有潜育期较短、再侵染频繁、流行性强的特点。以黄瓜、南瓜、西葫芦、苦瓜和甜瓜受害较重；冬瓜和西瓜次之；丝瓜则较为抗病。瓜类白粉病在北方对露地春黄瓜、温室黄瓜及塑料大棚黄瓜常造成严重危害；南方则以春季和秋季黄瓜受害较重。

一、症状

瓜类白粉病主要侵害叶片，也可为害茎和叶柄，果实一般不受害。幼苗期开始发病，以中后期受害较多。叶片被侵染后，在叶面或叶背产生白色、近圆形的粉状霉斑，其中以叶面居多，条件适宜时白粉霉斑向四周蔓延，上面布满白色粉状物，此即病原菌的菌丝体、分生孢子梗和分生孢子（拓展图 17-6）。其后颜色逐渐变为灰白色至灰褐色。在环境条件不利于病原菌生长或在寄主衰老的情况下，病斑上白色粉状物表层或里层即会产生多量的黑色小粒点，为病原菌的有性世代闭囊壳。白粉病菌侵害叶柄或嫩茎，症状与叶片相似，但只产生较小的白粉霉斑。

二、病原

1. **分类地位** 瓜类白粉病的病原包括子囊菌门中的多个属种，其中二孢白粉菌（*Erysiphe cichoracearum*）[=葫芦科白粉菌（*Erysiphe cucurbitacearum* Zheng et Chen）]和瓜类单囊壳[*Sphaerotheca fuliginea*（Schlecht）Pollacci（Jacz.）Z. Y. Zhao]在我国分布最广。无性阶段为粉孢属菌类（*Oidium* spp.）。

2. **形态特征** 两种白粉菌的菌丝体初为无色，随老化变褐，均在寄主表皮细胞上营外寄生，以吸器伸入寄主细胞内吸取寄主的营养和水分，菌丝便不断在寄主表皮蔓延扩展。白粉菌的无性繁殖很发达，分生孢子梗不分枝，短棍棒形或圆柱形，无色，有 2~4 个隔膜。葫芦科白粉菌分生孢子向基型 2 个串生；瓜类单囊壳白粉菌分生孢子向基型多个串生于孢梗上，呈念珠状，无色，单胞，椭圆形，大小差异很大，大小通常为（24~45）μm×（12~24）μm。

两种白粉菌的有性生殖产生闭囊壳，暗褐色，均为球形或扁球形，直径为 70~140 μm，外表附着丝均为菌丝状，6~26 根，宽 4.5~7.5 μm，长为闭囊壳的 1.5~3.0 倍，无色至淡褐色（图 17-4）。两菌的主要区别为闭囊壳内子囊和子囊内子囊孢子的数目不同，子囊的形态也有差异（表 17-2）（拓展图 17-7）。

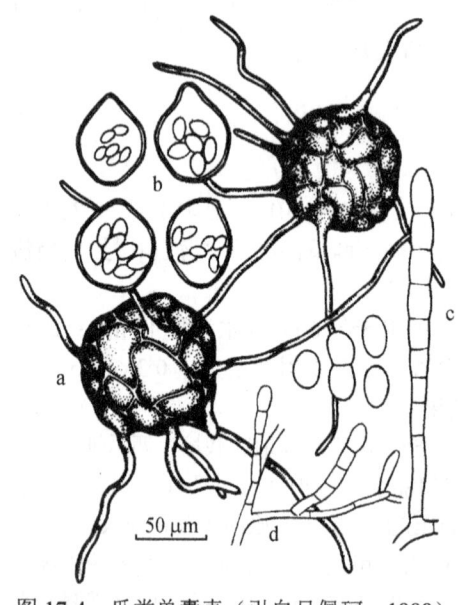

图 17-4 瓜类单囊壳（引自吕佩珂，1998）
a. 闭囊壳；b. 子囊；c. 分生孢子；d. 分生孢子梗

表 17-2 两种白粉菌子囊阶段的形态比较

菌态	二孢白粉菌	瓜类单囊壳
闭囊壳	生于灰黄色至锈褐色的菌丝层内，较少见，直径 80~140 μm	生于白色至淡灰色的菌丝表面，较常见，直径 70~120 μm
子囊	4~39 个，一般 10~15 个，卵圆形或椭圆形，有一小柄，大小为（58~90）μm×（30~50）μm	只有一个，广卵圆形或近球形，无小柄，大小为（63~98）μm×（46~74）μm
子囊孢子数	每个子囊内只有 2 个孢子，少数有 3 个，单胞，无色，椭圆形，大小为（20~28）μm×（12~20）μm	每个子囊内有 4~8 个孢子，单胞，无色，椭圆形，大小为（15~26）μm×（12~17）μm

3. **寄主范围** 两种白粉菌都是专性寄生菌，它们的寄主范围都很广，除葫芦科作物外，还可侵染其他科的多种植物，如向日葵、车前草、牛蒡、蒲公英和凤仙花等。两菌均具有明显的寄生专化性，有许多不同的变种和生理小种，非瓜类作物上同属同种的白粉菌，不一定能侵染瓜类作物。

三、病害循环

南方地区一年四季都可以种植瓜类作物，白粉病终年不断发生，病原菌不存在越冬问题，以分生孢子在瓜类植株上辗转侵染，周年为害，白粉菌在这些地方几乎不产生子囊壳。在北方冬季寒冷干燥地区，分生孢子和菌丝都不能越冬。因此，白粉菌常在秋末或生长后期气温降低、寄主衰老黄化的情况下，形成闭囊壳随病残体越冬。翌年春天气温回升，条件适宜时释放子囊孢子，从寄主表皮直接侵入完成其初侵染。在冬季保护栽培区，病原菌则在温室内为害越冬。翌年春天分生孢子随气流及雨滴溅散传播，侵染露地春黄瓜及塑料大棚黄瓜，然后传到夏、秋黄瓜地及秋季大棚，最后再回到温室过冬。

四、发病条件

1. **气候条件**　白粉菌分生孢子的最适萌发温度为20~25℃，低于10℃或高于30℃不萌发。分生孢子的抗逆力较低，寿命很短，在26℃左右只能存活9 h，30℃以上或-1℃以下，很快失去活力。在温度20~25℃、相对湿度45%~75%条件下，最有利于白粉病的发生和流行；湿度低于25%或超过95%时，孢子萌发受到抑制，因此这也是温室及塑料大棚黄瓜白粉病发生严重的原因。过度高温干旱或降雨过多都会减缓白粉病流行的速度。华北地区温室黄瓜于5~6月，塑料大棚黄瓜于6~8月，露地黄瓜于5~6月为白粉病盛发期。华南地区春、秋两季气候温暖湿润是瓜类白粉病多发的气象原因。

2. **栽培管理**　施肥不足，管理不善；土壤缺水或排水不良，灌溉不及时；环境荫蔽，光照不足，均易造成植株生育衰弱，降低对白粉病的抵抗力。浇水过多，氮肥过量，植株徒长，田间通风不良，湿度增高，也有利于白粉病的发生。靠近温室或大棚的地块，由于初菌源较多，一般发病也较早、较重。

3. **品种**　黄瓜不同品种对白粉病的抗性存在一定差异，据报道，品种对白粉病的抗性与对霜霉病的抗性是一致的，抗霜霉病的品种，一般也兼抗白粉病，反之亦然。黄瓜对白粉病的抗性是以一个隐性基因为基础，且很可能与抗霜霉病的隐性基因有连锁关系。

五、防控措施

1. **选栽抗病品种**　黄瓜抗白粉病的品种有'津杂1号''津杂2号''津杂3号''津研4号''津研6号''津研7号''中农1101''京旭2号''鲁春26号''鲁春32号''鲁黄1号''早丰1号''济南密刺''郑黄2号''春丰2号''宁丰1号''宁丰2号''冀菜2号''日出丽春''日出阳春''金研2号''金研4号'等；西葫芦抗白粉病的品种有'邯郸西葫芦''天津25'等。

2. **栽培防病**　选择通风良好、土质疏松肥沃、排灌方便的土地种植瓜类，也可同时考虑与矮生蔬菜间作套种，以利于田间通风透光。重病地应避免瓜类连作，要与非葫芦科作物轮作。在种植前或拉秧后要清除田间病残体，减少菌源。施足基肥，平整土地，培育壮苗，氮磷钾均衡，防止脱肥早衰，增强植株对白粉病的抗、耐性。科学用水，小水勤灌，雨后排渍，防止干旱。

3. **做好温室、大棚管理**　温室和大棚应根据气候条件变化和植株生长状况，掌握浇水、保温和通风等具体操作，在满足和协调植株生育所需条件的同时，降低温室或大棚内的相对湿度和温度，以免出现闷热利于病害流行的条件。要求做到阴天不浇水，晴天勤放风，以减缓病害蔓延。

4. 药剂防治 发病初期喷洒 10%氟硅唑水乳剂 40～50 mL/667 m²、30%四氟唑·乙嘧酯水乳剂 40～50 mL/667 m²、70%甲基硫菌灵可湿性粉剂 40～80 g/667 m²、10%苯醚甲环唑水分散粒剂 60～80 g/667 m² 或 70%甲硫·福美双可湿性粉剂 50～75 g/667 m² 等药剂。要注意做到早预防、喷布均匀周到。保护地可用硫黄薰烟消毒，在定植前几天将棚室密闭，每 100 m³ 用硫黄粉 0.25 kg、锯末 0.5 kg 掺混均匀后，分别装入小塑料袋放在室内，晚上点燃薰一夜。此外，也可用 45%百菌清烟剂防治。

本节图片

◆ 第六节 瓜类细菌性果斑病

瓜类细菌性果斑病（cucurbits bacterial fruit blotch）是西瓜和甜瓜上最重要的毁灭性种传病害，病原菌为西瓜嗜酸菌（*Acidovorax citrulli*），属世界性检疫病害。该病最早是 1965 年在美国佐治亚州的一个引种站中发现的，并于 1989 年在美国佛罗里达州、印第安纳州及特拉华州的西瓜上暴发流行，造成产量损失达 50%～90%。至今，该病害在美国、澳大利亚、印度尼西亚、土耳其与中国等国家均有分布。该病在我国最早于 1990 年在陕西省合阳县发现，随后不断扩大发生，至今，在我国的新疆、海南、内蒙古、北京、山东、吉林、福建、云南、台湾等 16 个省（自治区、直辖市）的 71 个县（市、区、旗）均有分布，对西瓜和甜瓜的生产造成了严重的经济损失。该病除为害西瓜外，还为害甜瓜、南瓜、黄瓜、西葫芦、蜜瓜和苦瓜等葫芦科植物。

一、症状

该病主要为害子叶、真叶和果实。子叶受害先出现水渍状病斑，后沿叶脉逐渐发展为黑褐色的坏死病斑；真叶受害，初为水渍状的小斑点，斑点扩大时常因受到粗叶脉的限制而成为角形、条形或不规则形暗绿色病斑。后期病斑转为褐色，下陷干枯；果实被害后，初期果面出现直径 1～5 mm 的水渍状斑点，其后扩展为圆形或不规则形的大型暗绿色斑块，发病初期病变只局限于果皮，病斑表面溢出大量乳白色菌脓，后期病斑转为褐色，病部多处开裂。随着病斑逐渐深入果肉，最后引起全果腐烂。多雨潮湿天气，病部可见乳白色菌脓（拓展图 17-8）。

二、病原

1. 分类地位 瓜类细菌性果斑病的病原为西瓜嗜酸菌（*Acidovorax citrulli*）。

2. 形态特征 革兰氏阴性菌，菌体短杆状，大小为（0.2～0.8）μm×（1.0～5.0）μm，极生单根鞭毛。菌落为圆形，乳白色，不透明，微突起；在金氏 B（KB）培养基上的菌落不产生色素及荧光；病原菌在 30℃条件下培养 5 d，直径可达 2～4 mm。

3. 生物学特性 该病原菌具好气性，生长适温为 28℃，在 4～41℃均能生长。不水解明胶，能水解吐温-80；脂酶、氧化酶和 2-酮葡萄糖酸试验阳性，精氨酸双水解酶试验阴性；

能利用丙氨酸、L-阿拉伯糖、己醇、果糖、甘油、葡萄糖、羟甲基纤维素、D-羟基丁酸盐、半乳糖、L-亮氨酸、海藻糖作为碳源；不能利用蔗糖、丙二酸、乳糖、山梨醇。

4. 生理分化　　病原菌存在种内遗传多样性，Walcott 等（2000）的研究表明该病原菌存在两个亚群，亚群 I 主要分离自甜瓜的菌株，亚群 II 主要分离自西瓜的菌株；亚群 II 的菌株对西瓜幼苗的侵染力明显强于亚群 I 的菌株，而对甜瓜和南瓜的侵染力弱于亚群 I，亚群 I 的菌株对各个寄主的侵染力比较一致。

5. 寄主范围　　病原菌的自然寄主有西瓜、厚皮甜瓜、罗马甜瓜、网纹洋香瓜、哈密瓜、蜜露洋香瓜、黄瓜和南瓜等；人工接种还可侵染番茄、茄子等茄科作物，但不能侵染马铃薯、辣椒、大豆、菜豆、玉米。

三、病害循环

病原菌可在种子内、外越冬，也可在田间带菌的葫芦科杂草上，以及随残留染病的瓜皮在 4℃、−20℃、−50℃环境条件下的地表、地下 10 cm 及地下 20 cm 处的土壤中越冬；该病害可随种子调运作远距离传播，田间发病后主要靠雨水、灌溉水、昆虫及嫁接传播。病原菌可从植株的自然孔口和伤口侵入。

四、发病条件

当气温为 24～28℃时，病原菌经 1 h 就能侵入潮湿的叶片，潜育期为 3～7 d，细菌经瓜皮进入果肉后致种子带菌，侵染种皮外部，也可通过气孔进入种皮内。高温、多雨、高湿、大水漫灌易诱发病害流行。

五、防控措施

1. 加强检疫　　不用病区的种子，发现病种应在当地销毁，严禁外销。
2. 生产无病种子及种子处理　　建立无病留种地，从无病株采种、苗床消毒。直播的西瓜、甜瓜种子或用于培育嫁接苗的砧木和接穗的种子都要进行消毒处理，可采用 1%的盐酸浸种 5 min，以 1%次氯酸钙浸种 15 min，或用杀菌剂 1 号 200 倍液浸种 1 h 后，随后用清水浸泡 5～6 次，每次 30 min，再催芽播种；采种时种子与果汁、果肉一同发酵 24～48 h 后，用 1%的盐酸浸渍 5 min，或以 1%的次氯酸钙浸渍 15 min。
3. 农业防治　　清除田间病株、病果及葫芦科杂草，减少侵染来源；采用合理的灌溉模式，如避免喷灌、顶灌等方式，降低田间湿度和避免灌水传染；加强田间管理，如合理增施有机肥，可以提高植株生长势，增强抗病能力；禁止将发病田中用过的工具拿到无病田中使用；与非葫芦科作物进行 2 年以上轮作。
4. 药剂防治　　在出苗后，可用春雷霉素等进行预防保护，每隔 7～15 d 喷雾 1 次。田间发病初期，可选用四霉素、春雷霉素、中生菌素、氢氧化铜、春雷·王铜等进行喷雾。喷药时应做到均匀、周到、细致。每隔 7 d 用药 1 次，连续用药 3～4 次。

葫芦科蔬菜其他病害见表17-3。

表17-3 葫芦科蔬菜其他病害一览表 本表图片

病名和病原	症状识别	发病规律	防治要点
黄瓜菌核病 Sclerotinia sclerotiorum（拓展图17-9）	果实呈水浸状腐烂。茎蔓在茎基部或主侧枝分杈处生褐色水浸状斑，后淡褐色，软腐。髓部腐烂中空或纵裂干枯。叶柄、叶、幼果染病迅速软腐。病部生大量白色菌丝和黑色鼠粪状菌核	主要以菌核在土中越冬。子囊孢子借气流传播。侵染残花瓣、柱头和幼瓜。病健部菌丝接触传染茎基部。15~20℃，相对湿度>85%，发病加重	①收获后深翻土壤；②摘除病瓜、病叶、雄花等；③土壤消毒，高畦种植，地膜覆盖，滴灌；④发病初期喷洒啶酰菌胺或异菌脲等（参考油菜菌核病）
黄瓜疮痂（黑星）病 Cladosporium cucumerinum	茎和果实上生暗绿色圆形斑，凹陷龟裂，胶状物白色至琥珀色。密生黑色霉层。病瓜弯曲。嫩茎被害后上部干枯，下部往往丛生腋芽。叶斑圆形或不规则形，黄白色，易穿孔，边缘黑纹状	以菌丝体随病残体在土中或附着在种子及大棚架材上越冬。孢子借气流传播，气孔侵入。适温高湿易流行，尤以大棚栽培为甚	①选栽抗病品种；②种子消毒；③轮作2~3年；④调节棚内温、湿度；⑤发病初期及时喷洒氟硅唑、腈菌·福美双等
黄瓜灰霉病 Botrytis cinerea	病原菌侵害花序致花瓣腐烂。幼瓜脐部呈水渍状，停止生长，腐烂或脱落。叶斑近圆形或不规则形，边缘明显。病部生灰霉。病组织附着茎上时，引致烂茎，植株枯死（拓展图17-10）	以菌丝或分生孢子或菌核附着在残株上，或遗留在土壤中越冬。结瓜期是病原菌侵染和烂瓜的高峰期	①推广高畦覆盖地膜滴灌栽培法；②摘除病叶、花、果及黄叶；③棚室采用烟雾法或粉尘法防治；④发病初期及时喷施嘧霉胺、嘧霉·福美双、啶酰菌胺等
黄瓜细菌性角斑病 Pseudomonas syringae pv. lachrymans	叶斑初为鲜绿色水渍状斑，近圆形凹陷斑，扩大成多角形灰褐或黄褐色斑，湿度大时叶背溢有乳白色混浊菌溢，干后具白痕，病斑质脆易穿孔。茎、叶柄、卷须病斑段条状，重时纵裂；瓜条病斑不规则或连片，病部出现污白色菌脓。种子可染病（拓展图17-11）	细菌在种子内、外或随病残体在土壤中越冬。病种子播种后在出苗时即可侵染幼苗发病。随风、雨水、雾露溅散反复传播	①选用抗、耐病品种和无病种；②种子消毒；③轮作2年以上；④避雨栽培；⑤喷洒春雷霉素、琥铜·乙膦铝、琥胶肥酸铜、氢氧化铜等防治
苦瓜白绢病 Sclerotium rolfsii	全株枯萎，茎基缠绕白色菌丝或菜籽状茶褐色小菌核，病部变褐腐烂。土表可见大量白色菌丝和茶褐色菌核	以菌核或菌索随病残体在土中越冬。翌春菌核或菌索生菌丝延伸接触邻近植株或菌，借水流传播	①轮作；②拔除病株并烧毁；③在病穴和邻近植株喷淋药剂防治
西葫芦软腐病 Pectobacterium carotovorum subsp. carotovorum	幼果病部先呈褐色水渍状，迅速软化，腐烂如泥，散出臭味。病害扩展极快，从发病到整瓜腐烂仅需几天时间	病原菌随病残体在土壤中越冬。借雨水、灌溉水及昆虫传播。阴雨天或露水未干时整枝打杈或虫伤多，发病重	①及时治虫，减少虫伤；②发病初期喷洒琥胶肥酸铜或氢氧化铜等（参考第十五章第二节十字花科蔬菜软腐病）
瓜类根结线虫病 Meloidogyne spp.	病株明显矮小，叶片发黄，病株萎蔫，结瓜不良。重时枯死。地下侧根、须根形成许多大小瘤状虫瘿，表面粗糙，浅黄色或深褐色。剖视瘤结，可见很小的乳白色梨状雌虫（拓展图17-12）	以幼虫在土中或以成虫和卵在根表虫瘿中越冬。借病土、灌溉水、人畜农具等传播。地势高燥、疏松砂壤土发生重	①与葱、蒜、韭菜轮作；②夏季深翻晒土，大水漫灌；③多施有机肥料；④药剂防治（参考第十八章第四节蔬菜根结线虫病）

第十八章
其他蔬菜作物病害

我国蔬菜种类很多，随着种植结构的调整，设施农业的推广，种植面积不断扩大和复种指数提高，病害问题日益突出。蔬菜苗期猝倒病和立枯病、灰霉病、菌核病和根结线虫病等已成为蔬菜生产中的常见病害，发生较普遍、危害损失大，给蔬菜生产带来了巨大损失。据报道，菜豆病害全球约有 80 种，我国 1991 年报道 40 种，重要的有细菌性疫病、炭疽病、锈病等。豇豆病害全球有 40 余种，我国超过 20 种，以煤霉病、锈病、疫病等叶斑病类发生较普遍且严重。近年，香芋和荸荠作为特色产业发展，种植面积扩大，将芋疫病和荸荠秆枯病等病害归入此章，着重介绍其发生规律和防控措施。

◆ 第一节　蔬菜苗期猝倒病和立枯病

本节图片

蔬菜苗期猝倒病和立枯病（vegetable seedling damping-off and blight）是为害蔬菜苗期的主要病害，该病全国各地均有分布，主要为害瓜类、茄科、豆类等幼苗，病重时造成大片死苗，产生损失和贻误农时。侵染寄主十分广泛，葫芦科蔬菜有冬瓜、西瓜、甜瓜、哈密瓜、黄瓜、南瓜、葫芦、西葫芦、苦瓜和丝瓜等作物；茄科蔬菜有辣椒、番茄、茄子、烟草；豆科作物有菜豆、大豆、蚕豆、豆角、豌豆和羽扇豆；十字花科蔬菜有芜菁、大白菜、萝卜和小油菜；还有其他科属的胡萝卜、黄秋葵、葱类、莴苣、芹菜、草莓、柑橘、玉米、高粱等，引起猝倒、苗枯、根腐、茎腐、枯萎及瓜、果腐烂。

一、症状

引起蔬菜苗期猝倒病和立枯病的病原菌很多，为害的蔬菜种类也很多。病原菌在幼苗出土前后均可侵染寄主，表现出的症状会因病原菌或寄主不同而有所区别。主要的症状为：病原菌在幼苗出土前为害，使胚根、茎和子叶变褐腐烂，导致苗出土困难或缺苗；出苗后，如果土壤湿度大，幼苗茎基受病原菌为害，病情急速发展，受害部位水渍状，快速腐烂；若幼苗木质部尚不发达时受害，茎缢缩，苗倒伏，但叶仍呈青绿色，故名猝倒；若幼苗木质部成熟时受害，茎缢缩，苗渐渐干枯死亡，表现为立枯（拓展图 18-1）。如果土壤湿度较小，病原菌侵染幼苗根茎基部，导致植株生长受阻，叶皱缩和黄化，严重时枯萎死亡。在田间湿度较大时，在病部或邻近土表生白色棉絮状霉物、淡褐色蛛网状霉层及菌核或形成霉层。

二、病原

蔬菜苗期猝倒病和立枯病主要由卵菌门腐霉属（*Pythium*）、球状孢囊菌属（*Globisporangium*）、疫霉属（*Phytophthora*）、新赤壳属（*Neocosmospora*）[=镰孢霉属（*Fusarium*）]、丝核菌属（*Rhizoctonia*）、小菌核属（*Sclerotium*）、核盘菌属（*Sclerotinia*）、炭疽菌属（*Colletotrichum*）、葡萄孢属（*Botrytis*）、链格孢属（*Alternaria*）、壳针孢属（*Septoria*）、大茎点霉属（*Macrophoma*）和球腔菌属（*Mycosphaerella*）等不同属的多种真菌单独或同时侵染引起。

腐霉属主要有瓜果腐霉（*Pythium aphanidermatum*）和群结腐霉（*P. myriotylum*）等；球状孢囊菌属主要有德巴利球状孢囊菌（*Globisporangium debaryanum*）、终极球状孢囊菌（*G. ultimum*）、刺球状孢囊菌（*G. spinosum*）等；疫霉属主要为辣椒疫霉（*Phytophthora capsici*）；新赤壳属主要为茄新赤壳菌（*Neocosmospora solani*）[=腐皮镰孢菌（*F. solani*）]；丝核菌属主要为立枯丝核菌（*Rhizoctonia solani*）；小菌核属主要为齐整小核菌（*Sclerotium rolfsii*）；核盘菌属主要为核盘菌（*Sclerotinia sclerotiorum*）等真菌（表 18-1）。

表 18-1 蔬菜苗期猝倒病与立枯病病原菌及寄主范围

病原菌	症状	寄主
瓜果腐霉	猝倒、根腐、茎腐、立枯、果腐	为害菜豆和苜蓿等豆科植物、甜椒和烟草等茄科植物、甜菜和菠菜等藜科植物、番木瓜等番木瓜科植物、姜等姜科植物、仙人掌等仙人掌科植物、甜叶菊等菊科植物、黄瓜等葫芦科植物
群结腐霉	立枯、猝倒、生长受阻、根腐、棉漏（cottony leak）	为害辣椒等茄科植物、甜叶菊等菊科植物、姜等姜科植物、苋菜和菜豆等豆科植物、薄荷等唇形科植物、人参等五加科植物
德巴利球状孢囊菌	猝倒、根腐坏死、烂种、茎腐、果腐	辣椒和番茄等茄科植物、大豆等豆科植物，以及松、香蕉、棉花和燕麦等
终极球状孢囊菌	立枯、猝倒、根腐、茎腐	芋、甘蓝、番茄、黄瓜、大豆等
刺球状孢囊菌	立枯、猝倒、根腐、冠腐	黄瓜和西瓜等葫芦科植物、姜等姜科植物、菜豆和大豆等豆科植物、辣椒等茄科植物、西洋参等五加科植物、芦荟等芦荟科植物、莲藕等睡莲科植物
辣椒疫霉	根腐、果腐、茎腐、立枯、猝倒、枯叶	侵染辣椒、番茄、茄子等茄科蔬菜，菜豆等豆科植物，黄瓜等葫芦科植物，草莓等蔷薇科植物，可可等梧桐科植物，番木瓜等番木瓜科植物
茄新赤壳菌	基部溃疡或腐烂、根腐、枯萎、粉红根、猝倒	为害马铃薯和茄子等茄科植物，豌豆、大豆、苜蓿等豆科植物，甜瓜、黄瓜和南瓜等葫芦科植物，玉米等禾本科植物，火龙果等仙人掌科植物，洋葱等百合科植物，甜菜等藜科植物
立枯丝核菌	种子腐烂、根腐、下胚轴腐烂、冠腐、茎腐、枝腐、荚腐、茎溃疡、黑屑、幼苗立枯	侵染禾本科（如玉米、水稻、小麦、大麦、燕麦）、豆科（如大豆、花生、干豆、苜蓿、鹰嘴豆、小扁豆、田豆）、茄科（如烟草、土豆）、藜科（如甜菜）、十字花科（如油菜）、茜草科（如咖啡）、锦葵科（如棉花）、菊科（如莴苣）、天南星科（如波托斯）、海棠科（如海棠、海葵）、桑科（如无花果）和亚麻科（如亚麻）等植物
齐整小核菌	立枯、茎腐、根腐、果腐、颈腐、叶斑、叶黄化、叶枯、白绢、萎蔫	为害豆科、十字花科和葫芦科等 100 多科 500 多种植物，如苜蓿、石蒜、香蕉、豆类、甜菜、甘蓝、卷心菜、哈密瓜、黄瓜、甜瓜、南瓜、胡萝卜、花椰菜、芹菜、香芹、大蒜、生姜、葫芦、莴苣、洋葱、豌豆、花生、菠萝、土豆、大豆等
核盘菌	菌核病、腐烂、立枯、梢腐、枯萎、白霉	为害 75 科 270 属 400 多种植物

三、病害循环

引起蔬菜苗期猝倒病和立枯病的病原菌很多，均为土壤习居菌，其越冬、越夏的方式有：①以休眠体（休眠卵孢子或菌核）在土壤或病残体上越冬、越夏；②寄生在替代寄主或杂草上越冬、越夏；③腐生在土壤有机质上长期生存。越冬体在环境条件适宜时，病原菌恢复生长，形成接种体侵染寄主。不同病原菌的越冬时期、场所、越冬体及接种体的形成各不相同。腐霉与疫霉主要以卵孢子或厚垣孢子在土壤中或越冬的替代寄主上越冬，卵孢子在土壤中存活 3 年以上。病原菌借雨水、灌溉水、带菌的堆肥和农具等传播。病原菌在条件合适时形成孢子囊，继而萌生游动孢子或芽管侵染寄主，发病后可持续地产生孢子囊反复侵染，后期产生卵孢子越冬。

镰刀菌主要以分生孢子、菌丝体或厚垣孢子在土壤或病残体上越冬，厚垣孢子可在土壤中存活多年。病原菌可随灌溉和带菌有机肥传播，在合适条件下形成菌丝侵染寄主，发病后产生分生孢子（大型和小型分生孢子）反复侵染。

立枯丝核菌、齐整小核菌和核盘菌主要以菌丝体和菌核在土中或病残体上越冬，菌核可在土壤中存活多年。翌年春天，以菌丝体（立枯丝核菌和齐整小核菌）或子囊孢子（核盘菌）侵入寄主并在田间传播蔓延。病原菌的寄主范围广，土温 12～32℃均可发病，一般 16～20℃最易发病。土壤过湿或过干、砂土等条件均利于病害发生（图 18-1）。

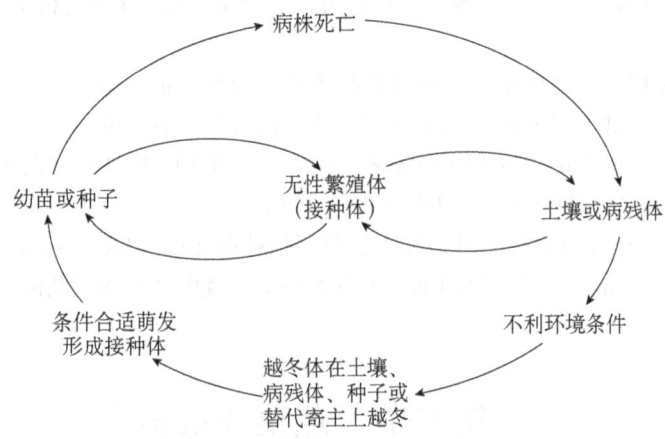

图 18-1 蔬菜苗期猝倒病和立枯病病害循环图

四、发病条件

1. 气候条件　　不同蔬菜苗生长要求土壤的温、湿度不一样，不同的病原菌侵染的最适温、湿度也不一样。当土壤温、湿度有利于寄主幼苗生长而不利于病原菌生长时，发病率较低。由腐霉和疫霉引起的病害，在苗床低温高湿时，极易诱发本病。夏菜幼苗生长适宜气温为 20～25℃，土温为 15～20℃，苗株生长良好，则抗病力强；温度过高或偏低，都影响其健康生长，因而均易诱发病害。长期阴雨低温（气温 15～16℃，土温 10℃左右），苗床保温性能差，床温偏低；苗地排渍不畅，雨水多，或苗株密不通风，湿度大，对根系生长不利，抗病力下降。但病原菌如瓜果腐霉等能正常生长发育入侵寄主，猝倒病往往严重。辣椒疫霉适于产生孢子囊的温度为 20～30℃，25℃左右最适于形成游动孢子和侵入寄主，引发辣椒、番茄等幼苗猝倒病和疫病。立枯丝核菌引起的病害在土壤高温高湿时，极易引起苗的猝倒和立枯。此外，光照充足，幼苗光合作用强，生长健旺，发病较少；反之，幼苗长势弱，易感病。

2. 寄主生育期　　幼苗子叶中营养已耗尽而新根尚未扎实，幼茎也未木栓化，此时是感病危险期，抗病力最弱，易感病。土壤温度较高，水分适宜，养分充足，新根长得快，真叶快速抽生，光合作用强，碳水化合物累积多，抗病力增强。反之，此时如遇低温绵雨，新根生长慢，真叶抽生迟缓，体内养分消耗多，养分不足，苗株衰弱，感病期相应延长，所以病害也重。幼茎木栓化程度高，植株不易感病。秋葵在出土 10～15 d 内，如遇上高温高湿天气，极易发生猝倒和立枯，15 d 后，病原菌感染就会减少。

3. 苗地条件　　土壤贫瘠，黏重，偏酸性，或蔬菜地育苗，病情较重；有机质丰富的砂壤土，对幼苗生长有利，拮抗微生物也较多，病情较轻。

五、防控措施

针对蔬菜苗期病害，应采用以农业防治为主，药剂防治和生物防治为辅的综合防控措施。

1. 农业防治

1）苗床消毒　　苗床选用无病土、新土、人工配制的育苗专用土壤，或消毒土壤。育苗地应选地势高、排水良好、向阳、土质疏松的地段。土壤消毒可选用代森锰锌水分散粒剂 750 倍液、噻菌铜或代森锰锌·烯酰吗啉等。在南方，田间每亩撒生石灰 200 kg 深翻暴晒后再播种，可减少病害的发生。

2）加强苗床管理　　适量施用腐熟有机肥或微生物有机肥。适时间定苗，稀密恰当。见病时拔除病株烧毁，适时断水晒苗，注意通风排湿，降雨时及时除渍。

2. 化学防治　　可选用 30%精甲·噁霉灵可溶液剂或 80%代森锌等药剂喷淋。如立枯发生严重，可加入生根粉（用量 500～2000 mg/kg）灌根。

3. 生物防治　　在施用有机肥时，加入枯草芽孢杆菌（*Bacillus subtilis*）和（或）哈茨木霉（*Trichoderma harzianum*）等生物制剂，可有效抑制土壤中多种病原菌的生长繁殖，减少病害发生。

本节图片

第二节　蔬菜灰霉病

蔬菜灰霉病（vegetable gray mold disease）是一种世界性重要病害，主要分布在温带和亚热带地区。在我国南方和北方均有发生，南方发生更为普遍，在大棚和温室最易发生。该病害为害茄科、葡萄科、葫芦科、十字花科、石蒜科等多种蔬菜、水果和林木花卉，主要为害寄主的茎、叶、花、果实，造成蔬菜腐烂、植株茎基腐、叶霉、花腐、果腐和苗猝倒等症状。病害破坏性很大，是蔬菜生产上的一大病害。

一、症状

蔬菜灰霉病发生在蔬菜生长期、贮藏期，主要为害茎、叶、花及果实。寄主种类和品种不同，表现的症状也有所不同（拓展图 18-2）。

1. 苗期　　在低温高湿环境下，引起幼苗猝倒。土壤中的病原菌侵染植株子叶、真叶和茎。病斑初为水渍状，渐变为淡褐至褐色，半圆形，具轮纹，后期变软下垂。温、湿度条件适宜时，病斑扩展到茎部，腐烂、变细，植株折倒，生有大量的灰色霉层。病原菌可通过菌丝扩散蔓延至相邻健康植株，导致幼苗成片死亡。

2. 成株期　　主要为害叶片引起叶斑，也可为害茎。初病期，叶片斑点小，淡黄色，逐渐变大后呈灰白色或棕褐色，凹陷；病斑扩大合并导致整个叶片枯萎。茎部受害后变得柔软、湿润、易折或断裂。潮湿时病斑上生淡灰色的霉层。

3. 开花结果期　　在黄瓜、番茄、茄子及菜豆等果菜类蔬菜上主要为害果实。病原菌从花蕾的花瓣开始侵染，在花内产生大量菌丝体，并进一步侵染花序和花梗，导致不开花，或花梗腐烂，花蕾和花朵下垂。感病花朵授粉后，病原菌通过败落的花瓣及柱头侵入果实，导致果实花端腐烂，或部分（或全部）果肉腐烂。病原菌也可直接感染果实导致组织腐烂，表皮裂开。湿度大时，病组织上生淡灰色的霉层，后期病组织变干，表面凹陷或皱缩，有时可见扁平状黑色菌核。

4. 贮藏期　　灰霉病在贮藏期可为害大白菜、胡萝卜、蒜薹、甘蓝等蔬菜的叶球或叶帮。病部初为水渍状、褐色、软腐，表面生灰色霉层。

总之，在潮湿环境中，病组织水渍状，软腐，表面生淡灰色的霉层，有时病组织上出现黑色菌核。

二、病原

1. 分类地位　　蔬菜灰霉病的病原，无性阶段为半知菌类葡萄孢属灰葡萄孢（*Botrytis cinerea* Pers. ex Fr.）；有性阶段为子囊菌门葡萄孢盘菌属富克葡萄孢盘菌 [*Botryotinia fuckeliana* (de Bary) Whetzel]，通常情况下不常见。

2. 形态特征　　分生孢子梗从寄主表皮下菌丝体或菌核上长出，细长，呈不规则的树枝状分枝。顶端细胞膨大成球形，上生小梗，梗上着生分生孢子。分生孢子大小为（9～15）μm×（6.5～10）μm，无色或灰色，单胞，椭圆形或卵圆形，分生孢子聚集成葡萄穗状，并呈灰色。菌核块状，黑色，形状不规则，子囊盘高脚杯状，子囊长棍棒状，内生8个子囊孢子（图18-2）。

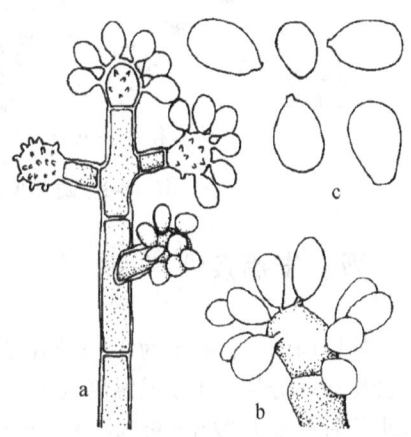

图 18-2　蔬菜灰霉病病原菌
a、b. 分生孢子梗和分生孢子；c. 分生孢子

3. 寄主范围　　可为害200多种双子叶植物和一些单子叶植物。为害的作物包括黄瓜、西葫芦和金瓜等葫芦科作物；菜豆、豇豆和豌豆等豆科作物；以及白菜类、甘蓝类、青花菜、芹菜、香芹、芫荽、胡萝卜、芦笋、百合、莴苣、菊花、葡萄、猕猴桃、柿、越橘、毛叶枣等多种植物。

三、病害循环

病原菌主要以分生孢子、菌丝体或菌核在病残体、杂草或土壤中越夏、越冬，菌核是主要的越冬体。翌春环境条件合适时，菌核萌发（萌发温度为4～54℃）产生的菌丝可直接侵染寄主，或形成分生孢子，分生孢子萌发后产生芽管自植株伤口、自然孔口及幼嫩组织侵入。菌核萌发可产生子囊和子囊孢子，子囊孢子也可侵染寄主。发病后遇潮湿环境，产生大量的分生孢子，通过气流、雨水溅散、雾露或昆虫（如地中海食蝇）等途径传播进行再侵染（图18-3）。

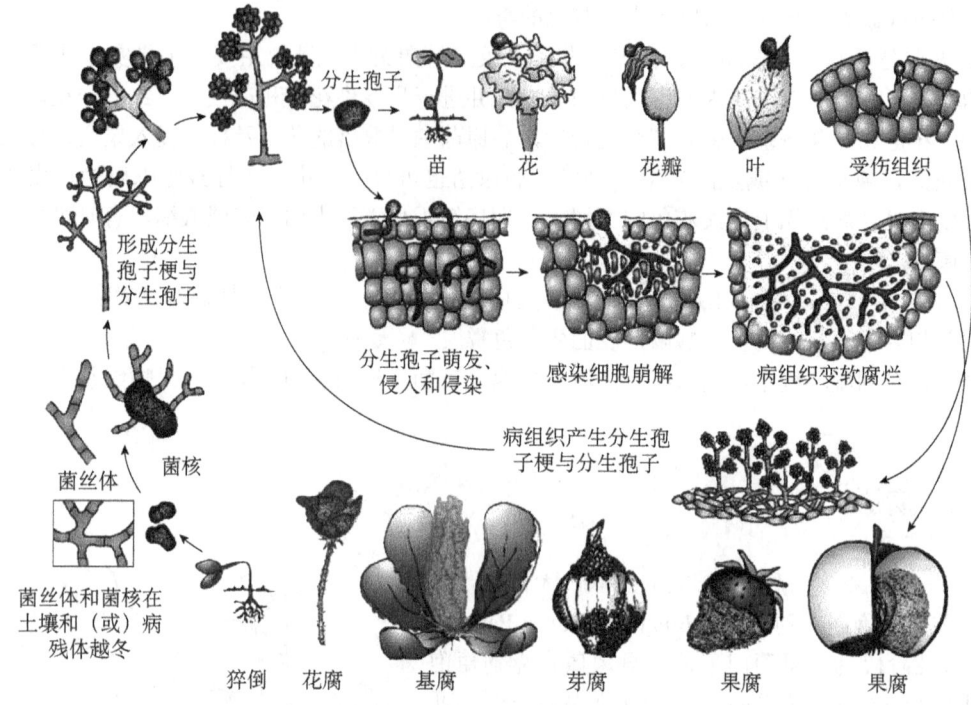

图 18-3 蔬菜灰霉病病害循环图（引自 Agrios，2005）

四、发病条件

病原菌的生长温度为 0~35℃，最适温度为 18~23℃；在 0~10℃条件下长期贮藏的蔬菜仍会感病。分生孢子萌发温度为 13~25℃，适温为 15~25℃；分生孢子较耐干燥，但萌发时要求相对湿度为 92%~95%，湿度偏低时不萌发，在水滴中萌发速度最快；最适 pH 为 4~5。气候温暖湿润，蔬菜连作，偏施氮肥致植株生长柔弱，植株密度过大，畦沟过浅排水不畅，畦面积水，通风透气不良或光照不足导致病害发生严重。

五、防控措施

蔬菜灰霉病依种植地区、品种和环境因素不同，发病特点有所变化，因此防控此病应采用以控制温、湿度的生态防治和农业防治为主，辅以药剂的综合防控措施。

1. **生态防控** 设施蔬菜可以通过遮阴、通风等调节温度和湿度进行生态防治。温度高于 31℃可降低病原菌孢子萌发速度，推迟产孢，降低产孢量；当棚内温度降到 20℃时，及时关闭通风口，减少叶面结露。

2. **加强栽培管理措施** 选用品质优良的抗病品种，用无病原菌种子育苗，选种无病苗；实行水旱非寄主植物轮作，采收果蔬后彻底清园，减少田间菌源；根据蔬菜品种特性，合理安排种植密度，保持田间通风透光；科学配施氮磷钾肥，施腐熟有机肥，切忌偏施或迟施氮肥；实施滴灌或膜下给水，保持土壤和环境合适的相对湿度，避免漫灌和土壤积水；大棚种植避免温度突然变化，导致温室水汽凝结，注意通风除湿，同时减少人员走动，防止疾病传播；生长期及时清除病植株或组织，集中烧毁或深埋，减少菌源。

3. 化学防治　　在发病初期，及时喷施杀菌剂对控制蔬菜灰霉病有较好的防效。施药前尽可能先清除病苗、病株或病组织，大棚和温室可用烟雾剂进行烟熏预防。常用的药剂有嘧霉胺悬浮剂、异菌脲可湿性粉剂、嘧霉·异菌脲水分散粒剂、咯菌腈·异菌脲悬浮剂、腐霉利可湿性粉剂、嘧菌·腐霉利悬浮剂、啶酰菌胺、菌核净悬浮剂、嘧胺·乙霉威水分散粒剂、甲硫·乙霉威可湿性粉剂、咪鲜胺乳油或水乳剂、腐霉·百菌清烟剂。根据田间病害发生情况，交替施药 2～3 次，间隔 5～7 d。

4. 生物防治　　我国已有防治灰霉病的微生物杀菌剂产品通过国家农药登记，用于防治番茄、黄瓜、草莓等作物灰霉病。应用于防治蔬菜灰霉病的生防菌主要有枯草芽孢杆菌（*Bacillus subtilis*）、解淀粉芽孢杆菌（*B. amyloliquefaciens*）、海洋芽孢杆菌（*B. marinus*）、甲基营养型芽孢杆菌（*B. methylotro-phicus*）、荧光假单胞菌（*Pseudomonas fluorescens*）、木霉菌（*Trichoderma* sp.）、哈茨木霉菌（*T. harzianum*）等。

第三节　蔬菜菌核病

本节图片

蔬菜菌核病（vegetable sclerotiniose），又称白霉病，在我国广为分布，尤以长江流域及以南地区受害严重，是十字花科、豆科和桑科等作物的主要病害。在我国，冬油菜菌核病发病率一般为 10%～30%，严重的达 80% 以上，病株减产 10%～30%，含油量降低 1%～5%，对油菜生产威胁很大。北方春季采种用的大白菜在低湿地或多雨季节常因病害发生烂根及烂茎。

一、症状

菌核病可为害多种蔬菜和果树，在作物的各个生育期均可发生，其中十字花科蔬菜菌核病发生最为常见（拓展图 18-3）。

为害油菜时，在油菜各个生育期均可发生，主要为害油菜茎秆、叶片和果实，其中茎秆受害最重，终花期发生最盛。

1. 苗期　　油菜苗期受害的茎和叶柄发病初期产生红褐色斑点，后逐渐扩大变为白色，病组织湿腐，长有白色棉絮状菌丝，后期可形成许多黑色菌核。受害严重时病斑绕茎后引起幼苗死亡，受害轻的幼苗生长不良，植株矮小纤细。

2. 成株　　基部老叶的叶缘先发病，病斑初期水渍状，扩大后成为圆形或不规则形大斑，有时还具轮纹，病斑中心灰白色，中层暗青色，外缘有黄晕。天气干燥时，病斑干枯穿孔；潮湿时，病部长出棉絮状白色菌丝，叶片很快腐烂脱落。

3. 茎部　　病斑多发生于主茎的中下部，初水渍状，浅褐色，椭圆形，扩大后为菱形、长条形或绕茎大斑。病斑略凹陷，中部白色，边缘褐色，病健部交界明显。在潮湿条件下，病部多呈湿腐状，长出白色棉絮状菌丝，故称"白秆""霉秆"等，病秆内生黑色鼠粪状菌核。最后病株髓部中空，皮层纵裂，维管束外露如麻丝，茎易折断。剖视病茎，可见许多初为白色后变黑色的鼠粪状菌核，尤以茎基部最多。受害重的全株枯死，受害轻的提早成熟，荚果瘦小，种子不实，秕粒增多。

4. 荚果　　荚果受害，病斑初呈水渍状，浅褐色，不规则形。空气干燥时，病部稍凹陷，提前裂果。天气潮湿时呈湿腐，上面满布白色棉絮状菌丝。荚果内长满许多黑色菜籽状的菌核。

其他蔬菜苗期染病，茎基腐烂，猝倒。成株受害的典型症状为多在近地面的茎、叶柄或叶片边缘开始发病，病组织初淡褐色，水渍状腐烂，生白色棉絮状霉层和黑色鼠粪状菌核。

二、病原

1. 病原菌　　菌核病的病原菌为子囊菌门核盘菌属核盘菌 [*Sclerotinia sclerotiorum*（Lib.）de Bary]。

2. 形态特征　　菌核黑色，内部浅红褐色，球形、豆瓣状或鼠粪状，直径 1～10 mm。菌核由菌丝组成，外层为皮层，内层是细胞结合很紧的拟薄壁组织，中央为菌丝不紧密的疏丝组织，可萌生高脚杯状子囊盘 1～20 个，一般 5～10 个。盘径 0.2～0.8 mm，肉质，初淡黄色，后变褐色，盘梗长 3.5～50.0 mm。子囊盘表生子囊和侧丝，组成子实层。子囊无色，圆筒形或棍棒状，大小为（113.87～155.42）μm×（7.7～13.0）μm，内含 8 个无色、椭圆形或菱形子囊孢子，单胞，大小为（8.70～13.67）μm×（4.97～8.08）μm（图 18-4）。

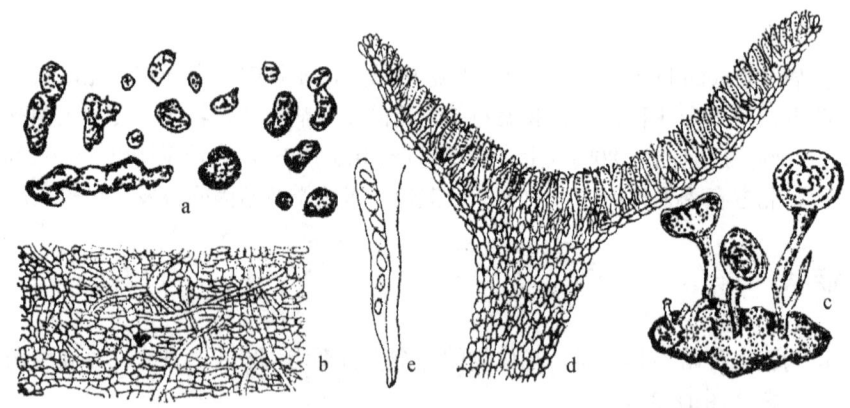

图 18-4　十字花科蔬菜核盘菌（引自张中义，2003）
a. 菌核；b. 菌核的剖面；c. 菌核萌发子囊盘；d. 子囊盘；e. 侧丝、子囊和子囊孢子

3. 生物学特性　　菌丝体生长温度为 1～30℃；最适生长温度为 22～24℃；不耐干燥，相对湿度在 85%以上时才能生长良好，低于 70%时难以生长，病害不易流行；pH 为 1.6～10.0 均可生长，最适 pH 为 2.0～8.0。产生菌核温度为 5～30℃，适温为 10～25℃；菌核萌发和形成子囊盘的温度为 5～25℃，它们的适温因地而异，通常为 8～20℃，并要求持续 10 d 以上湿润环境。5℃以上子囊盘可持续放射孢子 8～15 d，低于 3℃和高于 25℃以上干热气候易失去活力；最适 pH 为 6.0～9.7。子囊孢子萌发温度为 −1～35℃，适宜温度为 5～20℃；孢子萌发对湿度要求不是很严格，相对湿度高于 85%时，即便没有水滴，萌发率也可达 100%。菌核在 50℃水中 5 min 后死亡；但较耐干热，干热条件下 70℃经 10 h 死亡率仅 25%；对低温的抵抗能力很强，在我国冬油菜产区能顺利越冬。

4. 致病性分化　　2006 年，经过研究发现四川省 10 个地区 23 个县 9 种寄主的 108 株菌株都能致病，其病斑长度为 2.7～82.0 mm，差异很大，认为核盘菌种群内明显存在致病性分化，这种分化与地理来源和寄主没有必然联系。但发现菌株致病力与草酸产量呈正相关，与菌落的生长速率无关；草酸产量与总酸的 pH 之间呈显著负相关。

5. 寄主范围　　病原菌可寄生 75 科 270 属 400 多种植物，我国已报道有 36 科 199 种寄主植物，除为害油菜、大白菜、甘蓝、萝卜、芥菜等十字花科作物外，常见的寄主植物还有豆科的大豆、豌豆、菜豆、花生等，茄科的番茄、茄子、辣椒等，葫芦科的冬瓜、西瓜、苦瓜、黄瓜、西葫芦等，以及向日葵、莴苣、菠菜、甜菜、葱、桑、柑橘、无花果等，但不侵害禾本科植物。

三、病害循环

以菌核在土壤、种子和病茎中越夏、越冬，也可以菌丝在病种子中或以菌核、菌丝在野生寄主如荠菜、刺儿菜、金盏菊和十字花科蔬菜等上越夏（冬油菜区）、越冬（冬春油菜区）。菌核在干燥条件下可存活4～10年，但在田水中30℃条件下，30 d即软化腐烂。越夏菌核在秋季有少量萌发，产生子囊盘或菌丝侵染油菜和十字花科植物幼苗。大多数越夏、越冬后的菌核至翌年2～3月开始萌生子囊盘，1个半月后成熟。子囊孢子和黏性物质一起放射到空中数十厘米到1 m高处，遇大风时可吹传到数公里外的寄主上，条件适宜时萌发，从伤口或自然孔口侵入寄主，分泌果胶酶、纤维素酶及毒素使病部组织软化腐烂。但该菌不能直接侵染健康茎叶，只能侵染老黄叶和花瓣、花药。脱落的病叶、病花贴附于健叶、茎上，或病叶菌丝通过叶柄蔓延至茎上，均可引致发病。菌核萌生的菌丝也可侵染地面的茎、叶，潜育期为4 d，形成菌核越夏、越冬。混杂于种子中的菌核可随种子调运进行远距离传播。

四、发病条件

1. 植地条件　　病害在连作地发病重，轮作地发病轻，与水稻轮作发病最轻。偏施或过量施用氮肥植株容易疯长倒伏，利于病原菌的生长发育和致病；配施磷钾肥，可增强作物抗性。深耕以深埋菌核，中耕培土可以破坏和阻止子囊盘出土，发病轻。合理密植，田间通风透光，相对湿度低，发病较轻；过度密植，田间郁蔽，湿度大，有利于病原菌生长和接触传播，发病较重。地势高亢、排灌良好的地块发病轻，相反的地块发病重。

2. 品种及生育期　　不同品种或同一品种不同生育期的抗病性有明显差异。在油菜类型中，一般是白菜型发病重，甘蓝型次之，芥菜型发病最轻。分枝部位高、分枝紧凑、茎秆紫色、坚硬、蜡粉多的品种发病轻。从不同生育期来看，开花期最易感病。油菜从始花至盛花期，花瓣带菌率达90%以上。

3. 温、湿度　　温度为20℃左右，相对湿度在85%以上，对病原菌生长有利，发病重。相对湿度低于70%，发病较轻。因此，如果春、秋两季雨水多时，菌核病易严重发生。油菜开花期气温降至8～14℃及以下，花期显著延迟，或遇倒春寒天气，造成花器官受冻，大量脱落，加重病害。

五、防控措施

1. 选栽抗病品种　　3种类型油菜中，抗性较强的是芥菜型，甘蓝型其次，白菜型最敏感。油菜中'双5号'等系列品种、'汇油50'等具有较强的抗病性，'中油821'等耐病性较好。

2. 选用无病种子及种子处理　　在无病田留种。将无菌种子浸于10%～15%的盐水或10%～20%的硫酸铵水中，搅拌，清除菌核和秕粒，再用清水冲洗干净后播种（硫酸铵水处理则不必冲洗）。

3. 栽培防病　　实行水旱轮作，最好与水稻轮作，旱地与禾本科作物进行大面积轮作2

年以上。选择地势平整、排灌良好的土地种植，窄畦深沟，防止积水；重施基肥，增施磷钾肥，早施蕾薹肥，避免偏施、迟施和过量施用氮肥，促使植株苗期健壮，薹期稳长，花期茎秆坚硬，荚果发育期不脱肥早衰，不贪青倒伏。中耕培土要在子囊盘盛发期前进行。及时摘除黄叶、老叶，剔除病株，防止病害扩大蔓延。

4. 化学防治　　发病初期喷洒50%咪鲜胺锰盐可湿性粉剂、50%腐霉利可湿性粉剂2000倍液、40%戊唑醇多菌灵可湿性粉剂、40%硫磺·多菌灵悬浮剂500～600倍液、50%异菌脲可湿性粉剂1500倍液、50%乙烯菌核利可湿性粉剂1000倍液、25%戊唑醇水乳剂、50%甲基硫菌灵500倍液或40%菌核净可湿性粉剂，均有较好的防效。特别注意植株中下部喷雾，每隔7～10 d喷1次，连续防治2～3次。

5. 生物防治　　据文献报道，木霉菌（*Trichoderma* spp.）对莴苣菌核病有一定的预防作用；地衣芽孢杆菌（*Bacillus licheniformis*）对油菜菌核病具有较好的防治作用。

本节图片

◆ 第四节　蔬菜根结线虫病

蔬菜根结线虫病（vegetable root knot nematode）又称根瘤线虫病，广布于全球，为害重，难防治。根结线虫是威胁我国蔬菜生产的重要病原，受害植株长势衰退，叶片黄化，病重的凋萎枯死。根结线虫的寄主范围十分广泛，已报道的寄主植物有114科3000多种，给蔬菜生产造成了严重的经济损失。

一、症状

根结线虫为害植物根系，被害根系形成大小不等的瘤状物，称为根结或根瘤。根结是根系受线虫侵染后，植物细胞膨大增生而成的。根瘤的形状和大小差异很大，最小的根结肉眼可见，呈微肿状，比较大的根结近圆形，绿豆或蚕豆大小，有时数个根结连合成结节状，如被侵染的番茄侧根肿成萝卜状。根结的颜色初期与无病根色相同，表面光滑，到中后期，大的根结表面粗糙，最后变褐腐烂。严重被害时，根结上可生出许多次生根，也可形成根结，当新细根被线虫反复多次侵染时，根系盘结成须根团。解剖根结，可见许多梨状的雌虫（拓展图18-4）。

轻病株地上部无明显症状，重者地上部生长缓慢，植株矮小，叶片发黄，长势衰弱似缺水缺肥状，生长发育不良，结实小而少。罹病一段时间后，中午气温高时，植株呈萎蔫状，早晚气温低或浇水充足时，暂时萎蔫的植株又恢复正常，随病情加重，这种暂时萎蔫渐渐不再恢复正常，植株枯萎、死亡。

此外，根结线虫还可与病原菌和（或）病原菌物形成复合侵染，如花生根结线虫病加重群结腐霉（*Pythium myriotylum*）所致（花生）猝倒病。被害根系常诱发某些丝核菌（*Rhizoctonia* sp.）、镰孢霉（*Fusarium* sp.）和寄生疫霉（*Phytophthora parasitica* var. *nicotianae*）等的侵染，加速根系腐烂。线虫为害造成的伤口十分有利于茄青枯拉尔氏菌（*Ralstonia solanacearum*）的侵染，致使植株提早死亡。

根结线虫引起的根结与豆科植物根瘤的区别：①根结生于根中部，由根木质膨大而成；根瘤生于根表，由表皮和薄壁组织形成。②根结大小不一，表面粗糙，不易脱落，常生不定细须根；根瘤圆形，光滑，无不定细根，易掉落。③根结内可见白色梨形雌虫；而根瘤内为肉红色或紫色共生细菌黏液。

二、病原

1. **分类地位** 根结线虫病的病原属于线虫门根结线虫属（*Meloidogyne* Goeldi）。蔬菜根结线虫主要有南方根结线虫（*Meloidogyne incognita* Chitwood）、北方根结线虫（*M. hapla* Chitwood）、花生根结线虫（*M. arenaria* Chitwood）、爪哇根结线虫（*M. javanica* Chitwood），近年，象耳豆根结线虫（*M. enterolobii* Yang & Eisenback）成为南方地区蔬菜的优势种类。

2. **形态特征** 根结线虫雌雄显著异形。成熟雌虫，长 440～1300 μm，宽 325～700 μm，呈梨形，乳白色，体前端延伸如颈状，体后部圆球形，阴门和肛门在圆球形体后部，会阴区角质膜形成线纹环绕的特殊花纹，称为会阴花纹，是鉴定种的重要依据。卵全部产出于体外的胶质囊内。雄虫成虫，线形，长 700～1900 μm，宽 30～36 μm，头部略尖呈圆锥形，尾短钝圆，后体部常向腹面弯曲，交合刺粗大，无交合伞。卵略透明，肾形至长椭圆形，约 83 μm×38 μm。幼虫共 4 龄：1 龄幼虫（J1）线状，卷曲于卵壳内；从卵壳中孵出为 2 龄幼虫（J2），虫体长 400～500 μm，宽 13～15 μm，是侵染性幼虫；侵入寄主后发育，形成豆荚状 3 龄幼虫（J3），开始雌雄分化；4 龄幼虫（J4）雌雄分化明显，可从体形和生殖器官区别雌雄虫，蜕皮后变为成虫（图 18-5）。

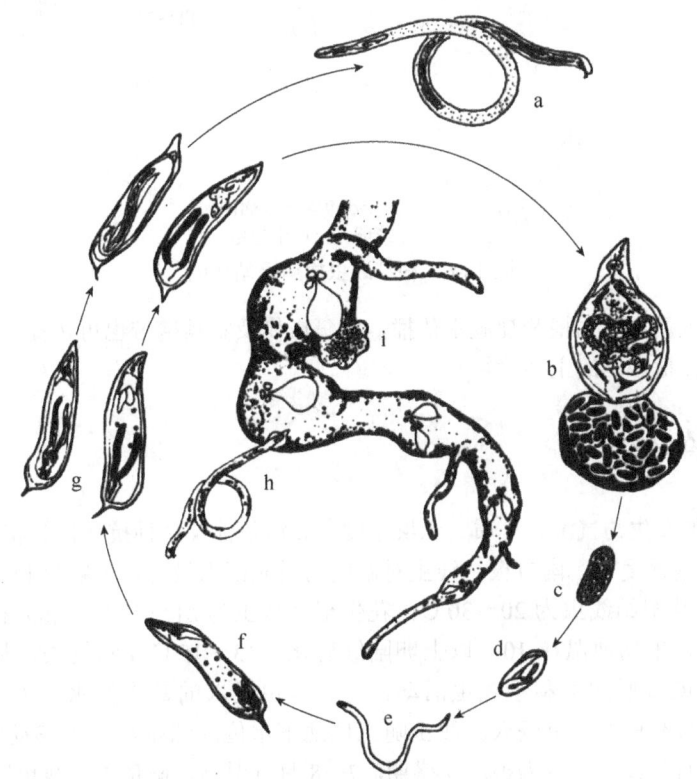

图 18-5 根结线虫（引自许志刚，2009）

a. 雄虫；b. 雌虫及卵囊；c. 卵；d. 卵壳内的幼虫；e. 2 龄幼虫；f. 3 龄幼虫；g. 4 龄幼虫；h. 幼虫侵入根部；i. 雌虫寄生在根内并排卵

3. **生物学特性及生理分化** 根结线虫具好气性。最适生长发育温度为 25～30℃，适温下完成一个生活史共需 35～40 d；在 18～24℃时需 47～50 d；在 15℃时轻微为害；低于 13℃

幼虫休眠。南方根结线虫分为1~4号生理小种,以1号生理小种最为常见。花生根结线虫有2个生理小种。

三、病害循环

根结线虫主要以卵及J2在土壤中的病根等病残体内及土杂肥中越冬。条件适宜时,孵化出J2,与越冬的J2一起活动于土中。线虫在整个生长季节内可在土中蠕动20~30 cm。J2侵入幼根后,刺激根细胞分裂,形成大小不等的根结。幼虫在根结内生长发育,再经三次蜕皮,发育为成虫。雌、雄虫成熟后交尾产卵,卵产于雌虫后端胶质卵囊内,卵囊外露于根结外。线虫主要分布在20 cm的耕层,以3~15 cm居多。在24~28℃完成一代需25~30 d。在蔬菜生长季节,根结线虫能进行多次再侵染,世代重叠明显(图18-6)。

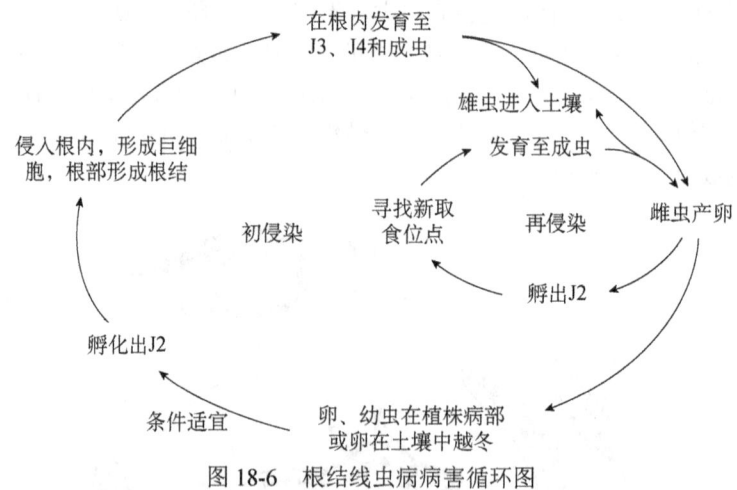

图18-6 根结线虫病病害循环图

田间主要通过病土、病根和灌溉水传播,农事操作及农具携带也可传播。带有病土和病根的种苗是远距离传播该病的主要途径。

四、发病条件

根结线虫病的发生与气温、土质、土壤湿度、栽培条件及品种抗病性等相关。

1. 温度及土壤湿度 南方根结线虫对温度的适应范围最广,卵孵化和J2侵入要求温度为15~30℃;爪哇根结线虫为20~30℃;花生根结线虫为21~27℃;北方根结线虫为15~21℃。河南报道,平均地温在10℃以上卵陆续孵化;13~15℃开始侵染,最适温度为22~28℃。温度过高或过低均不利于线虫活动。适宜线虫侵入的最大持水量为70%左右,低于20%或高于90%都不利于线虫侵入。线虫随土壤地下水位的涨落而上下移动。在广西,每年5~6月和9~11月是线虫入侵为害活动盛期,7~8月气温高,雨量大,线虫数量有所减少;9月以后气温逐渐下降,温度适宜,线虫数量又复上升。

2. 栽培条件 通气性较好、结构疏松的砂质土壤有利于线虫活动,发病严重,壤土病害较轻,黏土发病最轻;土壤含水量大时,不利于线虫活动,发病轻;连作时间越长,发病越重;管理粗放,杂草丛生,发病重。

3. 品种抗病性 蔬菜作物抗根结线虫的品种比较少。来自番茄的 Mi、$Mi2$~$Mi8$ 基因,

以及来自辣椒的 *Me* 和 *N* 基因，对根结线虫的感染具有抗性。然而，这些基因在较高温度下会失效。关于抗根结线虫的基因尚未命名，且新来源抗性基因不断被鉴定出来。

五、防控措施

遵循"预防为主，综合防治"的方针，以农业防治为基础，选用生物防治和绿色防控手段，辅助化学防治方法，有效控制根结线虫的危害。

1. **严格检疫** 严禁从病区调运育苗；在调运其他寄主作物时，同样须进行检疫。

2. **选用抗、耐病品种或砧木** 选用含 *Mi* 抗根结线虫基因的品种或砧木。'托鲁巴姆''托克斯''CRP'分别是番茄、茄子、甜椒嫁接防治根结线虫病的最好砧木。各地可选用现有的抗病良种直接播种育苗或作砧木。

3. **农业防治** 选用前作为水稻的地育苗，育苗用地需反复犁耙，翻晒病土，以杀死大量线虫和土传病原菌。根结线虫虽然能侵染多种蔬菜，但在感病程度上有明显差异，可利用蔬菜生长期短、容易换茬的特点，将发病重地块改种感病轻的蔬菜品种。番茄、黄瓜、芹菜、茄子等易受害重，可与甘蓝、蒜苗、葱、韭菜、辣（甜）椒等受害轻的蔬菜轮作 3~4 年，能显著地减少土壤中线虫量，是一项有效、易行的防治措施。有条件的地方水旱轮作效果最好。清洁田园，注意清除病根等病残体和铲除杂草，集中烧毁。提早深翻土壤晒垡。增施腐熟有机肥料，尤其是棉籽饼、花生饼等饼肥，既可培养天敌种群，有效减少线虫数量，又可改良土壤，促进新根生长，增强对线虫的抗、耐能力。改善排灌条件，病地之间不串灌。

4. **生物防治** 用 5%淡紫拟青霉颗粒剂制作菌土施入，可降低根结线虫群体。用 1.8%阿维菌素乳油喷洒苗床，处理土壤或灌根可有效地杀死线虫。其他生物防治制剂有甲壳素水剂和苦参碱水剂等。

5. **物理防治** 利用热力处理法，需要相应的设施、技术、资金投入大，故只宜在棚室栽培高经济价值作物的场合下施行。有蒸汽消毒法、热水消毒法、太阳能消毒法、地下加热与太阳能并用消毒法。在此仅介绍简单易行的太阳能消毒法。此法是利用夏季高温进行土壤消毒，每 667 m² 用 1000 kg 稻草或麦秸，铡成 4~6 cm 长，撒于土表，再均匀撒施生石灰 60 kg，翻耕、灌水，然后密闭棚室 15~20 d，土表温度可达 70℃以上，10 cm 土层温度也能升至 60℃，对根结线虫、枯萎病菌、青枯病菌等土传病菌都有较好的防治效果。

石灰氮消毒土壤。石灰氮又名氰氨化钙，其分解的中间产物单氰胺和双氰胺对土传病菌及地下害虫，尤其对线虫都有较好的杀灭作用，具有无残留、不污染环境等优点。转化成的铵态氮、硝酸盐则是上好的肥料。盛夏 5~9 月气温高时使用效果更佳。棚膜保温，白天地表温度可升至 65~70℃，10 cm 土温＞50℃，20 cm 土层也可近 45℃，耕层昼夜土温平均达 45℃，经 20~30 d，能杀死各种土传病菌、线虫，除去杂草，改善土壤理化性状。做法如下：每 667 m² 用稻草或麦秸 3000~4000 kg，铡断后撒于地面并喷水少许，石灰氮 50~100 kg 撒施上面，翻埋入 20~30 cm 深土层，做成宽 60~70 cm、高 30 cm 的畦，用旧塑料薄膜覆盖密封。畦沟灌水保湿土壤，但不能一直积水。经 3~4 周闷棚结束，疏松土壤即可播种或种植作物。特别注意施用石灰氮时勿使其与周围作物接触，以免药害。石灰氮是强碱性肥料，只能用于酸性或强酸性土壤，否则会增加氮素挥发，氢氧化钙还会加剧土壤碱化进程，可与有机肥、草木灰、过磷酸钙、尿素混合施用，但不能与硫酸铵、碳酸铵及含硫酸铵或碳酸铵的肥料混在一起使用。

6. 化学防治　　目前杀线虫药剂品种很少，播种前 2～3 周，用 98% 棉隆微粒剂 35～40 g/m²，或 10～15 kg 兑细干土 20～30 kg。阿维菌素 2.9～3.5 kg/hm²，可沟施或穴施。路富达（41.7% 氟吡菌酰胺）对根结线虫有很好的防治效果，但其成本较高。

7. 利用捕捉植物和拮抗植物　　捕捉植物如白菜、菠菜、芫荽等速生蔬菜，在发病田块或大棚温室中，于 5～10 月种植，经 30～45 d 后收获，可诱捕土壤中大量 J2，减少下茬作物初侵染虫量，从而减轻线虫为害。拮抗植物含有或分泌某类物质，具有杀死或阻碍根围和植物组织内线虫发育的作用，可通过栽培拮抗植物并翻埋于土中；或轮作或间作、套种驱避线虫，从而有效地降低土壤中线虫种群密度。拮抗植物种类有万寿菊、穿心莲、孔雀草、胜红蓟、烟草、猪屎豆、鱼藤、博落回、三尖杉、夹竹桃、石刁柏、大葱、韭菜、大蒜、辣椒等。例如，万寿菊可用于棚室轮作，50～90 d 后翻埋于土中，也可与蔬菜、瓜菜类作物间穴种植、套种大葱等；或叶菜类蔬菜与大葱混播或间种。蔬菜收获后，下次整地时翻入土中。此法成本低，无公害，但显效迟缓，若能与药剂防治相结合，效果应当更理想。

本节图片

第五节　豇豆煤霉病

豇豆煤霉病（cowpea Pseudocercospora spot）又称叶霉病，是豇豆和菜豆较为严重的病害，各地均有发生，在热带、亚热带地区发生严重，可造成菜豆、豇豆、长豇豆、刀豆、扁豆、赤小豆、黑绿豆、绿豆、金绿豆、鲎豆等植株叶片干枯脱落，影响结荚，产量损失严重。

一、症状

豇豆煤霉病为害寄主茎、叶片和豆荚，主要为害叶片，豇豆生长中后期的老叶受害更为严重。初期叶两面生赤色或紫褐色小点，后扩展成近圆形至多角形褐色病斑，直径 0.5～2.0 cm，病健交界不明显。潮湿时叶背长出煤烟状霉层（分生孢子与分生孢子梗）。严重时叶片枯死，早期落叶，豆蔓仅存新叶（拓展图 18-5）。

二、病原

1. 分类地位　　豇豆煤霉病的病原为半知菌类假尾孢菌属菜豆假尾孢菌 [*Pseudocercospora cruenta*（Sacc.）Deighton]　[=*Cercospora cruenta* Sacc.=*C. vignae* Ellis & Everh.=*C. phaseoli* Dearn. & Barth.=*C. dolichi* Ellis & Everh.=*C. phaseolorum* Cooke=*C. vignae-sinensis* F. L. Tai & C. T. Wei=*Pseudocercospora dolichi*（Ellis & Everh.）J. M. Yen]。

2. 形态特征　　菌丝体内生。子座无或小，气孔下生，青黄褐色。分生孢子梗 5～15 根簇生至紧密簇生，大小为（10～75）μm×（3.0～6.0）μm，浅青黄色至浅青黄褐色，向顶变狭，直立或波状弯曲，1～3 个曲膝状折点，稀有分枝，具 0～3 个隔膜。分生孢子倒棍棒形至圆柱形，大小为（40.0～154.0）μm×（2.5～5.4）μm，近无色至浅青黄色，直立至中部弯曲，顶部近尖细至钝，基部倒圆锥形至圆锥形平截，具 4～14 个隔膜（图 18-7）。

3. 寄主范围　　可为害豆科、茄科、杨柳科和桃金娘科的 24 属 70 多种植物；主要为害豆科植物，其中菜豆属和豇豆属作物受害最为常见，可为害豇豆属和菜豆属的 35 种植物。

三、病害循环

病原菌以菌丝体和分生孢子在病残体或替代寄主上越冬,在干燥条件下经 14 个月仍保持活力。翌年条件适宜时,菌丝和分生孢子萌发产生分生孢子,病原菌在温度 7~35℃条件下可生长,最适温度为 30℃。分生孢子随气流与雨水传播,反复侵染。南方周年种植豇豆地区,无明显越冬现象。

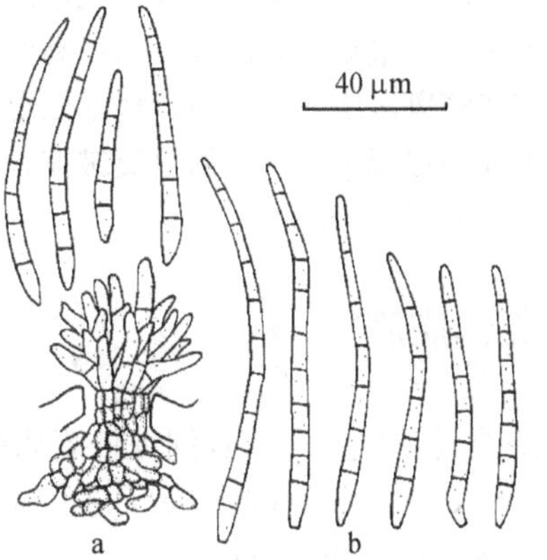

图 18-7 菜豆假尾孢菌(引自刘锡琎,1998)
a. 子座及分生孢子梗;b. 分生孢子

四、发病条件

田间高温高湿或多雨是发病的主要条件,湿度越大,病害发生越重。病害发生与寄主组织老嫩有关,顶端嫩叶发病比植株下部的老叶轻,其原因是老叶内总糖和氨基酸的含量减少,叶片衰老,抗病性降低。连作田块、播种过晚田块发病较严重。连作地由于病原菌数量多,发病较重。春播豇豆一般较晚播豇豆病重,其中尤以春播较晚的豇豆发病更重。

五、防控措施

豇豆煤霉病属于气传病害和叶部病害,田间环境条件对病害发生的影响极大,因此在选择抗病品种的基础上,结合农业防治和药剂防治进行防控。

1. 农业防治　选种无病种子,与非豆科作物(如水稻、玉米和高粱等)间作。重病地与非豆科作物轮作 1~2 年。施足基肥,增施磷钾肥,喷施磷酸二氢钾提高作物抗性;种植密度合理,保持田间透光通气,防止湿度过大。铲除田间杂草,特别是寄主杂草。收获后及时清除田间病残体,减少病原菌。

2. 药剂防治　注意田间病害观察,应在发病初期科学喷洒药剂,一般在作物开花和结荚喷施。可用的药剂有唑醚·锰锌水分散粒剂、戊唑·嘧菌酯水分散粒剂、苯醚·丙环唑乳油等。隔 10 d 左右施药 1 次,连续防治 2~3 次,叶片正反面均要喷施。

第六节　菜豆细菌性疫病

本节图片

菜豆细菌性疫病(common bacterial blight of bean)又叫"火烧瘟""叶烧病",国内各产区普遍发生,长江流域以南发病较重。

一、症状

全生育期都可发生,是非器官选择性病害,为害叶片、茎蔓、豆荚和种子等,叶片和豆荚受害较重。病种出苗后,子叶生棕褐色溃疡斑;幼茎病斑水渍状,扩大成红褐色溃疡斑,绕茎扩展后幼苗枯死。叶片病斑多见于叶尖和叶缘,暗绿色、水渍状,成长病斑褐色、不规则形、有黄晕。湿度大时，病部有浅黄色菌溢，干燥时变白色或黄色菌膜。病斑密集连片时整叶扭曲畸形或枯死，最后病叶碎裂。高温高湿时，有的病叶很快变黑凋萎。茎蔓发病，生红褐色稍凹陷条状溃疡斑，绕茎一圈后，病部以上茎蔓枯萎。豆荚病斑暗绿色、水渍状，成长为褐色凹陷的圆形或不定形斑，病重的豆荚皱缩。发病种子种皮皱缩并生黑褐色凹陷斑，有时种脐泌出黄色菌脓（拓展图18-6）。

二、病原

1. **分类地位** 菜豆细菌性疫病的病原为黄单胞杆菌属菜豆黄单胞杆菌 [*Xanthomonas phaseoli*（ex Smith）Gabriel et al.] [=*X. axonopodis* pv. *phaseoli*（Smith）Vauterin=*X. campestris* pv. *phaseoli*（Smith）Dye]。

2. **形态特征及生物学特性** 菌体短杆状，大小为（0.5~3.0）μm×（0.3~0.8）μm，鞭毛单极生，有荚膜，革兰氏阴性反应。在牛肉汁蛋白胨培养基上菌落圆形，黄色。病原菌的生长适温为28~32℃，致死温度为50℃；病原菌生长pH为5.7~8.4，最适pH为7.3。

3. **寄主范围** 该病原菌能侵染豇豆、扁豆、大豆、绿豆和小豆等。

三、病害循环

病原菌主要在种子内、外部越冬，也可随病残体在土壤中越冬。种子内的细菌经3~15年仍有侵染力，但病原菌随病残体分解死亡。带菌种子是该病害的主要初侵染源。病种出苗后，病原菌定殖在植物组织表面、维管束、气孔和细胞间，为害子叶及生长点，泌出菌液，经灌溉水、农事耕作、昆虫及风雨溅散吹传等方式传播到健康植物上，从水孔、气孔或伤口侵入，进行再侵染（图18-8）。潜育期为2~5 d。发病的子叶有时不泌出菌液，而是沿寄主输导组织扩散到全株，造成植株矮化或全株死亡。

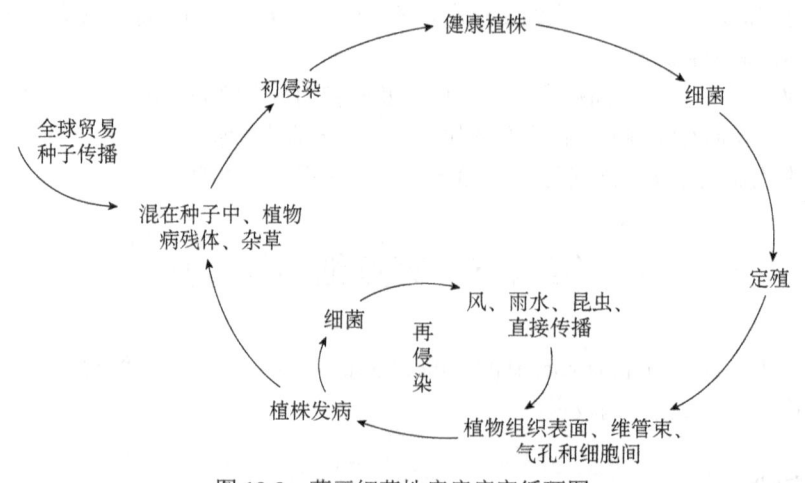

图18-8 菜豆细菌性疫病病害循环图

四、发病条件

气温为28~32℃，叶上存有水或相对湿度高于80%时最易发病。因此，雾、露大，雨水多，尤其台风雨后病害加剧。但超过 36℃时受到抑制，38℃时停止发展。偏施氮肥，土质瘠薄，插架过迟，植株过密，排渍不畅，管理粗放，杂草丛生及红蜘蛛和蚜虫严重发生等都会诱发病害。

五、防控措施

1. **选用抗病耐病品种和种子消毒** 菜豆品种间对细菌性疫病的抗性存在差异，各地可因地制宜选用。无病株留种是最有效的防治措施。种子消毒可用 45℃温水浸种 15 min，沥干水后移入凉水中冷却，浸种催芽，或用种子重量 0.3%的 95%敌克松原粉或 50%福美双拌种。

2. **栽培防病** 与非寄主植物轮作 3 年，或与玉米间作形成物理屏障阻止病原菌传播，但避免与洋葱轮作，因为洋葱虽表现无症状，但表面定殖的病原菌可作为传播体。适当早播，及时中耕除草，防治害虫。施足基肥，配施磷钾肥，高畦种植深沟排渍，合理密植使通风透光。拉秧后将病残体集中烧毁，同时深翻耕，减少田间菌源。

3. **药剂防治** 发病初期喷用 78%波尔多液·代森锰锌可湿性粉剂、77%氢氧化铜可湿性粉剂、20%春雷霉素·噻菌铜、50%琥胶肥酸铜可湿性粉剂或 20%噻菌铜悬浮剂（兼治其他真菌病害）等，要求均匀、周到、细致，隔 7 d 喷 1 次，视天气和病情决定防治次数。

4. **其他替代防治方案** 施用锰叶面肥，可将病害减少 47%以上。用假单胞菌（*Pseudomonas* sp.）、水生拉恩氏菌（*Rahnella aquatilis*）、束红球菌（*Rhodococcus fascians*）或芽孢杆菌（*Bacillus* spp.）进行生物防控。此外，可用万寿菊、蓝豌豆、银杏、冬青等植物精油对种子进行消毒。

第七节 芋 疫 病

本节图片

由疫霉属菌物引起的芋疫病（taro leaf blight）可致植物死苗或成株叶片、茎、果实褐变坏死。一般减产 20%～30%，严重时可减产 50%～60%，甚至绝收。

一、症状

芋疫病主要为害叶片，也侵染叶柄和球茎。叶上初生黄褐色圆形斑点，成长病斑近圆形轮纹状，晕圈水渍状暗绿色或黄色。斑中央多腐败穿孔，严重时仅残留叶脉呈破伞状。潮湿时斑面生白色粉状霉。叶柄病斑黑褐色不规则形、大小不等，外围黄色，环绕叶柄后腐烂倒折。病部常见黄至淡褐色溢泌物。球茎受害，外部症状不明显，内部组织变褐乃至腐烂（拓展图 18-7）。

二、病原

1. **分类地位** 芋疫病的病原为卵菌门疫霉属芋疫霉（*Phytophthora colocasiae* Raciborcki）。

2. **形态特征** 孢子囊梗单根或数根从叶片气孔伸出，短而直，偶有分枝，大小为（15～24）μm×（2～24）μm，无色，无隔膜；孢子囊顶生，单胞，梨形至长椭圆形，大小为（48～55）μm×（19～22）μm，具柄，柄长 37 μm，顶壁特厚，具乳头状突起，低湿度时萌生芽管，高湿度时产生无色、肾形游动孢子，一侧中部具双鞭毛，休止孢子球形。有报道该菌能产生厚垣孢子（图 18-9）。

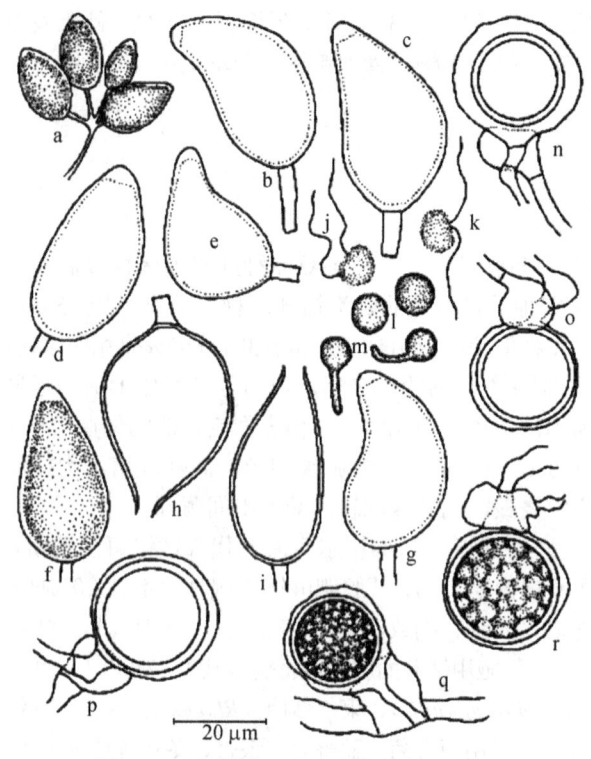

图 18-9 芋疫霉（引自余永年，1998）
a. 孢囊梗和孢子囊；b~g. 孢子囊；h、i. 空孢子囊；j、k. 游动孢子；l、m. 休止孢子及其萌发；n~r. 藏卵器、雄器和卵孢子

3. **生物学特性** 病原菌的生长温度为 10~35℃，适温为 27~30℃。孢子囊可直接萌发，也可产生游动孢子，在水湿条件下，温度为 10~20℃时多形成游动孢子，在 27℃以上时多萌生芽管。芋疫霉属于异宗配合类型，需要两种交配型才能形成卵孢子。

三、病害循环

病原菌以卵孢子随病残体在土壤中越冬为主，在土壤中可存活 5 年以上。混有病组织的土杂肥和从病株上采收的种子、种芋及越冬寄主上的病原菌也是初侵染源。厚垣孢子也能越冬，在土壤中能存活数月之久。静孢子在寄主体表萌生芽管、附着胞，由侵染丝直接穿透表皮进入寄主体内（图 18-10）。病原菌的传播侵染过程与蔬菜苗期猝倒病和蔬菜霜霉病类似。

四、发病条件

1. **气候条件** 较温暖的气候和相对湿度大于 90% 及有水膜水滴存在的高湿条件，是影响该病发生流行的主导因素。芋疫病发生适温为 20~30℃（有报道为 28~32℃），高于 36.5℃和低于 9℃时病原菌生长受阻，释放游动孢子适温为 20~25℃，重复出现接近 20℃的夜间温度和 90%~100% 的相对湿度时，释放的游动孢子最多，有利于其流行。气温为 20~30℃时潜育期最短仅 24 h，多为 2~3 d；由于病程短，病害流行速度极快，短期内可导致全田流行。处于萎蔫点的土壤，孔隙内无水可得，芋疫霉可以通过增厚游动孢子囊细胞壁、产生厚垣孢子等

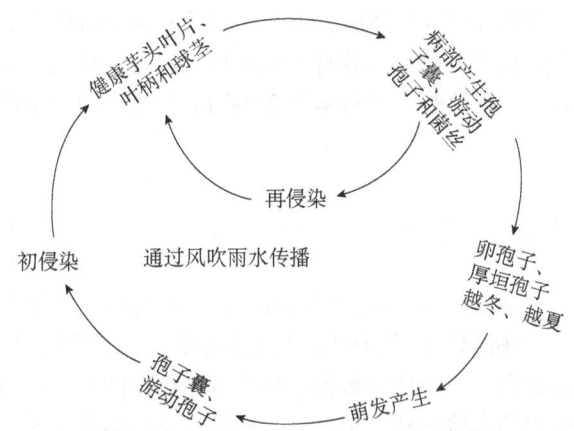

图 18-10　芋疫病的病害循环和流行图（引自 Singh et al.，2012）

进入休眠状态而提高其生命力。因此，雨季早迟、长短与雨量大小是芋疫病发生早迟和轻重的决定性因素。

2. 栽培环境　　种植密度大，田间郁闭、通风不良；偏施氮肥植株生长过旺；地势低洼，田间管理不到位，排水不及时；连作等均有利于病害发生流行。

3. 品种抗性　　植物品种对病害存在抗性差异。据报道，不同芋品种间总可溶酚类化合物浓度，多酚氧化酶、超氧化物歧化酶及过氧化物酶表达量与植株抗病性呈正相关，可根据不同品种的以上指标选育抗病品种。

五、防控措施

针对芋疫病，应以农业防治为主，辅以药剂防治的综合防控措施。

1. 选用抗、耐病品种　　抗芋疫病的品种有'竹芋''香芋'，尤以'潮州香芋'发病轻；水芋比陆芋抗病。

2. 栽培措施　　在病害发展的早期阶段去除病叶，扩大植株之间的空间，设置为传播的屏障，将病株隔离开，保护健康植株。这种方法在病害发生流行初期发病率较低的情况下，对控制芋疫病非常有效。病害严重地区可与十字花科、豆科轮作 3~5 年；前作是葱蒜、菠菜、玉米、小麦的田块发病轻，与大蒜间作套种效果最好。高畦或高垄种植，合理密植，施足腐熟有机肥，不偏施氮肥；及时铲除病株及收获后清园。同时特别注意合理灌溉，避免漫灌，雨后及时排渍。此外，种芋还可用 60℃温水浸泡 15 min，晾干后播种；或用 64%精甲霜·锰锌水分散粒剂 500 倍液等浸 5 min，后盖膜或草帘闷种 2 h，晾干后播种。

3. 药剂防治　　据预测预报，在疫病出现发病中心，或发病初期，即应喷药防治。精甲霜灵·烯酰吗啉、甲霜·霜霉威、烯酰·唑嘧菌、嘧菌酯、霜脲·氰霜唑、氟醚菌酰胺、烯酰吗啉等杀菌剂对芋疫病均有一定的防效，施用时可添加适量有机硅以增强附着性，同时注意药剂复配和轮换使用，以免产生抗药性。

第八节　荸荠秆枯病

本节图片

荸荠秆枯病（waterchestnut stem blight）又称"荸荠瘟""红秆病"，广泛分布于荸荠产区。20世纪90年代，广西荸荠产区秆枯病曾两次大流行，部分田块严重发生的情况不断。该病流行时来势猛，扩展快，造成叶状茎（荠秆）成片枯死，地下球茎不结荸荠或结小荠，有的田块甚至绝产，损失惨重。据调查，发病率在20%时，产量损失50%左右；发病率在50%时，损失达80%以上。

一、症状

荸荠秆枯病主要为害叶鞘和茎秆，花器官也可受害。植株首先在基部叶鞘上发病，产生水渍状暗绿色不定形斑，继后病部灰白色干枯，其上生小黑点或黑短条点，为病原菌分生孢子盘。茎部病斑初水渍状暗绿色，后形成灰黑色梭形病斑，也有圆形、椭圆形或不定形斑，病部凹陷，外圈橘黄色。当病斑横向绕叶状茎扩展后，病茎软化易倒伏枯死，呈暗稻草色。病斑上也生黑色小点或黑短条点，有时呈轮纹状排列。花器官症状与茎秆相似，多发生于鳞片和穗颈部，致花器官过早黄枯。晨露未干或湿度大时，病斑上生灰绿色霉层，即分生孢子，分生孢子聚集成团时呈粉红色（拓展图18-8）。

二、病原

1. **分类地位** 荸荠秆枯病的病原为半知菌类柱盘孢属荸荠柱盘孢菌（*Cylindrosporium eleocharidis* Lentz）。

2. **形态特征** 分生孢子盘表生，黑色，为长短不一的细条点状，平行排列或略呈轮环状排列，大小为（40～105）(63.4) μm×（20～35）(27) μm。产孢细胞无色至浅褐色，瓶梗状、短棒形或梨形，大小为（6.25～25.00）(12.4) μm×（3.13～8.75）(6.4) μm，数根丛生，不分枝，顶端尖削，中央腹鼓，基部稍宽，无隔膜。分生孢子无色，无隔膜，线形，大小为（43.75～103.80）(63.9) μm×（3.75～6.25）(4.7) μm，两端略尖，直或稍向一侧弯曲，常有1至数个圆形小油点（图18-11）（拓展图18-9）。

3. **生物学特性** 菌丝的生长温度为8～35℃，最适温度为25～30℃；产生分生孢子的最适温度为27～30℃，在25℃以下时对产孢明显不利；分生孢子在10～33℃均能萌发，在20～28℃孢子萌芽率较高；分生孢子的致死温度为46℃。病原菌在相对湿度75%以上生长良好，其产孢量则随湿度的升高而增加。分生孢子在相对湿度81%以上时可以萌发，饱和湿度且有水滴时萌发率最高。病原菌在pH 3.06～11.41都可生长，pH 4.50～9.13较适于病原菌生长，最适pH为6.47；产孢量则以在pH 6.94～9.13时较多，pH 7.97～8.04最多；分生孢子在pH 2.60～9.96均能萌发，pH 4.20～7.60萌发率较高，而以pH 6.40最高。连续黑光灯照射可促进菌丝体生长和分生孢子形成；黑暗、日光灯和紫外灯处理，病原菌不易形成分生孢子；太阳光直射会抑制分生孢子萌发。

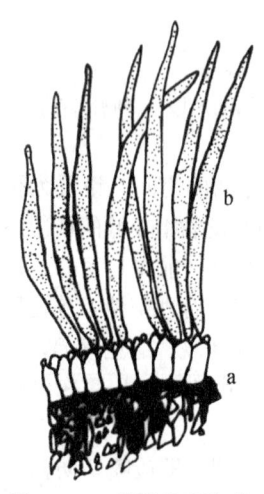

图18-11 荸荠柱盘孢菌
（引自赖传雅等，1996）
a. 分生孢子盘及产孢细胞；b. 分生孢子

三、病害循环

病原菌主要在田间堆垛病秆、球茎、野荸荠上越冬。翌年春季条件适宜时，产生分生孢子，通过气流、雨水和灌溉水传播至新生寄主组织上，萌发产生芽管，由气孔、伤口或穿透表皮直接侵入。经6~13 d潜育期，病部又产生分生孢子，进行再侵染。从荸荠出苗到茎秆停止生长，田间荸荠都可受侵染发病。荸荠采收后，病菌在病组织上越冬（图18-12）。

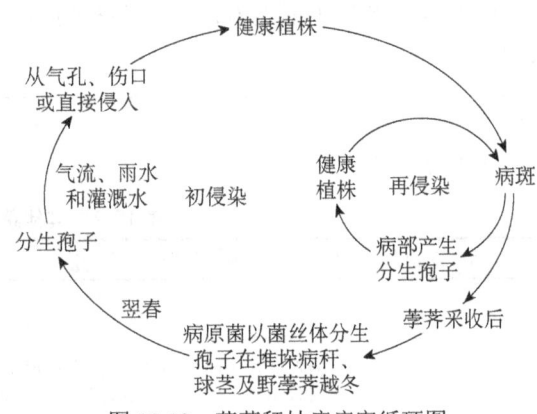

图18-12 荸荠秆枯病病害循环图

四、发病条件

病害流行的主导因素是雨日、雨量和雾露等湿度条件。一般田间气温为17~20℃时始病，在24~29℃时，伴有连阴雨或浓雾及重露天气，利于该病发生流行。在华南产区，荸荠于7月下旬至8月上旬移栽，田间密度很稀，分蘖分株期延续时段较长，湿度低，不利于病害发展，病秆逐渐消亡，加之此时植物生长量增加迅速，病情呈下降趋势，若不适宜病原菌繁殖的环境持续时间较长，病害流行有可能中断，称为分蘖分株期的"跨越阶段"。因此，该病害能否流行、流行早迟及严重程度，取决于病害能否顺利度过"跨越阶段"。9月中下旬至10月，荸荠逐渐封行，田间湿度随之增大，气温也适于发病，常导致病害严重流行。病田连作、种植密度过大、通风透光不良、偏施速效氮肥、缺乏磷钾肥等都会使病情加重。

五、防控措施

1. 选用无病种荠　在无病田和无病株上采留种荠，种植前将球茎或荠苗进行药剂处理。可用25%咪鲜胺乳油加50%多菌灵或70%甲基硫菌灵可湿性粉剂（9∶1）1500倍液，或2.5%咯菌腈悬浮剂1000倍液，于育苗前将种球茎浸泡12~24 h，捞出晾干后播种。也可用50%多菌灵加75%百菌清可湿性粉剂800倍液对种球茎均匀喷雾，覆盖塑料薄膜密封24 h，闷种消毒，晾干后播种。移栽前一周再用药喷施一次。定植前把荠苗置于上述药液中浸泡18 h，并剔除明显的病弱苗。病苗不得上市流通。

2. 加强栽培管理　有条件的地区推行轮作，特别是老病区，实行3年以上大面积轮作，是防治该病经济、有效的措施。田间早期发现病株，应及时拔除；收挖球茎时将病秆集中烧毁或在育苗前处理完毕；清除野生荸荠。合理密植，7月下旬至8月初移栽的密度为2000~2300株/667 m²；8月上旬移栽的为3000株/667 m²左右。田块做到排灌分开，避免串灌或漫灌；按不同生育阶段管好水，移栽后灌7 cm深的水，以利于返青；活蔸后灌4 cm深的水，一直到采挖前不能脱水，特别是高温季节，应避免荠田干枯；施足基肥，以有机肥作底肥；追肥适时适量，注重氮磷钾肥配合使用，尤其要增施钾肥，在营养生长期不偏施氮肥，进入结荠期，适当追施尿素和磷酸二氢钾。

3. 药剂防治　在封行前后的发病初期，病秆率15%~20%时，喷洒25%嘧菌酯悬浮剂

800 倍液等（其他药剂详见第十章第四节柑橘炭疽病药剂防治），每 10 d 喷 1 次，连喷 3 次。重点保护新生荠秆免遭病原菌侵害，雨后及时补喷。荸荠苗直立，表面覆盖光滑蜡质层，药液不易黏附，喷药时宜加入 0.1%展着剂作黏着剂。另外，喷药时压力要大，喷片口要细，喷头距荠秆 1 m 左右，喷出的药液成雾状，均匀地覆盖在荠苗上，以达到理想的防治效果。

其他蔬菜病害见表 18-2。

表 18-2 其他蔬菜病害一览表

本表图片

病名和病原	症状识别	发病规律	防治要点
莴苣霜霉病 *Bremia lactucae* （拓展图 18-10）	初在叶片正面呈现淡绿色水渍状小斑，病斑扩展后为黄色至黄褐色，因受叶脉限制形成多角形或不规则形，斑边不明显，斑背产生白色状霉层（拓展图 18-11）	病原菌在寄主上越冬或以卵孢子随病残体在土壤中越冬。来年产生孢子囊借气流和风、雨水传播侵染。冷凉多雨、雾浓露重、田间积水、种植过密发病重	①25%甲霜灵可湿性粉剂、65%代森锰锌可湿性粉剂或 75%百菌清可湿性粉剂拌种消毒。②及时清除病残体、覆膜高畦深沟栽培，合理轮作。③苗期用 80%代森锰锌可湿性粉剂或 46%氢氧化铜水分散粒剂等药剂喷施 1～2 次。④大田期宜用 25%吡唑醚菌酯悬浮剂 30～40 mL、50%烯酰吗啉水分散粒剂 30～35 g、66.5%霜霉威盐酸盐水剂 90～120 mL 等药剂喷施，5～7 d 喷施 1 次，连喷 2～3 次
莴苣褐斑病 *Cercospora lactucae-sativae*	叶上初产生红褐色小点，后发展为褐色圆形至不规则形斑，略呈同心轮纹，病斑中心灰白色，潮湿时产生暗色霉状物（拓展图 18-12）	以菌丝体和分生孢子在病残体上越冬。借气流和雨水溅射传播。天气温暖潮湿、多雾多露、植株生长衰弱、氮肥过多、株间荫蔽发病重	①及时清除病叶及病残体并烧毁。②开沟排水，避免偏施氮肥。③发病初期喷洒 75%百菌清可湿性粉剂 1000 倍液、70%甲基硫菌灵可湿性粉剂 1000 倍液、10%苯醚甲环唑可分散粒剂 2000 倍液等，隔 10～15 d 喷 1 次，连续交替用药防治 2～3 次，收获前 10 d 停止用药
莴苣菌核病 *Sclerotinia sclerotiorum*	多在茎基部染病，呈褐色水渍状腐烂，导致整株萎蔫死亡。上生白色浓密絮状菌丝体和黑色鼠粪状菌核（拓展图 18-13）	以菌核与病残体在土壤中越冬，可存活 1～3 年。来年菌核萌生子囊孢子借气流及雨水溅散传播。受害部位与邻近健株接触可传病，新产生的菌核也可萌生菌丝直接侵染。阴雨潮湿利于发病	参阅第十八章第三节蔬菜菌核病防治方法
生菜灰霉病 *Botrytis cinerea*	主要为害近地面叶片和茎基部。病斑初为水浸状小斑，扩大后呈灰褐色不规则形，遇连续阴雨天，病部迅速扩大，蔓延至内部叶片或使地上部茎叶凋萎，病部产生一层厚密的灰色霉层（拓展图 18-14）	以菌核或分生孢子随病残体在田间越冬。条件适宜时，菌核萌发产生分生孢子，借气流传播至寄主上，从伤口、衰弱及坏死组织部位侵入，再侵染频繁。秋季及早春多雨、多雾发病重；连作、地势低洼、排水不良、种植过密、肥水施用过多、保护地关棚时间长，易引发病害	参阅第十八章第二节蔬菜灰霉病防治方法
茼蒿叶枯（褐斑）病 *Cercospora chrysanthemi*	叶斑淡灰色，边缘褐色，圆形至不规则形，略显宽轮纹状。潮湿时斑面产生灰黑色霉状物（拓展图 18-15）	病原菌在病组织上越冬。来年产生分生孢子借气流传播。天气温暖潮湿易发病	①深沟高畦栽培。②育苗栽培，合理轮作。③幼苗期用 1∶1∶200 的波尔多液喷施 1 次；旺盛生长期以 75%百菌清 800 倍液喷洒；收获前半个月用 50%多菌灵 600～800 倍液喷雾 1 次；也可在叶面上撒施草木灰，效果均佳

续表

病名和病原	症状识别	发病规律	防治要点
茼蒿霜霉病 *Peronospora chrysanthemi-coronarii*	叶斑正面浅黄至褐色，圆形至多角形。叶背病斑产生白色霜状霉层	病原菌在寄主上或随病残体在土壤中越冬。孢子囊借风、雨水传播。多雨潮湿、雾浓露重发病重	①选择非菊科蔬菜地种植，实行2～3年轮作。②合理水肥管理，降低田间湿度。③播种前用甲霜灵、福美双等拌种；发病前，用甲霜灵锰锌、代森锰锌可湿性粉剂喷施。间隔7～10 d喷洒1次，连续防治2～3次
苦荬菜白粉病 *Erysiphe cichoracearum*	叶上生大小不等的白色粉斑，融合后布满整张叶片，终至叶片枯黄（拓展图18-16）	在北方以闭囊壳在病组织上越冬。温暖地区终年在寄主上辗转传播为害。温暖多湿、雾大露重、土壤肥力不足或偏施氮肥，易诱发此病	参阅第十七章第五节瓜类白粉病防治方法
葱类白腐病 *Sclerotium cepivorum*	从叶尖开始向下黄枯。潮湿时，葱头及根部产生绒毛状白色菌丝体和黑色小菌核。根及鳞茎在田间或贮藏期腐烂	以菌核在病残体或土中越冬。萌发菌丝侵染植株根茎。侵染适温为15～20℃。连作地、排水不良地块病重	①播种前用种子重量0.3%的50%异菌脲可湿性粉剂拌种。②重病田实行3～4年轮作。③选用50%多菌灵可湿性粉剂500倍液、50%甲基硫菌灵可湿性粉剂600倍液或50%异菌脲可湿性粉剂1000～1500倍液灌淋根茎
葱类软腐病 *Pectobacterium carotovorum* subsp. *carotovorum*	田间鳞茎膨大期，外叶下部产生半透明灰白色斑，叶梢基部软腐。鳞茎部水渍状，内部腐烂，有恶臭	病原菌在鳞茎中越冬，也可在土壤中腐生。通过流水或肥料传播。害虫多、连作地、湿地病重	参阅第十五章第二节十字花科蔬菜软腐病防治方法
大蒜叶枯病 *Stemphylium botryosum*	叶片症状有两种：一种是中、下部叶片先发病，叶尖发白逐渐形成尖枯，病斑沿叶脉向下扩展，叶片逐渐枯死；另一种是叶片其他部位产生梭形至椭圆形病斑，灰白色或淡紫色，之后病斑上产生黑色霉状物，病斑边缘产生一圈白色菌丝，严重时病斑愈合，叶片枯黄而死（拓展图18-17）	以菌丝体或子囊壳随病残体越冬。大蒜出苗后，温、湿度适宜时产生分生孢子，随气流或雨水飞溅传播造成初侵染，之后病部产生分生孢子辗转传播为害。栽培管理不善、长势弱或受冻害时发病严重	①播种前药剂拌种。②及时清理田园，合理轮作。③发病初期可选用80%代森锰锌可湿性粉剂600倍液、50%腐霉利可湿性粉剂1000倍液、25%咪鲜胺乳油1000倍液、58%甲霜灵锰锌可湿性粉剂500倍液等药剂喷雾防治，药剂交替使用，5～7 d喷1次，连续防治3～5次
大蒜紫（黑）斑病 *Alternaria porri*	叶上初呈稍凹陷白色小斑点，中央微紫色，扩大后呈黄褐色纺锤形或椭圆形，多具同心轮纹，上生黑霉，病叶易从病部折断。贮藏期鳞茎颈部变为深黄色或红褐色软腐状	南方温暖地区周年在葱蒜上辗转为害。病原菌从气孔、伤口或直接侵入。发病适温为25～27℃。多雨潮湿发病重	①加强栽培管理，配方施肥，合理排灌。②发病初期，选用75%百菌清可湿性粉剂500倍液、72%霜脲·锰锌可湿性粉剂800倍液、58%甲霜·锰锌可湿性粉剂500倍液、10%苯醚甲环唑水分散粒剂1000倍液等药剂，进行喷雾或灌根防治，每7～10 d喷1次，连续防治3～4次
大蒜锈病 *Puccinia allii*	主要侵染叶片和假茎。病部初为梭形褪绿斑，后在表皮下呈现圆形或椭圆形稍突起的夏孢子堆，表皮破裂后散出橙黄色粉状物，病斑四周具黄晕，之后病斑连片使全叶枯黄（拓展图18-18）	病原菌还可侵染葱、洋葱、韭菜等，多以夏孢子在留种或越冬作物上越冬。翌年春季，夏孢子萌发侵染，形成发病中心，产生夏孢子借气流传播，快速蔓延。春季或秋季雨量多时发病重，地势低洼、排水不畅、植株密度大、氮肥过多、生长不良利于发病	①精选抗病蒜种。一般紫皮蒜较白皮蒜抗锈病能力强，早熟品种较晚熟品种锈病发生轻。②合理轮作与清洁田园。③加强栽培管理。④选用70%代森锰锌可湿性粉剂1000倍液、75%灭锈胺可湿性粉剂1000倍液，视病情每5～7 d喷1次，连续防治2～3次，注意交替用药
大蒜煤斑病 *Cladosporium allii*	叶上病斑椭圆形或梭形，中央枯黄，边缘红褐，有黄晕，叶尖扭曲。斑上生深橄榄色绒毛状物	病原菌在病残体上越冬、越夏，也可在冷凉地区蒜株上越夏。温和潮湿多雨雾露天发病重	①选用抗病良种。②适时播种，合理密植，施足底肥，及时追肥；及时清除病残体。③于发病初期开始喷洒65%代森锌可湿性粉剂400～600倍液或1∶1∶100波尔多液防治，隔7～10 d喷1次，连续防治2～3次

续表

病名和病原	症状识别	发病规律	防治要点
韭菜灰霉病 Botrytis squamosa	白点型和干尖型病斑呈白色或浅黄色梭形或椭圆形，半叶或全叶焦枯；湿腐型在高湿度时发生，枯叶上密生灰至绿色绒毛状霉，有霉味	病原菌在植株上越冬、越夏。分生孢子反复传播。该菌生长适温为15~21℃。周年均可发生。该菌还侵染葱、蒜等	①选用抗病良种。②清除病残体，科学肥水管理。③选用70%甲基硫菌灵可湿性粉剂1000倍液或50%多菌灵可湿性粉剂500倍液，隔7~10 d喷1次，连续防治2~3次
韭菜疫病 Phytophthora nicotianae; P. capsici	叶及花梗现暗绿色水渍状大斑，下垂腐烂，生稀疏霉层。假茎呈水渍状软腐。鳞茎根盘部水渍状浅褐至暗褐色腐烂。病根褐腐	以卵孢子在土壤中病残体上越冬。孢子囊和游动孢子借风、雨水、流水传播。水湿大时病重	参阅第六章第二节烟草黑胫病防治方法
菠菜炭疽病 Colletortrichum spp.	叶片病斑灰绿色，椭圆形，具轮纹，中央生小黑点；花梗病斑梭形或纺锤形，密生轮状排列的分生孢子盘	病原菌在病组织内或黏附于种子上越冬。借风、雨水传播。水湿大、栽植过密时发生重	参阅第十六章第五节辣椒炭疽病防治方法
菠菜白斑病 Cercospora beticola	下部叶先发病，病斑近圆形，中间黄白色，外缘褐至紫褐色，后发展为白色斑。湿度大时病斑上可见灰色霉层，干湿变换剧烈时，病斑中部易破裂（拓展图18-19）	以菌丝体随病残体越冬，翌春病原菌借风、雨水传播蔓延。生长势弱、温暖潮湿条件下易发病，地势低洼、通风不良、管理不善发病重	①选用抗病良种。②科学水肥管理，及时清除病残体。③发病初期，选用1:0.5:16波尔多液、75%百菌清可湿性粉剂700倍液喷施
芹菜斑枯病 Septoria apiicola	病斑中部褐色，外缘深红褐色，或中央黄白或灰白色，有黄晕。叶柄和茎部病斑褐色，长圆形稍凹陷。病部散生小黑点	以菌丝体在病残体或种皮内越冬。借风雨吹溅传播。20~25℃、高湿度时发病重	①选用抗病品种。②选用无病种子或对种子进行消毒。③实行轮作，及时清除田间病残体。④选用75%百菌清可湿性粉剂600倍液、47%春雷·王铜可湿性粉剂500倍液或50%异菌脲可湿性粉剂500倍液喷雾防治，每隔7~10 d喷施1次，连续防治2~3次
芹菜叶斑（早疫）病 Cercospora apii	病斑圆形或不规则形，黄至黄褐色、灰褐色，边缘色深具黄晕。茎或叶柄病斑椭圆形，灰褐色稍凹陷。病重时叶枯倒伏。子座暗褐色	以菌丝体在病残体或病株上越冬，种子也可带菌。借雨水飞溅、气流传播。高温多雨、雾露重的天气发病重	①选用抗病品种。②用无病种或48℃温水消毒30 min。③田园卫生，2年以上轮作，合理密植。④药剂防治详见芹菜斑枯病
芹菜根结线虫病 Meloidogyne spp.	植株生长发育受阻，颜色暗黄无光泽，植株萎蔫。根系生众多根结	以2龄幼虫或卵在土壤或病残体中越冬。2龄幼虫侵入寄主后刺激细胞增生，形成根瘤	①合理轮作，水旱轮作。②田园卫生，深翻。③详见第十八章第四节蔬菜根结线虫病防治方法
落葵蛇眼病 Pseudocercospora basellae	叶上病斑近圆形，中部黄白至黄褐色，边缘紫色，界线分明。易穿孔	病原菌在病残体上越冬。在南方菜区终年存在寄主，病原菌辗转传播。湿度是该病发生扩展的决定性因素，雨水频繁的季节发病重	①合理密植，增施磷钾肥。②可用嘧菌酯、百菌清或咪鲜胺等药剂防治
莙荙菜褐斑病 Cercospora beticola	叶上病斑圆形或椭圆形，中央灰褐至灰白色，边缘紫红色。湿度大时病面生稀疏灰色霉层（拓展图18-20）	病原菌在病组织中或附于种子上越冬。借气流、雨水传播。19~25℃、雨湿大时发病重	①轮作2年。②用无病种子或贮存2年以上陈种子播种。③可用嘧菌酯或咪鲜胺等药剂防治
蕹菜白锈病 Albugo ipomoeae-aquaticae	叶面淡黄绿、黄至褐色；叶背为白色隆起疱斑，近圆形或不规则形，后期散出白色孢子囊；受害茎肿大畸形，内生多量卵孢子（拓展图18-21）	以卵孢子在土壤中或附在种子上越冬。孢子囊经风、雨水传播。在25~30℃且寄主表面有水膜的情况下，有利于侵染发病	①选用无病种或甲霜灵拌种。②2~3年轮作。③可用嘧霜灵·代森锰锌、霜霉威或霜脲腈·代森锰锌等药剂防治
蕹菜轮斑病 Phyllosticta ipomoeae	叶上生圆形、椭圆形或不规则形斑，红褐或浅褐色，具明显同心轮纹。斑上生稀疏黑色分生孢子器	病原菌在病残体内越冬。分生孢子随雨水溅散传播，田间湿度大、雨水多的年份发病重	①清除病残体，深翻土壤。②1~2年轮作。③可用代森铵、百菌清、咪鲜胺锰盐或苯菌灵等药剂喷雾防治

续表

病名和病原	症状识别	发病规律	防治要点
胡萝卜细菌性软腐病 *Pectobacterium* spp.	为害田间或贮藏期肉质根。病株茎叶黄萎，病根组织软化，灰褐色，汁液外溢，有臭味	病原菌随病残体在土壤或其他寄主上越冬。南方地区终年在寄主上辗转为害。借雨水、昆虫、地下害虫等传播	①与葱、蒜或水稻轮作。②亩施100～150 kg石灰。③药剂防治详见第十五章第二节十字花科蔬菜软腐病
姜青枯（瘟）病 *Ralstonia solanacearum*	主害根和地下茎。初生水渍状斑，后病组织变褐，软化腐烂，仅剩表皮，可溢出灰白色黏液。地上部叶片凋萎，叶色褪绿，直至全株枯死。收获后的姜块可继续发病，组织变褐腐烂（拓展图18-22）	病原菌在田间或带病姜种内越冬。条件适宜时，种姜发病，借雨水、灌溉水等传播，从根茎部和子姜的自然裂口或机械伤口侵入。高温多雨、连作、排水不良、种姜筛选不严、大水漫灌的田块发病重。姜块大的品种易发病	参阅第十六章第一节茄科蔬菜青枯病防治方法
姜斑点（白星）病 *Phyllosticta zingiberi*	叶斑黄白色，梭形或长圆形，斑中部变薄，易破裂穿孔。病部生细小黑色分生孢子器（拓展图18-23）	病原菌随病残体在土中越冬。分生孢子借雨水溅射传播。阴湿、连作，病害重	①轮作，清除菌源。②增施磷钾肥。③可用嘧菌酯、百菌清或咪鲜胺等药剂防治
姜炭疽病 *Colletotrichum* spp.	病斑褐色，梭形或不定形，斑面云纹明显或不明显。上生黑色分生孢子盘	病原菌随病残体在土壤中越冬。分生孢子借雨水溅射或昆虫传播。在南方，病原菌在多种寄主上辗转传播	①注意田园卫生，轮作。②深沟排渍，增施磷钾肥。③详见第十章第四节柑橘炭疽病药剂防治方法
芋和魔芋软腐病 *Pectobacterium carotovora* subsp. *carotovora*	叶柄基部暗绿色水渍状褐腐，叶鞘倒折；球茎染病全株或半边叶发黄，球茎渐腐烂，呈灰色或灰褐色黏液状，有恶臭（拓展图18-24）	病原菌在病残体中或球茎内越冬。借雨水、昆虫传播。连作地、地下害虫多、高温多湿，发病重	①选用耐病品种。②轮作2～3年。③详见第十五章第二节十字花科蔬菜软腐病药剂防治方法
芋污斑病 *Cladosporium colocasiae*	叶面病斑淡褐至暗褐色，叶背淡黄色，不定形，发生边界不清晰，污渍状。上生暗色薄霉层（拓展图18-25）	在南方寄主终年存在，分生孢子借气流或雨水溅射或昆虫反复传播为害	①清除病残体。②加强肥水管理。③详见第十章第四节柑橘炭疽病药剂防治方法
芋白绢病 *Sclerotium rolfsii*	芋叶柄基部及芋块茎受害，产生淡褐色不规则斑，随情发展，叶柄基部腐烂倒伏，块茎腐烂，被害部位生白绢丝状物和初白色后为茶褐色的球形菌核（拓展图18-26）	以菌核在土壤中或附着在病残体上越冬。随水流、病土或带菌种芋传播。高温多雨、偏酸性的土壤及连作会加重发病	①选择无病地种植，2年以上轮作。②选用无病芋种，20%石灰乳液浸泡。③发病初期，选用50%异菌脲可湿性粉剂1000倍液、15%三唑酮可湿性粉剂1000倍液喷施，注意药剂轮换使用
莲褐轮纹斑病 *Pseudocercospora nymphaeacea*	叶斑淡褐色，边缘深至紫褐色，圆形至近圆形，具同心轮纹。斑面密生小黑粒	病原菌在病残体上越冬。分生孢子借风、雨水飞散传播。高温多雨，连作地，种植过密，易诱致该病	①清除病残体，实行轮作。②加强水肥管理，做到深浅适宜配方施肥。③可用咪鲜胺锰盐、碱式硫酸铜或咯菌腈等药剂防治
莲褐（黑）斑病 *Alternaria nelumbii*	叶上病斑圆形或不定形，褐色，边界明晰，外围色泽较淡。病斑连合后半叶或整叶枯干	病原菌在病残体上越冬。分生孢子借风、雨水传播。藕株生长不良和暴风雨过后易诱生该病。仅为害藕	①集中病残烧毁。②加强栽培管理，培育壮藕。③大风雨季节灌水防风害。④用苯醚甲环唑·丙环唑等药剂防治。详见莲褐轮纹斑病防治方法
莲藕黑根病（生理性病害）	根茎节上的细根褐至黑色，对应叶片脉间褪黄、褐或紫褐色，多从叶缘开始，蔓延致整叶枯死	早春气温升高快，压青过晚且过多，水稻田新改栽藕的田块，均易诱生该病	①早春提早压青，充分腐解后再种藕。②灌深水和勤换水。③选栽适于当地的品种
茭白瘟（灰心斑）病 *Pyricularia grisea*	急性型病斑似半边绿豆，暗绿色；慢性型病斑梭形灰白色，外围红褐色。上生灰绿色霉层。褐点型病斑在老叶上形成	病原菌在老植株或病残体上越冬。借气流传播。阴雨连绵，日照少病重	①选栽抗、耐病品种。②清除病残烧毁。③加强肥水管理。④药剂防治详见第一章第一节稻瘟病

续表

病名和病原	症状识别	发病规律	防治要点
慈菇褐（叶）斑病 *Ramularia sagittariae*	叶斑深褐色近圆形，中央灰白色，边界明显。叶柄病斑近梭形，略下陷，绕茎后叶柄倒折。隐约可见白色薄霉层	病斑在球茎或病残体上越冬，种子也可带病。借气流和雨水溅散传播。温暖潮湿，氮肥过量，株间郁蔽发病重	①选栽抗病品种。②加强肥水管理，增施磷钾肥。③可用苯醚甲环唑·丙环唑、咪鲜胺或碱式硫酸铜等药剂防治
慈菇叶柄基腐（菌核）病 *Sclerotium hydrophilum*	从老叶柄处开始发生，柄基软腐并生白色菌丝和黄褐色至黑色菌核	以菌核在土中越冬。次春菌核萌发生出菌丝侵害叶柄。该菌还可侵害水稻、荸荠等	①清除病残体集中烧毁。②详见第一章第四节稻纹枯病防治方法
荸荠球茎腐烂病 *Trichoderma asperellum*；*Rhizopus* sp.；*Mucor* spp.；*Fusarium* spp.	荠皮部分凹陷，皱缩，或者与正常无异或有明显的伤口。球茎硬或软。荠肉实心或空心，空心处有白色或黑色霉状物，荠肉呈黑褐色、黄褐色等，有臭味或无。湿腐或干腐	病原菌在球茎及病残体上或土壤中越冬。借气流或接触传播。贮藏期易发病	①选无病种荠。②种荠用咪鲜胺等药剂浸种。③球茎贮藏前用噻菌灵喷淋消毒
荸荠茎腐病 *Curvularia lunata*	于叶状茎中下部生初暗灰色后暗色不定形斑，病健界线模糊，组织软化折倒。病秆枯黄至褐黄色。上生暗色稀疏霉层	病原菌在病残体上越冬。借气流、雨水传播。台风暴雨、土质瘠瘦、低洼积水，发病重	①与茭白、藕轮作。②药剂处理球茎、荠苗。③加强肥水管理。④发病初期喷50%多菌灵可湿性粉剂800~1000倍液或65%代森锌可湿性粉剂600倍液，每隔7 d喷1次，连喷2~3次
芦笋褐（紫）斑病 *Cercospora asparagi*	于枝茎和拟叶上出现赤褐色卵圆形斑，边缘紫红色，中央灰白色。病叶早落，茎秆枯黄。潮湿条件下斑面产生淡灰色霉层	病原菌在病残体上越冬。借气流传播。高温多雨潮湿株间郁闭易发病，氮肥施用量大利于病害发生	①清洁田园。②可用噻菌灵、苯醚甲环唑·丙环唑、咯菌腈或咪鲜胺等药剂防治
芦笋根腐病 *Fusarium* spp.	主要为害根部和根茎部。病部褐色，根部和茎部组织腐烂，致使植株矮小、黄化或凋萎后枯死	病原菌在土壤中越冬，通过土壤、灌溉和农事操作等途径传播。高温高湿有利于病害发生	①与玉米、高粱等禾本科作物轮作。②种子消毒。③加强肥水管理，增施有机肥，降低田间湿度。④可用70%代森锰锌300倍液灌根处理
枸杞霉斑病 *Pseudocercospora chengtuensis*	叶面淡绿，叶背为近圆形，边缘不变色，病斑密集时叶背布满霉状物，叶黄干枯	我国北方病原菌在病残体上越冬；南方则在田间终年辗转为害。借气流和雨水溅散传播	①选用抗、耐病品种。②喷施叶面肥。③可选用苯醚甲环唑、甲基硫菌灵、代森铵等药剂防治
黄花菜叶枯病 *Stemphylium vesicarium*	病斑褐色至深褐色，边界明显，可连接成褐色条斑。花梗病斑褐色至深褐色，长圆形或椭圆形。斑面生黑色霉层	我国南方该病周年均可发病。借风、雨水传播。连作地，栽培环境不良易发病	①加强栽培管理，深沟排渍。②清除病残茬。③可用腐霉利、噻菌灵、咯菌腈或苯醚甲环唑等药剂防治

主要参考文献

白金铠. 2003. 中国真菌志·基点霉属 叶点霉属（第十五卷）. 北京：科学出版社.
蔡明段, 易干军, 彭成绩. 2011. 柑橘病虫害原色图鉴. 北京：中国农业出版社.
岑贞陆, 欧阳秋飞, 谢玲, 等. 2013. 广西桑树细菌性枯萎病病原菌的分离与鉴定. 西南农业学报, 26（3）：1054-1057.
陈斌, 韩海亮, 侯俊峰, 等. 2021. 玉米细菌性茎腐病研究进展. 中国植保导刊, 41（8）：25-29+65.
陈宏州, 周晨, 庄义庆, 等. 2022. 江苏省水稻恶苗病菌种群鉴定及抗药性检测. 植物保护,（2）：48-62.
陈晓艳, 齐恩芳, 贾小霞, 等. 2015. 马铃薯主要病毒及检测研究进展. 南方农业, 9（27）：173-175+177.
程静雯, 李阿根, 陈瑞, 等. 2022. 4 种杀菌剂防治油菜菌核病的效果. 浙江农业科学, 63（4）：777-778.
邓大林, 兰庆渝, 谢成伦, 等. 1993. 柑桔半穿刺线虫生物学特性观察. 西南农业学报, 6（S）：79-82.
董金皋. 2015. 农业植物病理学. 3 版. 北京：中国农业出版社.
杜金霞, 李奕莎, 李美霖, 等. 2022. 甘蔗不同基因型对白条病抗性的评价. 中国农业科学, 55（21）：4118-4130.
范子耀, 王文桥, 孟润杰, 等. 2013. 马铃薯早疫病病原菌鉴定及其对不同药剂的敏感性. 植物病理学报,（43）：69-74.
冯爱卿, 陈深, 杨健源, 等. 2018. 水稻品种资源对细菌性条斑病菌的抗性评价. 植物遗传资源学报, 19（6）：1045-1054.
高宏芳. 2016. 玉米大斑病病原菌生理分化及品种抗性分析. 沈阳：沈阳农业大学.
高三基, 林艺华, 陈如凯. 2012. 甘蔗黄叶病及其病原分子生物学研究进展. 植物保护学报, 39（2）：177-184.
高天一, 郝芳敏, 臧全宇, 等. 2020. 瓜类蔓枯病研究进展. 中国瓜菜, 33（6）：1-5.
高娃, 张冬梅, 高振江, 等. 2019. 番茄溃疡病病原的鉴定和抗性品种的筛选. 北方园艺,（23）：20-26.
郭亚辉, 许志刚, 胡白石, 等. 2004. 中国南方水稻条斑病菌小种分化研究. 中国水稻科学,（1）：85-87.
郭英兰, 刘锡琎. 2003. 中国真菌志·菌绒孢属 钉孢属 色链格孢属（第二十卷）. 北京：科学出版社.
郭英兰, 刘锡琎. 2005. 中国真菌志·尾孢菌属（第二十四卷）. 北京：科学出版社.
何开平, 张俊伟, 吴楚. 2013. 梨轮纹病研究进展. 中国植保导刊, 33（6）：21-25.
何清聪, 王东伟, 张德咏, 等. 2020. 湖南柑橘根结线虫种类鉴定及特异性 PCR 检测. 植物保护, 46（1）：179-184.
贺春萍, 李锐, 梁艳琼, 等. 2019. 不同地区橡胶树红根病菌的生物学特性及室内毒力测定. 热带作物学报, 40（3）：522-529.
贺尔奇. 2022. 中国蔗区甘蔗花叶病病毒的发生分布及其群体遗传进化分析. 福州：福建农林大学.
洪健, 李德葆, 周雪平. 2001. 植物病毒分类图谱. 北京：科学出版社.
胡文军, 李增平, 吴如慧, 等. 2018. 橡胶树回枯病病原菌鉴定及其生物学特性测定. 热带作物学报, 39（6）：1146-1152.

黄金玲，陆秀红，张禹，等. 2018. 柑橘砧木材料对根结线虫的抗性鉴定. 华中农业大学学报（自然科学版），37（6）：25-29.

黄美婷. 2016. 柑橘上几种重要病原线虫的种类鉴定. 福州：福建农林大学.

黄思良，邓卫利，杨胜远. 1998. 芒果蒂腐病病菌（*Botryodiplodia theobromae*）生物学特性研究. 西南农业学报，12（1）：82-86.

季海雯，任莉，陈坤荣，等. 2013. 油菜根肿病病原主要生理小种和品种的抗病性鉴定. 中国油料作物学报，35（3）：301-306.

康振生，黄丽丽，李金玉. 1997. 植物病原真菌超微形态. 北京：中国农业出版社.

柯佩佩，卿东山，戴思慧，等. 2024. 瓜类炭疽病研究进展. 中国瓜菜，37（6）：1-8.

孔广辉，冯迪南，李雯，等. 2021. 荔枝霜疫病的研究进展. 果树学报，38（4）：603-612.

赖传雅，梁钧，白志良，等. 1996. 荸荠秆枯病病原菌研究. 广西农业大学学报，（2）：93-97.

李博勋，刘先宝，时涛，等. 2020. 国内新发危险性橡胶树拟盘多毛孢叶斑病鉴定及其病原学研究. 热带作物学报，41（8）：1616-1624.

李峰，柯卫东，李双梅，等. 2013. 荸荠种质资源对秆枯病的田间抗性鉴定. 中国蔬菜，（4）：82-85.

李华平，李云锋，聂燕芳. 2019. 香蕉枯萎病的发生及防控研究现状. 华南农业大学学报，40（5）：128-136.

李婕，李文凤，张荣跃，等. 2019. 甘蔗赤腐病发生流行特点及防控对策. 中国糖料，41（2）：58-64.

李明远. 2017. 蔬菜根结线虫病的发生、识别、传播和防治. 中国蔬菜，（11）：85-88.

李晓刚，蔺经，杨青松，等. 2012. 梨锈病田间发病规律及相关性分析. 南方农业学报，43（2）：180-183.

李增平，郑服丛. 2015. 热带作物病理学. 北京：中国农业出版社.

李治国，杨云亮，魏兰芳，等. 2009. 云南水稻白叶枯致病性小种分化研究. 中国植保导刊，29（3）：5-8.

李舟，杨雅云，戴陆园，等. 2022. 水稻白叶枯病抗性基因和相关因子研究利用进展. 中国农学通报，38（30）：91-99.

梁春浩，刘丽，臧超群，等. 2014. 葡萄褐斑病品种抗性鉴定及其病原菌的生物学特性. 吉林农业大学学报，36（4）：401-406.

梁浩铭，黄海娟，李界秋，等. 2023. 甘蔗梢腐病菌 *Fusarium sacchari* 的生物学特性及防治药剂筛选. 分子植物育种，21（24）：8275-8289.

梁艳琼，雷照鸣，贺春萍，等. 2013. 甘蔗赤腐病菌生物学特性研究. 热带作物学报，34（5）：967-972.

林春花，张宇，刘文波，等. 2021. 我国巴西橡胶树炭疽病的研究进展. 热带生物学报，12（3）：393-402+268.

林善海，周主贵，潘雪红，等. 2014. 基于 rDNA-ITS 和大亚基的甘蔗凤梨病菌分子鉴定及序列分析（英文）. 南方农业学报，45（12）：2103-2109.

林小漫，田威，陈绵才，等. 2022. 8 种杀线剂对柑橘根结线虫的防治效果评价. 农药，59（10）：766-769.

林义钱，王会福，余山红. 2020. 噻唑锌对水稻白叶枯病的预防效果. 浙江农业科学，61（6）：1142-1143.

刘成，李俊才，许雪峰，等. 2009. 梨黑星病研究进展. 北方园艺，（6）：119-124.

刘峰，张丽辉，姬广海. 2013. 云南和西藏十字花科蔬菜根肿病菌生理小种鉴定. 中国蔬菜，（20）：77-81.

刘梅，Jayawardena R S，刘阳，等. 2018. 北京市葡萄炭疽病病原菌的分子鉴定. 植物保护学报，45（2）：393-394.

刘锡琎. 1998. 中国真菌志·假尾孢属（第九卷）. 北京：科学出版社.

刘小迪. 2019. 玉米瘤黑粉病菌遗传多样性及玉米品种抗性分析. 沈阳：沈阳农业大学.

刘晓娟，万然，王伯花，等. 2015. 田间自然条件下葡萄黑痘病抗性鉴定. 西北农业学报，24（6）：138-142.

刘晓妹，刘文波，蒲金基，等. 2009. 芒果对细菌性黑斑病抗病性测定. 果树学报，26（3）：349-352.

刘勇, 李凡, 李月月, 等. 2019. 侵染我国主要蔬菜作物的病毒种类、分布与发生趋势. 中国农业科学, 52（2）: 239-261.

刘羽, 刘增亮, 高爱平, 等. 2009. 芒果种质对炭疽病的抗病性评价. 热带作物学报, 30（7）: 1000-1004.

陆家云. 2001. 植物病原真菌学. 北京: 中国农业出版社.

罗龙辉, 王继承, 刘吉平. 2022. 桑细菌性枯萎病病原菌的分离鉴定与全基因组序列分析. 植物保护, 48（1）: 44-51+89.

萝远婵, 黄思良, 黎起秦. 2004. 芒果蒂腐病菌（Diplodina sp.）生物学特性的研究. 石河子大学学报, 22: 159-163.

吕佩珂. 1998. 中国蔬菜病虫原色图谱. 2版. 北京: 中国农业出版社.

吕佩珂. 2002. 中国果树病虫原色图谱. 2版. 北京: 华夏出版社.

吕佩珂, 苏慧兰, 吕超. 2007. 中国粮食作物经济作物药用植物病虫原色图鉴. 3版. 呼和浩特: 远方出版社.

马俊秀, 吴皓琼, 姜威, 等. 2023. 蔬菜软腐病菌广谱拮抗细菌菌株筛选鉴定及防效研究. 生物技术通报, 39（7）: 228-240.

马珂, 丁克坚, 汪爱娥. 2005. 茄褐纹病研究进展. 安徽农业科学, （1）: 130-131.

蒙姣荣, 蒙月月, 朱丽玲, 等. 2015. 广西桑树细菌性枯萎病菌生物学特性及防治药剂筛选. 广西植保, 28（3）: 1-7.

蒙姣荣, 欧阳秋飞, 岑贞陆, 等. 2014. 广西桑树细菌性枯萎病菌致病力和遗传多样性分析. 基因组学与应用生物学, 33（5）: 998-1006.

孟建玉, 张慧丽, 林岭虹, 等. 2019. 甘蔗白条病及其致病菌 Xanthomonas albilineans 研究进展. 植物保护学报, 46（2）: 257-265.

欧阳秋飞, 黄娇丽, 蒙姣荣. 2015. 桑树细菌性枯萎病研究概况. 广西蚕业, 52（2）: 33-37.

彭成绩, 蔡明段, 彭埃天. 2017. 南方果树病虫害原色图鉴. 北京: 中国农业出版社.

彭成绩, 黄秉智, 彭埃天. 2019. 香蕉病虫害原色图鉴. 北京: 中国农业出版社.

彭小群, 王梦龙. 2022. 水稻白叶枯病抗性基因研究进展. 植物生理学报, 58（3）: 472-482.

彭昀, 肖宇明, 刘衍超, 等. 2019. 橡胶树枯萎病病原菌室内毒力测定. 热带生物学报, 10（3）: 272-275.

蒲金基, 韩冬银. 2014. 芒果病虫害及其防治. 北京: 中国农业出版社.

戚佩坤. 1966. 吉林省栽培植物真菌病害志. 北京: 科学出版社.

戚佩坤. 2000. 广东果树真菌病害志. 北京: 中国农业出版社.

乔俊卿, 陈志谊, 刘邮洲, 等. 2013. 茄科作物青枯病研究进展. 植物病理学报, 43（1）: 1-10.

饶雪琴, 孙洁, 周翎, 等. 2013. 香蕉病毒病发生与防控. 中国果业信息, 30（10）: 74-75.

任立超, 谢昀烨, 施鹏程, 等. 2023. 甜柿炭疽病病原种类及生物学特性比较. 果树学报, 40（2）: 340-349.

单红丽, 李文凤, 黄应昆, 等. 2015. 甘蔗褐条病发生流行特点及防控对策. 中国糖料, 37（6）: 71-73+78.

单红丽, 王晓燕, 杨昆, 等. 2021a. 甘蔗新品种及主栽品种对甘蔗梢腐病的自然抗性. 植物保护学报, 48（4）: 766-773.

单红丽, 张寒舒, 李文凤, 等. 2021b. 复合高效配方药剂对甘蔗梢腐病防控效果评价. 植物保护, 47（6）: 277-284.

尚功年, 庞综文, 杨胜远, 等. 2000. 芒果小穴壳蒂腐病病菌（Dothirella dominicana）生物学特性研究. 西南农业学报, 13（1）: 71-74.

佘小漫, 何自福, 罗方芳, 等. 2011. 瓜类枯萎病及其综合防治技术. 广东农业科学, 38（2）: 84-87.

沈广爽, 于淑晶, 郭宁, 等. 2021. 玉米茎基腐病防治研究进展. 农药, 60（4）: 235-238.

沈钰森, 王建升, 盛小光, 等. 2021. 十字花科植物黑斑病的研究进展. 核农学报, 35（3）: 623-634.
石菁. 2009. 瘤黑粉菌生物学及玉米抗性鉴定研究. 兰州: 甘肃农业大学.
史婷婷, 马静静, 郭鑫, 等. 2021. 拮抗水稻白叶枯病菌链霉菌的筛选、鉴定和防效研究. 植物病理学报, 51（3）: 403-412.
舒娟. 2021. 芒果炭疽病菌生物学和侵染特性研究. 荆州: 长江大学.
谭道朝, 王凯学, 王华生, 等. 2013. 广西番茄细菌性斑疹病病原鉴定及其症状识别. 中国植保导刊, 33（12）: 10-13.
田夏红, 赵建英, 傅华英, 等. 2022. 广东湛江蔗区甘蔗白条病的分子检测与鉴定. 植物遗传资源学报, 223（3）: 731-737.
田艳丽, 胡旭东, 赵玉强, 等. 2018. 内蒙古马铃薯黑胫病病原菌的分离和鉴定. 植物病理学报, 48（6）: 721-727.
田野, 李丽丽, 杜春梅, 等. 2023. 猕猴桃溃疡病的研究进展. 江苏农业科学, 51（15）: 8-15.
王爱军, 舒新月, 蒋钰琪, 等. 2023. 水稻与纹枯病菌互作的分子机制研究进展. 植物保护学报, 50（1）: 11-21.
王春林. 2005. 潜在的植物检疫性有害生物图鉴. 北京: 中国农业出版社.
王国芬. 2009. 桑细菌性枯萎病病原学及其致病机理研究. 杭州: 浙江大学.
王海荣, 段长勇, 黄千千, 等. 2023. 甘薯病毒种类及甘薯抗病毒策略研究进展. 河南科技学院学报（自然科学版）, 51（5）: 1-7+15.
王建辉, 刘建军, 陈克玲, 等. 2017. 葡萄病毒研究进展. 北方园艺, （9）: 179-183.
王猛. 2018. 玉米小斑病菌O小种分化鉴定与非编码RNA效应物研究. 上海: 上海交通大学.
王孟珂, 张杨凡, 车庆辉, 等. 2020. 柿炭疽病抗性种质调查及发病规律研究. 西北农业学报, 29（11）: 1741-1750.
王妮, 尹显慧, 彭丽娟, 等. 2019. 辣椒炭疽病病原鉴定及其杀菌剂毒力测定. 植物保护, 45（4）: 216-223.
王晓燕, 李婕, 杨昆, 等. 2021. 甘蔗新品种及主栽品种对褐条病的抗性评价. 植物病理学报, 51（2）: 287-293.
王晓燕, 马永德, 单红丽, 等. 2023. 甘蔗核心种质花叶病和宿根矮化病自然抗病性调查与分子检测. 中国糖料, 45（4）: 47-56.
王亚波, 唐前君. 2019. 水稻稻瘟病的发病症状与防治措施研究进展. 湖南农业科学, （2）: 120-122.
王泽平, 林善海, 梁强, 等. 2017. 甘蔗叶冠形态与抗梢腐病相关性探讨. 中国农业大学学报, 22（7）: 40-46.
王长秘, 李婕, 张荣跃, 等. 2021. 甘蔗黑穗病研究进展. 中国糖料, 43（2）: 65-70.
文衍堂, 黄圣明. 1994. 芒果细菌性黑斑病症状与病原菌鉴定. 热带作物学报, 15（1）: 79-85.
吴楠, 李青为, 曹志艳, 等. 2013. 玉米大斑病菌的胞外黑色素种类及影响其产量的因素. 中国农业科学, 46（5）: 927-933.
吴如慧, 李增平, 孙先伊晴, 等. 2018. 橡胶树臭根病菌的鉴定及其生物学特性研究. 热带作物学报, 39（5）: 940-947.
谢联辉, 林奇英. 1984. 我国水稻病毒病研究的进展. 中国农业科学, （6）: 58-65.
谢玲, 黄思良, 岑贞陆, 等. 2002. 芒果褐色蒂腐病菌（Phompsis mangiferae）生物学特性研究. 微生物学杂志, 22（1）: 15-17.
徐兵划, 汪国莲, 仲秀娟, 等. 2022. 瓜类白粉病菌生理小种鉴定及抗白粉病甜瓜品种筛选. 江苏农业科学, 50（23）: 102-109.

徐春华，李超萍，欧文军，等. 2022. 不同种质食用木薯的田间病害及对细菌性萎蔫病的抗性. 中国植保导刊，42（4）：51-55+79.

许志刚. 2007. 拉汉-汉拉植物病原生物名称. 北京：中国农业出版社.

许志刚. 2009. 普通植物病理学. 4版. 北京：高等教育出版社.

许志刚，胡白石. 2021. 普通植物病理学. 5版. 北京：高等教育出版社.

颜梅新，张小秋，王泽平，等. 2022. 甘蔗黑穗病的防治药剂筛选及产量评价. 热带作物学报，43（7）：1497-1507.

余永年. 1998. 中国真菌志·霜霉目（第六卷）. 北京：科学出版社.

张浩，张荣胜，齐中强，等. 2022. 生防菌解淀粉芽胞杆菌Lx-11悬乳剂研制及其对水稻白叶枯病的防治效果评价. 中国生物防治学报，38（2）：393-403.

张建航，张幸果，刘婷，等. 2017. 花生茎腐病病原菌的鉴定及生物学特性研究. 河南农业大学学报，51（6）：822-827.

张姗姗，张沛然，兰仙软，等. 2019. 中蔗系列甘蔗品种的黑穗病抗性鉴定. 中国糖料，41（1）：37-40.

张天宇. 2003. 中国真菌志·链格孢属（第十六卷）. 北京：科学出版社.

张彤，周国辉. 2017. 南方水稻黑条矮缩病研究进展. 植物保护学报，44：896-904.

张小秋. 2017. 宿根矮化病病原菌特性及其侵染后的甘蔗生理和基因差异表达. 南宁：广西大学.

张中义. 2003. 中国真菌志·枝孢属 黑星孢属 梨孢属（第十四卷）. 北京：科学出版社.

张中义. 2006. 中国真菌志·葡萄孢属 柱隔孢属（第二十六卷）. 北京：科学出版社.

浙江农业大学. 1980. 农业植物病理学（下册）. 上海：上海科学技术出版社.

郑建秋. 2004. 现代蔬菜病虫鉴别与防治手册. 北京：中国农业出版社.

中国农业科学院. 1959. 中国农作物病虫图谱（第一集）. 北京：农业出版社.

中国农业科学院植物保护研究所. 1996. 中国农作物病虫害. 2版. 北京：中国农业出版社.

中国农业科学院植物保护研究所，中国植物保护学会. 2015. 中国农作物病虫害（下册）. 3版. 北京：中国农业出版社.

周倩，秦玉芝，吴秋云，等. 2016. 马铃薯晚疫病抗病育种研究进展. 分子植物育种，14（4）：929-934.

周至宏. 2000. 香蕉菠萝杧果病虫害防治彩色图说. 北京：中国农业出版社.

祝菊澧，梁静思，王伟伟，等. 2020. 马铃薯致病疫霉研究进展. 微生物学通报，47（3）：952-966.

庄剑云. 2005. 中国真菌志·锈菌目（第二十五卷）. 北京：科学出版社.

邹程，商贺阳，段真珍，等. 2022. 甘蔗花叶病及其防控策略研究进展. 安徽农业科学，50（5）：5-7+11.

Agrios G N. 2005. Plant Pathology. 5th. New York：Academic Press，USA．

Ajayi-Oyetunde O O，Bradley C A. 2018. *Rhizoctonia solani*：taxonomy，population biology and management of rhizoctonia seedling disease of soybean. Plant Pathology，67：3-17.

Bao Y X，Akbar S，Yao W，et al. 2023. Genetic diversity and pathogenicity of *Fusarium fujikuroi* species complex（FFSC）causing sugarcane pokkah boeng disease（PBD）in China. Plant Disease，107：1299-1309.

Blomme G，Dita M，Jacobsen K S，et al. 2017. Bacterial diseases of bananas and enset：current state of knowledge and integrated approaches toward sustainable management. Frontiers in Plant Science，8：1290.

Cao X R，Xu X M，Che H Y，et al. 2017. Distribution and fungicide sensitivity of *Colletotrichum* species complexes from rubber tree in Hainan，China. Plant Disease，101（1）：1774-1780.

Chaisiri C，Liu X，Lin Y，et al. 2022. *Diaporthe citri*：a fungal pathogen causing melanose disease. Plants，11（12）：1600.

Chen N W G，Ruh M，Darrasse A，et al. 2021. Common bacterial blight of bean：a model of seed transmission and pathological convergence. Molecular Plant Pathology, 22 (12): 1464-1480.

Chethana K W T, Zhou Y, Zhang W, et al. 2017. *Coniella vitis* sp. nov. is the common pathogen of white rot in Chinese vineyards. Plant Disease, 101 (12): 2123-2136.

Deighton F C. 1976. Studies on *Cercospora* and allied genera. Ⅵ. *Pseudocercospora* Speg., *Pantospora* Cif. and *Cercoseptoria* Petr. Mycological Papers, 140: 1-168.

Derbyshire M C, Newman T E, Khentry Y, et al. 2022. The evolutionary and molecular features of the broad-host-range plant pathogen *Sclerotinia sclerotiorum*. Molecular Plant Pathology, 23: 1075-1090.

Ellis M B. 1971. Dematiaceous Hyphomycetes. London: Commonwealth Mycological Institute.

ElSayed A I, Komor E, Boulila M, et al. 2015. Biology and management of sugarcane yellow leaf virus: an historical overview. Arch Virol, 160 (12): 2921-2934.

Fan X L, Barreto R W, Groenewald J Z, et al. 2017. Phylogeny and taxonomy of the scab and spot anthracnose fungus Elsino (Myriangiales, Dothideomycetes). Studies in Mycology, 86 (1): 1-28.

Fedele G, Brischetto C, Rossi V. 2020. Biocontrol of *Botrytis cinerea* on grape berries as influenced by temperature and humidity. Frontiers in Plant Science, 11: 1232.

Guyot J, Guen V L. 2018. A review of a century of studies on South American leaf blight of the rubber tree. Plant Disease, 102 (6): 1052-1065.

Haegeman A, Elsen A, de Waele D, et al. 2010. Emerging molecular knowledge on *Radopholus similis*, an important nematode pest of banana. Molecular Plant Pathology, 11 (3): 315-323.

He P, Cui W, Munir S, et al. 2019. *Plasmodiophora brassicae* root hair interaction and control by *Bacillus subtilis* XF-1 in Chinese cabbage. Biological Control, 128: 56-63.

Huang F, Chen G Q, Hou X, et al. 2013. *Colletotrichum* species associated with cultivated citrus in China. Fungal Diversity, 61 (1): 61-74.

Huang F, Groenewald J Z, Zhu L, et al. 2015. Cercosporoid diseases of *Citrus*. Mycologia, 107 (6): 1151-1171.

Infantino A, Balmas V, Scherm B, et al. 2017. First report of *Fusarium fujikuroi* in the Lao PDR. Australasian Plant Dis Notes, 12: 14.

Kator L, Yula Z, Oche O D. 2015. *Sclerotium rolfsii*: Causative organism of southern blight, stem rot, white mold and sclerotia rot disease. Annals of Biological Research, 6 (11): 78-89.

Kortei N K, Tetteh R A, Wiafe-Kwagyan M, et al. 2022. Mycobiota profile, phenology, and potential toxicogenic and pathogenic species associated with stored groundnuts (*Arachis hypogaea* L.) from the Volta Region, Ghana. Food Sci Nutr, 10 (3): 888-902.

Kou Y, Shi H, Qiu J, et al. 2024. Effectors and environment modulating rice blast disease: from understanding to effective control. Trends Microbiol, 32 (10): 1007-1020.

Kumar D, Kirti P B. 2015. Transcriptomic and proteomic analyses of resistant host responses in *Arachis diogoi* challenged with late leaf spot pathogen, *Phaeoisariopsis personata*. PLoS One, 10 (2): e0117559.

Lei Y, Tang X B, Jayawardena R S, et al. 2016. Identification and characterization of *Colletotrichum* species causing grape ripe rot in southern China. Mycosphere, 7 (8): 1177-1191.

Li W, Chern M, Yin J, et al. 2019. Recent advances in broad-spectrum resistance to the rice blast disease. Curr Opin Plant Biol, 50: 114-120.

Lin B R, Wang H H, Zhuo K, et al. 2016. Loop-mediated isothermal amplification for the detection of *Tylenchulus semipenetrans* in soil. Plant Disease, 100 (5): 877-883.

Lin C Y, Chang L, Lin Y H, et al. 2018. Biological and molecular characterization of citrus tatter leaf virus in

Taiwan. Plant Pathology, 67 (4): 995-1008.

Liu C, Yang Z, He P, et al. 2019. Fluazinam positively affected the microbial communities in clubroot cabbage rhizosphere. Scientia Horticulturae, 256: 108519.

Liu G K, Chen J, Xiao S, et al. 2011. Development of species-specific PCR primers and sensitive detection of the *Tylenchulus semipenetrans* in China. Agricultural Sciences in China, 10 (2): 252-258.

Liu X B, Li B X, Cai J M, et al. 2018. *Colletotrichum* species causing anthracnose of rubber trees in China. Scientific Reports, 8: 10435.

Liu X B, Shi T L, Li B X, et al. 2018. *Colletotrichum* species associated with cassava anthracnose in China. Journal of Phytopathology, 167: 1-9.

Lombard L, van der Merwe N A, Groenewald J Z, et al. 2015. Generic concepts in *Nectriaceae*. Study in Mycology, 80: 189-245.

Lu G, Wang Z, Xu F, et al. 2021. Sugarcane mosaic disease: characteristics, identification and control. Microorganisms, 9 (9): 1984.

Mo J Y, Zhao G, Li Q, et al. 2018. Identification and characterization of *Colletotrichum* species associated with mango anthracnose in Guangxi, China. Plant Disease, 102 (7): 1283-1289.

Naqvi S A H, Wang J, Malik M T, et al. 2022. Citrus canker—distribution, taxonomy, epidemiology, disease cycle, pathogen biology, detection, and management: a critical review and future research agenda. Agronomy, 12 (5): 1075.

Pearson R C, Goheen A C. 1988. Compendium of Grape Diseases. St Paul: American Phytopathological Society Press.

Peng J, Wang X, Wang H, et al. 2024. Advances in understanding grapevine downy mildew: from pathogen infection to disease management. Mol Plant Pathol, 25 (1): e13401.

Peng L J, Sun T, Yang Y L, et al. 2013. *Colletotrichum* species on grape in Guizhou and Yunnan provinces, China. Mycoscience, 54: 29-41.

Peritore-Galve F C, Tancos M A, Smart C D. 2021. Bacterial canker of tomato: revisiting a global and economically damaging seedborne pathogen. Plant Dis, 105 (6): 1581-1595.

Rashidifard M, Shokoohi E, Hoseinipour A A. 2015. Distribution, morphology, seasonal dynamics, and molecular characterization of *Tylenchulus semipenetrans* from citrus orchards in southern Iran. Biologia, 70 (6): 771-781.

Rathod V, Hamid R, Tomar R S, et al. 2020. Comparative RNA-seq profiling of a resistant and susceptible peanut (*Arachis hypogaea*) genotypes in response to leaf rust infection caused by *Puccinia arachidis*. Biotech, 10 (6): 284.

Ridzuan R, Rafii M Y, Ismail S I, et al. 2018. Breeding for anthracnose disease resistance in chili: progress and prospects. Int J Mol Sci, 19 (10): 3122.

Sarah M, Dave K. 2022. Tomato leaf mould (*Passalora fulva*) is one of the most destructive foliar diseases affecting tomatoes grown in humid conditions. Read about the cause, symptoms and spread of this disease. https://horticulture.ahdb.org.uk/knowledge-library/cause-symptoms-spread-tomato-leaf-mould[2024-10-25].

Sekhar Y C. 2017. Morphological and pathogenic variability of *Sclerotium rolfsii* isolates causing stem rot in groundnut. Int J Pure App Biosci, 5 (5): 478-487.

Seo J K, Kim M K, Kwak H R, et al. 2017. Complete genome sequence of longan witches' broom-associated virus, a novel member of the family *Potyviridae*. Archives of Virology, 162: 2885-2889.

Shaqiri F, Vasa L, Arben M, et al. 2019. Evaluating consumer behavior for consumption of milk and cheese in Gjilan Region, Kosovo. Annals of Agrarian Science, 17 (3): 375-382.

Singh D, Jackson G, Hunter D, et al. 2012. Taro leaf blight—a threat to food security. Agriculture, 2: 182-203.

Situ J J, Xi P G, Lin L, et al. 2022. Signal and regulatory mechanisms involved in spore development of *Phytophthora* and *Peronophythora*. Frontiers in Microbiology, 13: 984672.

Slusarenko A J, Schlaich N L. 2003. Downy mildew of *Arabidopsis thaliana* caused by *Hyaloperonospora parasitica* (formerly *Peronospora parasitica*). Molecular Plant Pathology, 4 (3): 159-170.

Song Z Q, Cheng J E, Cheng F X, et al. 2017. Development and evaluation of loop-mediated isothermal amplification assay for rapid detection of *Tylenchulus semipenetrans* using DNA extracted from soil. Plant Pathology Journal, 33 (2): 184-192.

Stefani E, Loreti S. 2014. PM 7/120 (1) *Pseudomonas syringae* pv. *actinidiae*. Bull OEPP, 44: 360-375.

Sutton B C. 1980. The Coelomycetes: Fungi Imperfecti With Pycnidia Acervuli and Stromata. London: Commonwealth Mycological Institute.

Sun W, Fan J, Fang A, et al. 2020. *Ustilaginoidea virens*: insights into an emerging rice pathogen. Annu Rev Phytopathology, 58: 363-385.

Talhinhas P, Batista D, Diniz I, et al. 2017. The coffee leaf rust pathogen *Hemileia vastatrix*: one and a half centuries around the tropics. Molecular Plant Pathology, 18 (8): 1039-1051.

Tariq A, Sachin R. 2020. Organic management of bacterial wilt of tomato and potato caused by *Ralstonia solanacearum*. https://eorganic.org/node/34193[2024-10-25].

Udayanga D, Castlebury L A, Rossman A Y, et al. 2014. Species limits in *Diaporthe*: molecular re-assessment of *D. citri*, *D. cytosporella*, *D. foeniculina* and *D. rudis*. Persoonia-Molecular Phylogeny and Evolution of Fungi, 32 (1): 83-101.

Ujat A H, Vadamalai G, Hattori Y, et al. 2021. Current classification and diversity of *Fusarium* species complex, the causal pathogen of *Fusarium* wilt disease of banana in Malaysia. Agronomy, 11: 1955.

Vicente J G, Conway J, Roberts S J, et al. 2001. Identification and origin of *Xanthomonas campestris* pv. *campestris* races and related pathovars. Phytopathology, 91 (5): 492-499.

Vitale A, Aiello D, Azzaro A, et al. 2021. An eleven-year survey on field disease susceptibility of citrus accessions to *Colletotrichum* and *Alternaria* species. Agriculture, 11 (6): 536.

Wang Y, Sun Y, Zhang Y, et al. 2017. Sensitivity and biochemical characteristics of *Sclerotinia sclerotiorum* to propamidine. Pesticide Biochemistry and Physiology, 135: 82-88.

Wei T, Li Y. 2016. Rice reoviruses in insect vectors. Annual Review of Phytopathology, 54: 99-120.

Williamson B, Tudzynski B, Tudzynski P, et al. 2007. *Botrytis cinerea*: the cause of grey mould disease. Molecular Plant Pathology, 8 (5): 561-580.

Wu H, Pan Y W, Di R, et al. 2019. Molecular identification of the powdery mildew fungus infecting rubber trees in China. Forest Pathology, DOI: 10.1111/efp.12519.

Wu Z, Huang Y, Li Y, et al. 2019. Biocontrol of *Rhizoctonia solani* via induction of the defense mechanism and antimicrobial compounds produced by *Bacillus subtilis* SL-44 on pepper (*Capsicum annuum* L.). Frontiers in Microbiology, 10: 2676.

Xu X, Li Y, Xu Z, et al. 2022. TALE-induced immunity against the bacterial blight pathogen *Xanthomonas oryzae* pv. *oryzae* in rice. Phytopathology Research, 4 (1): 1-11.

Yan J Y, Jayawardena M M R S, Goonasekara I D, et al. 2015. Diverse species of *Colletotrichum* associated with grapevine anthracnose in China. Fungal Diversity, 71 (1): 233-246.

Yang X, Huang J, Liu C, et al. 2017. Rice stripe mosaic virus, a novel *Cytorhabdovirus* infecting rice via leafhopper transmission. Frontiers in Microbiology, 7: 2140.

Yang X, Huang X, Wu W, et al. 2020. Effects of different rotation patterns on the occurrence of clubroot disease and diversity of rhizosphere microbes. Journal of Integrative Agriculture, 19 (9): 2265-2273.

Yuen J. 2021. Pathogens which threaten food security: *Phytophthora infestans*, the potato late blight pathogen. Food Security, 13: 247-253.

Zárate-Chaves C A, de la Cruz D G, Verdier V, et al. 2021. Cassava diseases caused by *Xanthomonas phaseoli* pv. *manihotis* and *Xanthomonas cassavae*. Molecular Plant Pathology, 22: 1520-1537.

Zhang R Y, Shan H L, Li W F, et al. 2017. First report of sugarcane leaf scald caused by *Xanthomonas albilineans* in the province of Guangxi, China. Plant Disease, 101 (8): 1541.

Zhao W, Bai J, McCollum G, et al. 2015. High incidence of preharvest colonization of huanglongbing-symptomatic *Citrus sinensis* fruit by *Lasiodiplodia theobromae* (*Diplodia natalensis*) and exacerbation of postharvest fruit decay by that fungus. Applied and Environmental Microbiology, 81 (1): 364-372.

Zheng H H, Zhao J, Wang T Y, et al. 2015. Characterization of *Alternaria* species associated with potato foliar diseases in China. Plant Pathology, (64): 425-433.

Zhou G, Wen J, Cai D, et al. 2008. Southern rice black-streaked dwarf virus: a new proposed *Fijivirus* species in the family *Reoviridae*. Chinese Science Bulletin, 53 (23): 3677-3685.